Office

办公软件应用标准教程

（2018–2020版）

谢 华 编著

清華大学出版社
北 京

内 容 简 介

本书详细介绍使用 Office 设计不同用途文档、电子表格和幻灯片的方法。全书共分为 16 章，涵盖了有关 Word 操作的文档排版、图文混排、文表混排、编辑长文档等内容，有关 Excel 的制作电子表格、美化表格、公式与函数、使用图形、使用图表、分析数据等内容，以及有关 PowerPoint 的制作演示文稿、使用图形、使用表格和图表、设置动态效果、放映与输出演示文稿等内容。

本书结构编排合理，图文并茂，实例丰富，可操作性强，可有效帮助用户提升 Office 2016 的操作水平。本书适合作为高等院校相关专业教材，也可作为计算机办公用户深入学习 Office 2016 的参考资料。

图书在版编目（CIP）数据

Office 办公软件应用标准教程：2018—2020 版/谢华编著. —北京：清华大学出版社，2018
（2023.7重印）
（清华电脑学堂）
ISBN 978-7-302-47721-1

Ⅰ. ①O… Ⅱ. ①谢… Ⅲ. ①办公自动化-应用软件-教材 Ⅳ. ①TP317.1

中国版本图书馆 CIP 数据核字（2017）第 161427 号

责任编辑： 冯志强　薛　阳
封面设计： 杨玉芳
责任校对： 徐俊伟
责任印制： 杨　艳

出版发行： 清华大学出版社
网　　址： http://www.tup.com.cn, http://www.wqbook.com
地　　址： 北京清华大学学研大厦 A 座　　**邮　　编：** 100084
社 总 机： 010-83470000　　**邮　　购：** 010-62786544
投稿与读者服务： 010-62776969，c-service@tup.tsinghua.edu.cn
质量反馈： 010-62772015，zhiliang@tup.tsinghua.edu.cn
印 装 者： 天津鑫丰华印务有限公司
经　　销： 全国新华书店
开　　本： 185mm×260mm　**印　张：** 24.5　**插　页：** 1　**字　数：** 581 千字
版　　次： 2018 年 1 月第 1 版　**印　次：** 2023 年 7 月第 7 次印刷
定　　价： 59.80 元

产品编号：070264-01

前　言

Office 2016 是微软公司最新推出的办公自动化软件，具有强大的数据处理、数据计算、图形编辑、演示文稿的制作和文档排版等功能，现已成为办公人员必不可少的办公软件之一。本书从 Office 2016 的基础知识出发，配以大量实例，采用知识点讲解与动手练习相结合的方式，详细介绍了 Office 2016 的基础应用知识与实用技巧。每一章都配合了丰富的插图说明，生动具体、浅显易懂，使用户能够迅速上手，轻松掌握功能强大的 Office 2016 在日常生活与办公中的应用，为工作和学习带来事半功倍的效果。

1. 本书内容介绍

本书系统全面地介绍 Office 2016 的应用知识，每章都提供了课堂练习，用来巩固所学知识。全书共分为 16 章，内容概括如下：

第 1 章全面介绍了初识 Office 2016，包括 Office 概述、Office 组件介绍、Office 2016 语言功能、设置 Office 2016、Office 2016 协作应用等基础知识；第 2 章全面介绍了文档排版，包括 Word 2016 界面介绍、保存和保护文档、设置文档格式、设置版式与背景等基础知识。

第 3 章全面介绍了图文混排，包括应用图片、编辑图片、设置图片格式、使用形状、使用 SmartArt 图形、使用文本框、使用艺术字等基础知识；第 4 章全面介绍了文表混排，包括创建表格、设置表格、计算数据、排序数据、创建图表、编辑图表数据、设置图表格式等基础知识。

第 5 章全面介绍了编辑长文档，包括设置分栏、设置分页、设置分节、使用书签、使用索引、使用目录、使用批注等基础知识；第 6 章全面介绍了制作电子表格，包括初识 Excel 2016、创建工作簿、保存工作簿、编辑数据、编辑单元格、管理工作表等基础知识。

第 7 章全面介绍了美化表格，包括设置文本格式、设置数字格式、设置对齐方式、设置边框格式、设置填充格式、应用表格样式、套用表格格式等基础知识；第 8 章全面介绍了公式与函数，包括公式概述、创建公式、编辑公式、数组公式、公式审核、函数概述、创建函数、求和计算、使用名称等基础知识。

第 9 章全面介绍了使用图形，包括插入图片、编辑图片、美化图片、插入形状、排列形状、插入 SmartArt 图形、美化 SmartArt 图形等基础知识；第 10 章全面介绍了使用图表，包括创建单一图表、创建组合图表、编辑图表数据、设置图表布局、设置图表样式、设置图表区格式、分析图表等基础知识。

第 11 章全面介绍了分析数据，包括排序数据、筛选数据、使用数据验证、使用条件格式、分类汇总数据、使用数据透视表、使用单变量求解、使用模拟运算表、使用规划求解等基础知识；第 12 章全面介绍了制作演示文稿，包括 PowerPoint 界面介绍、创建演示文稿、页面设置、操作幻灯片节、设置幻灯片版式、设置幻灯片母版、设置幻灯片主题等基础知识。

第 13 章全面介绍了使用图形，包括插入图片、编辑图片、美化图片、绘制形状、美化形状、创建 SmartArt 图形、设置布局和样式等基础知识；第 14 章全面介绍了使用表格与图表，包括创建表格、设置表格样式、设置边框格式、设置表格效果、创建图表、设置图表布局、设置图表样式等基础知识。

第 15 章全面介绍了设置动态效果，包括应用动画、设置动画选项、设置动画效果、调整动作路径、设置切换效果、添加声音、添加视频等基础知识；第 16 章全面介绍了放映与输出幻灯片，包括添加超链接、链接到其他对象、设置交互链接、放映幻灯片、发送演示文稿、发布演示文稿等基础知识。

2. 本书主要特色

- **系统全面** 本书提供了 40 多个应用案例，通过实例分析、设计过程讲解 Office 2016 的应用知识，涵盖了 Office 2016 中的各个模板和功能。
- **课堂练习** 本书各章都安排了课堂练习，全部围绕实例讲解相关内容，灵活生动地展示了 Office 2016 各模板的功能。课堂练习体现本书实例的丰富性，方便读者组织学习。每章后面还提供了思考与练习，用来测试读者对本章内容的掌握程度。
- **全程图解** 各章内容全部采用图解方式，图像均做了大量的裁切、拼合、加工，信息丰富，效果精美，阅读体验轻松，上手容易。

3. 本书使用对象

本书从 Office 2016 的基础知识入手，全面介绍了 Office 2016 面向应用的知识体系。本书适合作为高职高专院校学生学习使用，也可作为计算机办公应用用户深入学习 Office 2016 的培训和参考资料。

参与本书编写的人员除了封面署名人员之外，还有夏丽华、吕咏、冉洪艳、刘红娟、于伟伟、张振、卢旭、王修红、扈亚臣、程博文、方芳、房红、孙佳星、张彬等人。由于编者水平有限，疏漏之处在所难免，欢迎读者朋友登录清华大学出版社的网站 www.tup.com.cn 与我们联系，帮助我们改进提高。

编　者

目　　录

第1章

初识 Office 2016

Office 2016 是微软公司推出的最新版本的 Office 系列软件，它集成了 Word、Excel、PowerPoint、Access 和 Outlook 等常用办公组件。新版本的 Office 不仅在界面上比旧版本更具有动态性，从而给人以赏心悦目的感觉；而且在功能设计方面，相对于旧版本也更具有安全性和稳定性。本章将从 Office 概述入手，详细介绍 Office 的基础知识和新增功能，以及常用组件和组件之间协作应用，以帮助用户充分了解 Office 办公软件的使用方法和基础知识。

本章学习内容：

- Office 发展历史
- Office 2016 版本介绍
- Office 2016 新增功能
- Office 组件介绍
- Office 2016 语言功能
- Office 2016 协作应用
- Office 文件格式转换

1.1 Office 概述

Microsoft Office 是微软公司开发的办公软件套装，包括 Word、Excel、PowerPoint 等常用组件，其最新版本为 Office 2016。新版本的 Office 除了包含旧版本中的所有功能之外，还新增了包括联合的服务器和基于互联网的服务功能。在本小节中，将详细介绍 Office 的发展历程，以及 Office 2016 版本介绍和新增功能。

1.1.1 Office 发展历史

Microsoft Office 最早出现于 20 世纪 90 年代，最初的 Office 只是一个软件合集的推广名称，包含 Word、Excel 和 PowerPoint 组件。随着 Office 版本的不断升级，其逐渐整合了一些其他应用程序，并共享了拼写和语法检查、OLE 数据整合，以及微软中的 Microsoft VBA 脚本语言等一些应用程序的特效。

1. 早期版本

Microsoft 最早开发的版本为 Word 1.0，并于 1984 年发布于最初的 Mac 中。随后，微软公司于 1997 年 5 月 12 日发布了集办公应用和网络技术于一体的 Office 97 中文版，体现了用户之间的协作办公的功能。除此之外，Office 97 版本的设计目标主要体现在可用性和集成度、通信和协作能力、扩展 Office 价值功能等方面。

2. Office 2003

微软公司于 2003 年 9 月 17 日发布了 Office 2003 版本，它是微软公司针对 Windows NT 操作系统所推出的办公室套装软件，并不支持 Windows 98 和 Windows Me 操作系统。Office 2003 版本是 Office 系列中第一个使用 Windows XP 接口的图标和配色的版本，同时为了重新定制 Office 品牌形象，微软还重新设计了新的标志，如图 1-1 所示。

图 1-1 Office 标志

Office 2003 版本可以帮助用户更好地进行沟通、创建和共享文档，并且为所有应用组件提供了扩展功能。例如，在 Word 2003 中扩展了 XML 支持、合并和标记新增，以及阅读增强等扩展功能。除此之外，Office 2003 版本还新增加了 InfoPath 和 OneNote 组件。Office 2003 不同版本所包含的组件如表 1-1 所示。

表 1-1 Office 2003 版本组件

版　本	组　件
企业专用版	Word、Excel、Outlook、PowerPoint、Publisher、Access、InfoPath 等
专业版	Word、Excel、Outlook、PowerPoint、Publisher、Access、InfoPath 等
小型企业版	Word、Excel、Outlook、PowerPoint、Publisher 等
标准版	Word、Excel、Outlook、PowerPoint 等
学生教师版	Word、Excel、Outlook、PowerPoint 等
入门版	Word、Excel、Outlook、PowerPoint 等

3. Office 2007

微软公司于 2006 年 11 月发布了 Office 2007 版本，该版本采用了全新的“Ribbons”在内的用户界面元素，其窗口界面显得更加美观大方，给人以赏心悦目的感觉。Office 2007 几乎包括了 Word、Excel、PowerPoint、Outlook、Publisher 等目前应用的所有 Office 组件，并取消了 Frontpage，取而代之的是将 Microsoft SharePoint Web Designer 作为网站的编辑系统。Office 2007 不同版本所包含的组件如表 1-2 所示。

表 1-2 Office 2007 版本组件

版　本	组　件
终极版	Excel、Outlook、PowerPoint、Word、Access、InfoPath、Publisher、OneNote、Groove、附加工具等
企业版	Excel、Outlook with BCM、PowerPoint、Word、Access、Publisher、OneNote、InfoPath、Groove、附加工具等
专业增强版	Excel、Outlook、PowerPoint、Word、Access、Publisher、InfoPath、附加工具等
专业版	Excel、Outlook、PowerPoint、Word、Access、Publisher、Outlook Business Contact Manager 等
小型企业版	Excel、Outlook、PowerPoint、Word、Publisher、Outlook Business Contact Manager 等
标准版	Excel、Outlook、PowerPoint、Word 等
家庭与学生版	Excel、PowerPoint、Word、OneNote 等
基本版	Excel、Outlook、Word 等

其中，附加工具包括：Enterprise Content Management, Electronic Forms，以及 Windows Rights Management Services Capabilities。另外，Office 2007 被称为“Office System”，反映了该版本包含服务器的事实。

4. Office 2010

微软公司于 2009 年 11 月 19 日发布 Office 2010 的公开测试版，并于 2010 年 5 月 12 日正式发布，其开发代号为 Office 14，为 Office 的第 12 个开发版本。Office 2010 的界面简洁明快，标识被更改为全橙色，而不是之前的 4 种颜色。除此之外，Office 2010 还采用了 Ribbon 新界面主题，相对于旧版本，新界面干净整洁、清晰明了。

在功能上，Office 2010 为用户新增了截屏工具、背景移除工具、新的 SmartArt 模板、保护模式等功能。另外微软还推出了只包含 Word 和 Excel 组件的免费版。Office 2010 不同版本所包含的组件如表 1-3 所示。

表 1-3 Office 2010 版本组件

版　本	组　件
专业增强版	Word、Excel、Outlook、PowerPoint、OneNote、Access、InfoPath、Publisher、SharePoint Workspace、Office Web Apps 等
标准版	Word、Excel、Outlook、PowerPoint、OneNote、Publisher 和 Office Web Apps 等
专业版	Word、Excel、Outlook、PowerPoint、OneNote、Access、Publisher 等
中小型企业版	Word、Excel、Outlook、PowerPoint、OneNote、Access 等
家庭版和学生版	Word、Excel、PowerPoint、OneNote 等
企业版	Word、Excel、Outlook、PowerPoint、OneNote、Access、Publisher 等

5. Office 2013 版本

2013 年 1 月 29 日，微软推出了 Office 2013，该版本可以应用于 Microsoft Windows 视图系统中。Microsoft Office 2013 除了延续了 Office 2010 的 Ribbon 菜单栏之外，还融入了 Metro 风格。新的 Metro 风格，在保持 Office 启动界面的颜色鲜艳的同时，在界面操作中新增加了流畅的动画和平滑的过渡效果，为用户带来不同以往的使用体验。

Office 2013 以简洁而全新的新外观问世，除了保留常用的功能之外还新增了操作界面和入门选择、共享和存储功能、Office 365、书签和搜索以及 PDF 等功能。

Office 2013 的版本包括常用的 Office 家庭与学生版、Office 家庭与小企业版和 Office 2013 专业版 3 个版本，以及新增加的 Office 365 家庭高级版。Office 2013 不同版本所包含的组件及其用途如表 1-4 所示。

表 1-4　Office 2013 版本组件及其用途

版　本	组　件
Office 家庭与学生版	包含了 Word、Excel、PowerPoint 和 OneNote，该版本仅限一台电脑使用，可以存储用户的档案和个人设定，拥有 7GB 的 SkyDrive 存储空间
Office 家庭与小企业版	包含了 Word、Excel、PowerPoint、OneNote 和 Outlook，仅限一台电脑使用，可以存储用户的档案和个人设定，拥有 7GB 的 SkyDrive 存储空间
Office 2013 专业版	包含了 Word、Excel、PowerPoint、OneNote、Outlook、Publisher 和 Access，仅限一台电脑使用，但具有商业使用权限。可以存储用户的档案和个人设定，拥有 7GB 的 SkyDrive 存储空间。该版本对用户端或客户的回应力更强，在 Outlook 中可以更快地获取用户所需要的项目，以及使用共同工具和在 SkyDrive 上共用文件
Office 365 家庭高级版	Office 365 家庭高级版结合了最新的 Office 应用程序及完整的云端 Office，最多可以在 5 台电脑或 Mac，以及 5 部智能手机上使用 Office，无论在家或外出，都可以从电脑、Mac 或其他特定装置中登录 Office。另外，Office 365 家庭高级版订阅者，可以在家庭成员的电脑、Mac、Windows 平板电脑或智能手机等装置上使用 Office，并且可以在 Office 的【文档账户】页面中管理家庭成员的安装情况；而额外的 20GB SkyDrive 存储空间，则可以随时存取笔记、相片或文档

下面具体介绍 Office 2016 的内容。

1.1.2　Office 2016 版本介绍

Office 2016 延续了 Office 2013 的 Ribbon 菜单栏中的 Metro 风格，既保持了 Office 启动界面的颜色鲜艳，又使整体界面趋于平面化，显得清新简洁。新一代的 Office 适用于移动端、云端和社交网络，被一些市场分析人士认为是微软关键业务品牌的全面升级。下面，将详细介绍 Office 2016 的版本分类和软件对系统的要求。

1．Office 2016 的安装环境

Office 2016 属于最基本的办公套装软件，又需要兼容平板电脑和触摸设备，因此它对安装环境中的电脑硬件要求并不是很高，但是对操作系统则需要一定的要求。其中，对 PC 电脑安装的具体情况，如表 1-5 所示。

表 1-5　Office 2016 的安装环境

安装环境	要　求
处理器	1 千兆赫（GHz）或更快的 x86 或 x64 处理器，采用 SSE2 指令集
内存	1GB RAM（32 位）或 2GB RAM（64 位）
硬盘	3GB 可用磁盘空间
操作系统	Windows 7 或更高版本、Windows Server 2008 R2 或者 Windows Server 2012
显示要求	1280×800 分辨率
图形	图形硬件加速需要 DirectX 10 图形卡
多点触控	需要支持触控的设备才能使用任何多点触控功能，而新的触控功能已针对与 Windows 8 或更高版本的配合使用而进行优化

2. Office 2016 版本分类

新版的 Office 分为 2 类 7 个版本，分别为 Office 2016 类下的 Office 小型企业版 2016、Office 家庭和学生版 2016、Office 小型企业版 2016 for Mac、Office 家庭和学生版 for Mac 和 Office 专业版 2016，以及 Office 365 类下的 Office 365 个人版、Office 365 家庭版。每种版本的主要特性及组件功能对比，如表 1-6 所示。

表 1-6 Office 2016 版本及功能

版　　本	Office 365 个人版	Office 365 家庭版	Office 家庭和学生版 2016	Office 家庭和学生版 2016 for Mac	Office 小型企业版 2016	Office 小型企业版 2016 for Mac	Office 专业版 2016
设备	1 台	5 台	1 台 PC	1 台 Mac	1 台 PC	1 台 Mac	1 台 PC
适用于 Mac	●	●	○	●	○	●	○
适用于手机和平板	●	●	○	○	○	○	○
Word	●	●	●	●	●	●	●
Excel	●	●	●	●	●	●	●
PowerPoint	●	●	●	●	●	●	●
OneNote	●	●	●	●	●	●	●
Outlook	●	●	○	○	●	●	●
Publisher	●	●	○	○	○	○	●
Access	●	●	○	○	○	○	●
1TB 云存储	●	●	○	○	○	○	○
技术支持	●	●	○	○	○	○	○
保持更新	●	●	○	○	○	○	○

表注：○=无　●=有

1.1.3 Office 2016 新增功能

Office 2016 是微软 Office 办公套件中的又一个里程碑版本，该版本不仅更加注重用户之间的协作，而且还可以与 Windows 10 完美匹配，从而增强了企业的安全性。除此之外，新版本还改进了分发模式，订阅用户可以不定期地更新软件以获取最新功能和改进。除上述改进之外，Office 2016 还新增了以下功能。

1. 新增多彩新主题

Office 2016 版本中新增加了多彩的 Colorful 主题，更多色彩丰富的选择将加入其中，其风格与 Modern 应用类似。用户可通过执行【文件】|【选项】命令，在弹出的对话框中设置【Office 主题】选项，来选择所需要使用的彩色主题。

2. 第三方应用支持

Office 2016 版增加了 Office Graph 社交功能，运用该功能，开发者可将自己的应用直接与 Office 数据建立连接，从而可以通过插件介入第三方数据。例如，用户可在 PowerPoint 当中导入和购买来自 PicHit 的照片。

3. Clippy 助手回归

在 Office 2016 版中，微软增加了 Clippy 的升级版"告诉我"。Tell Me 是全新的 Office 助手，可以帮助用户快速查找或搜索一些帮助。例如，将图片添加至文档，或是解决其他故障问题等。该功能如传统搜索栏一样，被当成一项选项放置于界面选项卡栏中，如图 1-2 所示。

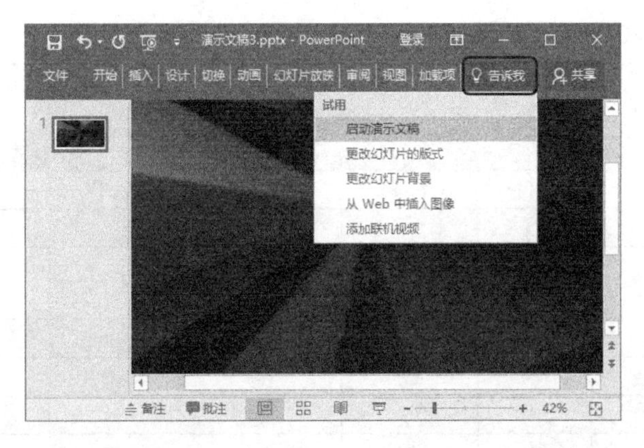

图 1-2 Clippy 助手

4. 轻松共享

新版的 Office，在其各个组件的选项卡右侧新增了【共享】功能，用户只需执行该选项，并单击【保存到云】按钮，即可直接在文档中轻松共享，如图 1-3 所示。

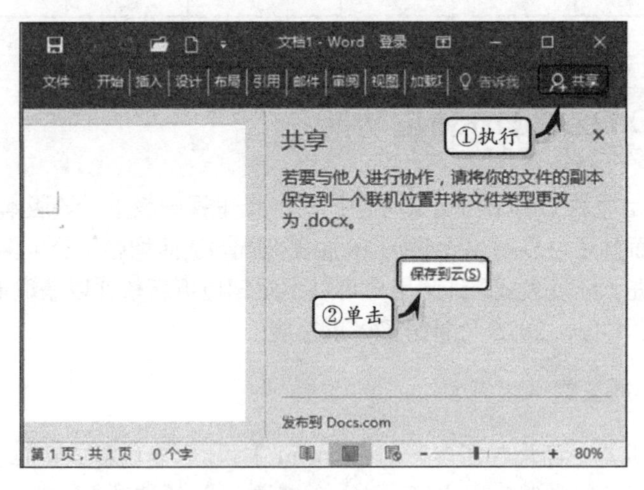

图 1-3 【共享】功能

除此之外，用户也可以使用 Outlook 中全新的现代化附件功能——从 OneDrive 中添加附件，自动配置权限，而无须离开 Outlook。

5. 协同处理文档

在 Office 2016 版本中，用户可以利用 Word、PowerPoint 和 OneNote 中的协同创作

功能，查看其他小组成员的编辑，而经过改善的版本历史让用户可以在编辑过程中回顾文档快照。

而 Office 365 群组功能可以让团队时刻保持连接，目前该功能已成为 Outlook 2016 功能的一部分，并配有专门的 iOS、Android 和 Windows Phone 应用平台。除此之外，Office 365 群组功能还允许用户轻松地创建公开或私密群组。这样一来，每个群组都具有共享的收件箱、日历、群组文件云存储空间，以及共享的 OneNote 笔记本的独特功能。

6. 跨设备使用

对于购买 Office 365 版本的用户来讲，可以从电脑手机及平板电脑的任何设备上审阅、编辑、分析和演示 Office 2016 文档，而不会受到跨设备的影响。而对于 Android 手机用户来讲，则可以通过特定的官方网站来下载最新版的 Office 365 版本。

7. 触控优化功能

Office 2016 是一款为触控而优化的 Office 应用程序，用户可通过触控阅读、编辑、放大和导航，或者使用数字墨水写笔记或进行注解。而对于手机用户来讲，则可以将手机当成桌面设备来使用。此时，用户可以将手机投影到大屏幕上，用于创建、编辑文档，或者在手机上用 OneNote 应用记笔记。

8. 完美契合 Windows 10

微软最新推出的 Windows 10 系统可以完美兼容 Office 2016 版本，而且两者是目前工作中最好的搭配方案，可以协助用户解决工作中的一些紧急事情。除此之外，Windows 10 上的移动应用程序支持触控、方便快速，并针对移动工作进行了相应的优化。

9. 新增 Cortana 功能

Office 2016 将 Cortana 带到 Office 365 版本中，让整合了 Office 365 的 Cortana 帮助用户完成任务。用户只需告诉 Word、Excel 或 PowerPoint 当前所需要进行的操作，而操作说明搜索功能便会引导至相关命令。

对于订购 Office 365 的用户来讲，可以在 App Store、Google Play 商店中下载 Cortana。但是，由于 Cortana 的某些功能需要访问系统功能，因此其他平台中的 Cortana 应用功能会受到限制。

当用户需要在其他平台使用 Cortana 时，则需要搭配“Phone Companion”PC 应用。也就是用户需要在安装 Windows 10 系统的电脑中下载安装 Phone Companion，并将其余任何手机进行关联，从而实现 Cortana 功能的应用。

10. 超值 Office

Office 365 新版中的订阅计划可以让用户根据具体使用情况，来选择最为适合的计划。例如，选择个人工作计划，或选择面向全家的一些特定计划等。另外，每位 Office 365 的订阅用户都可以免费获得来自经过微软培训的专家的技术支持，以帮助用户解决实际使用中的一些特殊问题。

除此之外，Office 365 还包含了适用于电脑和 Mac 的全新 Office 2016 应用程序，如 Word、Excel、PowerPoint、Outlook 和 OneNote。

11. 大容量的云存储空间

Office 2016 还为用户配备了 1TB OneDrive 云存储空间，用户可以通过 OneDrive 在任何设备上与朋友、家人、项目和文件时刻保持联系。此外，还可以帮助用户从一种设备切换到另一种设备中，并继续当前未完成的 Office 编辑操作，从而实现各设备之间的无缝衔接型的各种创建和编辑操作。

在 Office 2016 组件中，用户首先需要登录微软账户，然后通过执行【文件】|【另存为】命令，在展开的页面中选择【OneDrive-个人】选项，将当前文件保存到 OneDrive 中，如图 1-4 所示。

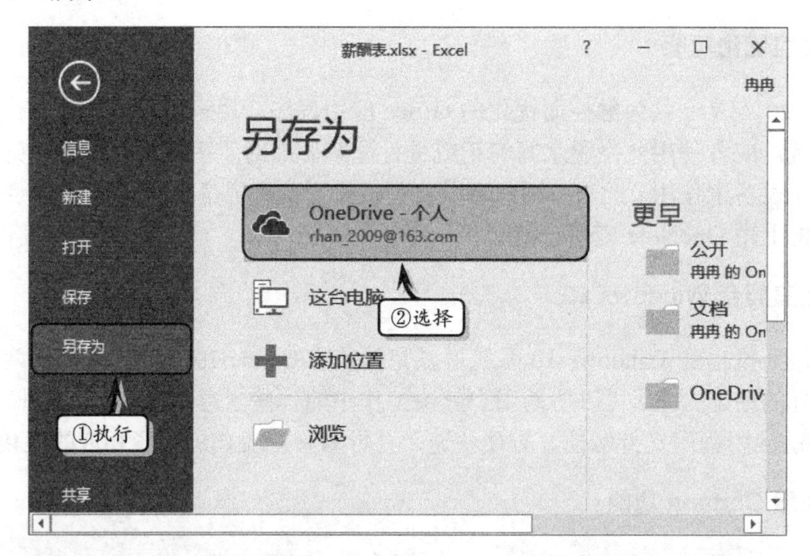

图 1-4 保存到云存储空间

除此之外，用户还可以通过执行【文件】|【打开】命令，选择【OneDrive-个人】选项，并选择具体打开位置，即可打开存储在 OneDrive 中的文件。

1.2 Office 组件介绍

通常情况下，Office 套装一般会包含多个版本，而每个版本又都包含了多个组件。在安装 Office 套装软件时，用户可根据实际使用需求，选择不同的组件进行安装。在实际办公应用中，常用组件通常包括 Word、Excel 和 PowerPoint 等。每代 Office 版本中所包含的组件情况，如表 1-7 所示。

表 1-7 Office 组件表

组　　件	Office 97	Office 2000	Office XP	Office 2003	Office 2007	Office 2010	Office 2016
Word	◉	◉	◉	◉	◉	◉	◉
Excel	◉	◉	◉	◉	◉	◉	◉
PowerPoint	◉	◉	◉	◉	◉	◉	◉

续表

组　件	Office 97	Office 2000	Office XP	Office 2003	Office 2007	Office 2010	Office 2016
Outlook	◉	◉	◉	◉	◉	◉	◉
Access	◉	◉	◉	◉	◉	◉	◉
Binder	◉	◉	○	○	○	○	○
InfoPath	○	○	○	◉	◉	◉	◉
OneNote	○	○	○	◉	◉	◉	◉
Publisher	◉	◉	◉	◉	◉	◉	◉
FrontPage	◉	◉	◉	◉	○	○	○
Project	○	○	○	◉	◉	◉	◉
Visio	○	○	○	◉	◉	◉	◉
Lync	○	○	○	○	○	◉	◉
Sharepoint	○	○	○	○	◉	◉	◉

表注：○=无　◉=有

通过表 1-7，用户已了解了 Office 历年版本中组件的具体情况，下面将详细介绍一下 Office 2016 中最常用的 4 种组件。

1.2.1 Word 2016

Microsoft Office Word 是 Office 应用程序中的文字处理组件，为 Office 套装中的主要组件之一，也是目前办公室人员必备的文档处理软件，适用于备忘录、商业信函、论文或书籍等类型的文字处理。另外，利用 Word 不仅可以创建各式各样的文档，而且还可以使用表格与图表来显示数据之间的关系，如图 1-5 所示。

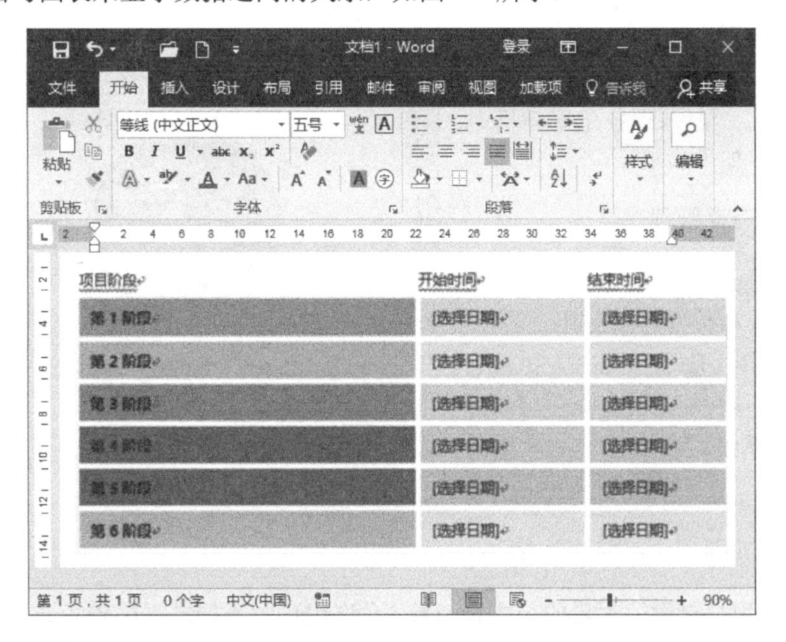

图 1-5　Word 2016

Word 设计者的宗旨是为用户提供最上乘的文档格式设置工具，以使用户通过 Word

可以轻松、高效地组织和编写文档。除此之外，Word 还具有以下功能特点：

- ❑ **直观的操作界面** Word 界面提供了丰富的工具，利用鼠标即可完成排版与编辑等工作。
- ❑ **多媒体混排功能** 使用 Word 可以编辑文字、图形、图像、声音、动画。另外，还可以使用 Word 编辑艺术字与数学公式，以满足用户对各种文档的编辑要求。
- ❑ **制表功能** Word 为用户提供了强大的制表功能，不仅可以绘制表格，而且还可以实现自动计算。除此之外，还可以直接插入 Excel 电子表格，实现高深的数据计算与分析功能。
- ❑ **自动功能** Word 还提供了拼写与语法检查功能，提高了英文文章编辑的正确性。另外，Word 还提供了自动编写摘要的功能，为用户节省了大量的工作时间。
- ❑ **超强的兼容性** Word 软件可以支持多种格式的文档，也可以将 Word 文档保存为其他格式的文件，方便 Word 软件与其他软件之间的信息交互。

1.2.2 Excel 2016

Microsoft Office Excel 是 Office 应用程序中的电子表格与数据处理组件，也是应用较为广泛的办公组件之一。Excel 2016 主要应用于各生产和管理领域，具有数据存储管理、数据处理、科学运算和图表演示等功能，而且还可以替代传统的算盘、计算器，对输入的数据进行批量快速运算，降低企事业单位的运营成本，如图 1-6 所示。

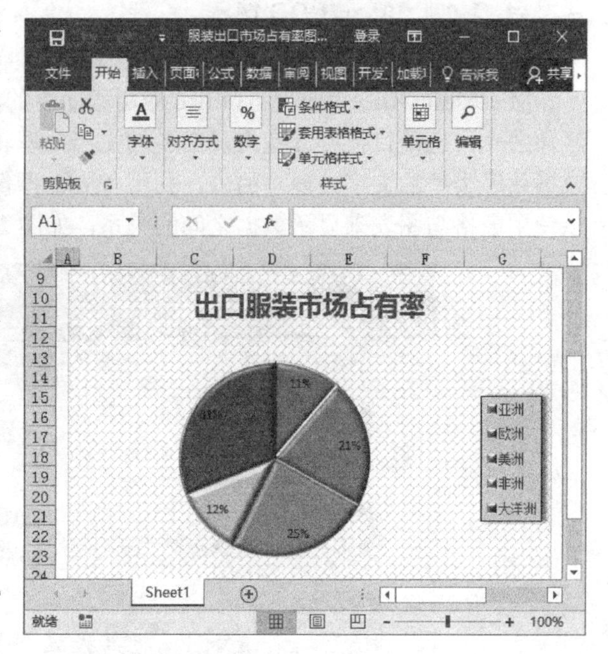

图 1-6 Excel 2016

Excel 是 Office 系列办公软件中最重要的成员之一，其在各个领域的具体应用范围，如下所述。

1. 数据存储管理

Excel 可管理多种格式的专用数据文档，以及各种数据存储文件。

通过与 VBA 脚本和 ASP/ASP.NET 等编程语言的结合，Excel 甚至可以演进为数据库系统，实现强大的数据管理功能。

2. 数据处理

Excel 为用户提供了大量的公式和函数，允许用户对数据进行比较和分析，从而协助进行商业决策。

同时，Excel 还提供了各种筛选、排序、比较和分析工具，允许用户链接外部的数据库，对数据进行分类和汇总。

3. 科学运算

科学运算也是 Excel 的一项重要应用。在进行各种科学研究时，往往需要进行大量的科学运算，分析和比较各种实验数据或工程数据。

使用 Excel 可以方便地打开各种实验设备生成的逗号分隔符数据文档，并将其转换为易于阅读的数据文档，进行快速而精确的运算和分析。

4. 图表演示

Excel 内置了强大的图表功能，允许用户将数据表以图形的方式展示，通过更直观的方式查看数据的变化趋势或比例等信息。

1.2.3 PowerPoint 2016

Microsoft Office PowerPoint 是微软公司开发的一款著名的多媒体演示设计与播放软件，其允许用户以可视化的操作，将文本、图像、动画、音频和视频集成到一个可重复编辑和播放的文档中，通过各种数码播放产品展示出来。PowerPoint 所制作出来的文件称为演示文稿，其格式后缀名为 ppt 或 pptx，用户还可以将演示文稿保存为图片、视频或 PDF 格式。另外，使用 PowerPoint 的优势在于不仅可以在投影仪或计算机上演示 PowerPoint 所制作的内容，而且还可以将 PowerPoint 内容打印出来，以便应用到更广泛的领域中，如图 1-7 所示。

图 1-7　PowerPoint 2016

PowerPoint 不仅可以将各种媒体元素嵌入到同一文档中，而且还具有超文本的特性，可以实现链接等诸多复杂的文档演示方式。一般情况下，PowerPoint 具有以下 4 种用途。

1. 商业多媒体演示

最初开发 PowerPoint 软件的目的就是为各种商业活动提供一个内容丰富的多媒体产品或服务演示的平台，帮助销售人员向终端用户演示产品或服务的优越性。

2. 教学多媒体演示

随着笔记本计算机、幻灯机、投影仪等多媒体教学设备的普及，越来越多的教师开始使用这些数字化的设备向学生提供板书、讲义等内容，通过声、光、电等多种表现形式增强教学的趣味性，提高学生的学习兴趣。

3. 个人简介演示

PowerPoint 是一种操作简单且功能十分强大的多媒体演示设计软件，因此，很多具有一定计算机基础知识的用户都可以方便地使用它。

目前很多求职者也通过 PowerPoint 来设计个人简历程序，以丰富的多媒体内容展示自我，向用人单位介绍自身情况。

4. 娱乐多媒体演示

由于 PowerPoint 支持文本、图像、动画、音频和视频等多种媒体内容的集成，因此，很多用户都使用 PowerPoint 来制作各种娱乐性质的演示文稿，例如各种漫画集、相册等，通过 PowerPoint 的丰富表现功能来展示多媒体娱乐内容。

1.2.4 Outlook 2016

Microsoft Office Outlook 是 Office 应用程序中的一个桌面信息管理应用组件，提供全面的时间与信息管理功能。其中，利用即时搜索与待办事项栏等新增功能，可组织与随时查找所需信息。通过新增的日历共享功能、信息访问功能，可以帮助用户与朋友、同事或家人安全地共享存储在 Outlook 中的数据，如图 1-8 所示。

图 1-8 Outlook 2016

1.3 Office 2016 语言功能

在 Office 2016 中，用户还可以实现翻译文字与简繁转换的语言处理。其中，翻译文字是把一种语言产物在保持内容不变的情况下转换为另一种语言产物的过程，而简繁转换是将文字在简体中文与繁体中文之间相互转换的一种语言处理过程。

1.3.1 拼写与语法

“拼写与语法”或者“拼写检查”是 Office 中的一项语言检查功能，可以帮助用户检查文档、幻灯片或电子表格中的文本结构。下面，以 Word 为例来详细介绍拼写与语法的使用方法。

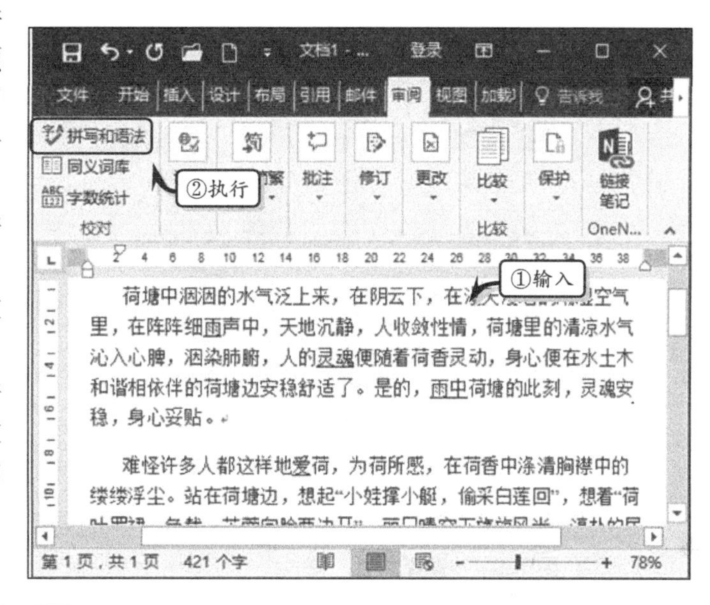

图 1-9　Word 文档

打开 Word 文档，输入文本并设置文本的格式。然后，执行【审阅】|【校对】|【拼写和语法】命令，准备对文档中的所有文本进行拼写和语法检查，如图 1-9 所示。

此时，Word 会自动弹出【语法】窗格，并在窗格中显示所检查到的语法问题，显示所产生的语法含义。同时，还会在 Word 正文中用暗色颜色标注包含语法错误的语句，如图 1-10 所示。此时，单击【忽略】按钮，可忽略当前的语法错误，系统将自动往下检查其他语法，直至检查完所有的文本。

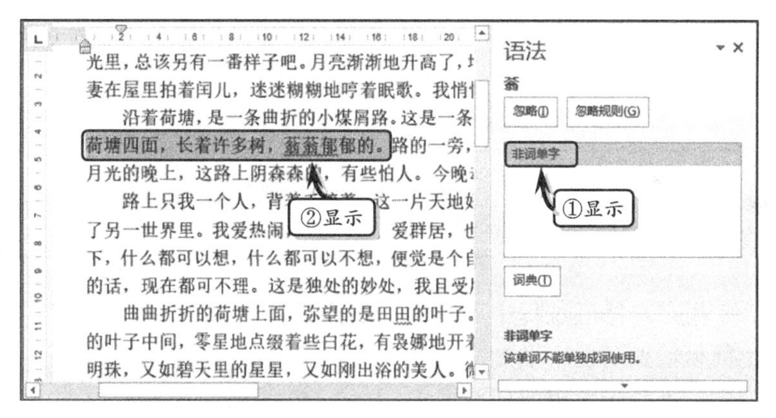

图 1-10　显示语法问题

提　示

发现语法错误时，用户还可以直接在 Word 正文中修改包含错误语法的句子或词语。另外，对于一些特殊规格的语法，则可以单击【忽略规则】按钮，忽略语法问题。

1.3.2 翻译文字

用户可以运用 Office 2016 中的“翻译”功能，来实现双语词典翻译单个字词或短语，以及搜索字典、百科全书或翻译服务的参考资料。

在文档中选择需要翻译的文字，执行【审阅】|【语言】|【翻译】|【翻译所选文字】命令。此时，Word 会自动弹出【信息检索】窗格，并在【翻译选项】列表中显示翻译结

果，如图 1-11 所示。

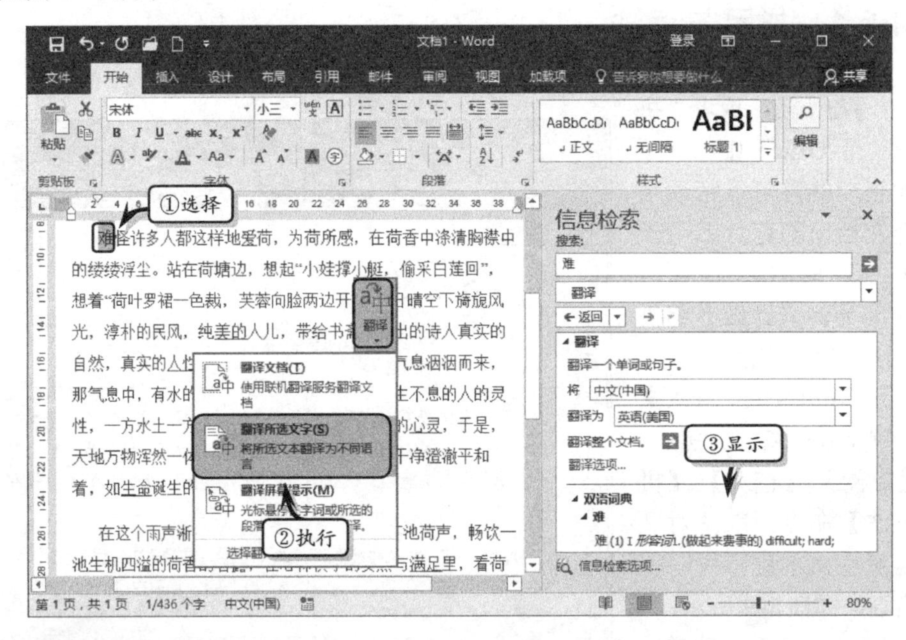

图 1-11 翻译文字

默认情况下所翻译的语言为英语（美国），用户可以在【信息检索】窗格中，通过单击【翻译为】下拉列表框，在其下拉列表中选择所需要翻译的其他语言。

提 示

用户也可以通过执行【审阅】|【语言】|【翻译】|【翻译文档】命令，来翻译整个文档中的文字。

1.3.3 简繁转换

用户在排版过程中可以运用简繁转换功能来增加文档的古韵。下面来介绍如何实现中文简繁体之间的互相转换，以及简体繁体自定义词典功能。

1. 中文简繁转换

在文档中选择需要转换的文字，执行【审阅】|【中文简繁转换】|【简转繁】或【繁转简】命令，即可实现简体与繁体之间的相互转换，如图 1-12 所示。

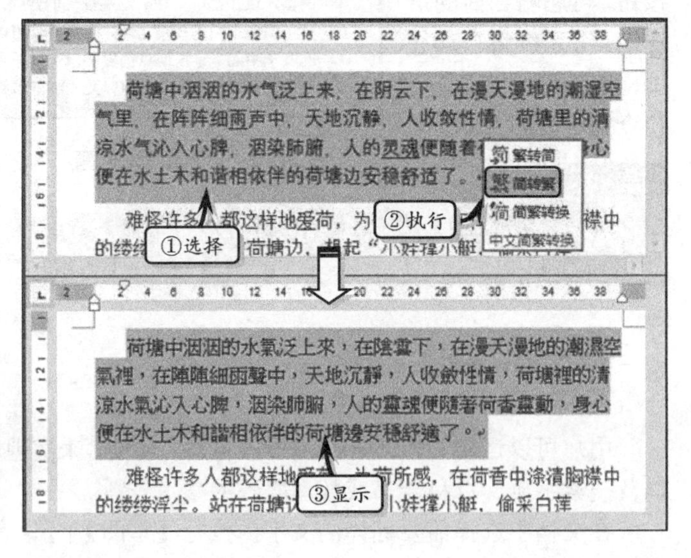

图 1-12 简繁转换

另外，用户也可执行【审

阅】|【中文简繁转换】|【简繁转换】命令。在弹出的【中文简繁转换】对话框中，启用【转换方向】选项组中的相应命令即可，如图 1-13 所示。

2. 自定义词典

单击【中文简繁转换】对话框中的【自定义词典】按钮，在弹出的【简体繁体自定义词典】对话框中设置相应的选项即可，如图 1-14 所示。

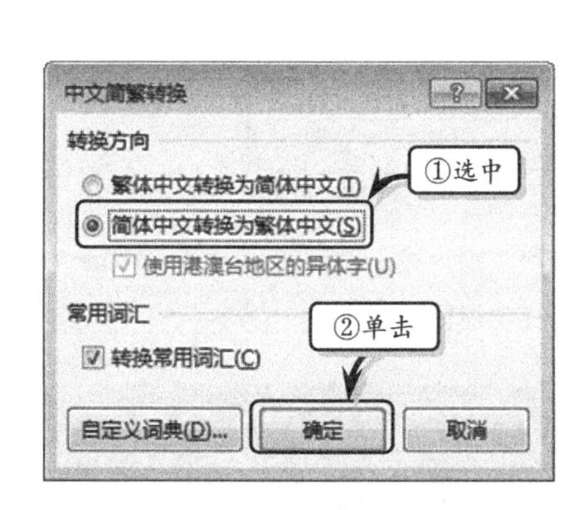

图 1-13 【中文简繁转换】对话框

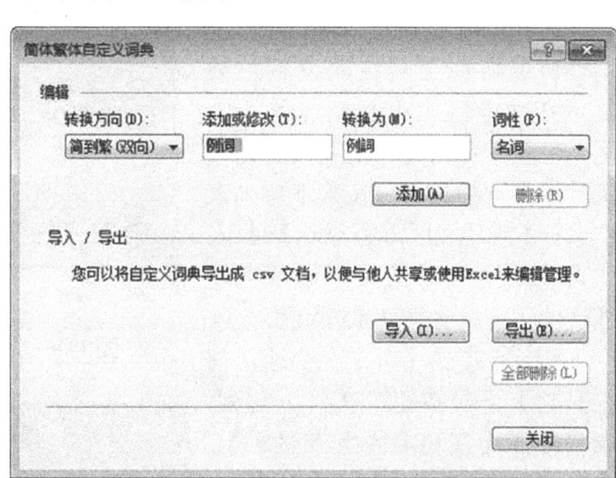

图 1-14 【简体繁体自定义词典】对话框

在【简体繁体自定义词典】对话框中，各选项的功能如表 1-8 所示。

表 1-8 【简体繁体自定义词典】选项

选项		功能
编辑	转换方向	主要用来设置转换文字的方向，包括简到繁、简到繁（双向）、繁到简、繁到简（双向）4 种类型
	添加或修改	用来输入需要转换的文字
	转换为	用来显示转换后的文字，会随着【添加或修改】文本框中的内容的改变而改变
	词性	用来设置转换文字的词性，包括名词、动词等词性
	添加	单击该按钮，可添加已设置的文本转换内容
	删除	单击该按钮，可删除已添加的文本转换内容
导入/导出	导入	单击该按钮，可在弹出的【打开】对话框中导入词汇
	导出	单击该按钮，可在弹出的【另存为】对话框中导出词汇
	全部删除	单击该按钮，即可删除导入或导出的全部数据

1.4 设置 Office 2016

Office 设计者的宗旨是为用户提供最上乘的办公工具，以帮助用户通过 Word、Excel、PowerPoint 等组件轻松、高效地组织和编写文档和演示文稿，以及制作各类复杂的电子表格。在实际应用中，为了更贴近用户日常使用习惯，Office 为用户提供了设置各项命令应用的功能，例如设置快速访问工具栏、自定义功能区、设置窗口等。下面，将以 Excel 为例，详细介绍设置 Office 2016 的基础知识和操作技巧。

1.4.1 设置快速访问工具栏

快速访问工具栏是包含用户经常使用命令的工具栏，并确保始终可单击访问。下面向用户介绍启用、移动快速访问工具栏，以及向快速访问工具栏添加命令的操作技巧。

1. 设置显示位置

快速访问工具栏的位置主要显示在功能区上方与功能区下方两个位置。单击【自定义快速访问工具栏】下拉按钮，在其下拉列表中选择【在功能区下方显示】命令，即可将快速访问工具栏显示在功能区的下方，如图 1-15 所示。

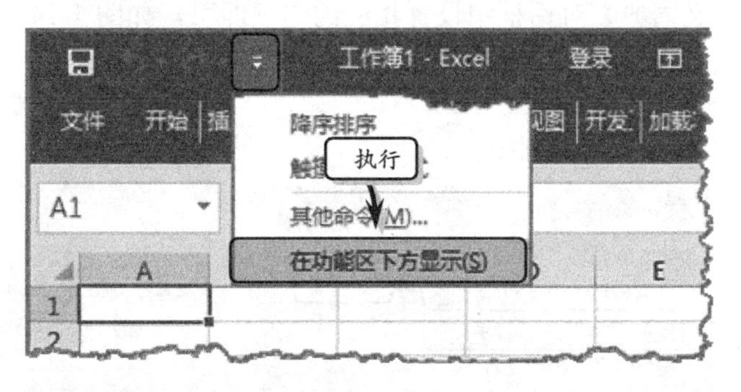

图 1-15 显示在功能区下方

相反，单击【自定义快速访问工具栏】下拉按钮，在其下拉列表中选择【在功能区上方显示】命令，即可将快速访问工具栏显示在功能区的上方，如图 1-16 所示。

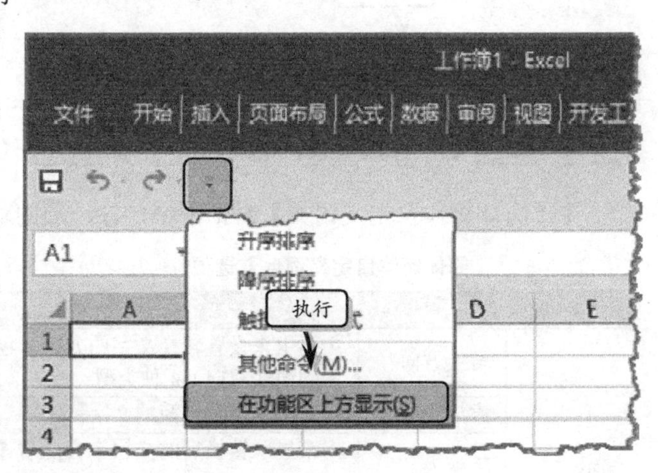

图 1-16 显示在功能区上方

2. 添加命令

用户也可以单击【自定义快速访问工具栏】下拉按钮，在其下拉列表中选择相应的命令，即可向快速工具栏中添加列表中的命令，如图 1-17 所示。

除了添加列表中的命令之外，还可以单击【自定义快速访问工具栏】下拉按钮，在其下拉列表中选择【其他命令】命令。然后，在弹出【Excel 选项】对话框中选择需要添加的命令，单击【添加】按钮，添加其他命令，如图 1-18 所示。

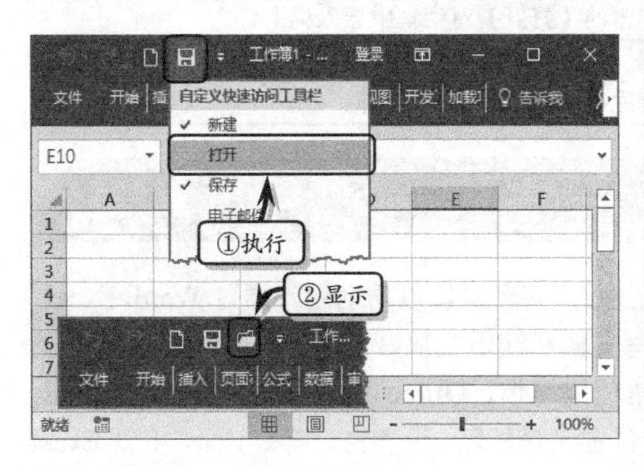

图 1-17 添加列表命令

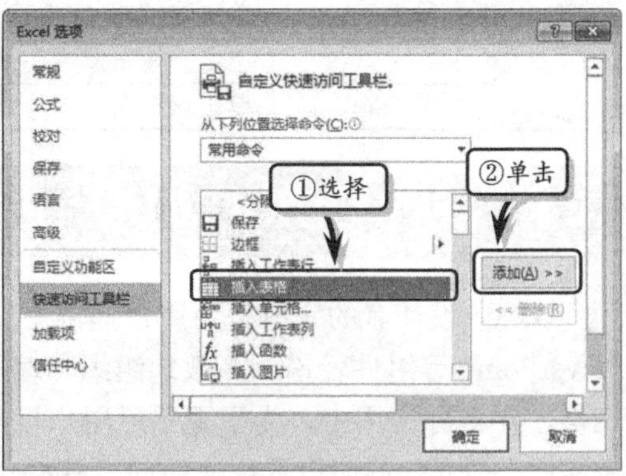

图 1-18 添加其他命令

另外，在功能区上右击相应选项组中的命令，执行【添加到快速访问工具栏】命令，即可将该命令添加到快速访问工具栏中，如图 1-19 所示。

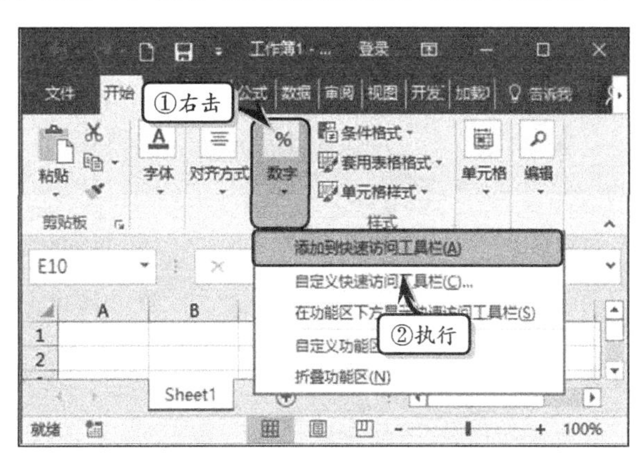

图 1-19 添加功能区命令

1.4.2 自定义功能区

在 Excel 2016 中，用户可以根据使用习惯，创建新的选项卡和选项组，并将相应的命令添加到选项组中。除此之外，用户还可以加载相应的选项卡，完美使用 Excel 操作各类数据。

1. 加载【开发工具】选项卡

在 Excel 2016 中，默认情况下不包含【开发工具】选项卡，该选项卡主要包括宏、控件、XML 等命令。

执行【文件】|【选项】命令，激活【自定义功能区】选项卡。然后，启用【自定义功能区】列表中的【开发工具】复选框，单击【确定】按钮即可，如图 1-20 所示。

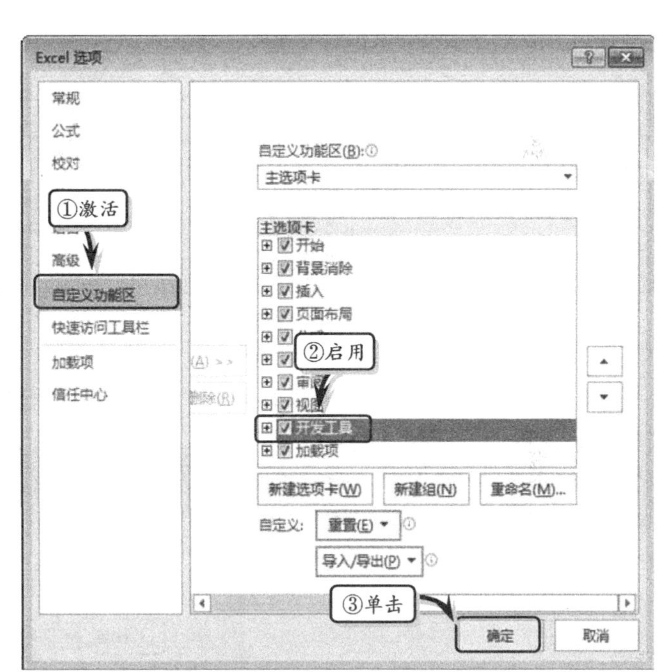

图 1-20 添加【开发工具】选项卡

2. 自定义选项卡

执行【文件】|【选项】命令，在弹出的【Excel 选项】对话框中激活【自定义功能区】选项卡。单击【自定义功能区】列表框下方的【新建选项卡】按钮，即可在列表框中显示【新建选项卡（自定义）】选项，如图 1-21 所示。

选择新建的选项卡，单击【重命名】按钮，在弹出的【重命名】对话框中输入选项卡的名称，单击【确定】按钮即可，如图 1-22 所示。

3. 自定义选项组

新建选项卡之后，在该选项卡下方系统将自带一个新建组，除此之外，用户还可以单击【新建组】按钮，创建新的选项组，如图 1-23 所示。

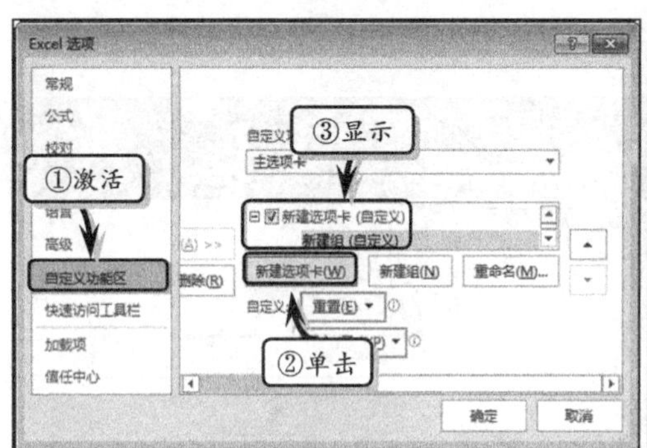

图 1-21 新建选项卡

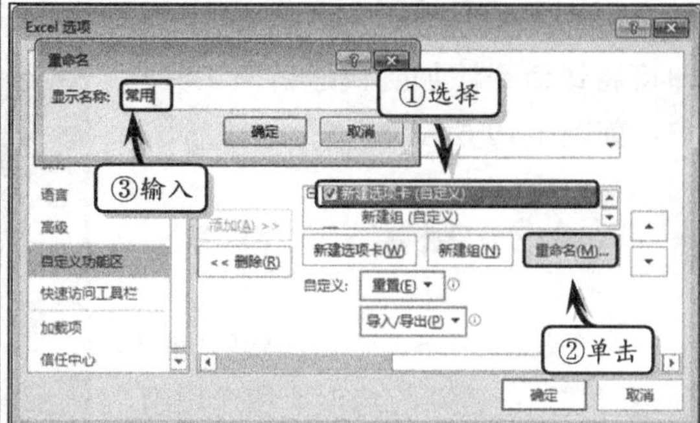

图 1-22 重命名选项卡

选择列表框中的【选项组（自定义)】选项，单击【重命名】按钮，在【显示名称】文本框中输入选项组的命令，在【符号】列表框中选择相应的符号，如图 1-24 所示。

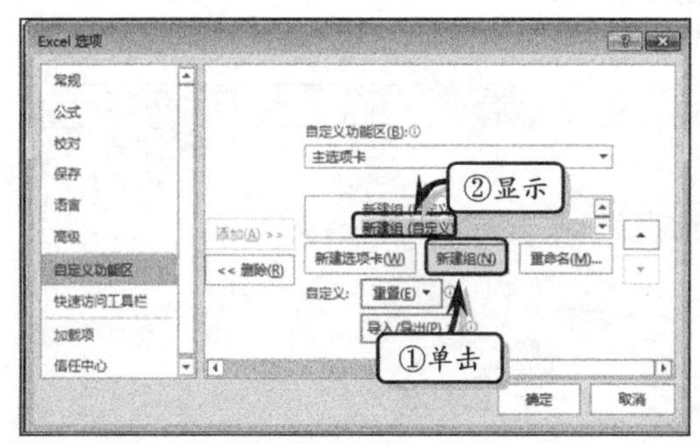

图 1-23 新建选项组

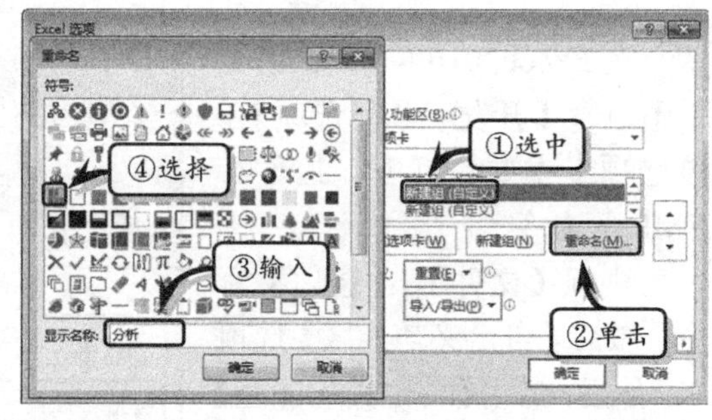

图 1-24 重命名选项组

此时，将【从下列位置选择命令】选项设置为“所有选项卡”，并在其列表框中展开【插入】选项卡，选择【迷你图】选项，单击【添加】按钮，将该命令添加到新建选项组中，如图 1-25 所示。使用同样方法，可以添加其他命令到新建选项组中。

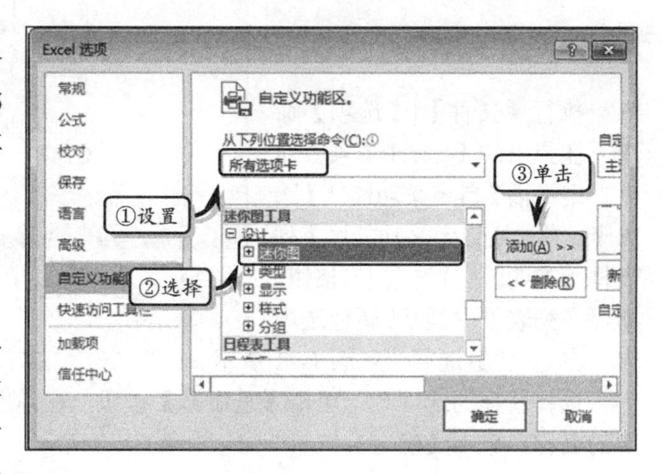

图 1-25 添加命令

1.4.3 设置窗口

对于工作簿中数据比较，或者工作簿与工作簿内容比较时，需要改变窗口的显示方式。此时，同时可浏览相同工作簿数据，或者多个工作簿内容。

1. 新建窗口

执行【视图】|【窗口】|【新建窗口】命令，即可新建一个包含当前文档视图的新窗口，并自动在标题文字后面添加数字。如原来标题“工作簿 1.Excel”，变为“工作簿

1:2-Excel”，如图 1-26 所示。

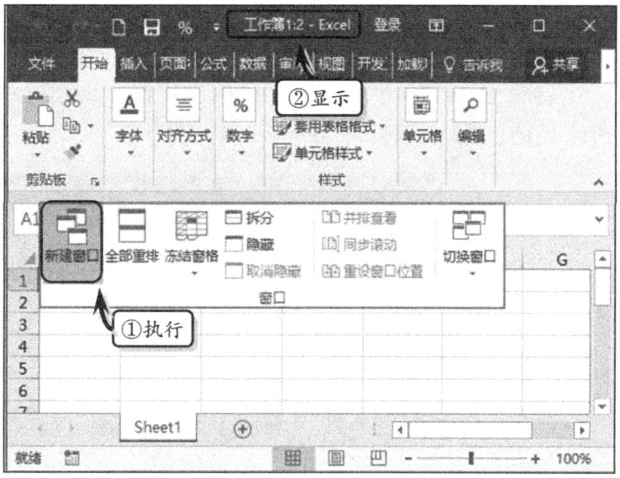

图 1-26 新建窗口

2. 全部重排

执行【视图】|【窗口】|【全部重排】命令，弹出【重排窗口】对话框。在【排列方式】栏中选择【垂直并排】选项即可，如图 1-27 所示。

另外，如果用户启用【当前活动工作簿窗口】复选框，则用户无法对打开的多个窗口进行重新排列。

3. 并排查看

“并排查看”功能只能并排查看两个工作表以便比较其内容。执行【视图】|【窗口】|【并排查看】命令，在弹出的【并排比较】对话框中选择要并排比较的工作簿，单击【确定】按钮即可，如图 1-28 所示。

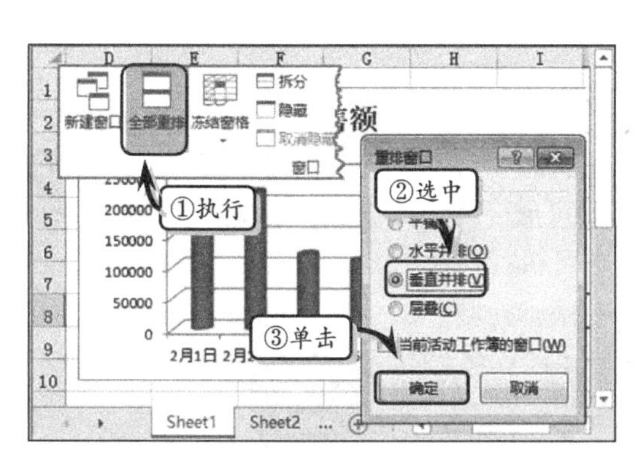

图 1-27 垂直并排窗口

图 1-28 并排查看

当用户对窗口进行并排查看设置之后，将发现同步滚动和重设窗口位置两个按钮此时变成正常显示状态（灰色）。此时用户可以通过执行【同步滚动】命令，同步滚动两个文档，使它们一起滚动。另外，还可以通过执行【重设窗口】命令，可以重置正在并排比较的文档的窗口位置，使它们平分屏幕。

1.4.4 妙用访问键

访问键是通过使用功能区中的快捷键，在无须借助鼠标的状态下快速执行相应的任务。在 Excel 中，在处于程序的任意位置中使用访问键，都可以执行对访问键对应的命令。

启动 Excel 组件，按下并释放 Alt 键，即可在快速工具栏与选项卡上显示快捷键字母，如图 1-29 所示。

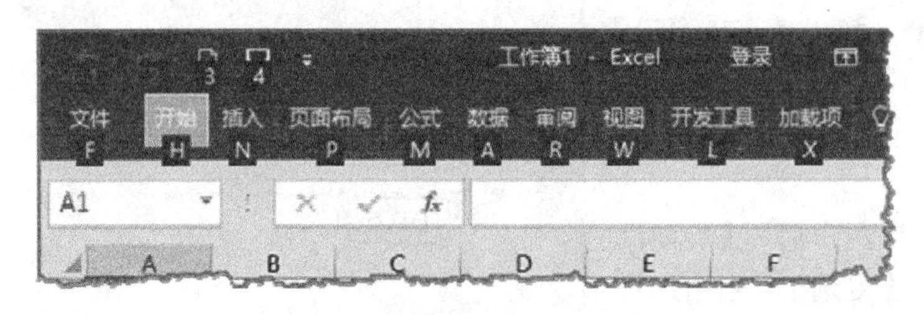

图 1-29　显示选项卡访问键

此时，按下选项卡对应的字母键，即可展开选项组，并显示选项组中所有命令的访问键，如图 1-30 所示。

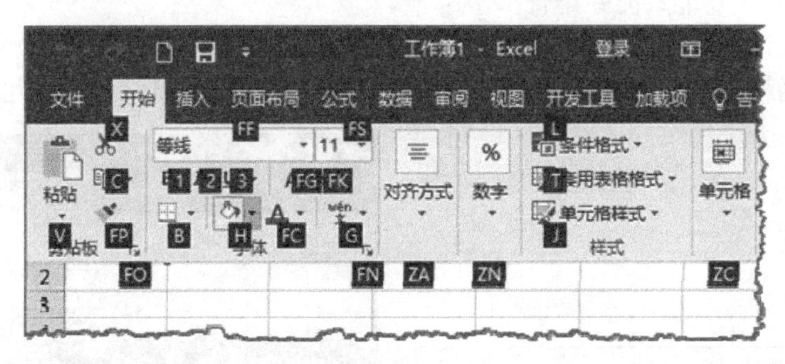

图 1-30　显示选项组访问键

在选项组中按下命令所对应的访问键，即可执行相应的命令。例如，按下【剪贴板】选项组中的【粘贴】命令所对应的访问键 V，即可展开【粘贴】菜单，如图 1-31 所示。然后，按下【粘贴】命令相对应的访问键 P，即可执行该命令。

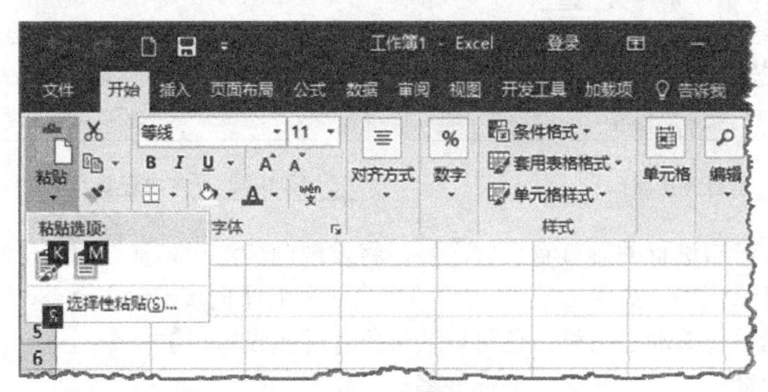

图 1-31　使用具体命令键

另外，使用键盘操作功能区程序的另一种方法是在各选项卡和命令之间移动焦点，直到找到要使用的功能为止。不使用鼠标移动键盘焦点的一些操作技巧，如表 1-9 所示。

表 1-9 鼠标移动焦点说明

访问键	功能
Alt 或 F10	可选择功能区中的活动选项卡并激活访问键，再次按下该键可将焦点返回文档并取消访问键
左、右方向键	按 Alt 或 F10 键选择活动选项卡，然后按左方向键或右方向键，可移至功能区的另一个选项卡
Ctrl+右箭头或左箭头	按 Alt 或 F10 选择活动选项卡，然后按 Ctrl+右箭头或左箭头在两个组之间移动
Ctrl+F1	最小化或还原功能区
Shift+F10	显示所选命令的快捷菜单
F6	执行该访问键，可以移动焦点以选择功能区中的活动选项卡
	执行该访问键，可以选择窗口底部的视图状态栏
	执行该访问键，可以选择文档
Tab 或 Shift+Tab	按 Alt 或 F10 键选择活动选项卡，然后按 Tab 或 Shift+Tab 组合键，可向前或向后移动，使焦点移到功能区中的每个命令处
上、下、左、右方向键	按 Alt 或 F10 键选择活动选项卡，然后按方向键，在功能区的各项目之间上移、下移、左移或右移
空格键或 Enter	激活功能区中的所选项命令或控件
	打开功能区中的所选菜单或库
Enter	激活功能区中的命令或控件以便可以修个某个值
	完成对功能区中某个控件值的修改，并将焦点移回文档
F1	获取有关功能区中所选命令或控件的帮助（当没有与所选命令相关的帮助主题时，系统会显示有关该程序的帮助目录）

1.5 Office 2016 协作应用

在实际工作中，用户可以通过协作应用 Office 2016 中的各个组件，来提高工作效率，以及增加 Office 文件的美观性与实用性。

1.5.1 Word 协作应用

Word 组件的协作应用主要是协作 Excel 和 Outlook，例如调用 Excel 图表、Excel 数据，与 Outlook 进行邮件合并等。

1. Word 调用 Excel 图表

对于数据比较复杂而又具有分析性的数据，用户还是需要调用 Excel 中的图表来直观显示数据的类型与发展趋势。在 Word 文档中执行【插入】|【表格】|【表格】|【Excel 电子表格】命令。在弹出的 Excel 表格中输入数据，并执行【插入】|【图表】|【柱形图】命令，选择【簇状柱形图】选项即可，如图 1-32 所示。

2. Word 调用 Excel 数据

在 Word 中不仅可以调用 Excel 中的图表，而且还可以调用 Excel 中的数据。对于一般的数据，可以利用邮件合并的功能来实现，例如在 Word 中调用 Excel 中的数据打印名单的情况。但是当用户需要在一个页面中打印多项数据时，邮件合并的功能将无法满足上述要求，此时用户可以运用 Office 里的 VBA 来实现。

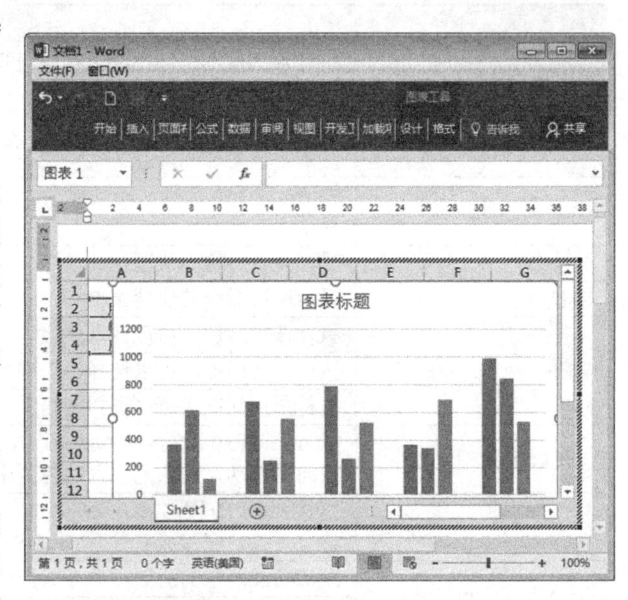

图 1-32 调用 Excel 图表

3. 在 Excel 中插入 Word 文档

Office 系列软件的一大优点就是能够互相协同工作，不同的应用程序之间可以方便地进行内容交换。使用 Excel 中的插入对象的功能，就可以很容易地在 Excel 中插入 Word 文档。

4. Word 与 Outlook 之间的协作

在 Office 各组件中，用户可以使用 Word 与 Outlook 中的邮件合并的功能，实现在批量发送邮件时根据收信人创建具有称呼的邮件。

1.5.2 Excel 协作应用

Excel 除了可以与 Word 组件协作应用之外，还可以与 PowerPoint 与 Outlook 组件进行协作应用。

1. Excel 与 PowerPoint 之间的协作

在 PowerPoint 中不仅可以插入 Excel 表格，而且还可以插入 Excel 工作表。在 PowerPoint 中执行【插入】|【文本】|【对象】命令，在对话框中选中【由文件创建】选项，并单击【浏览】按钮，在对话框中选择需要插入的Excel表格即可，如图 1-33 所示。

图 1-33 【插入对象】对话框

2. Excel 与 Outlook 之间的协作

用户可以运用 Outlook 中的导入/导出的功能，将 Outlook 中的数据导入到 Excel 中，或将 Excel 中的数据导入到 Outlook 中。在 Outlook 中，执行【文件】|【打开和导出】命令，在展开的页面中选择【导入/导出】命令，按照提示步骤进行操作即可，如图 1-34 所示。

1.5.3 Office 文件格式转换

在使用 Office 套装软件进行办公时，用户往往会遇到一些文件格式转换的问题。例如，将 Word 文档转换为 PDF 格式，或者将 PowerPoint 文件转换为 Word 文档格式等。在本小节中，将详细介绍一些常用文件格式的转换方法。

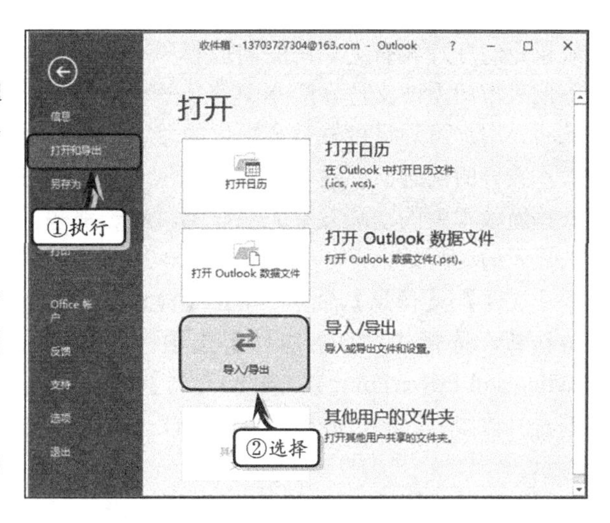

图 1-34 导入/导出 Outlook 文件

1. 转换为 PDF/XPS 格式

Office 2016 自带了将文档转换为 PDF/XPS 格式功能，用户只需启用相应的组件，执行【文件】|【另存为】命令，在展开的页面中选择保存位置，单击【浏览】按钮。然后，在弹出的【另存为】对话框中，将【保存类型】设置为“PDF”或“XPS 文档”，单击【保存】按钮即可，如图 1-35 所示。

2. PowerPoint 文件转换为 Word 文件

对于 PowerPoint 中的文本内容来讲，可以通过“复制”和“粘贴”的方法，将文本内容复制到 Word 文档中。除此之外，对于包含大量文本内容的 PowerPoint，则需要执行【文件】|【另存为】命令，单击【浏览】按钮。然后，在弹出的【另存为】对话框中，将【保存类型】设置为“大纲/RTF 文件”，单击【保存】按钮，将文件另存为 RTF 格式的文件，如图 1-36 所示。然后，使用 Word 组件打开保存的 RTF 文件，进行适当的编辑即可实现转换。

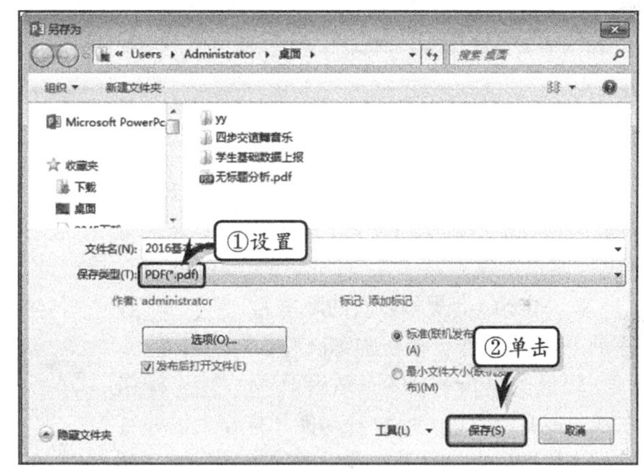

图 1-35 转换为 PDF/XPS

3. 低版本兼容高版本

对于 Office 文件格式的转换，新版的 Office 一般都可以轻松实现。但是，对于经常使用 PowerPoint 制作动画效果幻灯片的用户来讲，高版本和低版本之间的兼容问题是一件非常头疼的问题。

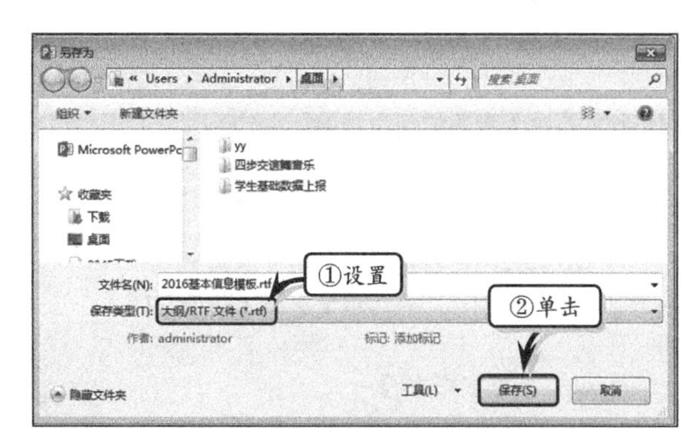

图 1-36 保存为 RTF 文件

对于追求高效率和高功能的用户来讲，新版本 PowerPoint 中的动画

效果令幻灯片具有更加绚丽的色彩和动感，但是实际办公中所使用的 PowerPoint 2003 版等旧版本却无法支持新版本中的某些动画效果。此时，用户可通过微软官方提供的兼容包来解决版本兼容的问题。不过，安装兼容包之后，仍有一些新版本中的动画效果无法显示。对于那些无法显示的动画效果，可在 PowerPoint 2016 中，执行【文件】|【信息】命令，单击【检查问题】下拉按钮，选择【检查兼容性】选项，在弹出的【Microsoft PowerPoint 兼容性检查器】对话框中，查看具体兼容问题，并根据提示更改，如图 1-37 所示。

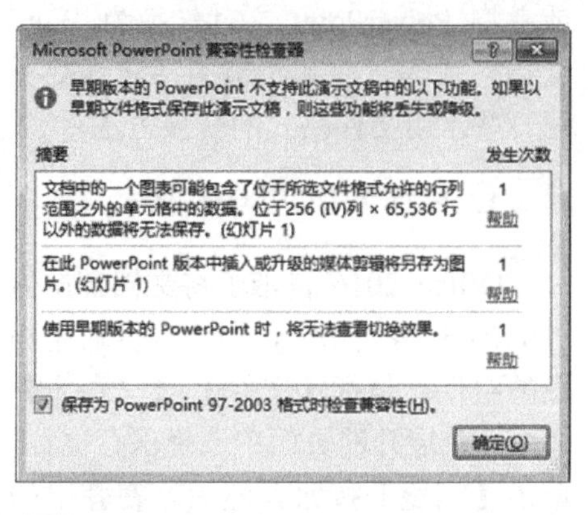

图 1-37 检查兼容性

当微软官方发布的兼容包无法解决某些动画问题时，可以完成幻灯片之后，将 PowerPoint 2016 文件导出为 Flash 格式，并在 PowerPoint 2003 文件中插入这个 Flash。但是，这个方法将无法更改 PowerPoint 文件中的错误，除此之外还需要借助第三方软件进行操作。

1.6 思考与练习

一、填空题

1. Microsoft Office 是微软公司开发的办公软件套装，包括 Word、Excel、PowerPoint 等常用组件，其最新版本为________（亦称 Office 15）。

2. Microsoft 最早开发的版本为________，并于 1984 年发布于最初的 Mac 中。

3. 目前 Office 2016 只适用于________操作系统，但新一代的 Office 在功能和操作上也朝着更好支持平板电脑以及触摸设备的方向发展，其浏览文档同 PC 一样方便。

4. Office 2016 在开始使用时会提醒用户注册 Microsoft 账户，可以方便用户将重要文档存储在__________中，以达到轻松访问、共享和随时随地保留个人设置的使用目的。

二、选择题

1. Office 2016 新增了一些可以大幅度节省办公时间的新功能，下列选项中不属于新增功能的一项为______。

A. 新增多彩主题

B. 轻松共享

C. 跨设备使用

D. 新增截图工具

2. Office 套装一般会包含多个版本，而每个版本又都包含了多个组件，在下列描述版本组件的选项中，错误的一项为______。

A. Office 2016 中包含 Binder 组件

B. Office 2010 中包含 Access 组件

C. Office 2007 中包含 Outlook 组件

D. Office 2000 中包含 Binder 组件

3. Word 设计者的宗旨是为用户提供最上乘的文档格式设置工具，一般具有_____特点。

A. 函数功能

B. 多媒体混排功能

C. 动画播放功能

D. 云保存功能

4. Excel 是 Office 系列办公软件中最重要的成员之一，广泛应用于各种_____范围中。

A. 计划安排

B. 物流运输

C. 科学运算

D. 以上都不正确

5. 用户可以运用 Office 2016 中的_____功能，来实现双语词典翻译单个字词或短语，以及搜索字典、百科全书或翻译服务的参考资料。

A. 拼写与语法

B. 翻译

C. 检索

D．审阅

6．Word 组件的协作应用主要是协作 Excel 和 Outlook，包括_____、Excel 数据与 Outlook 进行邮件合并等。

A．导入 Excel 数据

B．插入 Excel 数据表

C．调用 Excel 中的图表

D．调用 Word 中的图表

三、问答题

1．简述 Office 的发展历程。

2．简述 Office 2016 的新增功能。

3．Office 低版本如何兼容高版本？

4．如何自定义 Office 功能区？

四、上机练习

1．导出自定义选项卡

在本练习中，将以 Excel 2016 为例，详细介绍导出自定义选项卡的操作方法。首先，在【Excel 选项】对话框中的【自定义功能区】选项卡中，单击【导入/导出】下拉按钮，在其下拉列表中选择【导出所有自定义设置】选项，如图 1-38 所示。

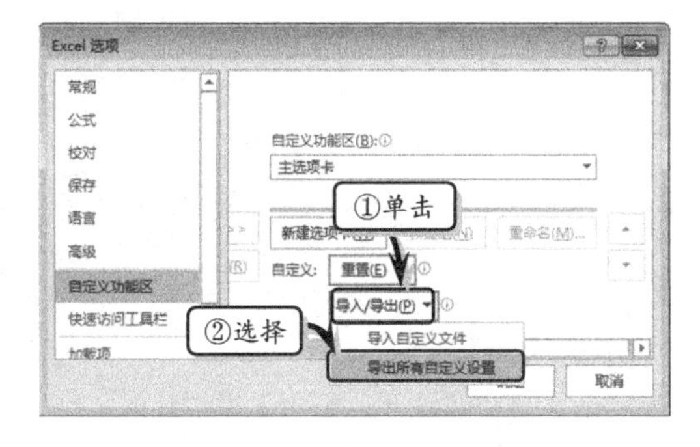

图 1-38 准备导出自定义设置

然后，在弹出的【保存文件】对话框中，选择保存位置，单击【保存】按钮，保存自定义文件，如图 1-39 所示。

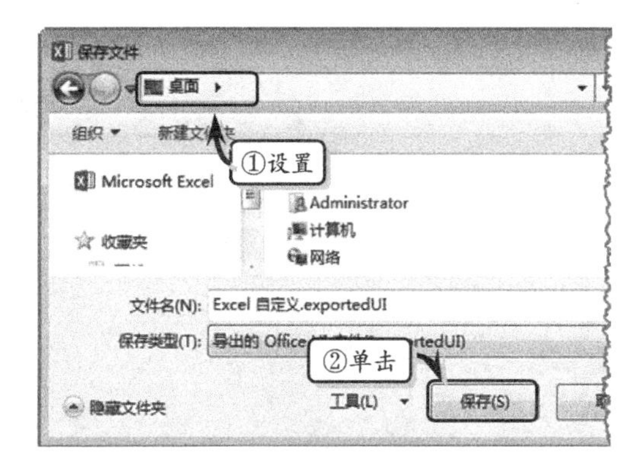

图 1-39 保存自定义设置

2．设置 Office 主题

在本实例中，将以 Word 2016 为例，详细介绍更改 Office 主题的操作方法。首先，启动 Word 组件，执行【文件】|【选项】命令。然后，在弹出的【Word 选项】对话框中，激活【常规】选项卡，并在【对 Microsoft Office 进行个性化设置】列表中，单击【Office 主题】下拉按钮，选择一种 Office 主题颜色即可，如图 1-40 所示。

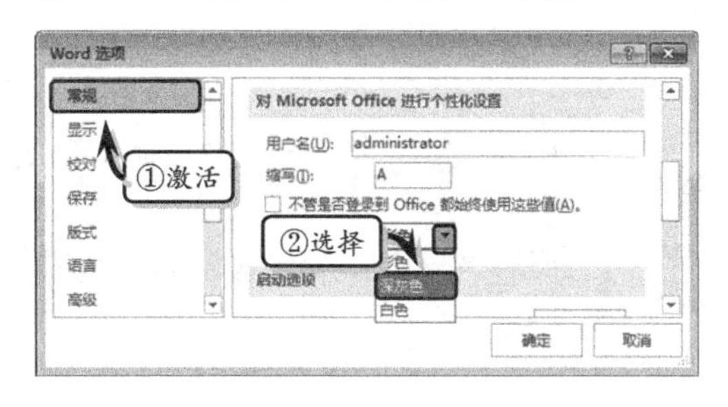

图 1-40 设置 Office 主题

第 2 章

文档排版

Word 2016 是 Office 2016 软件中的文字处理组件，也是目前办公室人员必备的文本处理软件。它不仅可以帮助用户创建纯文本、图表文本、表格文本等各种类型的文档，而且还可以使用字体、段落、版式等格式功能对文档进行初步排版，以达到层次分明与重点突出的目的。在本章中，将详细使用 Word 2016 输入文本并排版文档的基础知识和操作技巧。

本章学习内容：

- Word 2016 界面介绍
- 创建文档
- 保存和保护文档
- 输入文本
- 设置文本格式
- 设置段落格式
- 设置边框格式
- 设置中文版式
- 设置水印背景

2.1 Word 2016 界面介绍

Word 2016 的窗口界面更具有美观性与实用性，不仅在界面颜色上提供了彩色、深灰色和白色等颜色，而且还取消了界面中的 Word 图标，使整体界面看起来更加简洁和实用。Word 2016 的整体界面图，如图 2-1 所示。

窗口的最上方是由快速访问工具栏、当前工作文档名称与窗口控制按钮组成的标题栏，下面是功能区，然后是文档编辑区。在本节中将详细介绍 Word 2016 界面的组成部分。

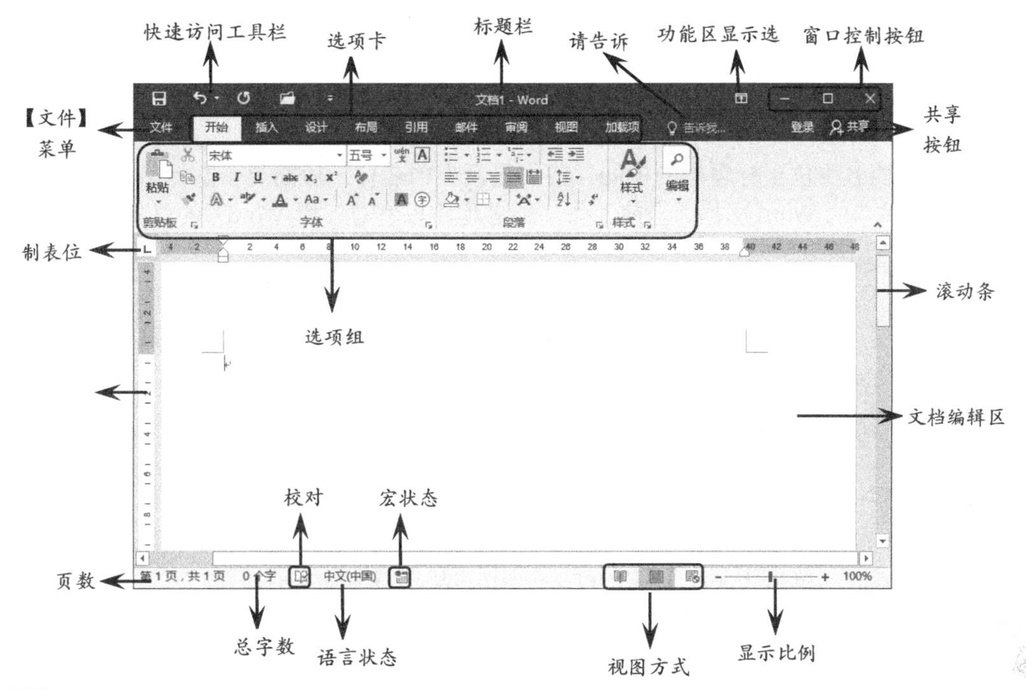

图 2-1 Word 2016 界面

2.1.1 标题栏

标题栏位于窗口的最上方，由快速访问工具栏、当前文档名称、窗口控制按钮、功能显示选项组成。通过标题栏，不仅可以调整窗口大小，查看当前所编辑的文档名称，还可以进行新建、打开、保存等文档操作，如图 2-2 所示。

图 2-2 标题栏

1. 快速访问工具栏

快速访问工具栏在默认情况下，位于标题栏的最左侧，是一个可自定义工具按钮的工具栏，主要放置一些常用的命令按钮。默认情况下，系统会放置【保存】、【撤销】与【重复】3 个命令按钮。

单击旁边的下三角按钮，可添加或删除快速访问工具栏中的命令按钮。另外，用户还可以将快速工具栏放于功能区的下方。

2．当前文档名称

当前文档名称位于标题栏的中间，前面显示文档名称，后面显示文档格式。例如，名为“幻灯片”的 Word 文档，当前工作文档名称将以“幻灯片-Word”的格式进行显示。

3．功能区显示选项

功能区显示选项位于当前文档名称的右侧，主要用于控制功能区的隐藏和显示，以及选项卡和命令的隐藏和显示状态。

4．窗口控制按钮

窗口控制按钮是由【最小化】、【最大化】、【关闭】按钮组成的，位于标题栏的最右侧。单击【最小化】按钮可将文档缩小到任务栏中，单击【最大化】按钮可将文档放大至满屏，单击【关闭】按钮可关闭当前 Word 文档。

提 示

用户可通过双击标题栏的方法来调整窗口的大小。

2.1.2 功能区

Word 2016 中的功能区位于标题栏的下方，相当于 Word 2003 版本中的各项菜单。唯一不同的是功能区是通过选项卡与选项组来展示各级命令，便于用户查找与使用。用户除了通过双击选项卡的方法展开或隐藏选项组之外，还可以通过访问键来操作功能区。

1．选项卡和选项组

在 Word 2016 中，选项卡替代了旧版本中的菜单，选项组则替代了旧版本菜单中的各级命令。用户直接单击选项组中的命令按钮便可以实现对文档的编辑操作，新旧版 Word 各选项卡与选项组的功能，如表 2-1 所示。

表 2-1 Word 选项卡新旧版对比

选 项 卡	Word 2013 版选项组	Word 2016 版选项组
开始	包括【剪贴板】、【字体】、【段落】、【样式】、【编辑】选项组	包括【剪贴板】、【字体】、【段落】、【样式】、【编辑】选项组
插入	包括【页面】、【表格】、【插图】、【应用程序】、【链接】、【页眉和页脚】、【文本】、【符号】、【媒体】、【批注】等选项组	包括【页面】、【表格】、【插图】、【加载项】、【媒体】、【链接】、【批注】、【页眉和页脚】、【文本】、【符号】等选项组
设计	包括【文档格式】和【页面背景】选项组	包括【文档格式】和【页面背景】选项组
布局（页面布局）	包括【页面设置】、【稿纸】、【段落】、【排列】选项组	包括【页面设置】、【稿纸】、【段落】、【排列】选项组
引用	包括【目录】、【脚注】、【引文与书目】、【题注】、【索引】、【引文目录】选项组	包括【目录】、【脚注】、【引文与书目】、【题注】、【索引】、【引文目录】选项组

续表

选 项 卡	Word 2013 版选项组	Word 2016 版选项组
邮件	包括【创建】、【开始邮件合并】、【编写和插入域】、【预览结果】、【完成】选项组	包括【创建】、【开始邮件合并】、【编写和插入域】、【预览结果】、【完成】选项组
审阅	包括【校对】、【语言】、【中文简繁转换】、【批注】、【修订】、【更改】、【比较】、【保护】选项组	包括【校对】、【见解】、【语言】、【中文简繁转换】、【批注】、【修订】、【更改】、【比较】、【保护】选项组
视图	包括【视图】、【显示】、【显示比例】、【窗口】、【宏】选项组	包括【视图】、【显示】、【显示比例】、【窗口】、【宏】选项组
加载项	默认情况下只包括【菜单命令】选项组，可通过【Word 选项】对话框加载选项卡	默认情况下只包括【菜单命令】选项组，可通过【Word 选项】对话框加载选项卡
请告诉我	无	输入相应内容便可获得帮助，试用列表包括【添加批注】、【更改表格外观】、【编辑页眉】、【打印】和【共享我的文档】选项

2. 访问键

Word 2016 为用户提供了访问键功能，在当前文档中按 Alt 键，即可显示选项卡访问键。按选项卡访问键进入选项卡之后，选项卡中的所有命令都将显示命令访问键。单击或再次按 Alt 键，将取消访问键，如图 2-3 所示。

按下 Alt 键显示选项卡访问键之后，按下选项卡对应的字母键，即可展开选项组，并显示选项组中所有命令的访问键，如图 2-4 所示。

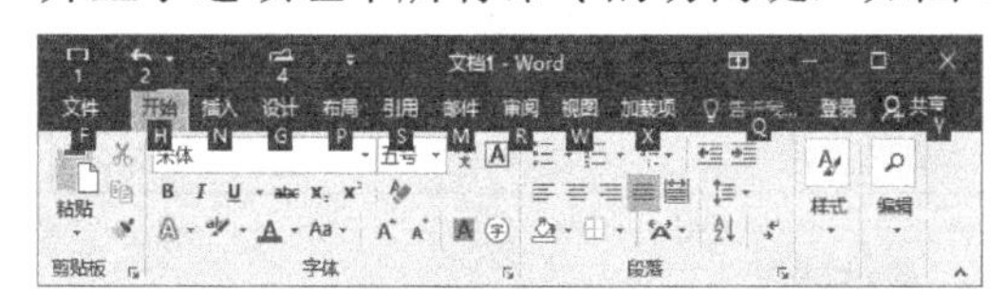

图 2-3 选项卡访问键

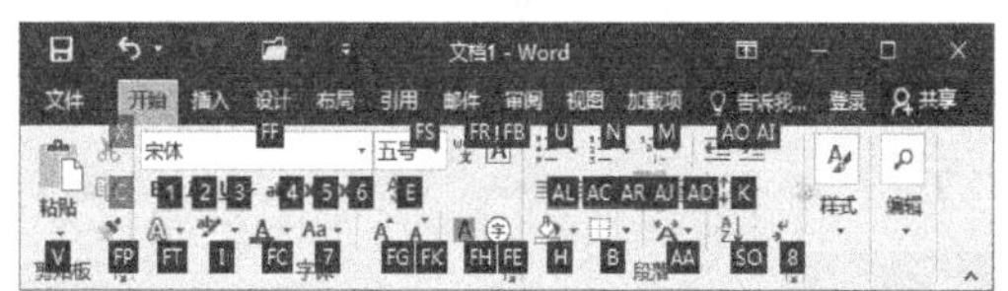

图 2-4 选项组访问键

2.1.3 编辑区

编辑区位于 Word 2016 窗口的中间位置，可以进行输入文本、插入表格、插入图片等操作，并对文档内容进行删除、移动、设置格式等编辑操作。编辑区主要分为制表位、滚动条、标尺、文档编辑区等内容。

1. 制表位

制表位位于编辑区的左上角，主要用来定位数据的位置与对齐方式。执行【制表位】命令，可以转换制表位格式。Word 2016 中主要包括左对齐式、右对齐式、居中式、小数点对齐式、竖线对齐式等 7 种制表位格式。具体功能，如表 2-2 所示。

2. 滚动条

滚动条位于编辑区的右侧与底侧，右侧的称为垂直滚动条，底侧的称为水平滚动条。

在编辑区中，可以拖动滚动条或单击上、下、左、右三角按钮来查看文档中的其他内容。

表 2-2 制表位

图　标	名　称	功　能
⌞	左对齐式	设置文本的起始位置
⌟	右对齐式	设置文本的右端位置
⊥	居中式	设置文本的中间位置
⊥.	小数点对齐式	设置数字按小数点对齐
|	竖线对齐式	不定位文本，只在制表位的位置插入一条竖线
▽	首行缩进	设置首行文本缩进
△	悬挂缩进	设置第二行与后续行的文本位置

3. 标尺

标尺位于编辑区的上侧与左侧，上侧的称为水平标尺，左侧的称为垂直标尺。在 Word 中，标尺主要用于估算对象的编辑尺寸，例如通过标尺可以查看文档表格中的行间距与列间距。

用户可通过启用或禁止【视图】选项卡【显示】选项组中的【标尺】复选框，来显示或隐藏编辑区中的标尺元素，如图 2-5 所示。

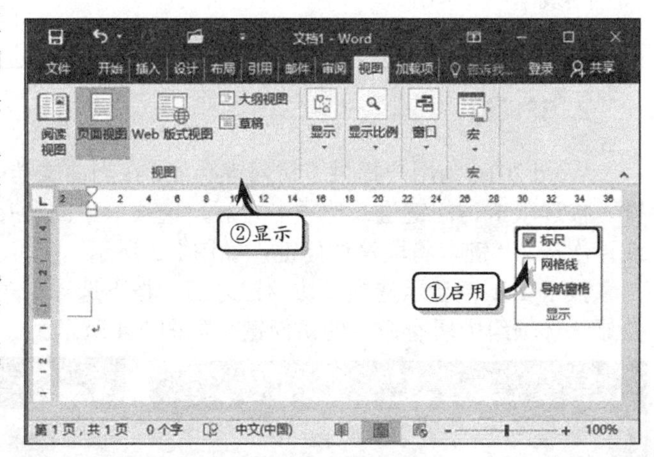

图 2-5 显示标尺

提 示

在普通视图下只能显示水平标尺，而在页面视图下才可以同时显示水平和垂直标尺。

4. 文档编辑区

文档编辑区位于编辑区的中央，主要用来创建与编辑文档内容，例如输入文本、插入图片、编辑文本、设置图片格式等。

2.1.4 状态栏

状态栏位于窗口的最底端，用于显示当前文档窗口的状态信息，包括文档总页数、当前页的页号、插入点所在位置的行/列号等，还可以通过右侧的缩放比例来调整窗口的显示比例。

1. 页数

页数位于状态栏的最左侧，主要用来显示当前页数与文档的总页数 第 1 页，共 1 页 。例如“页面：1/2”表示文档的总页数为两页，当前页为第一页。

2. 字数

字数位于页数的左侧，用来显示文档的总字符数量 10 个字 。例如“字数：10”表示文档包含 10 个汉字。

3. 编辑状态

编辑状态位于字数的左侧，用来显示当前文档的编辑情况。例如当输入正确的文本时，编辑状态则显示为【无校对错误】图标 ；当输入的文本出现错误或不符合规定时，编辑状态则显示为【发现校对错误，单击可更正】图标 。

4. 视图

视图位于显示比例的右侧，主要用来切换文档视图。Word 2016 中简化了视图类型，从左至右依次显示为阅读视图 、页面视图 和 Web 版式视图 3 种视图。

5. 显示比例

显示比例位于状态栏的最右侧，主要用来调整视图的百分比，其调整范围为 10%～500%。用户除了可通过滑块来调整视频缩放百分比之外，还可以通过单击滑块右侧的【缩放级别】按钮 100% ，在弹出的【显示比例】对话框中自定义显示比例，如图 2-6 所示。

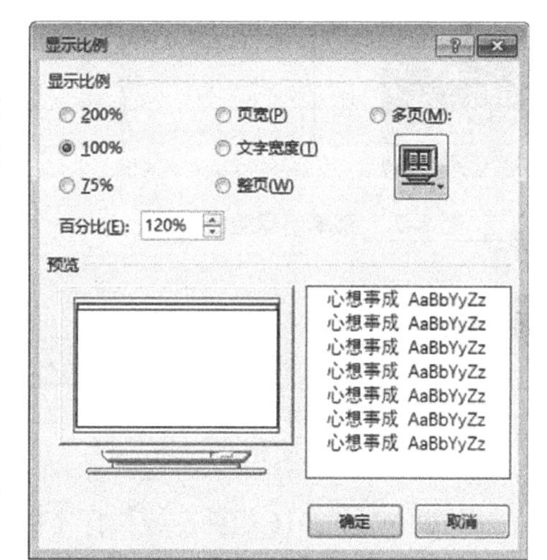

图 2-6 自定义显示比例

2.2 文档的基础操作

对 Word 2016 的工作界面有了一定的了解之后，便可以对文档进行简单的操作了。在本节中，主要讲解如何创建文档、保存和保护文档、输入文本、编辑文本和查找与替换文本等基础操作。

2.2.1 创建文档

在 Word 2016 中，用户除了可以创建空白文档之外，还可以根据设计需求来创建不同类型的模板文档。

1. 创建空白文档

启用 Word 2016 后，会自动进入到【新建】页面中。选择【空白文档】选项，即可创建一个空白文档，如图 2-7 所示。而当用户已经进入到 Word 组件后，则可以执行【文件】|【新建】命令，在展开的【新建】页面中选择【空白工作簿】选项，即可创建一个空白工作文档。

另外，用户还可以单击【快速访问工具栏】后面的【自定义快速访问工具栏】按钮，在下拉列表中选择【新建】选项，将该命令添加到【快速访问工具栏】中。然后，单击【快速访问工具栏】中的【新建】按钮，即可快速创建一个空白文档，如图 2-8 所示。

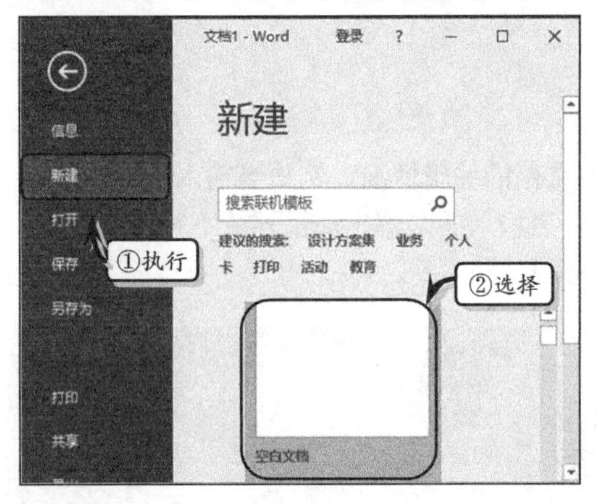

图 2-7 菜单创建空白文档

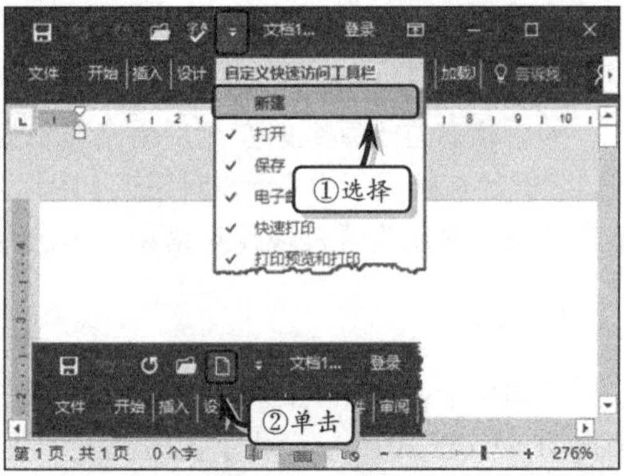

图 2-8 快速创建空白文档

提 示

按 Ctrl+N 组合键，也可创建一个空白的工作簿。

2. 创建模板文档

启动 Word 2016 组件，或执行【文件】|【新建】命令，在【新建】页面中将会显示固定的模板样式，以及最近使用的模板演示文稿样式。此时，用户只需选择相应的模板样式即可，如图 2-9 所示。

提 示

在新建模板列表中，单击模板名称后面的 按钮即可将该模板固定在列表中，便于下次使用。

然后，在弹出的创建页面中，预览模板文档内容，单击【创建】按钮，即可创建该类型的模板文档，如图 2-10 所示。

图 2-9 选择模板

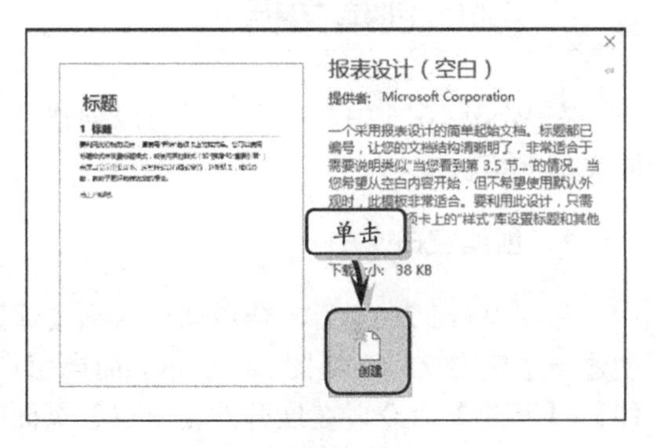

图 2-10 创建模板文档

除了上述创建模板的方法之外，用户还可以通过下列两种方法，来创建模板文档。

- **按类别创建** 此类型的模板主要根据内置的类别模板进行分类创建。在【新建】页面中，选择【建议的搜索】行中的任意一个类别。然后，在展开的类别中选择相应的模板文档即可。
- **搜索模板** 当用户需要创建某个具体类别的模板文档时，可以在【新建】页面中的【搜索】文本框中输入搜索内容，并单击【搜索】按钮。然后，在搜索后的列表中选择相应的模板文档即可。

2.2.2 保存和保护文档

创建 Word 文档之后，为了保护劳动成果，还需要对编辑后的文档进行保存操作。除此之外，为了防止文档被他人篡改，还需要通过设置保护密码的方法，达到彻底保护文档内容的目的。

1. 保存文档

对于新建文档，用户只需单击【快速访问工具栏】中的【保存】命令，或执行【文件】|【另存为】命令，在展开的【另存为】页面中选择【这台电脑】选项，并单击【浏览】按钮，如图 2-11 所示。

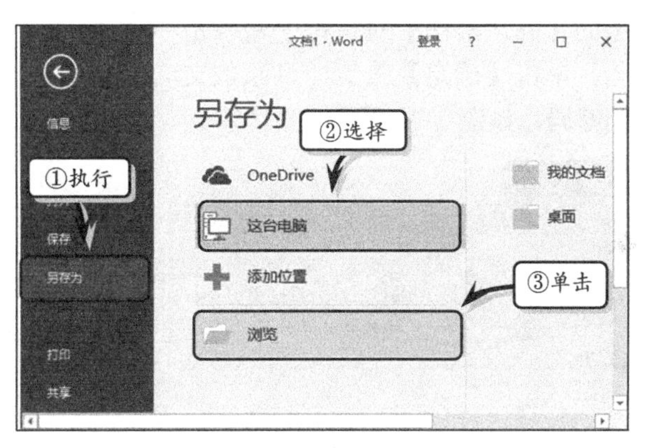

图 2-11 选择保存位置

提 示

在 Word 2016 中，用户还可以将文档保存到 OneDrive 和其他位置中。

然后，在弹出的【另存为】对话框中，设置【文件名】与【保存类型】选项，单击【保存】按钮即可，如图 2-12 所示。

而对于已经保存过并修改的文档，执行【文件】|【另存为】命令，即可将该文档以其他文件名保存为该文档的一个副本。

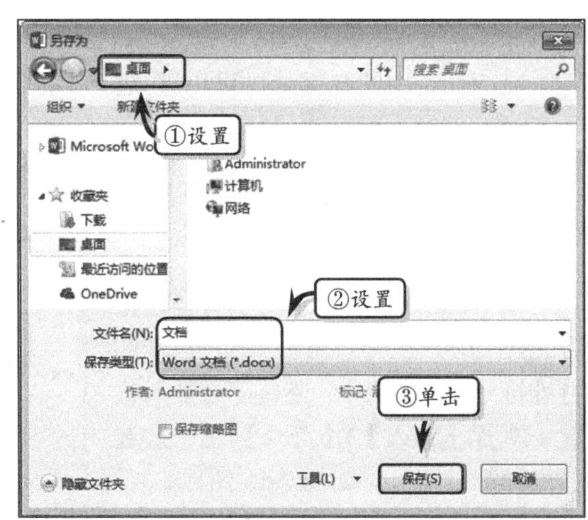

图 2-12 保存文档

2. 设置自动保存

自动保存功能是 Word 为用户提供的一种在指定的间隔时间内，自动保存当前文档的一种功能。在 Word 中，执行【文件】|【选项】命令，激活【保存】选项卡，启用【保存自动恢复信息时间间隔】复选框，设置间隔时间，单击【确定】按钮即可，如图 2-13 所示。

3. 保护文档

保护文档是使用打开和修改密码的方法，来加密文档内容，以防止文档被恶意篡改。执行【文件】|【另存为】命令，在【另存为】对话框中单击【工具】下拉按钮，选择【常规选项】选项，弹出【常规选项】对话框。在【打开文件时的密码】文本框中输入密码，单击【确定】按钮。在弹出的【确认密码】对话框中输入密码，单击【确定】按钮即可添加文档密码，如图 2-14 所示。

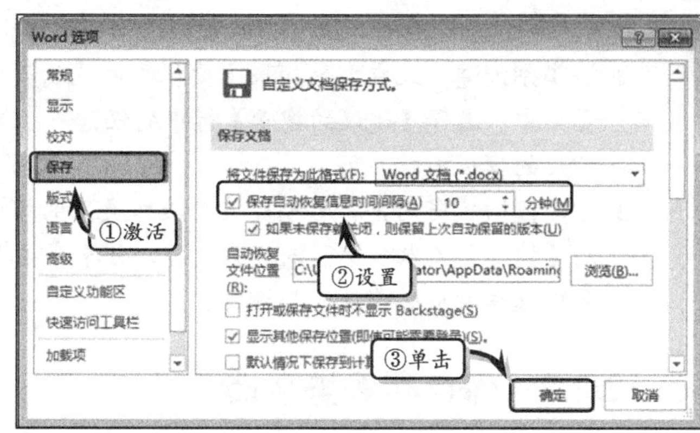

图 2-13 设置自动保存功能

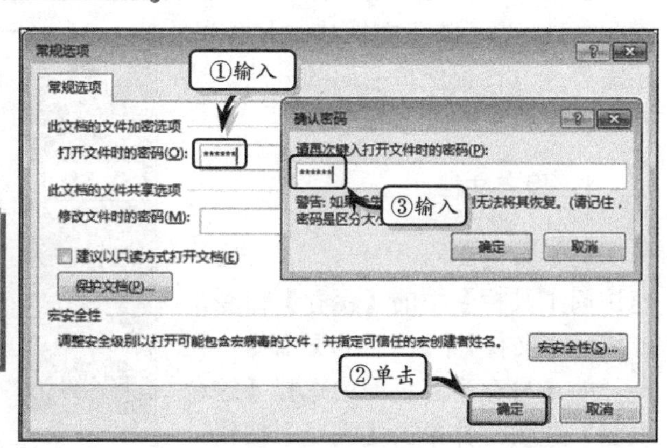

图 2-14 添加密码

提 示

用户也可以通过执行【文件】|【信息】命令，单击【保护文档】下拉按钮，在其下拉列表中选择【用密码进行加密】选项，来为文档添加密码。

2.2.3 输入文本

创建文档之后，还需要通过在文档中输入文本的方法，来完成文档的编辑与排版工作。在 Word 中，除了可以输入普通文本之外，还可以输入特殊符号和公式等特殊文本内容，以达到优化文档内容的目的。

1. 输入普通文本

在 Word 中的光标处，可以直接输入中英文、数字、符号、日期等文本。当用户按下 Enter 键时，可以直接换行，在下一行中继续输入。而当用户按下空格键时，可以空出一个或几个字符，并在空格后继续输入文本。

2. 输入特殊符号

在 Word 中除了输入文字与普通符号之外，用户还可以输入 Word 自带的特殊符号。在文档中，选择符号插入位置，执行【插入】|【符号】命令，选择一种符号即可，如图 2-15 所示。

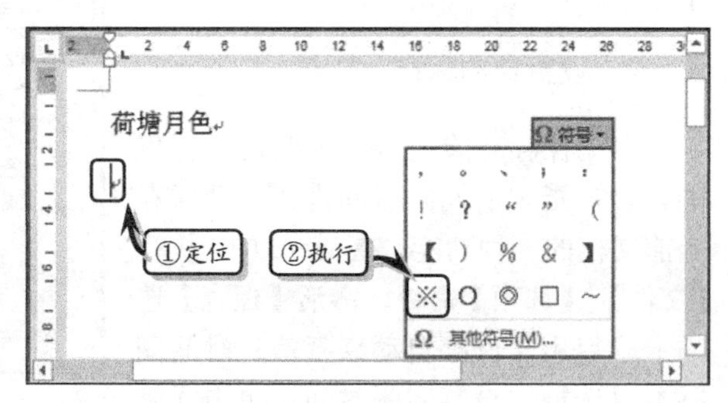

图 2-15 直接插入符号

除此之外，执行【插入】|【符号】|【符号】|【其他符号】|命令，在弹出的

【符号】对话框中激活【符号】选项卡，选择相应的符号，单击【插入】按钮，如图 2-16 所示。

另外，在【符号】对话框中，激活【特殊字符】选项卡，在列表框中选择相应的选项，单击【插入】按钮，即可插入表示某种意义的特殊字符，如图 2-17 所示。

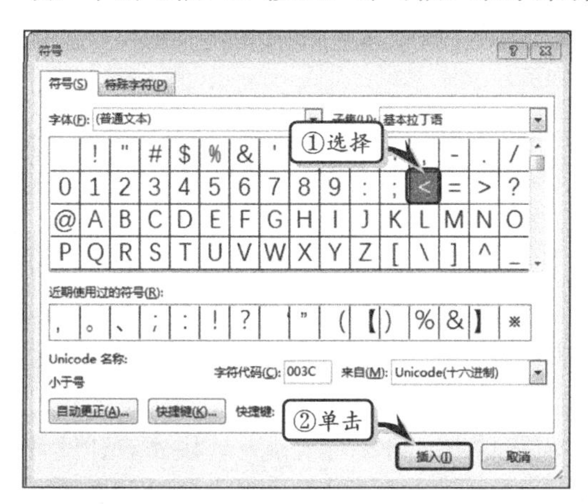

图 2-16 插入符号

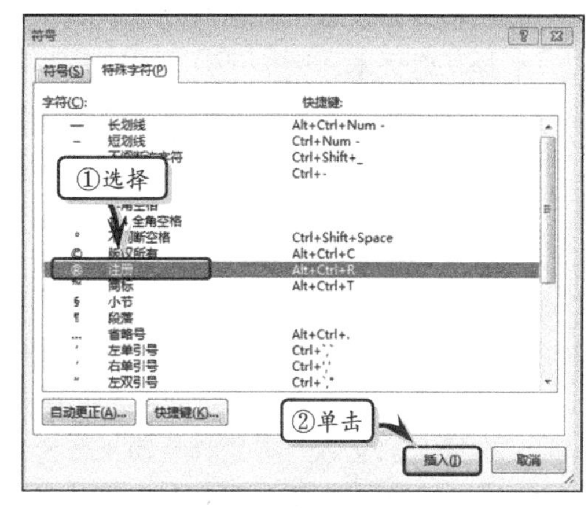

图 2-17 插入特殊字符

3. 输入公式

Word 2016 为用户提供了二次公式、二项式定理、勾股定理等 9 种公式，执行【插入】|【符号】|【公式】命令，在打开的下拉列表中选择公式类别即可，如图 2-18 所示。

另外，执行【插入】|【符号】|【公式】|【插入新公式】命令，在插入的公式范围内，输入公式字母。同时，在【公式工具】|【设计】选项卡中设置公式中的符号和结构，如图 2-19 所示。

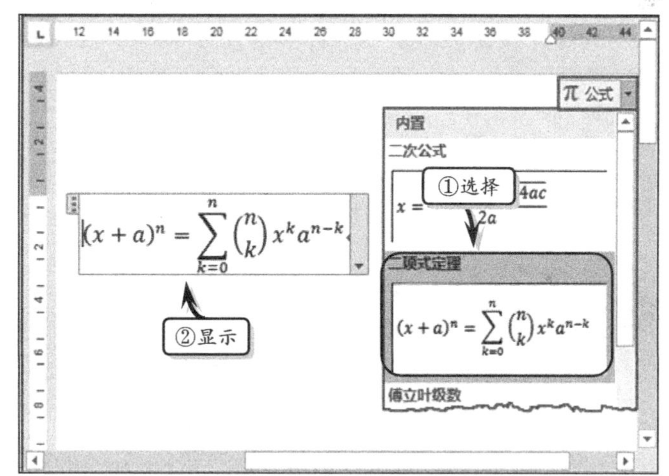

图 2-18 插入公式

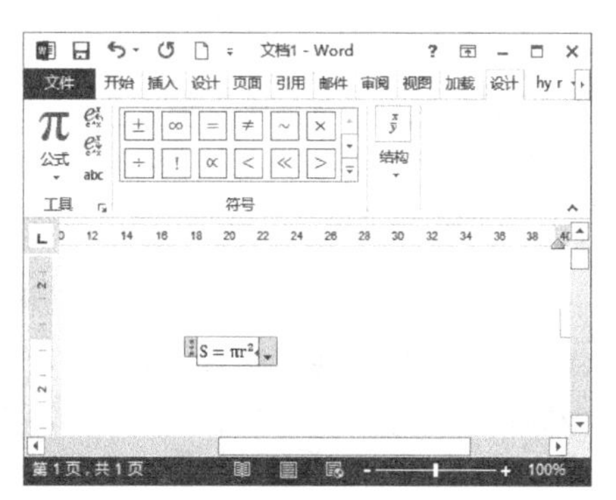

图 2-19 编辑公式

2.2.4 编辑文本

在文档中输入文本之后，还需要对文本进行选择、复制、粘贴、移动等一系列的编辑操作。通过编辑文本操作，不仅可以帮助用户合理安排文档的整体结构，而且还可以减少重复性文本的输入操作，以提高用户的工作效率。

1. 选择文本

使用鼠标选取文本是最基本、最常用的方法。在选择文本时，还可使用以下方法进行选择。

- **选择任意文本** 首先移动鼠标至文本的开始点，按下鼠标左键并拖动鼠标即可选择任意文本。
- **选择词组** 将光标置于该词组的任意位置，双击单词的任意位置，即可选择单词。
- **选择一个句子** 将光标置于该句子的任意位置，连续单击三次即可。
- **选择整行** 将鼠标移动至行的最左侧，当光标变成↗时单击即可选择整行。
- **选择多行** 将鼠标移动至行的最左侧，当光标变成↗时按下鼠标左键并拖动鼠标即可选择多行。
- **选择整段** 选择整段与选择整行的方法大体一致，也是移动鼠标至整段的最左侧，当鼠标变成↗时双击即可选择整段。
- **选择全部文本** 将鼠标移动至任意文本的最左侧，当光标变成↗时按住 Ctrl 键并单击，即可选择全部文本。同时，用户也可以启用【开始】选项卡【编辑】选项组中的【选择】命令，选择【全选】选项，即可选择全部文本。

除了使用鼠标选择部分文本之外，还可以执行【开始】|【编辑】|【选择】|【全选】命令，来选择整篇文档，如图 2-20 所示。

2. 移动文本

通过鼠标移动文本。选择需要移动的文本，当鼠标变为“向左箭头”形状↖时，按住鼠标左键，拖动至需要移动位置，松开鼠标左键，完成文本的移动，如图 2-21 所示。

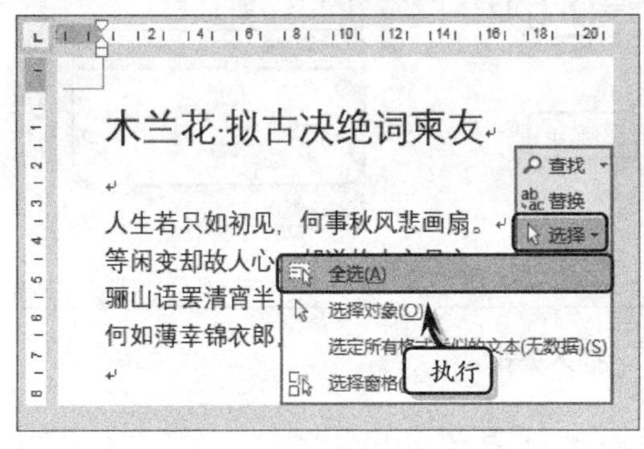

图 2-20 选择整篇文档

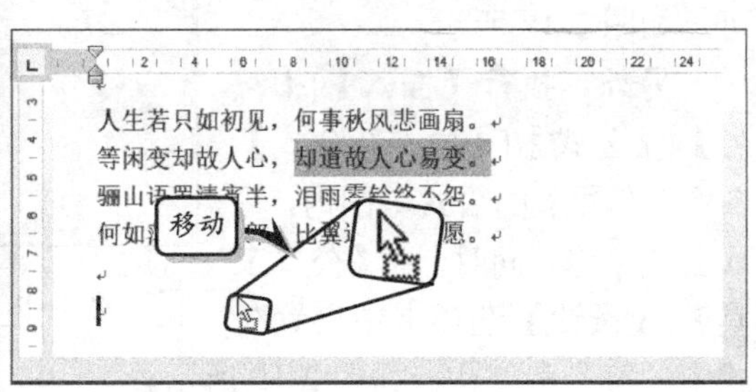

图 2-21 移动文本

3. 复制文本

在 Word 中，可以通过【粘贴板】选项组中的命令，来复制与粘贴相应的文本。选择需要复制的文本，执行【开始】|【剪贴板】|【复制】命令。然后，选择需要粘贴文本的位置，执行【剪贴板】|【粘贴】命令，将文本复制到该光标处，如图 2-22 所示。

另外，执行【剪贴板】|【粘贴】|【选择性粘贴】命令，在【选择性粘贴】对话框中设置粘贴形式。如选择【图片】选项，则可以将文本以图片形式粘贴，如图 2-23 所示。

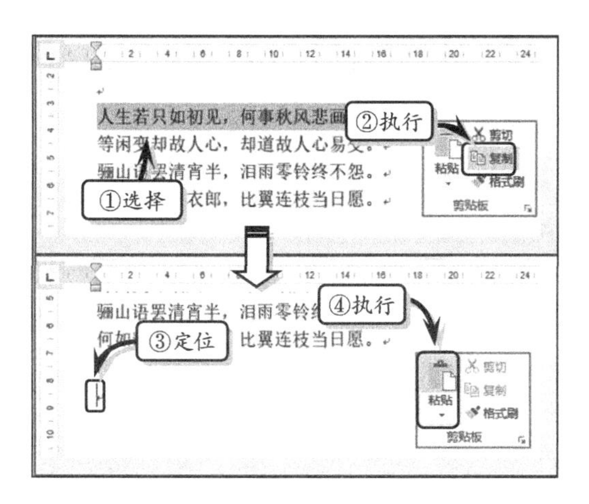

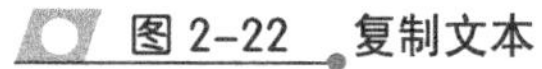
图 2-22 复制文本

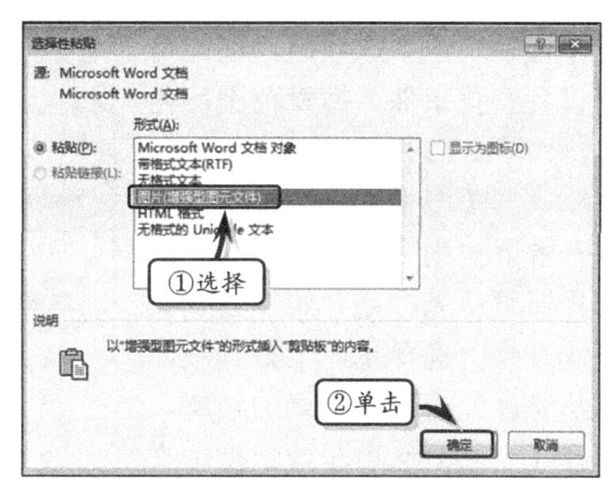

图 2-23 复制文本为图片

提 示

选择需要复制的文本，使用 Ctrl+C 组合键进行复制；按 Ctrl+V 组合键进行粘贴。还可以使选择需要复制的文本，按 Shift+F2 组合键，单击需要插入位置，按 Enter 键即可完成复制操作。

2.2.5 查找与替换文本

对于长篇或包含多处相同及共同文本的文档来讲，修改某个单词或修改具有共同性的文本时显得特别麻烦。为了解决用户的使用问题，Word 2016 为用户提供了查找与替换文本的功能。

1. 查找与替换文本

执行【开始】|【编辑】|【替换】命令，在弹出的【查找和替换】对话框中激活【查找】选项卡。在【查找内容】文本框中输入查找内容，单击【查找下一处】按钮即可，如图 2-24 所示。

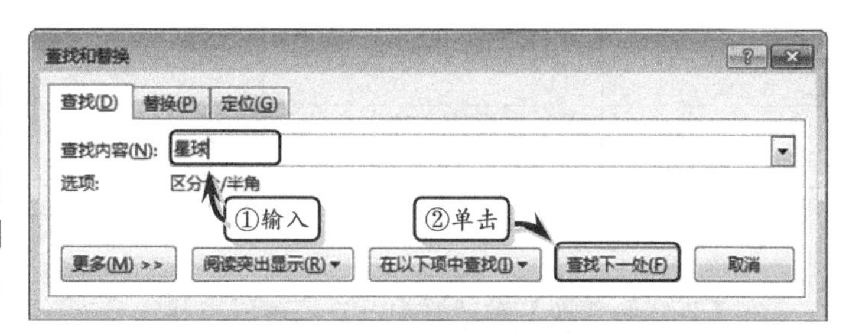

图 2-24 查找文本

在【替换】选项卡中的【查找内容】与【替换为】文本框中分别输入查找文本与替换文本，单击【替换】或【全部替换】按钮即可，如图 2-25 所示。

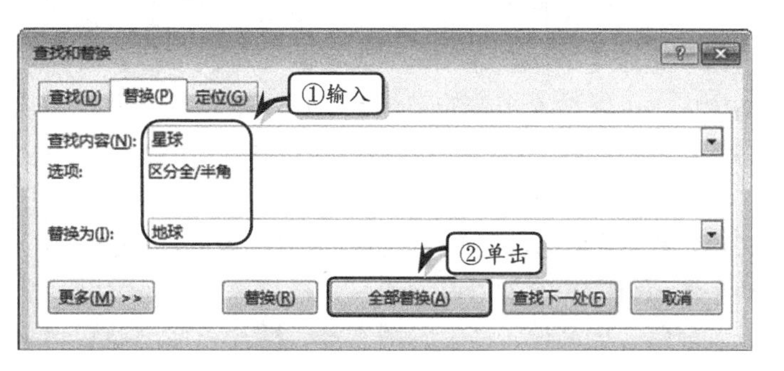

图 2-25 替换文本

2. 搜索选项

在【查找和替换】对话

框中单击【更多】按钮，即可展开【搜索选项】选项组，在此可以设置查找条件、搜索范围等内容，如图 2-26 所示。

图 2-26 搜索选项

单击【搜索】下拉按钮，在打开的下拉列表中选择【向上】选项即可从光标处开始搜索到文档的开头，选择【向下】选项即可从光标处搜索到文章的结尾，选择【全部】选项即搜索整个文档。同时，用户还可以利用取消选中或选中复选框的方法来设置搜索条件。其【搜索选项】选项组中选项的具体功能如表 2-3 所示。

表 2-3 搜索选项

名　称	功　能	名　称	功　能
区分大小写	表示在查找文本时将区分大小写，例如查找 A 时，a 不在搜索范围	区分前缀	表示查找时将区分文本中单词的前缀
全字匹配	表示只查找符合全部条件的英文单词	区分后缀	表示查找时将区分文本中单词的后缀
使用通配符	表示可以使用匹配其他字符的字符	区分全/半角	表示在查找时候区分英文单词的全角或半角字符
同音（英文）	表示可以查找发音一致的单词	忽略标点符号	表示在查找的过程中将忽略文档中的标点符号
查找单词的所有形式（英文）	表示查找英文时，不会受到英文形式的干扰	忽略空格	表示在查找时，不会受到空格的影响

3. 查找与替换格式

在【查找和替换】对话框中，除了可以查找和替换文本之外，还可以查找和替换文本格式。在【替换】选项卡底端的【替换】选项组中，单击【格式】下拉按钮，选择【字体】选项。在弹出的【替换字体】对话框中，可以设置文本的字体、字形、字号及效果等格式，如图 2-27 所示。

然后在【查找内容】与【替换为】文本框中输入文本，单击【全部替换】或【替换】按钮即可。在【替换】选项组中，除了可以设置字体格式之外，还可以设置段落、制表位、语言、图文框、样式和突出显示格式。

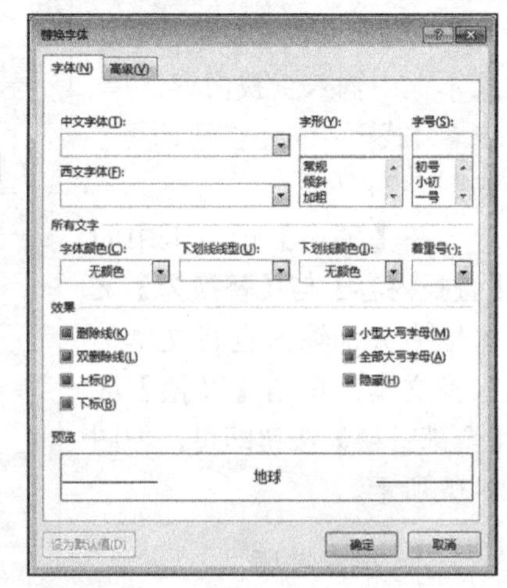

图 2-27 设置字体格式

2.3 设置文档格式

文档的形式影响了整篇文档的整齐性与统一性，因此为文档输入文本之后，还需要通过快速、巧妙地设置文本格式、段落格式和边框格式等文档格式，来达到美化文档以及加快编辑速度的目的。

2.3.1 设置文本格式

文本格式是对文本最基础的格式设置，包括文本的字号、字体、字符间距、字形、字体颜色等内容。通过文本格式的设置，可以消除文本的呆板、无生气的现象。

1. 设置字体与字号

字体是表示文字书写风格的一种简称，在 Word 中可以根据文档的风格随意设置文本的字体格式。

选择要设置的字符后，执行【开始】|【字体】|【字体】命令，在其列表中选择所需要的字体即可。同时，执行【开始】|【字体】|【字号】命令，选择相应的字号即可，如图 2-28 所示。

另外，单击【字体】选项组中的【对话框启动器】按钮，弹出【字体】对话框。激活【字体】选项卡，单击【中文字体】下拉按钮，选择所需字体。同时，在【字号】列表中，选择相应的字号即可，如图 2-29 所示。

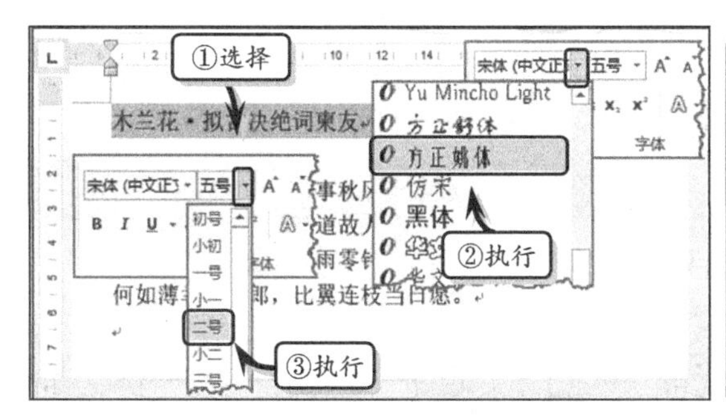

图 2-28 设置字体和字号

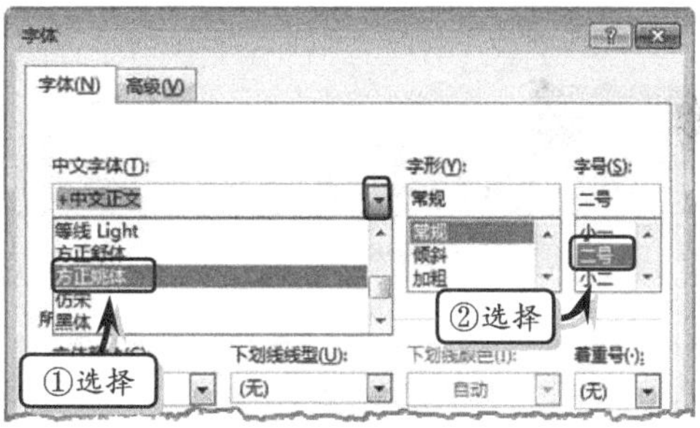

图 2-29 【字体】对话框

提 示

除了上述方法之外，用户还可以在弹出的【浮动工具栏】中单击【字体】下拉按钮，选择所需字体，如设置为“隶书”。

2. 设置字形与颜色

字形是字符的显示方式，设置字形可以增加文本的整齐性；而设置颜色则可以区别不同类型的文本。

选择文本，执行【开始】|【字体】|【加粗】命令，同时执行【字体】|【字体颜色】

命令，选择一种颜色，设置文本的字体颜色，如图 2-30 所示。

另外，选择进行字形设置的字符，单击【字体】选项组中的【对话框启动器】按钮，在弹出的【字体】对话框中进行【字形】和【字体颜色】设置，如图 2-31 所示。

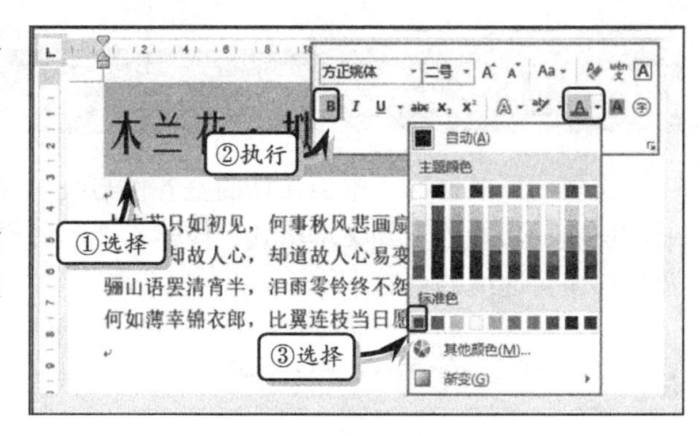

图 2-30 设置字形和字体颜色

3. 设置字体效果

字体效果包括上标、下标等一些特殊的字体效果，以及文本的边框与底纹效果。选择要设置字符边框字符，执行【开始】|【字体】|【字符边框】命令，即可为字符添加边框，如图 2-32 所示。

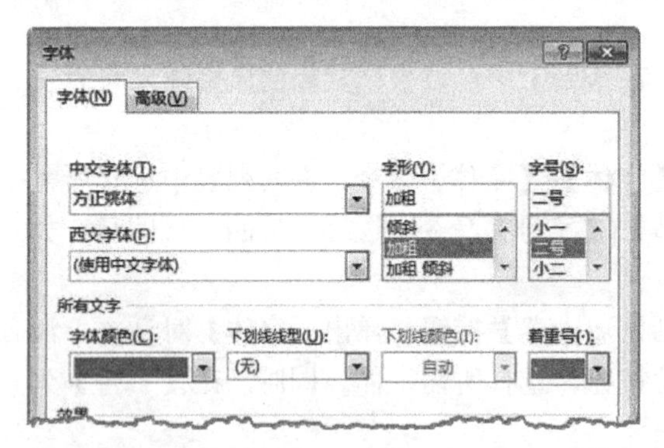

图 2-31 对话框设置字形和颜色

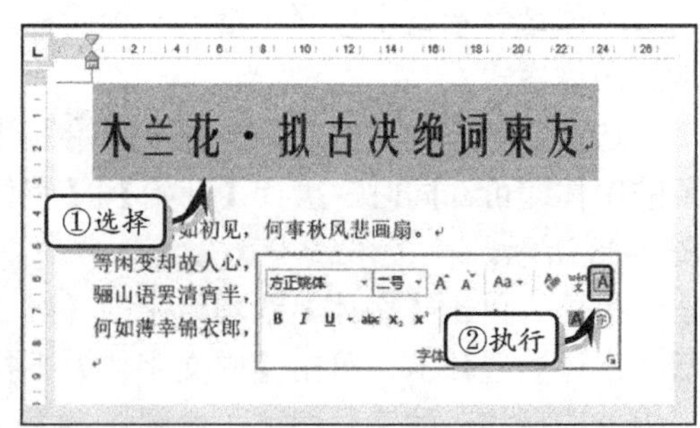

图 2-32 设置字体效果

提 示

用户还可以设置字体的上标、下标、字符底纹、带圈字符等字符效果。

另外，单击【字体】选项组中的【对话框启动器】按钮，在【字体】选项卡中启用【上标】复选按钮，单击【确定】按钮即可，如图 2-33 所示。

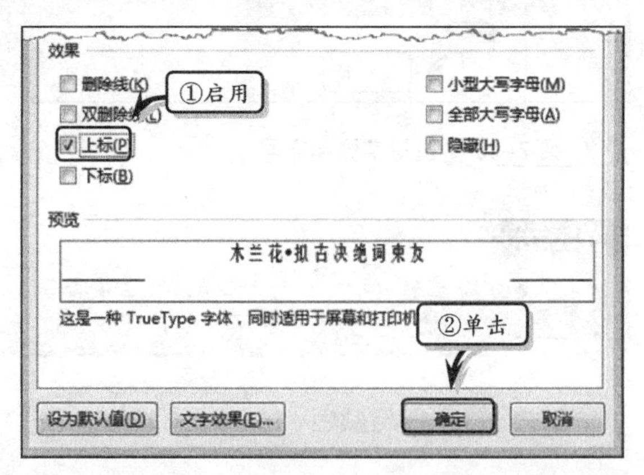

图 2-33 对话框设置字体效果

4. 设置字符间距

设置字符间距包含对字符的缩放比例、间距和位置的设置。选择要设置字符间距的文字，单击【字体】选项组中的【对话框启动器】按钮，在弹出对话框中激活【高级】选项卡，设置【缩放】、【间距】和【位置】选项即可，如图 2-34 所示。

提　示

若缩放比例大于100%，将拉伸文本；小于100%的，将压缩文本。在设置【间距】和【位置】选项时，还需要设置【磅值】选项，以确定间距和位置的偏移程度。

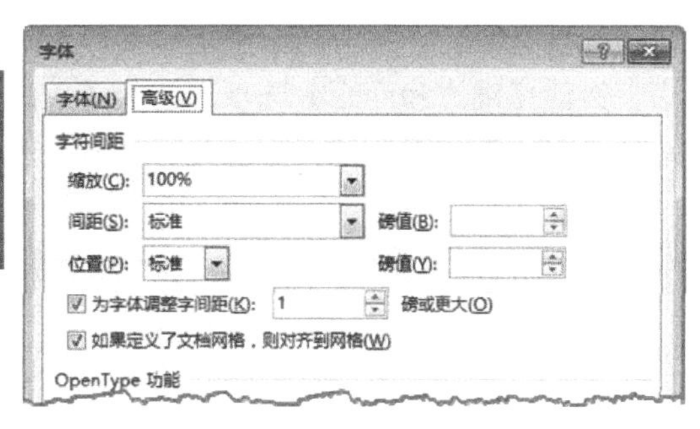

图 2-34　设置字符间距

2.3.2　设置段落格式

为文档设置段落格式，可以使文档紧疏有秩。在Word中，段落格式主要是指段落对齐方式、段落缩进、段内行距和段间距等内容。

1. 设置对齐方式

Word 2016为用户提供了左对齐、右对齐、居中、两端对齐与分散对齐5种对齐方式。用户只需选择文本或段落，执行【开始】|【段落】|【居中】命令，可以设置文本或段落的居中对齐方式，如图2-35所示。

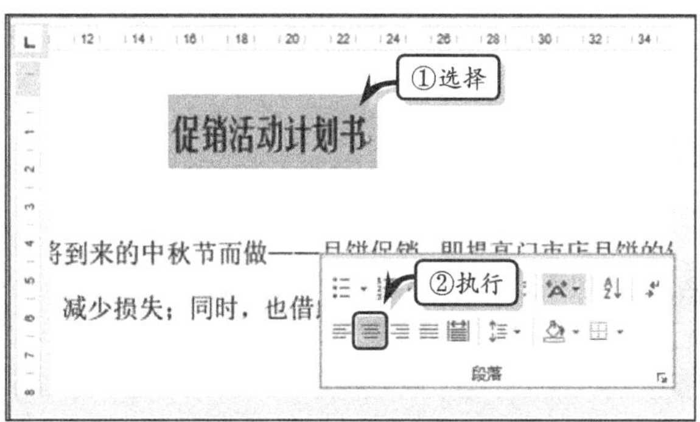

图 2-35　设置对齐方式

另外，选择文本或段落，在【开始】选项卡【段落】选项组中单击【对话框启动器】按钮，在弹出的【段落】对话框中激活【缩进和间距】选项卡，单击【对齐方式】下拉按钮，在下拉列表中选择一种选项即可，如图2-36所示。

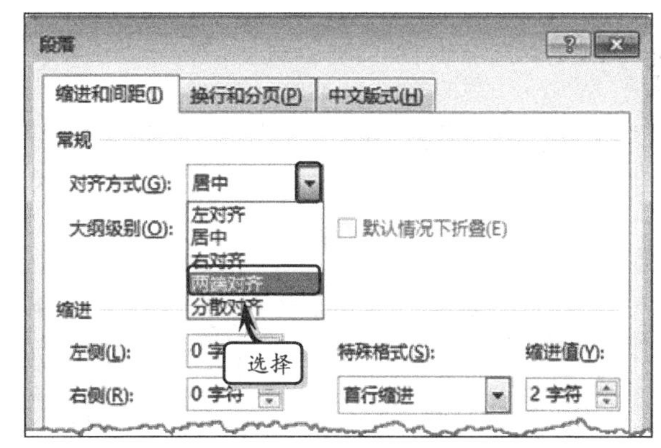

图 2-36　【段落】对话框

2. 设置段落缩进

段落缩进是指段落相对左右页边距向页内缩进一段距离，其设置目的是将一个段落与其他段落分开，显示出条理更加清晰的层次，以方便读者阅读。

设置段落缩进最常用的方法是鼠标移动法，用户只需要将光标置于要设置缩进的段落中。然后，用鼠标拖动水平标尺上相应的段落标记，即可为该段落设置缩进格式，如图2-37所示。

提　示

在设置段落时，也可以执行【段落】选项组中的【减少缩进量】命令和【增加缩进量】命令，设置段落的缩进效果。

除此之外，在【开始】选项卡【段落】选项组中，单击【对话框启动器】按钮。然后，激活【缩进和间距】选项卡。在【缩进】选项组中，单击【特殊格式】下拉按钮，选择【悬挂缩进】选项，并设置其【缩进值】选项即可，如图 2-38 所示。

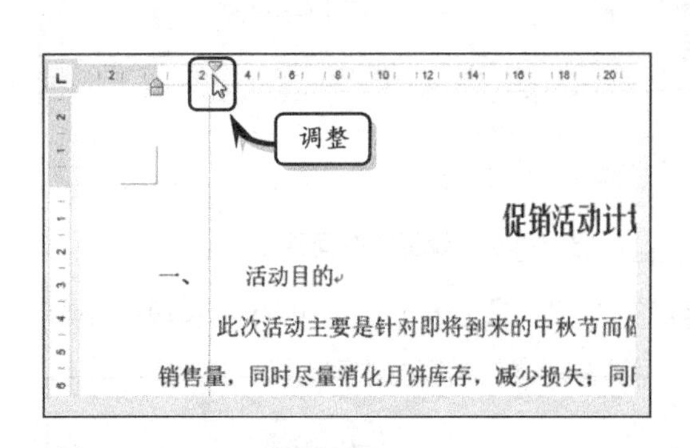

图 2-37　鼠标设置法

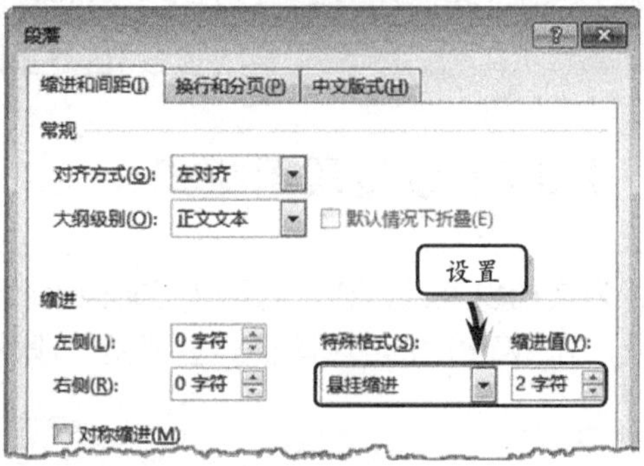

段落
缩进和间距(I)　换行和分页(P)　中文版式(H)
常规
对齐方式(G): 左对齐
大纲级别(O): 正文文本　默认情况下折叠(E)
缩进
左侧(L): 0 字符
右侧(R): 0 字符
特殊格式(S): 悬挂缩进
缩进值(Y): 2 字符
对称缩进(M)
设置

图 2-38　对话框设置法

3．设置段间距与行间距

段间距是指段与段之间的距离，行间距是指行与行之间的距离。选择段落或行，执行【开始】|【段落】|【行和段落间距】命令，在其列表中选择一种选项，即可设置行距和段落间距，如图 2-39 所示。

另外，在【开始】选项卡【段落】选项组中，单击【对话框启动器】按钮。在弹出的【段落】对话框中，激活【缩进和间距】选项卡。在【间距】选项组中，自定义设置段间距与行间距，如图 2-40 所示。

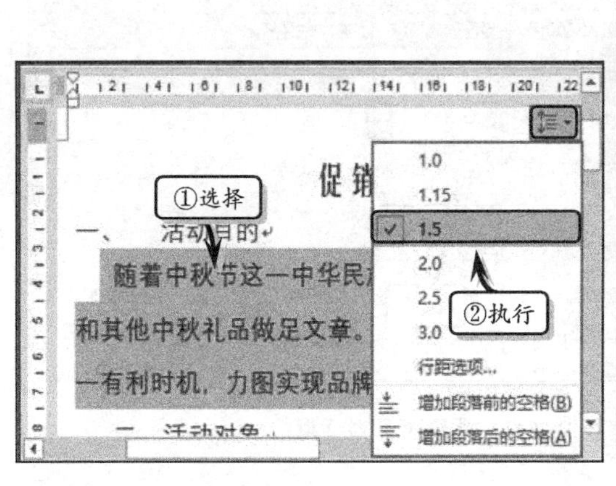

图 2-39　命令设置法

图 2-40　对话框设置法

4．设置项目符号

为了使文档具有层次性，需要为文档设置项目符号，从而突出或强调文档中的重点。选择文本或段落，执行【开始】|【段落】|【项目符号】命令，在列表中选择相应的选项

即可，如图 2-41 所示。

另外，执行【项目符号】|【定义新项目符号】命令，在【定义新项目符号】对话框中可以设置项目符号的样式，如图 2-42 所示。

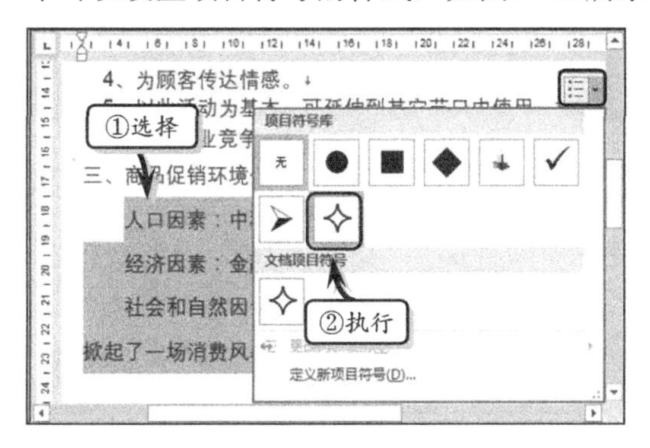

图 2-41 设置项目符号

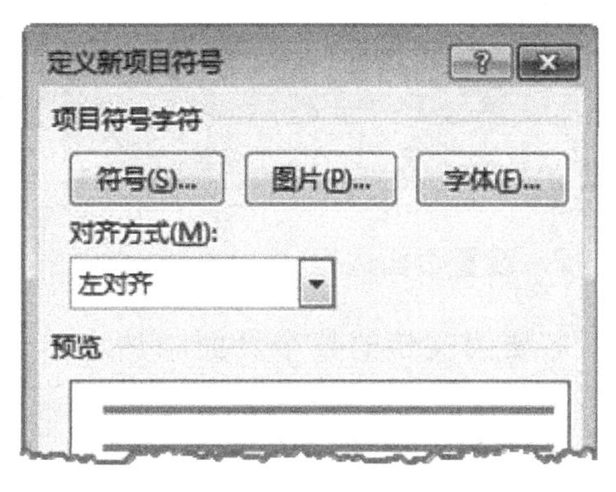

图 2-42 自定义项目符号

5. 设置项目编号

设置项目编号的方法与设置项目符号的方法大体一致，用户只需选择文本或段落，执行【开始】|【段落】|【编号】命令，在其下拉列表中选择相应的选项即可，如图 2-43 所示。

另外，执行【编号】|【定义新编号格式】命令，在【定义新编号格式】对话框中设置编号样式与对齐方式，如图 2-44 所示。

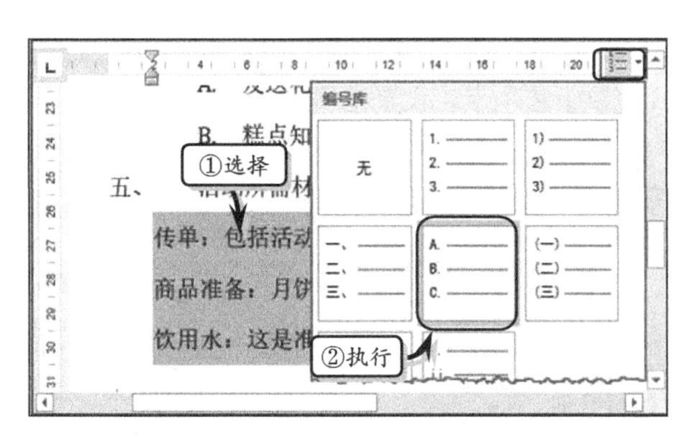

图 2-43 设置项目编号

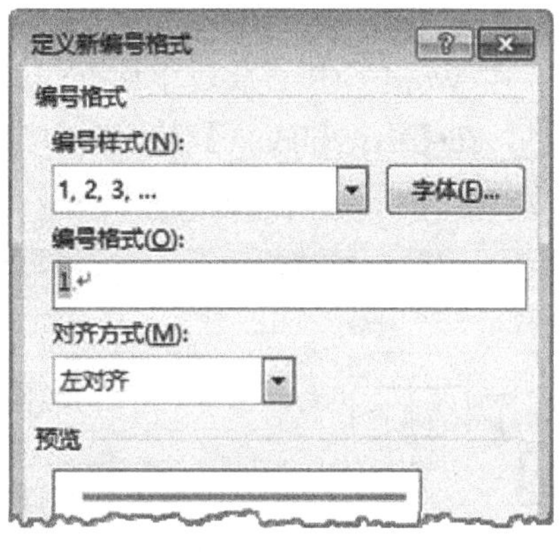

图 2-44 定义项目编号

2.3.3 设置边框格式

为文档设置边框和底纹不仅可以突出文档的重点，还可以增加文档的美观。在 Word 中，可以为字符、段落、图形或整个页面设置边框或底纹。

1. 设置文字或段落边框

选择要添加边框的文本，执行【开始】|【段落】|【边框】|【边框和底纹】命令。

在弹出的对话框中选择【方框】选项，并设置【应用】范围，如图 2-45 所示。

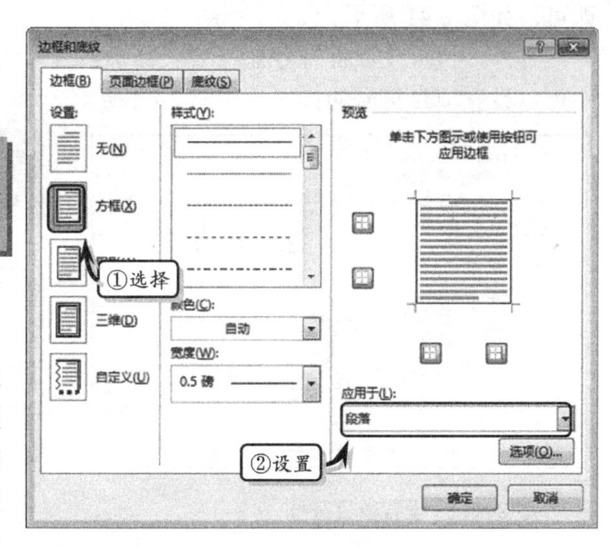

图 2-45 设置边框样式

提 示

在【边框和底纹】对话框中选择【边框】选项卡，单击【应用于】下拉按钮，选择【文字】，则会为选择的文字添加边框。

2. 设置页面边框

若要为文档的整个页面添加边框，则可以在【边框和底纹】对话框中，激活【页面边框】选项卡，在该选项卡中设置边框的样式，例如，在【设置】栏中选择【方框】选项；并设置【颜色】为"蓝色"；【宽度】为"1.5 磅"，如图 2-46 所示。

提 示

用户可以单击【艺术型】下拉按钮，在其下拉列表中选择一种样式，即可将边框的样式设置为艺术型样式。

3. 设置底纹

在 Word 中设置底纹主要介绍设置填充颜色和添加图案效果。选择需要设置底纹的文本，在【边框和底纹】对话框中激活【底纹】选项卡，设置【填充】与【图案】选项，并设置应用范围，如图 2-47 所示。

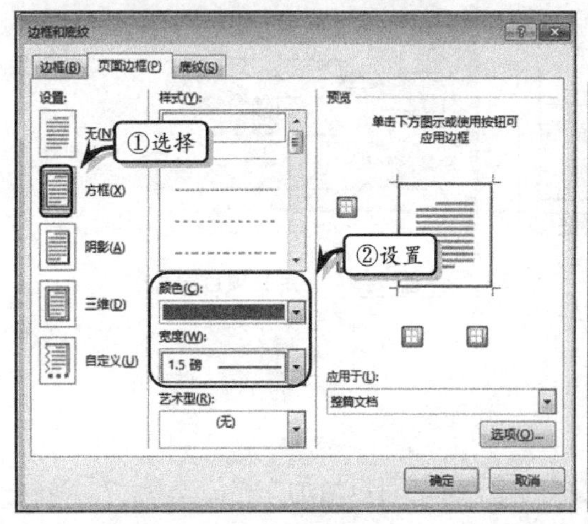

图 2-46 设置页面边框

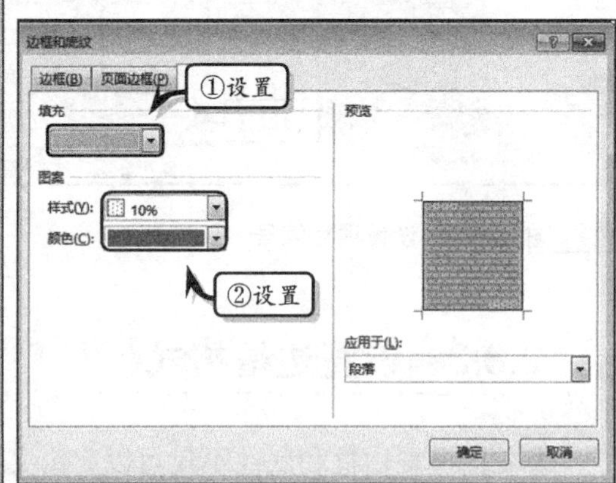

图 2-47 设置底纹

2.3.4 练习：制作信纸效果

Word 具有强大的文字编辑功能，不仅可以制作优美的文章，还可以使用查找和替换功能制作漂亮的信纸效果，从而增加文档的美观性与整洁性。在本练习中，将通过排版“龙井茶”文章，来详细介绍制作信纸效果的操作方法，如图 2-48 所示。

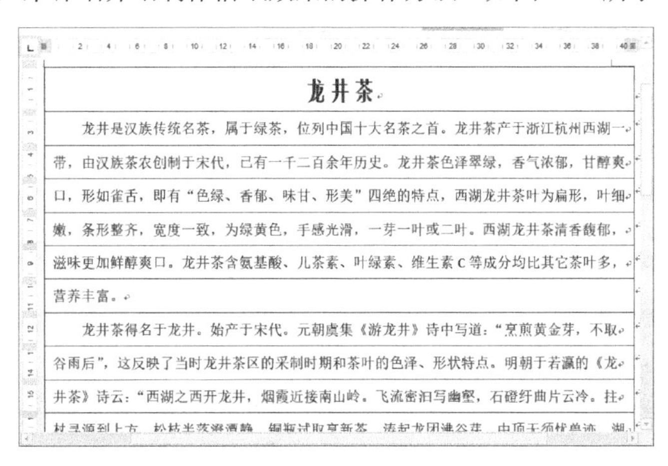
龙井茶

龙井是汉族传统名茶，属于绿茶，位列中国十大名茶之首。龙井茶产于浙江杭州西湖一带，由汉族茶农创制于宋代，已有一千二百余年历史。龙井茶色泽翠绿，香气浓郁，甘醇爽口，形如雀舌，即有“色绿、香郁、味甘、形美”四绝的特点，西湖龙井茶叶为扁形，叶细嫩，条形整齐，宽度一致，为绿黄色，手感光滑，一芽一叶或二叶。西湖龙井茶清香馥郁，滋味更加鲜醇爽口。龙井茶含氨基酸、儿茶素、叶绿素、维生素 C 等成分均比其它茶叶多，营养丰富。

龙井茶得名于龙井。始产于宋代。元朝虞集《游龙井》诗中写道：“烹煎黄金芽，不取谷雨后”，这反映了当时龙井茶区的采制时期和茶叶的色泽、形状特点。明朝于若瀛的《龙井茶》诗云：“西湖之西开龙井，烟霞近接南山岭。飞流密汩写幽壑，石磴纡曲片云冷。拄

图 2-48 信纸效果

操作步骤：

1 制作标题。输入正文，选择标题文本，在【开始】选项卡【字体】选项组中设置文本的字体格式，并执行【开始】|【段落】|【居中】命令，如图 2-49 所示。

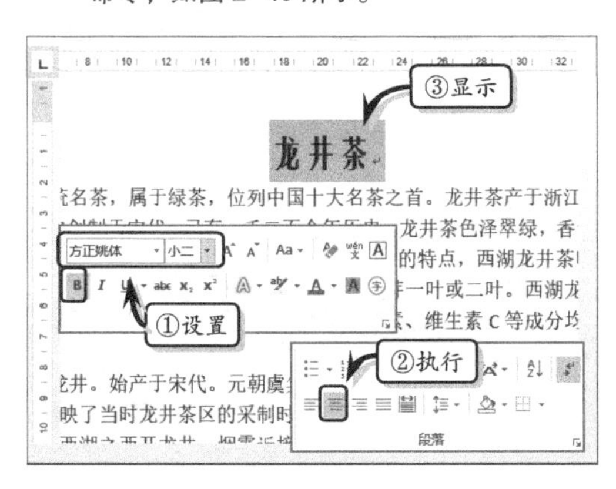

图 2-49 设置对齐格式

2 制作正文。选择所有的正文，单击【段落】选项组中的【对话框启动器】按钮，如图 2-50 所示。

3 将【特殊格式】设置为“首行缩进”，并将【行距】设置为“1.5 倍行距”，如图 2-51 所示。

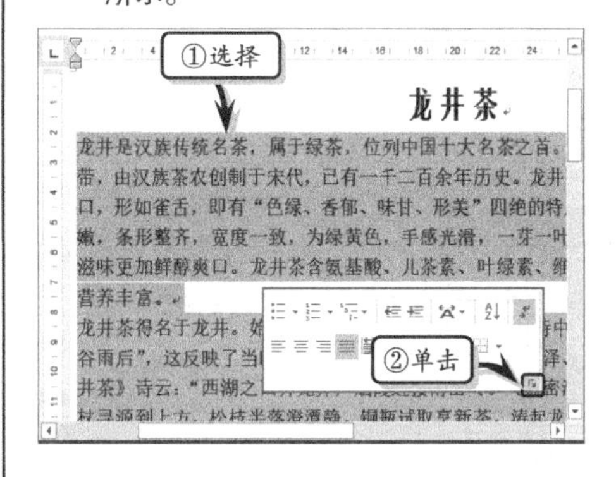

图 2-50 选择正文

图 2-51 设置段落格式

4 设置字体颜色。选择每行中的最后几个字，执行【开始】|【字体】|【字体颜色】|【红色】命令，如图 2-52 所示。

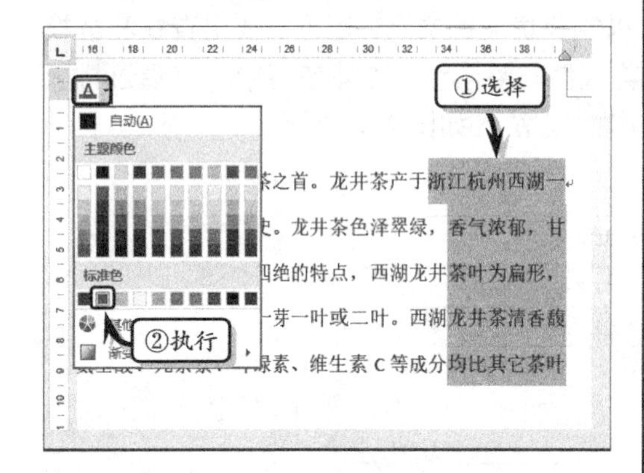

图 2-52 设置字体颜色

5 替换格式。执行【开始】|【编辑】|【替换】命令，将光标定位在【查找内容】文本框中，单击【格式】下拉按钮，选择【字体】选项，如图 2-53 所示。

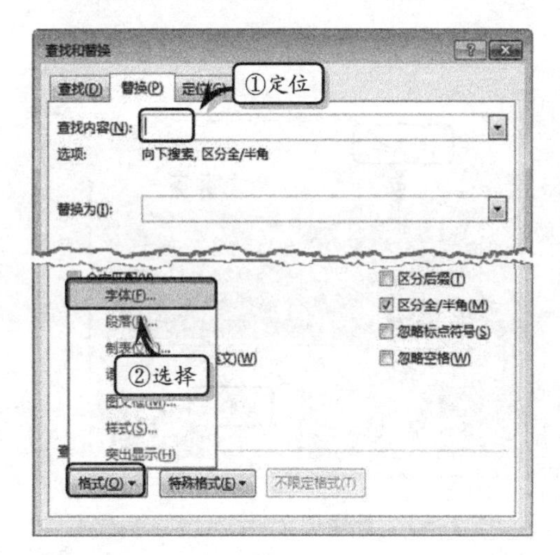

图 2-53 设置格式

6 在弹出的【字体】对话框中，将【字体颜色】设置为"红色"，并单击【确定】按钮，如图 2-54 所示。

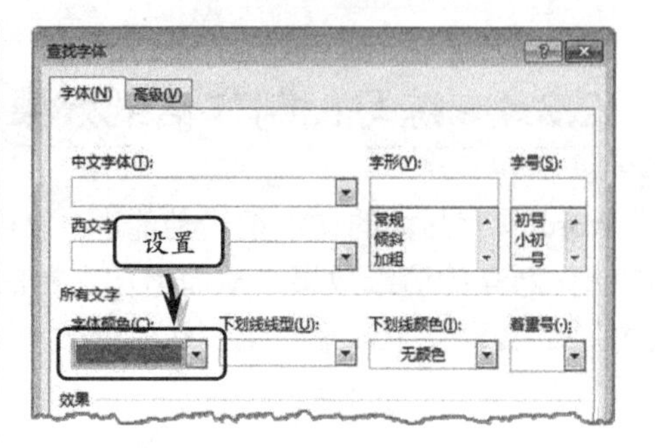

图 2-54 设置字体颜色

7 然后，在【替换为】文本框中输入"^&^p"，并单击【全部替换】按钮，如图 2-55 所示。

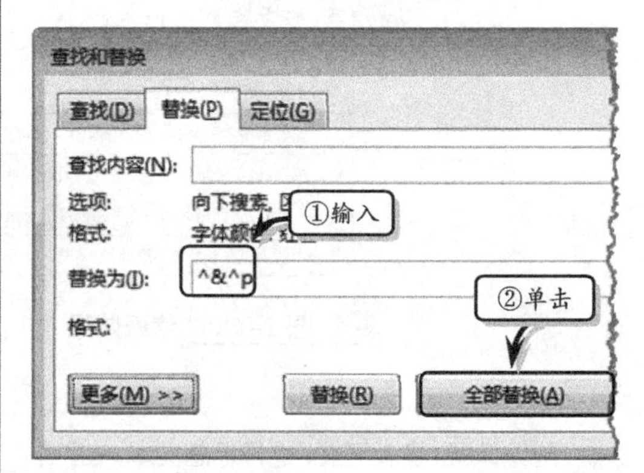

图 2-55 替换格式

8 选择整个文档，执行【插入】|【表格】|【表格】|【插入表格】命令，如图 2-56 所示。

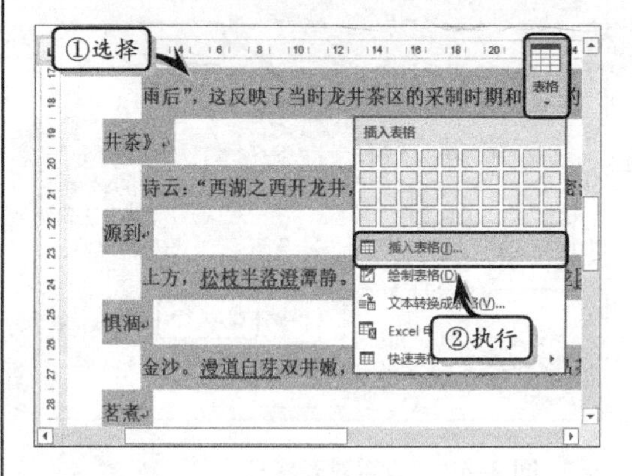

图 2-56 插入表格

2.4 设置版式与背景

版式主要是设置文本为纵横混排、合并字符或双行合一等格式；而背景是图像或景象的组成部分，是衬托主体事物的景物，从而使文档更具有特色与趣味标识性。

2.4.1 设置中文版式

中文版式主要用来定义中文与混合文字的版式，包括纵横混排、合并字符、双行合一和首字下沉等内容。

1. 纵横混排

纵横混排是将被选中的文本以竖排的方式显示，而未被选中的文本则保持横排显示。选择需要纵横混排的文本，执行【开始】|【段落】|【中文版式】|【纵横混排】命令，在弹出的【纵横混排】对话框中选中【适应行宽】复选框，将使文本按照行宽的尺寸进行显示，如图2-57所示。

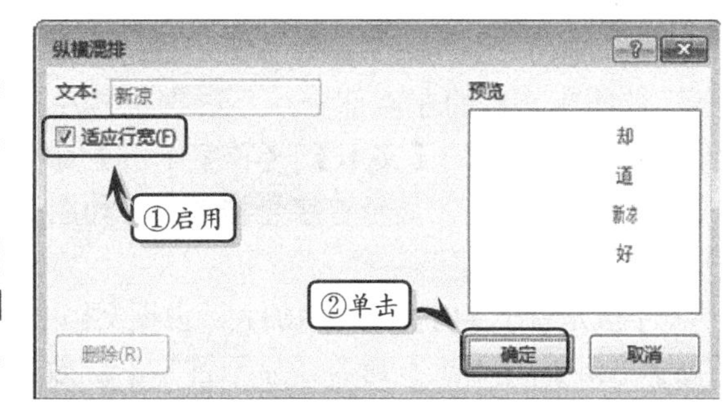

图 2-57 纵横混排

提 示

启用【适应行宽】复选框，可以将文本按照行宽的尺寸进行显示；反之，则以字符本身的尺寸进行显示。

2. 合并字符

合并字符是将选中的字符按照上下两排的方式进行显示，显示所占据的位置以一行的高度为基准。选择需要合并字符的文本，执行【开始】|【段落】|【中文版式】|【合并字符】命令，在弹出的【合并字符】对话框中，设置合并的文字、字体与字号等选项即可，如图2-58所示。

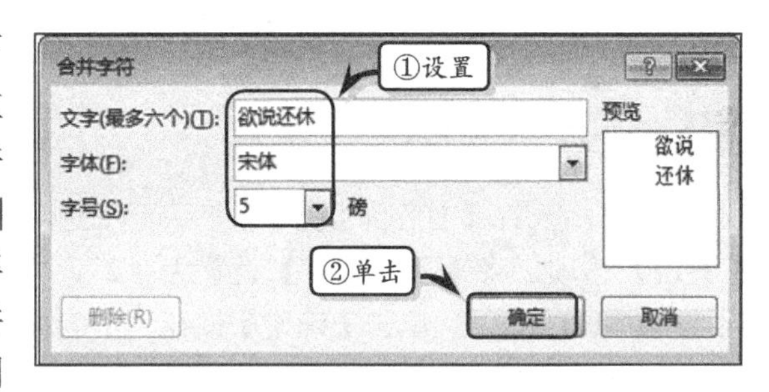

图 2-58 合并字符

提 示

选择合并后的字符，执行【开始】|【段落】|【中文版式】|【合并字符】命令，单击【删除】按钮，即可删除合并字符功能。

3. 双行合一

双行合一是将文档中的两行文本合并为一行，并以一行的格式进行显示。在文档中选择需要合并的行，执行【开始】|【段落】|【中文版式】|【双行合一】命令，在弹出的【双行合一】对话框中启用【带括号】复选框，并设置括号样式，如图2-59所示。

提 示

默认情况下，【带括号】复选框为禁用状态，启用该复选框之后将使【括号样式】下拉列表转换为可用状态，其括号样式包括()、[]、<>与{}4种样式。

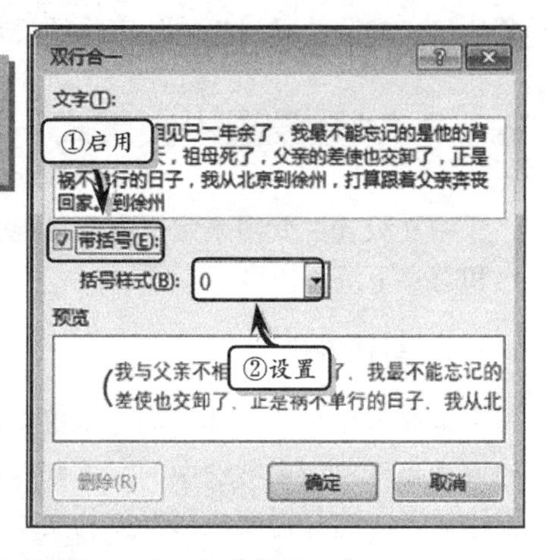

图 2-59 双行合一

4. 首字下沉

首字下沉是加大字符，主要用在文档或章节的开头处，分为下沉与悬挂两种方式。悬挂即是首个字符悬挂在文档的左侧部分，不占据文档中的位置。执行【插入】|【文本】|【首字下沉】命令，选择【悬挂】命令，显示首字悬挂效果，如图 2-60 所示。

下沉是首个字符在文档中加大，占据文档中 3 行的首要位置。执行【插入】|【文本】|【首字下沉】|【下沉】命令，显示首字下沉效果，如图 2-61 所示。

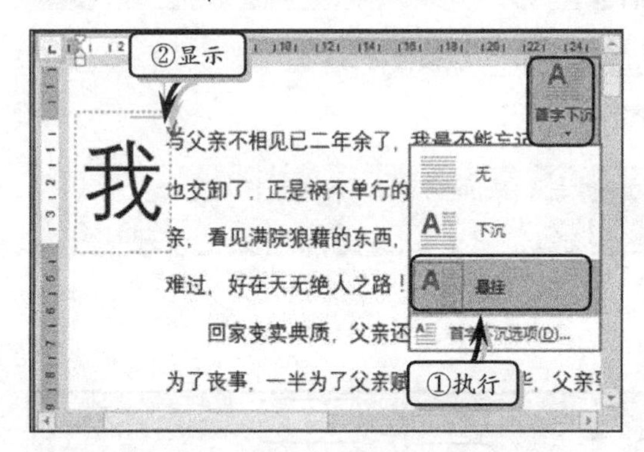

图 2-60 悬挂下沉　　图 2-61 首字下沉

另外，执行【首字下沉】|【首字下沉选项】命令，选择【下沉】选项，将【下沉行数】设置为"2"，并将【距正文】设置为"0.3 厘米"，单击【确定】按钮完成自定义首字下沉的操作，如图 2-62 所示。

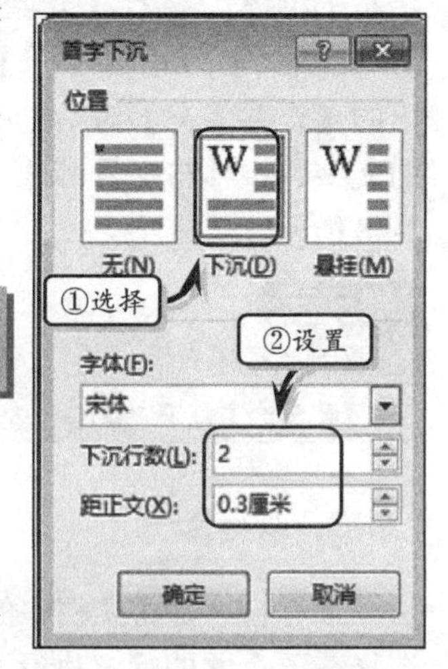

图 2-62 自定义下沉

提 示

设置首字下沉效果之后，可通过执行【首字下沉】|【无】命令取消首字下沉效果。

2.4.2 设置填充背景

Word 文档默认的背景颜色为白色，用户可通过设置背景颜色的方法，来增加文档的美观性，例如设置渐变填充、图案填充或纹理填充等填充效果。

1. 纯色填充

在 Word 中，执行【设计】|【页面背景】|【页面颜色】命令，在其列表中选择一种颜色，即可设置文档的纯色背景。例如，可以将背景颜色设置为“绿色，个性色 6，淡色 60%”，如图 2-63 所示。

另外，执行【设计】|【页面背景】|【页面颜色】|【其他颜色】命令，在弹出的【颜色】对话框中，激活【标准】选项卡，选择一种色块即可，如图 2-64 所示。

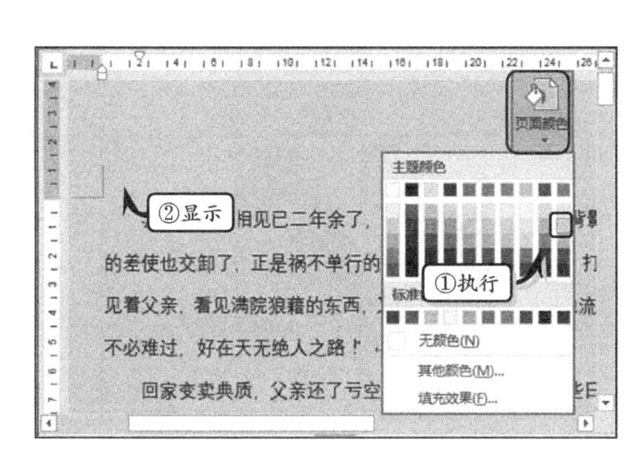

图 2-63 纯色填充

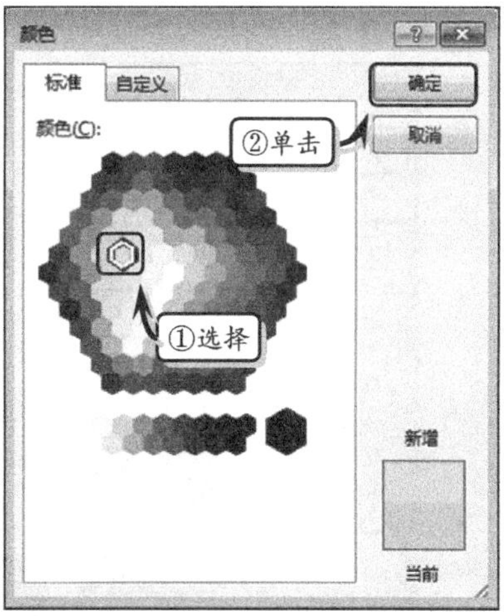

图 2-64 使用标准颜色

除了使用内置颜色之外，用户还可以自定义填充颜色。在【颜色】对话框中激活【自定义】选项卡，可以自定义 RGB 或 HSL 颜色效果，如图 2-65 所示。

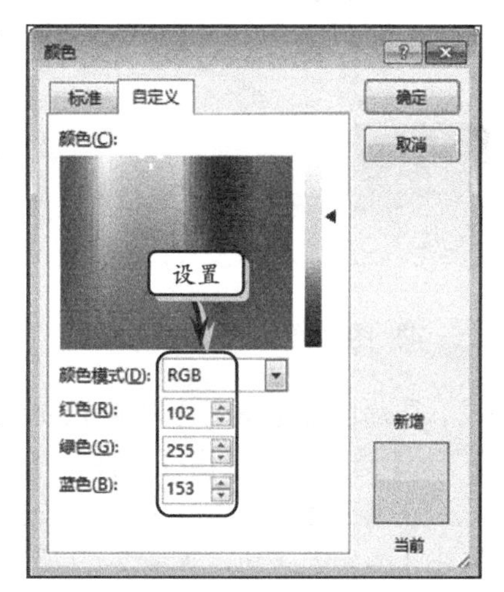

图 2-65 自定义颜色

其中，RGB 或 HSL 颜色模式的具体说明如下所述。

- **RGB 颜色模式** 主要基于红色、蓝色与绿色 3 种颜色，利用混合原理组合新的颜色。在【颜色模式】下拉列表中选择【RGB】选项后，单击【颜色】列表框中的颜色，然后在【红色】、【绿色】与【蓝色】微调框中设置颜色值即可。
- **HSL 颜色模式** 主要基于色调、饱和度与亮度 3 种效果来调整颜色。在【颜色模式】下拉列表中选择【HSL】选项后，单击【颜色】列表框中的颜色，然后在【色调】、【饱和度】与【亮度】微调框中设置数值即可。其中，各数值的取值范围为 0~255。

2. 渐变填充

渐变是一种颜色向一种或多种颜色过渡的填充效果。执行【设计】|【页面背景】|

【页面颜色】|【填充效果】命令，在弹出的【填充效果】对话框中激活【渐变】选项卡，设置渐变填充的颜色、底纹样式和变形选项即可，如图 2-66 所示。

3. 纹理填充

Word 2016 户提供了鱼类化石、纸袋、画布等几十种纹理图案。在【填充效果】对话框中激活【纹理填充】选项卡，在【纹理】列表框中选择一种纹理效果，单击【确定】按钮，如图 2-67 所示。

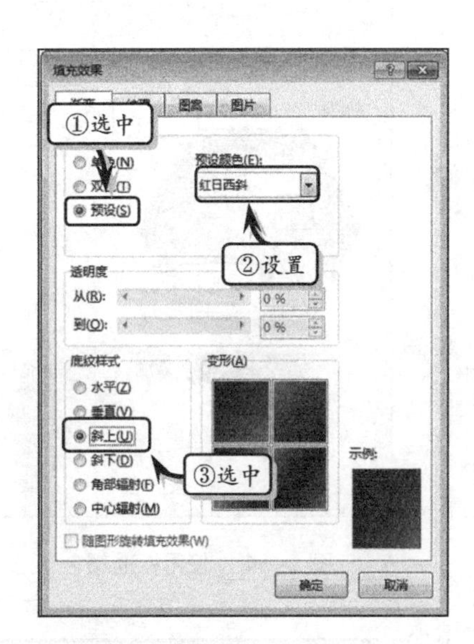

图 2-66 设置渐变填充

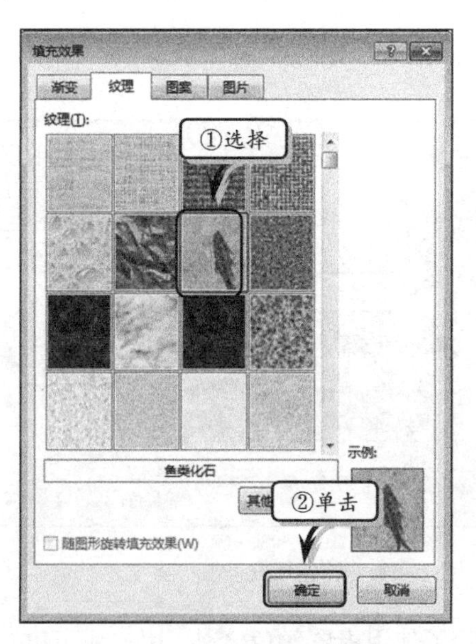

图 2-67 使用内置纹理效果

提 示

单击【其他纹理】按钮，在弹出的【插入图片】对话框中选择一种图片来源，使用自定义纹理来填充文档背景。

4. 图片填充

图片填充是将图片以填充的效果显示在文档背景中，在【填充效果】对话框中激活【图片】选项卡，单击【选择图片】按钮，如图 2-68 所示。

在弹出【插入图片】对话框中的【Office.com 剪贴画】文本框中输入搜索文本，并单击【搜索】按钮，如图 2-69 所示。

然后，在展开的搜索列表中选择一种图片，单击【插入】按钮，系统将自动下载图片并返回到【填充效果】对话框中，如图 2-70 所示。

5. 图案填充

图案填充效果是由点、线或图形组合而成的一种填充效果。在【填充效果】对话框中激活【图案】选项卡，然后在【图案】列表框中选择一种图案后，并设置其【前景】和【背景】选项，如图 2-71 所示。

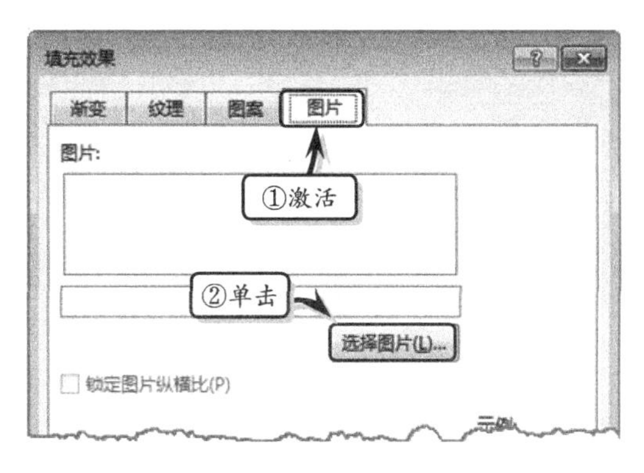

图 2-68 【填充效果】对话框

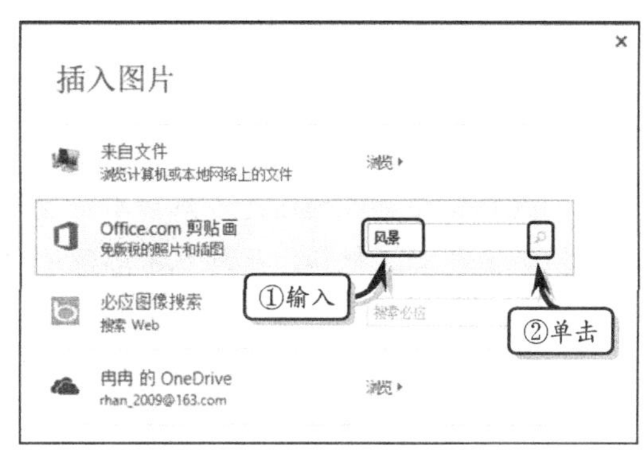

图 2-69 搜索图片

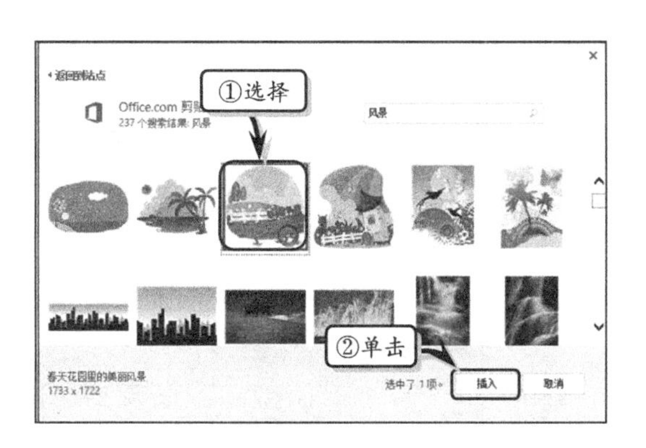

图 2-70 选择图片

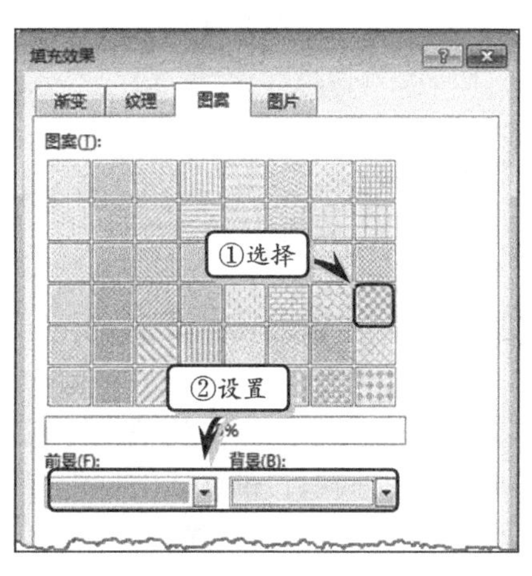

图 2-71 图案填充

2.4.3 设置水印背景

水印是位于文档背景中的一种文本或图片。添加水印之后，用户可以在页面视图、全屏阅读视图下或在打印的文档中看见水印。

Word 2016 自带了机密、紧急与免责声明 3 种类型共 12 种水印样式，执行【设计】|【页面背景】|【水印】命令，在其级联菜单中选择一种水印样式即可，如图 2-72 所示。

另外，执行【水印】|【自定义水印】命令，在弹出的【水印】对话框中，可以设置无水印、图片水印与文字水印 3 种水印效果，如图 2-73 所示。

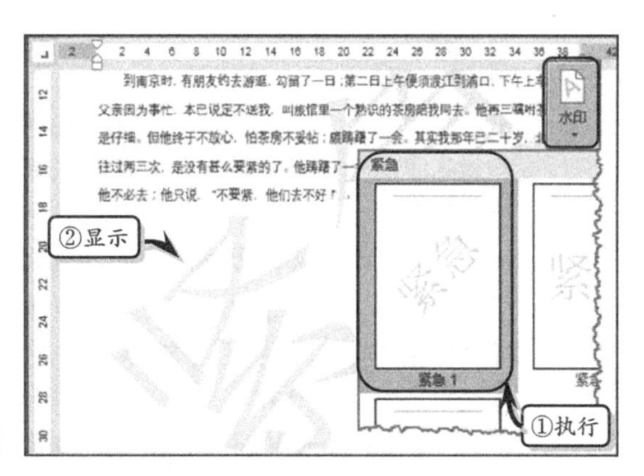

图 2-72 设置水印

在【水印】对话框中，可以设置下列两种类型的水印效果：

❑ **图片水印** 选中【图片水印】单选按钮，在选项组中单击【选择图片】按钮，在弹出的【插入图片】对话框中选择需要插入的图片。然后单击【缩放】下三角按钮，在列表中选择缩放比例。最后选中【冲蚀】复选框，淡化图片避免图片影响正文。

❑ **文字水印** 选中【文字水印】单选按钮，在选项组中可以设置语言、文字、字体、字号、颜色与版式，另外还可以通过【半透明】复选框设置文字水印的透明状态。

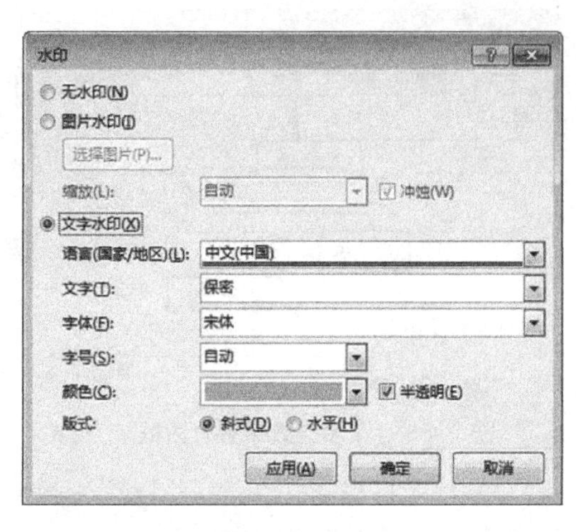

图 2-73 自定义水印

提 示

添加水印效果之后，可通过执行【水印】|【删除水印】命令，清除文档中的水印效果。

2.4.4 设置稿纸样式

稿纸样式与实际中实用的稿纸样式一致，可以区分为带方格的稿纸、带行线的稿纸等样式。执行【布局】|【稿纸】|【稿纸设置】命令，弹出【稿纸设置】对话框，设置网格、页面、页眉/页脚格式，如图 2-74 所示。

在【稿纸设置】对话框中有下列 4 种选项组。

❑ **网格** 主要用来设置稿纸的基础样式，包括格式、行数×列数、网格颜色与【对折装订】复选框。

❑ **页面** 主要用来设置纸张的方向和大小。其中，纸张大小主要包括 A3、A4、B4 与 B5，而纸张方向包括横向与纵向。在设置纸张方向为“横向”时，文档中的文本方向也会变成横向，并且文本开头以古书的形式从右侧开始。

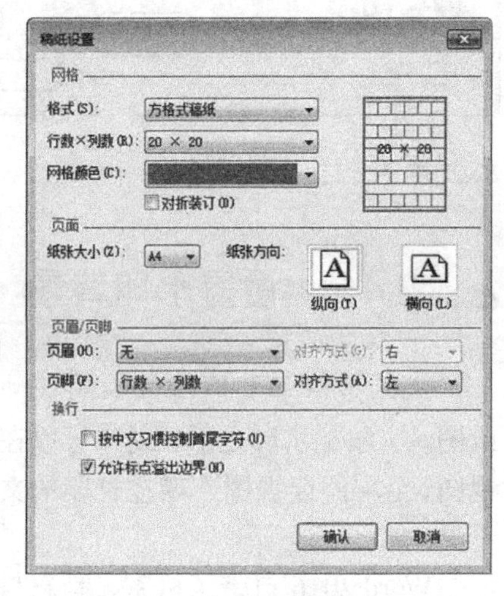

图 2-74 设置稿纸样式

❑ **页眉/页脚** 主要用来设置页眉和页脚的显示文本和对齐方式。其中，【页眉】与【页脚】下拉列表中主要包括“第 X 页 共 Y 页”“行数×列数”“行数×列数=格数”“-页数-”“第 X 页”“日期”“作者”“作者，第 X 页，日期” 8 种样式。另外，【对齐方式】列表中主要包括左、右、中 3 种样式。

❑ **换行** 包括【按中文习惯控制收尾字符】与【允许标点溢出边界】复选框。其中，启用【按中文习惯控制收尾字符】复选框时，文档中将会按照中文格式控制每行的首尾字符；而启用【允许标点溢出边界】复选框时，文档中的标点将会显示在稿纸外侧。

2.4.5 练习：大学社团活动策划书

在 Word 中，不仅可以通过设置文本、段落和中文版式等功能来优化文档版面，而且还可以通过设置文档边框、添加项目符号和编号，以及设置文档背景等功能来规范文本，增加文本的可读性和条理性。在本练习中，将通过制作一份大学社团活动策划书，来详细介绍调整和美化文档的操作方法，如图 2-75 所示。

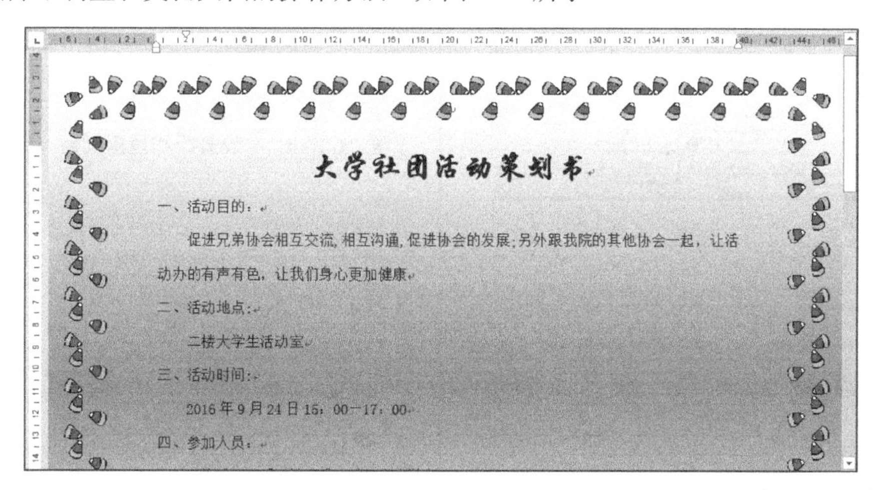

图 2-75 大学社团活动策划书

操作步骤：

1 设置标题。输入文章内容，选择标题文本，执行【开始】|【字体】|【字体】|【华文行楷】命令，并执行【字号】|【二号】命令，如图 2-76 所示。

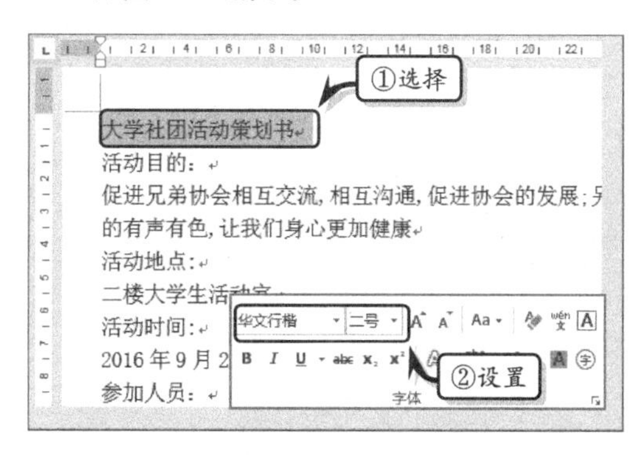

图 2-76 设置标题文本的字体格式

2 然后，执行【加粗】命令，并执行【开始】|【段落】|【居中】命令，如图 2-77 所示。

3 单击【段落】选项组中的【对话框启动器】按钮，将【段前】和【段后】分别设置为“0.5 行”，如图 2-78 所示。

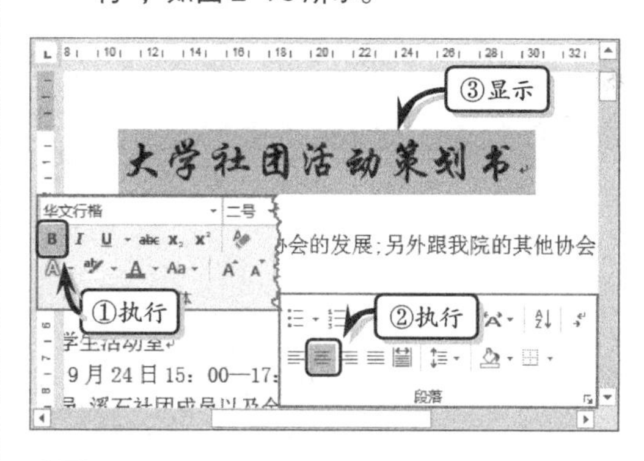

图 2-77 设置文本和对齐格式

4 添加编号。选择第一、三、五、七、九、十一段文字，执行【开始】|【段落】|【编号】命令，选择一种编号样式，如图 2-79 所示。使用同样方法，添加其他编号。

5 设置缩进和间距。选择除第一、三、五、七、九、十一段外的所有文字，单击【段落】选项组中的【对话框启动器】按钮，单击【特殊格式】下拉按钮，选择【首行缩进】选项，如图 2-80 所示。

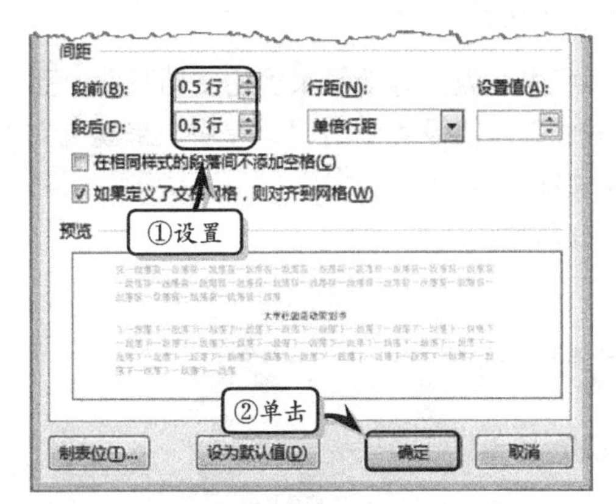

图 2-78　设置段间距

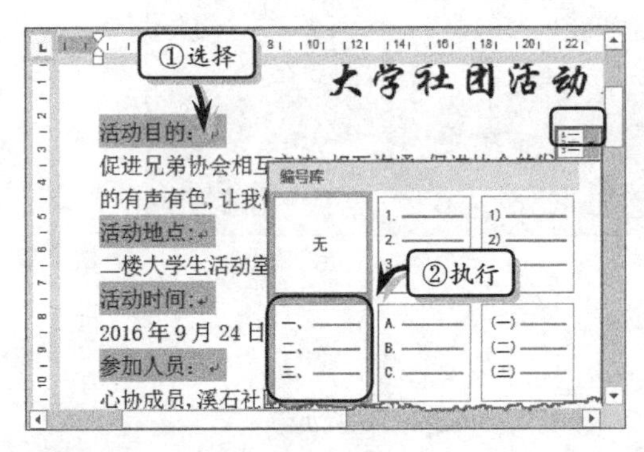

图 2-79　添加编号

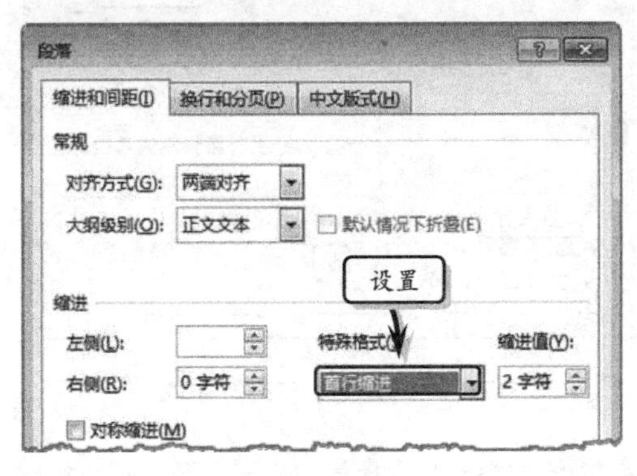

图 2-80　设置首行缩进

6 选择所有正文，执行【开始】|【段落】|【行和段落间距】|【1.5】命令，如图 2-81 所示。

7 设置边框样式。执行【设计】|【页面背景】|【页面边框】命令，单击【艺术型】下拉按钮，选择一种样式，如图 2-82 所示。

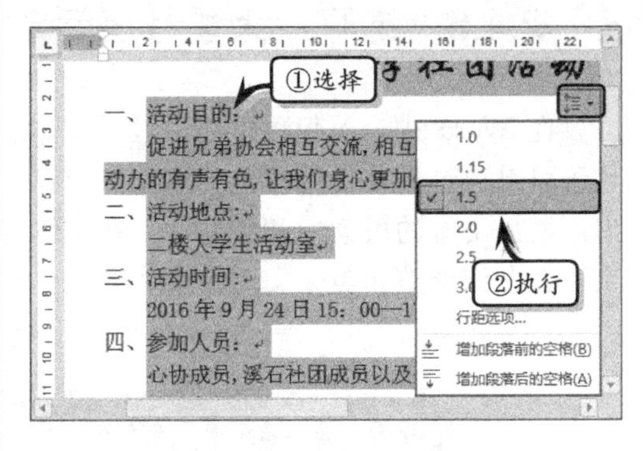

图 2-81　设置行和段落间距

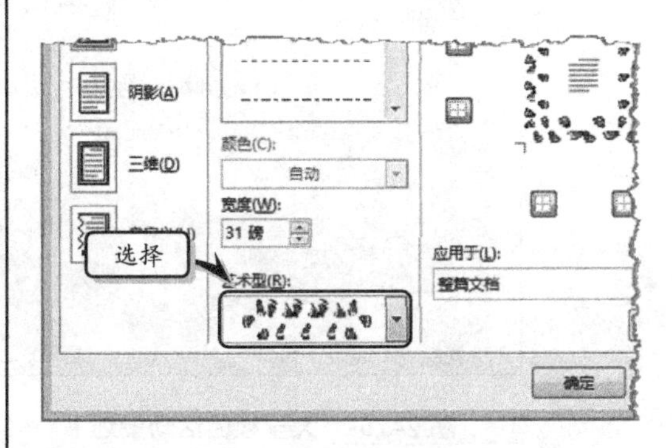

图 2-82　设置艺术型边框

8 设置背景样式。执行【设计】|【页面背景】|【页面颜色】|【填充效果】命令，选中【双色】选项，将【颜色 2】设置为“蓝-灰，文字 2，淡色 60%”，同时选中【斜下】选项，如图 2-83 所示。

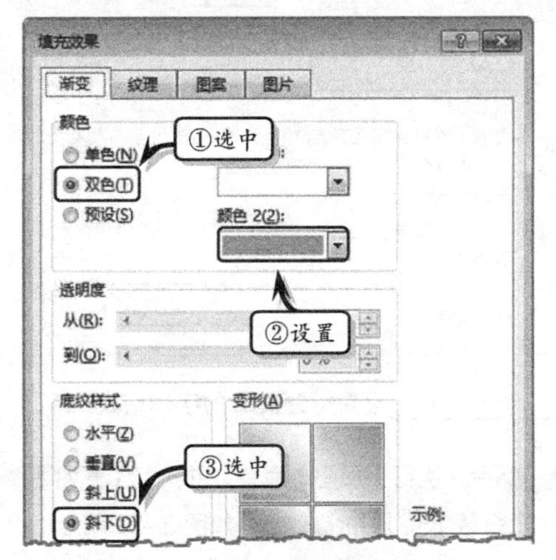

图 2-83　设置渐变背景

2.5 思考与练习

一、填空题

1. Word 2016 标题栏位于窗口的最上方，由快速访问工具栏、__________、___________、窗口控制按钮组成。

2. Word 2016 中主要包括左对齐式、__________、__________、__________、__________等7种制表位。

3. 保护文档是使用_______________的方法来加密文档内容，以防止文档被恶意篡改。

4. Word 2016 为用户提供了二次公式、二项式定理、勾股定理等__________种公式。

5. 选择需要复制的文本，使用__________组合键进行复制，按__________组合键进行粘贴。

6. 文本格式是对文本最基础的格式设置，包括文本的字号、字体、__________、__________、字体颜色等内容。

7. __________是字符的显示方式，设置字形可以增加文本的整齐性；而设置__________则可以区别不同类型的文本。

8. 设置字符间距包含对字符的__________、__________和__________的设置。

二、选择题

1. Word 2016 自带了机密、紧急与______3种类型共12种水印样式，用户可根据文档内容设置不同的水印效果。

A. 免责声明

B. 严禁复制

C. 样本

D. 尽快

2. 在设置图片水印时，选中【冲蚀】复选框表示______。

A. 淡化图片

B. 改变图片颜色

C. 改变图片透明度

D. 强化图片

3. 编辑区位于 Word 2016 窗口的中间位置，分为_____、滚动条、标尺、文档编辑区等内容。

A. 编辑状态

B. 制表位

C. 选项卡

D. 显示比例

4. 在【查找和替换】对话框中，下列选项描述错误的一项为_____。

A. 区分大小写表示在查找文本时将区分大小写

B. 全字匹配表示只查找符合全部条件的英文单词

C. 使用通配符表示可以使用匹配其他字符的字符

D. 区分前缀表示查找时将区分文本中单词的前缀

5. 首字下沉是加大字符，主要用在文档或章节的开头处，分为下沉与_____两种方式。

A. 上升

B. 悬挂

C. 旁挂

D. 以上都不对

6. 渐变填充中的颜色可以设置为单色填充、双色填充与_____效果。

A. 三色填充

B. 渐变色填充

C. 多色填充

D. 反向填充

三、问答题

1. 如何保护 Word 文档？

2. 简述在文档中输入公式的操作方法。

3. 如何为文档添加艺术型边框效果？

四、上机练习

1. 共享样式

在本练习中，将详细介绍共享样式的操作方法。首先，在【开始】选项卡【样式】选项组中，单击【对话框启动器】按钮。在【样式】任务窗格中，单击【管理样式】按钮。然后，在弹出的【管理样式】对话框中，单击【导入/导出】按钮。在弹出的【管理器】对话框中左边的列表中选择需要传递的样式，单击【复制】按钮，如图 2-84 所示。

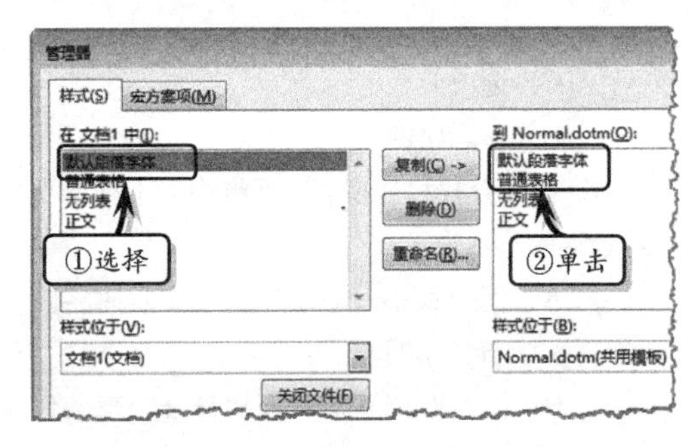

图 2-84 共享样式

2. 自定义图片水印

在本实例中，将使用 Word 中的“水印”功能，来自定义图片水印效果，如图 2-85 所示。首先，执行【设计】|【页面背景】|【水印】|【自定义水印】命令。在弹出的【水印】对话框中选中【图片水印】选项，并单击【选择图片】按钮。然后，在【插入图片】对话框中的【Office.com 剪贴画】搜索框中输入搜索内容，单击【搜索】按钮，搜索图片。最后，在展开的列表中选择图片，单击【插入】按钮。

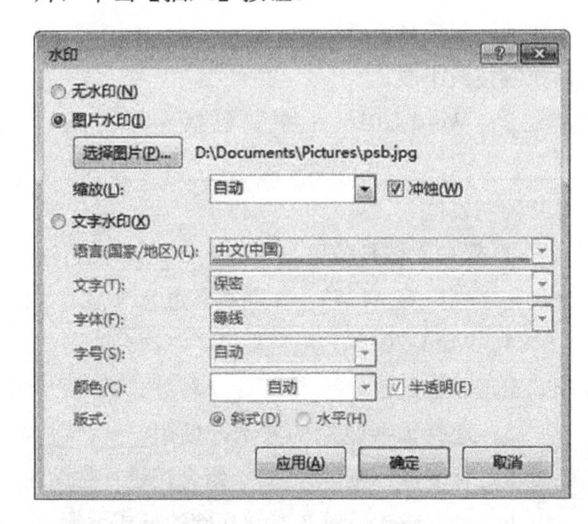

图 2-85 自定义图片水印

第3章 图文混排

Word 作为一款优秀的文字处理软件，除了可以展现优美的文字之外，还可以将图片、形状、文本框等图形与文字结合在一起；既可以排除枯燥又呆板的版面，又可以轻松设计出图文混排、丰富多彩的文档，从而提高文章的说服力和感染力。在本章中，将详细介绍制作图文并茂文档的基础知识和实用方法，以帮助用户编排出具有丰富版面的文档。

本章学习内容：

- 插入图片
- 设置排列方式
- 设置图片格式
- 使用形状
- 使用 SmartArt 图形
- 美化 SmartArt 图形
- 使用文本框
- 使用艺术字

3.1 应用图片

在 Word 中，可通过插入图片与剪贴画的方法来装饰文档，在一定程度上增加了文档的美观性，使文档变得更加丰富多彩。在本小节中，将详细介绍插入图片、编辑图片、排列图片，以及美化图片的基础知识和操作方法。

3.1.1 插入图片

在 Word 中，除了可以插入本地计算机中的图片之外，还可以插入联机图片和屏幕截图图片，其具体操作方法如下所述。

1. 插入本地图片

插入本地图片是插入本地计算机中所保存的图片，以及连接到本地计算机的U盘、移动硬盘等移动设备中的图片。执行【插入】|【插图】|【图片】命令，在弹出的【插入图片】对话框中选择图片文件，单击【插入】按钮，插入图片，如图3-1所示。

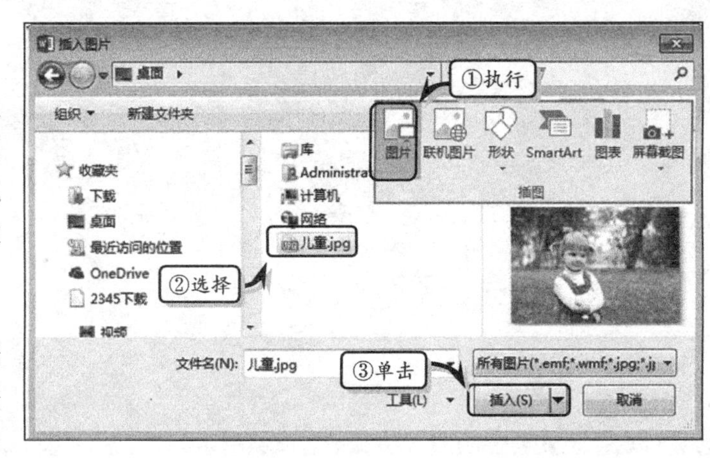

图3-1 【插入图片】对话框

提 示

单击【插入图片】对话框中的【插入】下拉按钮，选择【链接到文件】项，当图片文件丢失或移动位置时，重新打开演示文稿，图片无法正常显示。

2. 插入联机图片

联机图片类似于旧版本中的剪贴画功能，执行【插入】|【插图】|【联机图片】命令，弹出【插入图片】对话框。在【必应图像搜索】文本框中输入搜索内容，单击【搜索】按钮，搜索网络图片，如图3-2所示。

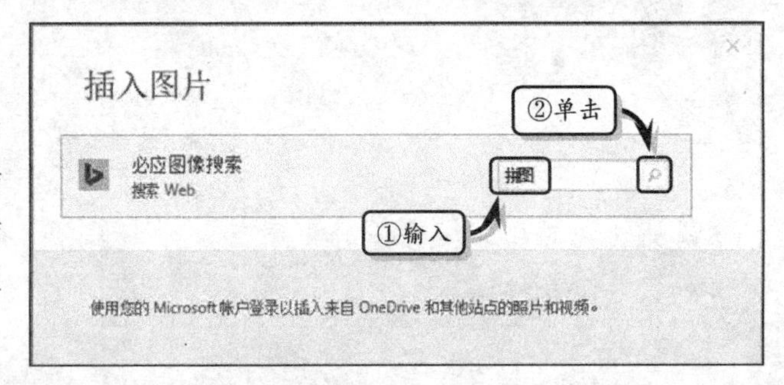

图3-2 搜索图片

然后，在弹出的搜索列表中，选择需要插入的图片，单击【插入】按钮，插入图片，如图3-3所示。

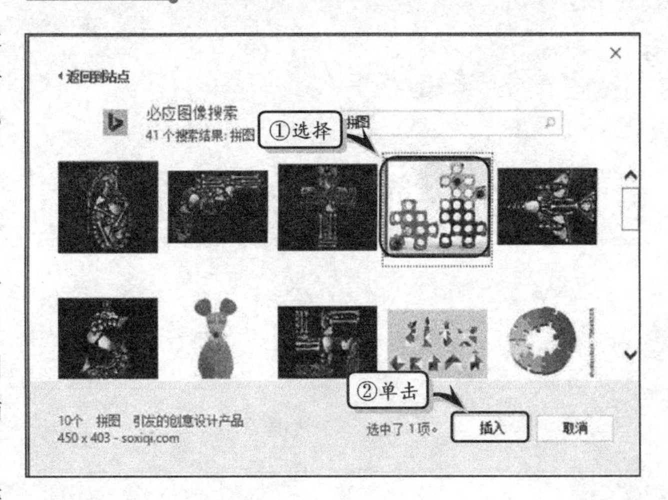

图3-3 插入搜索图片

3. 插入屏幕截图

屏幕截图是Word新增的一种图片功能，主要用于截取用户电脑屏幕中的内容，并将内容图片插入到Word文档中。执行【插入】|【插图】|【屏幕截图】命令，在其列表中选择【屏幕截图】选项。然后，拖动鼠标在屏幕中截取相应的区域，即可将截图插入的文档中，如图3-4所示。

提　示

在使用屏幕截图时，需要事先打开需要截取屏幕的软件或文件，否则系统只能截取当前窗口中的内容。

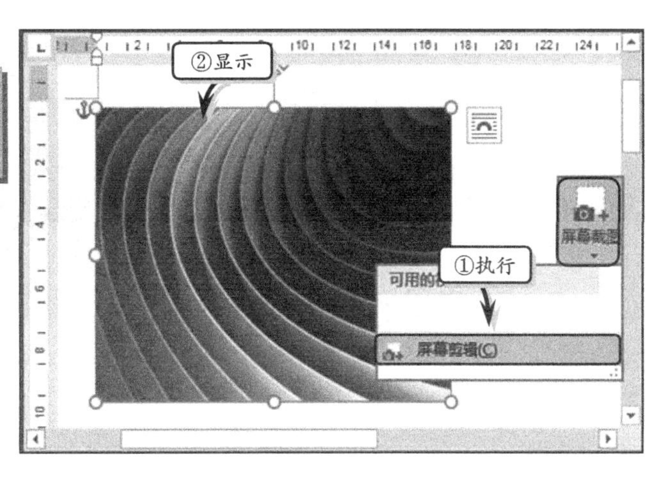

图 3-4　插入屏幕截图

3.1.2　编辑图片

在文档插入图片之后，为了使图片更加适应文档的整体布局，还需要对图片进行裁剪、旋转和对齐图片等一系列的编辑操作。

1. 调整图片大小

选择文档中的图片，将光标移至图片四周的 8 个控制点处，当光标变为双向箭头“⤡”“↕”“⤢”或“↔”时，按住左键拖动图片控制点即可调整图片的大小，如图 3-5 所示。

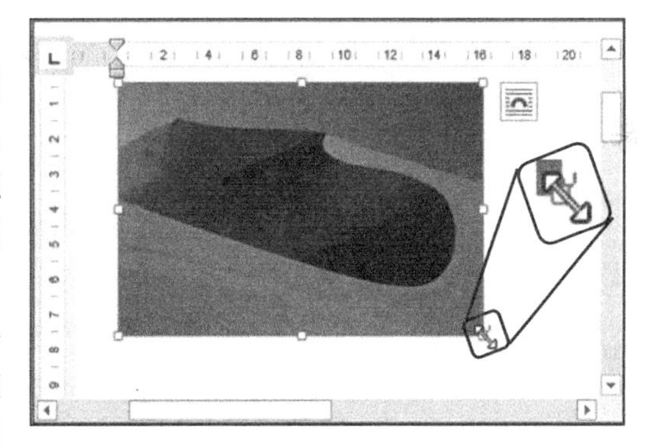

图 3-5　调整图片大小

另外，选择图片，在【图片工具】|【格式】选项卡中的【大小】选项组中，直接在【高度】和【宽度】文本框中输入大小值即可，如图 3-6 所示。

提　示

用户还可以单击【大小】选项组中的【对话框启动器】按钮，在弹出的【布局】对话框中激活【大小】选项卡，设置图片的高度和宽度。

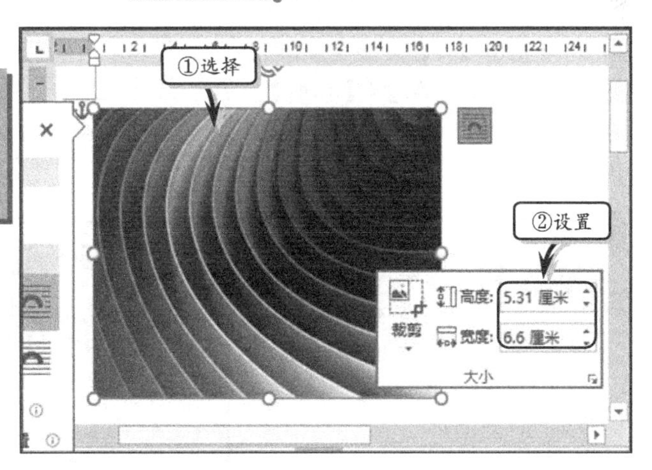

图 3-6　设置大小值

2. 旋转图片

旋转图形功能用于改变图形的方向，选择图片，将鼠标移至图片上方的控制点处，当鼠标变成 形状时，按下鼠标左键并拖动鼠标即可手动旋转图片，如图 3-7 所示。

除此之外，选择图片，执行【图片工具】|【格式】|【排列】|【旋转】命令，在其列表中选择相应的选项，即可按固定方向旋转图片，如图 3-8 所示。

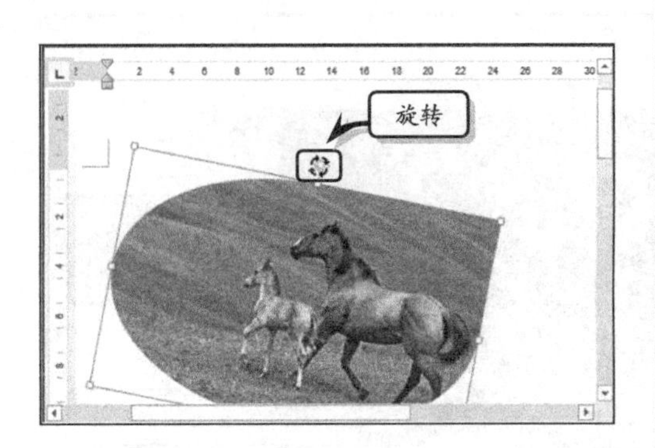

图 3-7 手动旋转图片

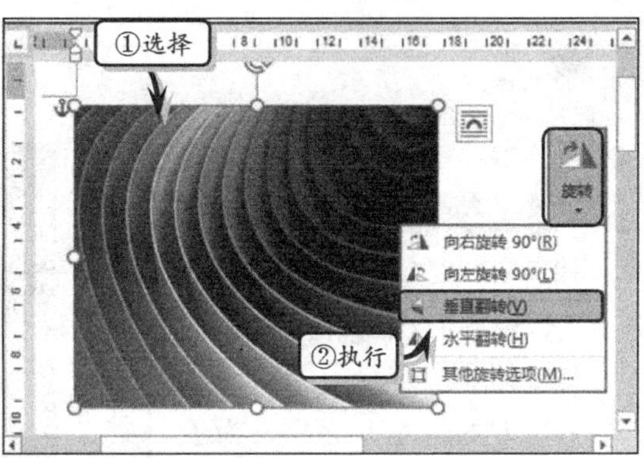

图 3-8 命令法旋转图片

提 示

用户也可以执行【旋转】|【其他旋转选项】命令来设置任意角度的旋转。

3. 裁剪图片

选择图片，执行【图片工具】|【格式】|【大小】|【裁剪】|【裁剪】命令，此时图片上出现 8 个剪裁控制柄，若在任意一个剪裁控制柄上按住鼠标左键拖动，均可以对选择图片进行剪裁，如图 3-9 所示。

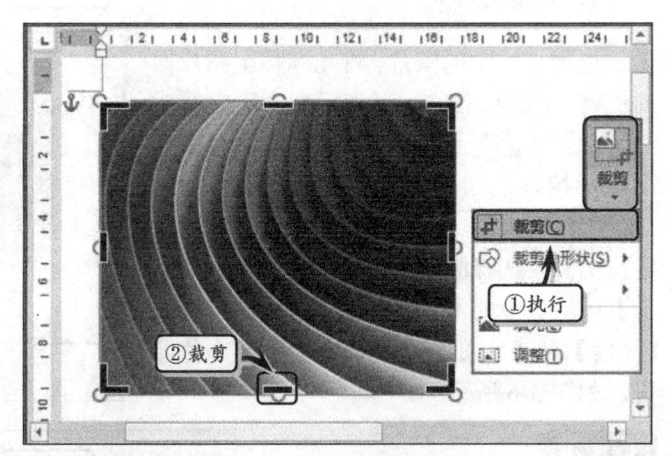

图 3-9 裁剪图片

另外，用户还可以将图片裁剪为某个形状。执行【图片工具】|【格式】|【大小】|【裁剪】|【裁剪为形状】|【心型】命令，即可将图片裁剪为心型形状样式，如图 3-10 所示。

提 示

在剪裁图片时，执行【格式】|【大小】|【裁剪】|【纵横比】命令，可将图片按纵横比裁剪。

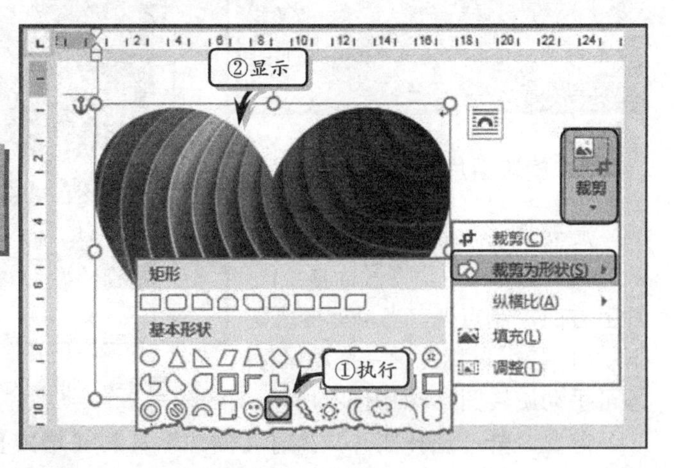

图 3-10 裁剪为形状

4. 对齐图片

图片的对齐是指在页面中精确地设置图形位置，其主要作用是使多个图形在水平或者垂直方向上精确定位。

选择图片，执行【图片工具】|【格式】|【排列】|【对齐】|【水平居中】命令，即

可设置图片的水平居中对齐方式，如图3-11所示。

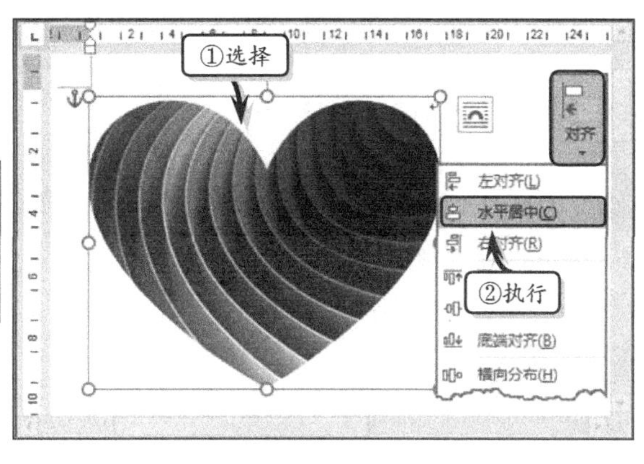

图 3-11 对齐图片

提 示

在设置图片的对齐方式时，需要将默认的【嵌入型】文字环绕，更改为其他类型的环绕方式，否则【对齐】下拉列表中的对齐命令，均为灰色无法使用。

3.1.3 设置排列方式

在文档中插入图片之后，为了配合文档的整体布局，也为了使文档更具有条理性和美观性，还需要设置图片的排列方式，包括图片的位置、显示层次、文字环绕等内容。

1. 设置环绕文字

默认情况下，Word 中的图片是以“嵌入型”形式存放的。此时，只有更改图片的存放方式，才可以调整图片的位置。而该类型的存放方式，则是通过设置“环绕文字”功能来实现的。

选择图片，执行【图片工具】|【格式】|【排列】|【环绕文字】命令，在下拉列表中选择一种选项即可，如图3-12所示。

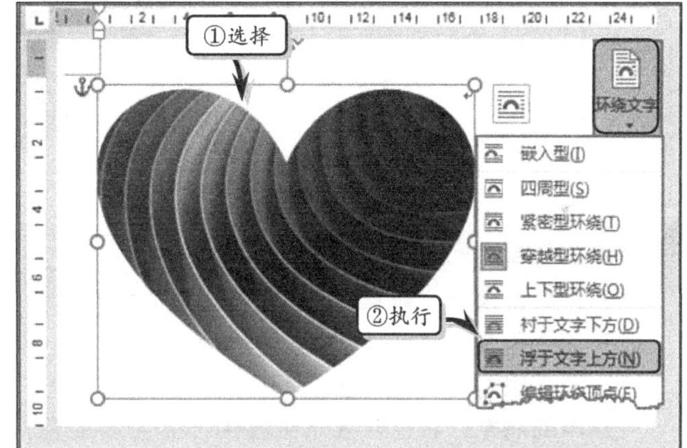

图 3-12 设置环绕文字

Word 2016 为用户主要提供了 7 种设置图片环绕文字的方式，具体情况如下所述。

- **嵌入型** 通过该选项可以将插入的图片当做一个字符插入到文档中。
- **四周型** 通过该选项可以将图片插入到文字中间，文字环绕在图片的四周。
- **紧密型环绕** 通过该选项可以使图片效果类似四周型环绕，但相对于四周型环绕方式，文字更加贴近图片。
- **穿越型环绕** 通过该选项可以使图片效果类似四周型环绕，但文字可进入到图片空白处。
- **上下型环绕** 通过该选项可以使图片在两行文字中间，旁边无字。
- **衬于文字下方** 通过该选项可以将图片插入到文字的下方，而不影响文字的显示。
- **浮于文字上方** 通过该选项可以将图片插入到文字上方。

另外，用户可执行【环绕文字】|【编辑环绕顶点】命令，来编辑环绕顶点。此时，在图片四周显示红色虚线（环绕线）与图片四角出现的黑色实心正方形（环绕控制点），单击环绕线上的某位置并拖动鼠标或单击并拖动环绕控制点即可改变环绕形状，如图 3-13 所示。

提　示

只有对图片使用“紧密型环绕”与“穿越型环绕”环绕方式时，才可以执行【文字环绕】|【编辑环绕顶点】命令；否则该命令处于不可用状态。

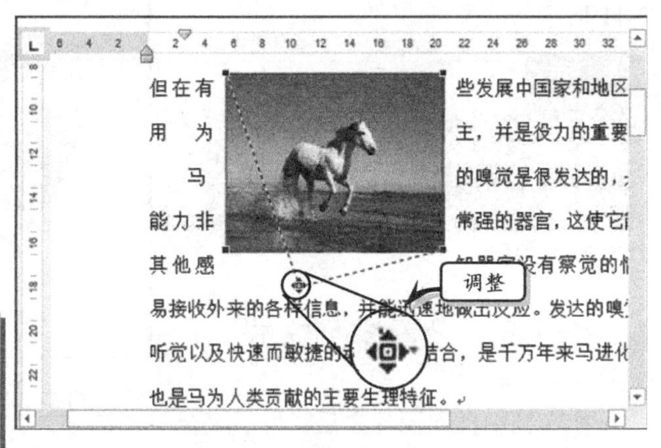

图 3-13　编辑环绕顶点

2. 设置图片位置

选择图片，执行【格式】|【排列】|【位置】命令，在其列表中设置图片和文章的位置关系即可，如图 3-14 所示。

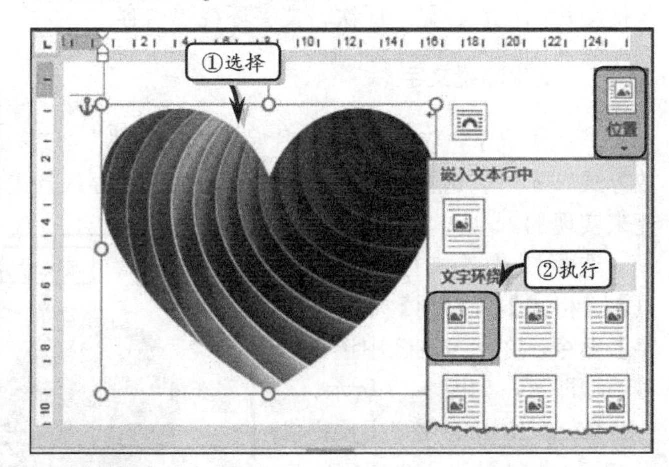

图 3-14　设置图片的位置

在【位置】下拉列表中提供了 10 种图片位置，其各选项的说明如下所述：

- **嵌入文本行中**　将图片嵌入到行中间。
- **顶端居左**　将图片置于文档顶端最左边位置。
- **顶端居中**　将图片置于文档顶端中间位置。
- **顶端居右**　将图片置于文档顶端最右边位置。
- **中间居左**　将图片置于文档中部最左边位置。
- **中间居中**　将图片置于文档正中间位置。
- **中间居右**　将图片置于文档中部最右边位置。
- **底端居左**　将图片置于文档底部最左边位置。
- **底端居中**　将图片置于文档底部中间位置。
- **底端居右**　将图片置于文档底部最右边位置，

提　示

执行【格式】|【排列】|【位置】|【其他布局选项】命令，在弹出的【布局】对话框中激活【位置】选项卡，即可设置图片的详细位置。

3. 设置显示层次

选择多个图片中的一个图片，执行【格式】|【排列】|【上移一层】或【下移一层】

命令中相应的选项，来设置图片的显示层次，如图 3-15 所示。

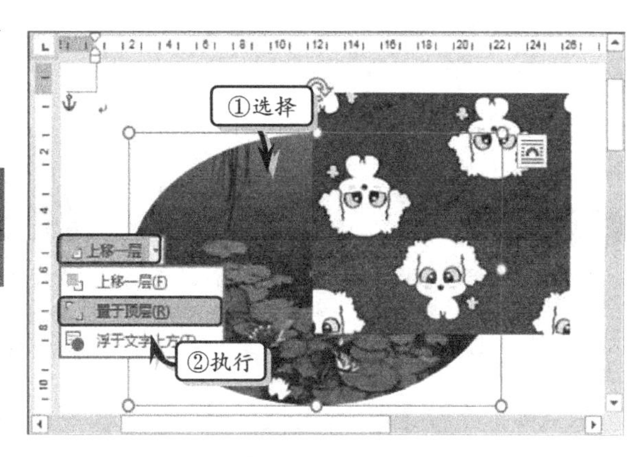

图 3-15 设置显示层次

提 示

选择图片，右击，执行【置于顶层】|【置于顶层】命令，即可将图片放置于所有对象的最上层。

4. 组合图片

组合图片是将两个以上的图片编为一组，便于用户对其进行多方面操作。首先，按住 Ctrl 键选择所有的图片。然后，执行【格式】|【排列】|【组合】|【组合】命令，即可将多个图片组合成在一起，如图 3-16 所示。

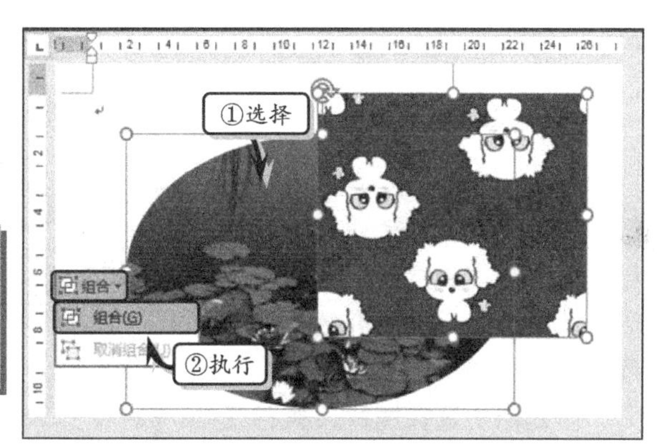

图 3-16 组合图片

提 示

选择多张图片，右击，执行【组合】|【组合】命令，也可组合图片。另外，选择组合后的图片，右击，执行【组合】|【取消组合】命令，即可取消图片的组合。

3.1.4 设置图片格式

在文档中插入图片后，为了增加图片的美观性与实用性，还需要设置图片的格式，包括图片样式、图片边框及图片效果等内容。

1. 设置图片样式

样式是 Word 预置的各种图像样式的集合，共包含 28 种图片样式。选择图片，执行【图片工具】|【格式】|【图片样式】|【快速样式】命令，在其列表中选择一种图片样式即可，如图 3-17 所示。

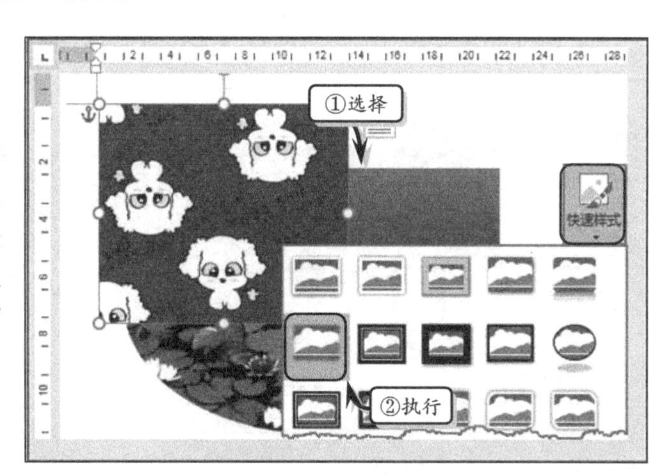

图 3-17 应用样式

2. 设置边框样式

除了使用系统内置的快速样式来美化图片之外，还可以通过自定义边框样式，达到美化图片的目的。

选择图片，执行【图片工具】|【格式】|【图片样式】|【图片边框】命令，在其级联菜单中选择一种色块，如图 3-18 所示。

提　示

设置图片边框颜色时，执行【图片边框】|【其他轮廓颜色】命令，可在弹出的【颜色】对话框中自定义轮廓颜色。

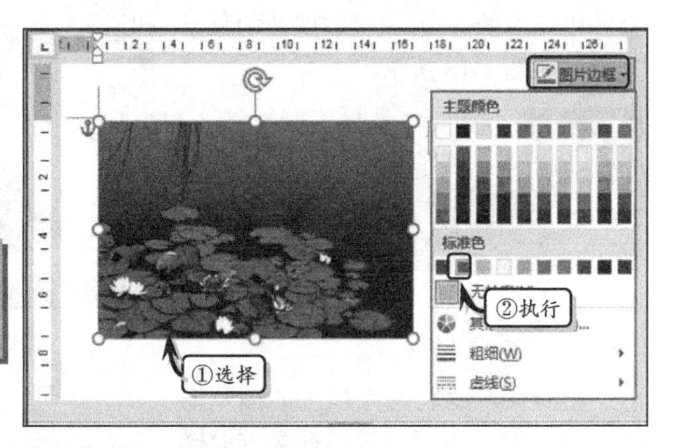

图 3-18　设置边框颜色

另外，执行【图片样式】|【图片边框】|【粗细】或【虚线】命令，设置线条的粗细度和虚线样式，如图 3-19 所示。

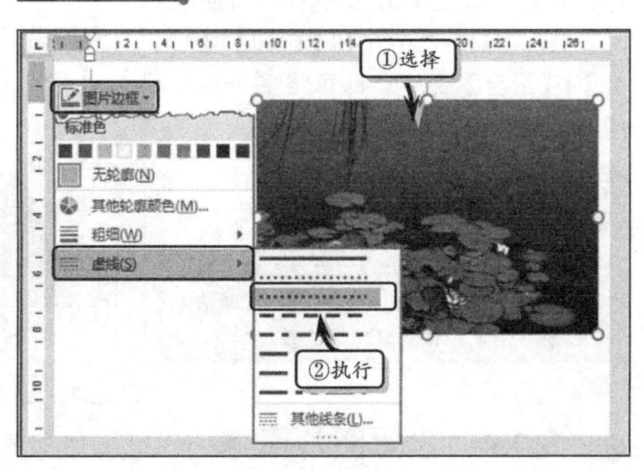

图 3-19　设置虚线样式

3. 设置图片效果

Word 为用户提供了预设、阴影、映像、发光、柔化边缘、棱台和三维旋转 7 种效果。下面以"映像"效果为例，详细介绍设置图片效果的操作方法。

在文档中选择图片，执行【图片工具】|【格式】|【图片样式】|【图片效果】|【映像】命令，在其级联菜单中选择一种映像效果，如图 3-20 所示。

另外，执行【图片效果】|【映像】|【映像选项】命令，可在弹出的【设置图片格式】窗格中自定义透明度、大小、模糊和距离等映像参数，如图 3-21 所示。

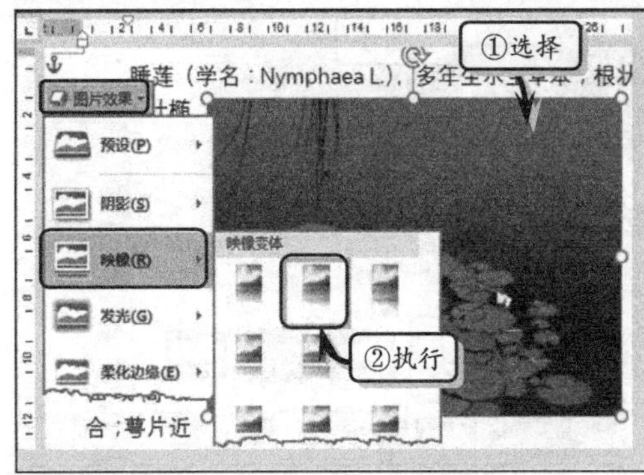

图 3-20　设置映像样式

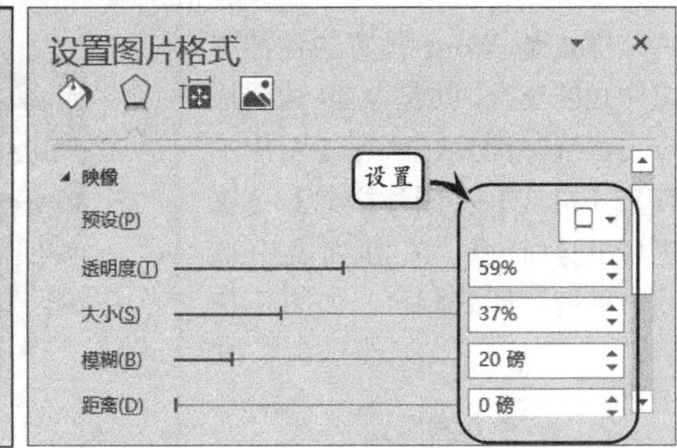

图 3-21　自定义映像样式

提　示

为图片设置影响效果之后，可通过执行【图片效果】|【无映像】命令，取消映像效果。

3.1.5 调整图片效果

Word 中插入的图片一般为图片原本色，此时用户可通过调整图片的色彩、亮度、艺术效果等，来增加图片的绚丽度，使其可以更易于融合到文档中。

1. 调整亮度

Word 为用户提供了 30 种图片更正效果。选择图片，执行【图片工具】|【格式】|【调整】|【更正】命令，在其级联菜单中选择一种更正效果，如图 3-22 所示。

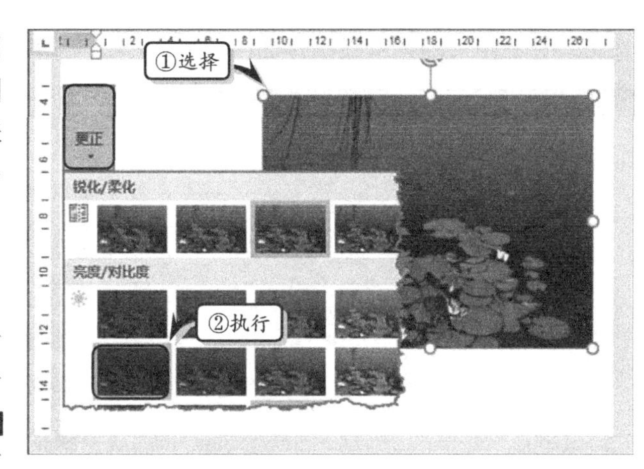

图 3-22 调整亮度

另外，执行【图片工具】|【格式】|【调整】|【更正】|【图片更正选项】命令。在【设置图片格式】窗格中的【图片更正】选项组中，根据具体情况自定义图片更正参数，如图 3-23 所示。

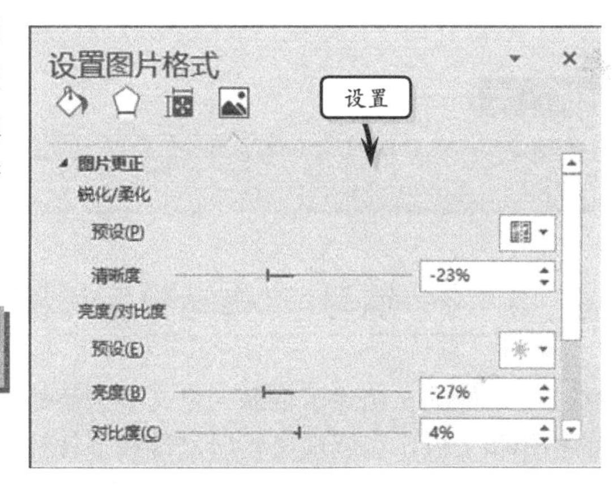

图 3-23 自定义图片更正选项

提 示

用户可通过执行【格式】|【调整】|【重设图片】命令，撤销图片的设置效果，恢复至最初状态。

2. 调整颜色

选择图片，执行【格式】|【调整】|【颜色】命令，在其级联菜单中的【色调】栏中选择相应的选项，设置图片的颜色样式，如图 3-24 所示。

另外，执行【颜色】|【图片颜色选项】命令，在弹出的【设置图片格式】窗格中的【图片颜色】选项组中，设置图片颜色的饱和度、色调与重新着色等选项，如图 3-25 所示。

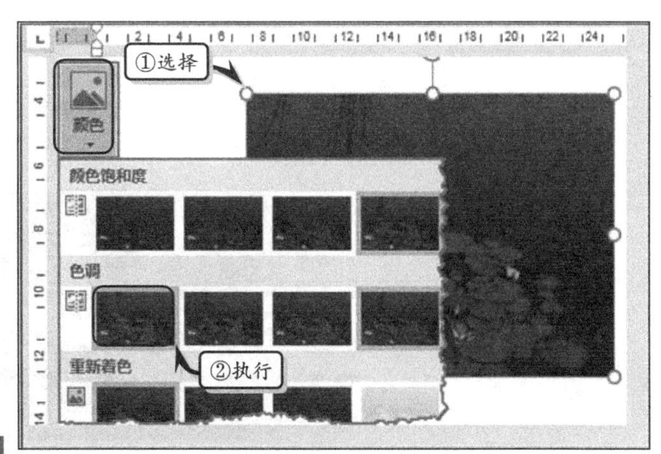

图 3-24 设置颜色

提 示

用户可通过执行【颜色】|【设置透明色】命令，来设置图片的透明效果。

3. 调整艺术效果

选择图片，执行【格式】|【调整】|【艺术效果】命令，在其级联菜单中选择相应的选项，设置图片的艺术效果，如图 3-26 所示。

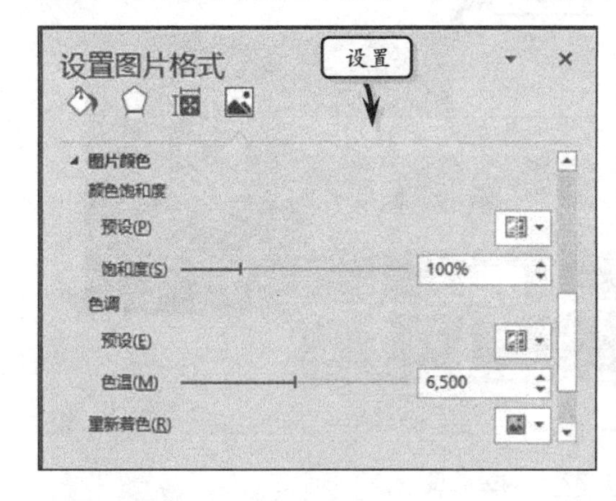

图 3-25 自定义图片颜色

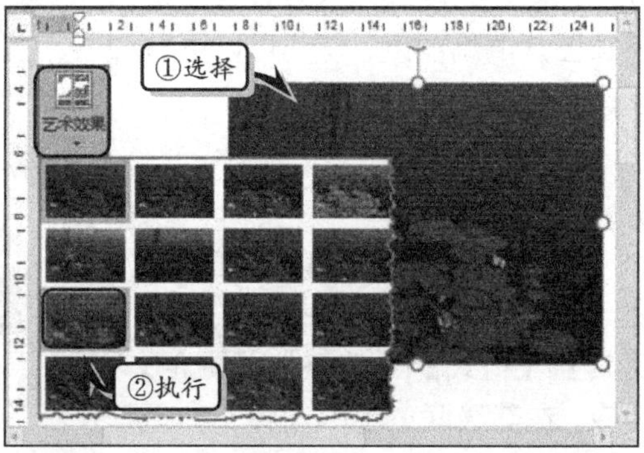

图 3-26 设置艺术效果

提 示

执行【艺术效果】|【艺术效果选项】命令，可在弹出的【设置图片格式】窗格中设置图片的艺术效果。

3.1.6 练习："布达拉宫"图文混排

一篇好的文档除了依靠大量文字来表达之外，还需要通过搭配一些图片来排除文字的枯燥和呆板，在展现文档层次性和多样性的同时，尽显绚丽多彩的视觉效果。在本练习中，将通过"布达拉宫"图文混排文档来详细介绍在 Word 中进行图文混排的操作方法和实用技巧，如图 3-27 所示。

图 3-27 "布达拉宫"图文混排

操作步骤：

1 制作文本。在文档中输入“布达拉宫”标题和正文，如图 3-28 所示。

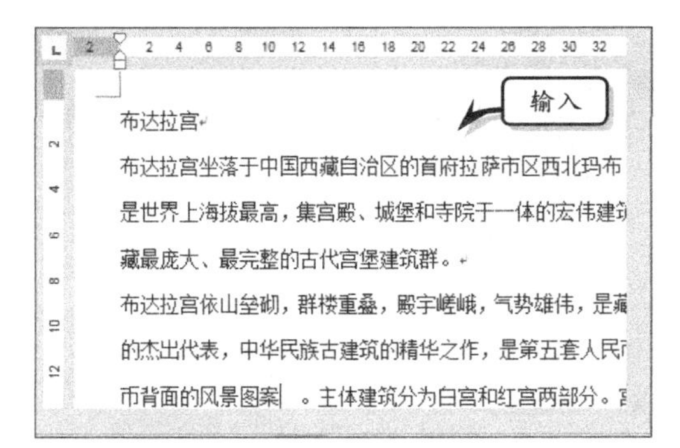

图 3-28 输入文本

2 选择标题文本，在【开始】选项卡【字体】选项组中，设置文本的字体格式，如图 3-29 所示。

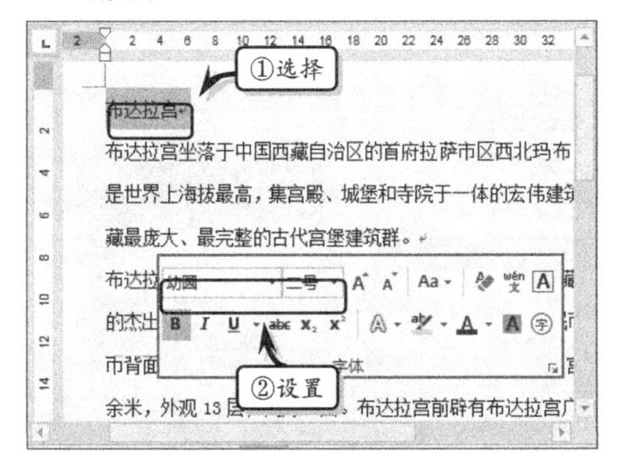

图 3-29 设置字体格式

3 同时，执行【开始】|【段落】|【居中】命令，设置文本的对齐方式，如图 3-30 所示。

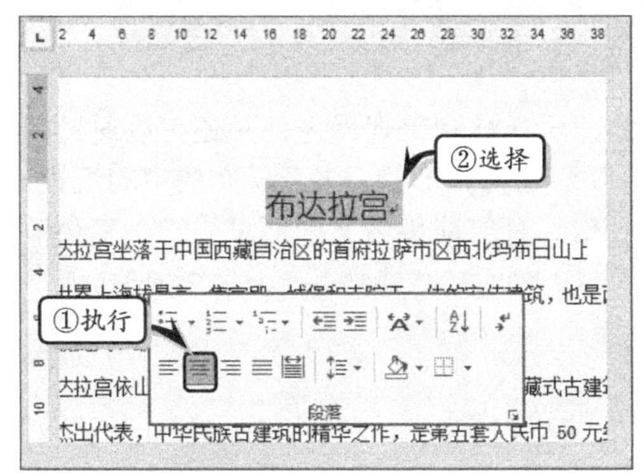

图 3-30 设置对齐方式

4 选择所有的正文，单击【段落】选项组中的【对话框启动器】按钮，如图 3-31 所示。

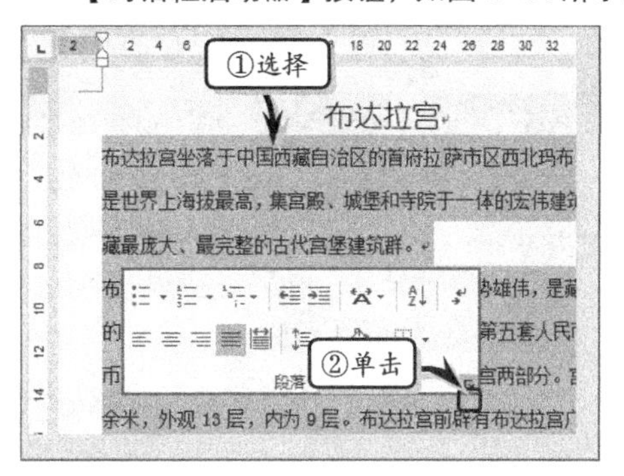

图 3-31 选择正文

5 在【段落】对话框中，设置【特殊格式】、【行距】和【段后】选项，并单击【确定】按钮，如图 3-32 所示。使用同样方法，设置标题文本的段间距。

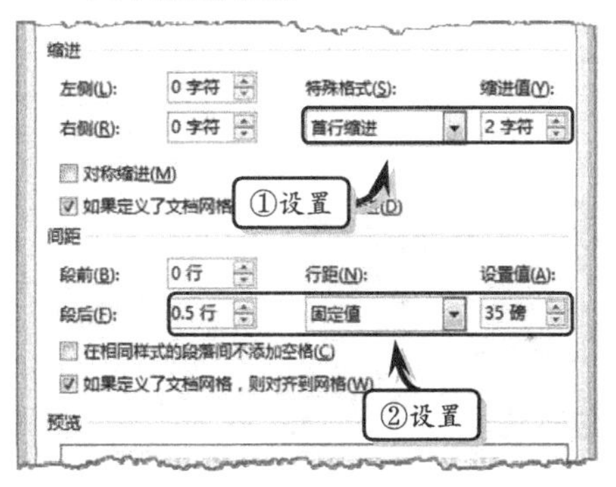

图 3-32 设置段落格式

6 插入图片。执行【插入】|【插图】|【图片】命令，选择图片文件，单击【插入】按钮，如图 3-33 所示。

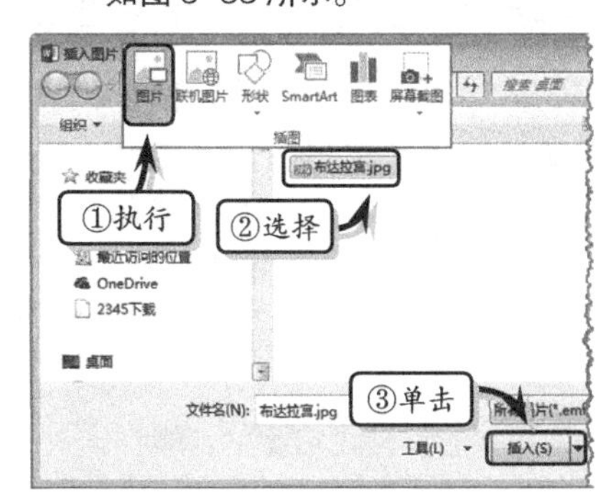

图 3-33 插入图片

7 调整图片。选择图片，将鼠标移至图片的右下角，当鼠标变成双向箭头时，拖动鼠标调整图片大小，如图 3–34 所示。

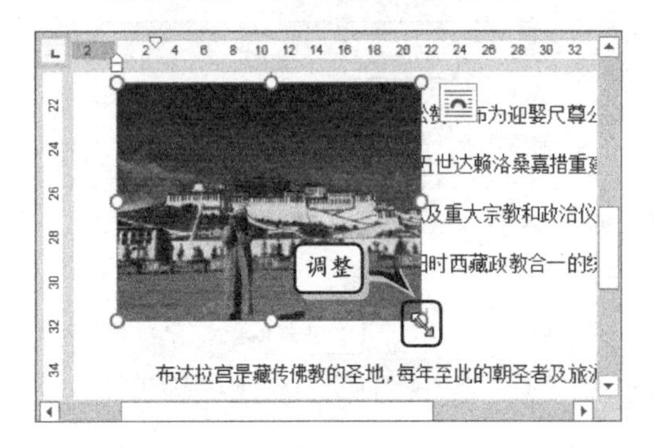

图 3–34 调整图片大小

8 选择图片，执行【图片工具】|【格式】|【排列】|【环绕文字】|【穿越型环绕】命令，如图 3–35 所示。使用同样方法，调整其他图片。

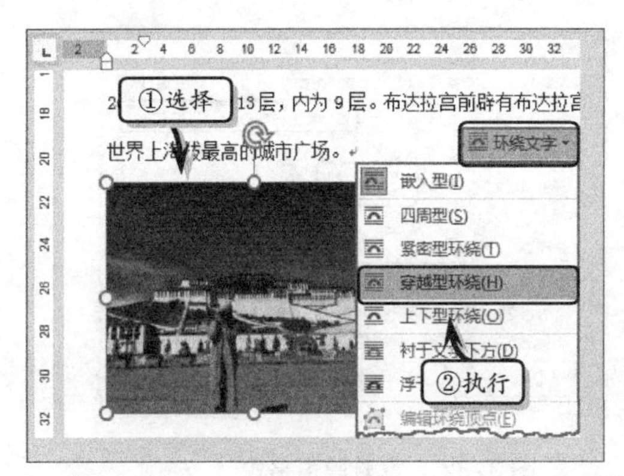

图 3–35 设置自动换行

9 设置图片样式。选择图片，执行【图片工具】|【格式】|【图片样式】|【快速样式】|【映像圆角矩形】命令，如图 3–36 所示。

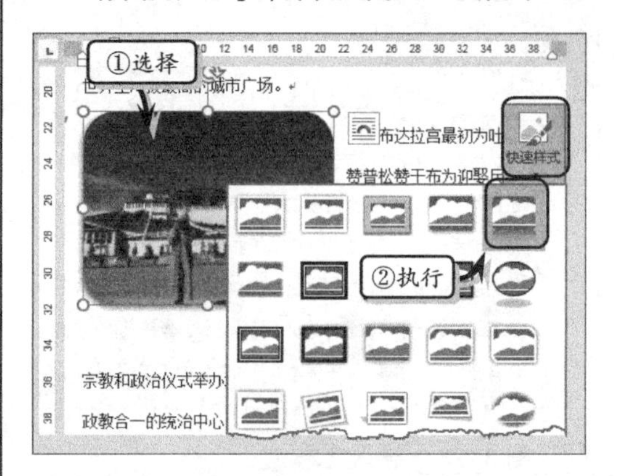

图 3–36 设置图片样式

10 同时，执行【格式】|【图片样式】|【图片效果】|【棱台】|【草皮】命令，如图 3–37 所示。

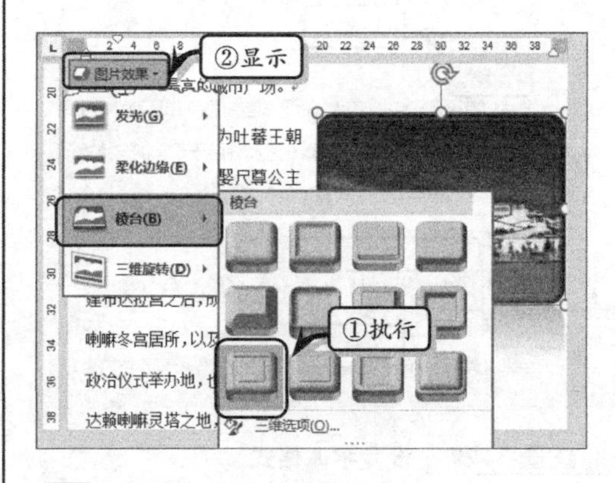

图 3–37 设置棱台效果

3.2 使用图形

在 Word 中，除了可以通过图片来突出文档的层次性和美观性之外，还可以通过图形来展现文档的条理性和视觉表达性。例如，可以通过内置形状，来表现文档中的流程、步骤等内容；以及使用 SmartArt 图形来快速、轻松、有效地传达文档信息等。在本小节中，将详细介绍使用形状、设置形状格式，以及使用 SmartArt 图形和美化 SmartArt 图形的基础知识和操作方法。

3.2.1 使用形状

Word 为用户提供了线条、矩形、基本形状、箭头总汇、公式形状等 8 种形状类型，用户可以通过绘制不同的形状充实文章的说服力。

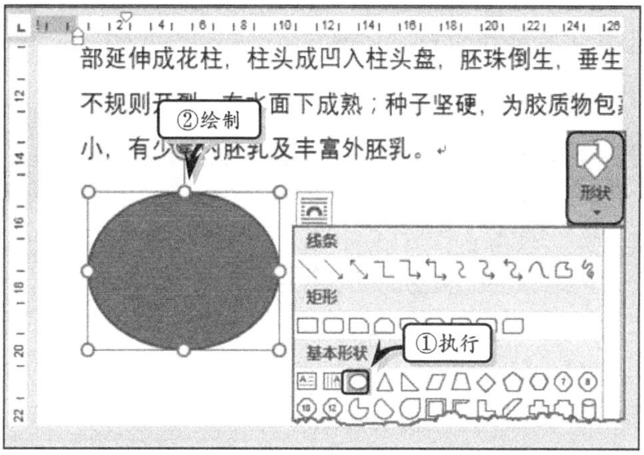

1. 绘制形状

执行【插入】|【插图】|【形状】命令，在其级联菜单中选择一种形状。当光标变为“+”字形，按下鼠标左键并拖动鼠标即可开始绘制，最后松开鼠标左键即可完成，如图 3-38 所示。

图 3-38 绘制形状

绘制形状之后，右击形状执行【添加文字】命令，在形状中输入描述性文本，并通过执行【开始】选项卡的【字体】选项组中的各个命令，设置文字的字形、加粗或颜色等字体格式，如图 3-39 所示。

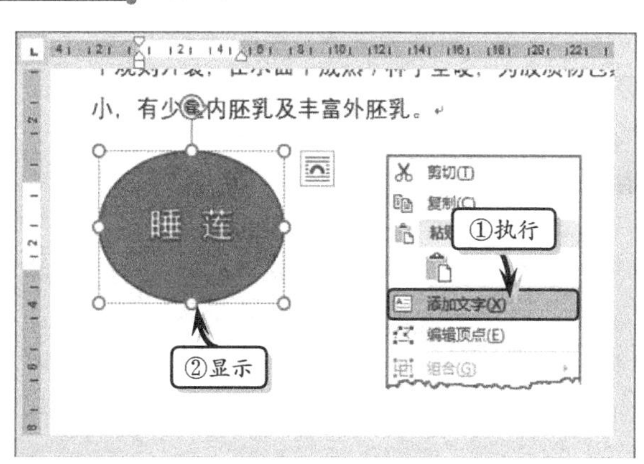

图 3-39 设置形状文本

2. 调整形状大小

选择要改变大小的形状，形状四周将出现一组控制点，将鼠标指针移至这些控制点，当光标变成↔、↕、⤡、⤢形状时，按下鼠标左键并拖动这些控制点至合适的位置松开鼠标左键即可，如图 3-40 所示。

> **提 示**
>
> 对于形状的设置位置、设置自动换行、设置对齐方式、旋转形状等一些操作方法，与图片的操作方法相同，请参阅图片章节内容，在此不再作详细介绍。

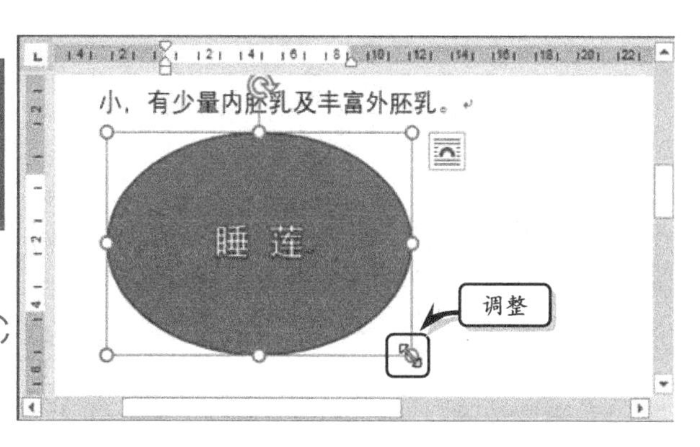

图 3-40 调整形状大小

3.2.2 设置形状格式

在文档中绘制形状之后，为使形状具有绚丽的特效，还需要设置形状的填充颜色、轮廓样式和形状效果。

1. 设置填充颜色

形状的填充颜色包括纯色填充、渐变填充、图片填充、纹理填充和图案填充等填充方式。选择形状，执行【绘图工具】|【格式】|【形状样式】|【形状填充】命令，在其

下列表中选择一种色块，即可对形状进行纯色填充，如图 3-41 所示。

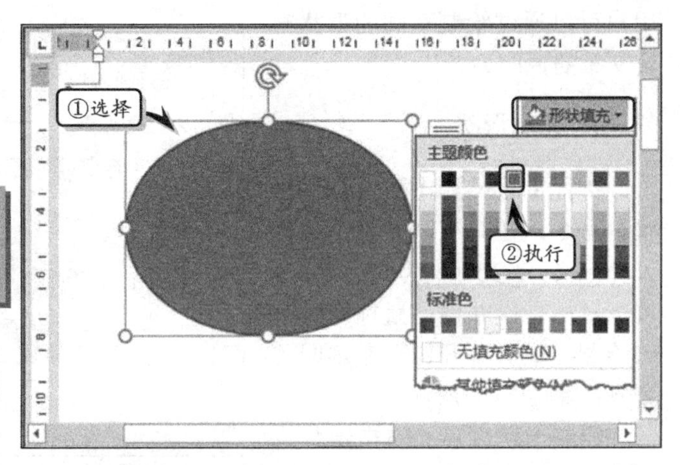

图 3-41 纯色填充

提 示

用户还可以执行【形状填充】|【其他填充颜色】命令，在弹出的【颜色】对话框中自定义填充颜色。

同时，执行【绘图工具】|【格式】|【形状样式】|【渐变】|【其他渐变】命令，在展开的【设置形状格式】窗格中选中【渐变填充】选项，并设置渐变颜色、类型、方向、角度等选项，如图 3-42 所示。

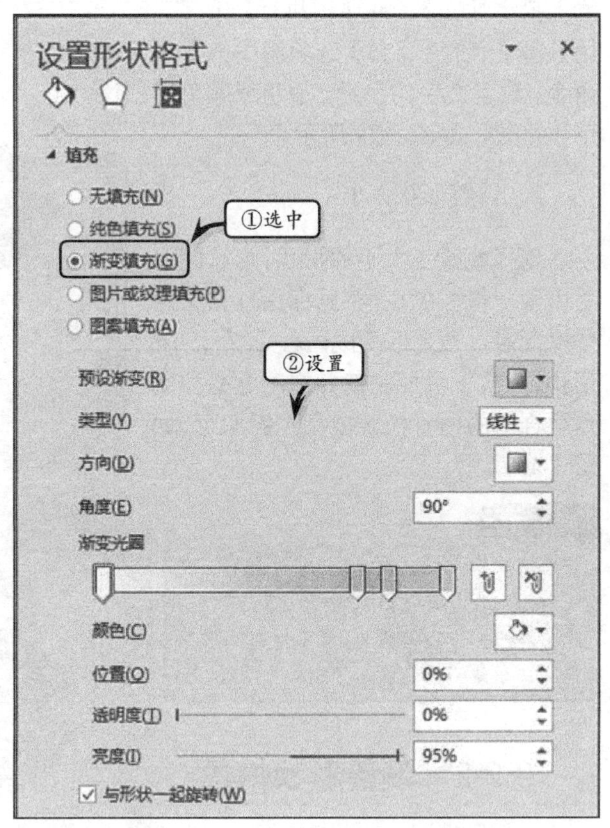

图 3-42 设置渐变颜色

在【渐变填充】列表中，主要包括下列选项。

- ❑ **预设渐变** 用于设置系统内置的渐变样式，包括红日西斜、麦浪滚滚等 24 种内设样式。
- ❑ **类型** 用于设置颜色的渐变方式，包括线性、射线、矩形与路径方式。
- ❑ **方向** 用于设置渐变颜色的渐变方向，一般分为对角、由内至外等不同方向。该选项根据【类型】选项的变化而改变。
- ❑ **角度** 用于设置渐变方向的具体角度，该选项只有在【类型】选项为“线性”时才可用。
- ❑ **渐变光圈** 用于增加或减少渐变颜色，可通过单击【添加渐变光圈】或【减少渐变光圈】按钮，来添加或减少渐变颜色。在【渐变光圈】列表中，还包括颜色、位置等选项，其具体含义如下所述。
  - ➢ **颜色** 用于设置渐变光圈的颜色，需要先选择一个渐变光圈，然后单击其下拉按钮，选择一种色块即可。
  - ➢ **位置** 用于设置渐变光圈的具体位置，需要先选择一个渐变光圈，然后单击微调按钮显示百分比值。

➢ **亮度** 用于设置渐变光圈的亮度值，需要先选择一个渐变光圈，然后输入或调整百分比值。

➢ **透明度** 用于设置渐变光圈的透明度，需要先选择一个渐变光圈，然后输入或调整百分比值。

➢ **与形状一起旋转** 启用该复选框，表示渐变颜色将与形状一起旋转。

提 示

用户可以使用相同的方法，在【设置形状格式】窗格中设置形状的图片填充、纹理填充、图案填充等填充效果。

2. 设置轮廓样式

在【设置形状格式】窗格中展开【线条】选项组，选中【实线】选项，设置线条颜色、透明度、宽度、复合类型等选项，即可设置形状的轮廓样式，如图 3-43 所示

另外，用户还可以选择形状，通过执行【绘图工具】|【格式】|【形状样式】|【形状轮廓】命令，在其级联菜单中选择轮廓颜色、粗细、虚线、箭头等选项，来设置形状的轮廓样式。

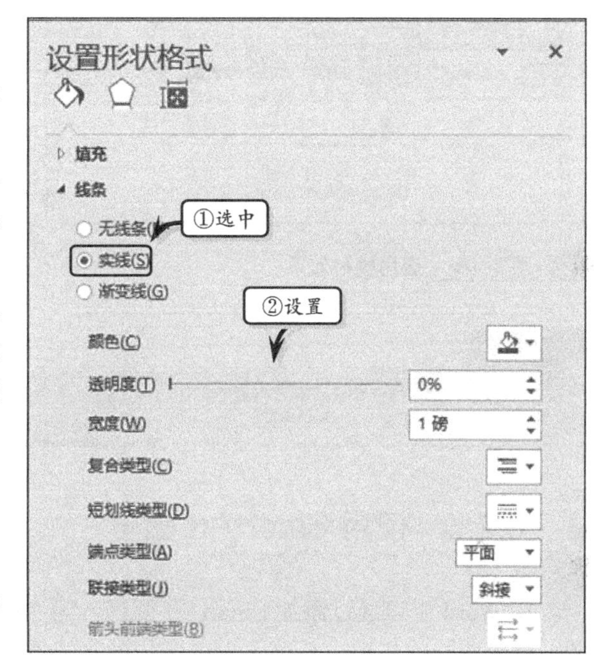

图 3-43 设置轮廓样式

3. 设置形状效果

Word 内置了 42 种形状样式，选择形状，执行【格式】|【形状样式】|【其他】命令，在其下拉列表中选择一种形状样式，如图 3-44 所示。

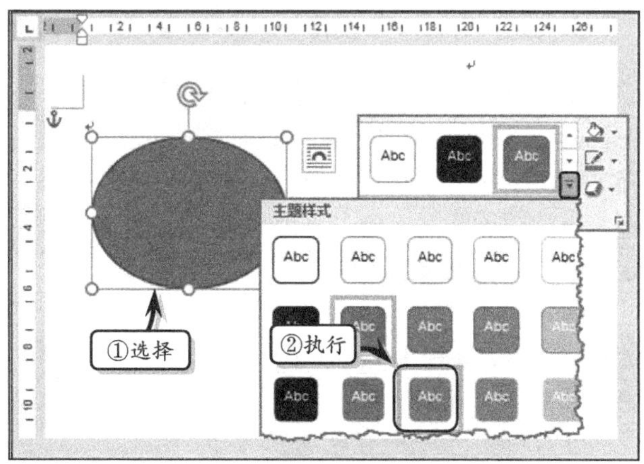

图 3-44 应用形状样式

除了应用内置的快速样式之外，用户还可以根据布局需要，自定义形状的效果，包括阴影效果、棱台效果、映像效果、发光效果、柔化边缘效果等。选择形状，执行【格式】|【形状样式】|【形状效果】|【棱台】命令，在其级联菜单中选择相应的形状效果即可，如图 3-45 所示。

另外，执行【格式】|【形状样式】|【形状效果】|【棱台】|【三维选项】命令，在展开的【设置形

状格式】窗格中，自定义【三维格式】选项组下的各项选项，即可自定义形状的棱台效果，如图 3-46 所示。

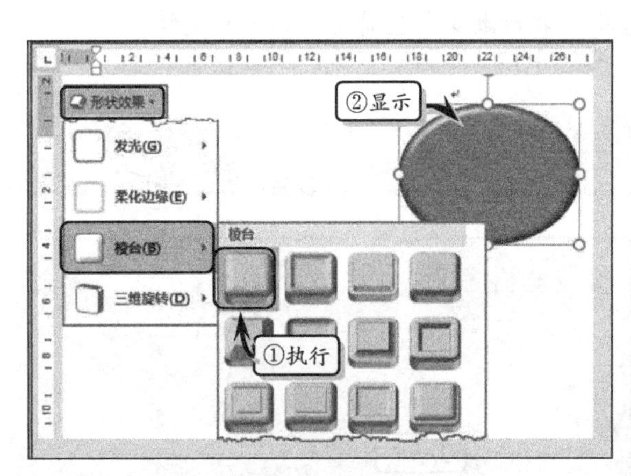

图 3-45 应用棱台效果

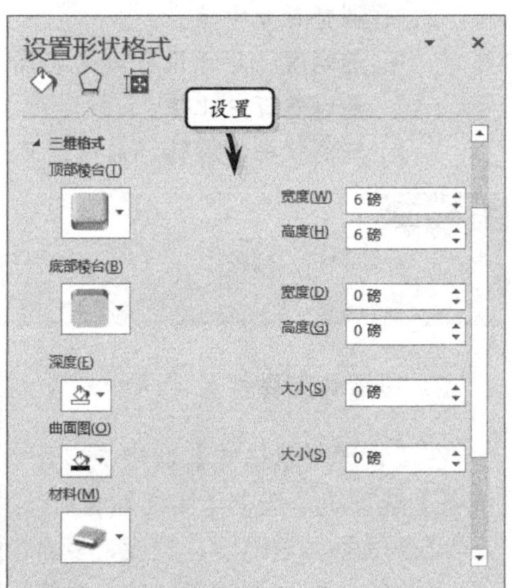

图 3-46 自定义棱台效果

提 示

设置棱台效果之后，执行【格式】|【形状样式】|【形状效果】|【棱台】|【无】命令，即可取消棱台效果。

3.2.3 使用 SmartArt 图形

在 Word 中可通过添加 SmartArt 图形，为文档添加水平列表、垂直列表、组织结构图、射线图与维恩图，从而可以以图形的样式展示文档中的演示流程、层次结构、循环或者关系。不仅可以轻松、快速且有效地传到文字信息，而且还增加了文档的动感效果。

1. 插入 SmartArt 图形

执行【插入】|【插图】|【SmartArt】命令，在弹出的【选择 SmartArt 图形】对话框中选择符合的图形类型，单击【确定】按钮即可，如图 3-47 所示。

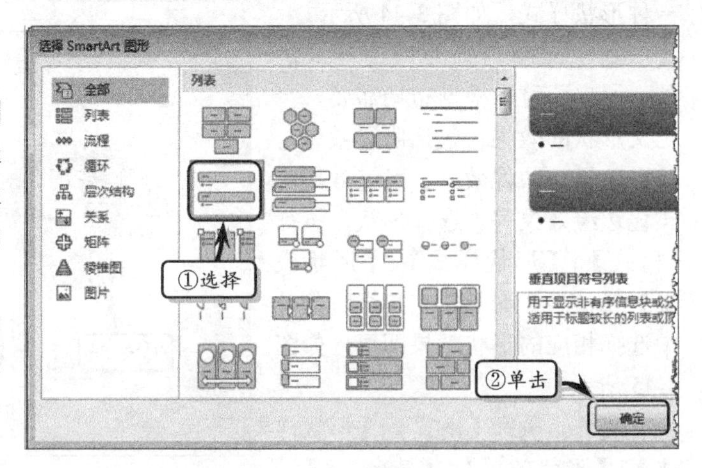

图 3-47 插入 SmartArt 图形

Word 为用户提供了列表、流程、循环等 8 种 SmartArt 图形，其具体内容如下所述。

- **列表** 显示无序信息。
- **流程** 在流程或时间

线中显示步骤。

- ❑ **循环** 显示连续的流程。
- ❑ **层次结构** 显示决策树或组织结构图。
- ❑ **关系** 对连接进行图解。
- ❑ **矩形** 以矩形阵列的方式显示并列的4种元素。
- ❑ **棱锥图** 显示与顶部或底部最大一部分之间的比例关系。
- ❑ **图片** 显示带图片的形状。

2. 输入图形文字

创建SmartArt图形之后，右击形状执行【编辑文字】命令，即可在形状中输入相应的文字。

另外，选择形状后，执行【SMARTART 工具】|【设计】|【创建图形】|【文本窗格】命令，在弹出的【文本】窗格中输入相应的文字，如图3-48所示。

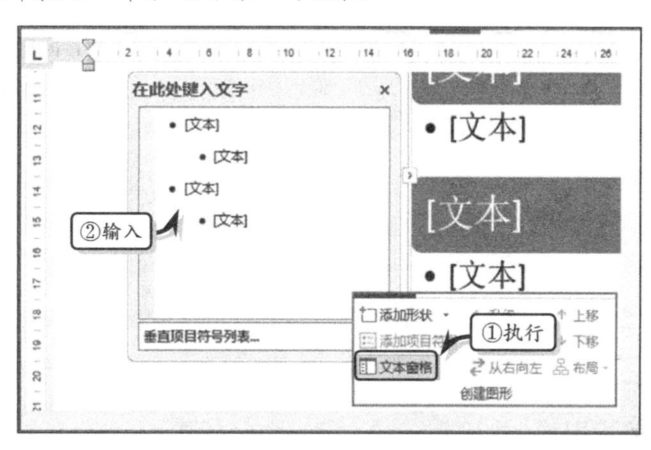

图3-48 输入图形文字

3. 添加形状

创建SmartArt图形之后，为适应文档的整体需求，还需要根据图形的具体内容从前面、后面、上方或下方添加形状。

选择需要添加形状的位置，执行【SMARTART 工具】|【设计】|【创建图形】|【添加形状】命令，在下拉列表中选择相应的选项即可，如图3-49所示。

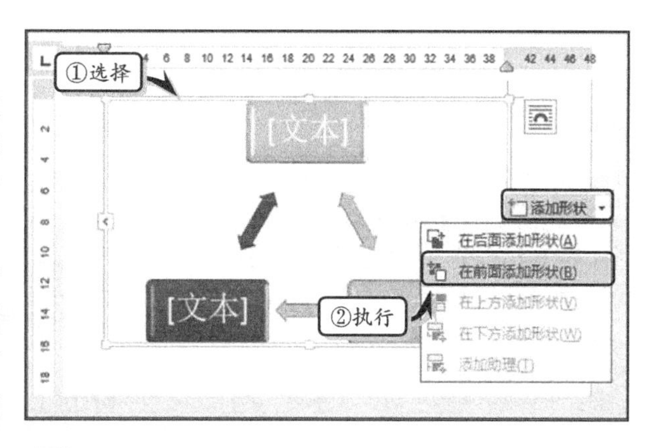

图3-49 添加形状

提 示

当用户需要删除SmartArt图形中的形状时，选中某个形状，直接按Delete键即可。

3.2.4 美化SmartArt图形

美化SmartArt图形是通过设置SmartArt样式、设置SmartArt布局，以及更改图形方向等内容，来增加SmartArt图形的美观性与流畅性，从而达到美化图形和文档界面的目的。

1. 更改图形方向

更改方向即是更改SmartArt图形的连接线方向，选择SmartArt图形，执行

【SMARTART 工具】|【设计】|【创建图形】|【从右向左】命令，即可更改 SmartArt 图形的方向，如图 3-50 所示。

2．设置 SmartArt 样式

选择 SmartArt 图形，执行【SMARTART 工具】|【设计】|【SmartArt 样式】|【快速样式】命令，在其级联菜单中选择相应的样式，即可为图像应用新的样式，如图 3-51 所示。

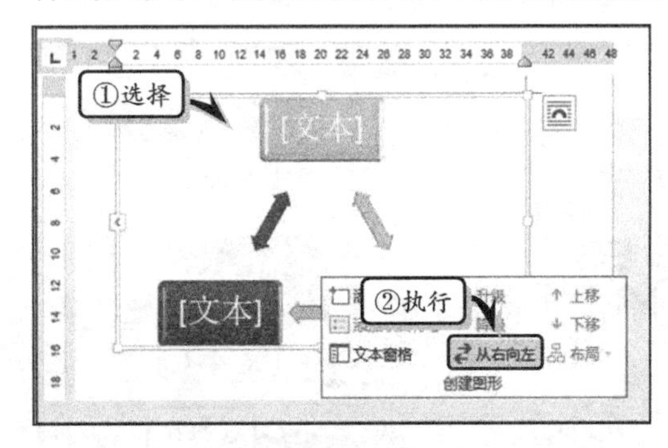

图 3-50　更改图形方向

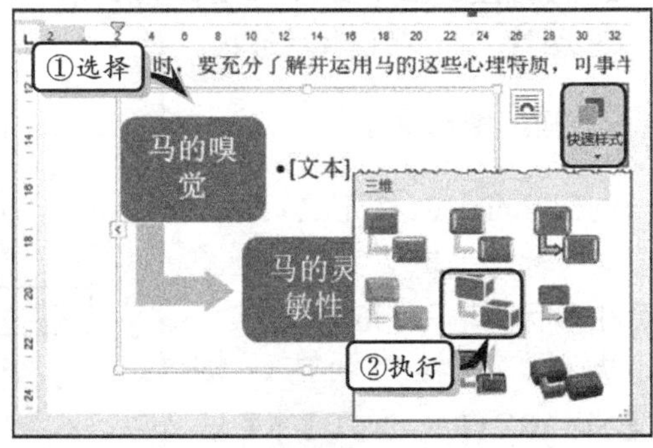

图 3-51　设置图形样式

同时，执行【设计】|【SmartArt 样式】|【更改颜色】命令，在其级联菜单中选择相应的选项，即可为图形应用新的颜色，如图 3-52 所示。

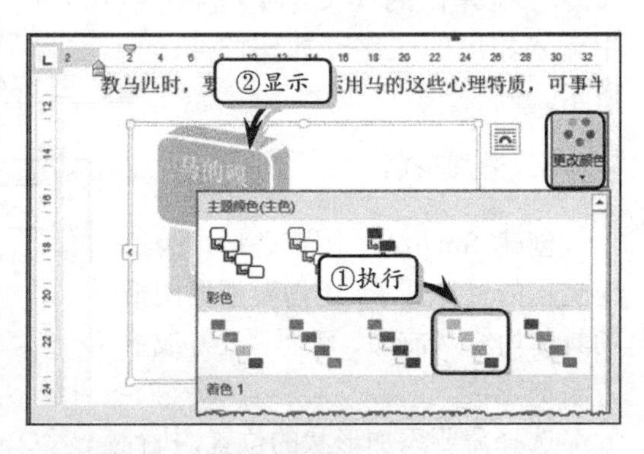

图 3-52　设置图形颜色

3．设置 SmartArt 布局

选择 SmartArt 图形，执行【SMARTART 工具】|【设计】|【版式】|【更改布局】命令，在其级联菜单中选择相应的布局样式即可，如图 3-53 所示。

提　示

右击 SmartArt 图形，执行【更改布局】命令，在弹出的【选择 SmartArt 图形】对话框选择相应的布局。

另外，选择图形中的某个形状，执行【SMARTART 工具】|【设计】|【创建图形】|【布局】命令，在其下拉列表中选择相应的选项，即可设置形状的布局，如图 3-54 所示。

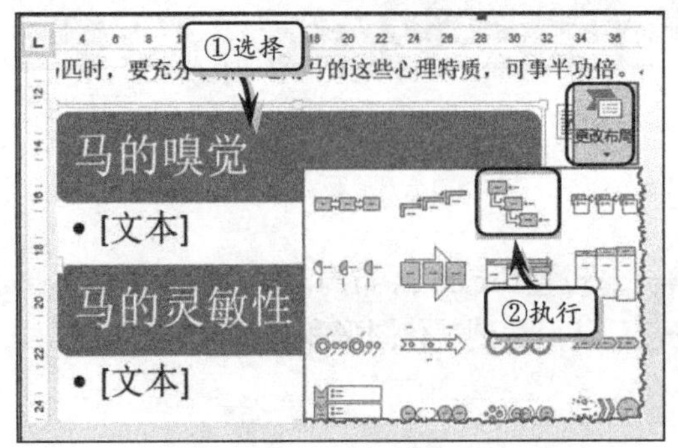

图 3-53　设置 SmartArt 整体布局

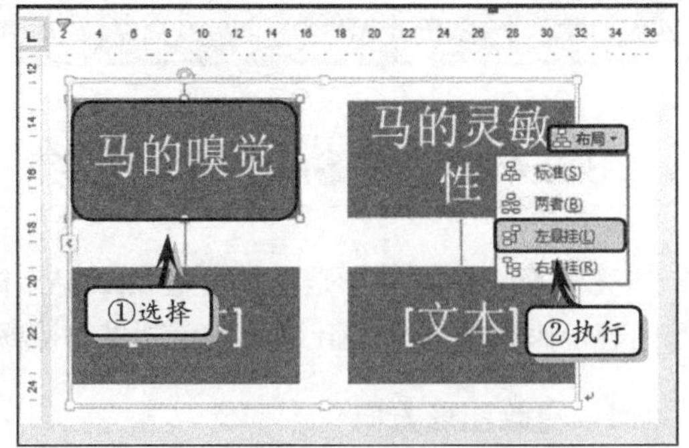

图 3-54　设置单个形状的布局

提 示

在文档中，只有在“组织结构图”布局下，才可以设置单元格形状的布局。

3.2.5 练习：制作目录列表

目录列表适用于长篇文档，相对于普通目录列表既具有展示文档具体内容的功能，又具有美化文档版面的作用。在本练习中，将运用 SmartArt 图形，来制作一个目录列表，并设置目录列表的排列方式和样式，如图 3-55 所示。

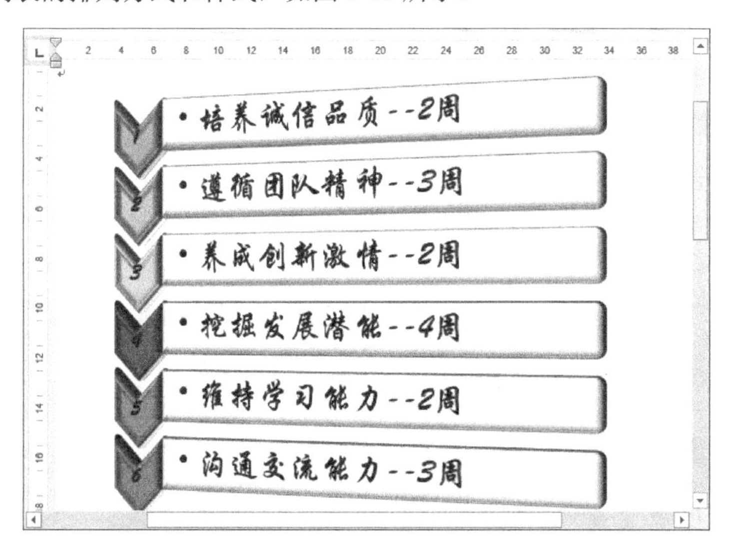

图 3–55 目录列表

操作步骤：

1 插入 SmartArt 图形。新建文档，执行【插入】|【插图】|【SmartArt】命令，在弹出的对话框中选择图形样式，单击【确定】按钮，如图 3–56 所示。

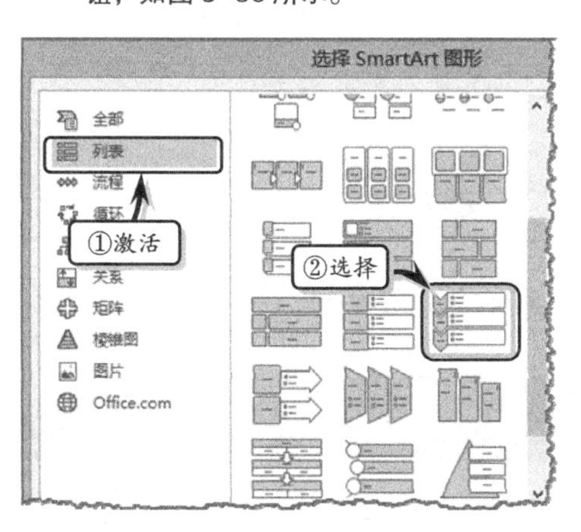

图 3–56 插入 SmartArt 图形

2 添加形状。选择图形中的最后一个形状，执行【设计】|【创建形状】|【添加形状】|【在后面添加形状】命令，如图 3–57 所示。

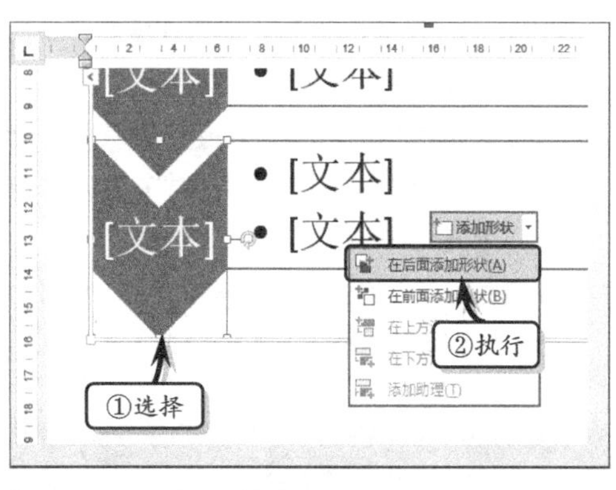

图 3–57 添加形状

3 输入文本。单击形状中的“文本”文字，输入相应的文本，并设置文本的字体格式，如图 3–58 所示。

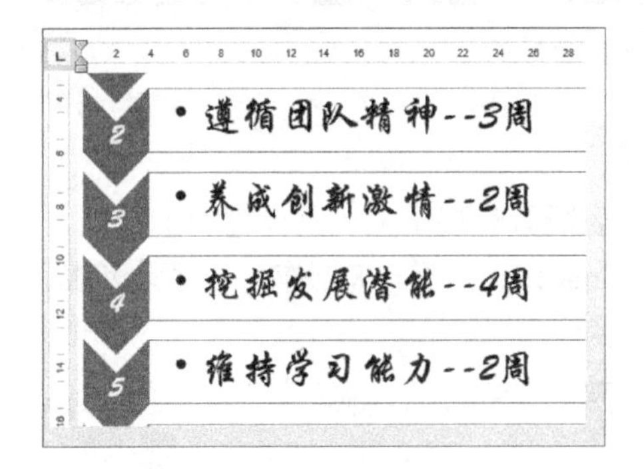

图 3–58 输入文本

4 设置排列方式。选择图形，执行【格式】|【排列】|【自动换行】|【紧密型环绕】命令，如图 3–59 所示。

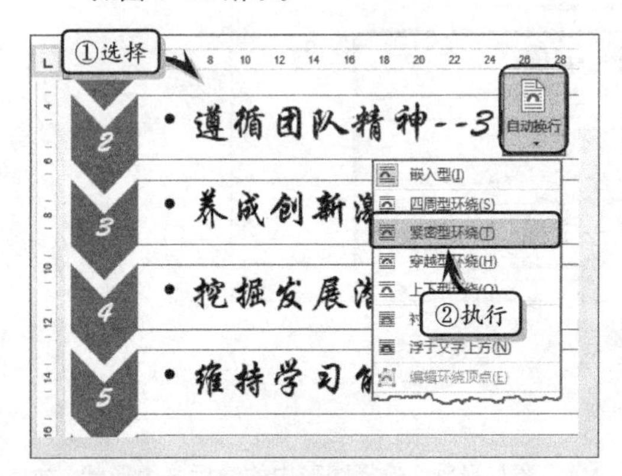

图 3–59 设置排列方式

5 设置图形样式。执行【设计】|【SmartArt 样式】|【快速样式】|【金属场景】命令，设置图形样式，如图 3–60 所示。

6 同时，执行【设计】|【SmartArt 样式】|【更改颜色】|【彩色–着色】命令，更改图形颜色，如图 3–61 所示。

7 设置位置。选择图形，执行【格式】|【排列】|【位置】|【顶端居左，四周型文字环绕】命令，如图 3–62 所示。

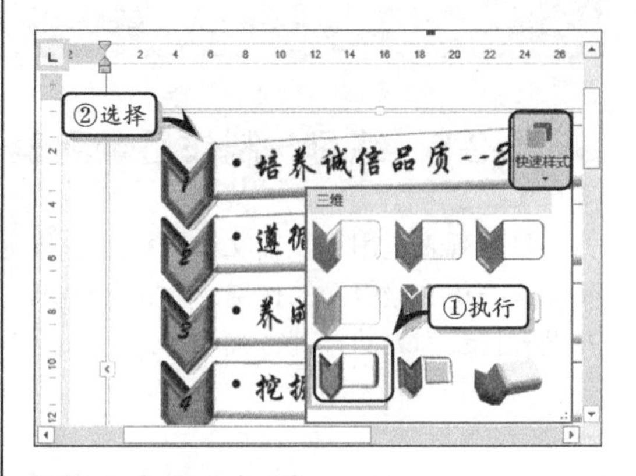

图 3–60 设置图形样式

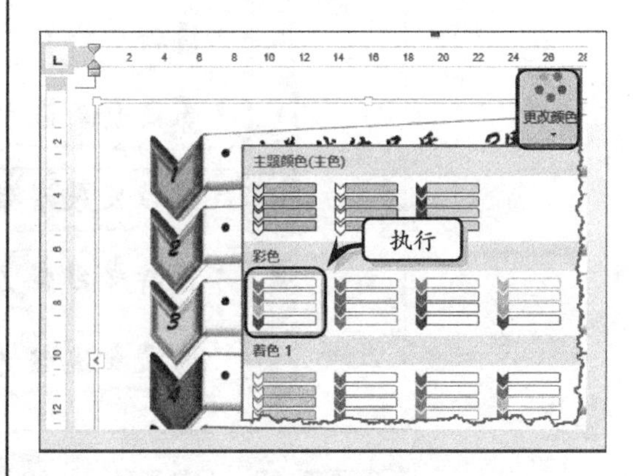

图 3–61 更改颜色

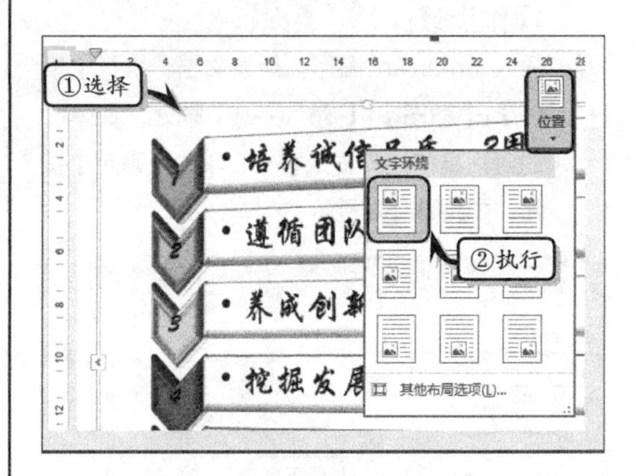

图 3–62 设置图形位置

3.3 使用文本框与艺术字

在 Word 中，用户还可以通过文本框和艺术字，来形象地表达一些特殊的文档内容，既达到了突出显示文本的作用，又达到丰富文档界面和层次的目的。在本小节中，将详细介绍使用文本框与艺术字的基础知识和操作方法。

3.3.1 使用文本框

文本框是 Word 中的一种对象，用于存放文本、图片或图形。它不仅可以像图片那样随意放置，而且还可以通过创建文本框之间的链接来存放更多的内容。

1. 插入文本框

在 Word 系统中自带了 35 种内置文本框，执行【插入】|【文本】|【文本框】命令，在下拉列表中选择相应的文本框样式，即可在文档中插入一个文本框，如图 3-63 所示。

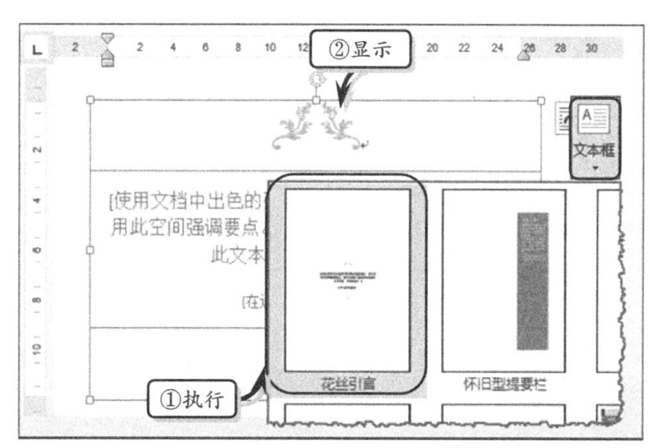

图 3-63 插入文本框

提 示

文本框类似于形状，用户可以像设置形状样式那样设置文本框的填充颜色、轮廓样式和形状效果。

2. 绘制文本框

执行【插入】|【文本】|【文本框】|【绘制文本框】或者【绘制竖排文本框】命令，此时光标变为“+”形状，按下鼠标左键并拖动鼠标即可绘制“横排”或“竖排”的文本框，如图 3-64 所示。

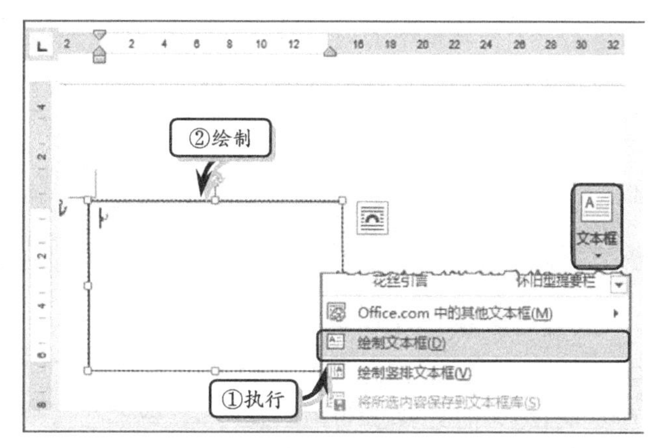

图 3-64 绘制文本框

3. 设置文字方向

选择文本框，执行【格式】|【文本】|【文字方向】命令，即可将文本框中的文字方向由“横排”转换为“竖排”，如图 3-65 所示。

提 示

用户可以执行【文字方向】|【文字方向选项】命令，在弹出的【文字方向-文本框】对话框中自定义文本的显示方向。

4. 链接文本框

Word 允许用户最多可以建立 32 个文本框链接。在建立文本框之间的链接关系时，需要保证要链接的文本框是空的，并且所链接的文本框必须在同一个文档中，以及它未与其他文本框建立链接关系。

在文档中绘制或插入两个以上的文本框，选择第一个文本框，执行【格式】|【文本】|【创建链接】命令，此时光标变成“🫙”形状，单击第二个文本框即可，如图 3-66 所示。

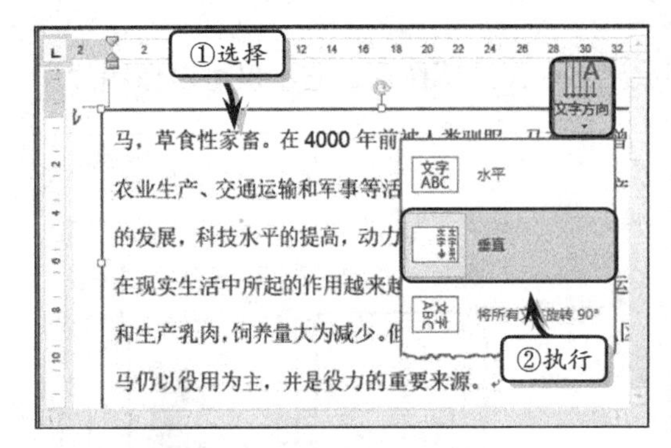

图 3-65 设置文字方向

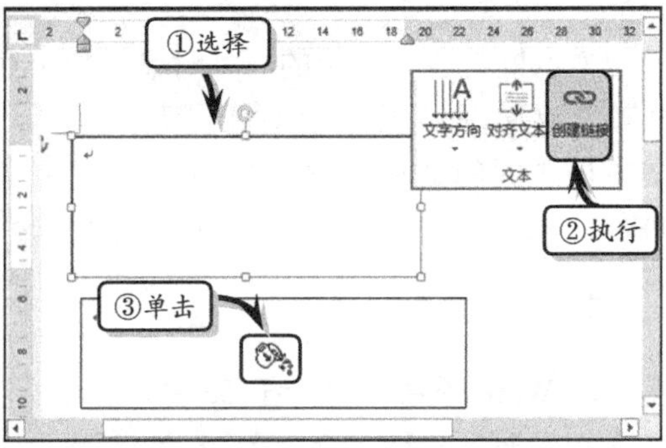

图 3-66 创建链接

提 示

要断开一个文本框和其他文本框的链接，首先选择这个文本框，执行【格式】|【文本】|【断开链接】命令即可。

创建完文本框之间的链接之后，在第一个文本框中输入内容，如果第一个文本框中的内容无法完整显示，则内容会自动显示在链接的第二个文本框中，如图 3-67 所示。

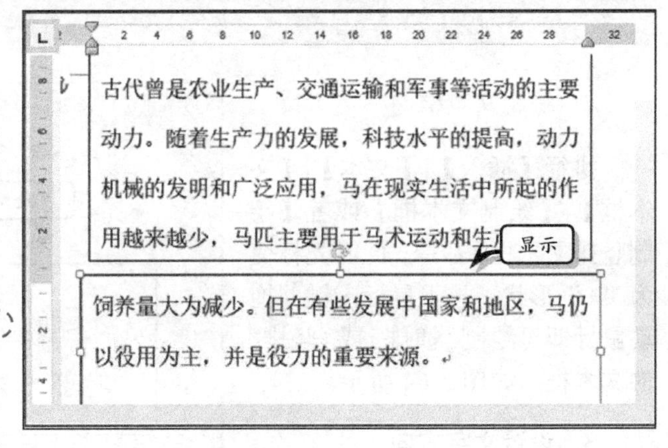

图 3-67 显示链接状态

3.3.2 使用艺术字

艺术字是 Word 内置的一个文字样式库，可以帮助用户制作出具有装饰性效果的文字，如带阴影或镜像效果，以达到增加文档可观性的目的。

1. 插入艺术字

执行【插入】|【文本】|【艺术字】命令，在下拉列表中选择相应的艺术字样式。然后，在艺术字文本框中输入文字内容，如图 3-68 所示。

提 示

插入艺术字并输入艺术字文本之后，可以像设置普通文本那样在【字体】选项组中设置艺术字文本的字体格式。

2. 设置艺术字样式

选择艺术字，执行【格式】|【艺术字样式】|【其他】命令，在下拉列表中选择相应的艺术字样式即可，如图 3-69 所示。

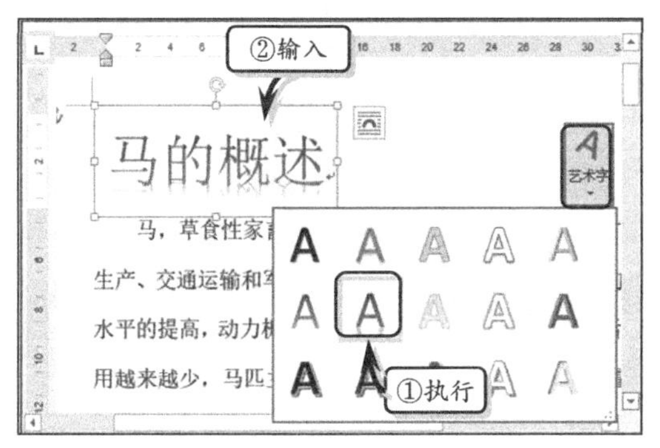

图 3-68 插入艺术字

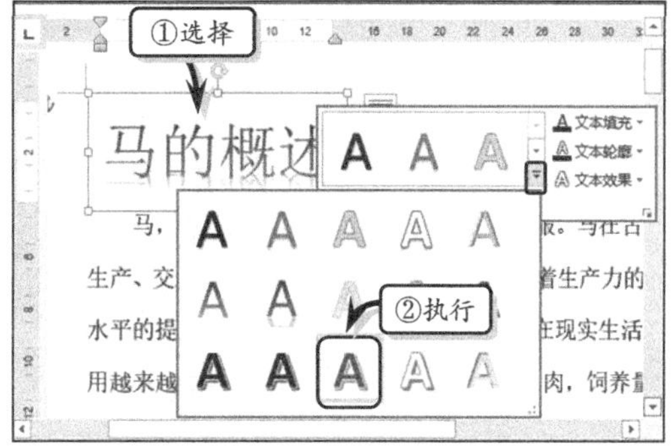

图 3-69 设置艺术字的样式

3. 设置转换效果

设置艺术字的转换效果，即将艺术字的整体形状更改为跟随路径或弯曲形状。其中，跟随路径形状主要包括上弯弧、下弯弧、圆与按钮 4 种形状，而弯曲形状主要包括左停止、倒 V 形等 36 种形状。

选择艺术字，执行【格式】|【艺术字样式】|【文本效果】|【转换】命令，在下拉列表中选择一种形状即可，如图 3-70 所示。

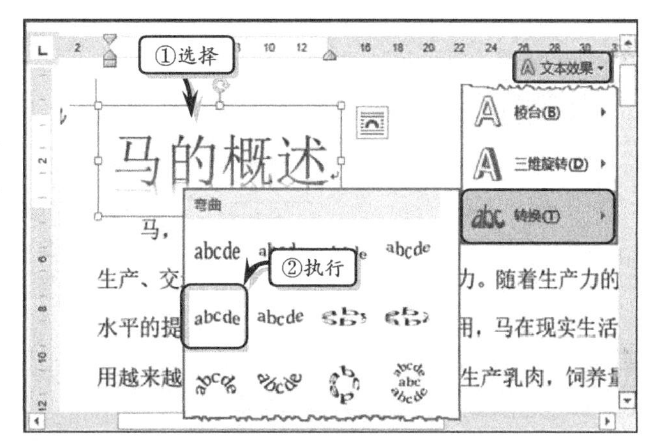

图 3-70 设置转换效果

提 示

用户可以执行【格式】|【艺术字样式】|【文本效果】|【阴影】、【映像】和【发光】等命令，来设置艺术字的其他格式。

3.3.3 练习：制作古诗

Word 文档不仅可以制作类似论文的长篇文档、请柬、信函等一些正规的书面文章，而且还可以制作一些优美的诗集、散文、歌词等一些休闲可读性文章。在本练习中，将通过制作宋·林逋的“山园小梅”诗词，来详细介绍使用 Word 制作诗词的操作方法和实用技巧，如图 3-71 所示。

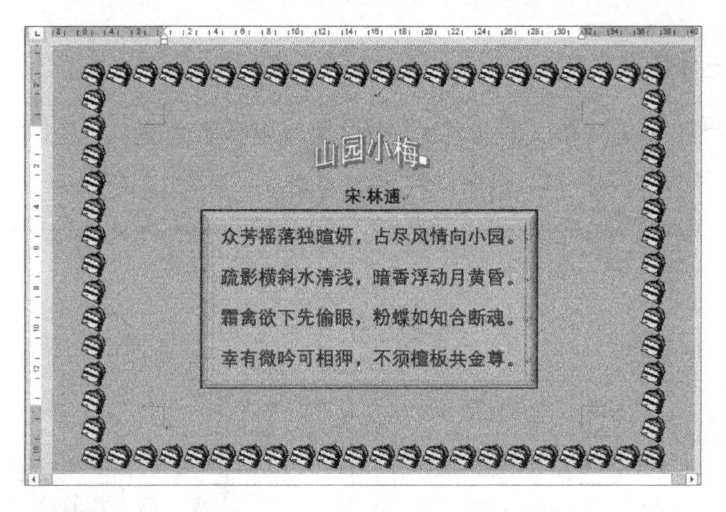

图 3-71　古诗

操作步骤：

1 设置页面。新建文档，执行【布局】|【页面设置】|【纸张大小】|【其他页面大小】命令，自定义纸张大小，如图 3-72 所示。

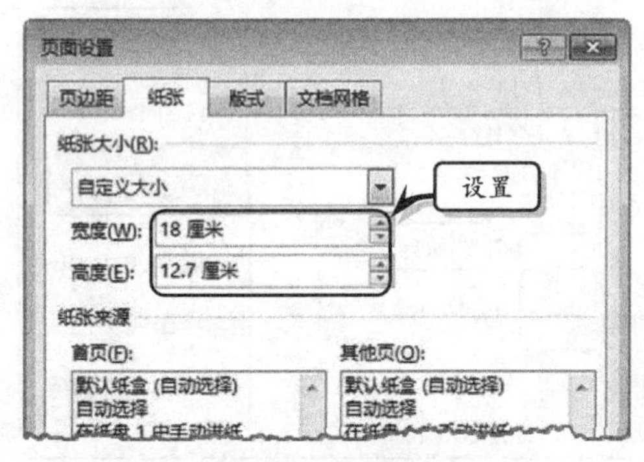

图 3-72　自定义纸张大小

2 执行【设计】|【页面背景】|【页面颜色】|【绿色，个性色 6，淡色 40%】命令，设置背景颜色，如图 3-73 所示。

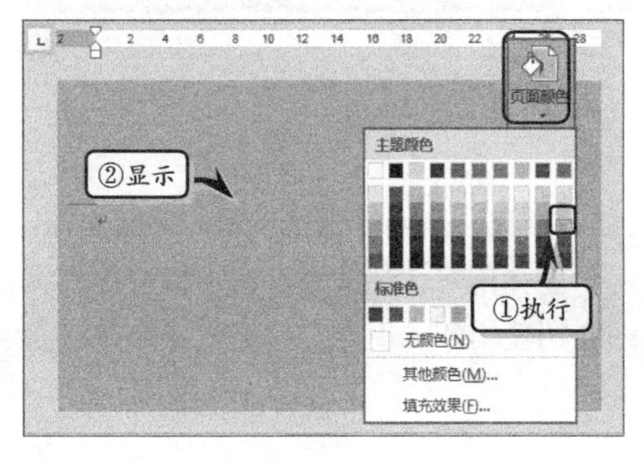

图 3-73　设置背景颜色

3 执行【设计】|【页面背景】|【页面边框】命令，在【边框和底纹】对话框中，设置【艺术型】选项，并单击【确定】按钮，如图 3-74 所示。

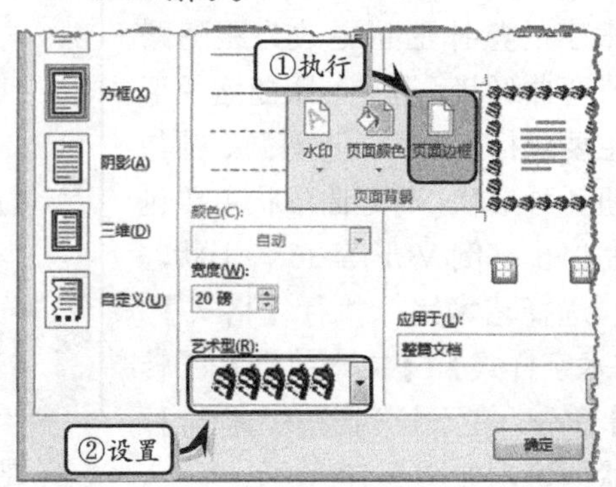

图 3-74　设置页面边框

4 制作古诗。在文档中输入古诗正文、标题和作者，并设置文本的字体和段落格式，如图 3-75 所示。

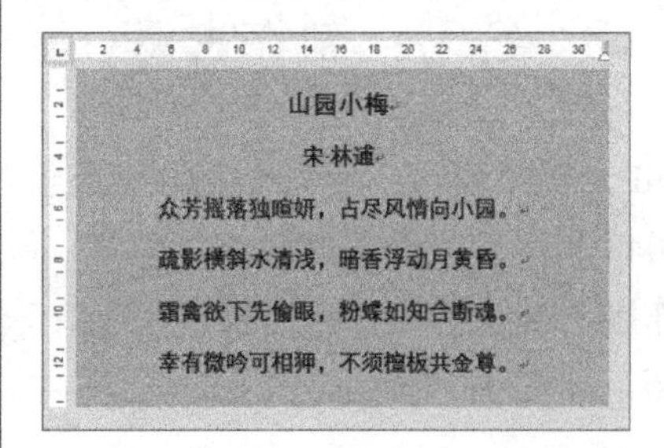

图 3-75　制作古诗

5 制作背景形状。执行【插入】|【插图】|【形状】|【矩形】命令，在正文部分绘制一个矩形形状，如图 3-76 所示。

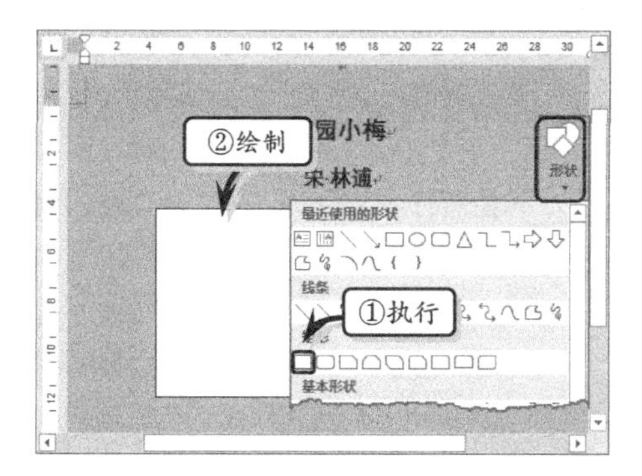

图 3-76 插入形状

6 右击形状，执行【设置形状格式】命令。选中【纯色填充】选项，将【颜色】设置为“蓝色，个性 1，淡色 40%”，将【透明度】设置为“65%”，如图 3-77 所示。

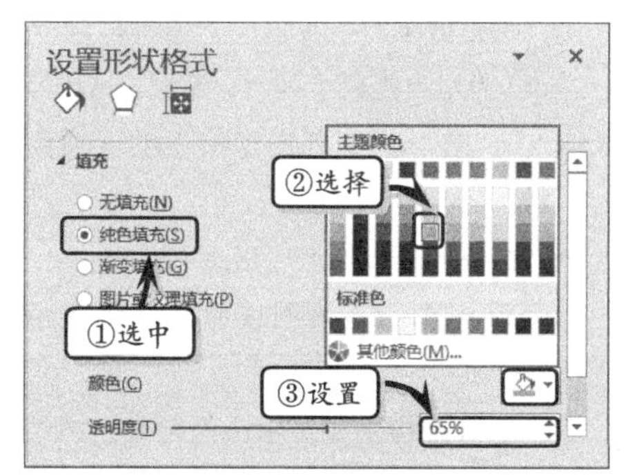

图 3-77 设置形状格式

7 同时，执行【格式】|【形状样式】|【形状效果】|【棱台】|【草皮】命令，设置棱台效果，如图 3-78 所示。

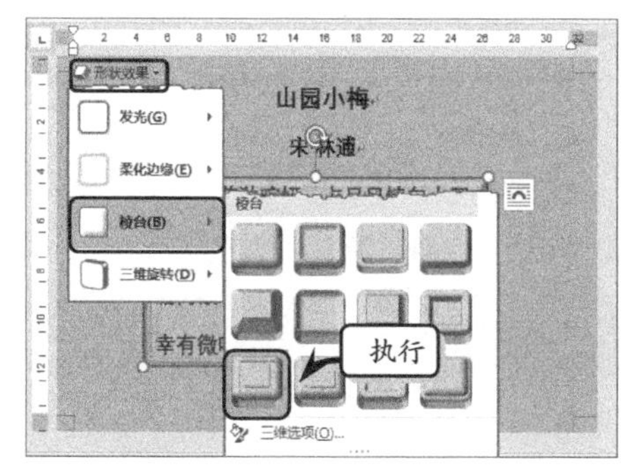

图 3-78 设置棱台效果

8 制作艺术字标题。选择标题文本，执行【插入】|【文本】|【艺术字】|【填充-白色，轮廓-着色 2，清晰阴影-着色 2】命令，如图 3-79 所示。

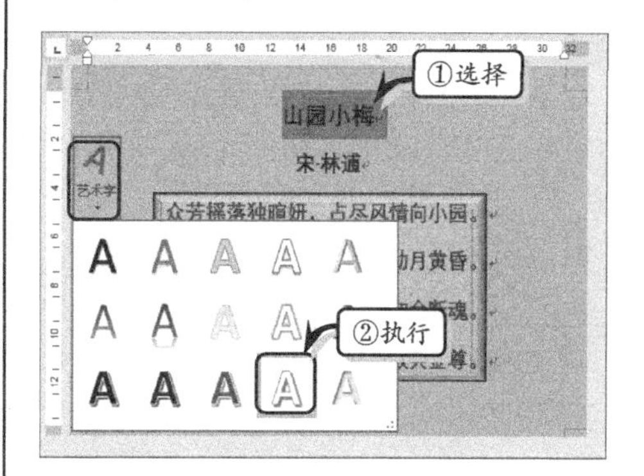

图 3-79 设置艺术字标题

9 调整字体大小，执行【格式】|【排列】|【环绕文字】|【上下型环绕】命令，设置排列方式，如图 3-80 所示。

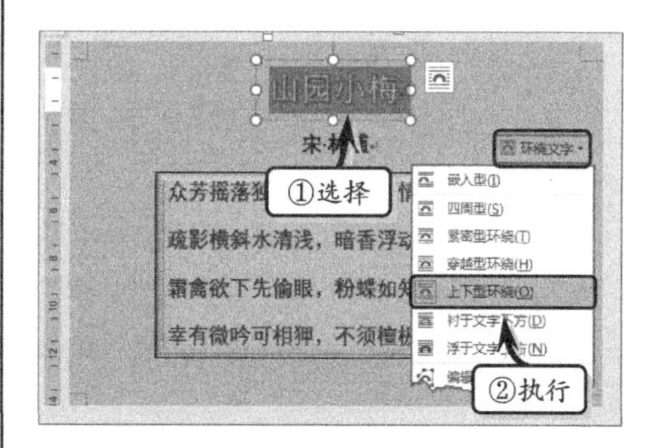

图 3-80 设置排列方式

10 同时执行【格式】|【艺术字样式】|【文本效果】|【转换】|【倒 V 形】命令，设置转换效果，如图 3-81 所示。

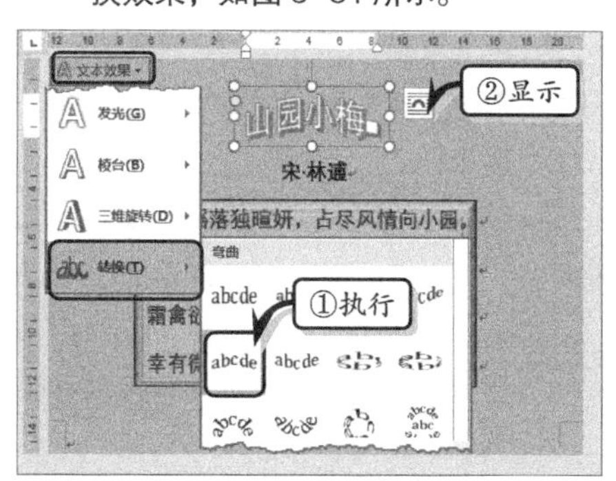

图 3-81 设置转换效果

3.4 思考与练习

一、填空题

1. 在 Word 中，除了可以插入本地计算机中的图片之外，还可以插入__________和__________图片。

2. 在设置图片的对齐方式时，需要将默认的__________文字环绕，更改为其他类型的环绕方式，否则【对齐】下拉列表中的对齐命令，均为灰色无法使用。

3. 只有对图片使用“__________”与“__________”环绕方式时，才可以执行【文字环绕】|【编辑环绕顶点】命令；否则该命令处于不可用状态。

4. 样式是 Word 预置的各种图像样式的集合，共包含__________种图片样式。

5. Word 为用户提供了预设、阴影、__________、发光、__________、__________和三维旋转 7 种效果。

6. Word 为用户提供了线条、矩形、基本形状、箭头总汇、公式形状等__________种形状类型，用户可以通过绘制不同的形状充实文章的说服力。

二、选择题

1. 形状的填充颜色包括纯色填充、______、图片填充、纹理填充和图案填充等填充方式。

A. 双色填充

B. 渐变填充

C. 自定义填充

D. 轮廓样式

2. Word 2016 为用户主要提供了 7 种设置图片环绕文字的方式，下列描述错误的一项为______。

A. 四周型环绕　通过该选项可以将图片插入到文字中间

B. 紧密型环绕　通过该选项可以使图片效果类似四周型环绕，但文字可进入到图片空白处

C. 上下型环绕　通过该选项可以使图片在两行文字中间，但文字可进入到图片空白处

D. 嵌入型　通过该选项可以将插入的图片当做一个字符插入到文档中

3. 除了应用内置的快速样式之外，用户还可以根据布局需要，自定义形状的效果，包括阴影效果、______、映像效果、发光效果、柔化边缘效果等。

A. 填充效果

B. 转换效果

C. 棱台效果

D. 边框效果

4. Word 为用户提供了列表、流程、循环等 9 种 SmartArt 图形，下列描述错误的一项为______。

A. 列表用于显示有序信息

B. 流程表示在流程或时间线中显示步骤

C. 层次结构主要显示决策树或组织结构图

D. 矩形是以矩形阵列的方式显示并列的 4 种元素

5. 在选择多张图片时，可以按住____键进行选择。

A. Enter

B. Ctrl

C. Delete

D. Tab

6. Word 允许用户最多可以建立____个文本框链接。

A. 8

B. 16

C. 32

D．64

三、问答题

1．简述设置图片格式的操作方法。
2．如何使用 SmartArt 传递文本信息？
3．如何链接文档中多个文本框？

四、上机练习

1．删除图片背景

在本练习中，将运用 Word 中的“删除背景”功能来删除图片中的背景。首先，在文档中插入一张图片，并执行【格式】|【调整】|【删除背景】命令，让系统自动删除图片背景。然后，执行【标记要保留的区域】命令，按下鼠标左键并拖动鼠标标记图片中需要保留的区域，如图 3-82 所示。

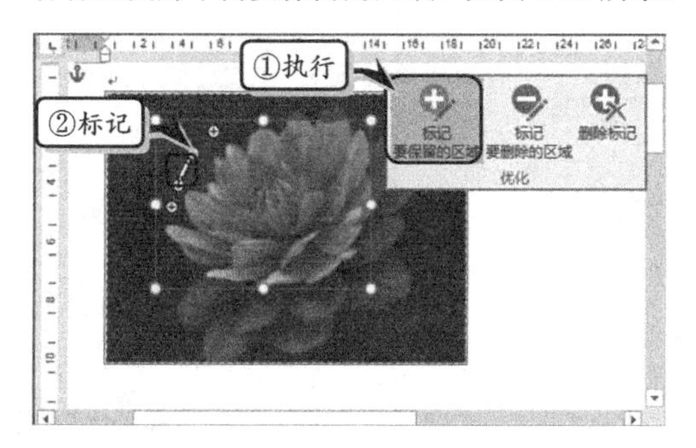

图 3-82 选取保留区域

标记完之后，执行【背景消除】|【关闭】|【保留更改】命令，即可删除未标记的背景区域，如图 3-83 所示。

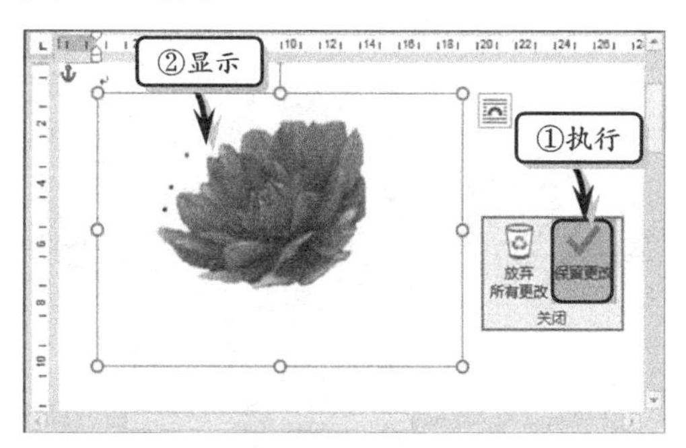

图 3-83 删除图片背景

2．裁剪图片

在本实例中，将运用 Word 中裁剪图片功能，详细介绍将图片裁剪为立方体形状的操作方法，如图 3-84 所示。首先，在文档中插入一张图片。然后，执行【格式】|【裁剪】|【纵横比】|【3：4】命令，裁剪图片。然后，执行【裁剪】|【裁剪为形状】|【圆柱形】命令，将图片裁剪为立方体形状。同时，执行【裁剪】|【填充】命令，按下鼠标左键并拖动鼠标调整裁剪范围。最后，执行【格式】|【图片样式】|【图片边框】|【黑色】命令，设置图片的边框样式。

图 3-84 裁剪图片

第 4 章

文表混排

表格是编排文档数据信息组织的一种形式，它不仅具有严谨的结构，而且还具有简洁、清晰的逻辑效果，给人一种清晰、简洁、明了的感觉。同时，Word 除了提供插入和绘制表格功能之外，还提供了强大的表格编辑功能，不仅可以对表格中的数据进行计算和排序，而且还可以在文本信息与表格数据之间相互转换。除了表格之外，Word 还提供了图表功能，以帮助用户详细分析与展示数据之间的关联性和变化性。在本章中，将详细介绍使用表格和图表的基础知识和操作方法。

本章学习内容：

- 创建表格
- 设置表格
- 调整表格
- 美化表格
- 计算数据
- 创建图表
- 编辑图表数据

4.1 创建表格

在 Word 中，表格是由表示水平行与垂直列的直线组成的单元格，可以将文档中的数据内容简明、概要地表达出来。一般情况下，用户可以在文档中通过插入和绘制的方法，来创建不同类型的表格。

4.1.1 插入表格

在 Word 中，用户不仅可以插入内置的表格、插入快速表格，或 Excel 电子表格；而且还可以使用绘制表格工具，按照具体要求轻松绘制各种体例的表格。

1. 插入内置表格

在文档中，选择需要插入表格的位置，执行【插入】|【表格】|【表格】命令，拖动鼠标以选择行数和列数，即可插入一个指定行数和列数的表格，如图 4-1 所示。

另外，执行【插入】|【表格】|【插入表格】命令，在【插入表格】对话框的【列数】和【行数】微调框中，输入具体数值即可插入相应的表格，如图 4-2 所示。

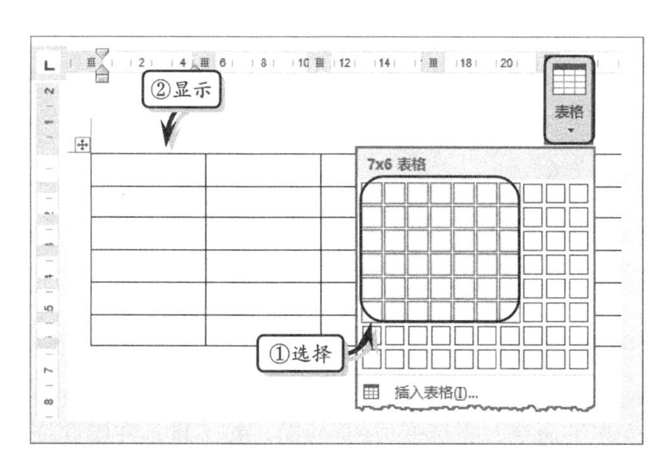

图 4-1 插入内置表格

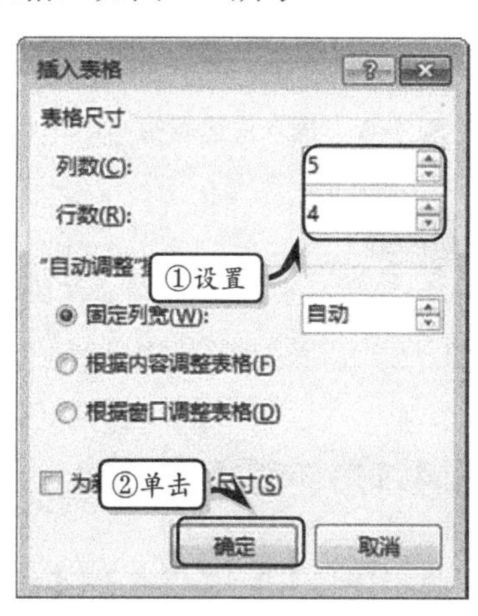

图 4-2 【插入表格】对话框

在【插入图表】对话框中，还包括表 4-1 中的各项选项。

表 4-1 【插入表格】选项

选　　项		功　　能
表格尺寸	行数	表示插入表格的行数
	列数	表示插入表格的列数
“自动调整”操作	固定列宽	为列宽指定一个固定值，按照指定的列宽创建表格
	根据内容调整表格	表格中的列宽会根据内容的增减而自动调整
	根据窗口调整表格	表格的宽度与正文区宽度一致，列宽等于正文区宽度除以列数
为新表格记忆此尺寸		选中该复选框，当前对话框中的各项设置将保存为新建表格的默认值

2. 插入快速表格

快速表格是 Word 为用户提供的一种表格模板，包括表格式列表、带副标题 1、日历 1、双表等 9 种类型。在文档中选择插入位置，执行【插入】|【表格】|【快速表格】命令，在其级联菜单中，选择要应用的表格样式即可，如图 4-3 所示。

3. 插入 Excel 表格

插入 Excel 表格，其实是在 Word 中调用 Excel 中的表格功能。在文档中选择插入位置，执行【插入】|【表格】|【表格】|【Excel 电子表格】命令，即可在文档中插入一个 Excel 电子表格，用户只需输入相关数据即可运用 Excel 表格分析与计算数据了，如图 4-4 所示。

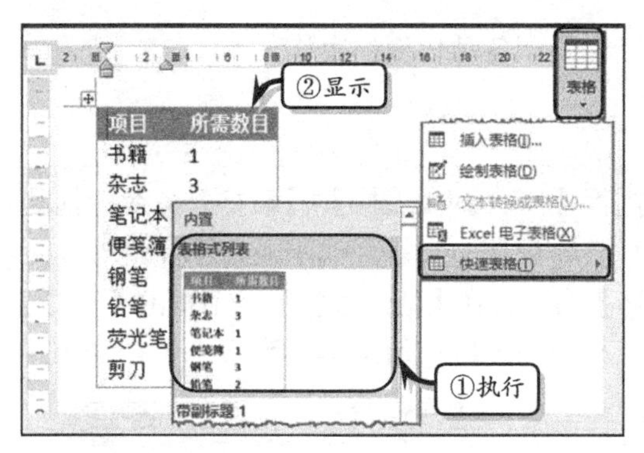

图 4-3 插入快速表格

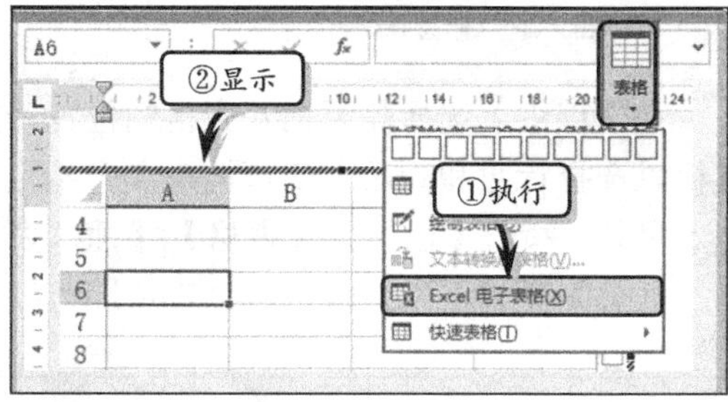

图 4-4 插入 Excel 表格

提 示

插入 Excel 电子表格之后，单击文档中表格之外的空白处，即可关闭 Excel 电子表格的编辑窗口，返回到文档中。

4.1.2 绘制表格

执行【插入】|【表格】|【绘制表格】命令，光标变成✎形状时，按下鼠标左键并拖动鼠标即可在文档中绘制表格的外边框，如图 4-5 所示。

然后，将鼠标移至表格内，按下鼠标左键并拖动鼠标即可绘制表格内部框线，如图 4-6 所示。使用同样方法，即可绘制出完整的表格。

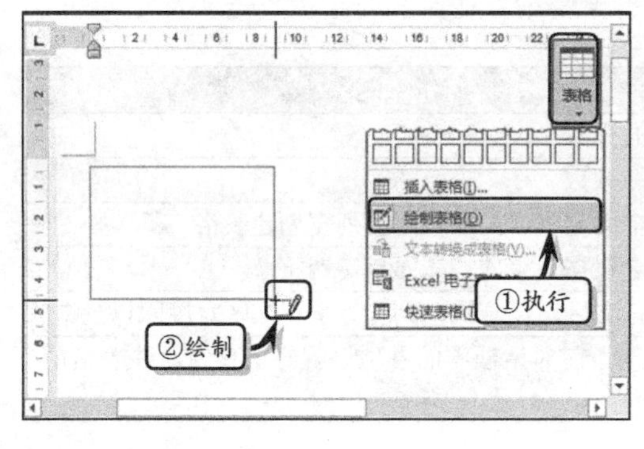

图 4-5 绘制外边框

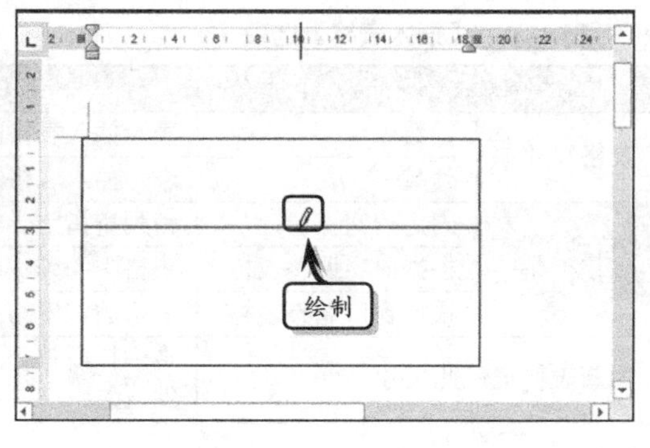

图 4-6 绘制内部框线

提 示

使用【绘制表格】功能，可以在已插入的表格外部绘制一个外边框，形成套表格。

4.1.3 文本转换成表格

选择要转换成表格的文本段落，执行【插入】|【表格】|【表格】|【文本转换成表格】命令，在弹出的【将文字转换成表格】对话框中，设置列数或行数即可，如图 4-7 所示。

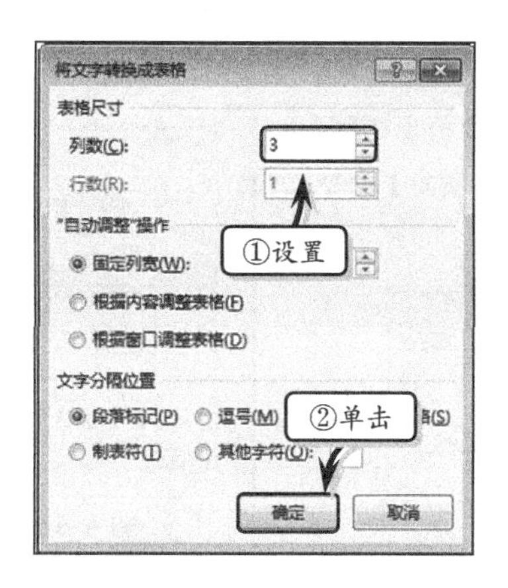

图 4-7 文字转换表格

在【将文字转换成表格】对话框中，其各个选项的具体含义，如表 4-2 所示。

表 4-2 【将文字转换成表格】选项

设置栏	参数	说明
表格尺寸	列数	设置文本转换成表的列数。用户可以更改该值，来改变产生列数
	行数	表格的行数，其根据所选文本的段落决定。默认情况下，不可调整
"自动调整"操作	固定列宽	可在右边列表框中指定表格的列宽，或者选择【自动】选项由系统自定义列宽
	根据内容调整表格	Word 将自动调节以文字内容为主的表格，使表格的栏宽和行高达到最佳配置
	根据窗口调整表格	表示表格内容将会同文档窗口宽度具有相同的跨度
文字分隔位置	在该栏中，与"表格转换成文本"相比，多出一个"空格"格式。该栏中，选择文本之间所使用的分隔符，一般在转换表格之前，需要将文本之间使用统一的一种分隔符	

4.1.4 练习：制作学生成绩表

Word 具有插入和绘制表格的功能，用户可以使用该功能创建各种类型的表格，用以表达一些逻辑性和数字性比较强的文本内容，例如销售业绩表、考试成绩表等。在本练习中，将通过制作一份"学生成绩表"表格，来详细介绍插入表格和编辑表格的操作方法和实用技巧，如图 4-8 所示。

学生成绩表

课程 / 姓名	语文	数学	外语	政治	总成绩	平均分
张红	98	97	87	76	358	89.50
韩侨生	67	87	76	79	309	77.25
郑月霞	76	67	71	95	309	77.25
马云	87	98	81	75	341	85.25
张小飞	94	67	93	83	337	84.25
扬帆	85	85	73	73	316	79.00
韩小月	79	93	62	72	306	76.50

图 4-8 学生成绩表

操作步骤：

1 设置纸张方向。新建文档，执行【布局】|【页面设置】|【纸张方向】|【横向】命令，如图 4–9 所示。

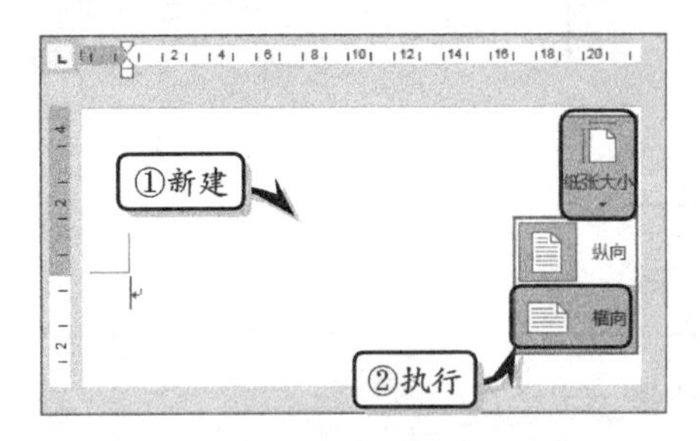

图 4–9 设置纸张方向

2 插入表格。执行【插入】|【表格】|【表格】|【插入表格】命令，设置行数和列数，如图 4–10 所示。

图 4–10 插入表格

3 设置大小。选择表格，在【布局】选项卡【单元格大小】选项组中，设置单元格大小，如图 4–11 所示。

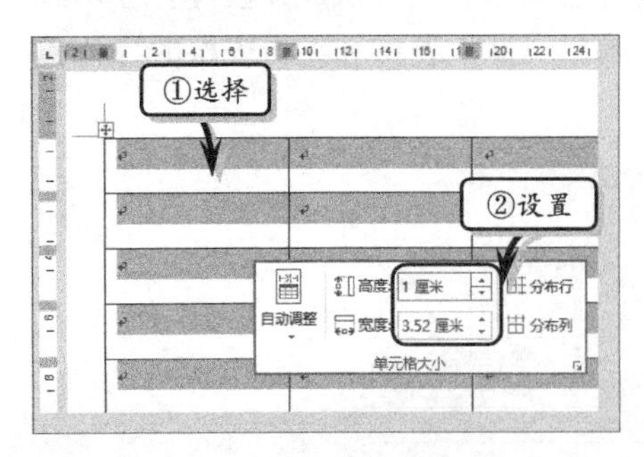

图 4–11 设置单元格大小

4 输入表格内容。依次输入各项内容，并设置字体格式，如图 4–12 所示。

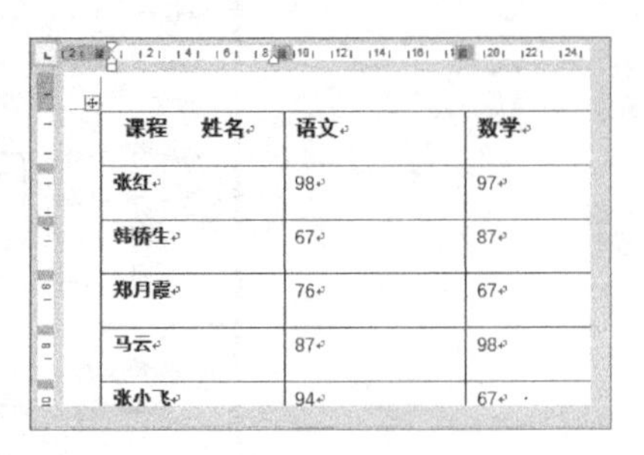

课程　姓名	语文	数学
张红	98	97
韩侨生	67	87
郑月霞	76	67
马云	87	98
张小飞	94	67

图 4–12 输入表格内容

5 设置对齐方式。选择表格，执行【布局】|【对齐方式】|【水平居中】命令，设置对齐方式，如图 4–13 所示。

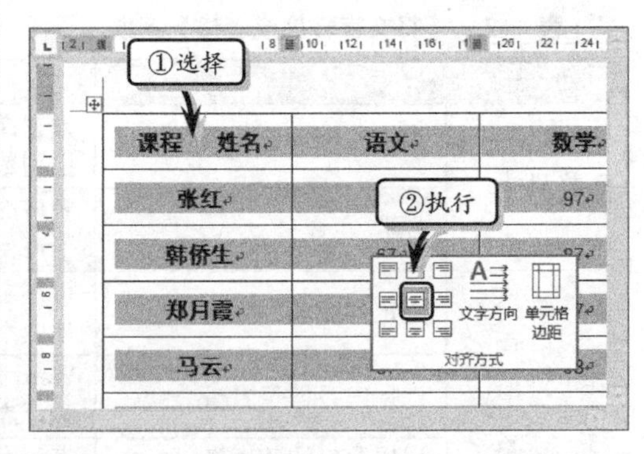

图 4–13 设置对齐方式

6 制作斜线表头。定位第一个单元格，执行【设计】|【边框】|【边框】|【斜下框线】命令，如图 4–14 所示。

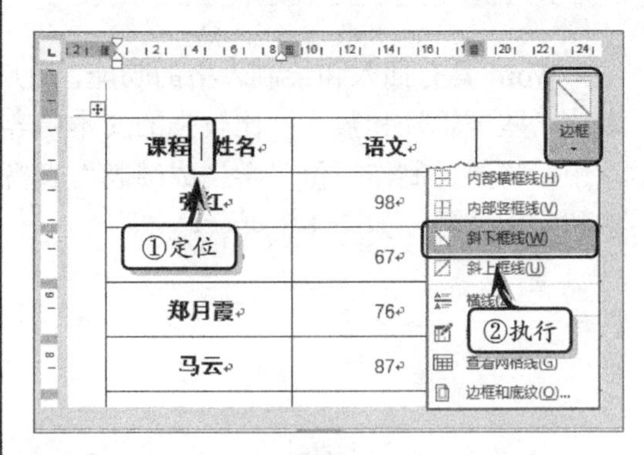

图 4–14 绘制斜线

7 同时，执行【布局】|【对齐方式】|【靠上两端对齐】命令，并调整单元格文本的间距，如图 4–15 所示。

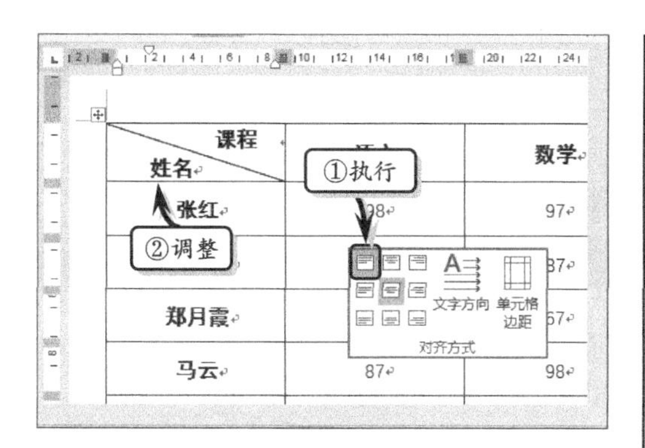

图 4-15 设置文本间距

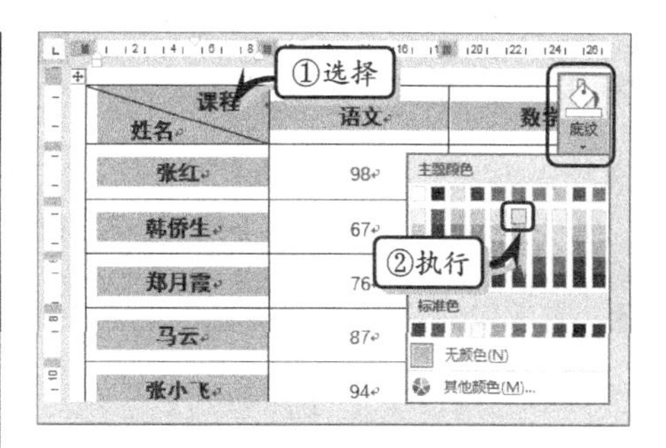

图 4-16 设置底纹

8 设置底纹。同时选择第 1 行和第 1 列，执行【表格工具】|【设计】|【底纹】|【橙色，个性色 2，淡色 80%】命令，如图 4-16 所示。

9 插入艺术字。执行【插入】|【文本】|【艺术字】|【填充-橙色，着色 2，轮廓-着色 2】命令，输入艺术字文本并设置文本的字体格式，如图 4-17 所示。

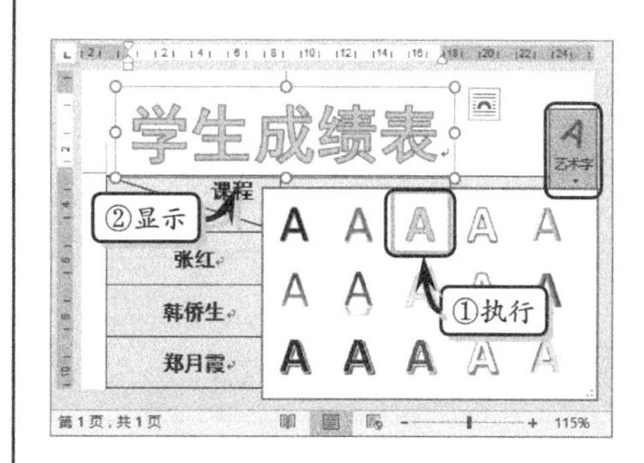

图 4-17 艺术字标题

4.2 设置表格

插入表格之后，为了使表格更具有美观性，还需要对表格进行一系列的编辑操作，例如选择单元格、插入单元格、调整单元格的宽度与高度、合并拆分单元格等。

4.2.1 操作表格

操作表格是对表格所进行的一系列的操作方法，包括选择单元格、选择整行、选择整列、插入单元格、删除单元格等内容。

1. 选择表格

在操作单元格之前，首先需要选择要操作的表格对象，选择表格的具体方法如下所述。

- **选择当前单元格** 将光标移动到单元格左边界与第一个字符之间，当光标变成“↗”形状时，单击即可。
- **选择后（前）一个单元格** 按 Tab 或 Shift+Tab 组合键，可选择插入符所在的单元格后面或前面的单元格。
- **选择一整行** 移动光标到该行左边界的外侧，当光标变成“↗”形状时，单击即可。
- **选择一整列** 移动鼠标到该列顶端，待光标变成“⬇”形状时，单击即可。
- **选择多个单元格** 单击要选择的第一个单元格，按住 Ctrl 键的同时单击需要选择的所有单元格即可。
- **选择整个表格** 单击表格左上角的按钮⊞即可。

2. 插入行或列

选择需要插入行的单元格，执行【表格工具】|【布局】|【行和列】|【在上方插入】命令，即可在所选单元格的上方插入新行，如图 4-18 所示。

3. 插入单元格

选择单元格，单击【行和列】选项组上的【表格插入单元格对话框启动器】按钮，在弹出的【插入单元格】对话框中选择【活动单元格下移】选项，如图 4-19 所示。

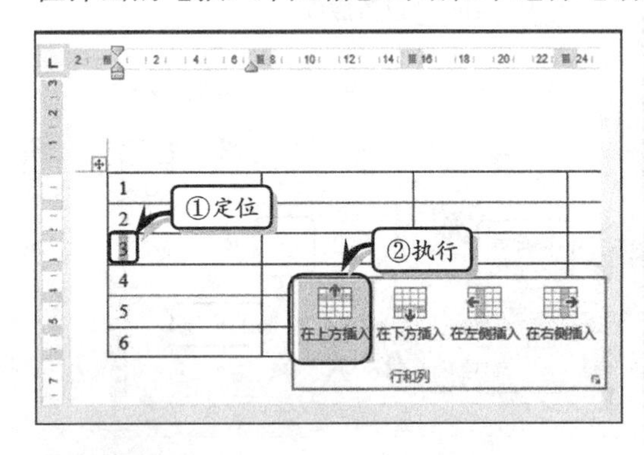

图 4-18 插入行

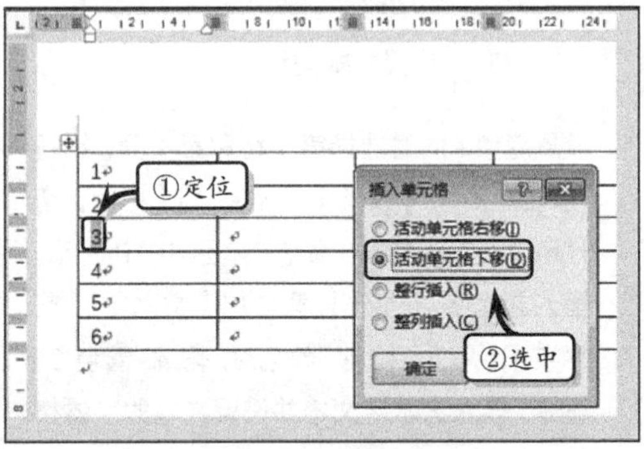

图 4-19 插入单元格

提 示

右击鼠标，执行【插入】命令，在其级联菜单中选择一种选项，来插入新行或新列。

4.2.2 合并与拆分表格

Word 不仅为用户提供了表格功能，而且还提供了表格中的合并和拆分功能，以帮助用户可以更好地利用表格来展示文档数据。

1. 合并单元格

选择要合并的单元格，执行【布局】|【合并】|【合并单元格】命令，即可将所选单元格区域合并为一个单元格，如图 4-20 所示。

提 示

选择需要合并的单元格，右击，执行【合并单元格】命令，即可合并所选单元格。

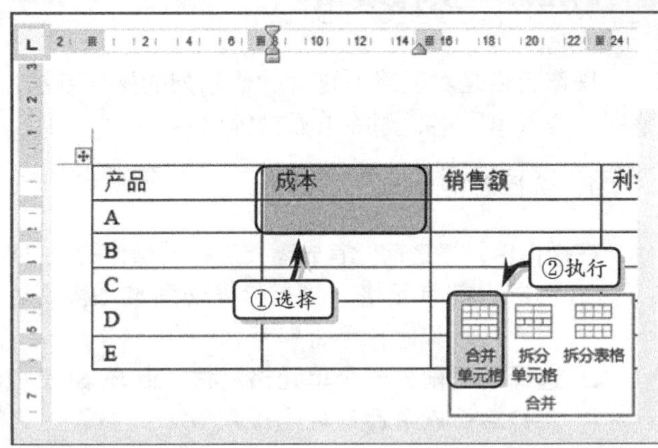

图 4-20 合并单元格

2. 拆分单元格

将光标置于需要拆分的单元格内，执行【布局】|【合并】|【拆分单元格】命令，在

弹出的对话框中，输入要拆分的行数与列数即可，如图 4-21 所示。

提 示

选择单元格，右击，执行【拆分单元格】命令，即可弹出【拆分单元格】对话框。

3. 拆分表格

拆分表格是将 1 个表格分割成两个表格，而选中的行将作为新表格的首行。在 Word 中，拆分表格一般为横向拆分。

选择需要拆分的位置，执行【布局】|【合并】|【拆分表格】命令，将表格以当前光标所在的单元格为基准，拆分为上下两个表格，如图 4-22 所示。

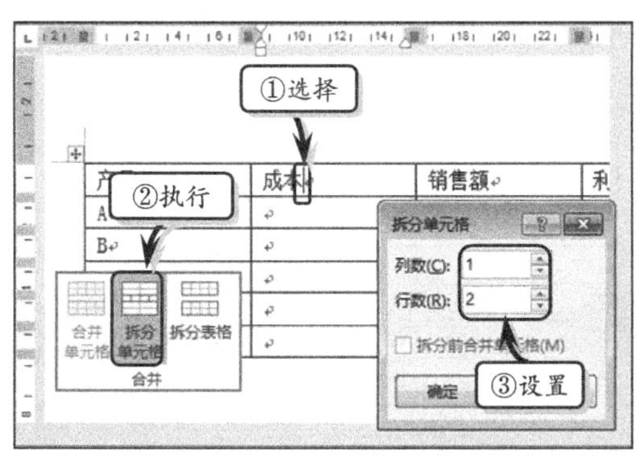

图 4-21 拆分单元格

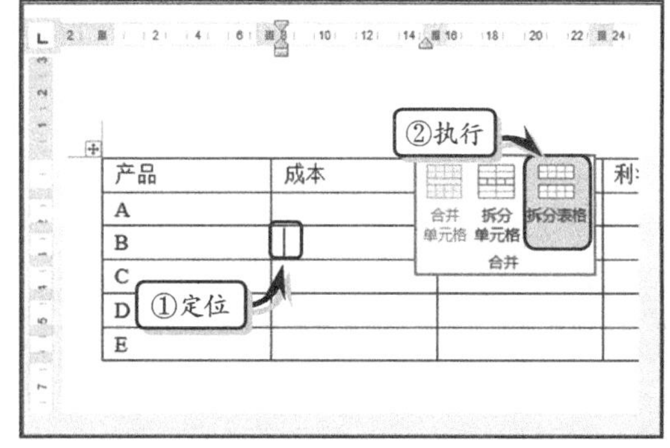

图 4-22 拆分表格

提 示

将光标定位在单元格，按 Ctrl+Shift+Enter 组合键可以快速拆分表格。同样，合并表格时只需要按 Delete 键删除空白行即可。

4.2.3 调整表格

调整表格是根据表格中的实际内容，来调整表格的大小、列宽、行高、环绕方式等，在增加表格的可读性和美观性的同时，增加其可操作性。

1. 调整大小

选择表格，执行【布局】|【单元格大小】|【自动调整】|【根据内容自动调整表格】命令，即可使表格中的单元格根据内容自己调整其大小，如图 4-23 所示。

另外，将鼠标置于要调整大小的位置，当光标变成↖、÷、+||+时，按下鼠标左键并拖动鼠标即可更改表格大小、行高及列宽。当然，用户也可以在【单元格大小】选项

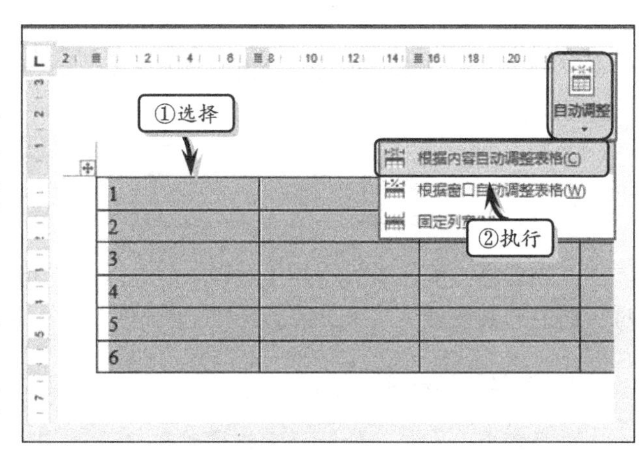

图 4-23 根据内容调整大小

组的【宽度】和【高度】文本框中，输入具体数值，精确地调整单元格大小，如图 4-24 所示。

2. 设置对齐方式

选择表格，在【布局】选项卡的【对齐方式】选项组中，执行各项命令即可设置表格的对齐方式，其具体命令的使用含义，如表 4-3 所示。

3. 更改文字方向

选择需要更改文字方向的单元格，执行【布局】|【对齐方式】|【文字方向】命令，即可更改单元格中文字的显示方向，如图 4-25 所示。

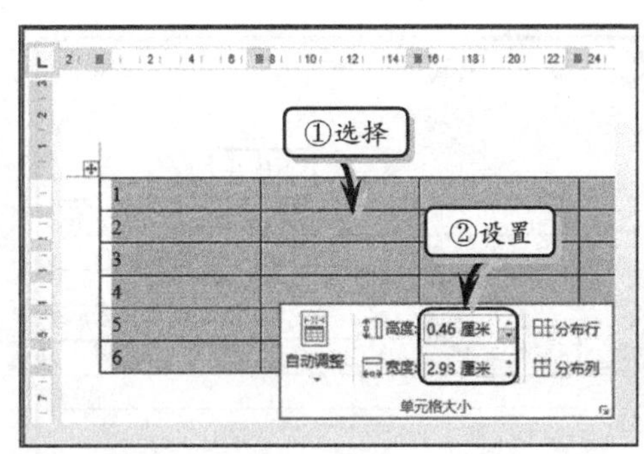

图 4-24 数值法调整大小

图 4-25 更改文字方向

表 4-3 对齐命令

按钮	命令名称	功能作用
	靠上两端对齐	单击该按钮，可将文字靠单元格左上角对齐
	靠上居中对齐	文字居中，并靠单元格顶部对齐
	靠上右对齐	文字靠单元格右上角对齐
	中部两端对齐	文字垂直居中，并靠单元格左侧对齐
	水平居中	文字在单元格内水平和垂直都居中
	中部右对齐	文字垂直居中，并靠单元格右侧对齐
	靠下两端对齐	文字靠单元格左下角对齐
	靠下居中对齐	文字居中，并靠单元格底部对齐
	靠下右对齐	文字靠单元格右下角对齐

提 示

用户也可以右击，执行【文字方向】命令，来更改文本的显示方向。

4. 设置单元格边距

选择表格，执行【布局】|【对齐方式】|【单元格边距】命令，在弹出的【表格选项】对话框中分别设置上、下、左、右的边距值，如图 4-26 所示。

5. 设置环绕方式

选择表格，右击，执行【表格属性】命令。在弹出的【表格属性】对话框中设置表格的对齐方式和环绕方式即可，如图 4-27 所示。

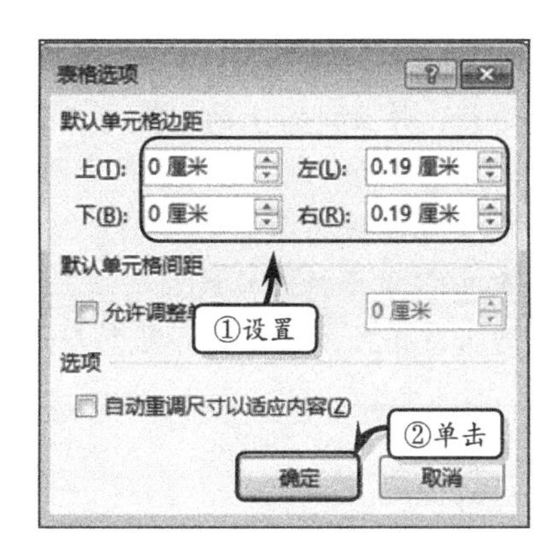

图 4-26 设置单元格边距

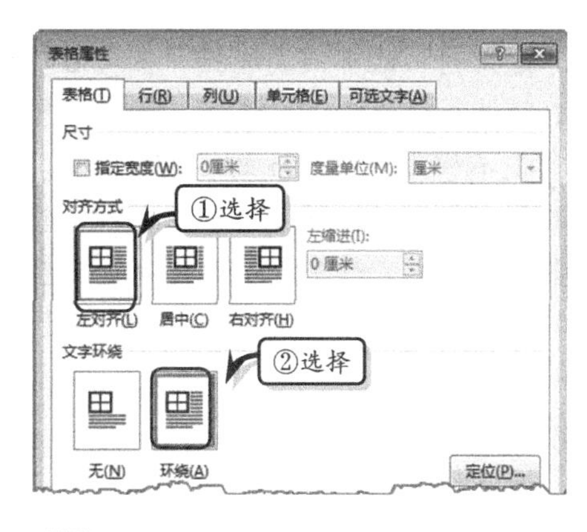

图 4-27 设置环绕方式

4.2.4 美化表格

Word 中默认的表格样式为白底黑框，既单调又乏味。此时，用户可通过应用表格内置样式、设置表格底纹、设置表格边框样式等方法，来美化表格。

1. 设置表格样式

表格样式是包含颜色、文字颜色、格式等一些组合的集合，Word 一共为用户提供了 98 种内置表格样式。用户可根据实际情况应用快速样式或自定义表格样式，来设置表格的外观样式。

选择表格，执行【表格工具】|【设计】|【表样式】|【其他】命令，在其列表中选择要应用的表格样式即可，如图 4-28 所示。

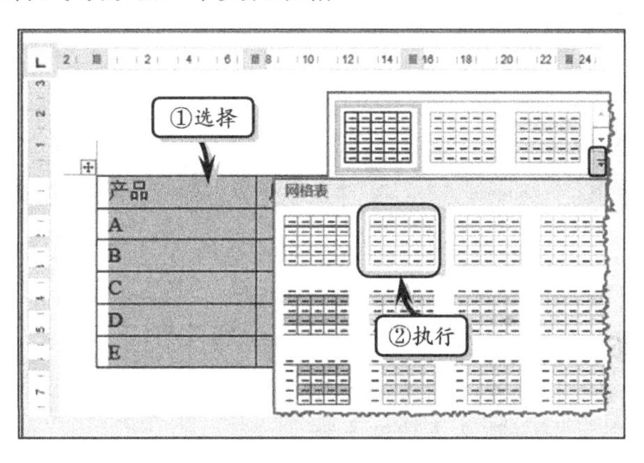

图 4-28 应用快速样式

提 示

应用表格样式后，单击【表格样式】选项组中的【其他】下拉按钮，执行【修改表格样式】命令，即可修改表格样式；执行【清除】命令，即可清除该样式。

另外，用户在应用表格样式时，还可以通过在【表格样式选项】选项组中禁用或启用各个复选框，完成对表格样式的设置，如图 4-29 所示。

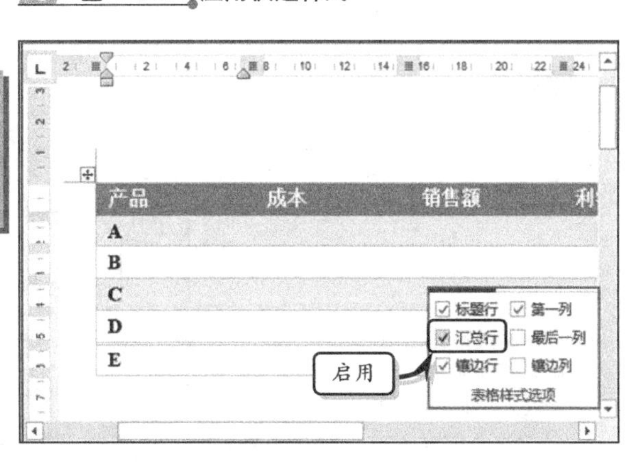

图 4-29 设置表格样式

【表格样式选项】选项组中的各个选项的功能如下所述。

- **标题行** 选中该复选框，在表格的第一行中将显示特殊格式。

- ❑ **汇总行** 选中该复选框，在表格的最后一行中将显示特殊格式。
- ❑ **镶边行** 选中该复选框，在表格中将显示镶边行，并且该行上的偶数行与奇数行各不相同，使表格更具有可读性。
- ❑ **第一列** 选中该复选框，在表格的第一列中将显示特殊格式。
- ❑ **最后一列** 选中该复选框，在表格的最后一列中将显示特殊格式。
- ❑ **镶边列** 选中该复选框，在表格中将显示镶边行，并且该行上的偶数列与奇数列各不相同。

2. 设置表格边框

表格边框是表格中的横竖线条，主要用于区分表格中的单元格。Word 内置 12 种边框样式，用户可通过下列方法来设置表格的边框样式。

选择表格或单元格，执行【表格工具】|【设计】|【边框】|【所有框线】命令，即可为表格添加边框，如图 4-30 所示。

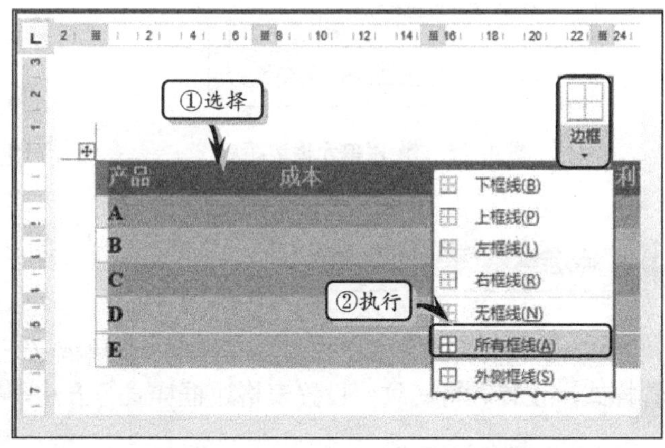

图 4-30 应用内置边框样式

提 示

用户可以执行【设计】|【边框】|【边框刷】命令，为表格添加边框。

另外，当系统提供的内置边框无法满足用户需求时，可以自定义边框样式。选择表格或单元格，执行【表格工具】|【设计】|【边框】|【边框和底纹】命令，在弹出的【边框和底纹】对话框中激活【边框】选项卡。然后，设置边框样式、颜色、宽度等选项即可，如图 4-31 所示。

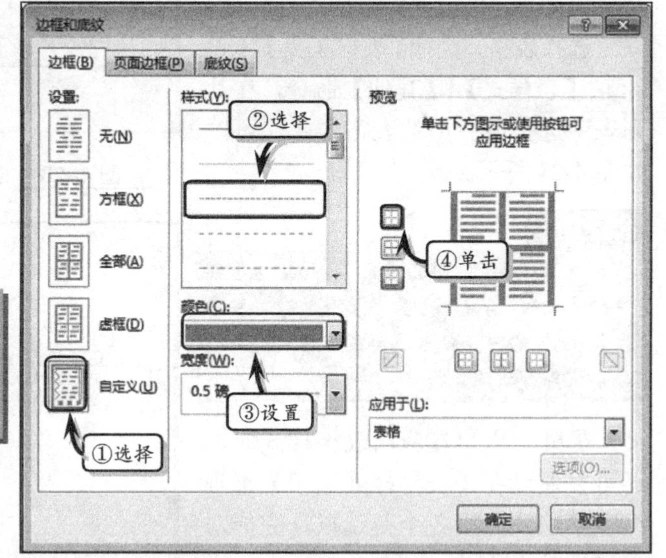

图 4-31 自定义边框样式

提 示

用户可以通过【设计】选项卡【边框】选项组中的【边框样式】、【笔颜色】、【笔画粗细】和【笔样式】等命令，来自定义表格边框。

3. 设置表格底纹

底纹是显示表格中的背景颜色与图案，选择表格，执行【表格工具】|【设计】|【表格样式】|【底纹】命令，在其列表中选择一种底纹颜色即可，如图 4-32 所示。

提 示

执行【设计】|【表格样式】|【底纹】|【其他颜色】命令，可以在弹出的【颜色】对话框中自定义底纹颜色。

另外，执行【表格工具】|【设计】|【边框】|【边框和底纹】命令，在弹出的【边框和底纹】对话框中激活【底纹】选项卡，设置【填充】颜色和【图案】选项即可，如图 4-33 所示。

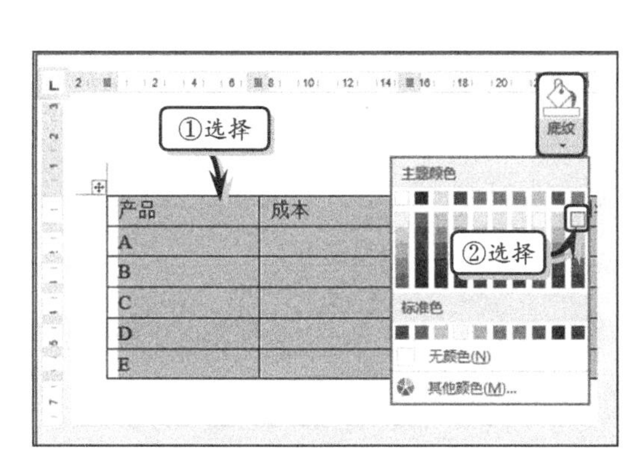

①选择
②选择
底纹
主题颜色
标准色
无颜色(N)
其他颜色(M)...
产品
成本
A
B
C
D
E

图 4-32 设置底纹颜色

边框和底纹
边框(B)
页面边框(P)
①设置
填充
预览
图案
样式(Y):
5%
颜色(C):
②设置
应用于(L):
表格
③单击
确定
取消

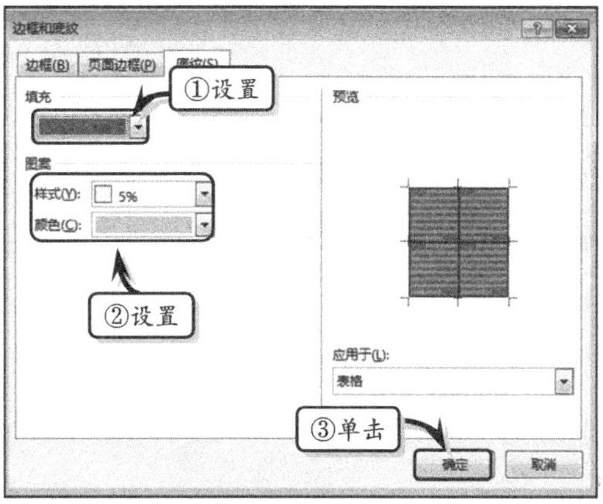

图 4-33 自定义底纹

4.2.5 练习：制作带框标签

在 Word 中除了使用表格功能来制作各种类型的数据表格之外，还可以使用该功能制作一些特殊的非表格类表格。例如，在打印台卡或带框标签时，则可以使用表格功能，来解决上述打印问题。在本练习中，将详细介绍使用表格功能制作带框标签的操作方法和实用技巧，如图 4-34 所示。

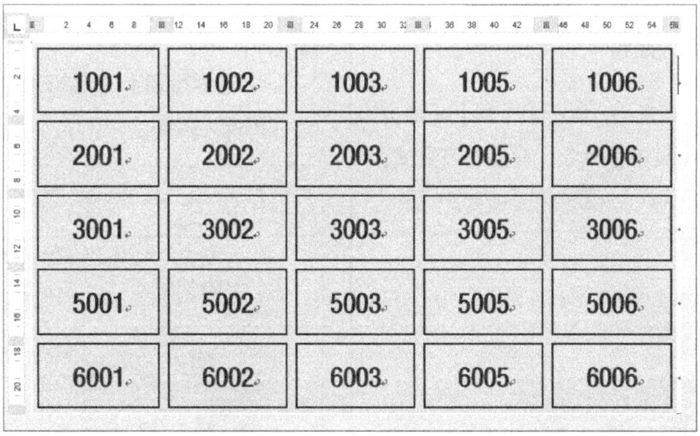

1001
1002
1003
1005
1006
2001
2002
2003
2005
2006
3001
3002
3003
3005
3006
5001
5002
5003
5005
5006
6001
6002
6003
6005
6006

图 4-34 带框标签

操作步骤：

1 设置纸张方向。新建空白文档，执行【页面布局】|【页面设置】|【纸张方向】|【横向】命令，如图 4-35 所示。

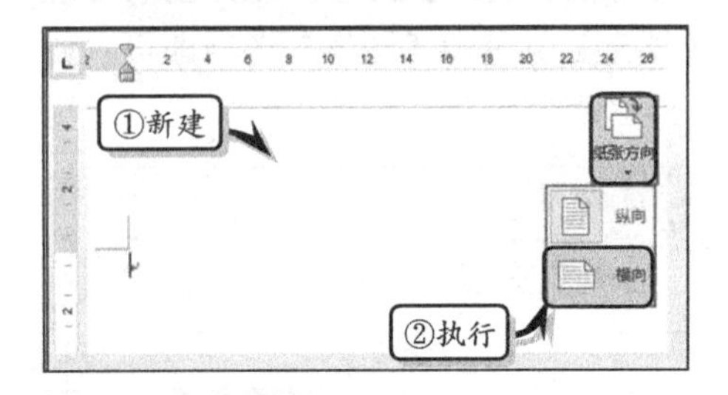

图 4-35 设置纸张方向

2 插入表格。执行【插入】|【表格】|【表格】|【插入表格】命令，在对话框中设置行数和列数，并单击【确定】按钮，如图 4-36 所示。

图 4-36 插入表格

3 调整表格。选择表格，执行【布局】|【对齐方式】|【水平居中】命令，设置对齐方式，如图 4-37 所示。

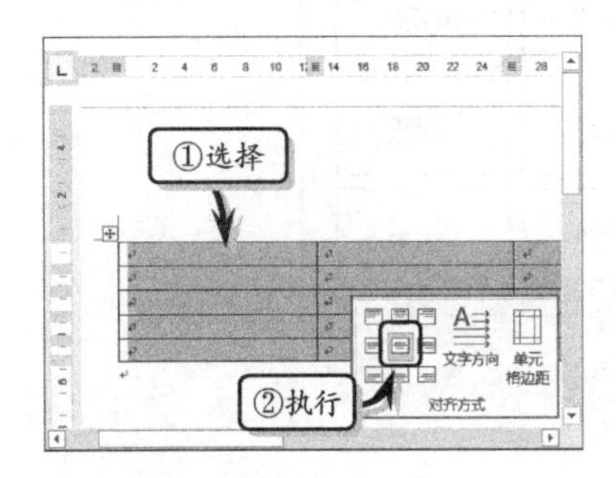

图 4-37 设置对齐方式

4 然后，在【单元格大小】选项组中，输入单元格的高度和宽度值，如图 4-38 所示。

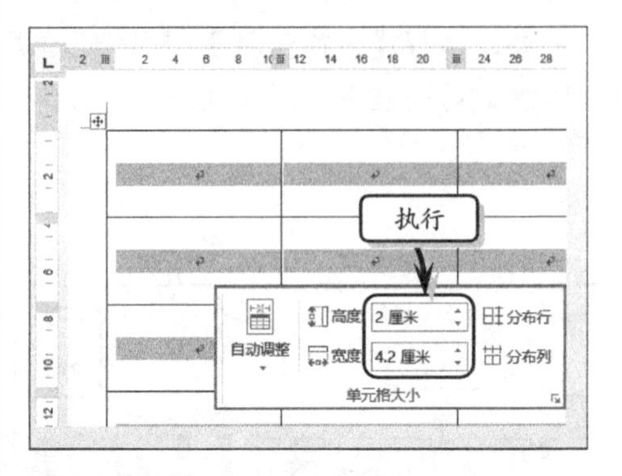

图 4-38 调整大小

5 在表格中输入文本，并设置文本的字体格式，如图 4-39 所示。

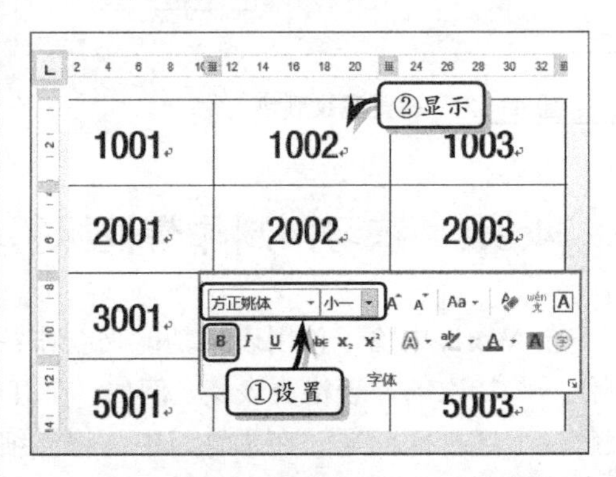

图 4-39 制作表格文本

6 美化表格。选择表格，执行【设计】|【边框】|【笔划粗细】|【2.25 磅】命令，设置笔划粗细，如图 4-40 所示。

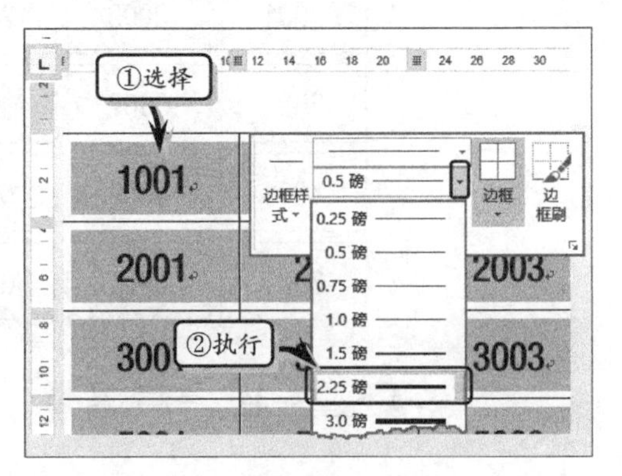

图 4-40 设置笔划粗细

7 同时，执行【设计】|【边框】|【边框】|【所有框线】命令，设置边框样式，如图 4-41 所示。

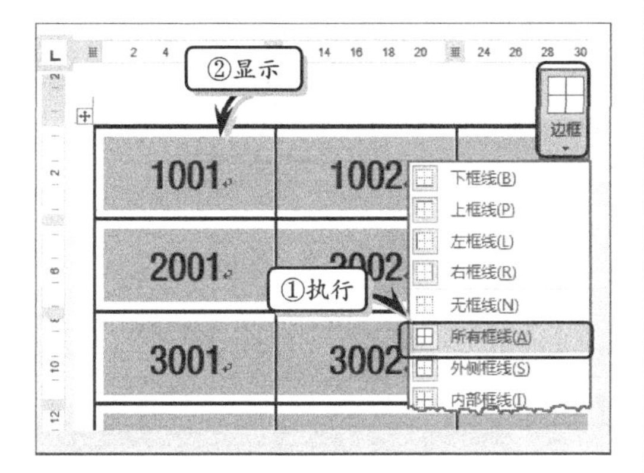

图 4-41 设置表格边框

8 然后，执行【设计】|【表格样式】|【底纹】命令，选择一种颜色，设置表格的底纹效果，如图 4-42 所示。

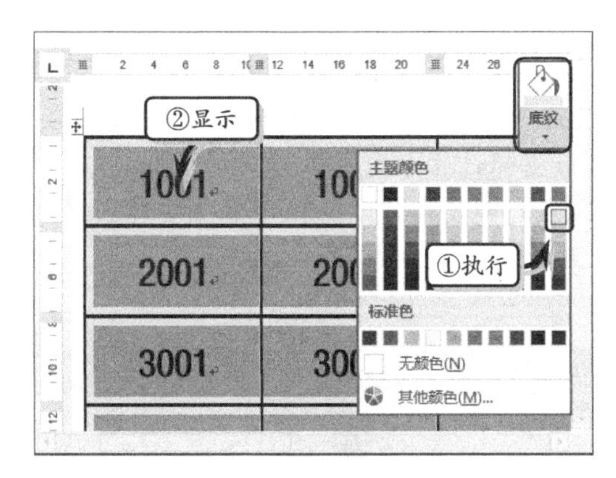

图 4-42 设置表格底纹

9 设置属性。选择表格，执行【布局】|【表】|【属性】命令，单击【选项】按钮，如图 4-43 所示。

10 在弹出的【表格选项】对话框中，启用【允许调整单元格间距】复选框，并设置间距值，如图 4-44 所示。

11 最后，选择表格，执行【设计】|【边框】|【边框】|【边框和底纹】命令，取消表格的外边框，如图 4-45 所示。

图 4-43 【表格属性】对话框

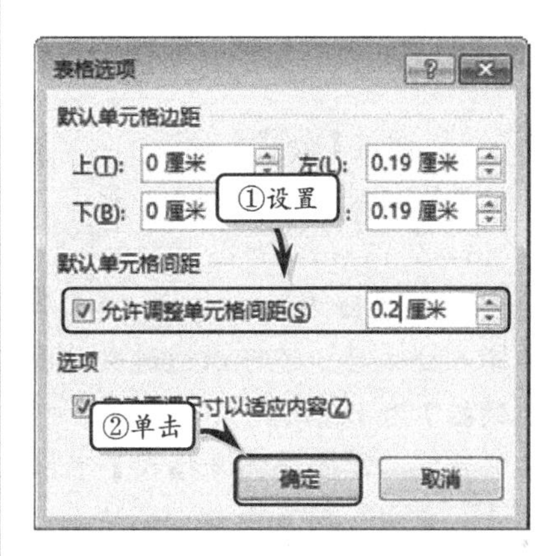

图 4-44 设置间距值

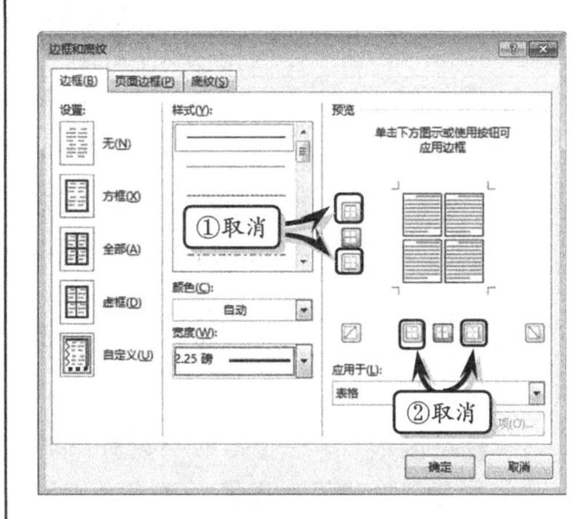

图 4-45 取消外边框

第4章 文表混排

4.3 管理表格数据

在 Word 中，不仅可以插入和绘制表格，而且还可以运用公式、函数等功能对表格中的数据进行相应的运算，并根据数据规律对表格数据进行排序。在本小节中，将详细介绍管理表格数据的基础知识和操作方法。

4.3.1 计算数据

将光标置于要计算数据的单元格中，执行【布局】|【数据】|【fx 公式】命令。在【公式】对话框的【公式】文本框中输入公式，单击【确定】按钮即可，如图 4-46 所示。

用户还可以通过【公式】对话框，设置编号格式或者进行粘贴函数。

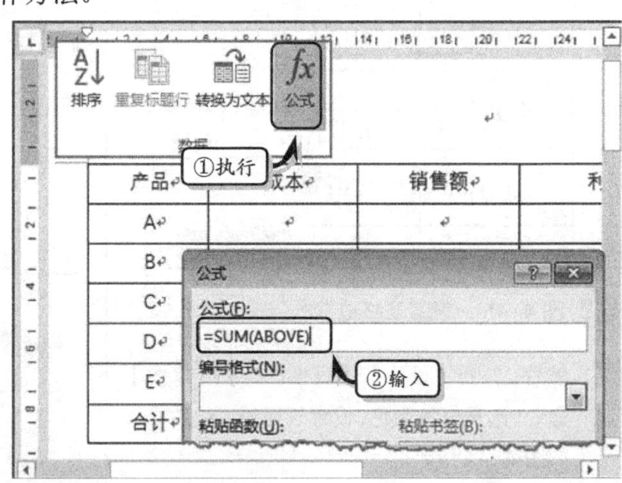

图 4-46 计算数据

- **公式** 在【公式】文本框中输入公式后，还可以通过输入 left（左边数据）、right（右边数据）、above（上边数据）和 below（下边数据），来指定数据的计算方向。
- **编号格式** 单击【编号格式】下拉按钮，在其列表中可以选择计算结果内容中的格式。其中，列表中包含的格式以符号表示，具体含义如表 4-4 所示。

表 4-4 编号格式选项

格　式	说　明
#,##0	预留数字位置。确定小数的数字显示位置。与 0 相同
#,##0.00	预留数字位置，与 0 相同，只显示有意义的数字，而不显示无意义的 0。其小数为两位
￥#,##0.00;(￥#,##0.00)	显示将结果数字，以货币类型显示，小数位为两位
0	预留数字位置。确定小数的数字显示位置，按小数点右边的 0 的个数对数字进行四舍五入处理
0%	以百分比形式显示，其无小数位
0.00	预留数字位置。其小数位为两位
0.00%	以百分比形式显示，其小数位为两位

- **粘贴函数** 单击【粘贴函数】下拉按钮，用户可以在其列表中选择要使用的函数。其各函数的具体含义，如表 4-5 所示。

表 4-5 函数含义

函　数	说　明
ABS	数字或算式的绝对值（无论该值实际上是正，还是负，均取正值）
AND	如果所有参数值均为逻辑“真（TRUE）”，则返回逻辑 1，反之返回逻辑 0

续表

函　数	说　明
AVERAGE	求出相应数字的平均值
COUNT	统计指定数据的个数
DEFINED	来判断指定单元格是否存在。存在返回 1，反之返回 0
FALSE	返回 0（零）
IF	IF（条件，条件真时反应的结果，条件假时反应的结果）
INT	INT(x)对值或算式结果取整
MAX	取一组数中的最大值
MIN	取一组数中的最小值
OR	OR(x,y)如果逻辑表达式 x 和 y 中的任意一个或两个的值为 TRUE，那么取值为 1；如果两者的值都为 FALSE，那么取值为 0（零）
PRODUCT	一组值的乘积。例如，函数{ = PRODUCT (1,3,7,9) }，返回的值为 189
ROUND	ROUND(x,y)将数值 x 舍入到由 y 指定的小数位数。x 可以是数字或算式的结果
SIGN	SIGN(x)如果 x 是正数，那么取值为 1；如果 x 是负数，那么取值为-1
SUM	一组数或算式的总和
TRUE	返回 1

4.3.2 排序数据

数字排序是按照字母或数字排列当前所选内容。选择要进行排序的单元格区域，执行【布局】|【数据】|【排序】命令。弹出【排序】对话框，在【主要关键字】栏中选择【各人总分】选项，选中【降序】选项，如图 4-47 所示。

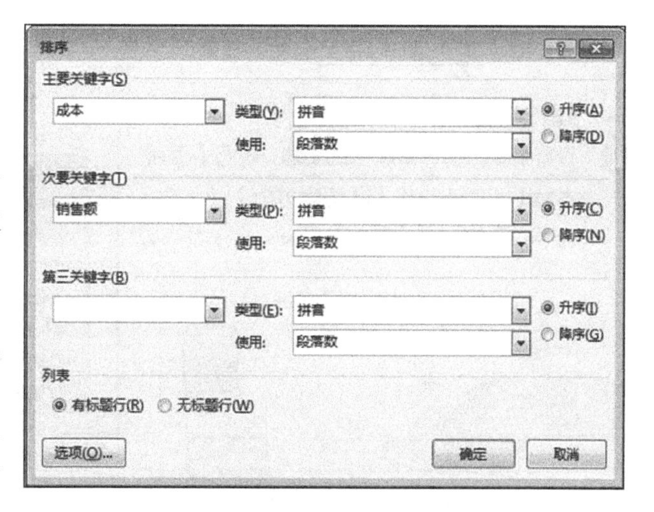

图 4-47 【排序】对话框

用户可以在【排序】对话框中，通过各选项进行设置：

- **关键字**　在【排序】对话框中，包含有【主要关键字】、【次要关键字】和【第三关键字】三种关键字。在排序过程中，将按照【主要关键字】进行排序；当有相同记录时，按照【次要关键字】进行排序；若二者都是相同记录，则按照【第三关键字】进行排序。
- **类型**　单击【类型】下拉按钮，在其列表中可以选择笔画、数字、拼音或者日期类型，以设置按哪种类型进行排序。
- **使用**　对【使用】选项的设置，可以将排序设置应用到每个段落上。
- **排序方式**　在对话框中，用户可以单击【升序】或【降序】单选按钮，以设置排序方式。
- **列表**　当用户单击【有标题行】单选按钮时，则在关键字的列表中显示字段的名称；当单击【无标题行】单选按钮时，则在关键字的列表中以列 1、列 2、列 3…表示字段列。

❑ **选项** 单击该按钮，可以设置排序的分隔符、排序选项与排序语言。

4.3.3 练习：制作销售统计表

Word 中的表格是编排文档数据信息的一种有效工具，不仅可以帮助用户制作各种类型的数据统计表，而且还可以运用内置公式功能，对表格中的数据进行简单计算。在本练习中，将通过制作一份销售统计表，来详细介绍表格的操作方法和技巧，如图 4-48 所示。

销售统计表

分公司	第一季度（万）	第二季度（万）	第三季度（万）	合计（万）
青岛	130	160	110	400
深圳	110	150	120	380
北京	105	108	110	323
上海	102	90	100	292
平均值	111.75	127	110	348.75

图 4-48 销售统计表

操作步骤：

1 设置纸张方向。新建空白文档，执行【页面布局】|【页面设置】|【纸张方向】|【横向】命令，如图 4-49 所示。

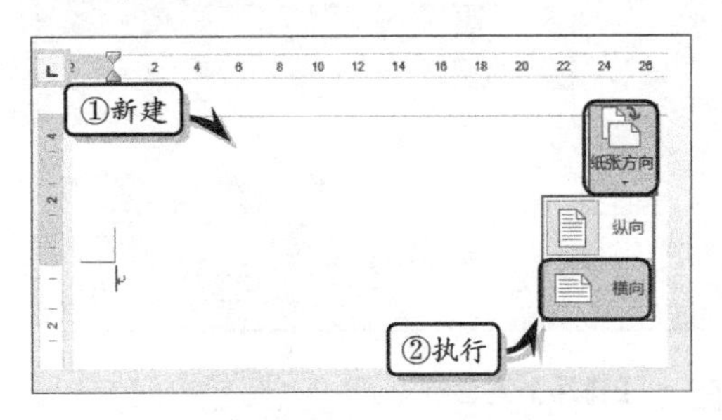

图 4-49 设置纸张方向

2 插入表格。执行【插入】|【表格】|【表格】|【插入表格】命令，设置行数和列数，如图 4-50 所示。

3 调整表格。输入表格基础数据，设置文本格式、对齐方式和表格大小，如图 4-51 所示。

图 4-50 插入表格

分公司	第一季度（万）	第二季度（万）	第三
北京	105	108	
上海	102	90	
深圳	110	150	
青岛	130	160	

图 4-51 调整表格

4 计算数据。将光标定位在“合计”列中的第一个单元格中，执行【表格工具】|【布局】|【数据】|【公式】命令，如图 4-52 所示。

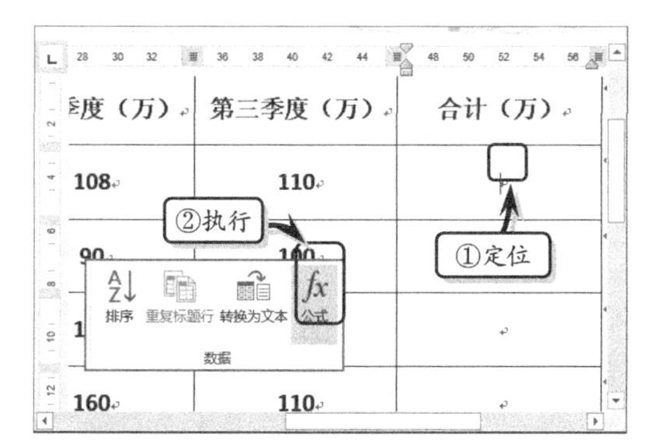

图 4-52 选择单元格

5 在弹出的【公式】对话框中，输入“=SUM(LEFT)”公式，单击【确定】按钮，如图 4-53 所示。使用同样方法，分别计算其他合计值。

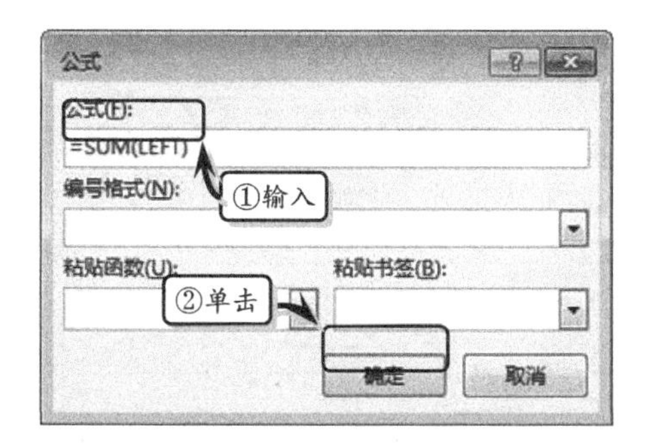

图 4-53 计算合计值

6 选择“第一季度（万）”列中的最下面一个单元格，执行【表格工具】|【布局】|【数据】|【公式】命令，如图 4-54 所示。

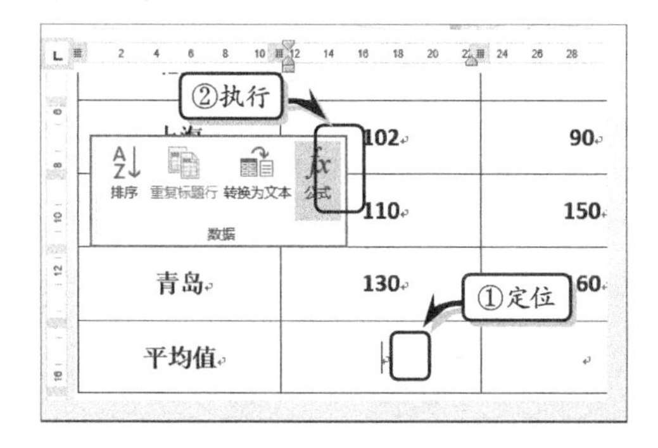

图 4-54 选择单元格

7 在弹出的【公式】对话框中，输入“=AVERAGE(ABOVE)”公式，单击【确定】按钮，如图 4-55 所示。使用同样方法，分别计算其他平均值。

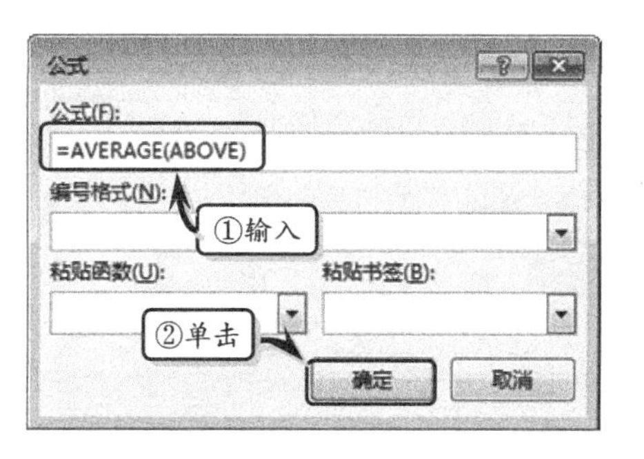

图 4-55 计算平均值

8 排序数据。选择第 2~5 行，执行【布局】|【数据】|【排序】命令，将【主要关键字】设置为“列 5”，并选中【降序】选项，如图 4-56 所示。

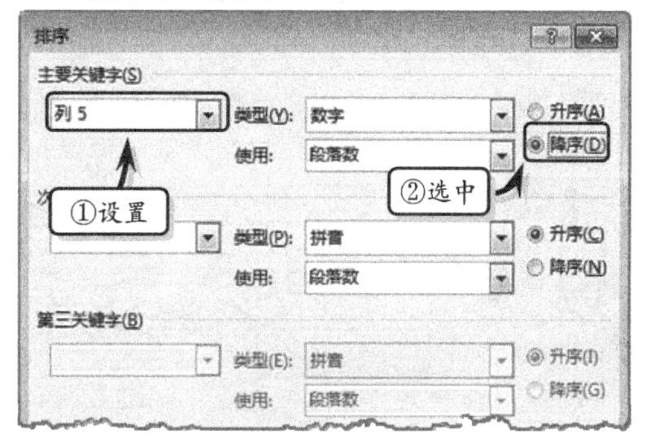

图 4-56 排序数据

9 设置表格样式。选择表格，执行【表格工具】|【表格样式】|【其他】|【网格表 6 彩色-着色 2】命令，设置表样式，如图 4-57 所示。

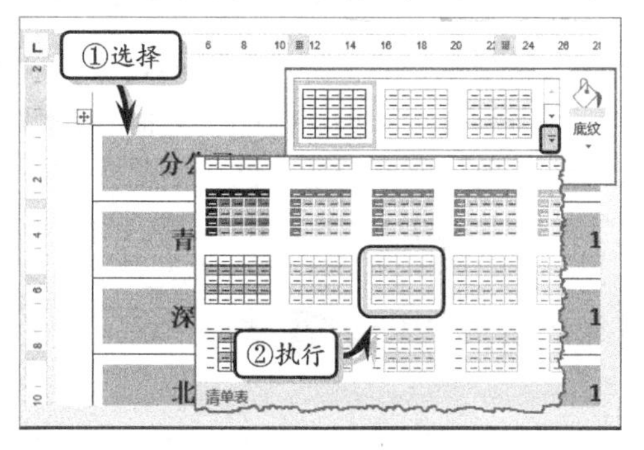

图 4-57 设置表格样式

10 选择表格，执行【表格工具】|【设计】|【边框】|【边框】|【边框和底纹】命令，如图4-58所示。

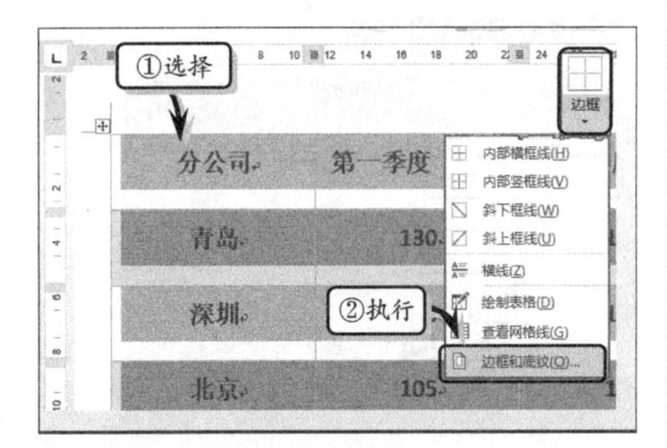

图 4-58 设置边框样式

11 执行【边框】命令，激活【边框】选项卡，设置边框的样式，选择【设置】列表中的【全部】选项，如图4-59所示。

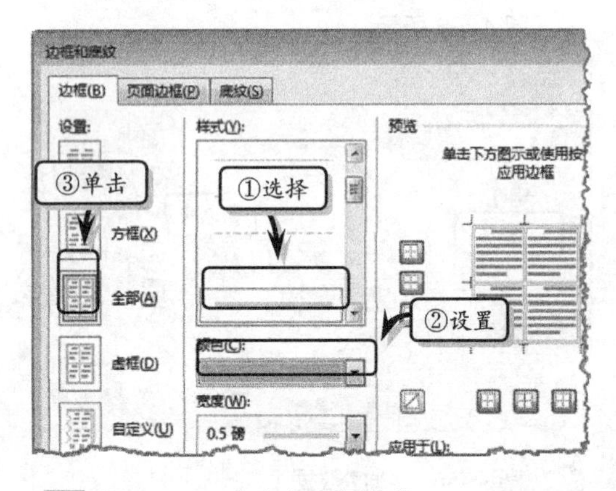

图 4-59 自定义边框样式

12 制作艺术字标题。执行【插入】|【文本】|【艺术字】|【填充-白色，轮廓-着色 2，清晰阴影-着色 2】命令，插入艺术字并输入艺术字文本，如图4-60所示。

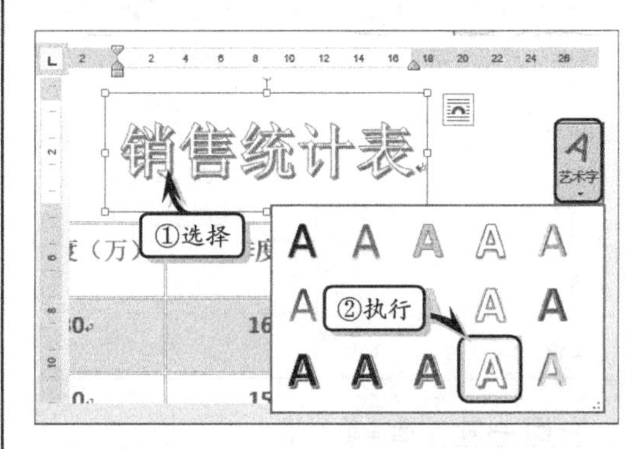

图 4-60 插入艺术字

13 选择艺术字，执行【格式】|【艺术字样式】|【文本效果】|【转换】|【倒V形】命令，如图4-61所示。

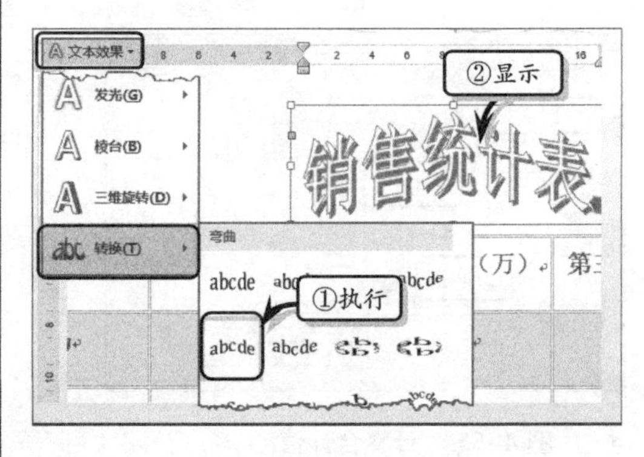

图 4-61 设置转换效果

4.4 使用图表

图表是数据的一种可视化形式，可以按照图形的样式显示数据。运用图表，不仅可以创建出具有专业水准的图表，而且还可以轻易地理解与分析数据系列的变化趋势，从而可以体现出数据的层次性、条理性与易读性。在本小节中，将详细介绍在 Word 中调用 Excel 图表的基础知识和操作方法。

4.4.1 创建图表

图表主要由图表区域及区域中的图表对象组成，其对象主要包括标题、图例、垂直（值）轴、水平（分类）轴、数据系列等对象。

在文档中，执行【插入】|【插图】|【图表】命令，在弹出的【插入图表】对话框中选择图表类型，单击【确定】按钮，如图 4-62 所示。

此时，系统会自动弹出 Excel 窗口。用户在该电子表格中输入图表中的数据，关闭 Excel 窗口即可，如图 4-63 所示。

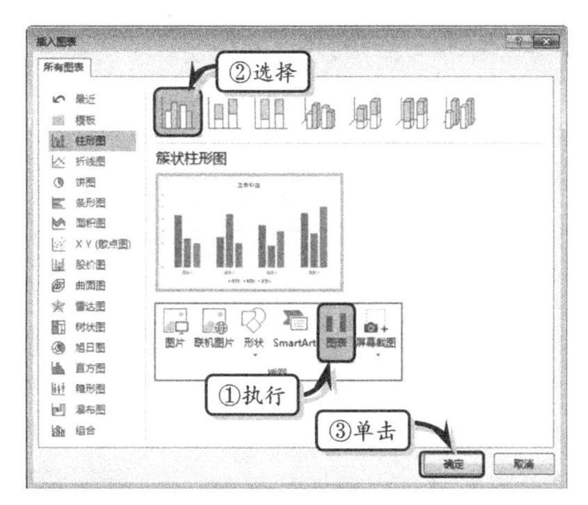

图 4-62 插入图表

Microsoft Word 中的图表

	A	B	C	D
1	产品	成本	销售额	利润
2	A	2340	5489	3149
3	B	3948	7893	3945
4	C	3234	8738	5504
5	D	3243	7182	3939
6	E	2323	5921	3598

图 4-63 输入图表数据

提 示

创建图表之后，执行【图表工具】|【设计】|【类型】|【更改图表类型】命令，在弹出的【更改图表类型】对话框中选择一种图表类型，即可更改图表类型。

4.4.2 编辑图表数据

创建图表之后，为了达到详细分析图表数据的目的，用户还需要对图表中的数据进行选择、添加与删除操作，以满足分析各类数据的要求。

1. 编辑现有数据

选择图表，执行【图表工具】|【设计】|【数据】|【编辑数据】命令，将光标置于 Excel 窗口数据区域的右下角，当光标变成双向箭头↖↘时，按住鼠标左键，向下拖动以增大数据区域。在增加的区域中输入数据，即可为图表添加数据，如图 4-64 所示。

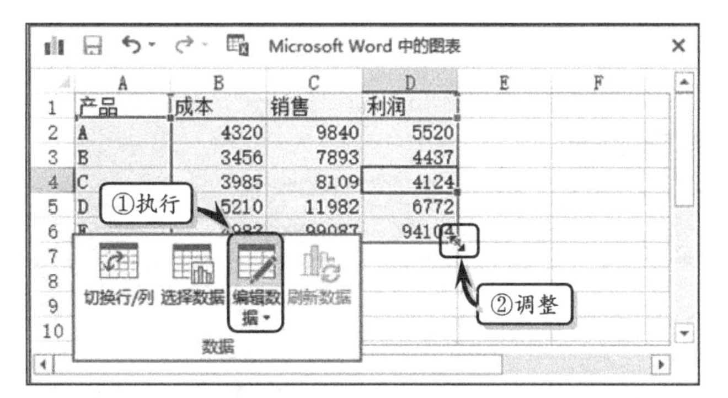

图 4-64 编辑现有数据

另外，选择图表，执行【图表工具】|【设计】|【数据】|【选择数据】命令，在弹出的【选择数据源】对话框中单击【图表数据区域】右侧的折叠按钮，并在 Excel 工作表中重新选择数据区域，如图 4-65 所示。

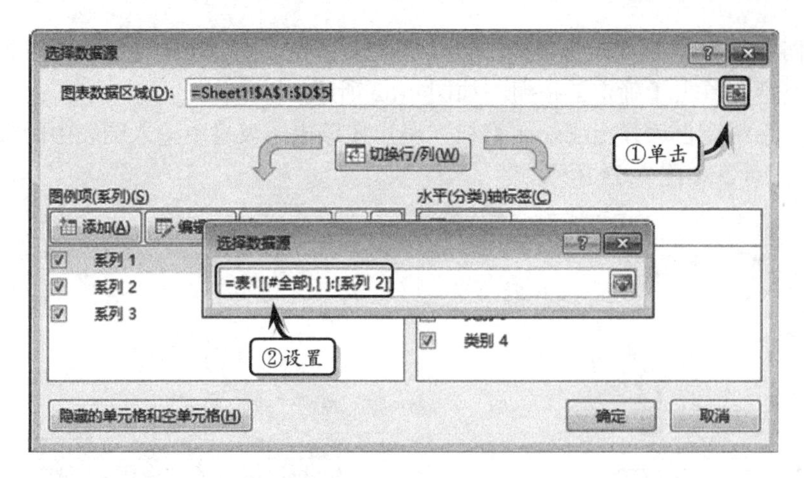

图 4-65 重新选择数据区域

2. 添加数据区域

选择图表，执行【图表工具】|【设计】|【数据】|【选择数据】命令，单击【添加】按钮。在【编辑数据系列】对话框中，分别设置【系列名称】和【系列值】选项，如图 4-66 所示。

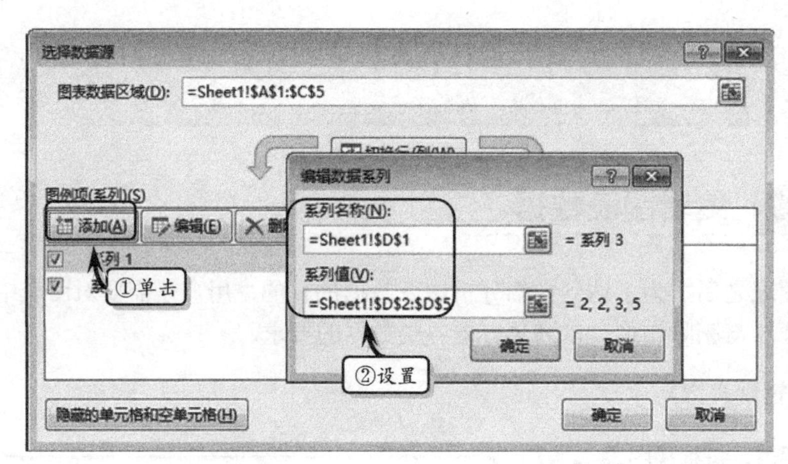

图 4-66 添加数据

提 示

在【编辑数据系列】对话框中的【系列名称】和【系列值】文本框中直接输入数据区域，也可以选择相应的数据区域。

3. 删除数据区域

选择图表，执行【图表工具】|【设计】|【数据】|【选择数据】命令，在弹出的【选择数据源】对话框中的【图例项（系列）】列表框中选择需要删除的系列名称，并单击【删除】按钮即可，如图 4-67 所示。

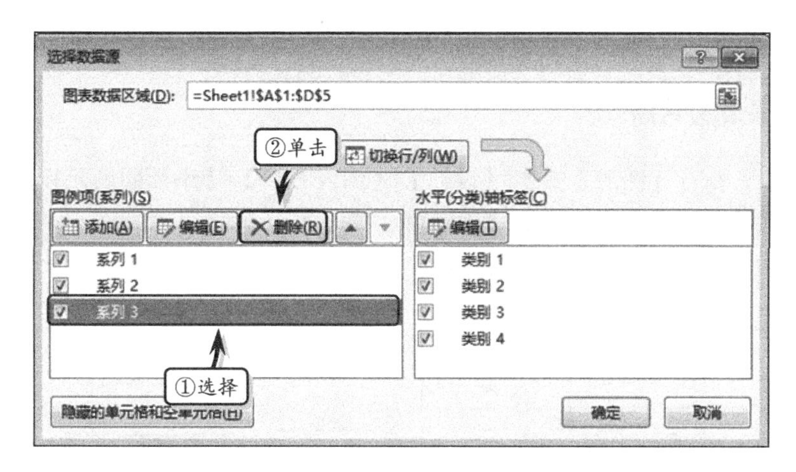

图 4-67 删除数据区域

提 示

用户也可以选择图表，通过在 Excel 工作表中拖动图表数据区域的边框，更改图表数据区域的方法，来删除图表数据。

4.4.3 设置样式和布局

在文档中创建图表之后，还可以通过设置图表样式和布局的方法，更改图表的外观布局来达到美化图表的目的。

1. 设置图表样式

图表样式主要包括图表中对象区域的颜色属性。选择图表，执行【图表工具】|【设计】|【图表样式】|【快速样式】命令，在下拉列表中选择相应的样式即可，如图 4-68 所示。

另外，执行【图表工具】|【设计】|【图表样式】|【更改颜色】命令，在其级联菜单中选择一种颜色类型，即可更改图表的主题颜色，如图 4-69 所示。

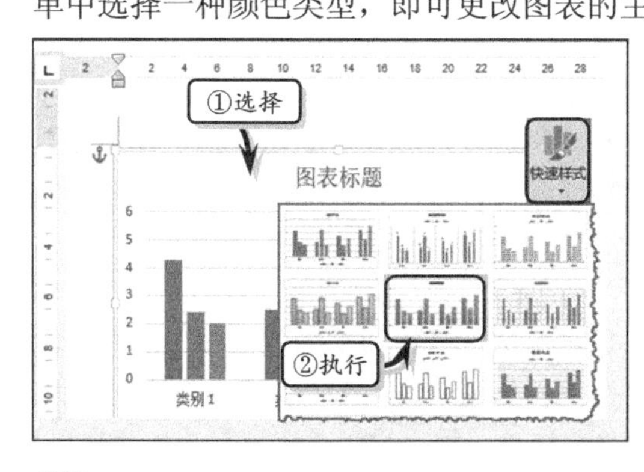

图 4-68 应用图表样式

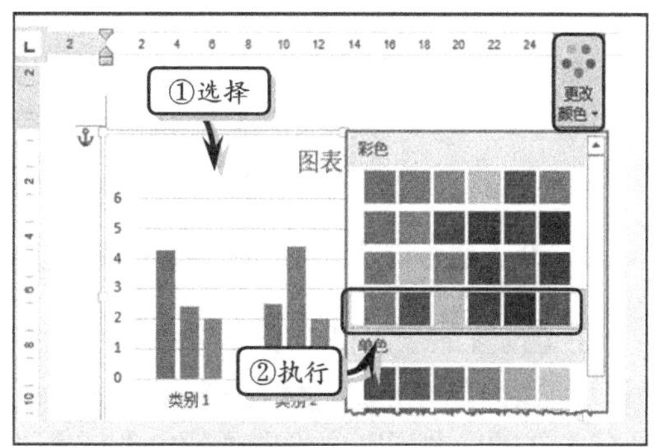

图 4-69 更改图表颜色

2. 使用内置图表布局

选择图表，执行【图表工具】|【设计】|【图表布局】|【快速布局】命令，在其级

联菜单中选择相应的布局，如图 4-70 所示。

3. 自定义图表布局

选择图表，执行【图表工具】|【设计】|【图表布局】|【添加图表元素】|【数据表】命令，在其级联菜单中选择相应的选项即可，如图 4-71 所示。

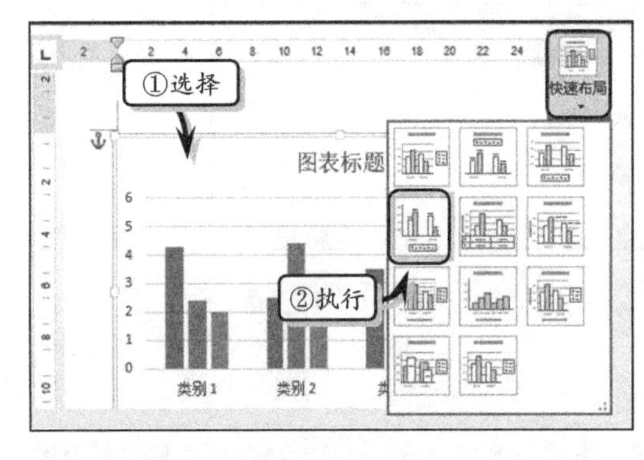

图 4-70 设置图表布局

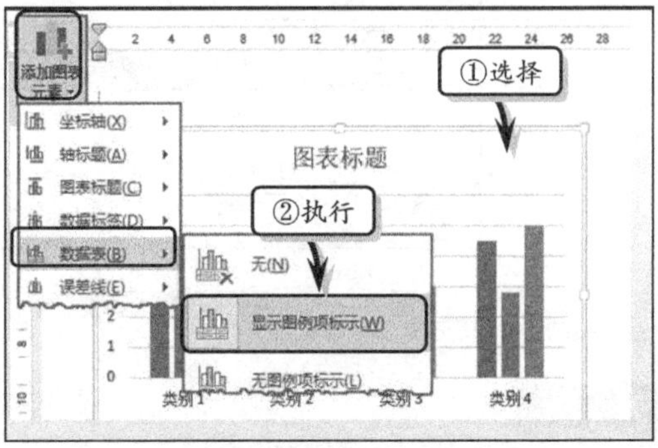

图 4-71 自定义图表布局

提 示

使用同样的方法，用户还可以通过执行【添加图表元素】命令，添加图例、网格线、坐标轴等图表元素。

4.4.4 设置图表格式

除了设置图表样式和布局之后，用户还可以通过设置图表元素格式，来达到美化图表的目的。一般情况下，图表元素包括图表区、数据系列、图例、坐标轴等。下面，将以图表区元素为例，详细介绍设置图表格式的操作方法。

1. 设置填充颜色

选择图表，执行【图表工具】|【格式】|【当前所选内容】|【图表元素】命令，在其下拉列表中选择【图表区】选项，并执行【设置所选项内容格式】命令，在【填充】选项组中，选择一种填充效果，设置相应的选项即可，如图 4-72 所示。

2. 设置边框颜色

在【设置图表区格式】窗格中的【边框】选项组中，设置边框的样式和颜色即可。在该选项组中，包括【无线条】、【实线】、【渐变线】与【自动】4 种选项。例如，选中【实线】选项，在列表中设置【颜色】与【透明度】选项，然后设置【宽度】、【复合类型】和【短划线类型】选项，如图 4-73 所示。

3. 设置阴影格式

在【设置图表区格式】窗格中激活【效果】选项卡，在【阴影】选项组中设置图表区的阴影效果，如图 4-74 所示。

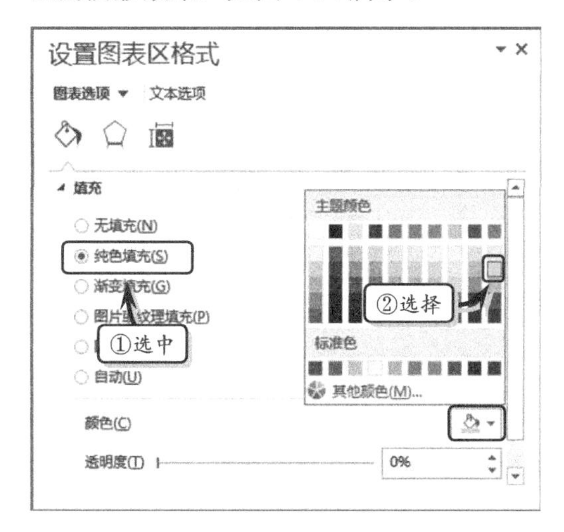

图 4-72 设置填充颜色

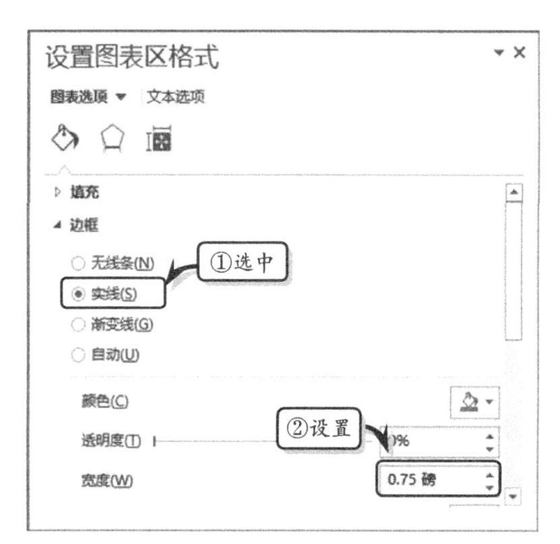

图 4-73 设置边框样式

4．设置三维格式

在【设置图表区格式】窗格中的【三维格式】选项组中设置图表区的顶部棱台、底部棱台和材料选项，如图 4-75 所示。

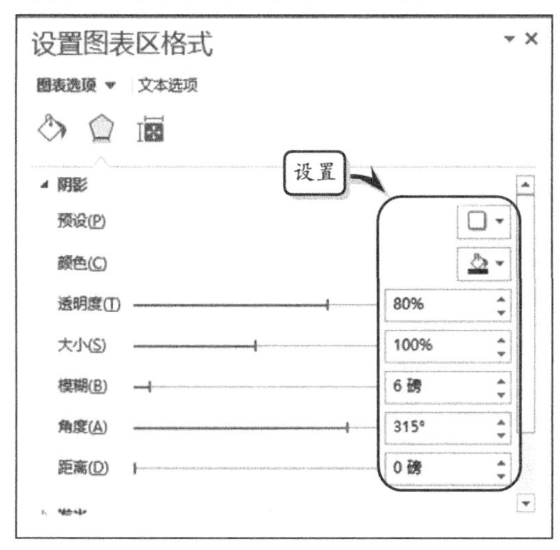

图 4-74 设置阴影效果

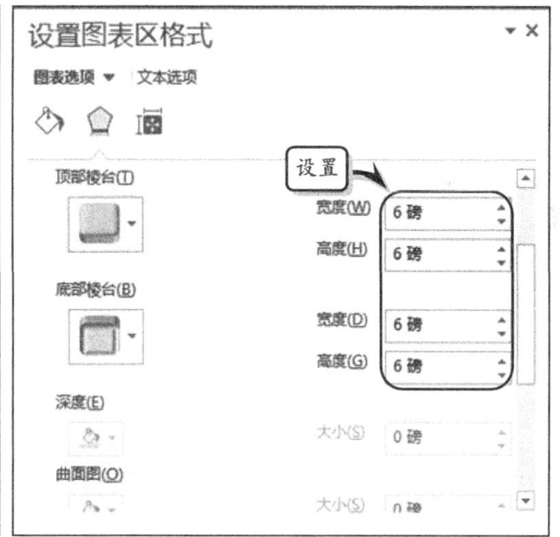

图 4-75 设置三维格式

提 示

在【效果】选项卡中，还可以设置图表区的发光和柔化边缘效果。

4.4.5 练习：制作产量与人员关系图

Word 中的 XY 散点图图表，可以比较数据系列中的各个数值，以帮助用户分析同一系列中各个数值的趋势线和相关性。在本练习中，将通过制作产量与人员关系图，来详细介绍使用图表展示与分析数据的操作方法和实用技巧，如图 4-76 所示。

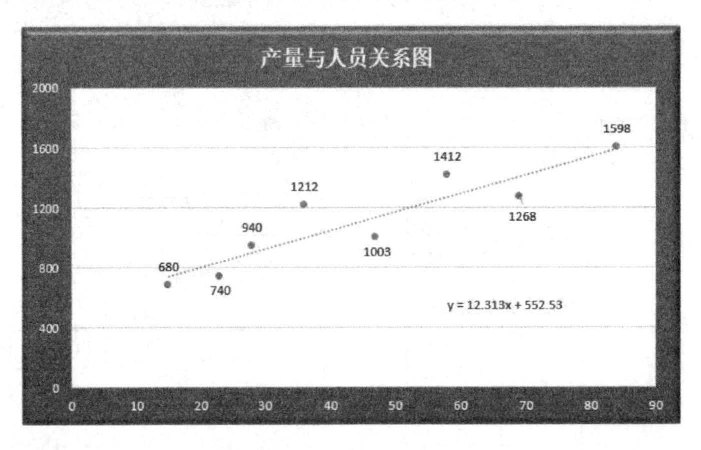

图 4-76 产量与人员关系图

操作步骤：

1 创建图表。更改文档方向，执行【插入】|【插图】|【图表】命令，选择图表类型，单击【确定】按钮，如图 4-77 所示。

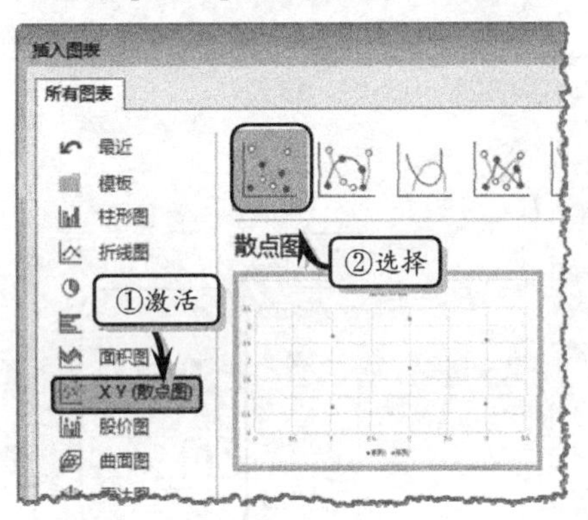

图 4-77 插入图表

2 然后，在弹出的 Excel 工作表中，输入图表数据，并关闭工作表，如图 4-78 所示。

Microsoft Word 中的图表

	A	B	C
1	产量X（万吨）	人员Y（人）	
2	15	680	
3	23	740	
4	28	940	
5	36	1212	
6	47	1003	
7	58	1412	
8	69	1268	
9	84	1598	
10			

图 4-78 输入图表数据

3 设置坐标轴。双击图表中的垂直坐标轴，设置坐标轴的最大值、主要单位和次要单位值，如图 4-79 所示。

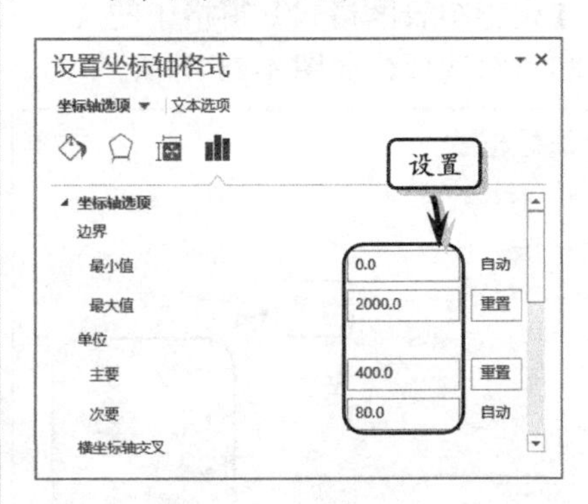

图 4-79 设置垂直坐标轴

4 双击水平坐标轴，设置坐标轴的最大值、主要单位和次要单位值，如图 4-80 所示。

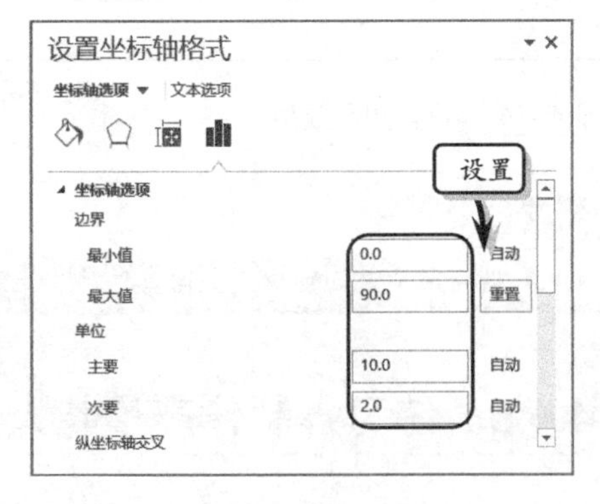

图 4-80 设置水平坐标轴

5 美化图表。选择图表，执行【格式】|【形状样式】|【其他】|【强烈效果-蓝色，强调颜色 5】命令，如图 4-81 所示。

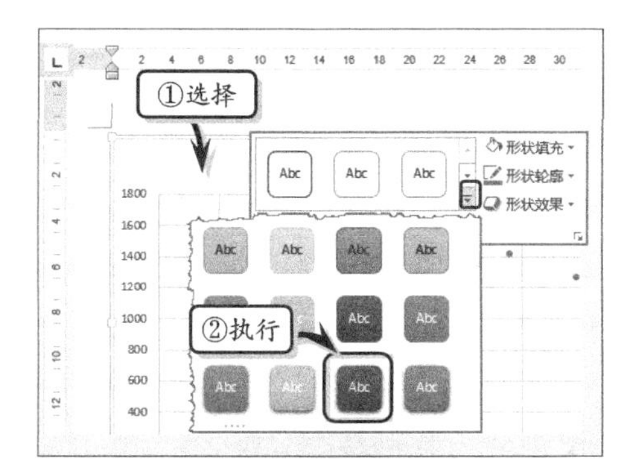

图 4-81 设置形状样式

6 选择绘图区，执行【格式】|【图表样式】|【形状填充】|【白色，背景 1】命令，如图 4-82 所示。

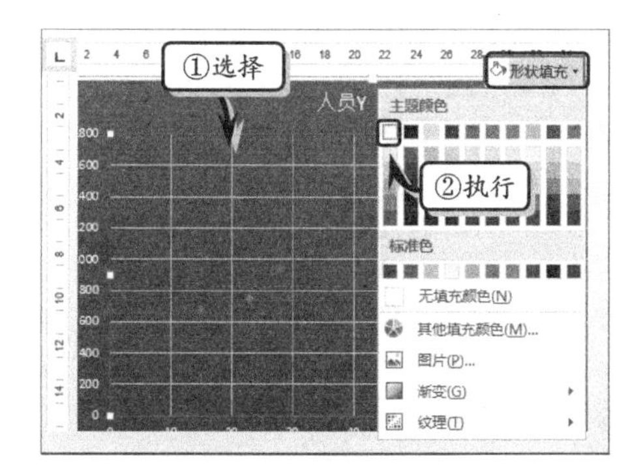

图 4-82 设置绘图区填充色

7 选择图表，执行【格式】|【形状样式】|【形状效果】|【棱台】|【圆】命令，如图 4-83 所示。

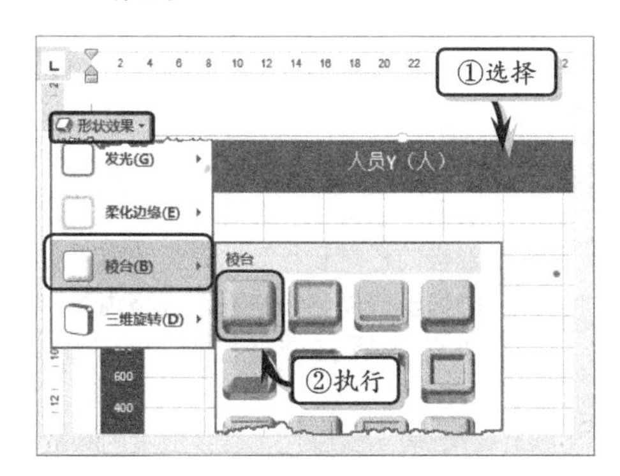

图 4-83 设置棱台效果

8 设置图表布局。选择图表标题，输入标题文本，并设置文本的字体格式，如图 4-84 所示。

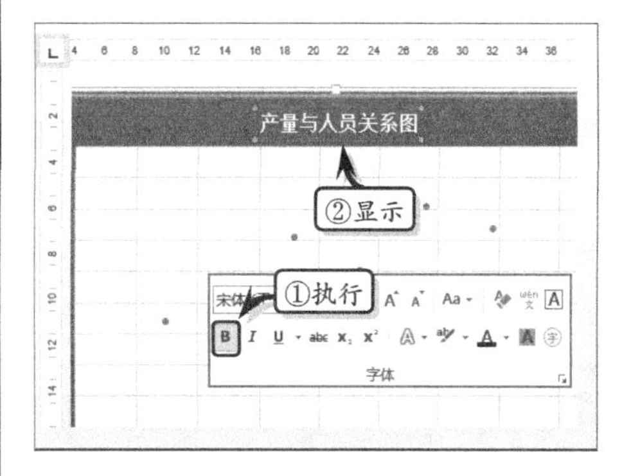

图 4-84 设置图表标题

9 执行【设计】|【图表布局】|【添加图表元素】|【网格线】|【主轴主要垂直网格线】命令，如图 4-85 所示。

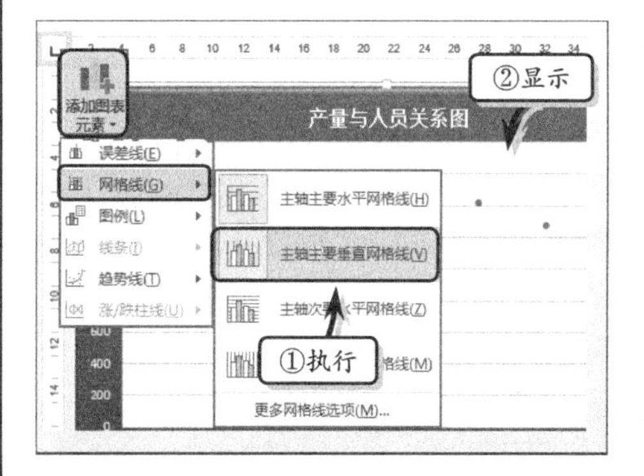

图 4-85 取消主轴主要垂直网格线

10 执行【设计】|【图表布局】|【添加图表元素】|【数据标签】|【上方】命令，调整位置并设置字体颜色，如图 4-86 所示。

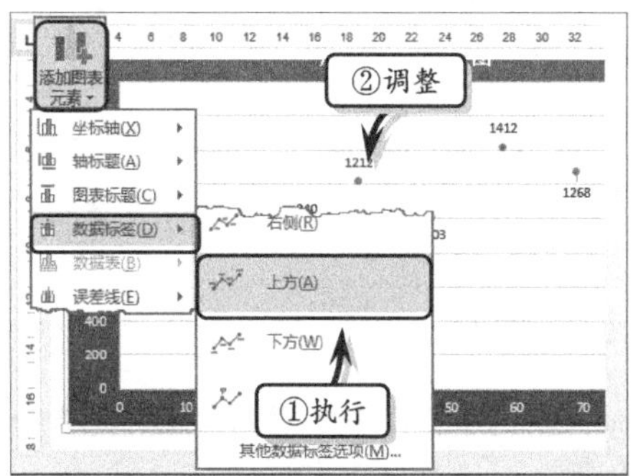

图 4-86 添加数据标签

11 执行【设计】|【图表布局】|【添加图表元

素】|【趋势线】|【线性】命令，如图 4-87 所示。

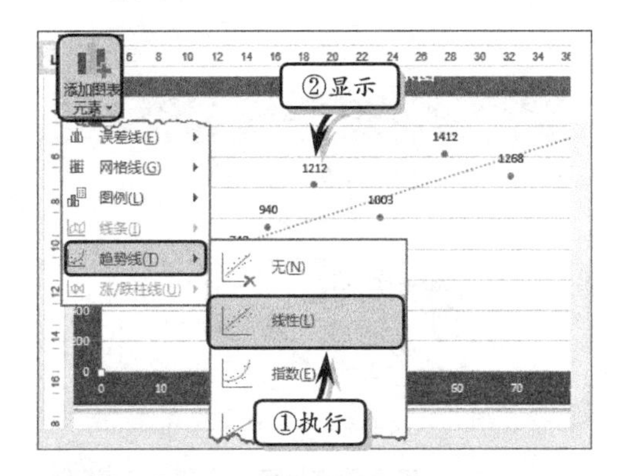

图 4-87 添加趋势线

12 双击趋势线，在【设置趋势线格式】窗格中，启用【显示公式】复选框，并设置公式的字体颜色，如图 4-88 所示。

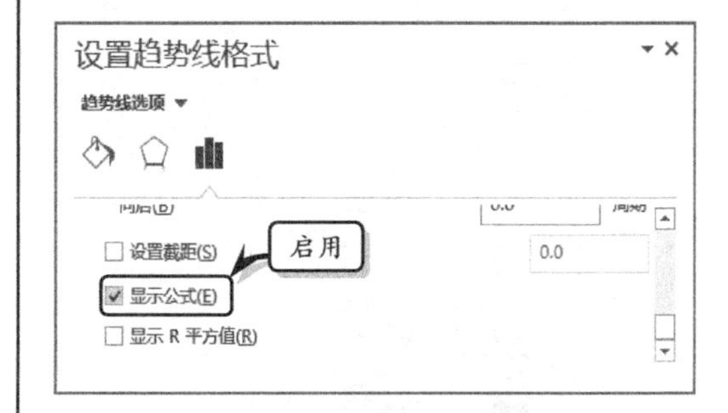

图 4-88 显示趋势线公式

4.5 思考与练习

一、填空题

1. 在 Word 中，用户不仅可以插入内置的表格、________，或________；而且还可以使用绘制表格工具，按照具体要求轻松绘制各种体例的表格。

2. 快速表格是 Word 为用户提供的一种表格模板，包括表格式列表、带副标题 1、日历 1、双表等________种类型。

3. 按________或________键，可选择插入符所在的单元格后面或前面的单元格。

4. 单击要选择的第一个单元格，按住________键的同时单击需要选择的所有单元格即可。

5. 将光标定位在单元格，按________组合键可以快速拆分表格。同样，合并表格时只需要按________键删除空白行即可。

6. 表格样式是包含颜色、文字颜色、格式等一些组合的集合，Word 一共为用户提供了________种内置表格样式。

二、选择题

1. 对于【表格样式选项】选项组中的各个选项的功能，下列描述错误的一项为______。

A. 标题行表示在表格的第一行中将显示特殊格式

B. 镶边行表示在表格中将显示镶边行，并且该行上的偶数行与奇数行各不相同，使表格更具有可读性

C. 最后一列表示在表格的最后一列中将显示特殊格式

D. 镶边列表示在表格中将显示镶边行，并且该行上的偶数行与奇数行各不相同

2. 图表主要由图表区域及区域中的图表对象组成，其对象主要包括标题、图例、垂直（值）轴、水平（分类）轴、_____等对象。

A. 边框

B. 数据系列

C. 形状

D. 柱形

3. 在【将文字转换成表格】对话框中，其各个选项的具体含义描述错误的一项为_____。

A. 固定列宽表示可在右边列表框中指定表格的列宽，或者选择【自动】选项由系统自定义列宽

B. 根据内容调整表格表示 Word 将自动调节以文字内容为主的表格，使表格的栏宽和行高达到最佳配置

C. 根据窗口调整表格表示表格内容将会同文档窗口宽度具有相同的跨度

D. 行数表示设置文本转换成表的列数

4. Word 还为用户提供了计算表格数据的功

能，下列对于公式中的编号格式描述错误的一项为_____。

A．#,##0 表示预留数字位置。确定小数的数字显示位置。与 0 相同

B．#,##0.00 表示显示将结果数字，以货币类型显示，小数位为两位

C．0.00 表示预留数字位置。其小数位为两位

D．0 表示预留数字位置。确定小数的数字显示位置，按小数点右边的 0 的个数对数字进行四舍五入处理

三、问答题

1．如何将文本转换成表格？

2．如何设置表格的底纹样式？

3．如何删除图表中的数据？

四、上机练习

1．制作数据透视表

在本练习中，主要体现了 Word 中插入 Excel 电子表格，以及操作 Excel 电子表格汇总数据等基础知识的使用方法，如图 4-89 所示。首先，在文档中插入 Excel 电子表格，并在电子表格中输入基础数据。将光标定位在数据表中，执行【插入】|【表】|【数据透视表】命令。然后，在弹出的【创建数据透视表】对话框中选中【新工作表】选项，并单击【确定】按钮。最后，在【数据透视表字段列表】任务窗格中，为数据透视表添加字段，并设置数据透视表的对齐方式与布局样式等。

2．制作组合图表

在本实例中，将运用 Word 中的直接创建组合图表的功能，该功能可以帮助用户轻松创建包含两种图表类型的复合图表，如图 4-90 所示。首先，执行【插入】|【插图】|【图表】命令，在弹出的【插入图表】对话框中选择【组合】选项。同时，单击【系列 2】下拉按钮，选择【带数据标记的折线图】选项。单击【确定】按钮后，在 Excel 工作表中输入图表数据，并关闭 Excel 工作表。此时，系统将自动生成一个柱形—折线图组合图表。选择图表，执行【图表工具】|【设计】|【图表布局】|【布局 3】命令，设置图表的布局。最后，设置图表的填充样式和形状效果即可。

行标签	求和项:售出件数（零售）	求和项:售出件数（批发）
衬衫	**4371**	**9067**
2013/1/1	734	1427
2013/2/1	678	1515
2013/2/26	533	1936
2013/3/31	973	1415
2013/4/30	603	1226
2013/5/14	850	1548
短裤	**4400**	**8705**
2013/1/1	629	1254
2013/2/1	980	1330
2013/2/26	530	1452
2013/3/31	721	1426
2013/4/30	716	1249
2013/5/14	824	1994
凉鞋	**4889**	**8151**
2013/1/1	744	1043
2013/2/1	753	1005
2013/2/26	952	1512
2013/3/31	672	1105

图 4-89 创建模板文档

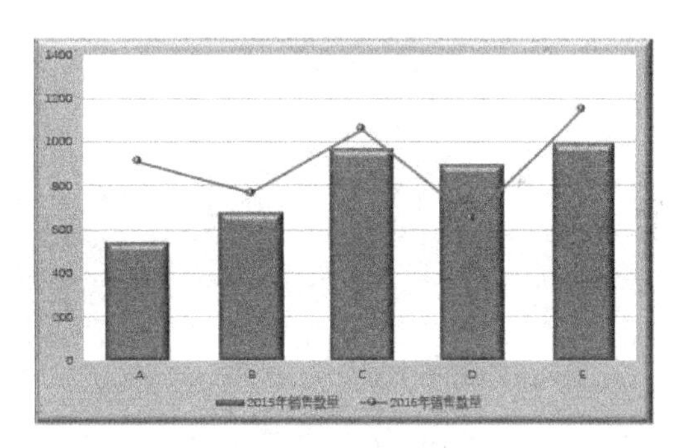

图 4-90 制作比较直方图

第5章

编辑长文档

版面是文档的灵魂，而文字则是版面中的重要构成元素，它直接影响了版面的美观性和视觉传达效果。对于长文档来讲，不仅可以使用 Word 中的分页、分节、插入分栏等格式，来提高文档的诉求力和灵活性；而且还可以通过使用书签、编排目录和索引，以及在文档中插入题注、脚注等说明性文字，来提高文档的可读性和可控性。在本章中，将详细介绍一些编辑长文档的基础知识和实用方法。

本章学习内容：

- 设置分栏
- 设置分页
- 设置分节
- 使用书签
- 使用索引
- 使用目录
- 使用批注

5.1 设置分栏

分栏可以将文本拆分为一列或多列，从而使文档更具有灵活性。在分栏功能上，Word 具有强大的灵活性，不仅可以将文档设置为一栏、两栏或三栏等多栏，而且还可以控制栏宽、栏间距和分栏长度。

5.1.1 自动分栏

Word 为用户内置了自动分栏功能，用户只需执行【布局】|【页面设置】|【分栏】

命令，在列表中选择【一栏】、【两栏】、【三栏】、【偏左】与【偏右】5 种选项中的一种即可，如图 5-1 所示。

其中，两栏与三栏表示将文档竖排平分为两排与 3 排；偏左表示将文档竖排划分，左侧的内容比右侧的内容少；偏右与偏左相反，表示将文档竖排划分但是右侧的内容比左侧的内容少。

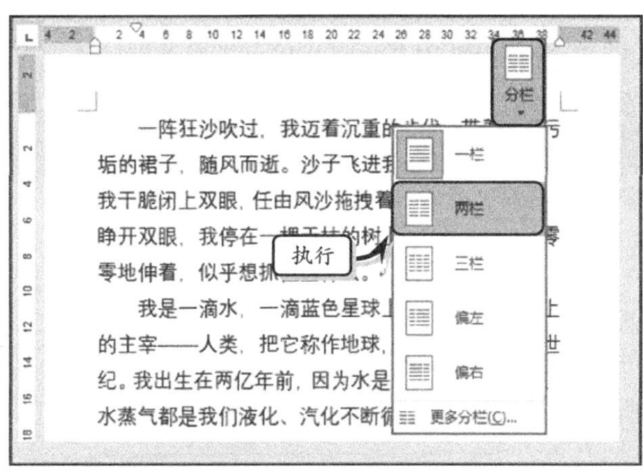

图 5-1 自动分栏

5.1.2 自定义分栏

当系统自带自动分栏功能无法满足用户需求时，则可以使用自定义分栏功能，自定义栏数、栏宽、间距和分割线。

执行【页面设置】|【分栏】|【更多分栏】命令，在弹出的【分栏】对话框中可以设置【栏数】、【栏宽】、【分隔线】等选项，如图 5-2 所示。

在【分栏】对话框中，包括下列 4 种选项。

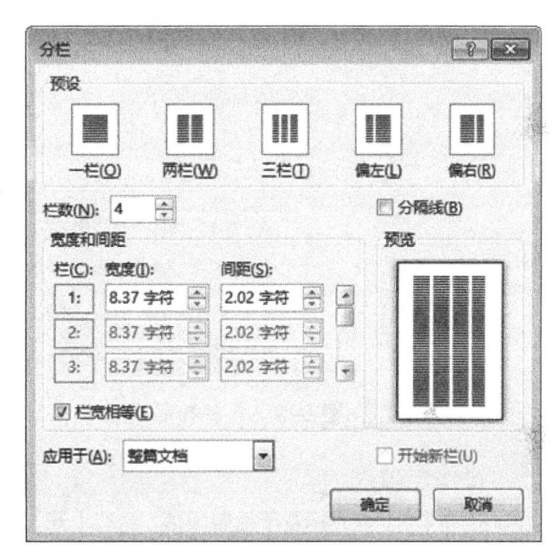

图 5-2 【分栏】对话框

1. 栏数

在【分栏】对话框中的【预设】选项组中，最多只能将文档设置为 3 栏。此时，可单击【分栏】对话框中的【列数】微调按钮将文档设置 1～12 个分栏。例如，在【列数】微调框中输入“4”，即可将文档设置为 4 栏。

2. 分割线

分割线是设置分隔线即是在栏与栏之间添加一条竖线，用于区分栏与栏之间的界限，从而使版式具有整洁性。选中【列数】微调框右侧的【分隔线】复选框即可，在【预览】列表中可以查看设置效果。

3. 栏宽和间距

默认情况下系统会平分栏宽（除左、右栏之外），即设置的两栏、3 栏、4 栏等各栏之间的栏宽是相等的。可以根据版式需求设置不同的栏宽，即在【分栏】对话框中取消选中【栏宽相等】复选框，在【宽度】微调框中设置栏宽即可。例如，在“三栏”的状态下，可将第一栏与第二栏的【宽度】设置为“10”。

4. 应用于

该选项主要用于控制分栏来设置文档的格局，单击【应用于】下拉按钮，可将分栏设置为“整篇文档”“插入点之后”“本节”与“所选文字”等格式。

5.1.3 练习：多栏排版

使用 Word，不仅可以制作普通的一栏文档，而且还可以像排版报纸和杂志那样，制作多栏文档。在本练习中，将通过排版《一滴水的自述》文章，来详细介绍 Word 中的分栏功能、页眉页脚功能以及内置字体样式等功能的操作方法和实用技巧，如图 5-3 所示。

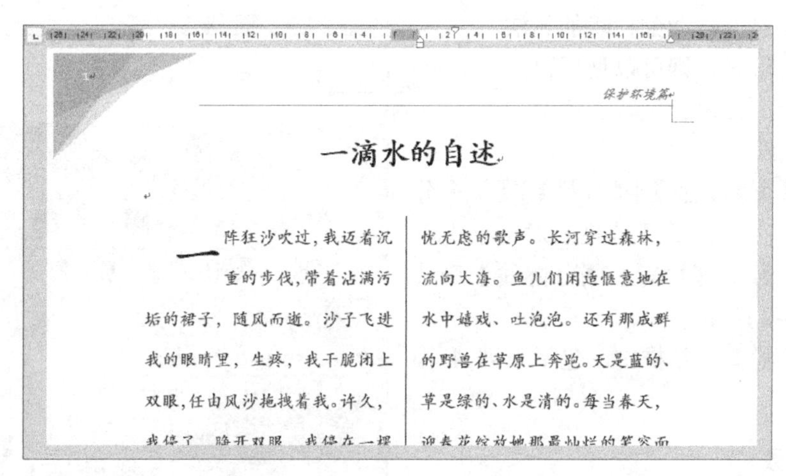

图 5-3 多栏排版

操作步骤：

1 应用样式。将光标置于标题段落，执行【开始】|【样式】|【标题】命令，设置标题样式，如图 5-4 所示。

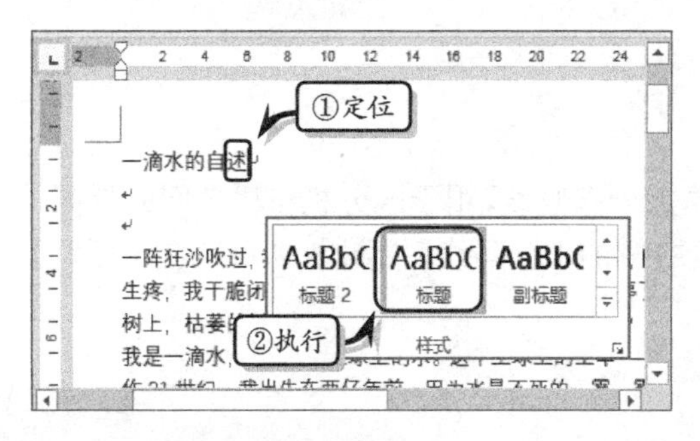

图 5-4 设置标题样式

2 选择所有的正文文本，执行【开始】|【样式】|【列出段落】命令，设置正文样式，如图 5-5 所示。

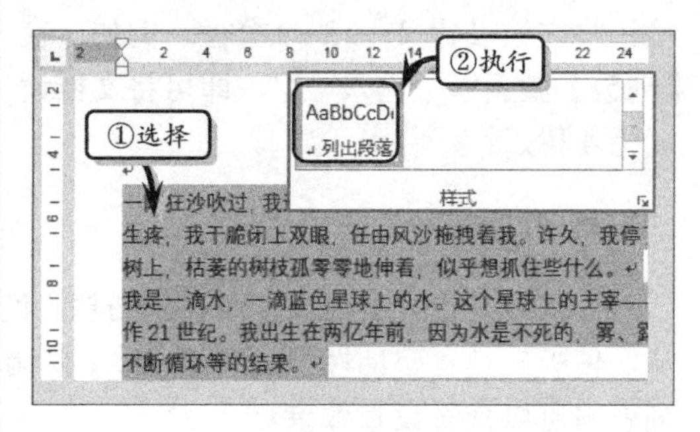

图 5-5 设置正文样式

3 设置分栏。选择所有的正文文本，执行【布局】|【页面设置】|【分栏】|【二栏】命令，如图 5-6 所示。

4 执行【页面设置】|【分栏】|【更多分栏】

命令，启用【分隔线】复选框，单击【确定】按钮，如图 5-7 所示。

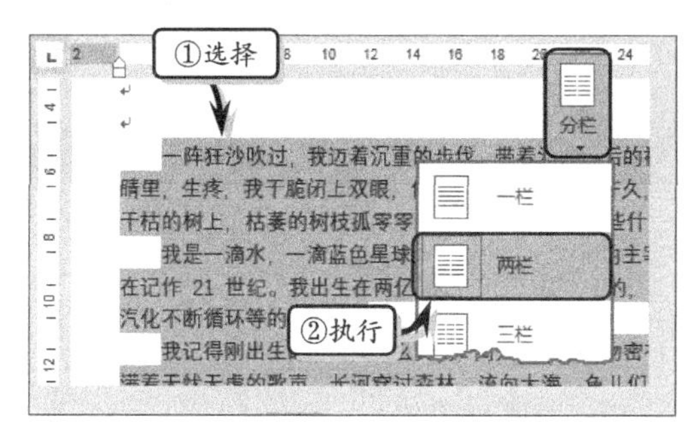

图 5-6 设置分栏

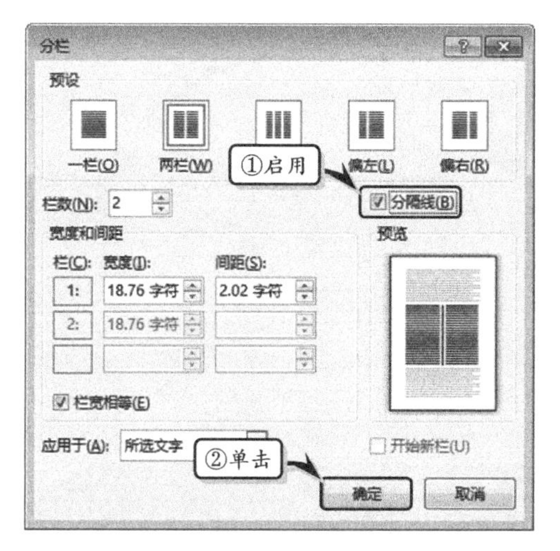

图 5-7 自定义分栏

5 设置首字下沉样式。选择"一"文字，执行【插入】|【文本】|【首字下沉】|【下沉】命令，如图 5-8 所示。

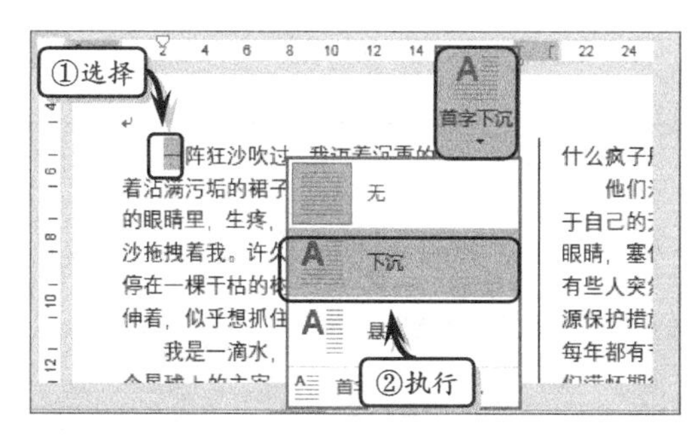

图 5-8 设置下沉效果

6 设置主题。执行【设计】|【文档格式】|【字体】|【华文楷体】命令，设置文档的字体样式，如图 5-9 所示。

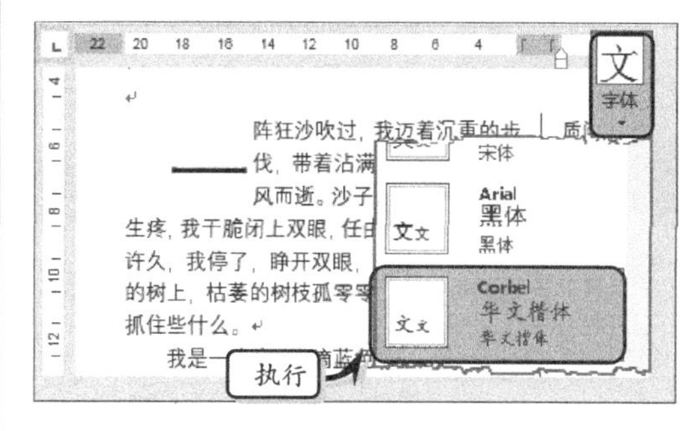

图 5-9 设置主题字体

7 执行【设计】|【文档格式】|【样式集】|【黑白（经典）】命令，设置文本的样式集，如图 5-10 所示。

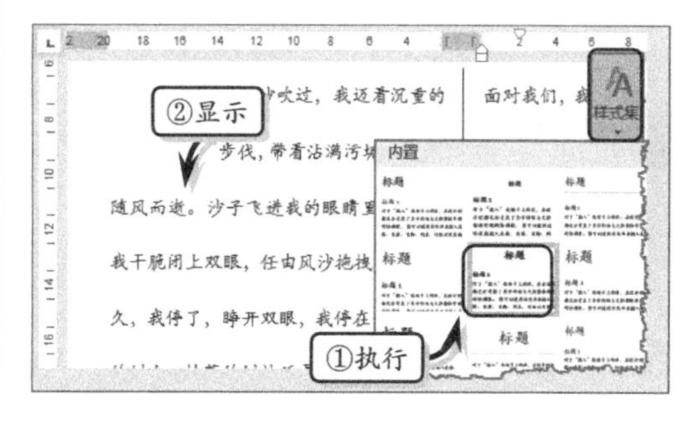

图 5-10 使用样式集

8 执行【设计】|【文档格式】|【颜色】|【蓝绿色】命令，设置文档的主题颜色，如图 5-11 所示。

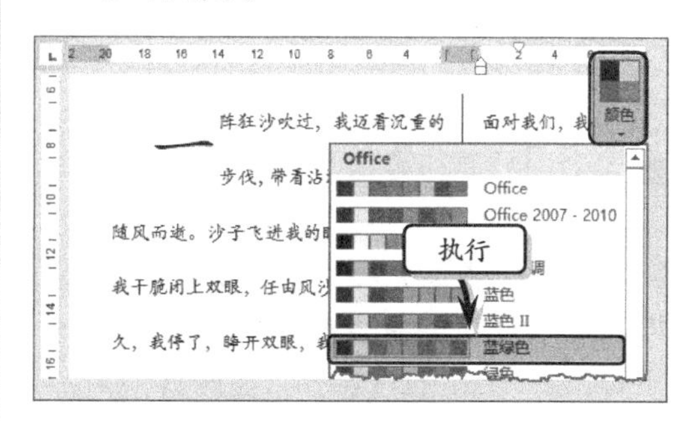

图 5-11 设置主题颜色

9 设置页眉和页脚。执行【插入】|【页眉和页脚】|【页眉】|【平面（偶数页）】命令，在文档上面的【页眉】部分显示插入的页眉，如图 5-12 所示。

10 在【页眉】中分别输入页眉内容，并执行【页

眉和页脚工具】|【设计】|【导航】|【转至页脚】命令，如图 5-13 所示。

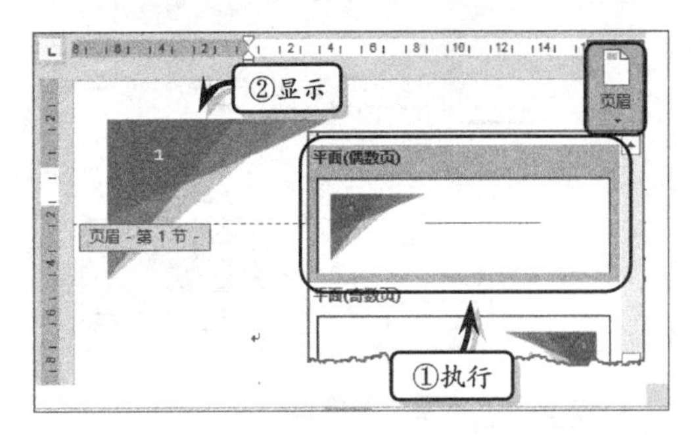

图 5-12 添加页眉

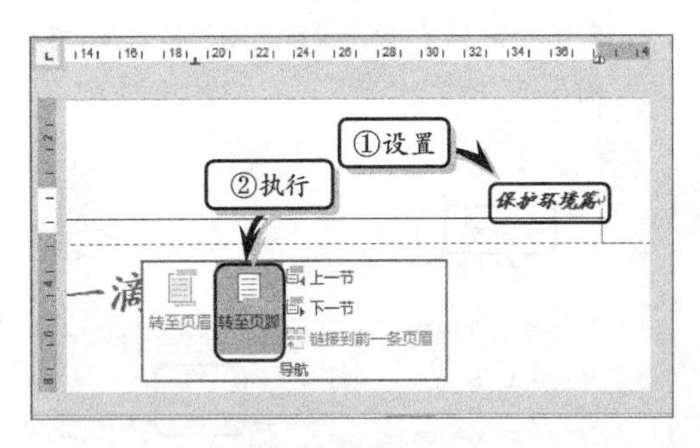

图 5-13 设置页眉内容

11 执行【设计】|【页眉和页脚】|【页脚】|【花丝】命令，设置页脚的样式，如图 5-14 所示。

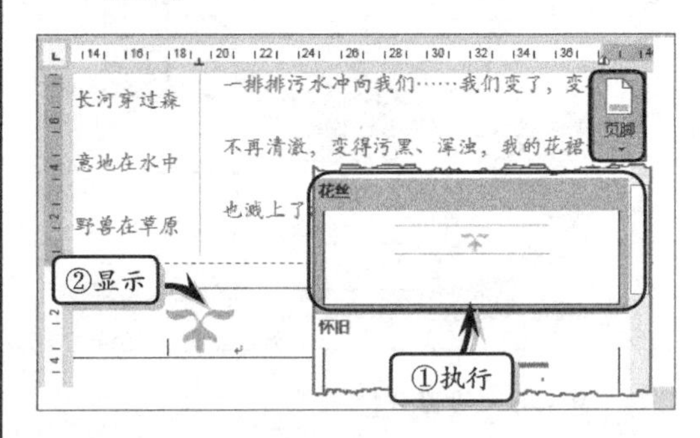

图 5-14 设置页脚

5.2 设置分页与分节

通常情况下，在编辑文档时，系统将文档自动分页。用户也可以通过插入分页符，在指定位置强制分页。为了便于设置同一个文档中不同部分的文本格式，用户还可以将文档分隔成多个节。

5.2.1 设置分页

分页功能属于人工强制分页，即在需要分页的位置插入一个分页符，将一页中的内容分布在两页中。如果想在文档中插入手动分页符来实现分页效果，可以使用【页码设置】与【页】选项组进行设置。

将光标放置于需要分页的位置，执行【插入】|【页面】|【分页】命令，即会在光标处为文档分页，如图 5-15 所示。

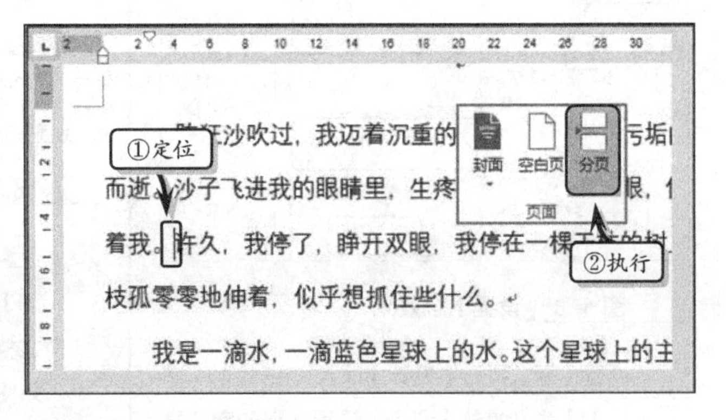

图 5-15 手动分页

提　示

用户可通过 Ctrl+Enter 组合键在文档中的光标处插入分页符。

另外，将光标放置于需要分页的位置，然后执行【布局】|【页面设置】|【分隔符】|【分页符】命令，即可在文档中的光标处插入一个分页符，如图 5-16 所示。

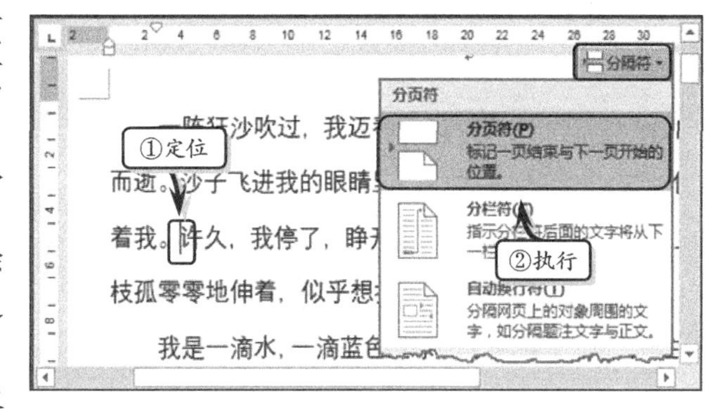

图 5-16　插入分页符

在【分隔符】下拉列表中，除了利用【分页符】选项进行分页之外，还包括下列两种选项。

- **分栏符**　选择该选项可使文档中的文字会以光标为分界线，光标之后的文档将从下一栏开始显示。
- **自动换行符**　选择该选项可使文档中的文字以光标为基准进行分行。同时，该选项也可以分割网页上对象周围的文字，如分割题注文字与正文。

5.2.2　设置分节

在文档中，节与节之间的分界线是一条双虚线，该双虚线被称为“分节符”。用户可以利用 Word 2016 中的分节功能为同一文档设置不同的页面格式。

首先将光标放置于需要分页的位置，然后执行【布局】|【页面设置】|【分隔符】|【连续】命令，即可在光标处对文档进行分节，如图 5-17 所示。

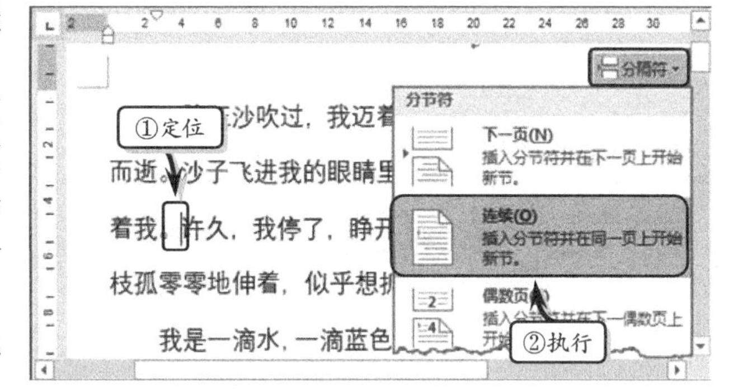

图 5-17　设置分节

在【分隔符】列表中，主要包括下列 4 种选项。

- **下一页**　表示分节符之后的文本在下一页以新节的方式进行显示。该选项适用于前后文联系不大的文本。
- **连续**　表示分节符之后的文本与前一节文本处于同一页中，适用于前后文联系比较大的文本。
- **偶数页**　表示分节符之后的文本在下一偶数页上进行显示，如果该分节符处于偶数页上，则下一奇数页为空页。
- **奇数页**　表示分节符之后的文本在下一奇数页上进行显示，如果该分节符处于奇数页上，则下一偶数页为空页。

5.2.3　练习：制作手抄报

Word 中的分栏功能可以创建多栏版面，从而增加了文档版面的简洁性和条理性；而

Word 中的内置形状和图片功能，则可以增加文档的多彩性和美观性。在本练习中，将运用 Word 中的分栏、形状、页面边框等功能，详细介绍制作手抄报的操作方法和实用技巧，如图 5-18 所示。

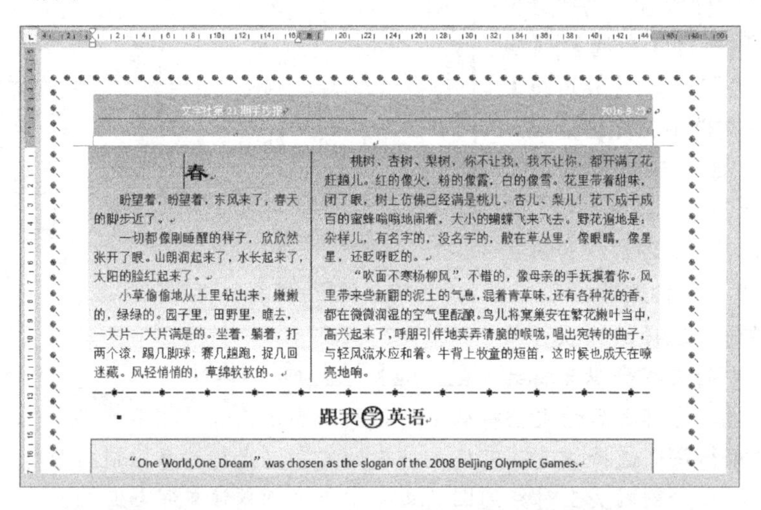

图 5-18 手抄报

操作步骤：

1 设置页面。新建文档，执行【布局】|【页面设置】|【纸张大小】|【其他纸张大小】命令，如图 5-19 所示。

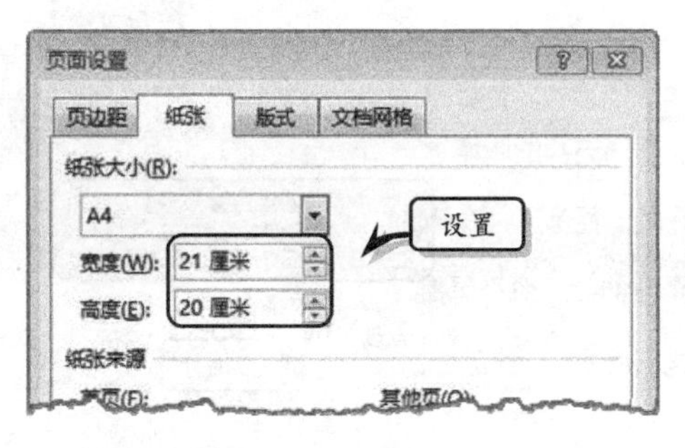

图 5-19 自定义纸张大小

2 激活【页边距】选项卡，设置页边距，如图 5-20 所示。

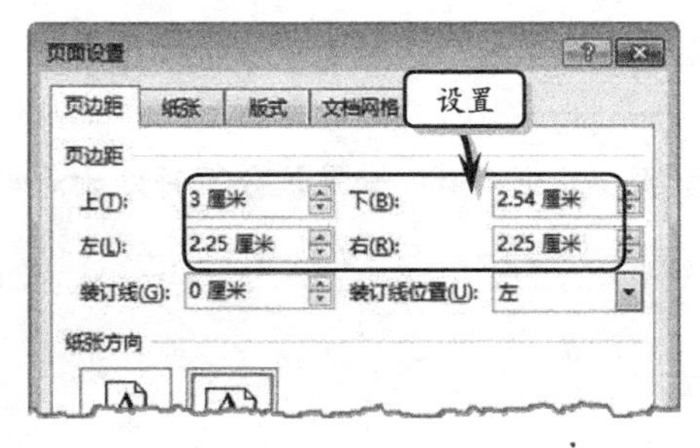

图 5-20 设置页边距

3 制作正文。在文档中输入所有正文，并设置对齐、字体和段落格式，如图 5-21 所示。

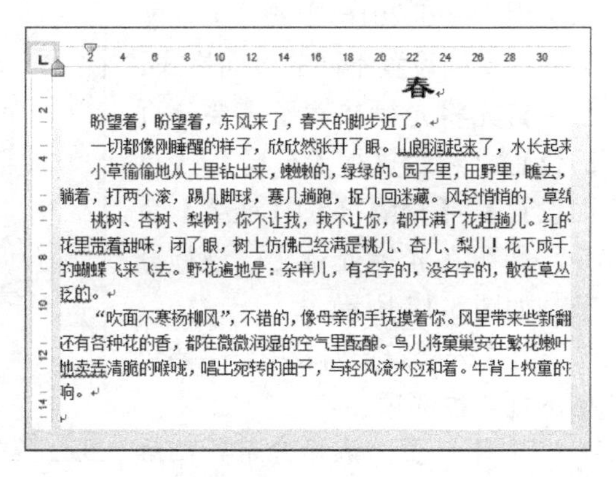

图 5-21 设置文本格式

4 选择"跟我学英语"文本，执行【开始】|【样式】|【标题 2】命令，设置文本样式，如图 5-22 所示。

5 选择"学"文字，执行【开始】|【字体】|【带圈字符】命令，设置带圈字符格式，如图 5-23 所示。

6 设置分节。将光标定位在"春"末尾处，执行【布局】|【页面设置】|【分隔符】|【连续】命令，如图 5-24 所示。

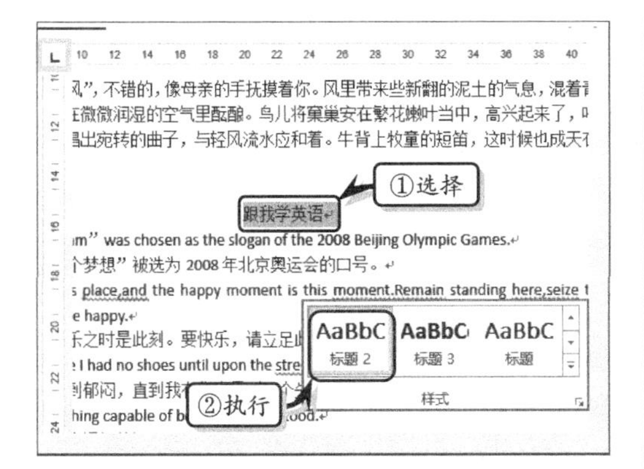

图 5-22 设置样式

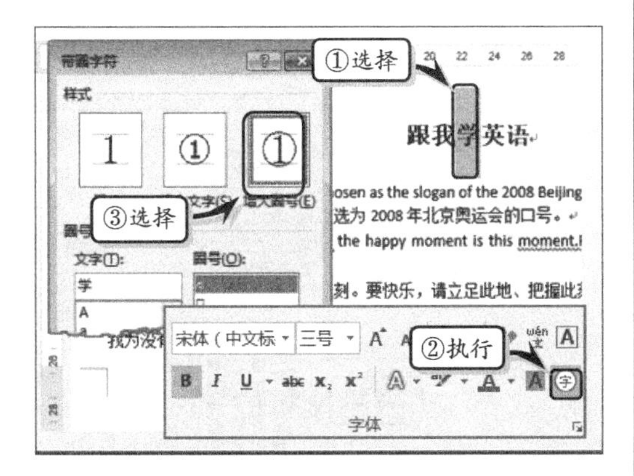

图 5-23 设置带圈字符

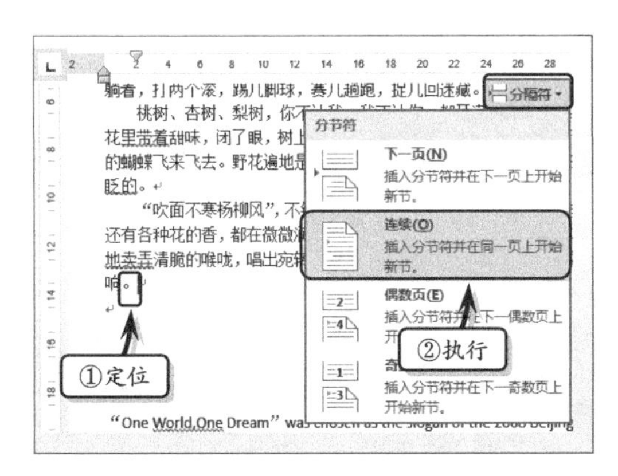

图 5-24 设置分节

7 设置分栏。选择“春”内容，执行【布局】|【页面设置】|【分栏】|【更多分栏】命令，如图 5-25 所示。

8 在【分栏】对话框中，设置栏数、栏间距、分割线等选项，如图 5-26 所示。

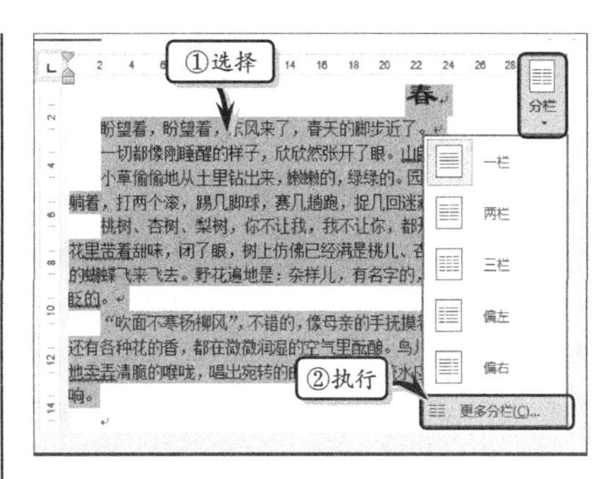

图 5-25 选择分栏内容

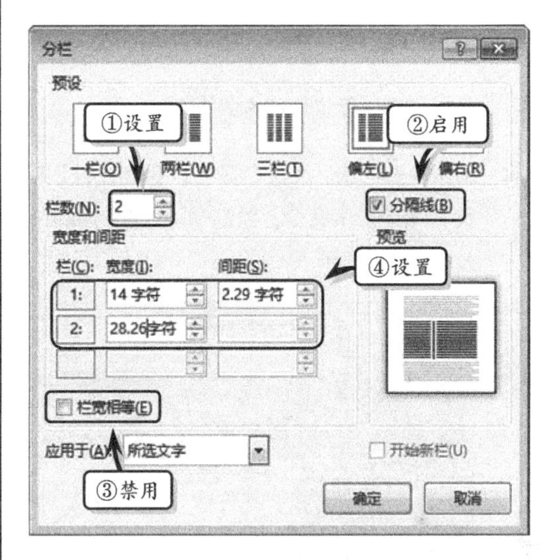

图 5-26 设置分栏选项

9 设置分割线。执行【插入】|【插图】|【图片】命令，选择图片文件，单击【插入】按钮，如图 5-27 所示。

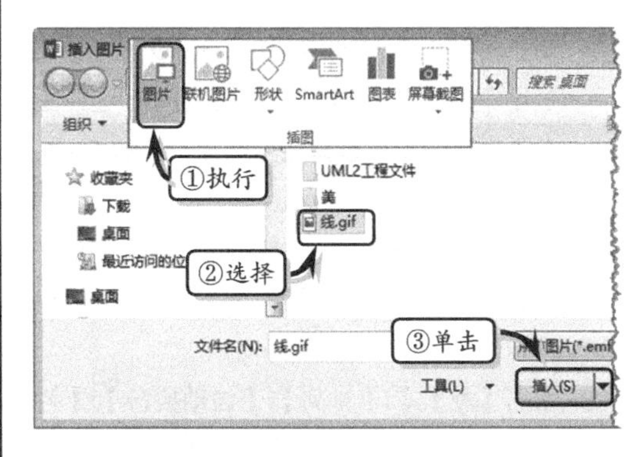

图 5-27 输入搜索内容

10 选择图片，执行【图片工具】|【格式】|【排列】|【自动换行】|【浮于文字上方】命令，如图 5-28 所示。

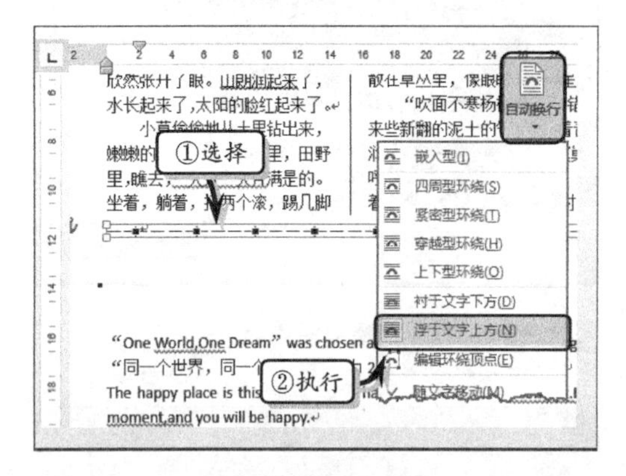

图 5-28 设置环绕方式

11 制作背景形状。执行【插入】|【插图】|【形状】|【矩形】命令，绘制 1 个矩形形状，如图 5-29 所示。

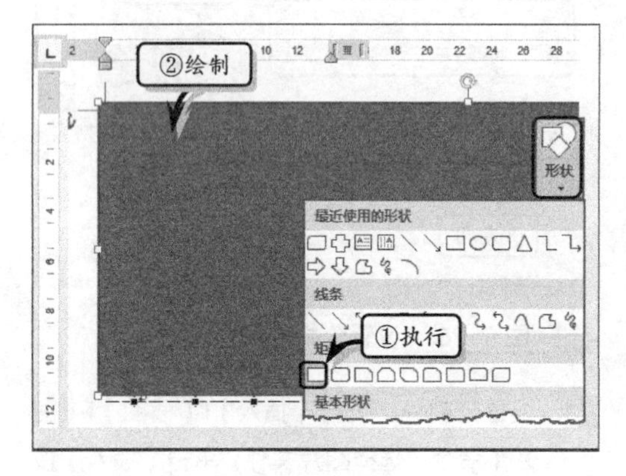

图 5-29 绘制矩形形状

12 调整形状大小，右击形状执行【设置形状格式】命令，选中【渐变填充】选项，选择左侧的渐变光圈，设置渐变颜色，如图 5-30 所示。

13 选择右侧的渐变光圈，单击【颜色】下拉按钮，设置右侧渐变光圈的颜色，如图 5-31 所示。

14 执行【格式】|【排列】|【自动换行】|【衬于文字下方】命令，如图 5-32 所示。使用同样方法，制作另外一个背景形状。

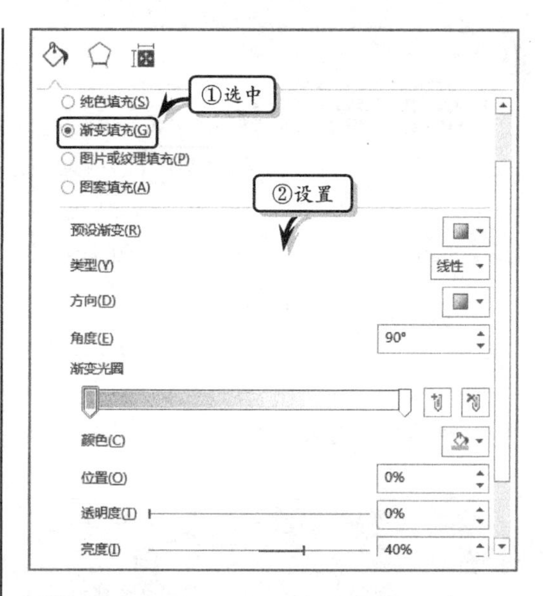

图 5-30 设置左侧渐变颜色

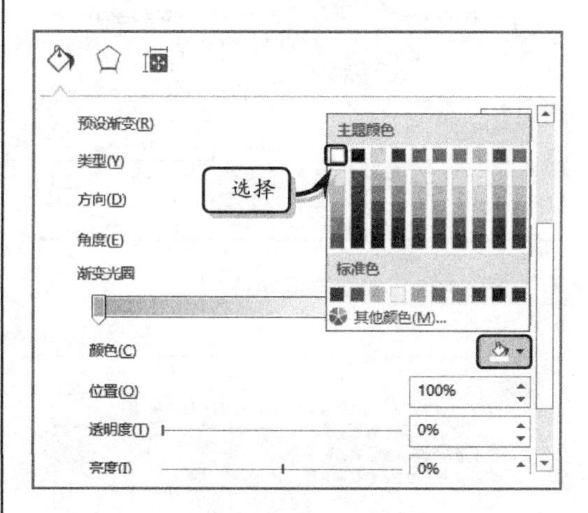

图 5-31 设置右侧渐变颜色

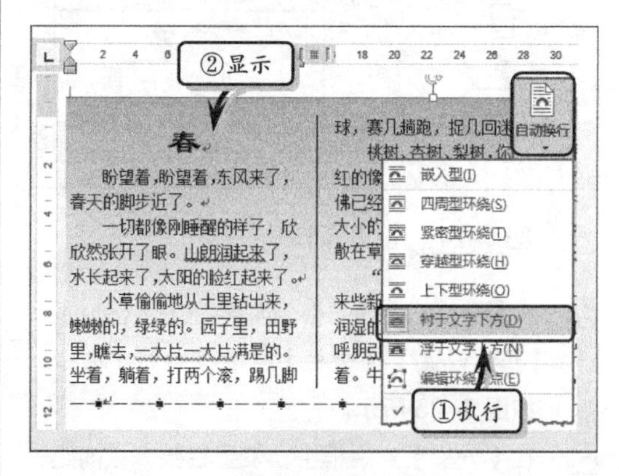

图 5-32 设置环绕方式

15 设置页面边框。执行【设计】|【页面背景】|【页面边框】命令，设置【艺术型】选项，如图 5-33 所示。

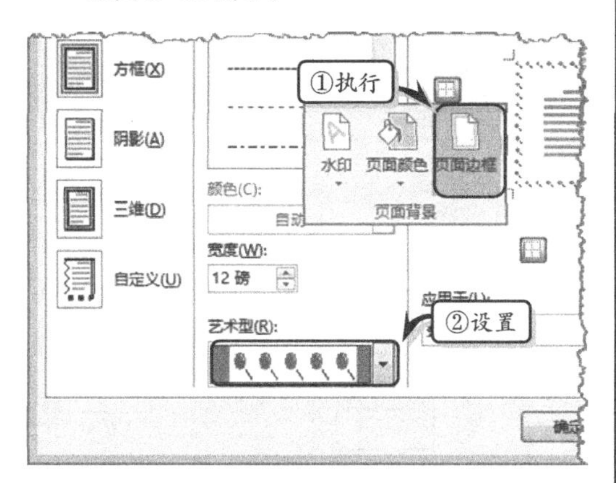

图 5-33 设置页面边框

16 添加页眉。执行【插入】|【页眉和页脚】|【页眉】|【怀旧】命令，插入页眉并输入页眉内容，如图 5-34 所示。

17 单击页眉右侧的【日期】下拉按钮，在列表中选择文档制作的具体日期，如图 5-35 所示。

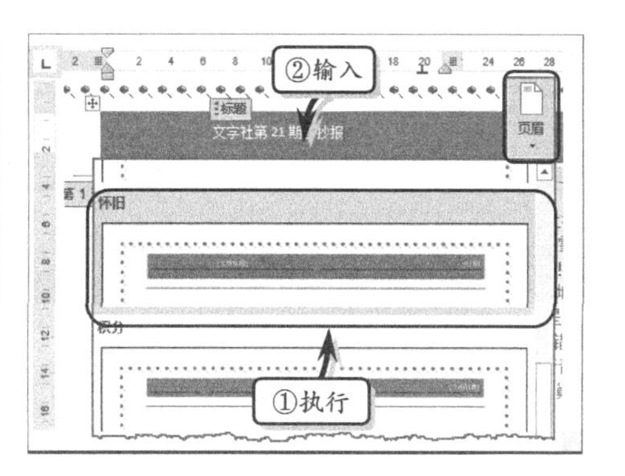

图 5-34 插入页眉

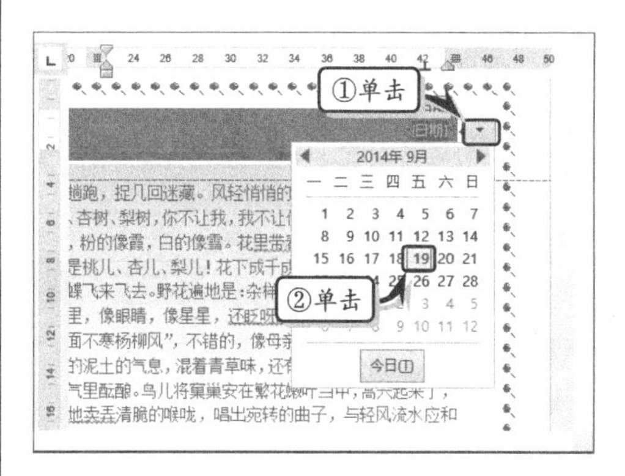

图 5-35 设置页眉日期

5.3 引用与审阅文档

用户在使用 Word 编辑文档时，经常会遇到编辑一些篇幅比较长的文档。此时，可以使用 Word 中的书签、索引、目录等特殊功能，来帮助用户更好地编辑和管理长文档。除此之外，还可以使用 Word 中的审阅功能，轻松地实现稳健的审批工作，以协作用户改进工作流程，提高办公效率。

5.3.1 使用书签

Word 中的书签与现实生活中的书签作用完全相同，它也用于记录位置，可定位插入符。此外，书签还可用于标记文档选择区。

1. 添加书签

选择要添加书签的对象（如文字、图形、表格等），或将光标定位于要添加书签的位置，执行【插入】|【链接】|【书签】命令。然后，在弹出的【书签】对话框中输入书签名称，选中【位置】选项，并单击【添加】按钮，如图 5-36 所示。

提　示

书签名必须以字母或文字开头，在书签名中可包含数字但不能有空格，也可以采用下画线来分隔文字，如“标题_1”。

如果在文档中的书签较多，还可以对其进行排序。在【排序依据】栏中，主要包含两个选项，其功能如下。

- ❑ **名称**　书签按名称进行排序。
- ❑ **位置**　书签按位置进行排序。

若需要隐藏书签，则需要启用【书签】对话框中的【隐藏书签】复选框。

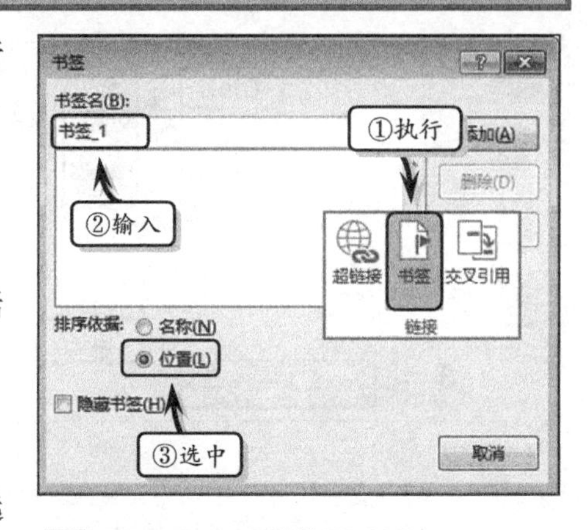

图 5-36　【书签】对话框

2. 显示书签

对于隐藏的书签，用户可以通过【Word 选项】对话框进行设置以显示书签。

执行【文件】|【选项】命令，在弹出的【Word 选项】对话框中激活【高级】选项卡，并启用【显示文档内容】栏中的【显示书签】复选框，并单击【确定】按钮，如图 5-37 所示。

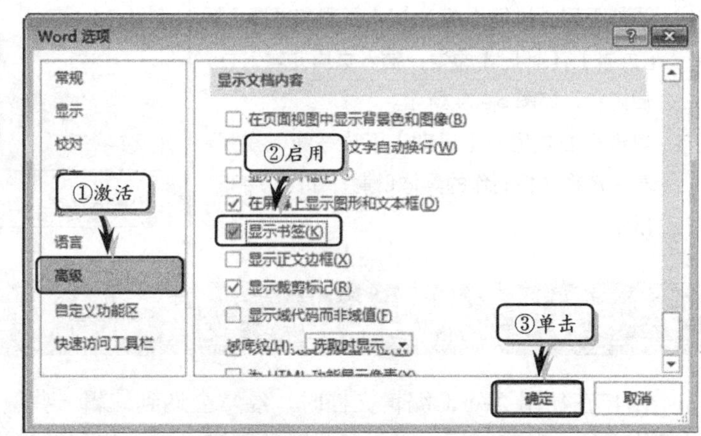

图 5-37　显示书签

3. 定位书签

要利用书签转到指定的位置，可以通过定位书签来实现这一功能。

执行【插入】|【链接】|【书签】命令，在弹出的【书签】对话框中选择要定位的书签，单击【定位】按钮即可，如图 5-38 所示。

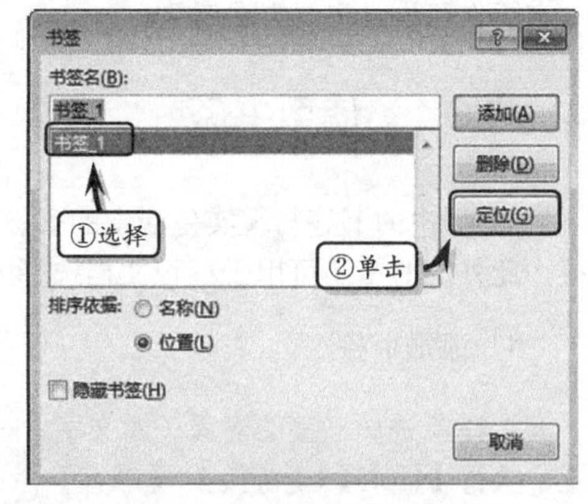

图 5-38　【书签】对话框

另外，执行【开始】|【编辑】|【查找】|【高级查找】命令。然后在【查找和替换】对话框中选择【定位】选项卡，在【定位目标】列表框中选择【书签】选项，并在【请输入书签名称】文本框中输入要定位的书签名称，单击【定位】按钮即可，如图 5-39 所示。

其中，在【定位目标】栏中，用户可以选择不同的对象进行定位，如选择【页】项，在【输入页号】文本框中，输入定位的页号，即可定位页。

5.3.2 使用索引

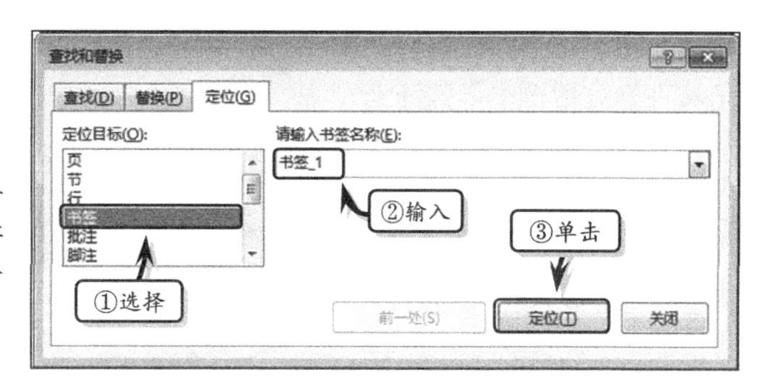

图 5-39 【查找和替换】对话框

索引是将文档中的一些单词、词组或短语单独列出来，并标明其页码，有助于帮助用户方便、快捷的查阅有关内容。

1. 标记索引项

执行【引用】|【索引】|【标记索引项】命令，弹出【标记索引项】对话框，设置相应的选项，单击【标记】按钮即可，如图 5-40 所示。单击【标记索引项】对话框中的【关闭】按钮，即可显示出 XE 域。

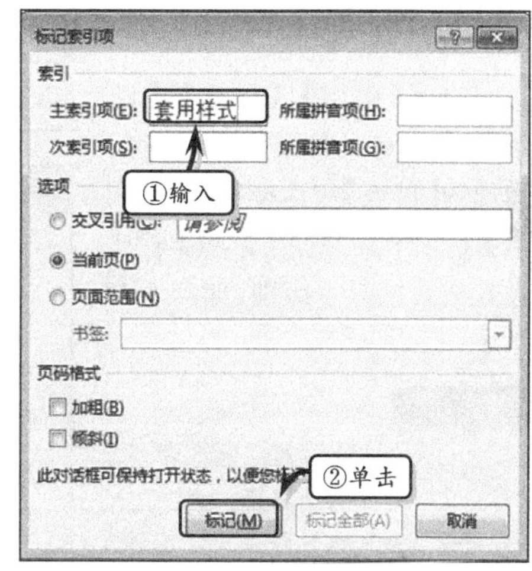

图 5-40 标记索引项

在该对话框中，其各设置项详细说明如下：

- **索引** 在该设置栏的【主索引项】文本框中，会显示选定的文本，如果想在【主索引项】下添加词或短语作为次索引项，则将其输入到【次索引项】文本框中即可。
- **选项** 该设置栏中的【含交叉引用】选项表示在文档的一个位置引用文档另一个位置的内容，类似于超级链接，只不过交叉引用一般是在同一文档中互相引用而已；【当前页】选项表示当前的索引项只与其所在的页有关；【页面范围】选项表示与某一索引项有关的内容不只存在于该索引项所在的页，而是跨越了若干页。
- **页码格式** 在该设置栏中，可以将标记的索引文本加粗和倾斜显示。例如，将文档的中的“故乡”标记索引。

提 示

如果屏幕上没有显示 XE 域，可执行【开始】|【段落】|【显示/隐藏编辑标记】命令。

2. 自动标记索引项

在使用自动标记索引项功能之前，需建立一个“索引自动标记”文件，如图 5-41 所示。

建立索引项的文字	索引项
沁园春	词牌名，由东汉的沁水公主园得名。
橘子洲	在长沙附近的湘江中大船
舸	

图 5-41 “索引自动标记”文件

然后，将光标置于要插入索引的文档中，执行【引用】|【索引】|【插入索引】命令，在弹出的【索引】对话框中单击【自动标记】

按钮，并在【打开索引自动标记文件】对话框中，打开上一步保存的“索引自动标记”文件，如图 5-42 所示。

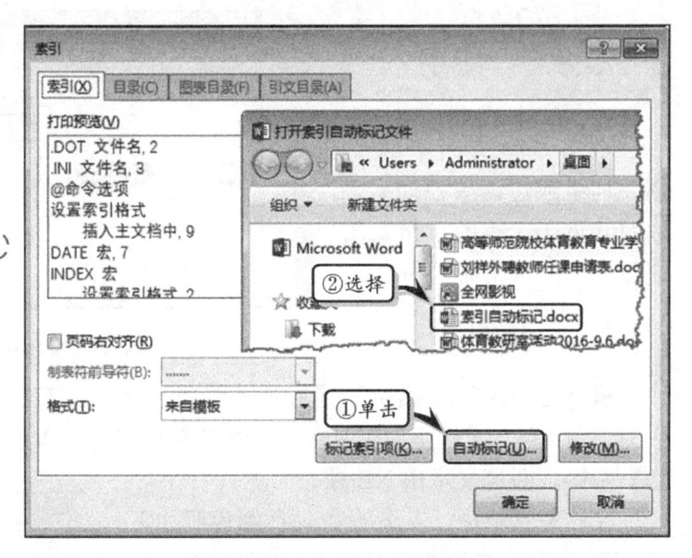

图 5-42 自动标记索引项

5.3.3 使用目录

目录能够帮助用户快速了解整个文档层次结构的内容。应用标题样式标记了目录项之后，就可以创建目录了。

1. 创建目录

执行【引用】|【目录】|【目录】|【自定义目录】命令，在弹出的【目录】对话框中激活【目录】选项卡，并在【常规】栏中设置格式及显示级别，如图 5-43 所示。

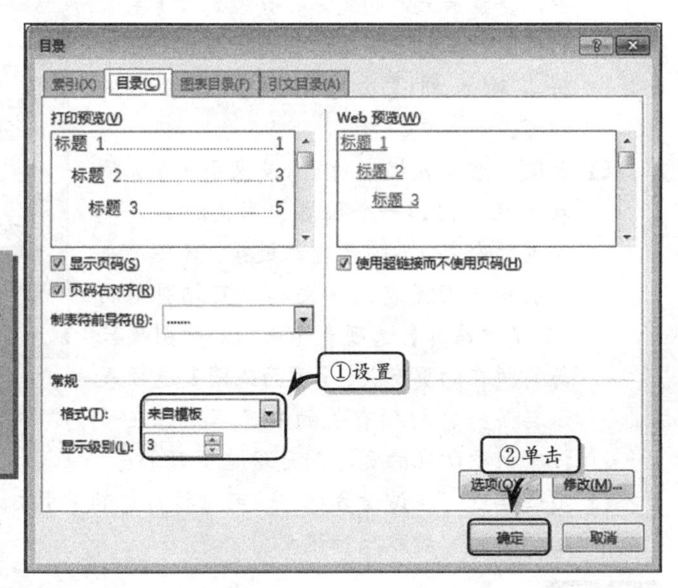

图 5-43 创建目录

提 示

如果插入的不是目录，而是有关目录的域，则只需选择域，右击，执行【切换域代码】命令，即可显示目录。插入目录后，将光标置于目录中，按住 Ctrl 键，即可跳转至该正文内容处。

该对话框中，各设置参数说明如下：

- **打印预览** 在该设置栏的预览框中，将显示目录最终打印效果。当启用【显示页码】复选框后，则打印时，目录中显示的页码也会打印出来；启用【页码右对齐】复选框后，则页码以右对齐方式打印。单击【制表符前导符】下拉按钮，则可以选择目录中前导符的样式。
- **Web 预览** 在该设置栏的预览框中，将显示目录在 Web 页面上的显示效果。当启用【使用超链接而不使用页码】复选框后，则该文档以 Web 面显示时，则目录中使用的是超链接（即当单击其中的目录标题时，则系统会自动跳转到该文档内容中），而不会显示页码。
- **常规** 在该设置栏中，单击【格式】下拉按钮，可以选择系统内置的 7 种目录格式；单击【显示级别】下拉按钮，则可以选择目录显示的级别。

- **选项** 单击【选项】按钮，则可以在弹出的【目录选项】对话框中，设置目录的样式和级别等。
- **修改** 单击【修改】按钮，则可以在弹出的【样式】对话框中，选择目录的样式。并且，在该对话框中，单击【修改】按钮，还可以在弹出的【修改样式】对话框中，修改目录格式。

提 示

单击【目录】下拉按钮，选择【自动目录1】或【自动目录2】目录样式后，也可以在光标处自动插入文档目录。

2. 更新目录

执行【目录】|【更新目录】命令，在弹出的【更新目录】对话框中选择【更新整个目录】选项即可，如图5-44所示。

其中，选中【只更新页码】选项，正文中的目录变化时，只更新页码。而选中【更新整个目录】选项，当正文中的目录变化时，即可更新整个目录。

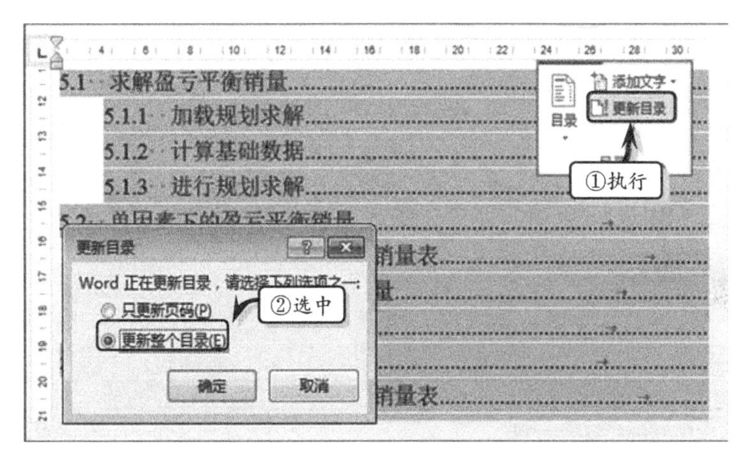

图5-44 更新目录

提 示

执行【引用】|【目录】|【目录】|【删除目录】命令，即可删除目录。

5.3.4 使用批注

批注是用户对文档的一部分内容所做的注释，是附加到文档中的内容，显示在文档的右边距中。

1. 插入批注

每一个批注名称都是由Word用户名的缩写开头，后面跟一个批注号。批注不会影响到文档的格式，也不会被打印出来。在文档中选择需要添加批注的文本，执行【审阅】|【批注】|【新建批注】命令，在批注框中，输入批注内容即可，如图5-45所示。

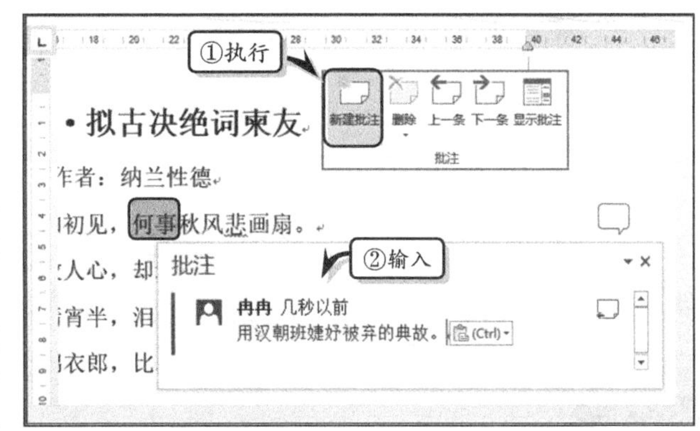

图5-45 插入批注

另外，当用户添加多个批注后，可以执行【批注】|【上一条】或【下一条】命令，查看不同位置的批注内容，如图 5-46 所示。

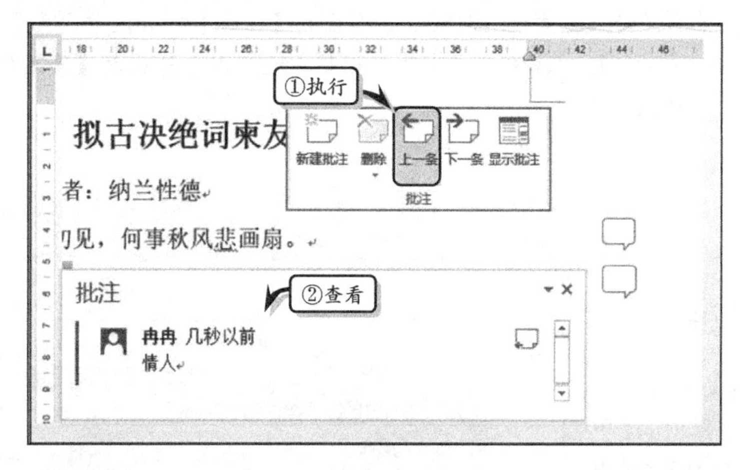

图 5-46　查看批注

提　示

批注还适用于多人共同审阅一个文档的场合，例如，一个文档由多人共同审阅时，需要对文档的所有信息进行校验，插入批注是一个很好的方法。而用户可以根据批注内容，综合考虑文档中添加批注文本的意见，并对该文本进行修改。

2．删除批注

在添加批注后，对于不需要的批注，可以进行删除。选择需要删除的批注，执行【审阅】|【批注】|【删除】|【删除】命令，删除所选批注，如图 5-47 所示。

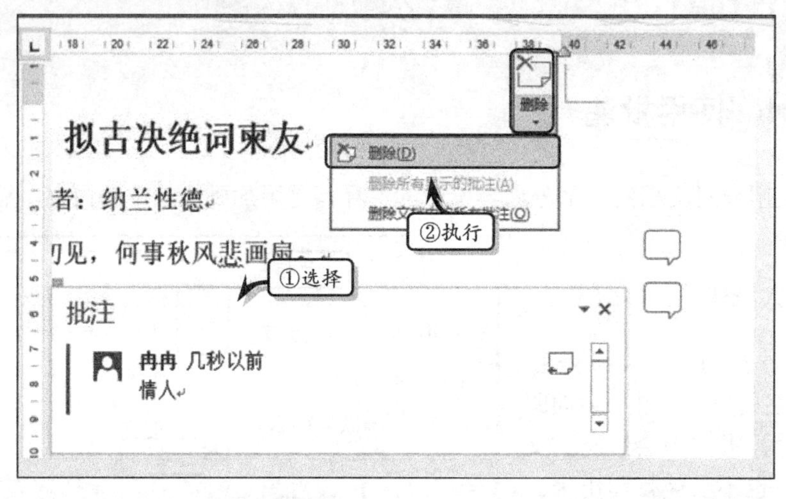

图 5-47　删除单个批注

提　示

用户也可以右击需要删除的批注，执行【删除批注】命令，删除批注。

5.3.5 练习：使用域引用书签

域在 Word 中具有非常重要的作用，可分为域代码和域结果两部分。而域和书签的联合使用，可以避免重复性的输入文字和设置格式，易于对文档中大量的重复内容进行统一的修改。在本练习中，将通过《劝学》文章，来详细介绍使用域引用书签的操作方法，如图 5-48 所示。

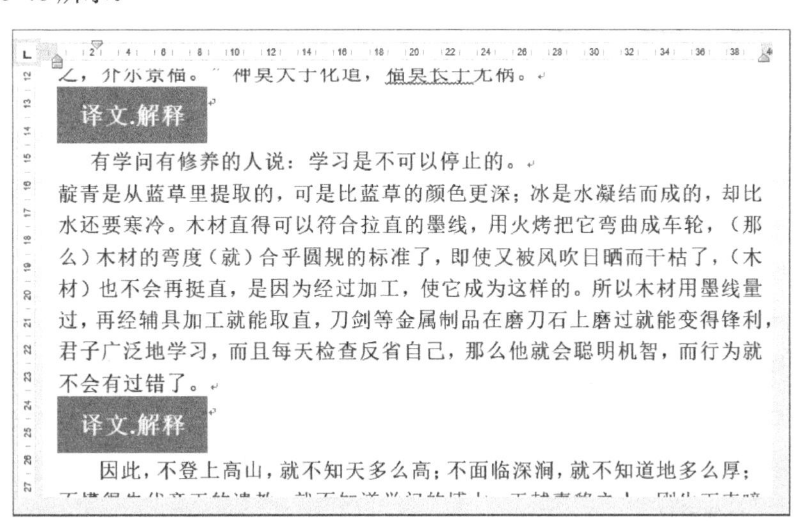

图 5-48 使用域引用书签

操作步骤：

1 制作正文。新建文档，输入文章正文内容，并设置文本的字体与段落格式，如图 5-49 所示。

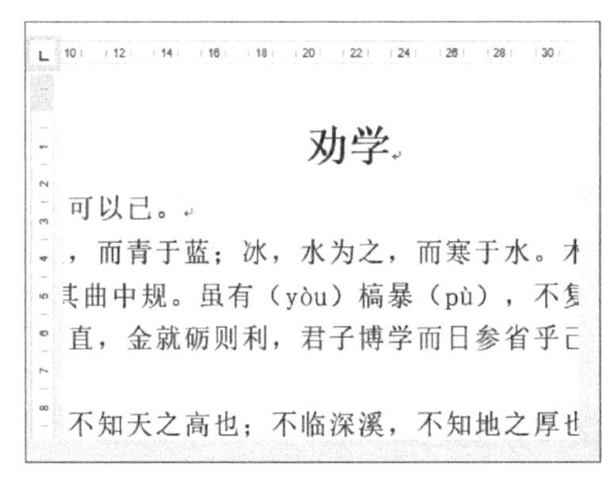

图 5-49 制作正文

2 制作表格。将光标定位末尾处，执行【插入】|【表格】|【插入表格】命令，插入一个 1 行 1 列的表格，如图 5-50 所示。

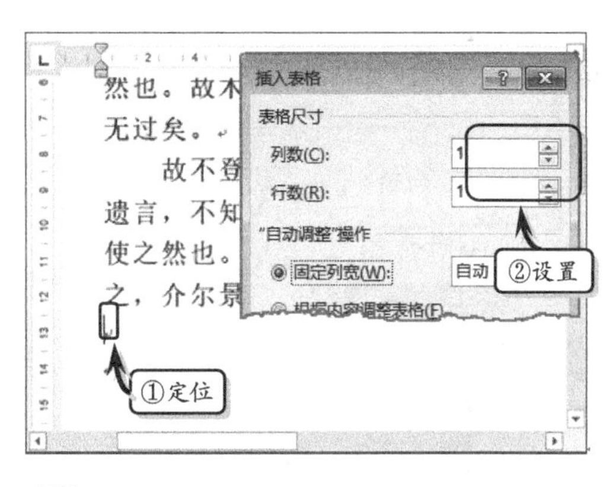

图 5-50 插入表格

3 选择表格，在【布局】选项卡【单元格大小】选项组中，调整表格的行高与列宽，如图 5-51 所示。

4 执行【设计】|【表格样式】|【其他】|【网格表 4-着色 2】命令，如图 5-52 所示。

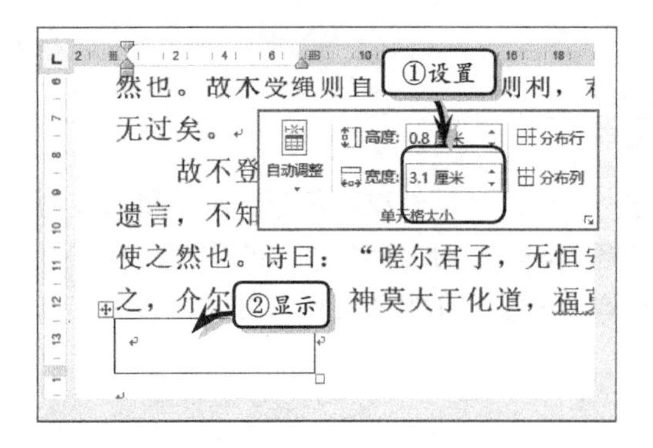

图 5-51 调整表格

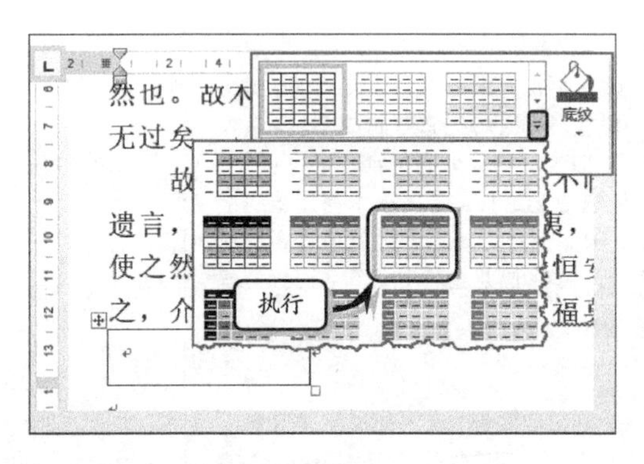

图 5-52 设置表样式

5 在表格中输入文本，并在【开始】选项卡【字体】选项组中，设置文本的字体格式，如图 5-53 所示。

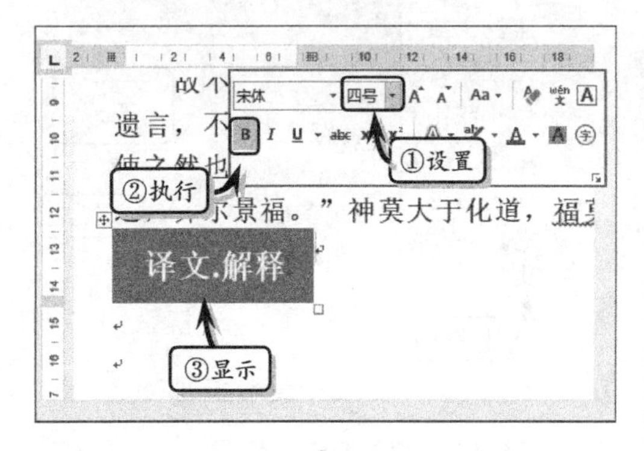

图 5-53 设置表内容

6 制作书签。选择表格，执行【插入】|【链接】|【书签】命令，如图 5-54 所示。

7 在【书签名】文本框中输入“解释”文本，选中【位置】选项，单击【添加】按钮，如图 5-55 所示。

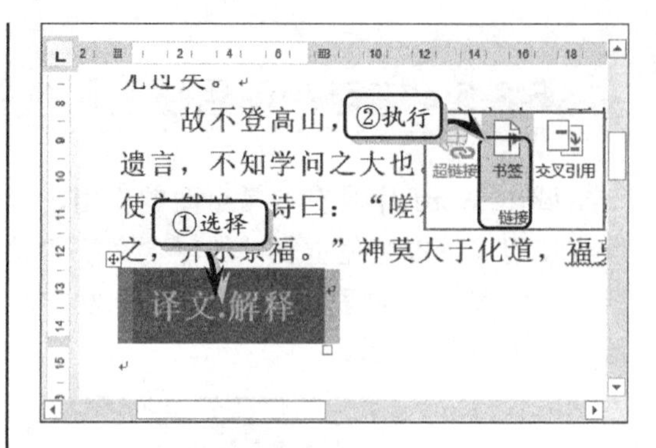

图 5-54 选择对象

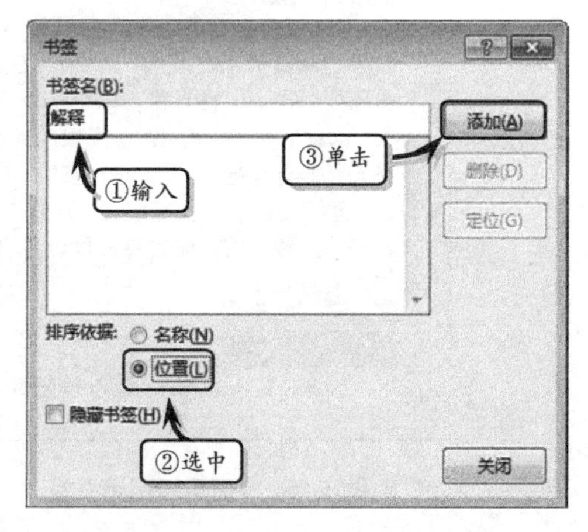

图 5-55 设置书签

8 输入译文。在表格下方输入译文，并设置文本的字体格式，如图 5-56 所示。

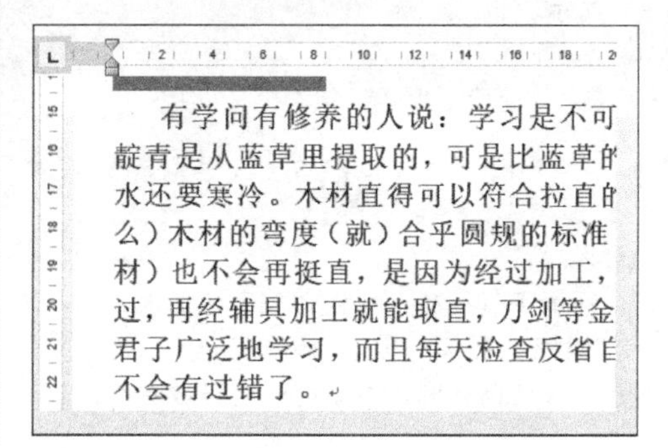

图 5-56 输入译文

9 插入域。将光标定位在译文的第 2 段末尾处，执行【插入】|【文本】|【文档部件】|【域】命令，如图 5-57 所示。

10 在【域名】列表框中选择 Ref 选项，并在【书签名称】列表框中选择【解释】选项，如图

5-58 所示。

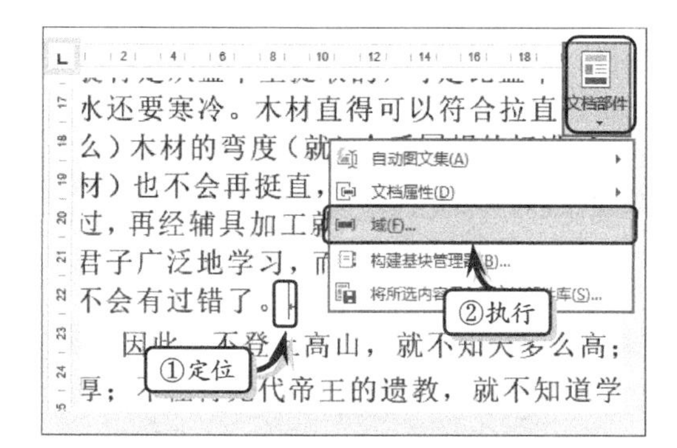

图 5-57 选择定位位置

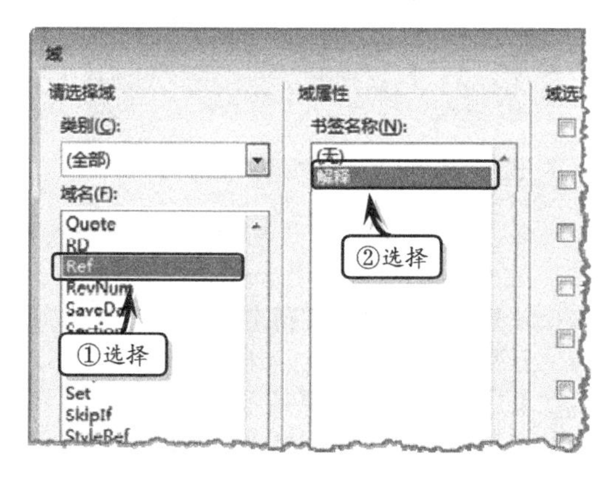

图 5-58 设置域

11 单击【确定】按钮之后，便可以在光标处显示引用的书签，如图 5-59 所示。

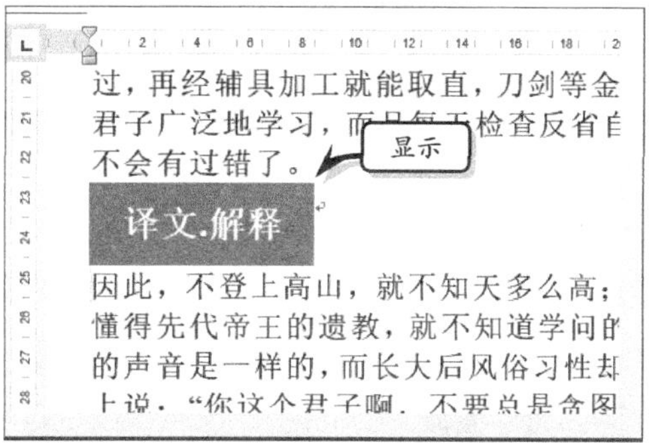

图 5-59 显示域

5.4 思考与练习

一、填空题

1. 在 Word 2016 中不仅可以将文档设置为两栏、三栏、四栏等格式，同时还可以在栏与栏之间添加分隔线，只需在________对话框中选中________复选框即可。

2. 在文档中，选择________选项可使文档中的文字会以光标为分界线，光标之后的文档将从下一栏开始显示。

3. 用户可通过_______组合键在文档中的光标处插入分页符。

4. 索引是将文档中的一些单词、词组或短语单独列出来，并标明其_______，有助于帮助用户方便、快捷的查阅有关内容。

5. 批注是用户对文档的一部分内容所做的_______，是附加到文档中的内容，显示在文档的_______中。

二、选择题

1. 对于分栏，下列选项组中描述错误的一项为_____。

A. 两栏与三栏表示将文档竖排平分为两排与 3 排

B. 偏左表示将文档竖排划分，左侧的内容比右侧的内容多

C. 偏右表示将文档竖排划分但是右侧的内容比左侧的内容少

D. 分割线是设置分隔线即是在栏与栏之间添加一条竖线，用于区分栏与栏之间的界限，从而使版式具有整洁性

2. 在 Word 中，如果想在文档中插入手动

分页符来实现分页效果，可以使用【页码设置】与_____选项组进行设置。

A. 【分栏】

B. 【页】

C. 【分页】

D. 【分节】

3. 如果在文档中的书签较多，还可以对其进行排序。在【排序依据】栏中，主要包含位置和_____两个选项

A. 名称

B. 行数

C. 页眉

D. 页脚

4. 插入目录后，将光标置于目录中，按住_____键，即可跳转至该正文内容处。

A. Ctrl

B. Alt

C. Shift

D. Enter

5. 在设置自定义分栏版式时，用户可以将分栏版式应用于“整篇文档”“插入点之后”“本节”与“_____”等格式。

A. 所选文字

B. 所选段落

C. 上一段落

D. 下一段落

三、问答题

1. 如何设置不同的栏宽和间距？

2. 如何为文档添加书签？

3. 如何在文档中创建目录？

四、上机练习

1. 为目录页码添加括号

在本练习中，将运用查找和替换功能，以及创建目录功能，来为目录中的页码添加括号，如图 5-60 所示。首先，执行【引用】|【目录】|【目录】|【自定义目录】命令，创建文章目录。然后，保证整个目录文本的颜色设置为黑色。同时，将目录中的章节文本与编号的文本颜色设置为“紫色”，并在【查找内容】对话框中输入“<[0-9]@>”，在【替换为】文本框中输入“(^&)”。启用【使用通配符】复选框，将光标定位在【查找内容】文本框中，单击【格式】下拉按钮，选择【字体】选项。同时，在弹出的【字体】对话框中，将【字体颜色】设置为“自动”，单击【确定】按钮。最后，单击【全部替换】按钮，系统将自动为目录中的页码添加括号。

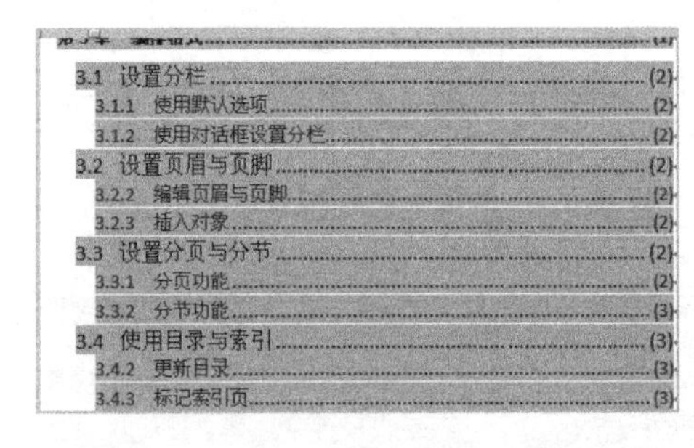

图 5-60 为目录页码添加括号

2. 创建图表目录

在本实例中，将运用 Word 中的书签功能，来计算表格中的数据，如图 5-61 所示。首先，制作一个包含图表的文档，选择目录放置的位置，执行【引用】|【题注】|【插入表目录】命令。在弹出的【图表目录】对话框中，将【格式】设置为“正式”，将【题注标签】设置为“图片”。单击【确定】按钮之后，系统将自动在光标处插入图片目录。然后，执行【引用】|【题注】|【插入表目录】命令，将【题注标题】设置为“上半年销售额（万元）”，并单击【确定】按钮。最后，再次执行【引用】|【题注】|【插入表目录】命令，将【题注标题】设置为“公式”，并单击【确定】按钮。

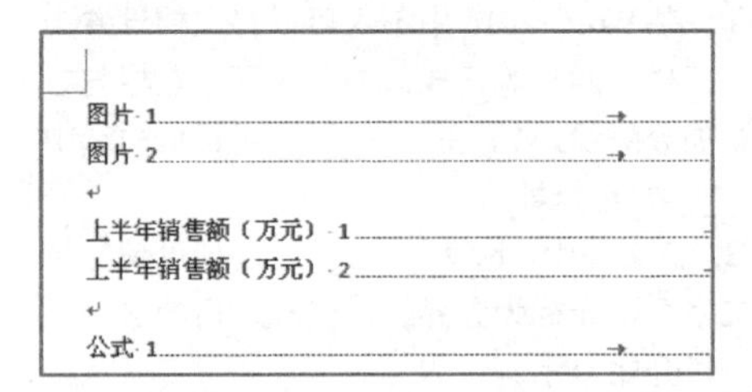

图 5-61 创建图表目录

第 6 章

制作电子表格

Excel 是一种由微软公司开发的电子表格与数据处理软件（也称试算表软件），是 Microsoft Office 系列软件的组成部分之一。它集数据表格、图表和数据库三大基本功能于一身，不仅具有直观方便且精巧的制表功能，而且还具有丰富多彩的图形和简单易用的数据库功能，是办公人员处理各类数据的必备工具。在本章中，将从 Excel 的操作界面入手，循序渐进地向用户介绍创建、打开、保存以及操作工作簿的方法，使用户轻松地学习并掌握 Excel 工作簿的应用基础。

本章学习内容：

- 创建工作簿
- 输入数据
- 自动填充数据
- 编辑单元格
- 操作工作簿
- 设置工作表的数量

6.1 创建与保存工作簿

由于工作簿是所有数据的存储载体，它包含了所有的工作表，而工作表又包含了所有的单元格；所以在对 Excel 进行编辑操作之前，还需要先掌握创建和保存工作簿的各种方法。

6.1.1 初识 Excel 2016

相对于上一版本，Excel 2016 突出了对高性能计算机的支持，并结合时下流行的云计算理念，增强了与互联网的结合。在使用 Excel 2016 处理数据之前，还需要先了解一下 Excel 2016 的工作界面，以及常用术语。

Excel 2016 工作界面继续沿用了 Ribbon 菜单栏，主要由标题栏、工具选项卡栏、功能区、编辑栏、工作区和状态栏等 6 个部分组成。在工作区中，提供了水平和垂直两个标题栏以显示单元格的行标题和列标题，如图 6-1 所示。

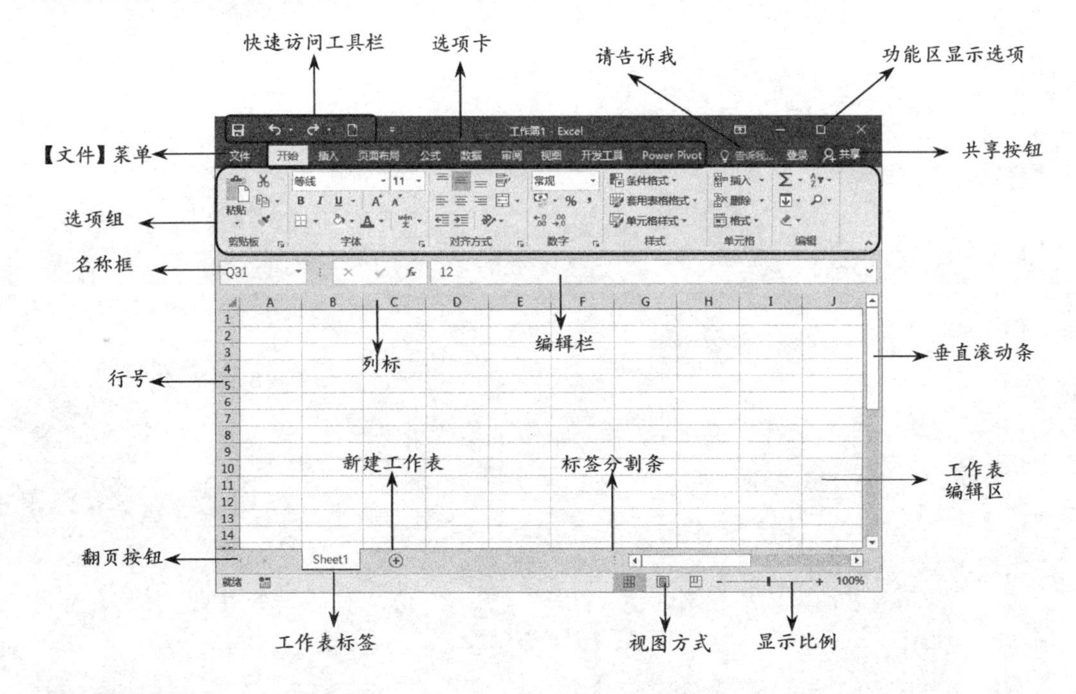

图 6-1 **Excel 2016 工作界面**

通过上图，用户已大概了解 Excel 2016 的界面组成，下面将详细介绍具体部件的详细用途和含义。

1. 标题栏

标题栏由快速访问工具栏、文档名称栏、功能区显示选项和窗口管理按钮等 4 部分组成。

快速访问工具栏是 Excel 提供的一组可自定义的工具按钮，用户可单击【自定义快速访问工具栏】按钮，执行【其他命令】命令，将 Excel 中的各种预置功能或自定义宏添加到快速访问工具栏中。

2. 选项卡

选项卡栏是一组重要的按钮栏，它提供了多种按钮，用户在单击该栏中的按钮后，即可切换功能区，应用 Excel 中的各种工具，如图 6-2 所示。

3. 选项组

选项组集成了 Excel 中绝大多数的功能。根据用户在选项卡栏中选择的内容，功能区可显示各种相应的功能。

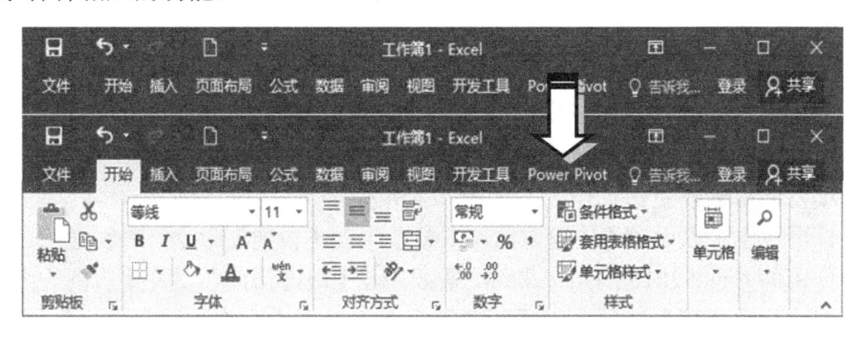

图 6-2 选项卡

在功能区中，相似或相关的功能按钮、下拉菜单以及输入文本框等组件以组的方式显示。一些可自定义功能的组还提供了扩展按钮，辅助用户以对话框的方式设置详细的属性。

4. 编辑栏

编辑栏是 Excel 独有的工具栏，其包括两个组成部分，即名称框和编辑框。

在名称框中，显示了当前用户选择单元格的标题。用户可直接在此输入单元格的标题，快速转入到该单元格中。

编辑框的作用是显示对应名称框的单元格中的原始内容，包括单元格中的文本、数据以及基本公式等。单击编辑框左侧的【插入函数】按钮，可快速插入 Excel 公式和函数，并设置函数的参数，如图 6-3 所示。

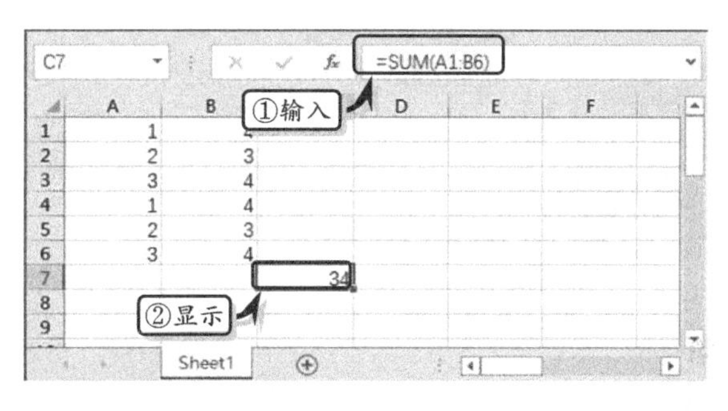

图 6-3 编辑栏

5. 工作区

工作区是 Excel 最主要的窗格，其中包含了【全选】按钮、水平标题栏、垂直标题栏、工作窗格、工作表标签栏以及水平滚动条和垂直滚动条等。

单击【全选】按钮，可选中工作表中的所有单元格。单击水平标题栏或垂直标题栏中某一个标题，可选择该标题范围内的所有单元格。

6. 状态栏

状态栏可显示当前选择内容的状态，并切换 Excel 的视图、缩放比例等。在状态栏的自定义区域内，用户可右击，在弹出的菜单中

6.1.2 创建工作簿

在 Excel 2016 中，用户不仅可以创建空白工作簿，而且还可以创建系统内置的工作

簿模板，以帮助用户快速创建符合当前数据类型且带有一定格式的工作簿。

1. 创建空白工作簿

启用 Excel 2016 组件，系统将自动进入【新建】页面，此时选择【空白工作簿】选项即可。另外，执行【文件】|【新建】命令，在展开的【新建】页面中，双击【空白工作簿】选项，即可创建空白工作表，如图 6-4 所示。

另外，用户也可以通过【快速访问工具栏】中的【新建】命令，来创建空白工作簿。对于初次使用的 Excel 2016 的用户来讲，需要单击【快速访问工具栏】右侧的下拉按钮，在其列表中选择【新建】选项，将【新建】命令添加到【快速访问工具栏】中。然后，直接单击【快速访问工具栏】中的【新建】按钮，即可创建空白工作簿，如图 6-5 所示。

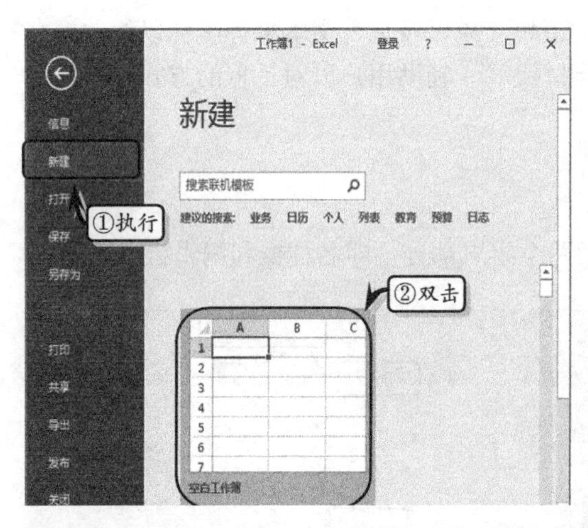

图 6-4 直接创建

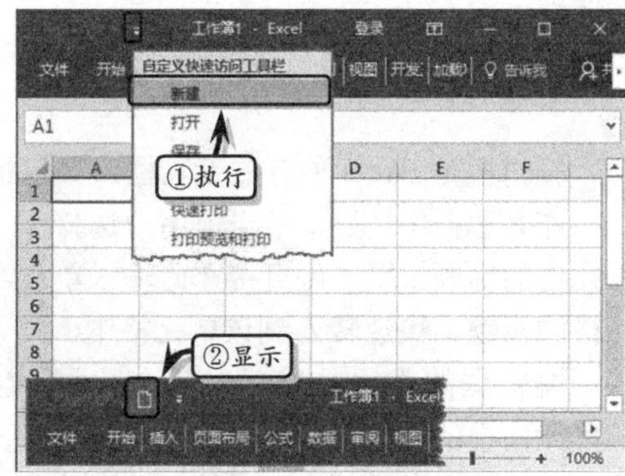

图 6-5 快速创建

提 示

按 Ctrl+N 组合键，也可创建一个空白的工作簿。

2. 创建模板工作簿

执行【文件】|【新建】命令之后，系统只会在该页面中显示固定的模板样式，以及最近使用的模板演示文稿样式。在该页面中，选择需要使用的模板样式，如图 6-6 所示。

然后，在弹出的创建页面中，预览模板文档内容，单击【创建】按钮即可，如图 6-7 所示。

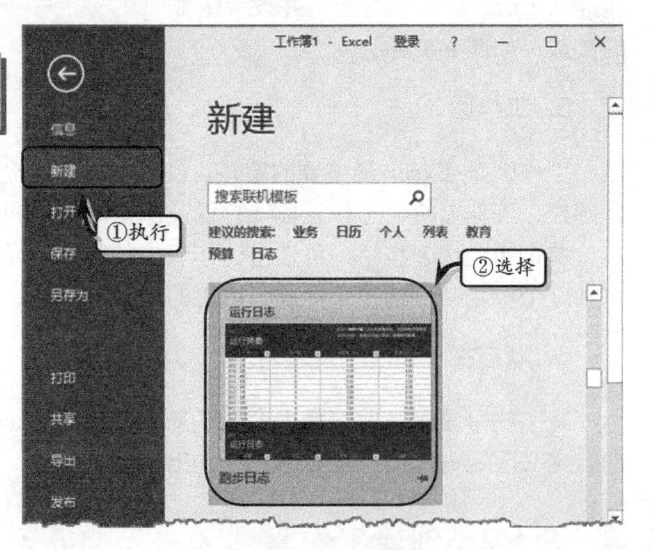

图 6-6 选择模板

另外，用户还可以在【新建】页面中的【建议的搜索】列表中，选择相应的搜索类型，即可新建该类型的相关演示文稿模板。或者，在【新建】页面中的搜索文本框中，输入需要搜索的模板类型，来搜索需要创建的模板文档，如图 6-8 所示。

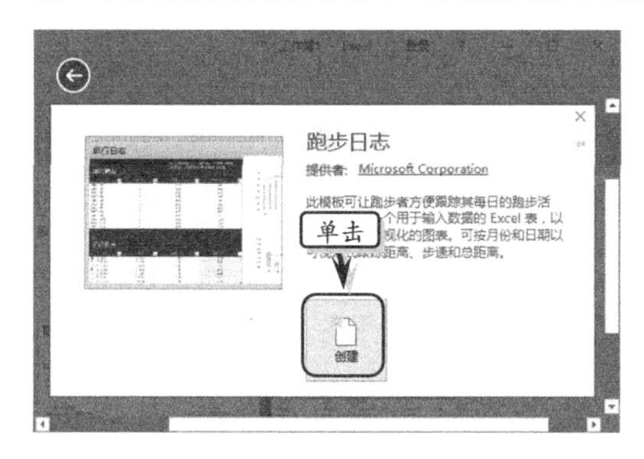

图 6-7 创建模板

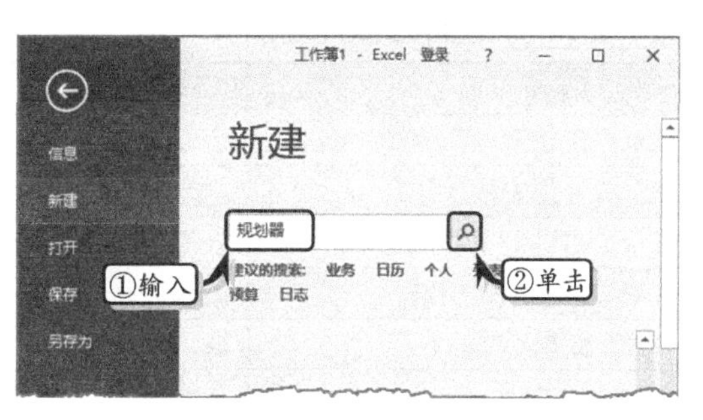

图 6-8 搜索模板

6.1.3 保存/保护工作簿

当用户创建并编辑完工作簿之后，为保护工作簿中的数据与格式，需要将工作簿保存在本地计算机中。除此之外，用户还可以通过加密法，来保护工作簿中的数据不被恶意篡改。

1. 手动保存

对于新建工作簿，则需要执行【文件】|【保存】或【另存为】命令，在展开的【另存为】列表中，选择【这台电脑】选项，并单击【浏览】按钮，如图 6-9 所示。

提 示

在【另存为】列表右侧的【最近访问的文件夹】列表中，选择某个文件，右击，执行【保存】命令，即可在弹出的【另存为】对话框中保存该文档。

然后，在弹出的【另存为】对话框中设置文件的具体保存位置与名称，设置【保存类型】选项，单击【保存】按钮即可，如图 6-10 所示。

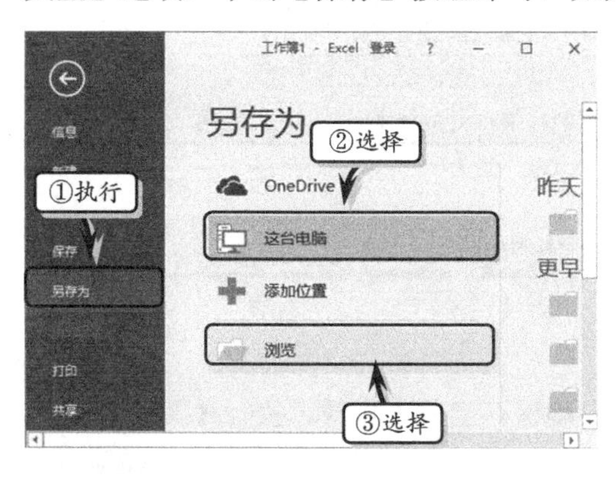

图 6-9 选择保存位置

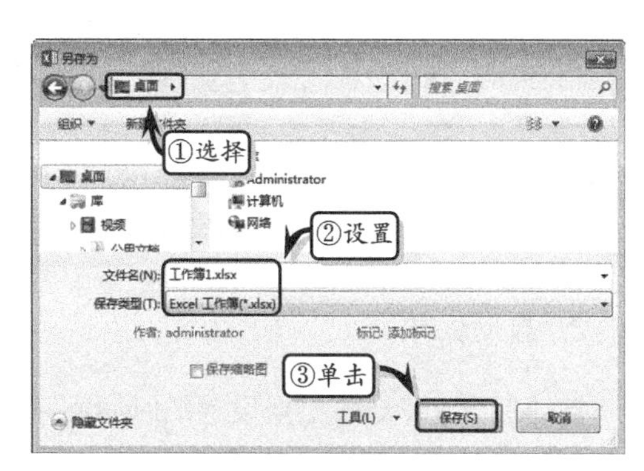

图 6-10 保存工作簿

对于已保存过的演示文稿，用户可以直接单击【快速访问工具栏】中的【保存】按钮，直接保存演示文稿即可。

其中，【保存类型】下拉列表中的各文件类型及其功能，如表 6-1 所示。

表 6-1　文件类型及功能表

类　型	功　能
Excel 工作簿	表示将工作簿保存为默认的文件格式
Excel 启用宏的工作簿	表示将工作簿保存为基于 XML 且启用宏的文件格式
Excel 二进制工作簿	表示将工作簿保存为优化的二进制文件格式，提高加载和保存速度
Excel 97-2003 工作簿	表示保存一个与 Excel 97-2003 完全兼容的工作簿副本
XML 数据	表示将工作簿保存为可扩展标识语言文件类型
单个文件网页	表示将工作簿保存为单个网页
网页	表示将工作簿保存为网页
Excel 模板	表示将工作簿保存为 Excel 模板类型
Excel 启用宏的模板	表示将工作簿保存为基于 XML 且启用宏的模板格式
Excel 97-2003 模板	表示保存为 Excel 97-2003 模板类型
文本文件（制表符分隔）	表示将工作簿保存为文本文件
Unicode 文本	表示将工作簿保存为 Unicode 字符集文件
XML 电子表格 2003	表示保存为可扩展标识语言 2003 电子表格的文件格式
Microsoft Excel 5.0/95 工作簿	表示将工作簿保存为 5.0/95 版本的工作簿
CSV（逗号分隔）	表示将工作簿保存为以逗号分隔的文件
带格式文本文件（空格分隔）	表示将工作簿保存为带格式的文本文件
DIF（数据交换格式）	表示将工作簿保存为数据交换格式文件
SYLK（符号链接）	表示将工作簿保存为以符号链接的文件
Excel 加载宏	表示保存为 Excel 插件
Excel 97-2003 加载宏	表示保存一个与 Excel 97-2003 兼容的工作簿插件
PDF	表示保存一个由 Adobe Systems 开发的基于 PostScriptd 的电子文件格式，该格式保留了文档格式并允许共享文件
XPS 文档	表示保存为一种版面配置固定的新的电子文件格式，用于以文档的最终格式交换文档
Strict Open XML 电子表格	表示可以保存一个 Strict Open XML 类型的电子表格，可以帮助用户读取和写入 ISO8601 日期以解决 1900 年的闰年问题
OpenDocument 电子表格	表示保存一个可以在使用 OpenDocument 电子表格的应用程序中打开，还可以在 Excel 2016 中打开.odp 格式的电子表格

提　示

用户也可以使用 Ctrl+S 组合键或 F12 键，打开【另存为】对话框。

2. 自动保存

自动保存是 Excel 根据设置的时间间隔，自动保存当前工作簿。执行【文件】|【选项】命令，在弹出的对话框中激活【保存】选项卡，在右侧的【保存工作簿】选项组中进行相应的设置即可。例如，保存格式、自动恢复时间以及默认的文件位置等，如图 6-11

所示。

3. 保护工作簿

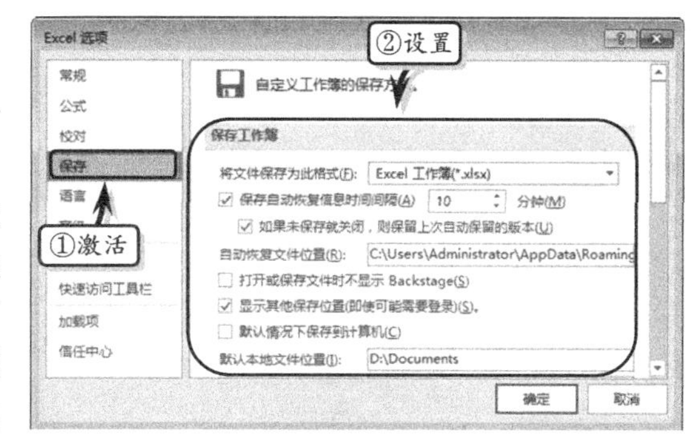

图 6-11 自动保存工作簿

执行【文件】|【保存】命令，选择【计算机】选项并单击【浏览】按钮。然后，在【另存为】对话框中单击【工具】下拉按钮，在下拉列表中选择【常规选项】选项。在弹出的【常规选项】对话框中的【打开权限密码】与【修改权限密码】文本框中输入密码。单击【确定】按钮，在弹出的【确认密码】对话框中重新输入密码，单击【确定】按钮，重新输入修改权限密码即可，如图 6-12 所示。

图 6-12 保护工作簿

6.1.4 练习：创建商务类模板工作簿

Excel 中的内置模板，在很大程度上可以帮助用户解决格式设置、形状制作、公式设置等一些复杂的技术性问题。创建模板之后，用户只需修改模板中的相关数据即可。在本练习中，将通过创建一份“商务”类模板，详细介绍创建和编辑模板的操作方法，如图 6-13 所示。

12 个月

损益预测

收入（销售）	趋势	一月 12	二月 12	三月 12	四月 12	五月 12	六月 12	七月 12	八月 12	九月 12
收入 1		¥ 1,860	¥ 1,080	¥ 920	¥ 1,220	¥ 1,900	¥ 710	¥ 210	¥ 370	¥ 240
收入 2		¥ 150	¥ 160	¥ 1,980	¥ 440	¥ 250	¥ 680	¥ 430	¥ 1,190	¥ 370
收入 3		¥ 1,660	¥ 1,850	¥ 890	¥ 1,700	¥ 1,310	¥ 700	¥ 500	¥ 1,490	¥ 1,790
收入 4		¥ 210	¥ 1,130	¥ 830	¥ 170	¥ 1,300	¥ 260	¥ 1,670	¥ 1,020	¥ 820
收入 5		¥ 700	¥ 1,600	¥ 1,250	¥ 840	¥ 1,910	¥ 970	¥ 520	¥ 450	¥ 1,730
收入 6		¥ 610	¥ 990	¥ 700	¥ 1,620	¥ 280	¥ 1,630	¥ 1,010	¥ 1,030	¥ 780
收入 7		¥ 1,050	¥ 550	¥ 1,630	¥ 120	¥ 1,170	¥ 830	¥ 1,630	¥ 1,200	¥ 1,710
总销售额		**¥ 6,240**	**¥ 7,360**	**¥ 8,200**	**¥ 6,110**	**¥ 8,120**	**¥ 5,780**	**¥ 5,970**	**¥ 6,750**	**¥ 7,440**
销售成本	**趋势**									
成本 1		¥ 610	¥ 780	¥ 650	¥ 290	¥ 1,250	¥ 490	¥ 140	¥ 260	¥ 140
成本 2		¥ 70	¥ 50	¥ 690	¥ 320	¥ 110	¥ 300	¥ 270	¥ 320	¥ 100
成本 3		¥ 990	¥ 950	¥ 510	¥ 900	¥ 210	¥ 340	¥ 300	¥ 240	¥ 1,090
成本 4		¥ 130	¥ 280	¥ 150	¥ 80	¥ 840	¥ 120	¥ 540	¥ 720	¥ 490

损益表

图 6-13 商务类模板

操作步骤：

1 创建模板。启动 Excel 2016，在【新建】页面中选择【业务】选项，如图 6-14 所示。

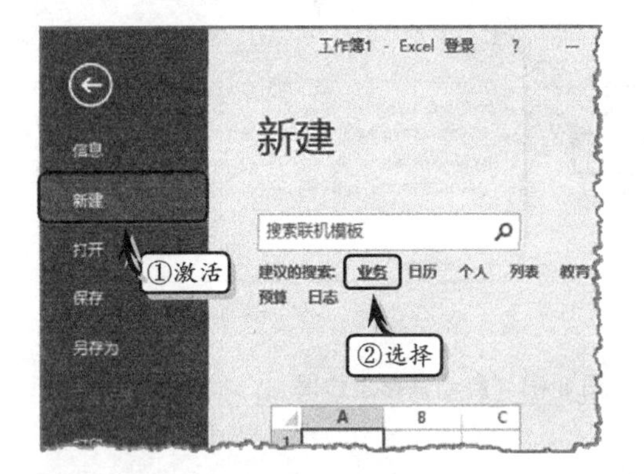

图 6-14 选择模板类型

2 在展开的列表中，选择【损益表】选项，如图 6-15 所示。

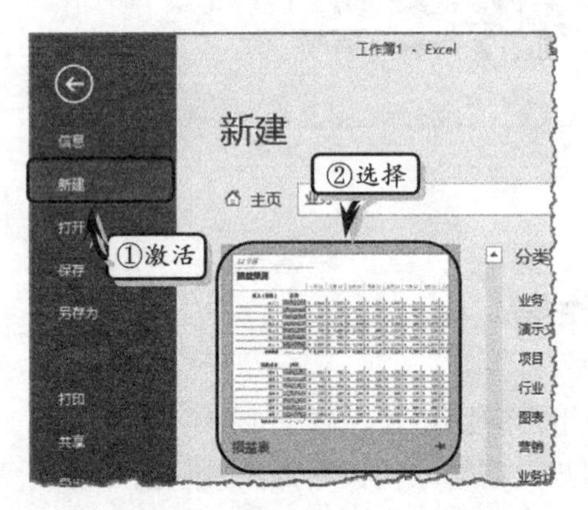

图 6-15 选择模板

3 然后，在弹出的窗口中预览模板概况，并单击【创建】按钮，如图 6-16 所示。

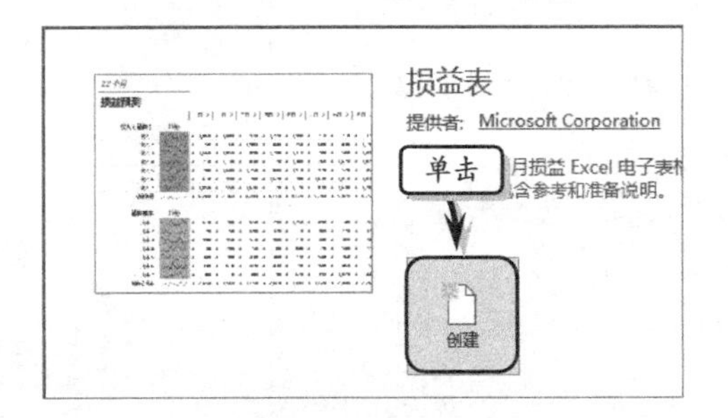

图 6-16 创建模板

4 编辑数据。创建模板之后，移动鼠标单击需要更改的数据，直接输入更改数据即可，如图 6-17 所示。

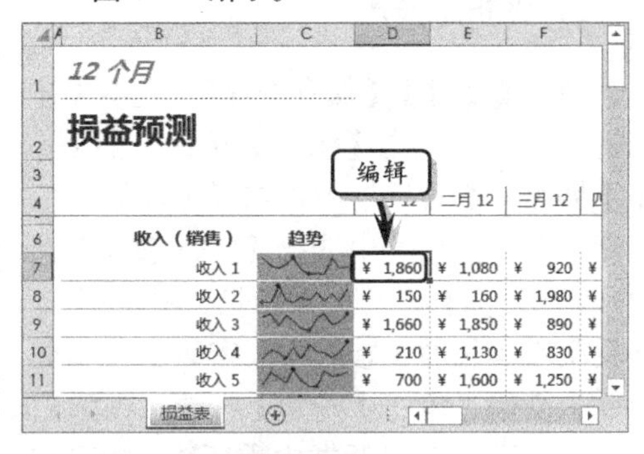

图 6-17 编辑模板数据

5 保存模板。执行【文件】|【另存为】命令，选择【这台电脑】选项，并单击【浏览】按钮，如图 6-18 所示。

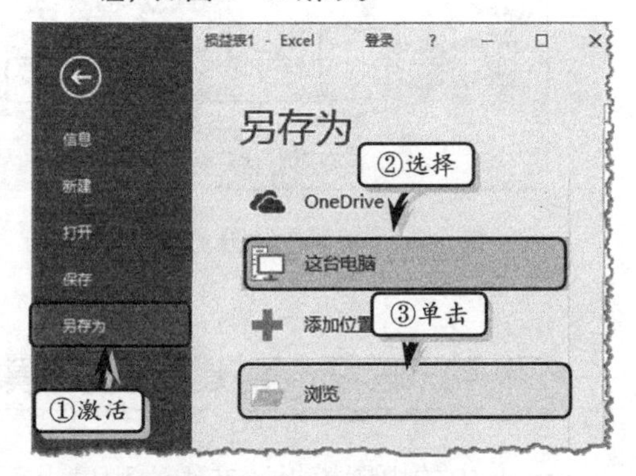

图 6-18 选择保存位置

6 在弹出的【另存为】对话框中，选择保存位置，设置文件名称，单击【保存】按钮，如图 6-19 所示。

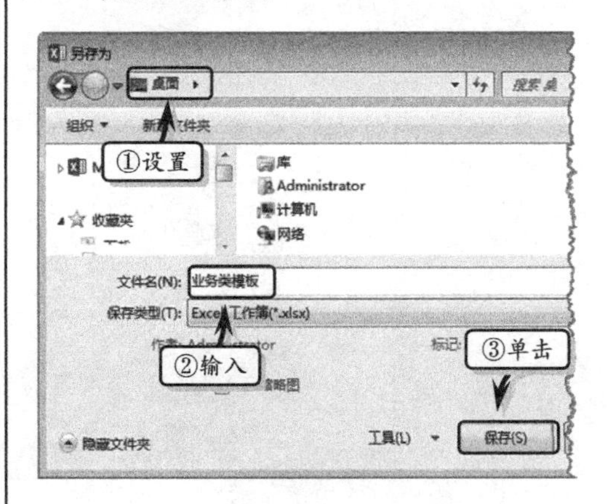

图 6-19 保存模板

6.2 编辑数据

Excel 是处理数据的专用软件，因此数据是工作表的灵魂。用户除了可以在表格中输入多种类型及形式的数据之外，还可以使用填充功能，快速填充具有一定规律的数据。下面将详细介绍选择单元格、输入数据、填充数据等编辑数据的基础知识和实用技巧。

6.2.1 选择单元格

在输入数据之前，用户需要选择数据输入的单元格。在 Excel 中，用户不仅可以选择一个单元格，而且也可以选择多个单元格（即单元格区域，区域中的单元格可以相邻或不相邻）。

1. 选择单个单元格

在 Excel 中，用户可以使用鼠标、键盘或通过【编辑】选项组选择单元格或单元格区域。移动鼠标，将鼠标指针移动到需要选择的单元格上，单击鼠标左键，该单元格即为选择单元格，如图 6-20 所示。

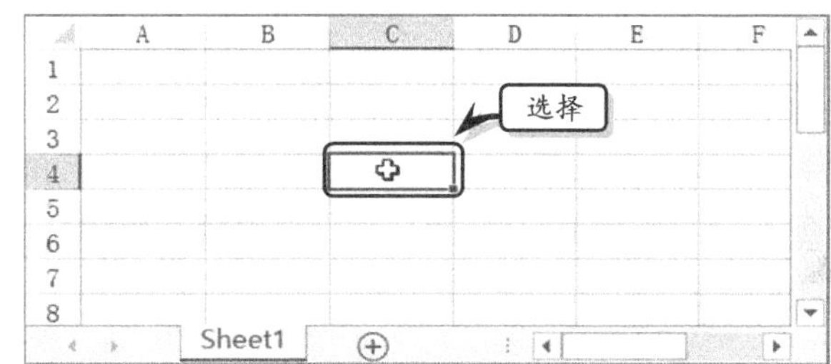

图 6-20 鼠标选择单个单元格

提 示

如果选择单元格不在当前视图窗口中，可以通过拖动滚动条，使其显示在窗口中，然后再选取。

除了使用上述的鼠标选择单元格外，还可以通过键盘上的方向键，来选择单元格。每个键盘的具体操作含义，如表 6-2 所示。

表 6-2 键盘操作含义

图标及功能	键 名	含 义
↑	向上	在键盘上按【向上】按钮，即可向上移动一个单元格
↓	向下	在键盘上按【向下】按钮，即可向下移动一个单元格
←	向左	在键盘上按【向左】按钮，即可向左移动一个单元格
→	向右	在键盘上按【向右】按钮，即可向右移动一个单元格
Ctrl+↑	——	选择列中的第一个单元格，即 A1、B1、C1 等
Ctrl+↓	——	选择列中的最后一个单元格
Ctrl+←	——	选择行中的第一个单元格，即 A1、A2、A3 等
Ctrl+→	——	选择行中的最后一个单元格

提 示

用户还可以通过按 PageUp 和 PageDown 功能键，来进行翻页操作。例如：选择 A1 单元格，窗口显示页为 26 行，按 PageDown 键，将显示 A26 单元格内容。

2. 选择相邻的单元格区域

使用鼠标除了可以选择单元格外，还可以选择单元格区域。例如：选择一个连续单元格区域，单击该区域左上角的单元格，按住鼠标左键并拖动鼠标到该单元格区域的右下角单元格，松开鼠标左键即可，如图 6-21 所示。

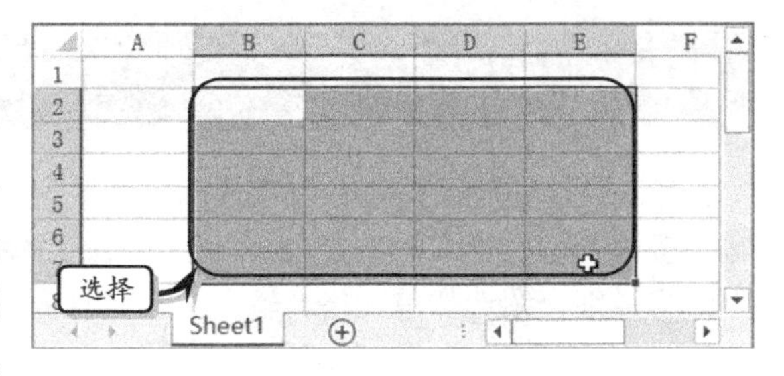

图 6-21 选择相邻的单元格区域

提 示

使用键盘上的方向键，移动选择单元格区域的任一角上的单元格，按 Shift 键的同时，通过方向键移至单元格区域对角单元格即可。

3. 选择不相邻的单元格区域

在操作单元格时，根据不同情况的需求，有时需要对不连续单元格区域进行操作。首先，使用鼠标选择 B3 至 B8 单元格区域。然后，在按 Ctrl 键的同时，选择 D4 至 D8 单元格区域，如图 6-22 所示。

4. 选择多个工作表中相同的区域

在 Excel 中，还可以在多张工作表中同时选择结构完全相同的区域。首先，在第 1 张工作表中选择一个数据区域。然后，按住 Ctrl 键，选择其他工作表标签，即可在所有选中的工作表中选中相同结构的单元格区域。此时，Excel 标题栏中会显示“工作组”字样，如图 6-23 所示。

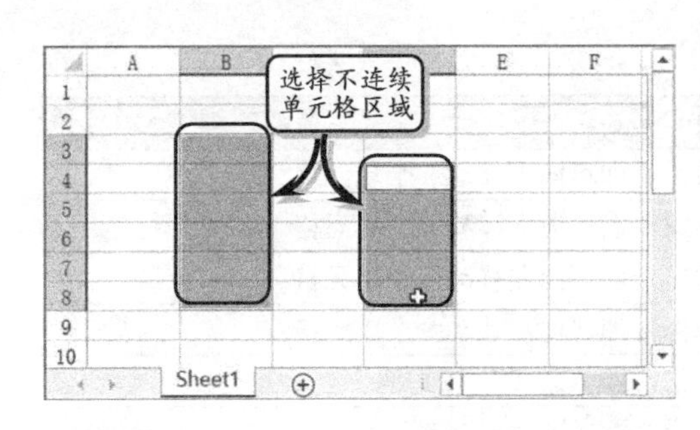

图 6-22 选择不相邻的单元格区域

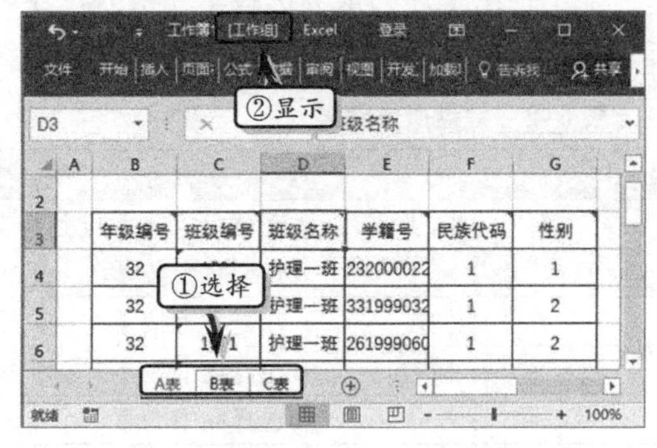

图 6-23 选择多个工作表中相同的区域

6.2.2 输入数据

选择单元格后，用户可以在其中输入多种类型及形式的数据。例如，常见的数值型数据、字符型数据、日期型数据以及公式和函数等。

1．输入文本

输入文本，即是在单元格中输入以字母开头的字符串或汉字等数据。在输入文本时，用户可以在单元格中直接输入文本，或在【编辑栏】中输入文本。其中，在单元格中直接输入文本时，首先需要选择单元格，使其成为活动单元格，然后再输入文本，并按 Enter 键。另外，在【编辑栏】中输入文本时，首先需要选择单元格，然后将光标置于【编辑栏】中并输入文本，按 Enter 键或单击【输入】按钮即可，如图 6-24 所示。

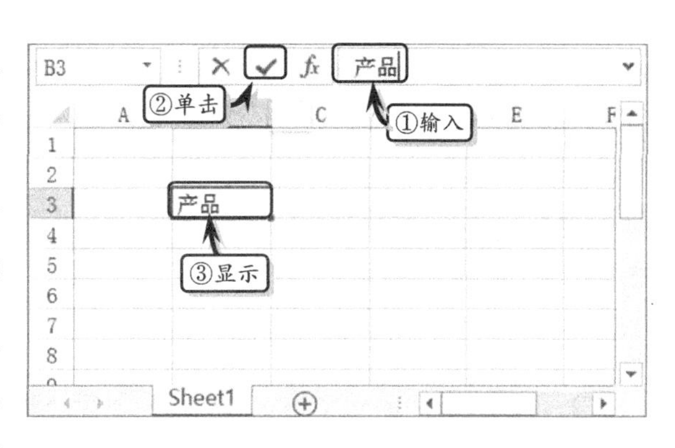

图 6-24 输入文本

输入文本之后，可以通过按钮或快捷键完成或取消文本的输入，其具体情况如下所述。

- **Enter 键** 可以确认输入内容，并将光标转移到下一个活动单元格中。
- **Tab 键** 可以确认输入内容，并将光标转移到右侧的活动单元格中。
- **Esc 键** 取消文本输入。
- **Back Space 键** 取消输入的文本。
- **Delete 键** 删除输入的文本。
- **【取消】按钮** 取消文本的输入。

提 示

在 Excel 中输入文本时，系统会自动将文本进行左对齐。

2．输入数字

数字一般由整数、小数等组成。输入数值型数据时，Excel 会自动将数据沿单元格右边对齐。用户可以直接在单元格中输入数字，其各种类型数字的具体输入方法，如表 6-3 所示。

表 6-3 输入数字

类型	方法
负数	在数字前面添加一个“－”号或者给数字添加上圆括号。例如：－50 或（50）
分数	在输入分数前，首先输入“0”和一个空格，然后输入分数。例如：0+空格+1/3
百分比	直接输入数字然后在数字后输入%，例如：45%
小数	直接输入小数即可。可以通过【数字】选项组中的【增加数字位数】或【减少数字位数】按钮，调整小数位数。例如：3.1578
长数字	当输入长数字时，单元格中的数字将以科学计数法显示，且自动调整列宽直至到显示 11 位数字为止。例如，输入 123456789123，将自动显示为 1.23457E+11
以文本格式输入数字	可以在输入数字之前先输入一个单引号“'”（单引号必须是英文状态下的），然后输入数字，例如输入身份证号

3. 输入日期和时间

在输入时间时，时、分、秒之间需要用冒号“:”隔开。例如，输入9点时，首先输入数字9，然后输入冒号“:”（9:00）。在输入日期时，年、月、日之间需要用反斜杠“/”或连字符“-”隔开。例如，输入2009/7/1或者2009-6-1，如图6-25所示。

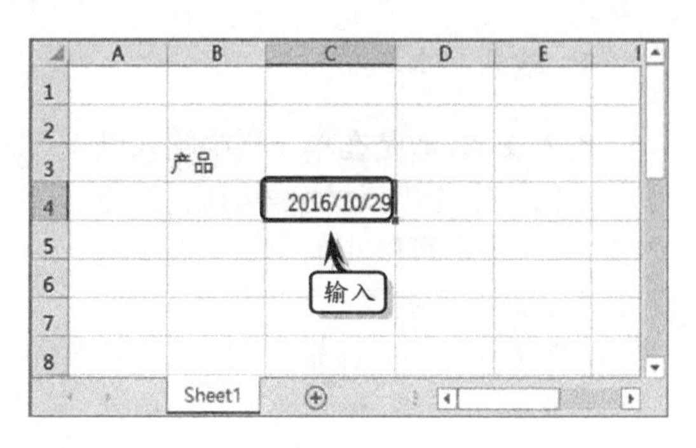

图 6-25 输入日期

用户在输入时间和日期时，需要注意以下几点。

- **日期和时间的数字格式** Excel会自动将时间和日期按照数字类型进行处理。其中，日期按序列数进行保存，表示当前日期距离1900年1月1日之间的天数；而时间按0~1之间的小数进行保存，如0.25表示上午6点、0.5表示中午十二点等。由于时间和日期都是数字，因此可以利用函数与公式进行各种运算。
- **输入12小时制的日期和时间** 在输入12小时制的日期和时间时，可以在时间后面添加一个空格，并输入表示上午的AM与表示下午的PM字符串，否则Excel将自动以24小时制来显示输入的时间。
- **同时输入日期和时间** 在一个单元格中同时输入日期和时间时，需要在日期和时间之间用空格隔开，例如2009-6-1 14:30。

提 示

用户可以使用Ctrl+;组合键输入当前日期，使用Ctrl+Shift+;组合键输入当前时间。

6.2.3 自动填充数据

在输入具有规律的数据时，可以使用填充功能来完成。该功能可根据数据规则及选择单元格区域的范围，进行自动填充。

1. 使用填充柄

选择单元格后，其右下角会出现一个实心方块的填充柄。通过向上、下、左、右4个方向拖动填充柄，即可在单元格中自动填充具有规律的数据。在单元格中输入有序的数据，将光标指向单元格填充柄，当指针变成十字光标后，沿着需要填充的方向拖动填充柄。然后，松开鼠标左键即可完成数据的填充，如图6-26所示。

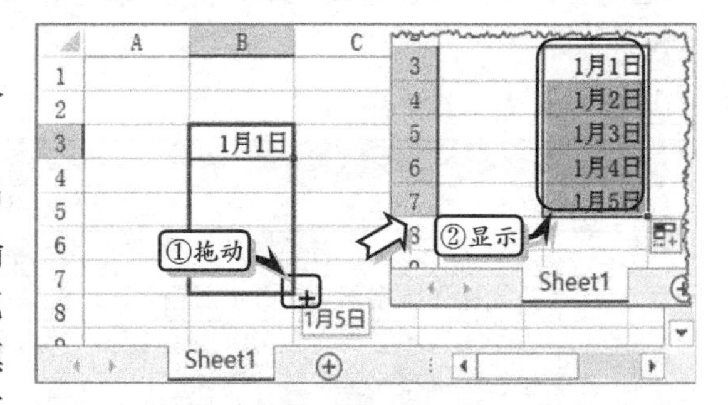

图 6-26 填充柄填充数据

2. 规律填充

首先，选择需要填充数据的单元格区域。然后，执行【开始】|【编辑】|【填充】|

【向下】命令，即可向下填充相同的数据，如图 6-27 所示。

3. 序列填充

执行【开始】|【编辑】|【填充】|【序列】命令，在弹出的【序列】对话框中，可以设置序列产生在行或列、序列类型、步长值及终止值，如图 6-28 所示。

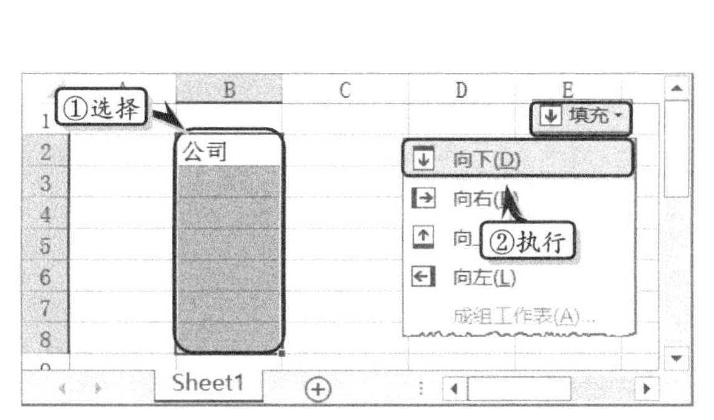

图 6-27 规律填充

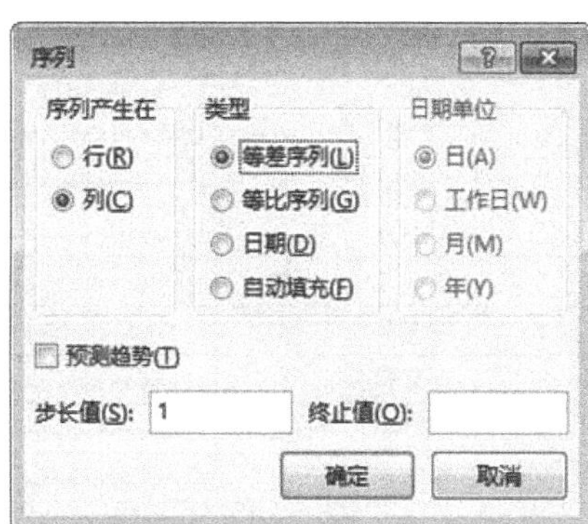

图 6-28 序列填充

在【序列】对话框中，主要包括序列产生在和日期单位等选项组或选项，其具体如表 6-4 所示。

表 6-4 序列填充选项

选项组	选　　项	说　　明
序列产生在		用于选择数据序列是填充在行中还是在列中
类型	等差序列	把【步长值】文本框内的数值依次加入到单元格区域的每一个单元格数据值上来计算一个序列。同等启用【趋势预测】复选框
		忽略【步长值】文本框中的数值，而直接计算一个等差级数趋势列。
	等比序列	把【步长值】文本框内的数值依次乘到单元格区域的每一个单元格数值上来计算一个序列。 如果启用【趋势预测】复选框，则忽略【步长值】文本框中的数值，而会计算一个等比级数趋势序列
	日期	根据选择【日期】单选按钮计算一个日期序列
	自动填充	获得在拖动填充柄产生相同结果的序列
预测趋势		启用该复选框，可以让 Excel 根据所选单元格的内容自动选择适当的序列
步长值		从目前值或默认值到下一个值之间的差，可正可负，正步长值表示递增，负的则为递减，一般默认的步长值是 1
终止值		用户可在该文本框中输入序列的终止值

提　示

选择【系列】命令中的【预测趋势】选项时，步长值与终止值将不可用。另外，当单元格中的数据为数据或公式时，【两端对齐】选项将不可用。

6.2.4 练习：学生体检常规指标报告表

Excel 是一款电子表格软件，不仅可以计算和分析各类报表数据，而且还可以使用内置的自动填充、数据格式等功能，来统计一些日常数据。在本练习中，将运用 Excel 中强大的数据填充功能，来制作一份学生体检常规指标报告表，如图 6-29 所示。

学生体检常规指标报告表							
序号	姓名	性别	身份证号	身高（厘米）	体重（公斤）	心率（次/分）	视力
1	刘静	女	41**************41	161	55.7	77	1.5
2	刘杨	女	41**************25	165	60.0	72	1.2
3	郭晶	女	41**************00	155	45.0	78	0.8
4	任雪	女	41**************21	157	50.9	65	0.6
5	姚梦杰	女	41**************22	154	48.3	76	1.4
6	毛孟凯	男	41**************03	174	67.1	73	1.0
7	王芳芳	女	41**************29	160	54.0	67	0.3
8	张梦婷	女	41**************25	159	46.0	66	1.0
9	李宁	女	41**************26	162	51.0	70	1.5
10	王思衡	男	41**************20	167	53.0	72	1.0

图 6-29 学生体检常规指标报告表

操作步骤：

1 设置行高。单击【全选】按钮，右击行标签处，执行【行高】命令，设置工作表的行高，如图 6-30 所示。

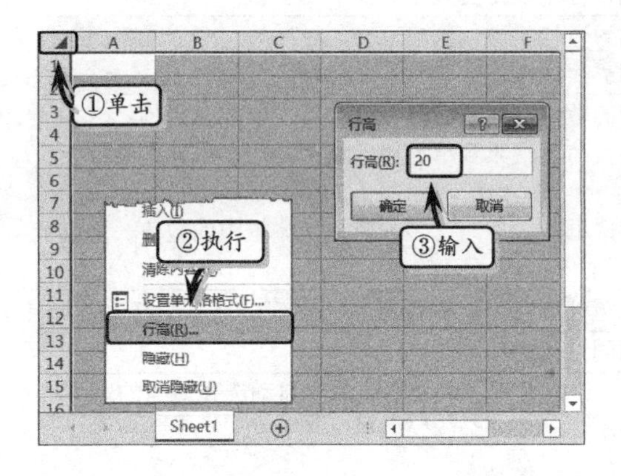

图 6-30 设置行高

2 制作标题文本。选择单元格区域 B1:I1，执行【开始】|【对齐方式】|【合并后居中】命令，合并单元格区域并输入标题文本，如图 6-31 所示。

3 设置标题文本格式。选择单元格区域 B1:I1，在【开始】选项卡【字体】选项组中设置文本的字体格式，如图 6-32 所示。

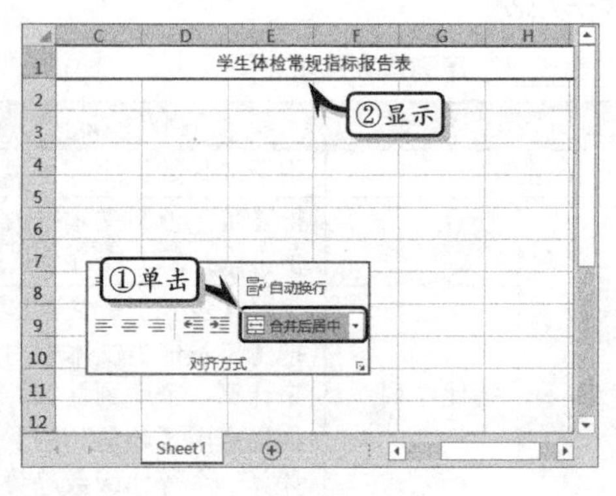

图 6-31 制作标题文本

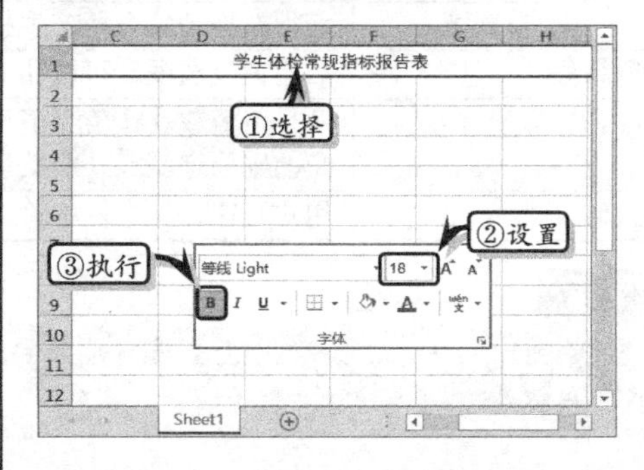

图 6-32 设置标题文本格式

4 将鼠标移至行标签“1”下方，当鼠标变成“✛”形状时，拖动鼠标调整行高，如图 6-33

所示。用同样的方法调整E、F、G、H列列宽。

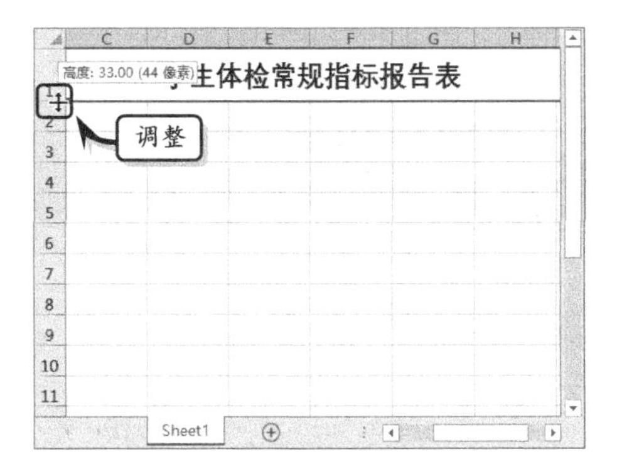

图 6-33 调整行高

5 制作表格内容。在工作表中输入表格的列标题，并在【字体】选项组中，设置字体格式，如图6-34所示。

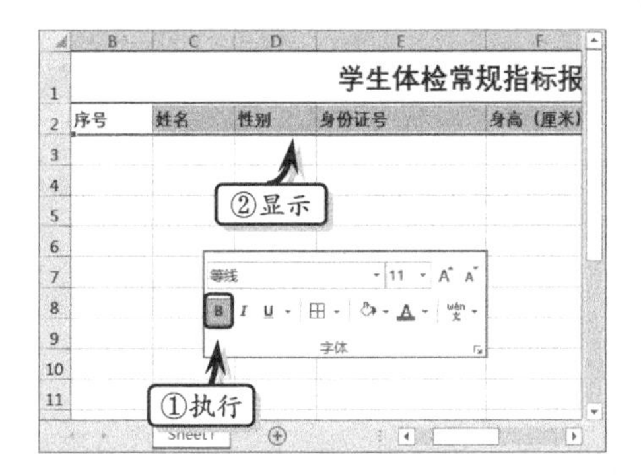

图 6-34 制作列标题

6 美化表格。选择单元格区域B2:I12，执行【开始】|【对齐方式】|【居中】命令，设置对齐格式，如图6-35所示。

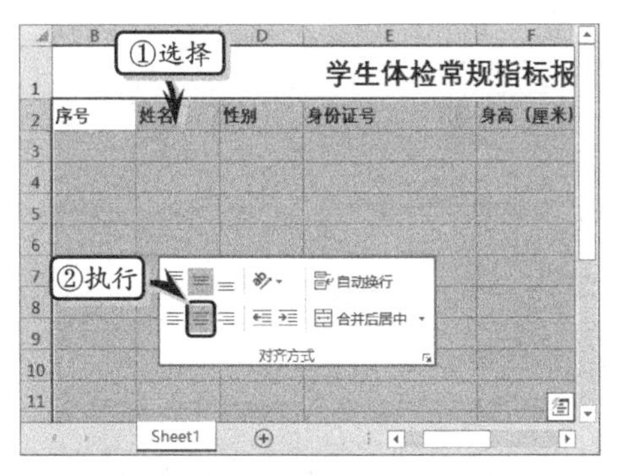

图 6-35 设置对齐方式

7 同时，执行【开始】|【字体】|【边框】|【所有框线】命令，设置边框样式，如图6-36所示。

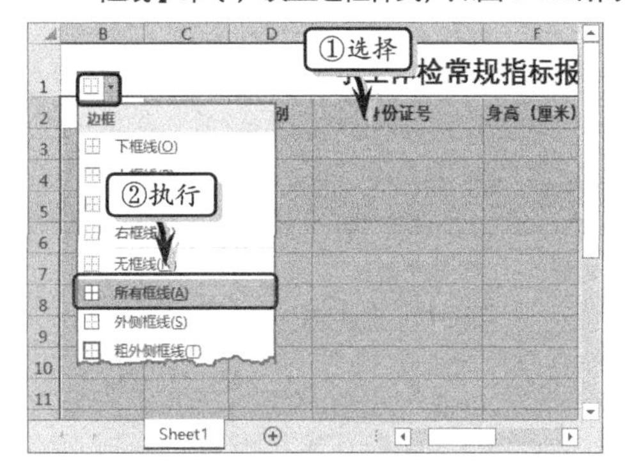

图 6-36 设置边框样式

8 编辑表格数据。在单元格B3中输入"1"，选择该单元格，将鼠标移至单元格右下角，按住Ctrl键并向下拖动填充柄，如图6-37所示。

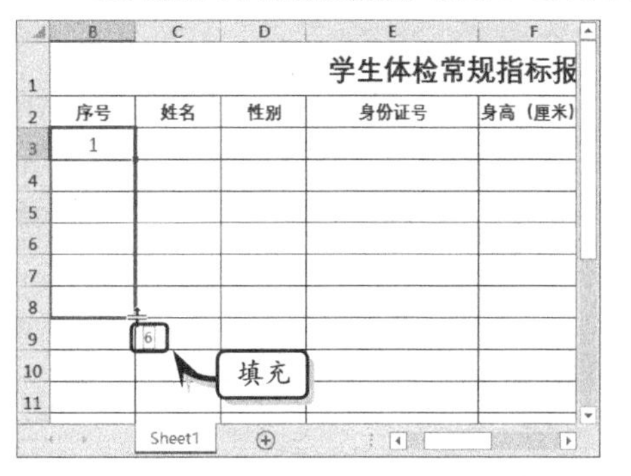

图 6-37 填充数据

9 选择单元格区域E3:E12，执行【开始】|【数字】|【数字格式】|【文本】命令，设置数字格式，如图6-38所示。

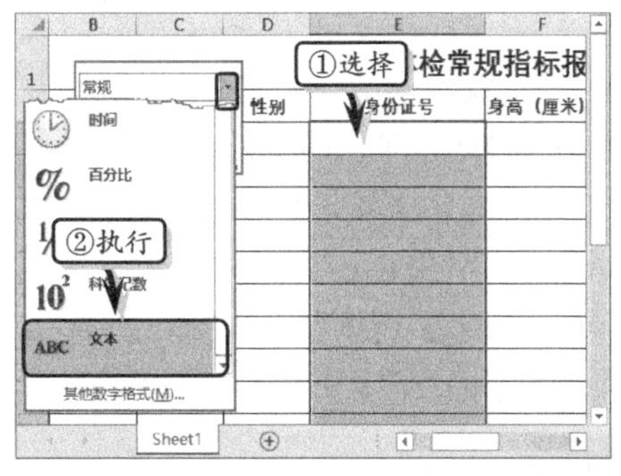

图 6-38 设置数字格式

10 设置数据格式。选择单元格区域G3:G12，I3:I12，右击执行【设置单元格格式】命令，激活【数字】选项卡，选择【数值】选项，设置小数位数，如图 6–39 所示。

图 6–39 设置数据格式

11 最后，按照列标题内容，输入表格的相应数据即可，如图 6–40 所示。

	D	E	F	G	
1	学生体检常规指标报告表				
2	性别	身份证号	身高（厘米）	体重（公斤）	心率
3	女	41**************41	161	55.7	
4	女	41**************25	165	60.0	
5	女	41**************00	155	45.0	
6	女	41**************21	157	50.9	
7	女	41**************22	154	48.3	
8	男	41**************03	174	67.1	
9	女	41**************29	160	54.0	
10	女	41**************25	159	46.0	
11	女	41**************26	162	51.0	

Sheet1

图 6–40 输入表格数据

6.3 编辑单元格

在 Excel 中，每一个工作簿中的工作表均由若干个单元格组成，而单元格是工作簿最小组成单位，也是数据存储的位置。所以，对单元格的操作是 Excel 中最常用、最基础的操作之一。因此，在制作完美数据表之前，还需要先掌握编辑单元格的一些基础知识和操作技巧。

6.3.1 插入单元格

当用户需要改变表格中数据的位置或插入新的数据时，可以先在表格中插入单元格、行或列。

1．插入单元格

在选择要插入新空白单元格的单元格或者单元格区域时，其所选择的单元格数量应与要插入的单元格数量相同。

选择需要插入的单元格，执行【开始】|【单元格】|【插入】|【插入单元格】命令，或者按 Ctrl+Shift+=组合键。在弹出的【插入】对话框中选择需要移动周围单元格的方向，如图 6-41 所示。

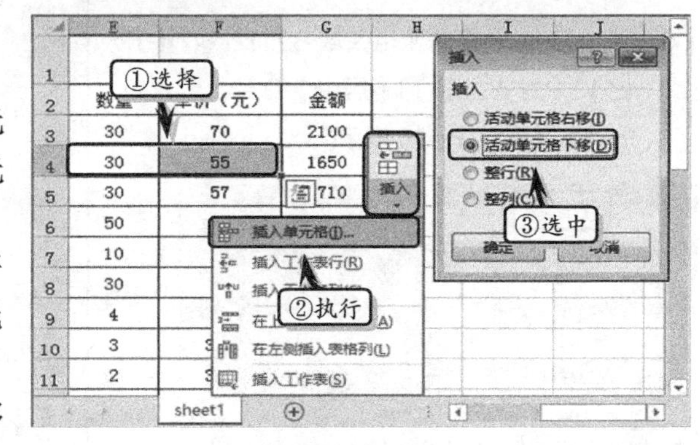

图 6–41 插入单元格

提 示

选择单元格或单元格区域后，右击，执行【插入】命令，也可以打开【插入】对话框。

2．插入行

选择要在其上方插入新行的行或该行中的一个单元格，执行【开始】|【单元格】|

【插入】|【插入工作表行】命令即可，如图 6-42 所示。

另外，选择需要删除的单元格，执行【开始】|【单元格】|【删除】|【删除单元格】命令，即可删除该单元格。删除行或列的方法，同删除单元格的方法大体一致。

提　示

如要快速重复插入行的操作，请单击要插入行的位置，然后按 Ctrl+Y 组合键。

3. 插入列

选择要插入新列右侧的列或者该列中的一个单元格，执行【开始】|【单元格】|【插入】|【插入工作表列】命令即可，如图 6-43 所示。

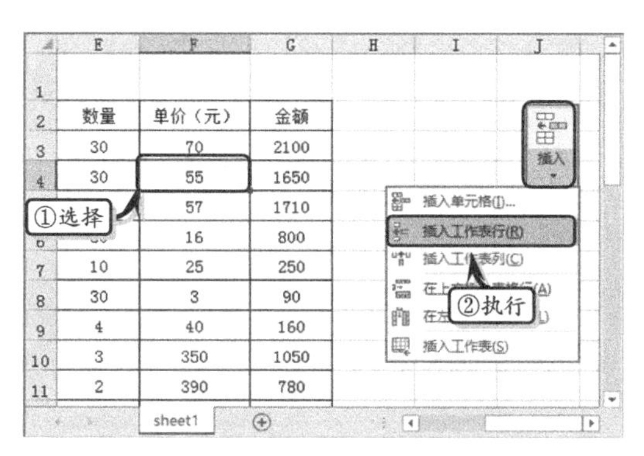

图 6-42 插入行

图 6-43 插入列

6.3.2 调整单元格大小

调整单元格大小即是根据字符串的长短和字号的大小来调整单元格的高度和宽度。

1. 调整行高

选择单元格或单元格区域，执行【开始】|【单元格】|【格式】|【行高】命令。在弹出的【行高】对话框中输入行高值即可，如图 6-44 所示。

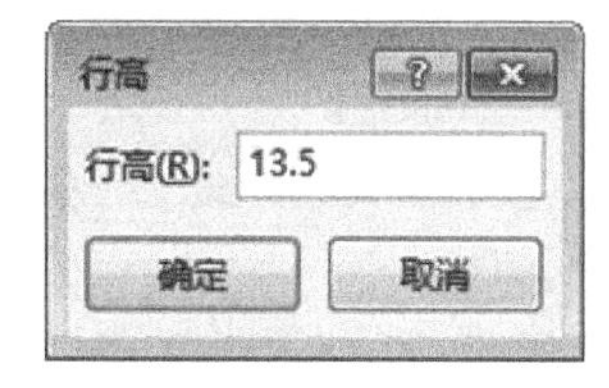

图 6-44 调整行高

提　示

右击行标签，执行【行高】命令，也可弹出【行高】对话框。

用户也可以通过拖动鼠标的方法调整行高。即将鼠标置于要调整行高的行号处，当光标变成单竖线双向箭头![]时，按下鼠标左键并拖动鼠标即可。同时，双击即可自动调整该行的行高。

另外，用户可以根据单元格中的内容自动调整行高。选择单元格，执行【开始】|【单元格】|【格式】命令，选择【自动调整行高】选项即可，如图 6-45 所示。

2. 调整宽度

调整列宽的方法与调整行高的方法大体一致。选择需要调整列宽的单元格或单元格区域后，执行【开始】|【单元格】|【格式】|【列宽】命令，在弹出的【列宽】对话框中输入列宽值即可，如图 6-46 所示。

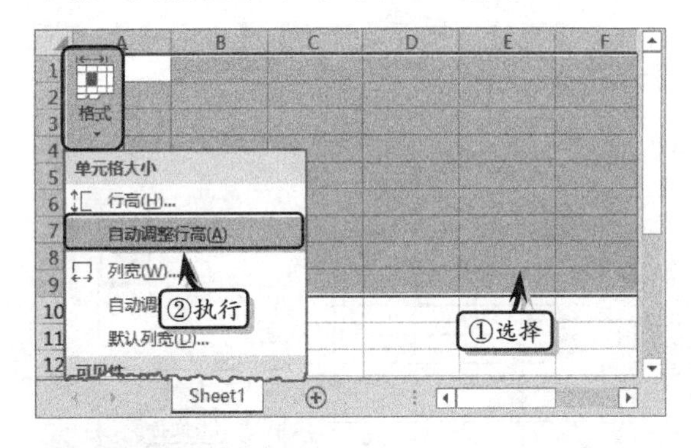

图 6-45 自动调整行高

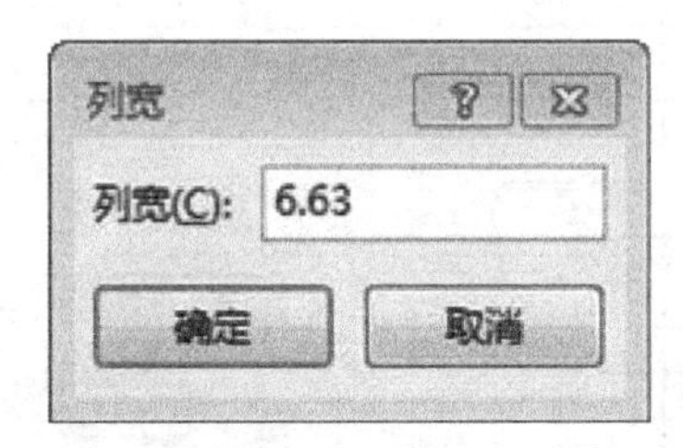

图 6-46 调整列宽

提 示

右击列标签，执行【列宽】命令，也可弹出【列宽】对话框。

用户也可以将鼠标置于列标处，当光标变成单竖线双向箭头✛时，按下鼠标左键并拖动鼠标或双击即可。另外，执行【开始】|【单元格】|【格式】|【自动调整列宽】命令，可根据单元格内容自动调整列宽。

6.3.3 合并单元格

合并单元格是将一行或一列中的多个单元格合并成一个单元格，以方便用户输入长数据或方便调整单元格数据与其单元格数据对齐显示方式。

1. 合并

选择要合并单元格后，执行【开始】|【对齐方式】|【合并后居中】命令，在其下拉列表中选择相应的选项即可合并单元格。例如，选择 B1 至 E1 单元格区域，执行【开始】|【对齐方式】|【合并后居中】命令，合并所选单元格，如图 6-47 所示。

其中，Excel 组件为用户提供以下 3 种方式合并方式。

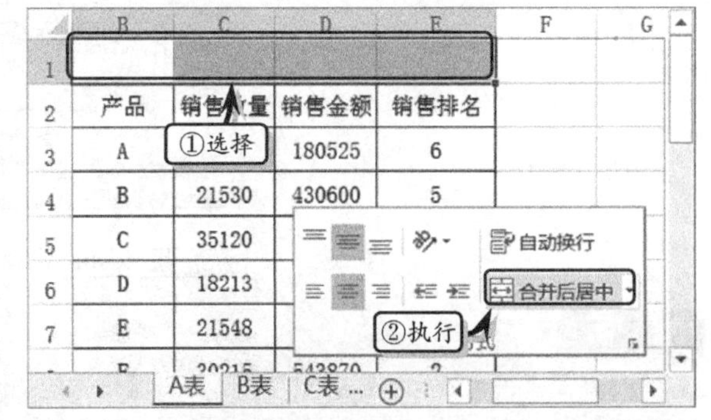

图 6-47 合并单元格

- **合并后居中**　将选择的多个单元格合并成一个大的单元格，并将单元格内容居中。
- **跨越合并**　行与行之间相互合并，而上下单元格之间不参与合并。
- **合并单元格**　将所选单元格合并为一个单元格。

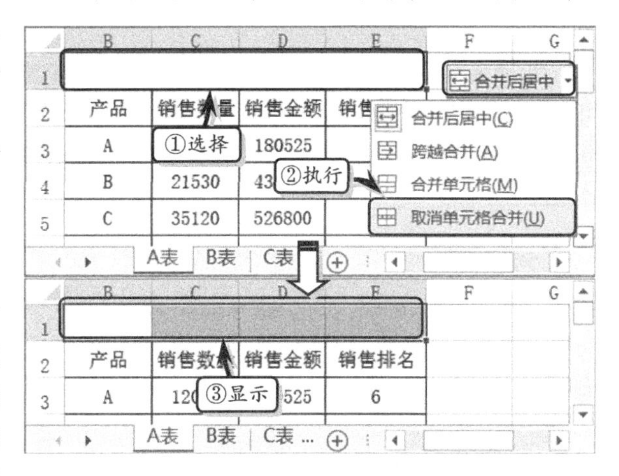

图 6-48 撤销合并

2. 撤销合并

选择合并后的单元格，执行【对齐方式】|【合并后居中】|【取消单元格合并】命令，即可将合并后的单元格拆分为多个单元格，且单元格中的内容将出现在拆分单元格区域左上角的单元格中，如图 6-48 所示。

提　示

选择合并后的单元格，执行【开始】|【对齐方式】|【合并后居中】命令，也可以取消已合并的单元格。

6.4 管理工作表

默认情况下，每个工作簿中只包含一个工作表，此时为方便存储更多的数据，用户还需要增加工作表的数量。除此之外，为了使表格的外观更加美观、排列更加合理、重点更加突出、条理更加清晰，还需要对工作表进行美化和属性设置等操作。

6.4.1 设置工作表的数量

Excel 为用户提供了增加或删除工作表的功能，用户只需根据实际需求通过插入或删除工作表等操作，即可增加或删除工作簿中的工作表。

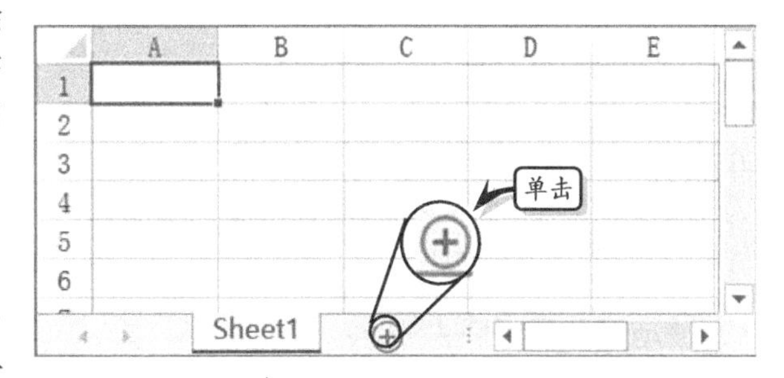

图 6-49 状态栏插入工作表

1. 插入工作表

新建工作簿，单击【状态栏】中的【插入工作表】按钮，即可在当前的工作表后面插入一个新的工作表，如图 6-49 所示。

另外，执行【开始】|【单元格】|【插入】|【插入工作表】命令，即可插入一个新的工作表，如图 6-50 所示。

提　示

选择与插入的工作表个数相同的工作表，执行【开始】|【单元格】|【插入】|【插入工作表】命令，即可一次性插入多张工作表。

2. 删除工作表

选择要删除的工作表，执行【开始】|【单元格】|【删除】|【删除工作表】命令即可，如图 6-51 所示。

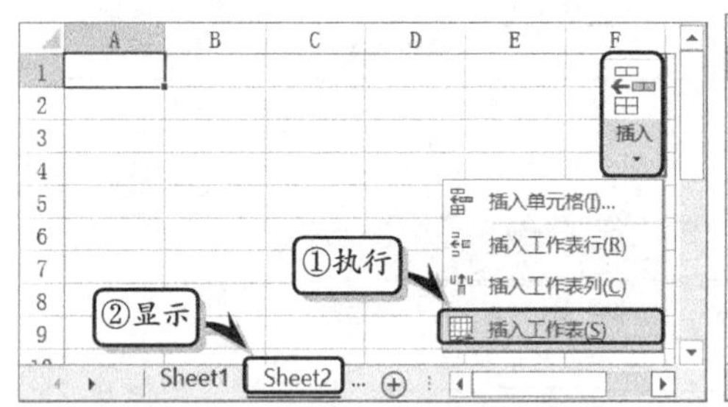

图 6-50 命令法插入工作表

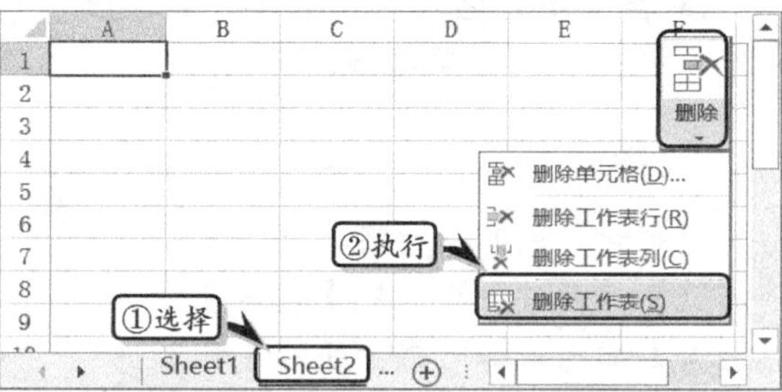

图 6-51 删除工作表

提 示

用户也可以右击需要删除的工作表，执行【删除】命令，即可删除工作表。

3. 更改默认的工作表数量

执行【文件】|【选项】命令，激活【常规】选项卡，在【包含的工作表个数】微调框中输入合适的工作表个数，单击【确定】按钮即可，如图 6-52 所示。

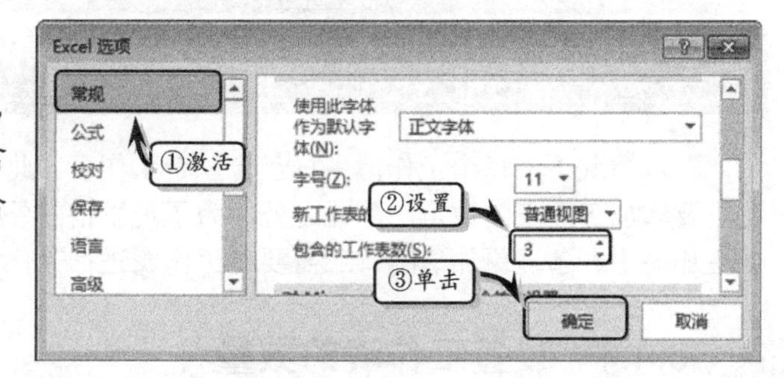

图 6-52 更改工作表数量

6.4.2 隐藏工作表

默认情况下，每个工作表都会显示在工作簿中。但是，对于一些重要的数据，还需要通过隐藏工作表来避免一些操作失误，使其处于不可视状态下，达到保护工作表数据的目的。

1. 隐藏工作表

激活需要隐藏的工作表，执行【开始】|【单元格】|【格式】|【隐藏和取消隐藏】|【隐藏工作表】命令，即可隐藏当前工作表，如图 6-53 所示。

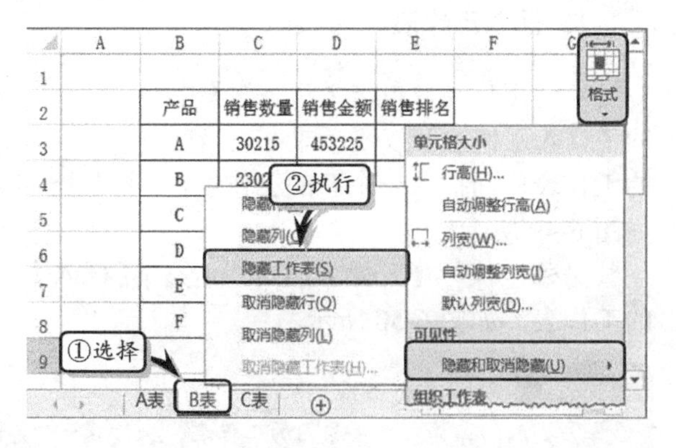

图 6-53 隐藏工作表

2. 隐藏工作表行或列

选择需要隐藏行中的任意一个单元格，执行【开始】|【单元格】|【格式】|【隐藏和取消隐藏】|【隐藏行】

命令，即可隐藏单元格所在的行，如图 6-54 所示。使用同样方法，可以隐藏工作表中的列。

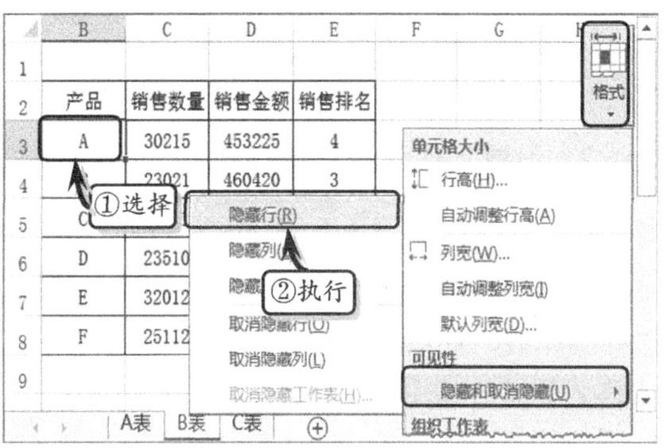

图 6-54 隐藏工作表行

提 示

选择任意一个单元格，按下 Ctrl+9 组合键可快速隐藏行，而按下 Ctrl+0 组合键可快速隐藏列。

3. 恢复工作表

执行【单元格】|【格式】|【隐藏和取消隐藏】|【取消隐藏工作表】命令，同时选择要取消的工作表名称，单击【确定】按钮即可恢复工作表，如图 6-55 所示。

另外，单击【全选】按钮或按 Ctrl+A 组合键，选择整张工作表。然后，执行【单元格】|【格式】|【隐藏和取消隐藏】|【取消隐藏行】或【取消隐藏列】命令，即可恢复隐藏的行或列。

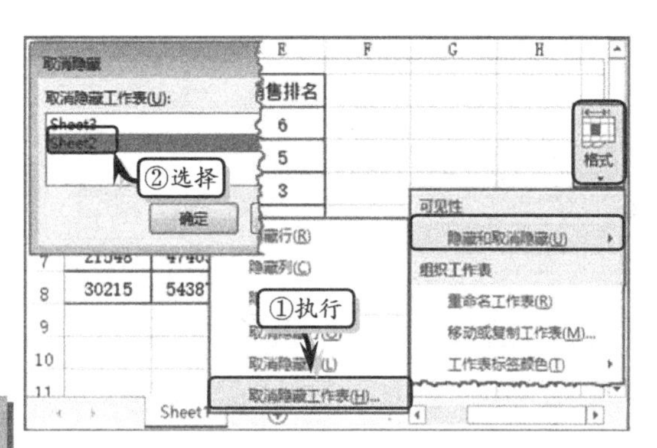

图 6-55 恢复工作表

提 示

按 Ctrl+A 组合键，全选整张工作表，然后按 Ctrl+Shift+(组合键即可取消隐藏的行，按 Ctrl+Shift+) 组合键即可取消隐藏的列。

6.4.3 美化工作表标签

默认情况下，Excel 中工作表标签的颜色与字号，以及工作表名称都是默认的。为了区分每个工作表中的数据类别，也为了突出显示含有重要数据的工作表，需要设置工作表的标签颜色，以及重命名工作表。

1. 重命名工作表

Excel 默认工作表的名称都是 Sheet 加序列号。对于一个工作簿中涉及的多个工作表，为了方便操作，需要对工作表进行重命名。

右击需要重新命名的工作表标签，执行【重命名】命令，输入新名称，按 Enter 键即可，如图 6-56 所示。

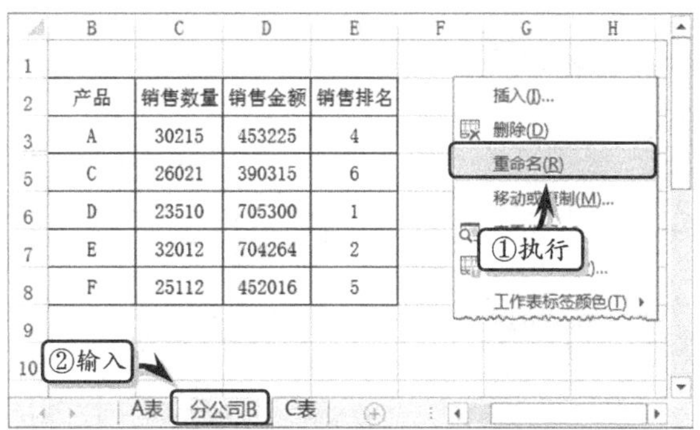

图 6-56 重命名工作表

提 示

双击需要重命名的工作表标签，此时该标签呈高亮显示，即标签处于编辑状态，在标签上输入新的名称，按 Enter 键即可。

2. 设置工作表标签的颜色

Excel 允许用户为工作表标签定义一个背景颜色，以标识工作表的名称。选择工作表，执行【开始】|【单元格】|【格式】|【工作表标签颜色】命令，在其展开的子菜单中选择一种颜色即可，如图 6-57 所示。

提 示

选择工作表，右击工作表标签，执行【工作表标签颜色】命令，在其子菜单中选择一种颜色。此时，选择其他工作表标签后，该工作表标签的颜色即可显示出来。

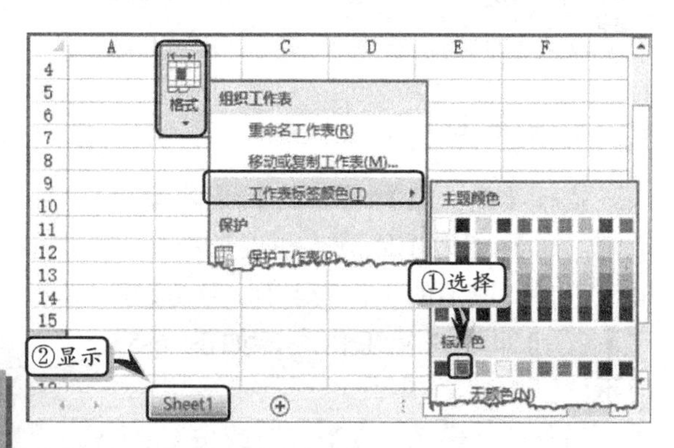

图 6-57 设置标签颜色

6.4.4 设置工作表属性

在使用工作表时，用户还可以设置工作表的一些重要属性，以达到区分和保护工作表的目的。例如，更改工作表显示和打印的效果等。

1. 查看工作簿的路径

首先，执行【文件】|【信息】命令，在展开的属性列表中，单击【属性】下列按钮，在其下拉列表中选择【高级属性】选项，如图 6-58 所示。

然后，在弹出的【属性】对话框中激活【常规】选项卡，查看工作簿的完整路径，如图 6-59 所示。

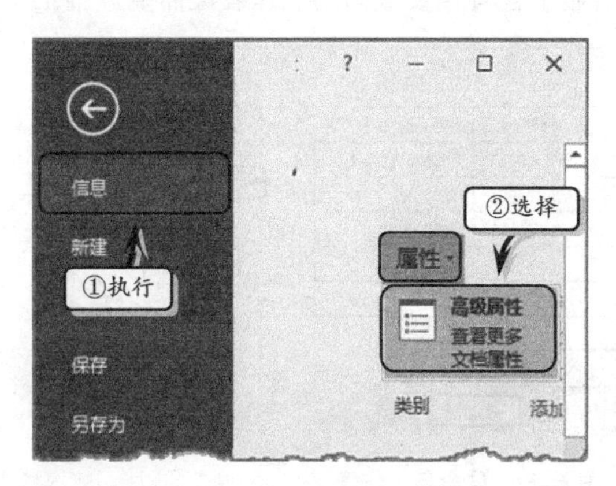

图 6-58 【信息】页面

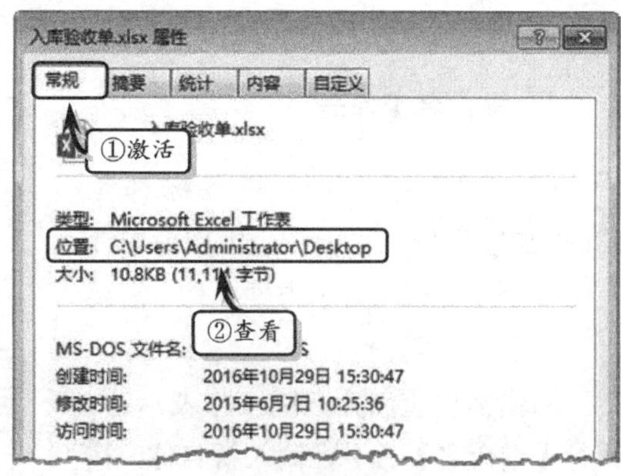

图 6-59 查看工作簿路径

2. 显示工作簿的路径

在 Excel 中，用户还可以将工作簿的路径直接显示在 Excel 界面中。执行【文件】|【选项】命令，激活【快速访问工具栏】选项。选择【从下列位置选择命令】下拉列表中的【所有命令】选项，在列表框中选择【文档位置】选项，并单击【添加】按钮，如图 6-60 所示。

单击【确定】按钮后，在工作簿中的快速访问工具栏中，将显示文档的路径，如图 6-61 所示。

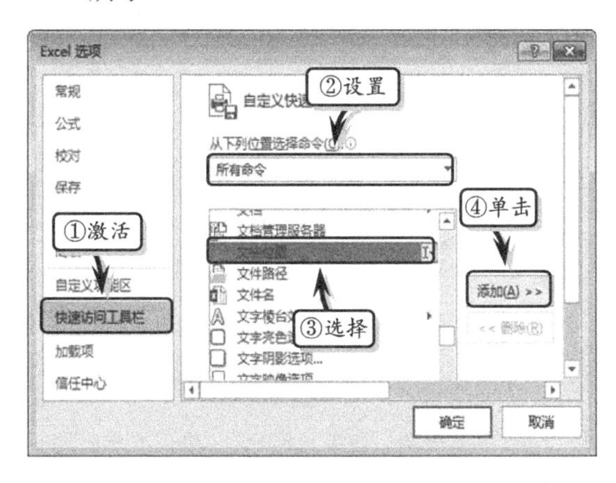

图 6-60 【Excel 选项】对话框

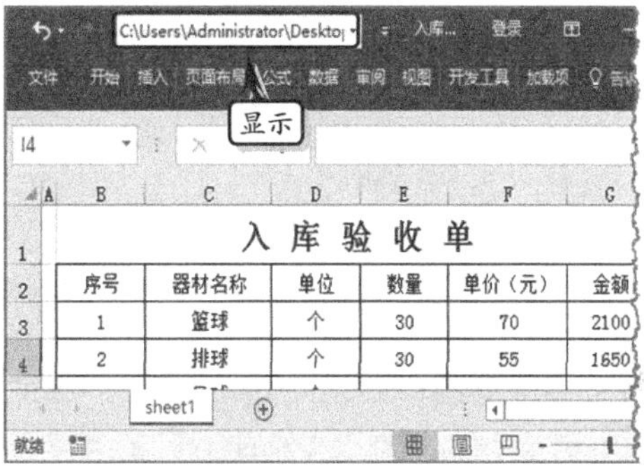

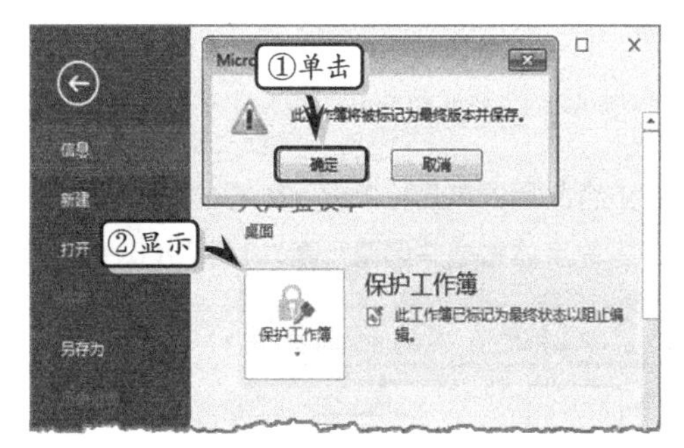

图 6-61 显示文件位置

3. 设置工作簿的信息权限

在 Excel 中，用户可以通过管理工作簿的信息权限，来设置工作簿的最终版本。首先，执行【文件】|【信息】命令，展开信息列表。然后，单击【保护工作簿】下拉按钮，选择【标记为最终状态】选项，如图 6-62 所示。

然后，在弹出的提示框中单击【确定】按钮后，列表中的“权限”文本将变色，并显示提示文本，如图 6-63 所示。

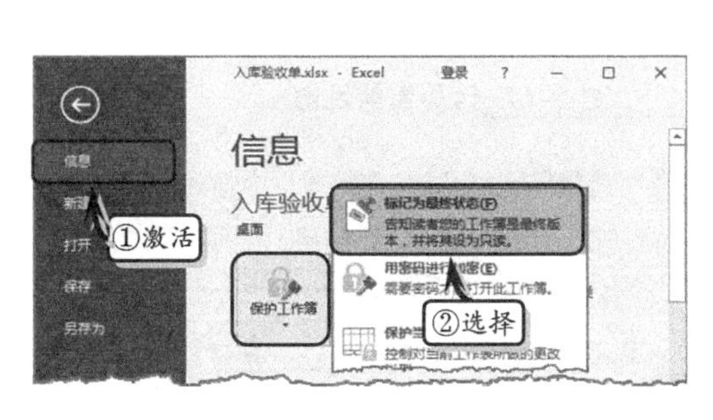

图 6-62 【信息】页面

图 6-63 保护工作簿

6.4.5 练习：企业新近员工培训成绩统计表

Excel 除了具有统计数据功能之外，还具有强大的数据计算功能，用户可以运用内置的函数根据需求计算不同的数据。除此之外，Excel 还内置了美化表格底纹和边框的功能。在本练习中，将通过制作一份企业新近员工培训成绩统计表，来详细介绍 Excel 中的数据统计、数据计算与表格美化等功能的使用方法，如图 6-64 所示。

企业新近员工培训成绩统计表

考试时间： 8月

编号	姓名	培训课程							总成绩	培训情况
		企业概况	规章制度	法律知识	财务知识	电脑操作	商务礼仪	质量管理		
1	王建	88	89	80	79	86	90	87	599	优
2	李扬	69	76	84	76	80	78	66	529	良
3	高红红	81	89	80	78	81	79	78	566	良
4	丁管	79	66	76	79	88	78	66	532	良
5	苏——	78	84	66	81	87	71	82	549	良
6	王霞	83	84	89	91	92	79	83	601	优
7	李倩丽	87	83	82	91	84	79	89	595	优
8	郑瑞	66	76	87	91	68	90	68	546	良

图 6-64 企业新近员工培训成绩统计表

操作步骤：

1 制作标题。设置工作表的行高，选择单元格区域 B1:L1，执行【开始】|【对齐方式】|【合并后居中】命令，如图 6-65 所示。

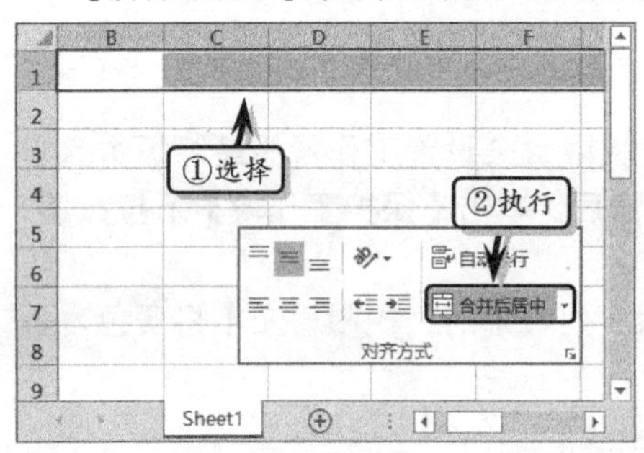

图 6-65 合并单元格

2 在合并后的单元格中输入标题文本，设置文本的字体格式并调整行高，如图 6-66 所示。

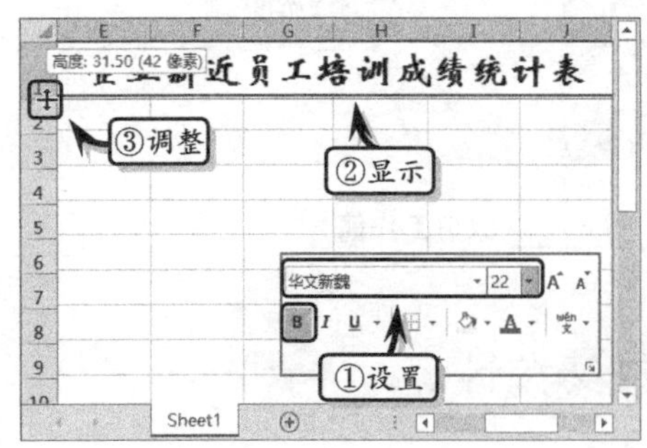

图 6-66 设置字体格式

3 制作表头。在单元格 B2 中输入文本，同时选择单元格区域 B2:C2，设置文本的字体和对齐格式，如图 6-67 所示。

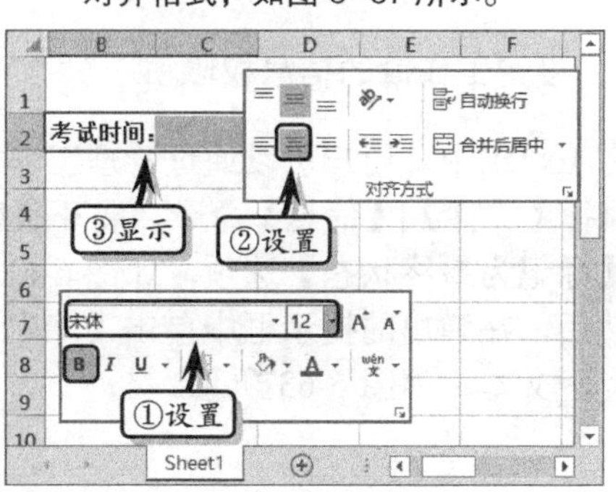

图 6-67 计算当前月份

4 选择单元格 C2，在编辑栏中输入计算公式，按 Enter 键显示计算结果，如图 6-68 所示。

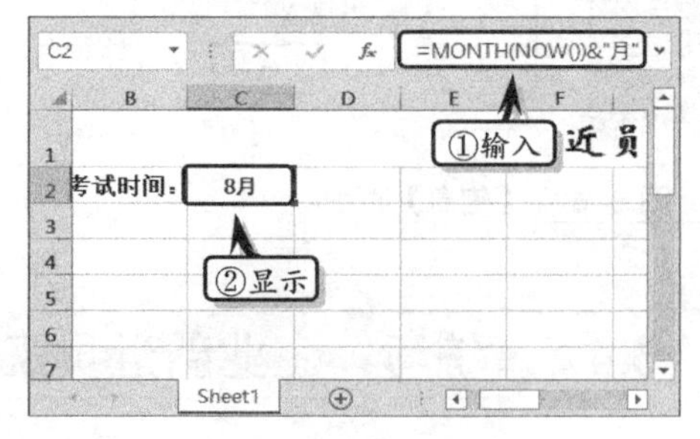

图 6-68 计算当前月份

5 制作表格数据。在表格中合并相应的单元格区域，输入基础数据，并设置数据的对齐方式，如图 6-69 所示。

	B	C	D	E	F
2	考试时间：	8月			
3	编号	姓名			培
4			企业概况	规章制度	法律知识	财
5	1	王建	84	89	80
6	2	李扬	69	76	84
7	3	高红红	81	89	80
8	4	丁管	79	66	76
9	5	苏一一	78	84	66
10	6	王霞	83	84	89

图 6-69 制作表格数据

6 设置数据格式。选择单元格 K5，在编辑栏中输入计算公式，按 Enter 键显示计算结果，如图 6-70 所示。使用同样方法，计算其他总成绩。

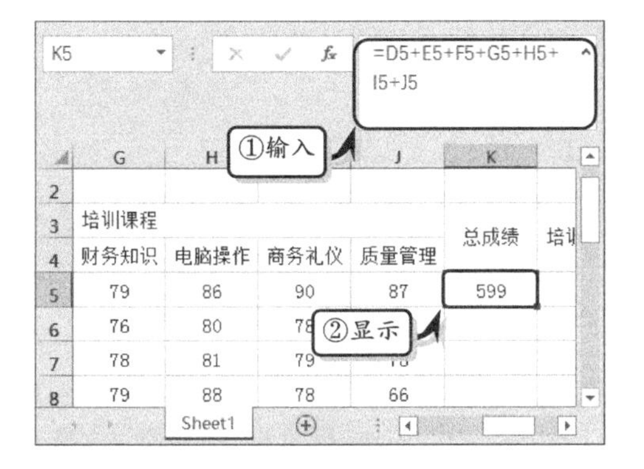

图 6-70 计算总成绩

7 美化表格。选择单元格区域 B3:L4，执行【开始】|【样式】|【单元格样式】|【计算】命令，如图 6-71 所示。使用同样方法，应用其他单元格样式。

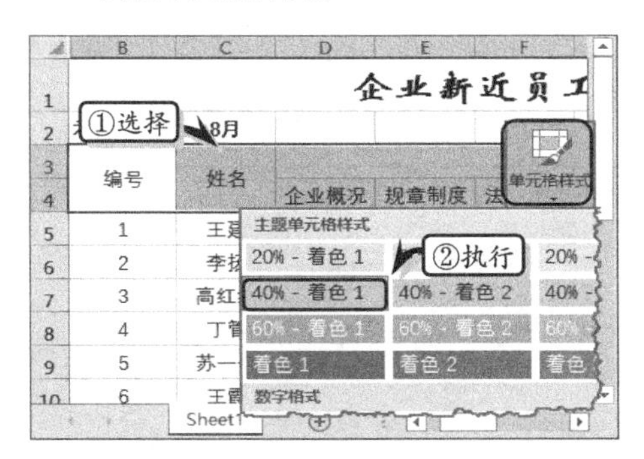

图 6-71 应用单元格样式

8 选择单元格区域 B3:L22，执行【开始】|【字体】|【边框】|【所有框线】命令，如图6-72 所示。

图 6-72 设置所有框线样式

9 选择单元格区域 B3:L4，执行【开始】|【字体】|【边框】|【粗外侧框线】命令，如图 6-73 所示。使用同样方法，设置其他单元格区域的粗外侧框线样式。

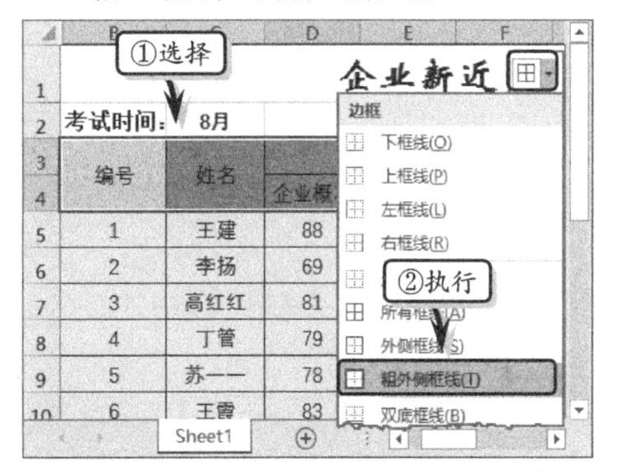

图 6-73 设置粗外侧框线样式

10 显示进货标识。选择单元格 L5，在编辑栏中输入计算公式，按 Enter 键显示培训情况，如图 6-74 所示。使用同样方法，计算其他培训情况。

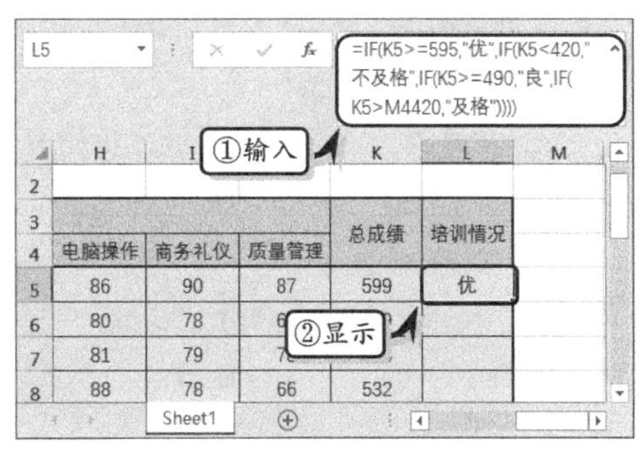

图 6-74 计算培训情况

6.5 思考与练习

一、填空题

1. 工作表又称为______，主要用来存储与处理数据。

2. ______是 Excel 中的最小单位，主要是由交叉的行与列组成的，其名称是通过行号与列标来显示的。

3. 按______组合键，也可创建一个空白的工作簿。

4. 用户还可以通过按______和______功能键，来进行翻页操作。

5. 选择任意一个单元格，按______组合键可快速隐藏行，而按______组合键可快速隐藏列。

6. 在 Excel 中，用户可以通过管理工作簿的______，来设置工作簿的最终版本。

二、选择题

1. 在单元格中输入公式时，【填充】命令中的______选项将不可用。

   A. 【系列】　　B. 【两端对齐】

   C. 【成组工作表】　　D. 【向上】

2. 在 Excel 2016 中使用______键可以选择相邻的工作表，使用______键可以选择不相邻的工作表。

   A. Shift　　B. Alt

   C. Ctrl　　D. Enter

3. 工作表的视图模式主要包括普通、页面布局与______3 种视图模式。

   A. 缩略图　　B. 文档结构图

   C. 分页预览　　D. 全屏显示

4. 用户可以使用______组合键与______键，快速打开【另存为】对话框。

   A. F4　　B. F12

   C. Ctrl+S　　D. Alt+S

5. 在 Excel 2016 中输入分数时，由于日期格式与分数格式一致，所以在输入分数时需要在分子前添加______。

   A. “-”号　　B. “/”号

   C. 0　　D. 00

6. 在输入 12 小时制的日期和时间时，可以在时间后面添加一个______，并输入表示上午的 AM 与表示下午的 PM 字符串，否则 Excel 将自动以 24 小时制来显示输入的时间。

   A. 表示时间的“:”

   B. 表示分隔的“-”

   C. 空格

   D. 任意符号

三、问答题

1. 如何选择多个单元格？
2. 如何撤销单元格的合并？
3. 如何隐藏工作表列？

四、上机练习

1. 申请签证个人资料表

在本练习中，将运用 Excel 中的编辑单元格、编辑数据和管理工作表等功能，来制作一份申请签证个人资料表，如图 6-75 所示。首先单击【全选】按钮，右击行标签执行【行高】命令，设置工作表的行高。然后，合并相应的单元格区域，输入表格内容，并设置数据的对齐和字体格式。最后，右击单元格区域，执行【设置单元格格式】命令，在【边框】选项卡中自定义边框样式和颜色。

	A	B	C	D	E
1		申请签证个人资料表			
2		姓名		性别	
3		出生地		出生日期	
4		学历		民族	
5		婚姻状况		职务	
6		年收入		在职时间	
7		家庭住址	（中文）		
8			（英文）		
9		邮政编码		家庭电话	
10		护照号码		护照种类	
11		身份证号		身份证签发机关	

Sheet1

图 6-75 申请签证个人资料表

2. 停车位申请登记表

在本实例中，将运用 Excel 中的设置边框格式、设置对齐方式等功能，来制作一份停车位申请登记表，如图 6-76 所示。首先制作表格标题，并设置标题文本的字体格式。同时，合并相应的单元格区域，输入文本并设置文本的字体格式。然后，选择单元格区域 B3:B9，执行【对齐方式】|【方向】|【竖排文字】命令，更改文本的显示方向；选择单元格区域 H3:H9，执行【开始】|【数字】|【数字格式】|【货币】命令。最后，执行【字体】|【边框】|【所有框线】和【粗外侧框线】命令，设置表格的边框样式。

	B	C	D	E	F	G	H
1	停车位申请登记表						
2	****小区						
3	申请人情况	姓名	联系电话	单元房号	车牌号	申请个数	金额
4		陈一冰	135****7645	10号楼一单元103	豫E•LL58*	1	¥100,000.00
5		朱慧	176****5535	9号楼一单元104	豫E•MA87*	1	¥100,000.00
6		刘金伟	158****7621	3号楼三单元303	豫E•HH43*	1	¥100,000.00
7		刘冰	138****8365	3号楼二单元501	豫E•8794*	1	¥100,000.00
8		胡嘉	137****8734	1号楼一单元103	豫E•78U7*	1	¥100,000.00
9		王薇薇	156****9954	15号楼四单元202	豫E•677*v	1	¥100,000.00

Sheet1

图 6-76 停车位申请登记表

第 7 章

美化表格

Excel 默认的工作表无任何修饰，仅仅以单元格为基本单位排列各类数据。此时的表格会略显枯燥与乏味，为了使数据表达到较佳的表现效果，通常会采用一系列的格式集来美化工作表。例如，通过使用表格样式，使工作表具有清晰的版面与优美的视觉效果。在本章中，将详细介绍设置数据格式、边框格式、填充格式等美化表格的基础知识与操作方法。

本章学习内容：

- 设置文本格式
- 设置数字格式
- 设置对齐方式
- 设置边框格式
- 设置填充格式
- 应用表格样式
- 套用表格格式

7.1 设置数据格式

数据是 Excel 的灵魂，因此设置数据格式也成为美化工作表的重要步骤之一。Excel 为用户提供了文本、数字、日期等多种数字显示格式，默认情况下的数据显示格式为常规格式。用户可以运用 Excel 中自带的数据格式，根据不同的数据类型来美化数据。

7.1.1 设置文本格式

在 Excel 中，用户可通过设置文本的字体、字号、字形或特色文本效果等文本格式，来增加版面的美观性。

1. 设置字体

在 Excel 中，单元格中默认的【字体】为“宋体”。如果用户想更改文本的字体样式，只需选择单元格，执行【开始】|【字体】|【字体】命令，选择一种字体格式即可，如图 7-1 所示。

提 示

选择需要设置文本格式的单元格或单元格区域。按 Ctrl+Shift+F 或 Ctrl+1 组合键快速显示【设置单元格格式】对话框的【字体】选项卡。

另外，在【开始】选项卡中，单击【字体】选项组中的【对话框启动器】按钮，在【字体】选项卡中的【字体】列表框中选择一种文本字体样式即可，如图 7-2 所示。

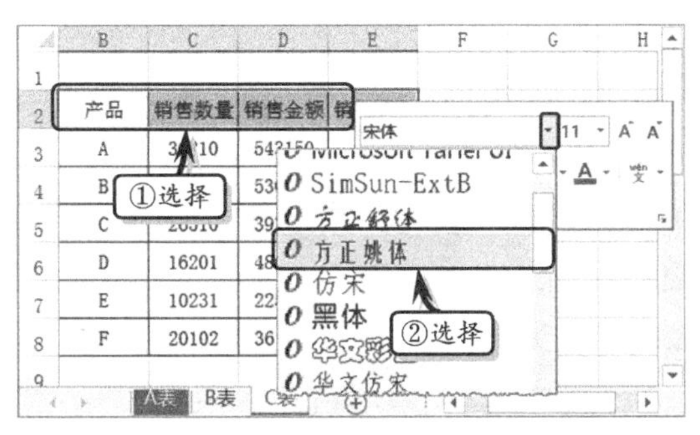

图 7-1 命令设置法

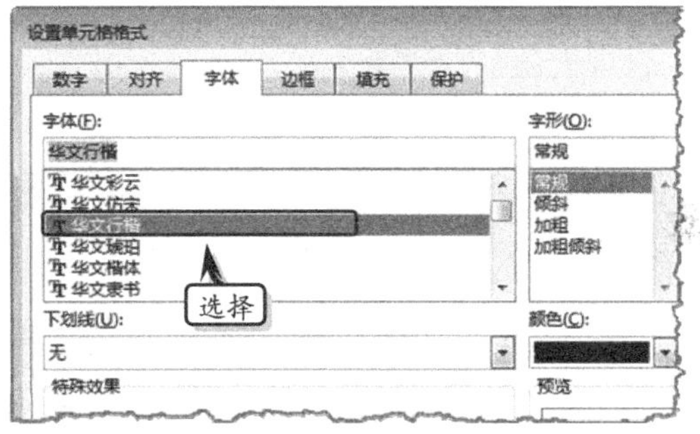

图 7-2 对话框设置法

2. 设置字号

选择单元格，执行【开始】|【字体】|【字号】命令，在其下拉列表中选择字号，如图 7-3 所示。

另外，选择需要设置的单元格或单元格区域，右击，执行【设置单元格格式】命令，在【字体】选项卡中的【字号】列表中选择相应的字号即可，如图 7-4 所示。

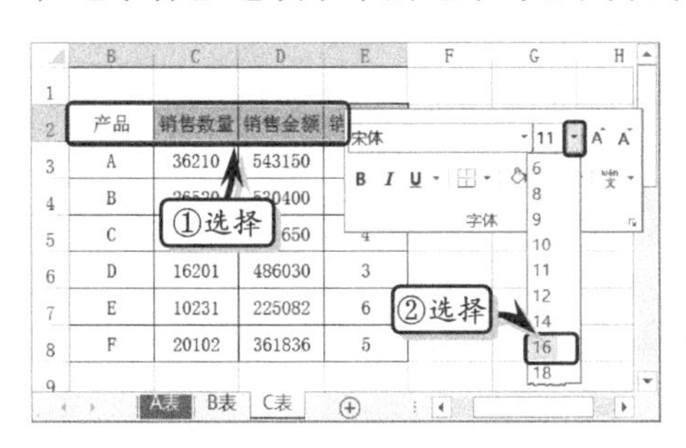

图 7-3 命令设置法

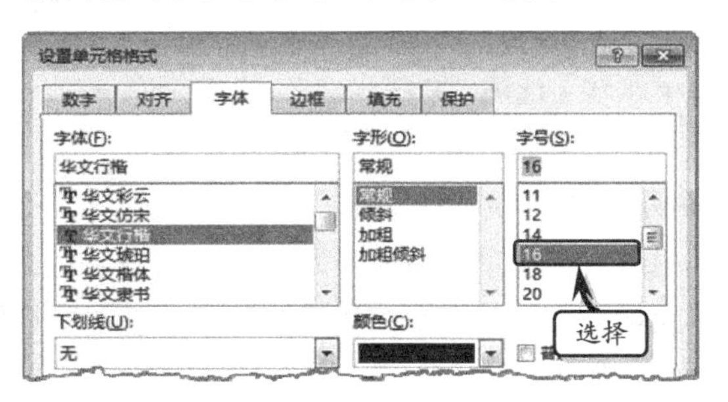

图 7-4 对话框设置法

3. 设置字形

文本的常用字形包括加粗、倾斜和下画线三种，主要用来突出某些文本，强调文本

的重要性。选择单元格，执行【开始】|【字体】|【加粗】命令，即可设置单元格文本的加粗字形格式，如图 7-5 所示。

另外，单击【开始】选项卡【字体】选项组中的【对话框启动器】按钮，在弹出的【设置单元格格式】对话框中的【字体】选项卡中设置字形格式即可，如图 7-6 所示。

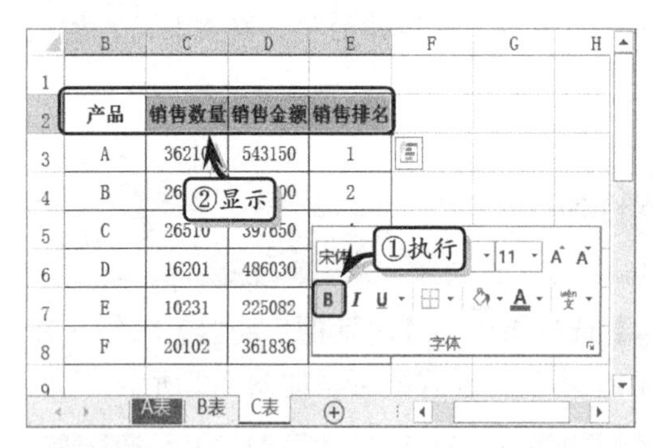

图 7-5　命令设置法

图 7-6　对话框设置法

提　示

选择需要设置的单元格或单元格区域，按 Ctrl+B 组合键设置【加粗】；按 Ctrl+I 组合键设置【倾斜】；按 Ctrl+U 组合键添加【下画线】。

4．设置特殊效果

在 Excel 工作表中，用户还可以根据实际需求，来设置文本的一些特色效果，例如设置删除线、会计用下画线等一些特殊效果。

选择单元格或单元格区域，右击，执行【设置单元格格式】命令，弹出【设置单元格格式】对话框。在【字体】选项卡中单击【下画线】下拉按钮，在其列表中选择【会计用双下画线】选项，系统则会根据单元格的列宽显示双下画线，如图 7-7 所示。

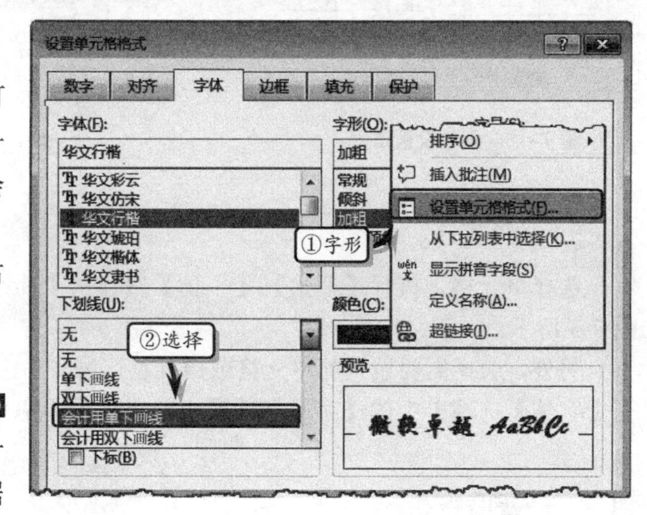

图 7-7　设置会计专业下画线效果

另外，选择单元格或单元格区域，右击，执行【设置单元格格式】命令。弹出【设置单元格格式】对话框。在【字体】选项卡中启用【删除线】复选框，则可以设置删除线效果，如图 7-8 所示。

5．设置字体颜色

在 Excel 中，除了可以为文本设置内置的字体颜色之外，还可以自定义字体颜色，以突出美化版面的特效。

选择单元格或单元格区域，执行【开始】|【字体】|【字体颜色】命令，在其列表中的【主题颜色】或【标题颜色】栏中选择一种色块即可，如图 7-9 所示。

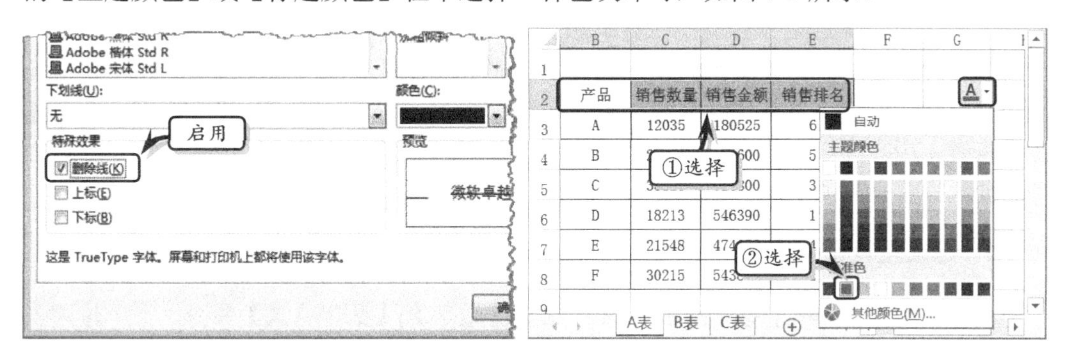

图 7-8 删除线效果

图 7-9 应用内置颜色

提 示

选择单元格或单元格区域，右击，执行【设置单元格格式】命令，在【字体】选项卡中，单击【颜色】下拉按钮，也可设置字体颜色。

选择单元格或单元格区域，执行【开始】|【字体】|【字体颜色】|【其他颜色】命令。在弹出的【颜色】对话框中激活【标准】选项卡，选择任意一种色块，即可为文本设置独特的颜色，如图 7-10 所示。

另外，在【颜色】对话框中激活【自定义】选项卡，单击【颜色模式】下列按钮，在其下拉列表中选择【RGB】选项，分别设置相应的颜色值即可自定义字体颜色，如图 7-11 所示。

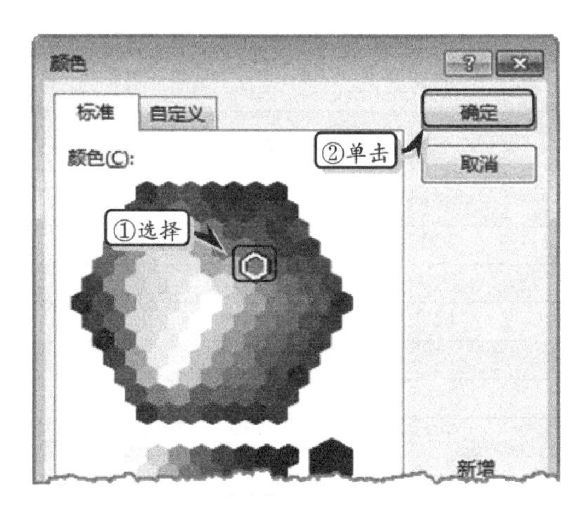

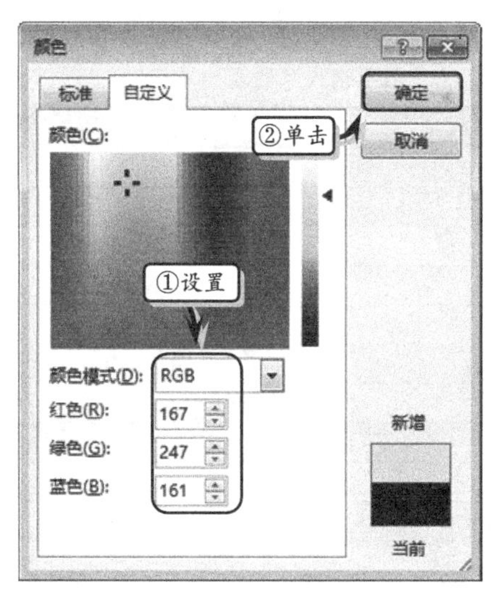

图 7-10 使用标准颜色

图 7-11 自定义字体颜色

提 示

设置字体颜色之后，可通过执行【开始】|【字体】|【字体颜色】|【自动】命令，取消已设置的字体颜色。

7.1.2 设置数字格式

Excel 中所包含的数据大部分为数字，而数字格式又分为常规、数值、货币、会计专用、日期、时间、百分比、分数、科学记数、文本、特殊以及自定义等类型。在制作数据表时，用户还需要根据不同的数据类型设置相对应的数字格式，以达到突出数据类型和便于查看的目的。

1. 选项组设置法

选择单元格或单元格区域，执行【开始】|【数字】|【数字格式】命令，在下拉列表中选择相应的选项，即可设置所选单元格中的数据格式，如图 7-12 所示。

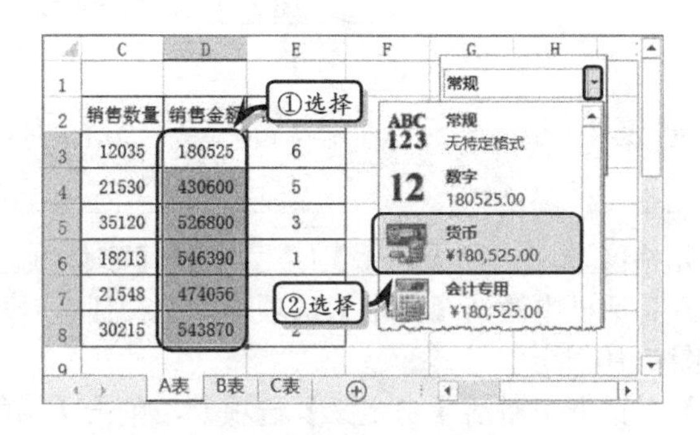

图 7-12 选项组设置法

其【数字格式】命令中的各种图标名称与示例，如表 7-1 所示。

表 7-1 数字格式选项表

图　标	选　项	示　例
ABC 123	常规	无特定格式，如 ABC
12	数字	2222.00
	货币	￥1222.00
	会计专用	￥1232.00
	短日期	2007-1-25
	长日期	2008 年 2 月 1 日
	时间	12:30:00
%	百分比	10%
½	分数	2/3、1/4、4/6
10^2	科学计数	0.09e+04
ABC	文本	中国北京

另外，用户还可以执行【数字】选项组中的其他命令，来设置数字的小数位数、百分比、会计货币格式等数字样式。各项命令的具体含义，如表 7-2 所示。

表 7-2 数字命令

按　钮	命　令	功　能
	增加小数位数	表示数据增加一个小数位
	减少小数位数	表示数据减少一个小数位

续表

按　钮	命　令	功　能
,	千位分隔符	表示每个千位间显示一个逗号
	会计数字格式	表示数据前显示使用的货币符号
%	百分比样式	表示在数据后显示使用百分比形式

2. 对话框设置法

选择相应的单元格或单元格区域，单击【数字】选项组中的【对话框启动器】按钮。在【数字】选项卡中选择【分类】列表框中的数字格式分类即可。例如，【选择数值】选项，并设置【小数位数】选项，如图 7-13 所示。

图 7-13 对话框设置法

在【分类】列表框中，主要包含了数值、货币、日期等 12 种格式，每种格式的功能，如表 7-3 所示。

表 7-3 分类选项

分　类	功　能
常规	不包含特定的数字格式
数值	适用于千位分隔符、小数位数以及不可以指定负数的一般数字的显示方式
货币	适用于货币符号、小数位数以及不可以指定负数的一般货币值的显示方式
会计专用	与货币一样，但小数或货币符号是对齐的
日期	将日期与时间序列数值显示为日期值
时间	
百分比	将单元格乘以 100 并为其添加百分号，而且还可以设置小数点的位置
分数	以分数显示数值中的小数，而且还可以设置分母的位数
科学记数	以科学记数法显示数字，而且还可以设置小数点位置
文本	表示数字作为文本处理
特殊	用来在列表或数字数据中显示邮政编码、电话号码、中文大写数字和中文小写数字
自定义	用于创建自定义的数字格式，在该选项中包含了 12 种数字符号

3. 自定义数字格式

自定义数字格式是使用 Excel 允许的格式代码，来表示一些特殊的、不常用的数字格式。

在【设置单元格格式】对话框中，用户还可以通过选择【分类】列表框中的【自定义】选项，来自定义数字格式。例如，选择【自定义】选项，在【类型】文本框中输入“000”数字代码，单击【确定】按钮，即可在单元格中显示以零开头的数据，如图 7-14 所示。

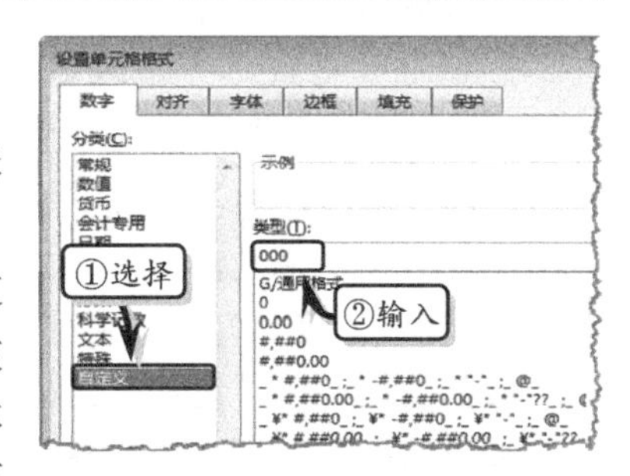

图 7-14 自定义数字格式

另外，自定义数字格式中的每种数字符号的含义，如表 7-4 所示。

表 7-4 自定义数字符号

符 号	含 义
G/通用格式	以常规格式显示数字
0	预留数字位置。确定小数的数字显示位置，按小数点右边的 0 的个数对数字进行四舍五入处理，当数字位数少于格式中零的个数时，将显示无意义的 0
#	预留数字位数。与 0 相同，只显示有意义的数字
?	预留数字位置。与 0 相同，允许通过插入空格来对齐数字位，并除去无意义的 0
.	小数点，用来标记小数点的位置
%	百分比，其结果值是数字乘以 100 并添加%符号
,	千位分隔符，标记出千位、百万位等数字的位置
_（下画线）	对齐。留出等于下一个字符的宽度，对齐封闭在括号内的负数，并使小数点保持对齐
：￥-()	字符。表示可以直接被显示的字符
/	分数分隔符，表示分数
“”	文本标记符，表示括号内引述的是文本
*	填充标记，表示用星号后的字符填满单元格剩余部分
@	格式化代码，表示将标识出输入文字显示的位置
[颜色]	颜色标记，表示将用标记出的颜色显示字符
h	代表小时，其值以数字进行显示
d	代表日，其值以数字进行显示
m	代表分，其值以数字进行显示
s	代表秒，其值以数字进行显示

7.1.3 设置对齐方式

对齐方式是指单元格中的内容相对于单元格四周边框的距离，以及文字的显示方向与文本的缩进量等文本格式。通过设置单元格的对齐方式，可以增加工作表版面的整齐性。

1. 设置对齐格式

默认情况下，工作表中的文本对齐方式为左对齐，而数字为右对齐，逻辑值和错误值为居中对齐。

选择单元格或单元格区域，执行【开始】选项卡【对齐方式】选项组中相应的命令即可，如图 7-15 所示。

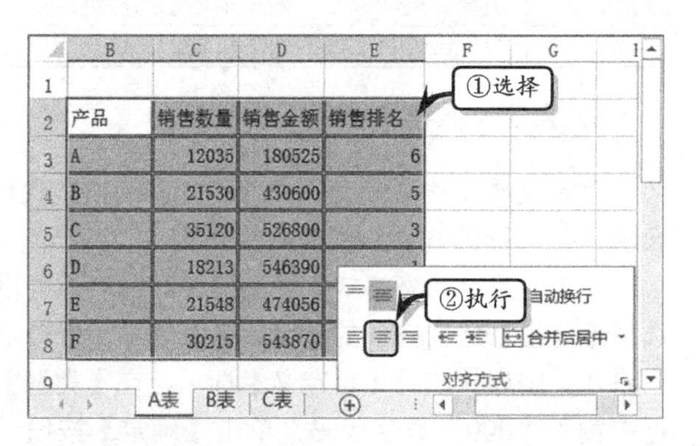

图 7-15 命令设置法

另外，选择单元格或单元格区域，单击【对齐方式】选项组中的【对话框启动器】按钮，在【设置单元格格式】对话框中的【文本对齐方式】选项卡中，设置文本的水平与垂直对齐方式即可，如图 7-16 所示。

【水平对齐】选项中的【两端对齐】选项只有当单元格中的内容是多行才起作用，

其多行文本两端对齐；【分散对齐】选项是单元格中的内容以两端顶格方式与两边对齐；【填充】选项通常用于修饰报表，当选择单元格填充对齐时，即使在单元格中输入一个“*”，Excel 也会自动将单元格填满，而且其“*”的个数随列宽自动调整。

2. 文本控制

文本控制主要包括自动换行、缩小字体填充、合并单元格等内容。选择单元格或单元格区域，右击，执行【设置单元格格式】命令。在【对齐】选项卡中的【文本控制】栏中启用或禁用不同的复选框，以达到不同的效果，如图 7-17 所示。

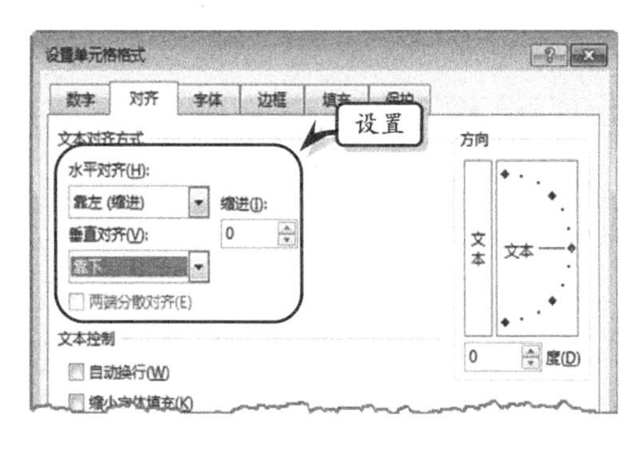

图 7-16 对话框设置法

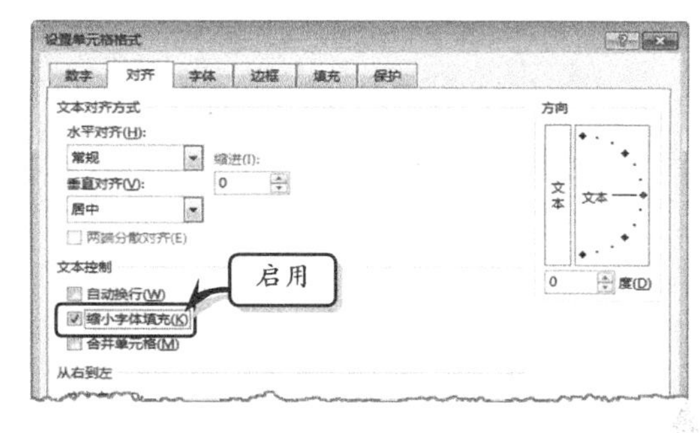

图 7-17 文本控制

其中，【缩小字体填充】选项表示可以自动缩减单元格中字符的大小，以使数据的宽度与列宽一致；若调整列宽，字符的大小自动调整，位置不变。而【自动换行】选择则表示将根据单元格列宽把文本拆行，并自动调整单元格的高度。

3. 设置文本方向

选择单元格或单元格区域，执行【开始】|【对齐方式】|【方向】命令，在其下拉列表中选择相应的选项即可，如图 7-18 所示。

另外，选择单元格区域，右击，执行【设置单元格格式】命令。在【对齐】选项卡中的【从右到左】栏中设置文字的方向，或者在【方向】栏中，拖动【方向】栏中的文本指针，或者直接在微调框中输入具体的值，即可调整文本方向的角度，如图 7-19 所示。

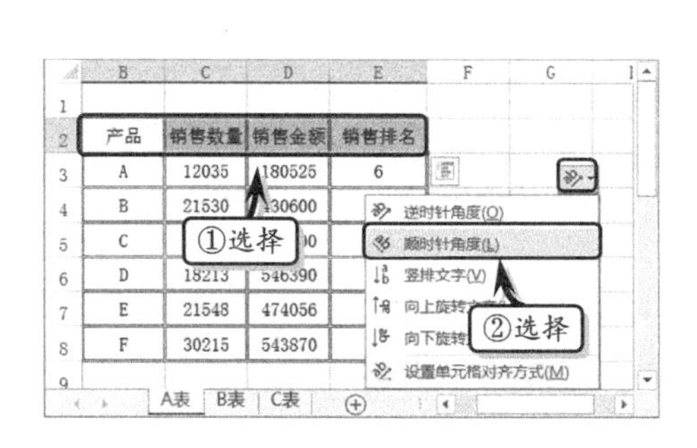

图 7-18 命令设置法

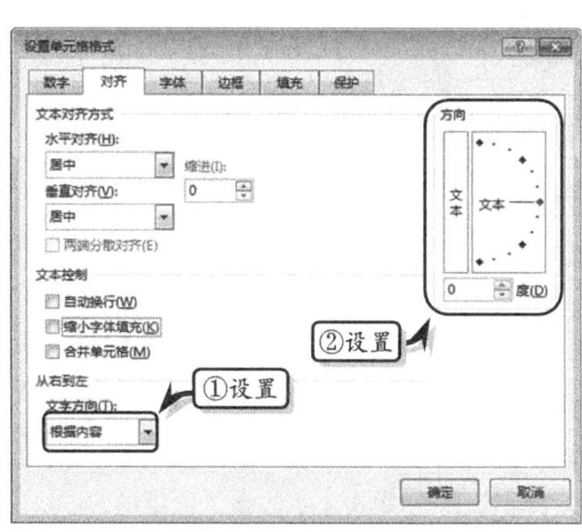

图 7-19 对话框设置法

7.1.4 练习：薪酬表

Excel 之所以具有强大的数据处理功能，是因为它不像普通数据软件那样只单纯的记录和计算数据，而是为用户提供了多种类型的数据格式、自定义数据格式，以及自定义边框样式等功能，以帮助用户制作出简洁且优美的数据表格。在本练习中，将通过介绍薪酬表的制作过程，来详细介绍 Excel 强大的数据设置功能，如图 7-20 所示。

薪 酬 表

月份： 9

工牌号	姓名	所属部门	职务	工资总额	考勤应扣额	业绩奖金	应扣应缴	应付工资	扣个税	实付工资
001	杨光	财务部	经理	¥9,200.00	¥168.18		¥703.00	¥8,328.82	¥410.76	¥7,918.05
002	刘晓	办公室	主管	¥8,500.00	¥50.00		¥570.00	¥7,880.00	¥333.00	¥7,547.00
003	贺龙	销售部	经理	¥7,600.00		¥1,500.00	¥589.00	¥8,511.00	¥447.20	¥8,063.80
004	冉然	研发部	职员	¥8,400.00	¥436.36	¥500.00	¥608.00	¥7,855.64	¥330.56	¥7,525.07
005	刘娟	人事部	经理	¥9,400.00			¥703.00	¥8,697.00	¥484.40	¥8,212.60
006	金鑫	办公室	经理	¥9,300.00			¥684.00	¥8,616.00	¥468.20	¥8,147.80
007	李娜	销售部	主管	¥6,500.00	¥163.64	¥8,000.00	¥456.00	¥13,880.36	¥1,590.09	¥12,290.27
008	李娜	研发部	职员	¥7,200.00			¥532.00	¥6,668.00	¥211.80	¥6,456.20
009	张冉	人事部	职员	¥6,600.00	¥327.27		¥456.00	¥5,816.73	¥126.67	¥5,690.05
010	赵军	财务部	主管	¥8,700.00	¥600.00		¥608.00	¥7,492.00	¥294.20	¥7,197.80
011	苏飞	办公室	职员	¥7,100.00			¥475.00	¥6,625.00	¥207.50	¥6,417.50
012	黄亮	销售部	职员	¥6,000.00		¥6,000.00	¥418.00	¥11,582.00	¥1,061.40	¥10,520.60
013	王雯	研发部	经理	¥9,700.00	¥354.55		¥741.00	¥8,604.45	¥465.89	¥8,138.56
014	王宏	人事部	职员	¥8,100.00			¥532.00	¥7,568.00	¥301.80	¥7,266.20

Sheet1

图 7-20 薪酬表

操作步骤：

1 设置行高。单击【全选】按钮，右击行标签，执行【行高】命令，设置工作表的行高，如图 7-21 所示。

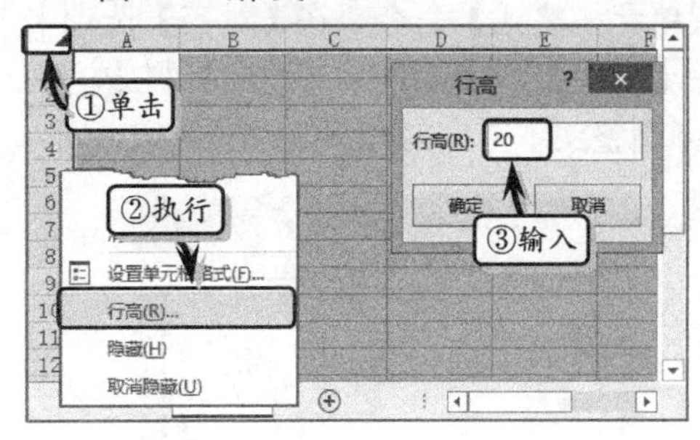

图 7-21 设置行高

2 制作标题。合并单元格区域 B1:L1，输入标题文本并设置文本的字体格式，如图 7-22 所示。

3 选择单元格 B1，单击【字体】选项组中的【对话框启动器】按钮，将【下画线】设置为“会计用双下画线”选项，如图 7-23 所示。

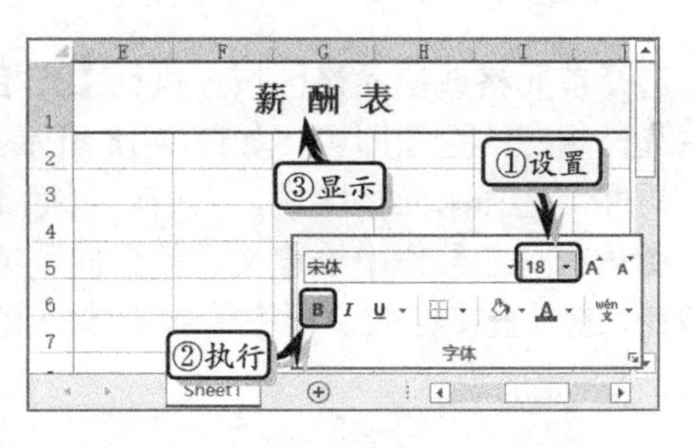

图 7-22 制作标题

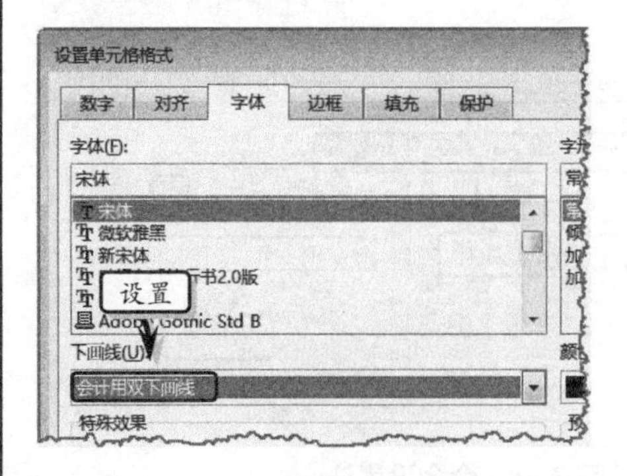

图 7-23 设置特殊效果

4 制作表头。在单元格 B2 中输入标题文本，并设置单元格区域 B1:C2 的对齐格式和字体格式，如图 7-24 所示。

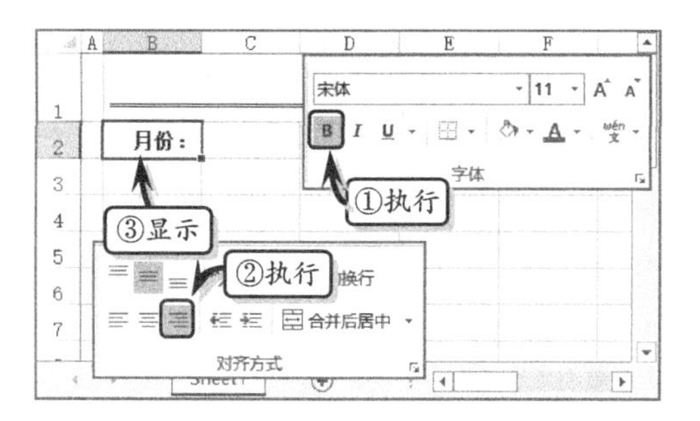

图 7-24 制作表头

5 选择单元格 C2，在编辑栏中输入计算公式，按 Enter 键返回计算结果，如图 7-25 所示。

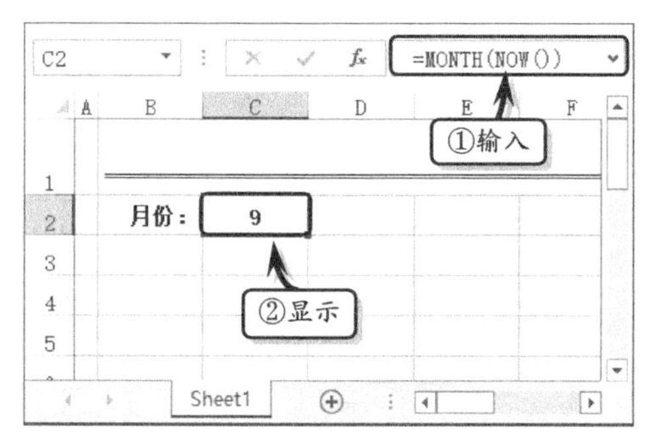

图 7-25 显示当前月份

6 制作列标题。在工作表中输入列标题，并设置文本的字体和对齐格式，如图 7-26 所示。

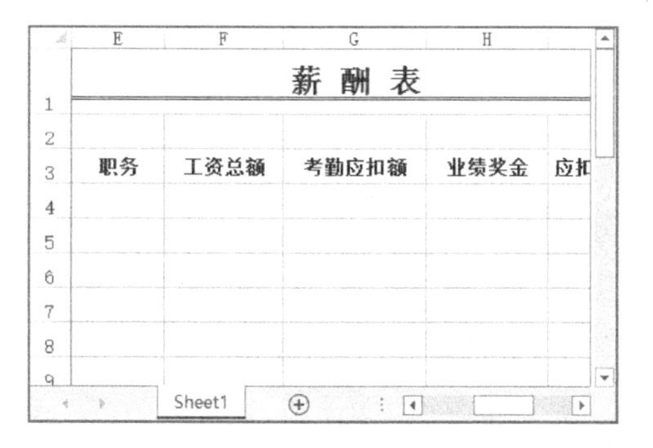

图 7-26 制作列标题

7 设置数据格式。选择单元格区域 B4:B26，右击，执行【设置单元格格式】命令，选择【自定义】选项，并输入自定义代码，如图 7-27 所示。

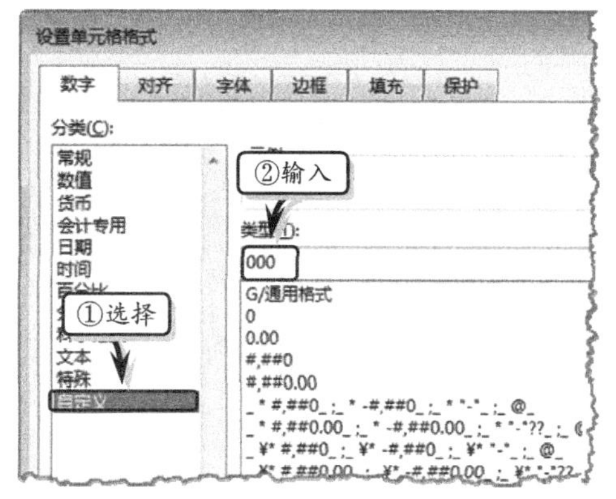

图 7-27 自定义数字格式

8 输入基础数据，选择单元格区域 F4:L26，执行【开始】|【数字】|【数字格式】|【货币】命令，如图 7-28 所示。

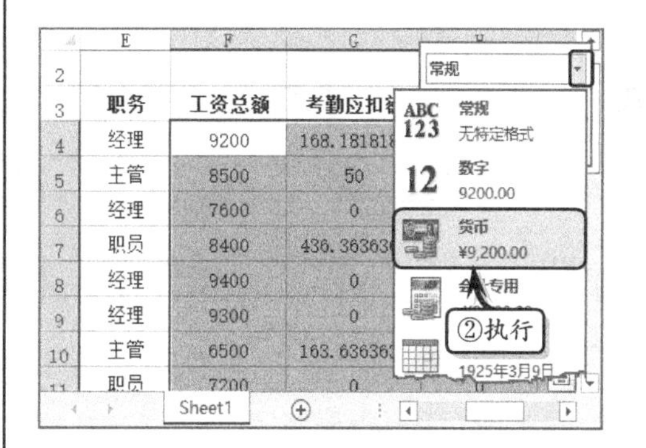

图 7-28 设置数字格式

9 制作辅助列表。在单元格区域 N2:Q10 中，制作辅助列表并设置表格的对齐、字体和边框格式，如图 7-29 所示。

个税标准			
最低	最高	税率	速算扣除数
0	1500	3%	0
1500	4500	10%	105
4500	9000	20%	555
9000	35000	25%	1005
35000	55000	30%	2755
55000	80000	35%	5505
80000		45%	13505

图 7-29 制作辅助列表

10 计算数据。选择单元格 J4，在编辑栏中输入计算公式，按 Enter 键返回应付工资额，如图 7-30 所示。

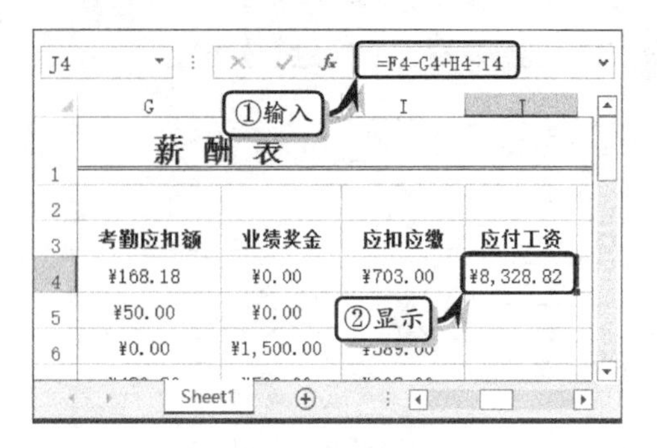

图 7-30 计算应付工资额

11 选择单元格 K4，在编辑栏中输入计算公式，按 Enter 键返回扣个税额，如图 7-31 所示。

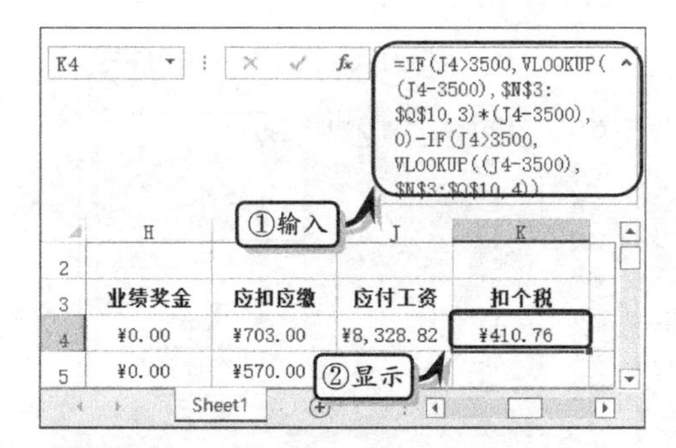

图 7-31 计算扣个税额

12 选择单元格 L4,，在编辑栏中输入计算公式，按 Enter 键返回实付工资额，如图 7-32 所示。

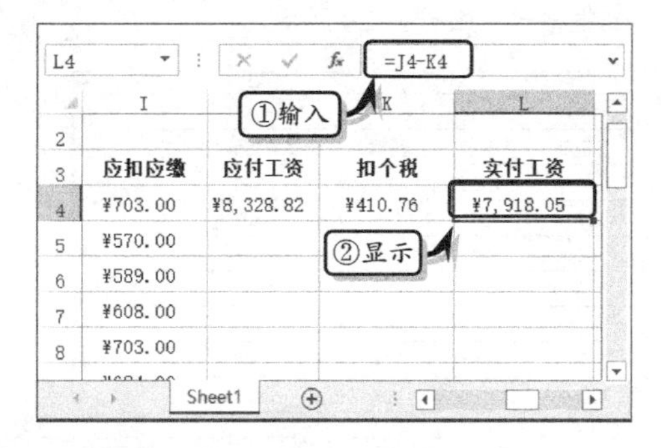

图 7-32 计算实付工资额

13 选择单元格区域 J4:L26，执行【开始】|【编辑】|【填充】|【向下】命令，向下填充公式，如图 7-33 所示。

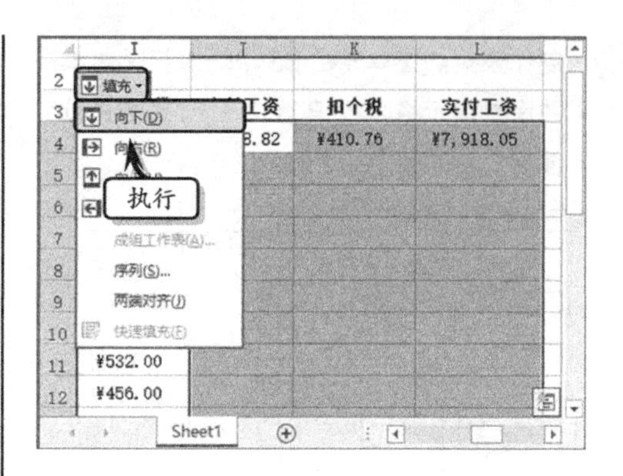

图 7-33 填充公式

14 设置表格边框。选择单元格区域 B3:L26，右击，执行【设置单元格格式】命令，激活【边框】选项卡，设置边框颜色和样式，如图 7-34 所示。

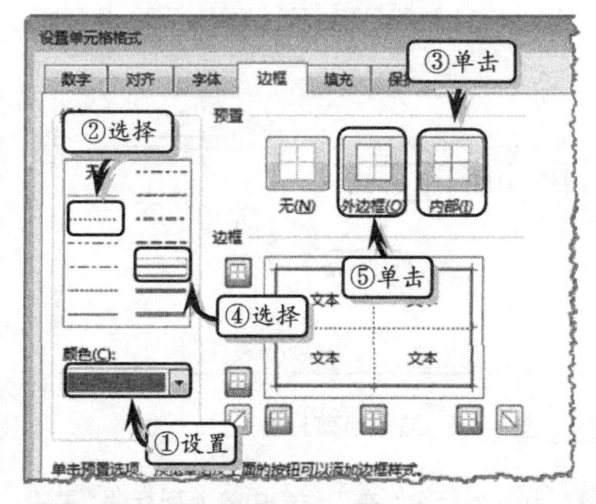

图 7-34 选择单元格区域

15 隐藏零值。执行【文件】|【选项】命令，激活【高级】选项卡，禁用【在具有零值的单元格中显示零】复选框，并单击【确定】按钮，如图 7-35 所示。

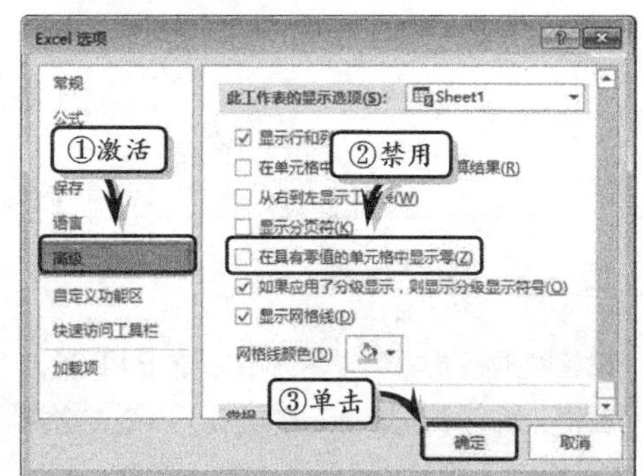

图 7-35 隐藏零值

16 隐藏网格线。在【视图】选项卡【显示】选项组中，禁用【网格线】复选框，如图 7-36 所示。

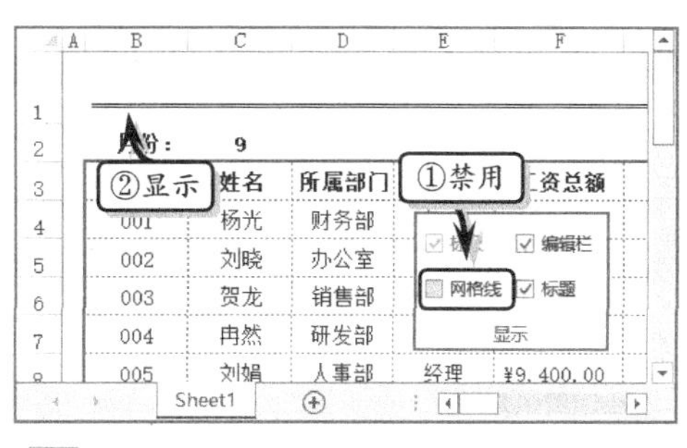

图 7-36 隐藏网格线

7.2 设置边框和填充格式

Excel 默认的网格线为无边框网格线，也无法显示在打印页面中。此时，为了增加数据表的美观性和整齐性，还需要在指定的单元格或者单元格区域添加带有颜色的边框线。另外，工作表中的底纹颜色默认为白色，既单调又枯燥；此时用户可以通过设置底纹的填充颜色，来增加表格的多彩性。

7.2.1 设置边框格式

Excel 为用户内置了一定的边框样式，以方便用户设置简单的边框格式。除此之外，用户还可以通过自定义边框颜色、线条样式等边框格式，来达到美化表格的目的。

1. 使用内置边框格式

Excel 为用户提供了 13 种内置边框样式，以帮助用户美化表格边框。选择需要设置边框格式的单元格或单元格区域，执行【开始】|【字体】|【边框】命令，在其列表中选择相应的选项即可，如图 7-37 所示。

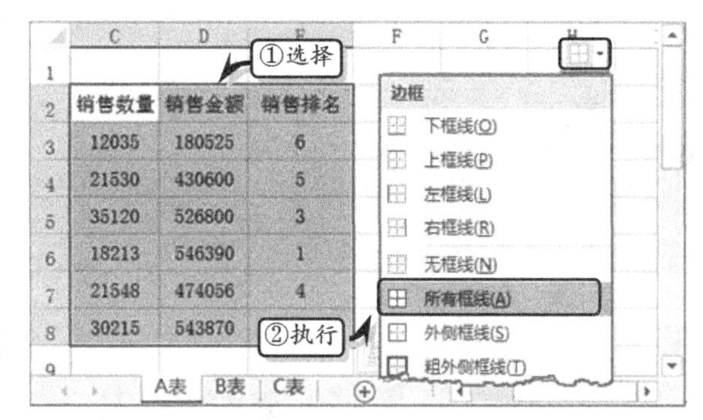

图 7-37 使用内置边框样式

其中，【边框】命令中各选项的功能，如表 7-5 所示。

表 7-5 边框选项

图标	名　称	功　能
	下框线	执行该选项，可以为单元格添加下框线
	上框线	执行该选项，可以为单元格添加上框线
	左框线	执行该选择，可以为单元格添加左框线
	右框线	执行该选择，可以为单元格添加右框线
	无框线	执行该选择，可以清除单元格中的边框样式
田	所有框线	执行该选择，以为单元格添加所有框线

续表

图标	名　称	功　能
	外侧框线	执行该选择，可以为单元格添加外部框线
	粗外侧框线	执行该选择，可以为单元格添加较粗的外部框线
	双底框线	执行该选择，可以为单元格添加双线条的底部框线
	粗底框线	执行该选择，可以为单元格添加较粗的底部框线
	上下框线	执行该选择，可以为单元格添加上框线和下框线
	上框线和粗下框线	执行该选择，可以为单元格添加上部框线和较粗的下框线
	上框线和双下框线	可以为单元格添加上框线和双下框线

2. 绘制边框

在 Excel 中除了可以使用内置的边框样式，为单元格添加边框之外，还可以通过绘制边框和自定义边框功能，来设置边框线条的类型和颜色，达到美化边框的目的。

首先，执行【开始】|【字体】|【边框】|【线型】和【线条颜色】命令，设置绘制边框线的线条型号和颜色，如图 7-38 所示。

然后，执行【开始】|【字体】|【边框】|【绘制边框网格】命令，按下鼠标左键并拖动鼠标即可为单元格区域绘制边框，如图 7-39 所示。

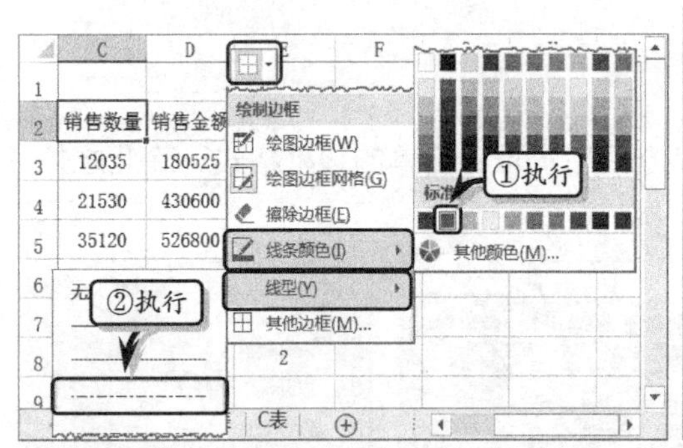

图 7-38 设置线条颜色和线型

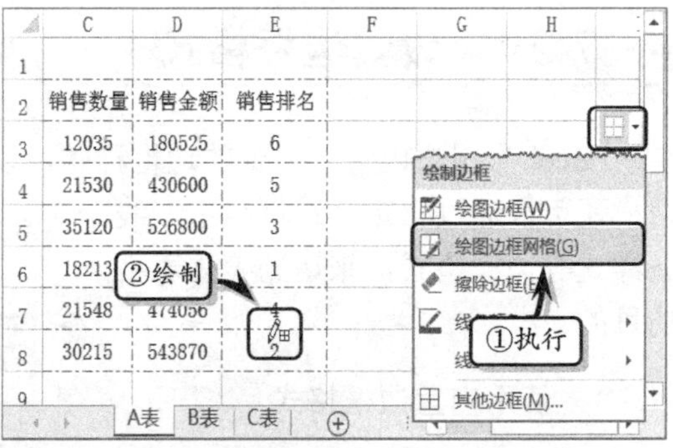

图 7-39 绘制边框

提　示

为单元格区域添加边框样式之后，可通过执行【边框】|【擦除边框】命令，按下鼠标左键并拖动鼠标擦除不需要的部分边框或全部边框。

3. 自定义边框

选择单元格或单元格区域，右击，执行【设置单元格格式】命令。激活【边框】选项卡，在【样式】列表框中选择相应的样式。然后，单击【颜色】下拉按钮，在其下拉列表中相应的颜色，并设置边框的显示位置，在此单击【内部】和【外边框】按钮，如图 7-40 所示。

在【边框】选项卡中，主要包含以下 3 种选项组。

- **线条**　主要用来设置线条的样式与颜色，【样式】列表中为用户提供了 14 种线条样式，用户选择相应的选项即可。同时，用户可以在【颜色】下拉列表中，设置线条的主题颜色、标准色与其他颜色。

- **预置**　主要用来设置单元格的边框类型，包含【无】、【外边框】和【内部】3 种选项。其中【外边框】选项可以为所选的单元格区域添加外部边框。【内部】选项可为所选单元格区域添加内部框线。【无】选项可以帮助用户删除边框。
- **边框**　主要按位置设置边框样式，包含上框线、中间框线、下框线和斜线框线等 8 种边框样式。

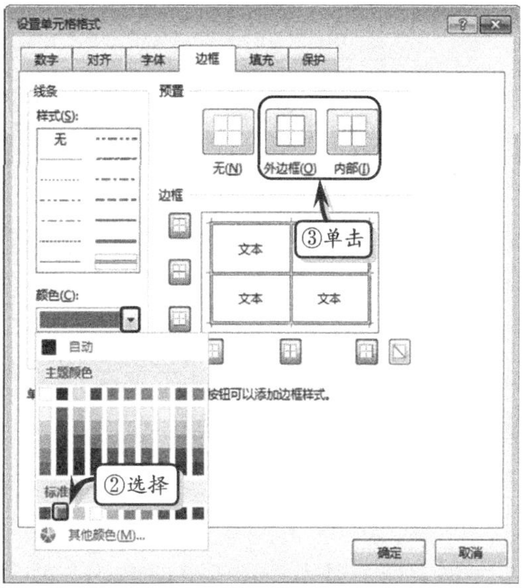

图 7-40　自定义边框格式

7.2.2　设置填充格式

为单元格或单元格区域设置填充颜色，不仅可以达到美化工作表外观的效果，还能够区分工作表中的各类数据，使其重点突出。

1. 设置纯色填充

选择单元格或单元格区域，执行【开始】|【字体】|【填充颜色】命令，在其列表中选择一种色块即可，如图 7-41 所示。

提　示

为单元格区域设置填充颜色之后，执行【填充颜色】|【无填充颜色】命令，即可取消已设置的填充颜色。

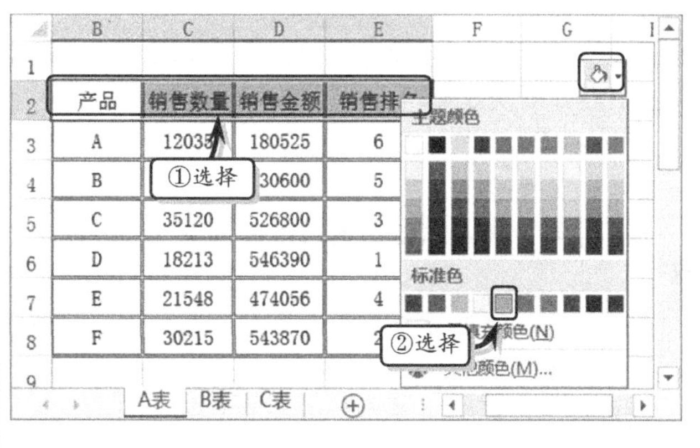

图 7-41　使用内置填充颜色

另外，选择单元格或单元格区域，执行【开始】|【字体】|【填充颜色】|【其他颜色】命令，在弹出的【颜色】对话框中设置其自定义颜色即可，如图 7-42 所示。

2. 设置图案填充

选择单元格或者单元格区域，单击【字体】选项组中的【对话框启动器】按钮，激活【填充】选项卡，选择【背景色】列表中相应的色块，并设置其【图案颜色】与【图案样式】选项，如图 7-43 所示。

提　示

用户也可以在【设置单元格格式】对话框中的【填充】选项卡中，单击【其他颜色】按钮，在弹出的【颜色】对话框中自定义填充颜色。

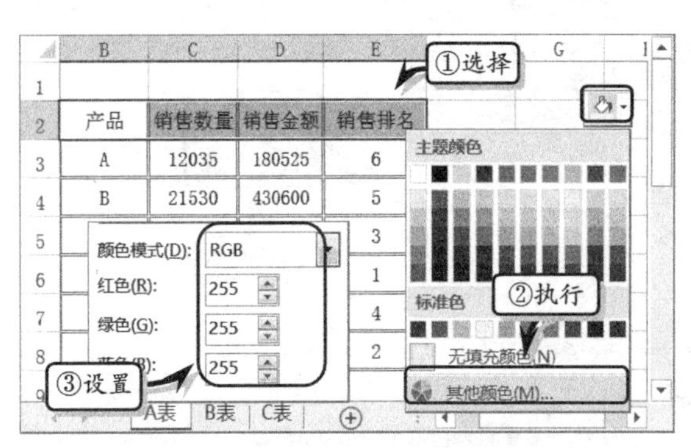

图 7-42 自定义填充颜色

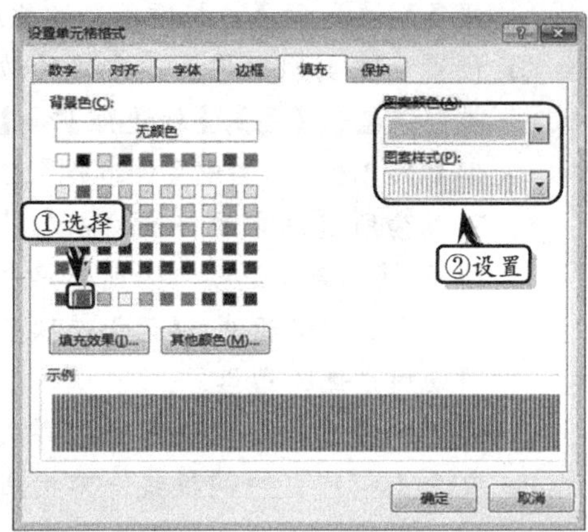

图 7-43 设置图案底纹

3. 设置渐变填充

渐变填充是由一种颜色向另外一种颜色过渡的一种双色填充效果。选择单元格或者单元格区域，右击，执行【设置单元格格式】命令。在【填充】选项卡中单击【填充效果】按钮，在弹出【填充效果】对话框中设置渐变效果即可，如图 7-44 所示。

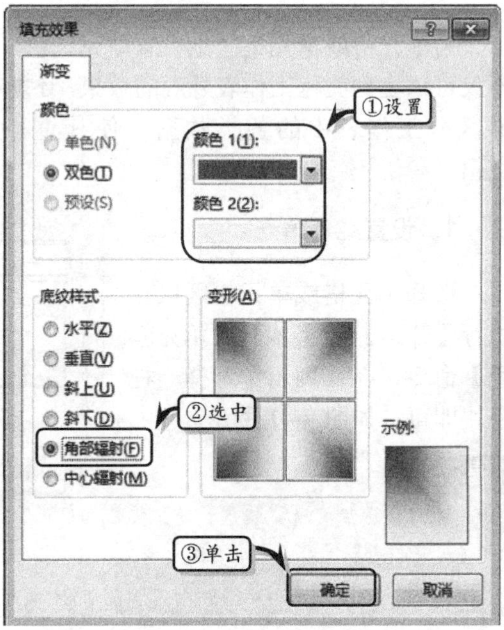

图 7-44 渐变填充

其中，【底纹样式】选项组中的各种填充效果如下所述。

- ❑ **水平** 表示渐变颜色由上向下渐变填充。
- ❑ **垂直** 表示渐变颜色由左向右渐变填充。
- ❑ **斜上** 表示渐变颜色由左上角向右下角渐变填充。
- ❑ **斜下** 表示渐变颜色由右上角向左下角渐变填充。
- ❑ **角部辐射** 表示渐变颜色由某个角度向外扩散填充。
- ❑ **中心辐射** 表示渐变颜色由中心向外渐变填充。

7.2.3 练习：奥运光荣榜

在 Excel 中，用户不仅可以通过设置边框格式，来增加表格的整齐性和可读性；而且还可以通过设置填充颜色，来增加表格的丰富多彩性。在本练习中，将通过制作加班费统计表，来详细介绍设置边框格式和填充颜色的具体操作方法，如图 7-45 所示。

奥运光荣榜						
届次	年份	举办国	金牌	银牌	铜牌	总数
23	1984	美国	15	8	9	32
24	1988	汉城	5	11	12	28
25	1992	巴塞罗那	16	22	16	54
26	1996	亚特兰大	16	22	12	50
27	2000	悉尼	28	16	15	59
28	2004	希腊	32	17	14	63
29	2008	北京	51	21	28	100
30	2012	伦敦	38	27	23	88
31	2016	里约	7	6	6	19
举办国各奖牌总数			208	150	135	493
金牌总数最大值		51				

图 7-45 奥运光荣榜

操作步骤：

1. 设置标题背景。设置工作表的行高，合并单元格区域 B2:H2，执行【开始】|【字体】|【填充颜色】|【红色】命令，设置填充颜色，如图 7-46 所示。

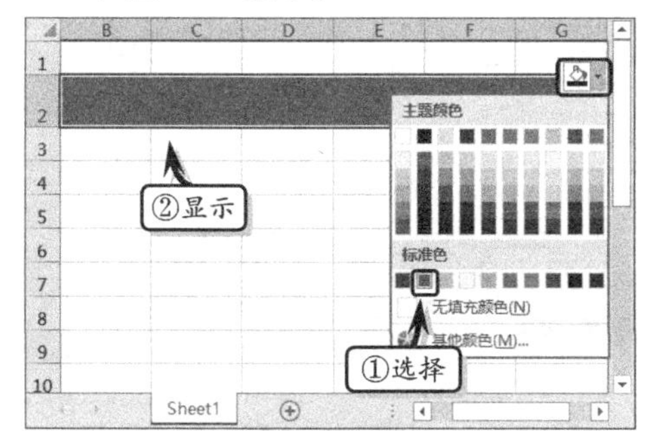

图 7-46 设置填充颜色

2. 制作标题。选择单元格 B2，输入标题文本并设置文本的字体格式，如图 7-47 所示。

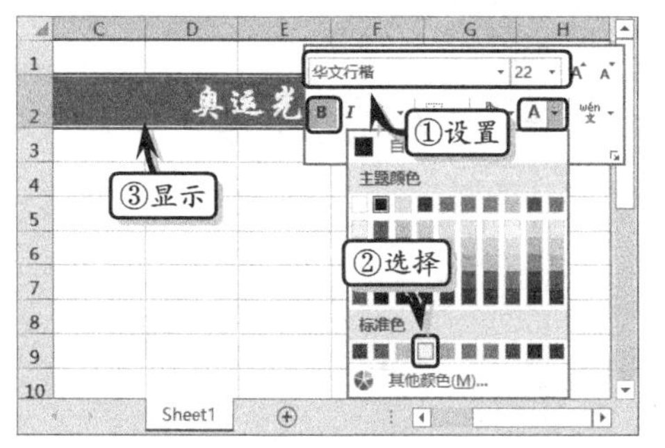

图 7-47 制作标题

3. 制作数据表。合并相应的单元格区域，并在表格中输入基础数据，设置其对齐和字体格式，如图 7-48 所示。

奥运光荣榜				
年份	举办国	金牌	银牌	铜牌
1984	美国	15	8	9
1988	汉城	5	11	12
1992	巴塞罗那			
1996	亚特兰大			
2000	悉尼			
2004	希腊			

等线 11
②显示
①设置
Sheet1

图 7-48 输入基础数据

4. 计算数据。选择单元格 H4，在编辑栏中输入计算公式，按 Enter 键返回总数，如图 7-49 所示。用同样的方法计算其他总数。

H4 =E4+F4+G4

奥运光荣榜				
举办国	金牌	银牌	铜牌	总数
美国	15	8	9	32
汉城	5	11		
巴塞罗那	16	22		
亚特兰大	16	22	12	
悉尼	28	16	15	

①输入
②显示
Sheet1

图 7-49 计算总数

5 选择单元格 E13，在编辑栏中输入计算公式，按 Enter 键返回各举办国奖牌总数，如图 7-50 所示。用同样的方法计算其他各举办国奖牌总数。

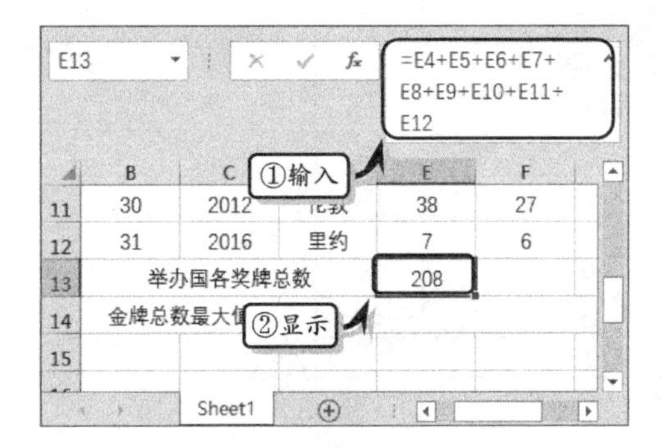

图 7-50 计算奖牌总数

6 选择单元格 D14，在编辑栏中输入计算公式，按 Enter 键返回金牌总数最大值，如图 7-51 所示。

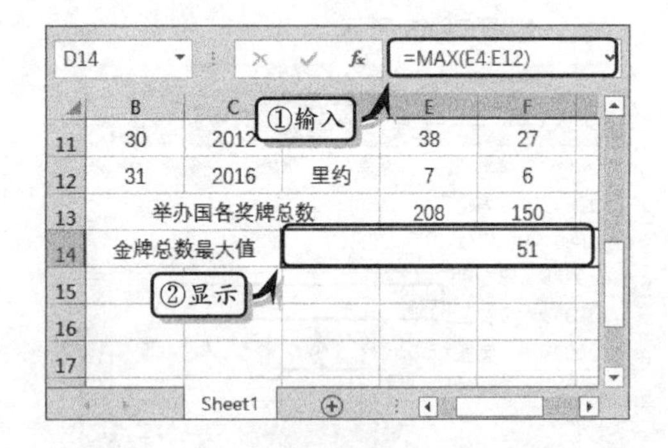

图 7-51 计算最大值

7 设置填充颜色。选择单元格区域 B3:H14，执行【开始】|【字体】|【填充颜色】|【其他颜色】命令，如图 7-52 所示。

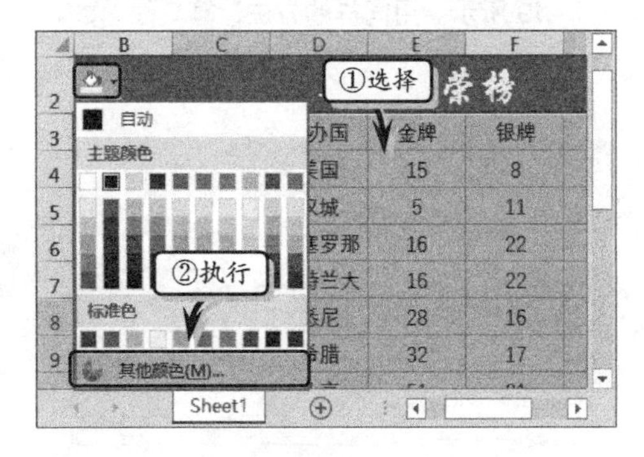

图 7-52 填充颜色

8 激活【自定义】选项卡，设置自定义颜色值，并单击【确定】按钮，如图 7-53 所示。

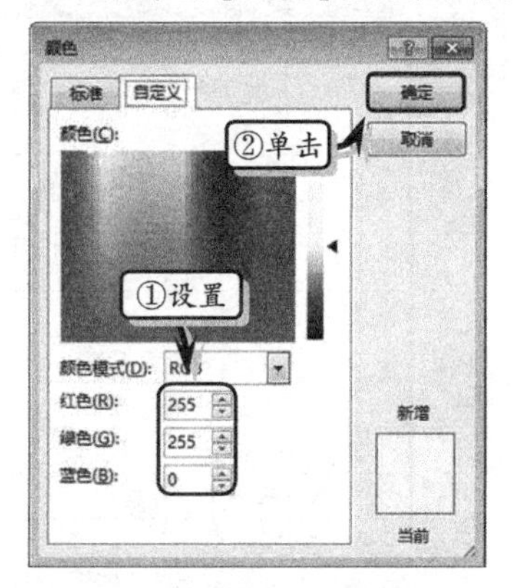

图 7-53 自定义填充颜色

9 自定义边框格式。选择单元格区域 B3:H14 右击执行【设置单元格格式】命令。激活【边框】选项卡，设置线条颜色和类型，如图 7-54 所示。

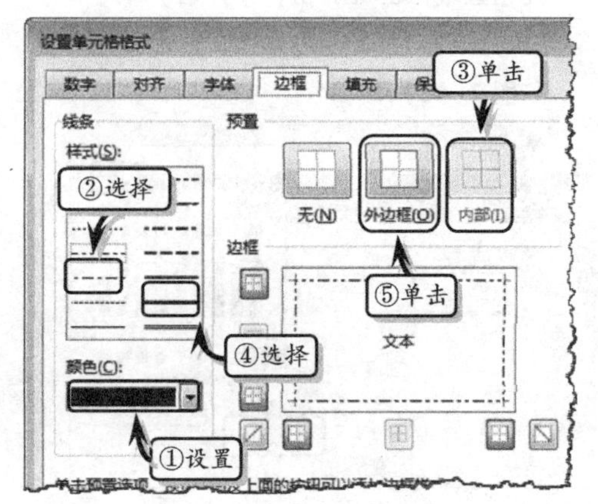

图 7-54 自定义边框格式

10 隐藏网格线。在【视图】选项卡【显示】选项组中，禁用【网格线】复选框，如图 7-55 所示。

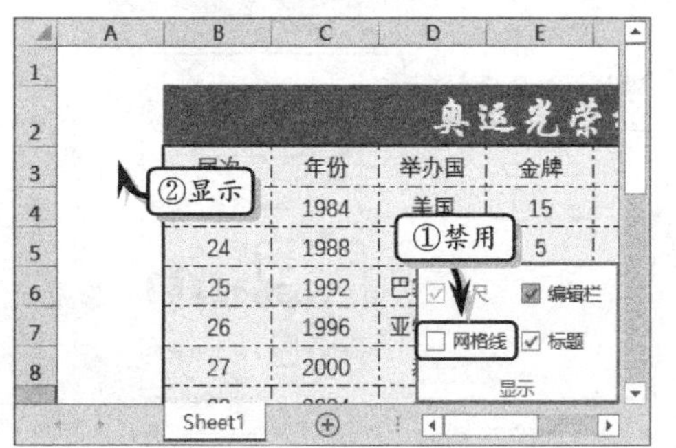

图 7-55 隐藏网格线

7.3 应用表格样式和格式

在编辑工作表时，用户可以运用 Excel 内置的表格样式和格式集功能，快速设置工作表的数字格式、对齐方式、字体字号、颜色、边框、图案等格式，从而使表格具有美观与醒目的独特特征。

7.3.1 应用表格样式

表格样式是一套包含数字格式、文本格式、对齐方式、填充颜色、边框样式和图案样式等多种格式的样式合集。通过应用表格样式，可以帮助用户达到快速美化表格的目的。

1. 应用样式

选择单元格或单元格区域，执行【开始】|【样式】|【单元格样式】命令，在其列表中选择相应的表格样式即可，如图 7-56 所示。

2. 创建新样式

执行【开始】|【样式】【单元格样式】|【新建单元格样式】命令，在弹出的【样式】对话框中设置各项选项，如图 7-57 所示。

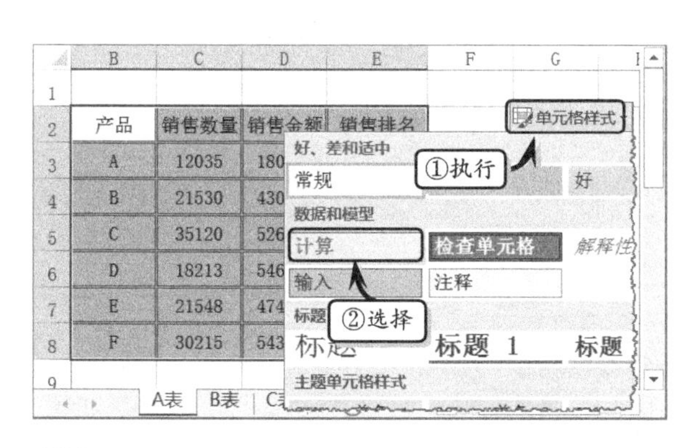

图 7-56 应用表格样式

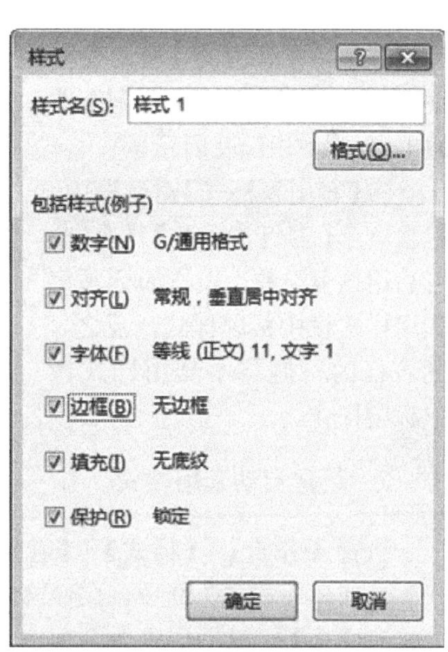

图 7-57 创建新样式

3. 合并样式

合并样式是指将工作簿中的单元格样式，复制到其他工作簿中。首先，同时打开包

含新建样式的多个工作簿。然后，在其中一个工作簿中执行【单元格样式】|【合并样式】命令。在弹出的【合并样式】对话框中选择合并样式来源即可，如图 7-58 所示。

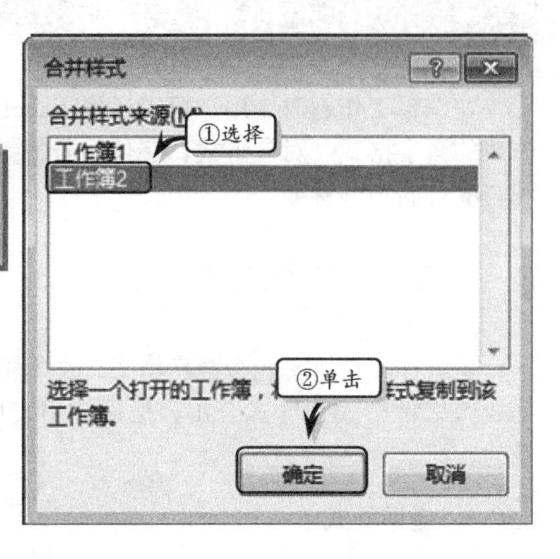

图 7-58 合并样式

提 示

合并样式应至少打开两个或两个以上的工作簿。合并样式后会发现自定义的新样式将会出现在被合并的工作簿的【单元格样式】下拉列表中。

7.3.2 套用表格格式

Excel 为用户提供了自动格式化的功能，它可以根据预设的格式，快速设置工作表中的一些格式，达到美化工作表的效果。

1. 自动套用格式

Excel 为用户提供了浅色、中等深浅与深色 3 种类型的 60 种表格格式。选择单元格或单元格区域，执行【开始】|【样式】|【套用表格格式】命令，选择相应的选项，在弹出的【套用表格格式】对话框中单击【确定】按钮即可，如图 7-59 所示。

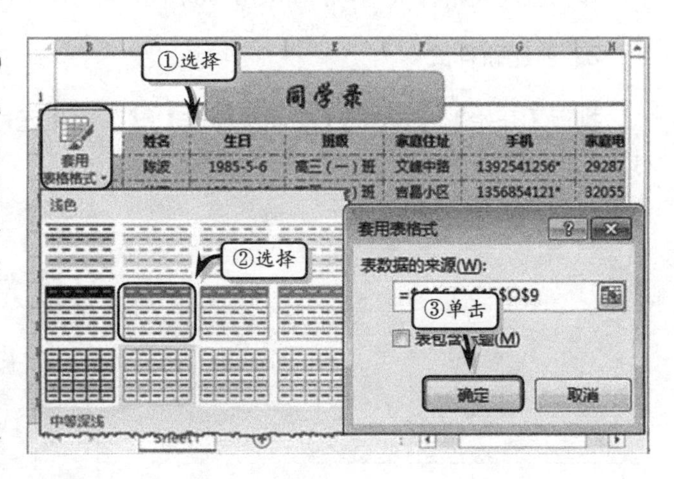

图 7-59 套用表格格式

在【套用表格式】对话框中，包含一个【表包含标题】复选框。若启用该复选框，表格的标题将套用样式栏中标题样式，反之，则表格的标题将不套用样式栏中标题样式。

2. 新建自动套用格式

执行【开始】|【样式】|【套用表格格式】|【新建表样式】命令，在弹出的【新建表快速样式】对话框中设置各项选项，如图 7-60 所示。

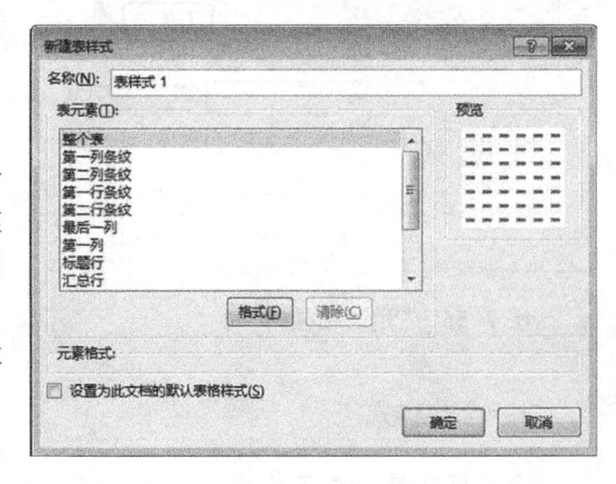

图 7-60 新建自动套用格式

在【新建表快速样式】对话框中，主要包括下列选项。

- **名称** 主要用于输入新表格样式的名称。

- **表元素** 用于设置表元素的格式，主要包含13种表格元素。
- **格式** 单击该按钮，可以在【设置单元格格式】对话框中，设置表格元素的具体格式。
- **清除** 单击该按钮，可以清除所设置的表元素格式。
- **设置为此文档的默认表格样式** 启用该选项，可以将新表样式作为当前工作簿的默认的表样式。但是，自定义的表样式只存储在当前工作簿中，不能用于其他工作簿。

3. 转换为区域

为单元格区域套用表格格式之后，系统将自动将单元格区域转换为筛选表格的样式。此时，选择套用表格格式的单元格区域，或选择单元格区域中的任意一个单元格，执行【表格工具】|【设计】|【工具】|【换行为区域】命令，即可将表格转换为普通区域，便于用户对其进行各项操作，如图7-61所示。

提 示

选择套用单元格格式的单元格，右击，执行【表格】|【转换为区域】命令，也可将表格转换为普通区域。

4. 删除自动套用格式

选择要清除自动套用格式的单元格或单元格区域，执行【表格工具】|【设计】|【表格样式】|【快速样式】|【清除】命令，即可清除已应用的样式，如图7-62所示。

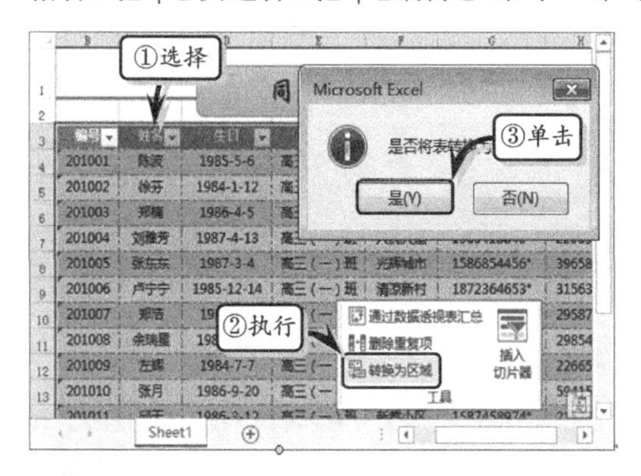

图7-61 转换为区域

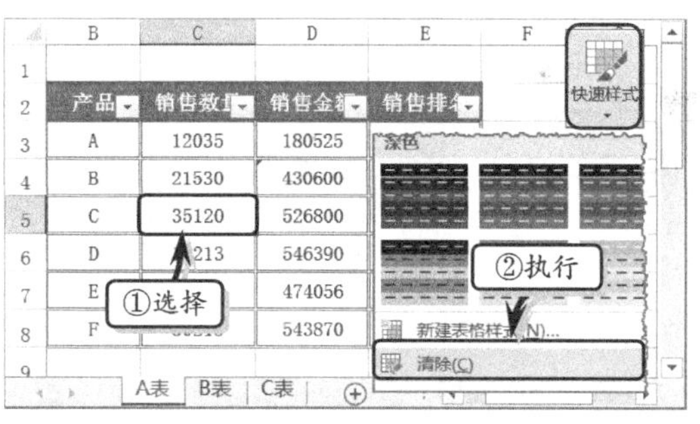

图7-62 删除套用格式

提 示

用户也可以通过执行【设计】选项卡中的各项命令，来设置表格的属性、表格样式选项，以及外部表数据与表格样式等。

7.3.3 练习：甲级赛区联赛积分榜

Excel内置了60多种表格格式，以帮助用户快速设置表格中的数字、字体、颜色和边框等格式。除了表格格式之外，Excel还为用户提供了公式功能，用以帮助用户快速计算表格中的各类数据。在本练习中，将通过制作一份甲级赛区联赛积分表，来详细介绍套用表格格式和使用公式计算数据的操作方法，如图 7-63 所示。

甲级赛区联赛积分榜

球队	比赛				得失			场均		总计		
	赛	胜	平	负	进球数	失球数	净	进球	失球	胜率	积分	排名
曼瑞	26	11	4	11	28	35	-7	1.1	1.3	42%	37	2
鲁立	26	10	6	10	46	43	3	1.8	1.7	38%	36	3
马洛	26	12	2	12	36	39	-3	1.4	1.5	46%	38	1
切尔西	20	10	4	6	33	24	9	1.7	1.2	50%	30	4
尤加	16	9	1	6	30	26	4	1.9	1.6	56%	25	5
斯特	12	8	2	2	26	12	14	2.2	1.0	67%	20	7
米兰	16	7	3	6	26	26	0	1.6	1.6	44%	23	6
维和	14	5	3	6	19	20	-1	1.4	1.4	36%	19	8
国米	10	5	2	3	19	18	1	1.9	1.8	50%	15	11
斯图特	12	5	1	6	17	20	-3	1.4	1.7	42%	17	9
贾克斯拉	10	4	3	3	14	10	4	1.4	1.0	40%	14	12
里芭内	12	4	2	6	14	18	-4	1.2	1.5	33%	16	10

图 7-63 甲级赛区联赛积分表

操作步骤：

1 设置工作表。单击工作表左上角【全选】按钮，选择整个工作表，右击行标签，执行【行高】命令，设置工作表行高，如图 7-64 所示。

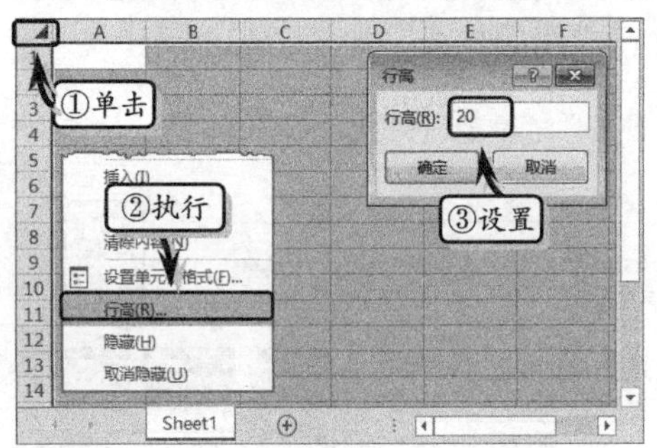

图 7-64 设置工作表

2 制作表格标题。合并单元格区域 B1:N1，输入文本标题，并设置文本字体格式，如图 7-65 所示。

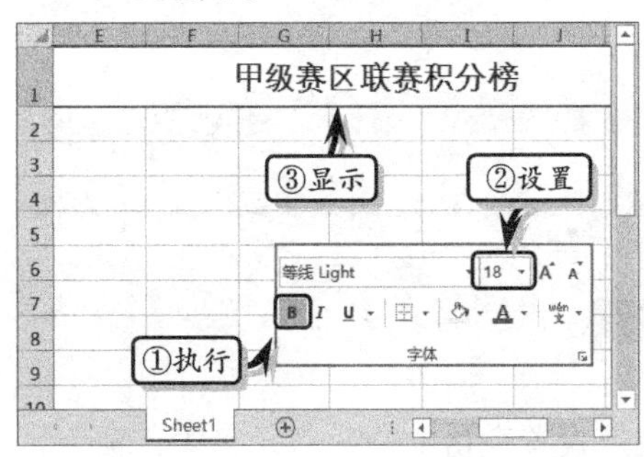

图 7-65 制作表格标题

3 制作基础数据表。合并相应的单元格区域，输入基础数据，并设置其字体与对齐格式，如图 7-66 所示。

甲级赛区联赛积分榜

	得失			场均
负	进球数	失球数	净	进球
11	28	35	-7	
10	46	43	3	
12	36	39	-3	
6	33	24	9	
6	30	26	4	
2	26	12	14	
6	26	26	0	

图 7-66 制作基础数据表

4 选择单元格区域 B2:N15，执行【开始】|【字体】|【边框】|【所有框线】命令，设置边框格式，如图 7-67 所示。

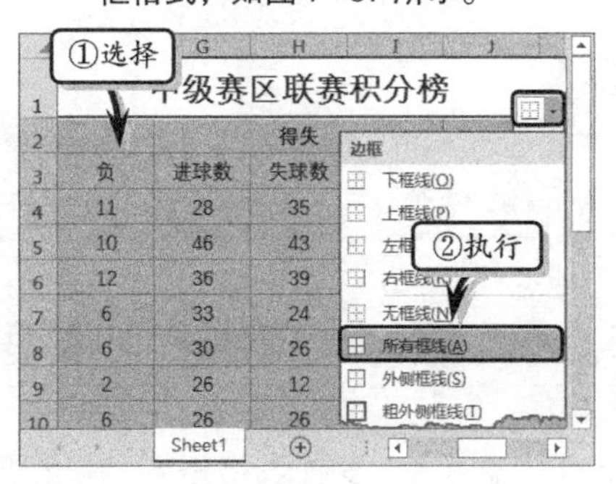

图 7-67 设置所有框线样式

5 设置数据格式。选择单元格区域 J4:K15，右击，执行【设置单元格格式】命令，激活【数字】选项卡，选择【数值】选项，设置小数位数，如图 7-68 所示。使用同样方法，设置单元格区域 L4:L15 百分比小数位数。

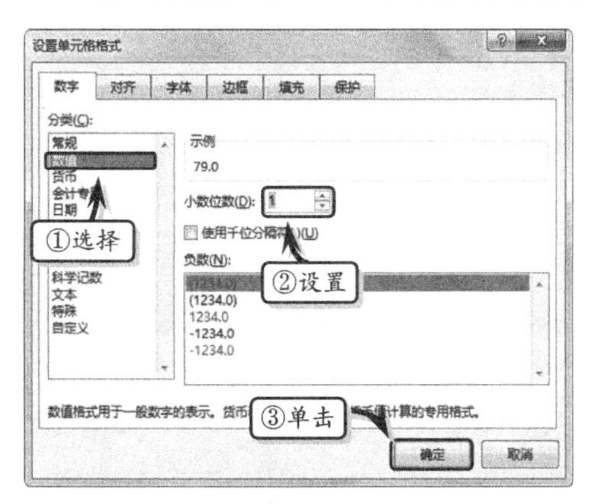

图 7-68 设置数据格式

6 选择单元格区域 J4，在编辑栏中输入计算公式，按 Enter 键返回计算进球结果，如图 7-69 所示。使用同样方法，计算失球。

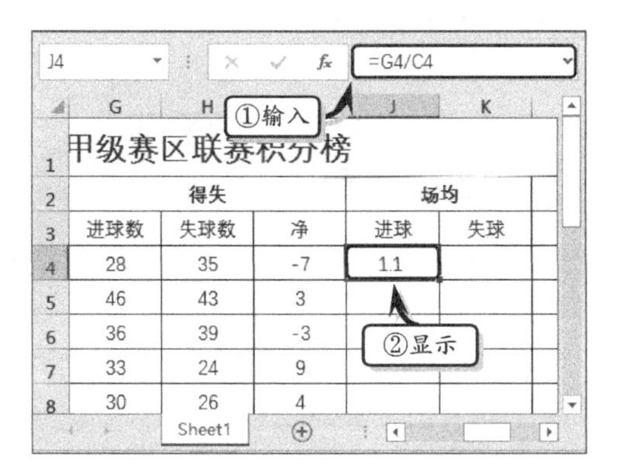

图 7-69 计算进球

7 选择单元格区域 L4，在编辑栏中输入计算公式，按 Enter 键返回计算胜率结果，如图 7-70 所示。

8 选择单元格区域 M4，在编辑栏中输入计算公式，按 Enter 键返回计算积分结果，如图 7-71 所示。

9 选择单元格区域 N4，在编辑栏中输入计算公式，按 Enter 键返回计算排名结果，如图 7-72 所示。

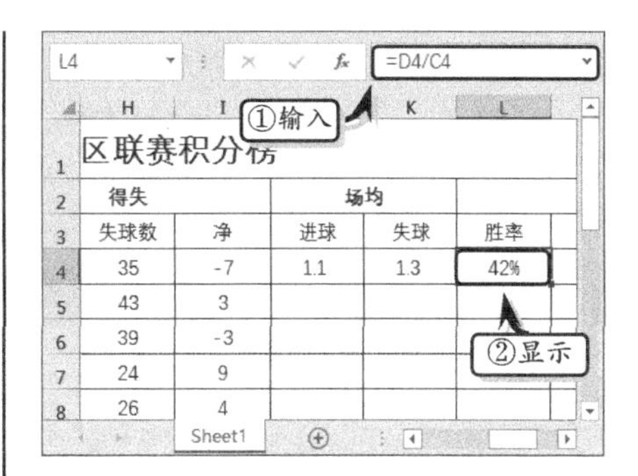

图 7-70 计算胜率

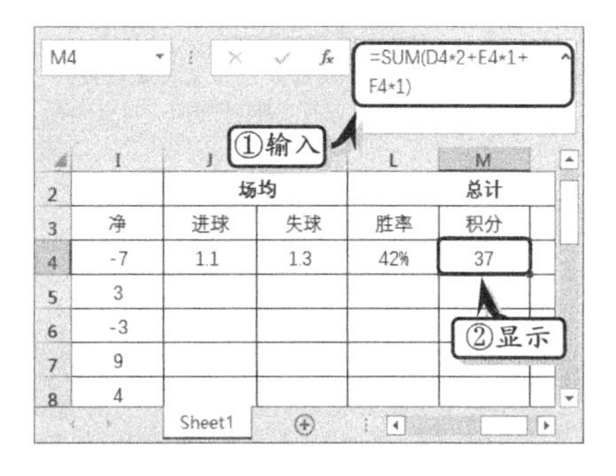

图 7-71 计算积分

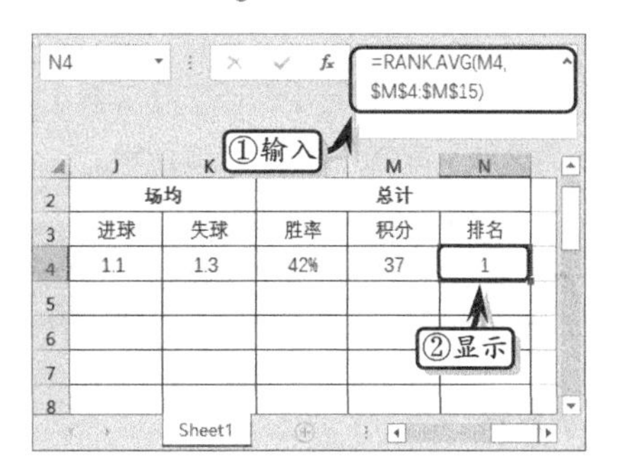

图 7-72 计算排名

10 选择单元格区域 J4:N15，执行【开始】|【编辑】|【填充】|【向下】命令，向下填充公式，如图 7-73 所示。

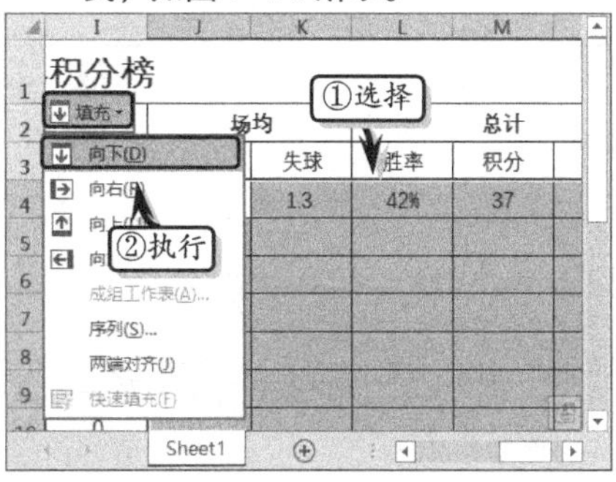

图 7-73 填充公式

11 选择单元格区域 B2:N2，执行执行【开始】|【字体】|【填充颜色】命令，执行【灰色，个性色 3，淡色 40%】命令，如图 7-74 所示。

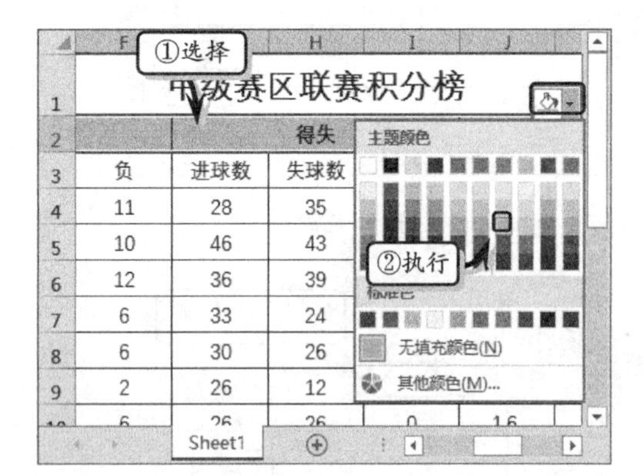

图 7-74 填充颜色

12 套用表格格式。选择单元格区域 B3:N15，执行【开始】|【样式】|【套用表格格式】|【表样式中等深浅 24】命令，如图 7-75 所示。

13 最后，选择表格，执行【设计】|【工具】|【转换为区域】命令，如图 7-76 所示。

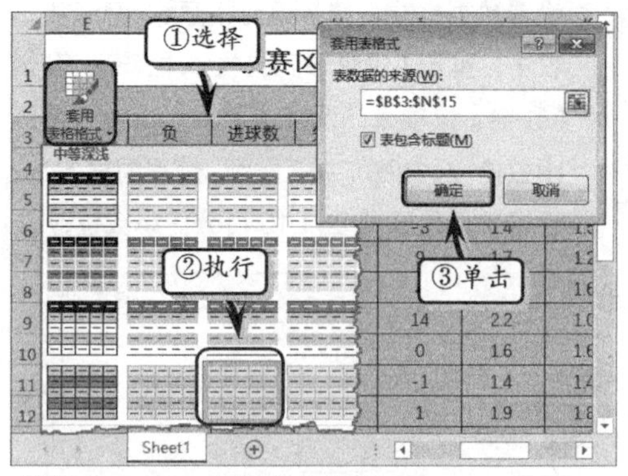

图 7-75 套用表格格式

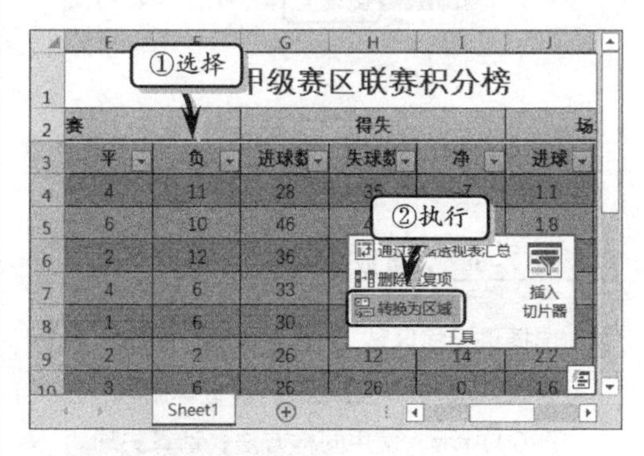

图 7-76 转换为区域

7.4 思考与练习

一、填空题

1. 文本的常用字形包括加粗、__________和__________三种，主要用来突出某些文本，强调文本的重要性。

2. 选择需要设置的单元格或单元格区域，按__________组合键设置【加粗】，按__________组合键设置【倾斜】，按__________组合键添加【下画线】。

3. 在【颜色】对话框中的【颜色模式】下拉列表中，主要包括__________与 HSL 颜色模式。

4. 默认情况下，工作表中的文本对齐方式为左对齐，而数字为__________，逻辑值和错误值为__________。

5. Excel 为用户提供了浅色、中等深浅与深色 3 种类型的__________种表格格式。

6. 选择需要设置文本格式的单元格或单元格区域，按__________或__________快速显示【设置单元格格式】对话框的【字体】选项卡。

7. 合并样式必须在____________以上的工作簿中进行，合并后的样式会显示在合并工作簿中的【单元格样式】命令中的____________选项中。

二、选择题

1. 在设置数字格式时，【设置单元格格式】对话框中的数字符号“0”表示____。

A. 数字　　B. 小数

C. 预留位置　　D. 预留数字位置

2. Excel为用户提供了13种边框样式，其中“粗匣框线”表示_____。

A. 为单元格或单元格区域添加较粗的外部框线

B. 为单元格或单元格区域添加较粗的内部框线

C. 为单元格或单元格区域添加上部框线和较粗的下框线

D. 为单元格或单元格区域添加较粗的底部框线

3. 在【分类】列表框中，主要包含了数值、货币、日期等12种格式，下列选项中描述错误的一项为_____。

A. 常规表示不包含特定的数字格式

B. 数值适用于千位分隔符、小数位数以及不可以指定负数的一般数字的显示方式

C. 会计专用适用于货币符号、小数位数以及不可以指定负数的一般货币值的显示方式

D. 分数表示以分数显示数值中的小数，而且还可以设置分母的位数

4. 文本控制主要包括自动换行、缩小字体填充、_____等内容。

A. 自动换行

B. 合并单元格

C. 扩大字体填充

D. 字体加粗

5. 在文本对齐方式各选项中，下列描述错误的一项为_____。

A.【两端对齐】选项只有当单元格中的内容是多行才起作用，其多行文本两端对齐

B.【分散对齐】选项是单元格中的内容以两端顶格方式与两边对齐

C.【填充】选项自动将单元格填满

D.【填充】选项会自动填充数据

三、问答题

1. 如何自定义数字格式？

2. 如何设置表格的图案填充效果？

3. 如何套用表格格式？

四、上机练习

1. 制作供货商信用统计表

在本练习中，将运用Excel中的设置边框格式和设置填充颜色等功能，来制作一份供货商信用统计表，如图7-77所示。首先合并单元格区域B1:J1，输入标题文本并设置文本的字体格式。同时，在表格中输入基础数据，并设置数据的字体和对齐格式。然后，选择单元格区域B2:J2，执行【开始】|【样式】|【单元格样式】|【检查单元格】命令，设置单元格区域的样式。使用同样方法，分别设置其他单元格区域的单元格样式。最后，选择单元格区域，右击执行【设置单元格格式】命令，自定义单元格区域的边框格式。

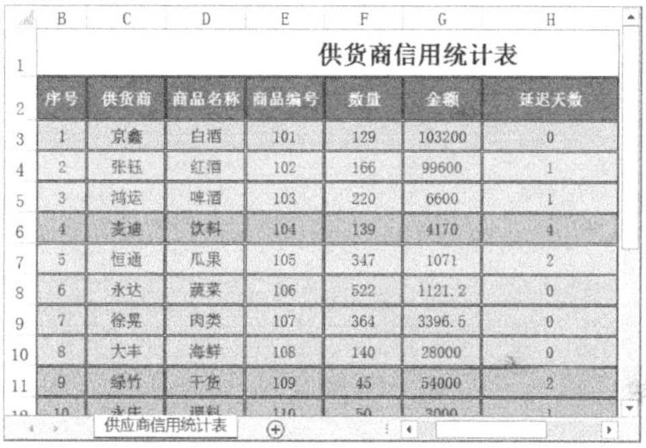

供货商信用统计表

序号	供货商	商品名称	商品编号	数量	金额	延迟天数
1	京鑫	白酒	101	129	103200	0
2	张钰	红酒	102	166	99600	1
3	鸿运	啤酒	103	220	6600	1
4	麦迪	饮料	104	139	4170	4
5	恒通	瓜果	105	347	1071	2
6	永达	蔬菜	106	522	1121.2	0
7	徐晃	肉类	107	364	3396.5	0
8	大丰	海鲜	108	140	28000	0
9	绿竹	干货	109	45	54000	2

供应商信用统计表

图7-77 供货商信用统计表

2. 制作工作日程安排表

在本实例中，将运用Excel中的设置边框格式和套用表格格式等功能，来制作一份工作日程安排表，如图7-78所示。首先合并单元格区域B1:G1，输入标题文本并设置文本的字体格式，同时，执行【开始】|【字体】|【字体颜色】命令，执行【绿色，个性色6，深色25%】命令，更改字体颜色。然后，在表格中输入基础数据，并设置数据的对齐和边框格式，同时将“B3:B11”单元格区域中的数据设置为“日期”数据格式。最后，选择表格基础数据区域，执行【开始】|【样式】|【套用表格样式】|【表样式中等深浅21】命令，并执行【设计】|【工具】|【转换为区域】

命令。

日期	时间	工作内容	地点	负责人	参与人员
2016/9/9	8:10-11:30	学科课堂实录	多媒体会议室	陈建伟	全体职工、苏卫公司
2016/9/11	15:10-17:31	教育信息化简报	计算机室	唐骏	沈莹、王勃
2016/9/13	8:10-11:30	机器人竞赛教练员培训班	市体育局	马蕊	马蕊
2016/9/14	8:10-10:00	领导班子述职	第一会议室	侯林	全体职工
2016/10/15	10:10-11:00	中层干部述职民主评议	第一会议室	侯林	全体职工
2016/10/14	8:10-11:35	各校民主调研	各相关学校	沈莹莹	杨朴、沈莹
2016/10/21	8:10-11:36	学科主题资源拍摄	各相关学校	夏之鹏	夏鹏、苏卫公司
2016/11/1	8:10-11:37	继续教育验证工作	第一会议室	汪波	张宝、史宝
2016/12/17	8:10-11:38	行政管理中心会议	第一会议室	路姜	各科室负责人

图 7-78 工作日程安排表

第8章 公式与函数

Excel是办公室自动化中非常重要的一款软件，不仅可以创建、存储与分析数据，而且还具有强大的数学运算功能。在使用Excel进行数学运算时，除了可以使用公式通过调用Excel中的数据，辅以各种数学运算符号对数据进行计算之外；还可以使用封装好的函数对数据进行特定运算，并通过名称将数据打包成数组应用到算式中，从而充分体现了Excel的动态特性。在本章中，将详细介绍Excel中公式与函数的基础知识和使用方法，以帮助用户熟练掌握公式和函数的使用技巧，以确保工作表运算的正确性。

本章学习内容：

- 创建公式
- 编辑公式
- 数组公式
- 公式审核
- 创建函数
- 求和计算
- 使用名称

8.1 公式概述

公式是由数学中引入的一种概念。公式的狭义概念为数据之间的数学关系或逻辑关系，其广义概念则涵盖了对数据、字符的处理方法。使用公式，用户可方便地对数据进行各种数学和逻辑运算。

公式是一个包含了运算符、常量、函数以及单元格引用等元素的数学方程式，也是单个或多个函数的结合运用，可以对数值进行加、减、乘、除等各种运算。

8.1.1 Excel与公式

一个完整的公式，通常由运算符和参与计算的数据组成。其中，数据可以是具体的常数数值，也可以是由各种字符指代的变量；运算符是一类特殊的符号，其可以表示数据之间的关系，也可以对数据进行处理。

在日常的办公、教学和科研工作中会遇到很多的公式，例如：

```
E = MC²
sin²α + cos²α = 1
```

在上面的两个公式中，E、M、C、sinα、cosα以及数字1均为公式中的数值。而等号“=”、加号“+”和上标数字“2”显示的平方运算符号等则是公式的运算符。

1. 全部公式以等号开始

传统的数学公式通常只能在纸张上运算使用，如需要在计算机中使用这些公式，则需要对公式进行一些改造，通过更改公式的格式来帮助计算机识别和理解。

因此，在Excel中使用公式时，需要遵循Excel的规则，将传统的数学公式翻译为Excel程序可以理解的语言。这种翻译后的公式就是Excel公式。

Excel将单元格中显示的内容作为等式的值，因此，在Excel单元格中输入公式时，只需要输入等号“=”和另一侧的算式即可。在输入等号“=”后，Excel将自动转入公式运算状态。

2. 以单元格名称为变量

如用户需要对某个单元格的数据进行运算，则可以直接输入等号“=”，然后输入单元格的名称，再输入运算符和常量进行运算。

例如，将单元格A2中的数据视为圆的半径，则可以在其他的单元格中输入以下公式来计算圆的面积，如图8-1所示。

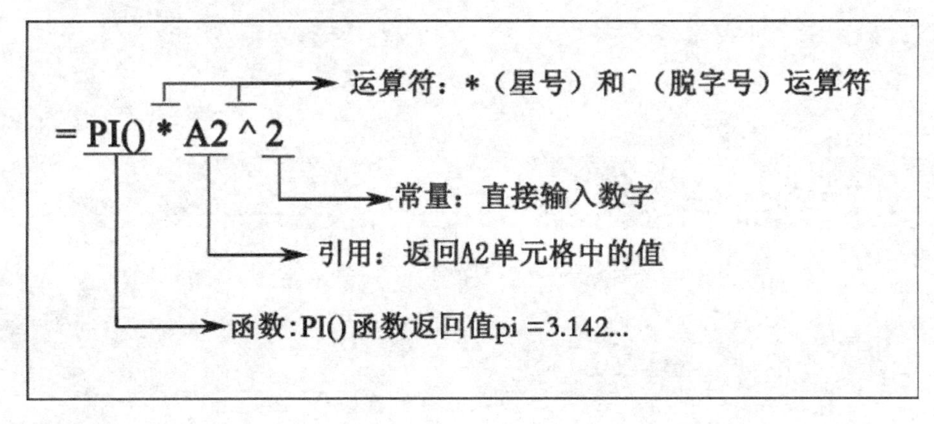

图8-1 公式展示

在上面的公式中，单元格的名称 A2 也被称作“引用”。在输入上面的公式后，用户即可按 Enter 键退出公式编辑状态。此时，Excel 将自动计算公式的值，将其显示到单元格中。

8.1.2 公式中的常量

常量是在公式中恒定不发生改变、无须计算直接引用的数据。Excel 2016 中的常量分为 4 种，即数字常量、日期常量、字符串常量和逻辑常量。

1. 数字常量

数字常量是最基本的一种常量，包括整数和小数两种，通常显示为阿拉伯数字。例如 3.14、25、0 等数字都属于数字常量。

2. 日期和时间常量

日期与时间常量是一种特殊的转换常量，其本身是由 5 位整数和若干位小数构成的数据，包括日期常量和时间常量两种。

日期常量可以显示为多种格式，例如，“2014 年 12 月 26 日”“2014/12/26”“2014-12-26”以及“12/26/2014”等。将“2014 年 12 月 26 日”转换为常规数字后，将显示一组 5 位整数 41999。

时间常量与日期常量类似，也可以显示为多种格式，例如，“12:25:39”“12:25:39 PM”“12 时 25 分 39 秒”等。将其转换为常规数字后，将显示一组小数 0.5178125。

提 示

日期与时间常量也可以结合在一起使用。例如，数值 40538.5178125，就可以表示“2010 年 12 月 26 日 12 时 25 分 39 秒”。

3. 字符串常量

字符串常量也是一种常用的常量，其可以包含所有英文、汉字及特殊符号等字符。例如，字母 A、单词 Excel、汉字“表”、日文片假名“せす”以及实心五角星“★”等。

4. 逻辑常量

逻辑常量是一种特殊的常量，其表示逻辑学中的真和假等概念。逻辑常量只有两种，即全大写的英文单词 TRUE 和 FALSE。逻辑常量通常应用于逻辑运算中，通过比较运算符计算出最终的逻辑结果。

提 示

有时 Excel 也可以通过数字来表示逻辑常量，用数字 0 表示逻辑假（FALSE），用数字 1 表示逻辑真（TRUE）。

8.1.3 公式中的运算符

运算符是 Excel 中的一组特殊符号，主要由加、减、乘、除以及比较运算符等符号组成，其作用是对常量、单元格的值进行运算。

1．运算符的种类

公式中的运算符主要包括以下几种运算符。

- **算术运算符** 用于完成基本的数字运算，包括加、减、乘、除、百分号等运算符。
- **比较运算符** 用于比较两个数值，并产生逻辑值 TRUE 或者 FALSE，若条件相符，则产生逻辑真值 TRUE（1）；若条件不符，则产生逻辑假值 FALSE（0）。
- **文本运算符** 使用连接符“&”来表示，功能是将两个文本连接成一个文本。在同一个公式中，可以使用多个“&”符号将数据连接在一起。
- **引用运算符** 运用该类型的运算符可以产生一个包括两个区域的引用。

各种类型运算符的含义与示例，如表 8-1 所示。

表 8-1 运算符含义与示例

运　算　符	含　义	示　例
算术运算符		
+（加号）	加法运算	1+4
–（减号）	减法运算	67–4
*（星号）	乘法运算	4*4
/（斜杠）	除法运算	6/2
%（百分号）	百分比	20%
^（脱字号）	幂运算	2^2
比较运算符		
=（等号）	相等	A1=10
<（小于号）	小于	5<6
>（大于号）	大于	2>1
>=（大于等于号）	大于等于	A2>=3
<=（小于等于号）	小于等于	A7<=12
<>（不等于号）	不等于	3<>15
文本运算符		
&（与符）	文本与文本连接	=“奥运”&“北京”
&（与符）	单元格与文本连接	=A5&“中国”
&（与符）	单元格与单元格连接	=A3&B3
引用运算符		
：（冒号）	区域运算符	对包括在两个引用之间的所有单元格的引用
，（逗号）	联合运算符	将多个引用合并为一个引用
（空格）	交叉运算符	对两个引用共有的单元格的引用

2．运算符的顺序

在使用单一种类的运算符时，Excel 将默认以自左至右的顺序进行运算。

而在使用多种运算符时，Excel 就会根据运算符的优先级决定计算的顺序。表 8-2 中以从上到下的顺序排列优先级从高到低的各种运算符。

表 8-2 运算符的顺序

运 算 符	说 明
：（冒号）	引用运算符
（空格）	
，（逗号）	
－（负号）	负号（负数）
%（百分比号）	数字百分比
^（幂运算符）	乘幂
*（乘号）和 /（除号）	乘法与除法运算
＋（加号）和－（减号）	加法与减法
&（文本连接符）	连接两个字符串
=(等于号)<(小于号)>（大于号）<=（小于等于号）>=（大于等于号）<>（不等于号）	比较运算符

若要更改求值的顺序，可以将公式中先计算的部分用括号括起来。例如，在单元格中输入如下公式：

```
=5+2*3
```

由于 Excel 先进行乘法运算后进行加法运算，因此上面的公式结果为 11。

如在“5+2”的算式两侧加上括号“()”，则 Excel 将先求出 5 加 2 之和，再用结果乘以 3 得 21：

```
=(5+2)*3
```

8.1.4 单元格的引用

单元格的引用是在编辑 Excel 公式时描述某个或某些特定单元格中数据的一种指代方法，其通常以单元格的名称或一些基于单元格名称的字符作为指向单元格数据的标记。

1. 基本引用规则

在引用 Excel 的单元格时，如以字母 C 表示列标记，以字母 R 表示行标记，则常用的引用规则，如表 8-3 所示。

表 8-3 基本引用规则

引 用	规 则	示 例
单个单元格	CR	A1，B15，H256
列中的连续行	CR1:CR2	A1:A16，E5:E8
行中的连续列	C1R:C2R	C8:F8，G5:M5
整行单元格	R1:R2	6:6，8:22，72:99
整列单元格	C1:C2	A:A，H:G，S:AF
矩形区域	C1R1:C2R2	A6:B15，C37:AA22

根据上表中的规则可以得知，如需要引用A列中的第1行到第16行之间的单元格，可输入“A1:A16”的引用标记，而需要引用第5行到第8行之间所有的单元格，则可使用“5:8”的引用标记。

2. 相对单元格引用

相对引用是Excel默认的单元格引用方式。相对引用方式所引用的对象不是具体的某一个固定单元格，而是与当前输入公式的单元格相对的位置。

例如，在D3的单元格中输入公式，使用“C3”的标记进行引用，将D3单元格中的公式复制到E3单元格时，该引用将被自动转换为D3，如图8-2所示。

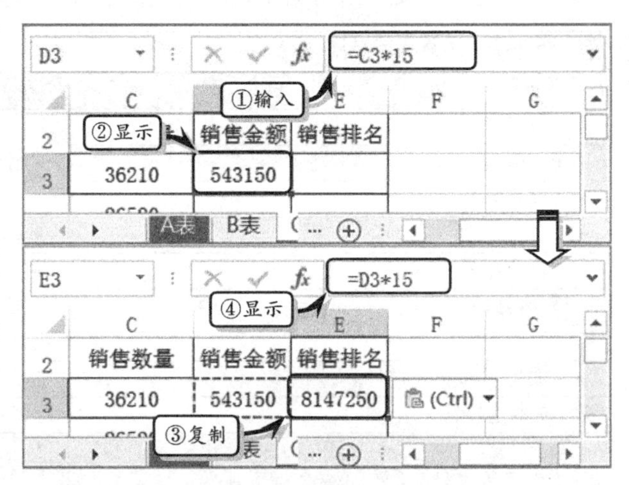

图8-2 相对单元格引用

提 示

相对引用的特点是将相应的计算公式复制填充到其他单元格时，其中的单元格引用会自动随着移动的位置相对变化。

3. 绝对单元格引用

绝对引用方式与相对引用方式的区别在于，使用绝对引用方式引用某个单元格之后，如复制该引用并粘贴到其他单元格，被引用单元格不变。

在使用绝对引用时，需要用户在引用的行标记和列标记之前添加一个美元符号“$”。例如，在引用A1单元格时，使用相对引用方式时可直接输入“A1”标记，而使用绝对引用方式时，则需要输入“$A$1”。

以绝对引用方式编写的公式，在进行自动填充时，公式中的引用不会随当前单元格变化而改变。例如，在单元格D3中输入计算公式，则无论将公式复制在任何位置，最终计算的结果都是和原单元格的结果完全相同，如图8-3所示。

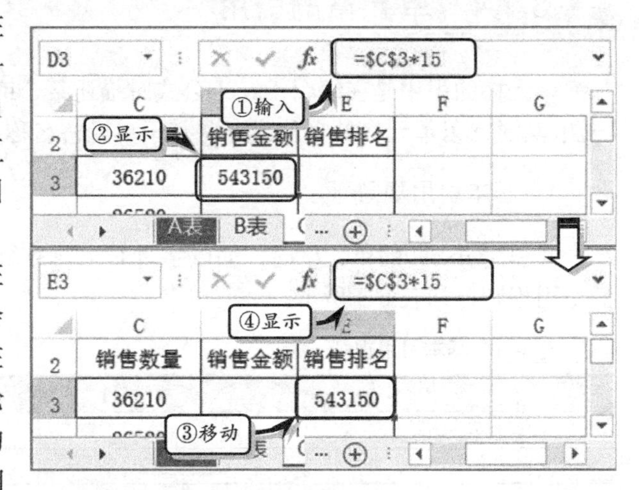

图8-3 绝对单元格引用

4. 混合单元格引用

在引用单元格时，用户不仅可以使用绝对引用与相对引用，还可以同时使用两种引用方式。例如，设置某个单元格引用中的行标记为绝对引用、列标记为相对引用等。这种混合了绝对引用与相对引用的引用方式就被称作混合引用，如图 8-4 所示。

5. 三维地址引用样式

所谓三维地址引用就是指在一个工作簿中，从不同的工作表中引用单元格。三维引用的一般格式为“工作表名!单元格地址”。例如，选择“A 表”工作表中的 F3 单元格，在【编辑】栏中输入“=D3+B 表!D3+C 表!D3”公式，表示将当前工作表中数值，“B 表”和“C 表”工作表中的数值相加，如图 8-5 所示。

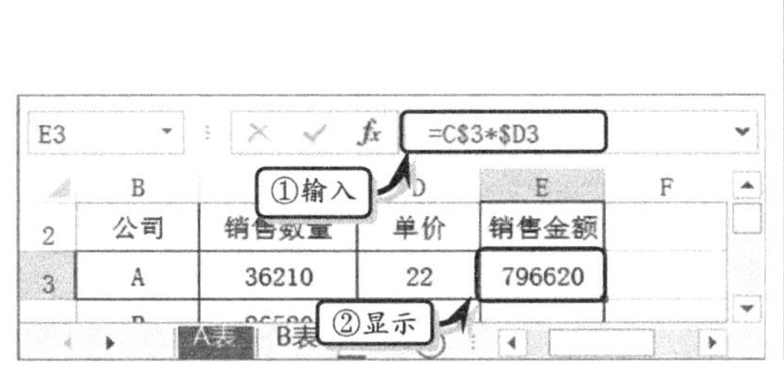

图 8-4 混合引用

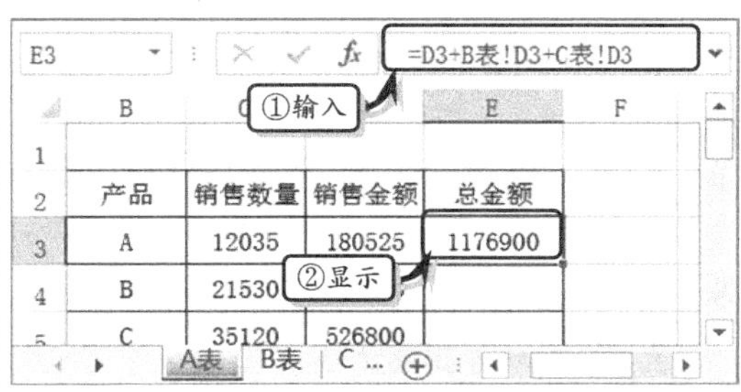

图 8-5 三维地址引用

6. 循环引用

如果公式引用了本身所在的单元格，则无论是直接引用还是间接引用，都被称为循环引用。当工作簿中包含循环引用时，Excel 都将无法自动计算。此时，用户可以取消循环引用，或让 Excel 利用先前的迭代计算结果计算循环引用中涉及的每个单元格一次，除非更改默认的迭代设置，否则系统将在 100 次迭代或者循环引用中的所有值在两次相邻迭代之间的差异小于 0.001 时，停止运算。

在用户使用函数与公式计算数据时，Excel 会自动判断函数或公式中是否使用了循环引用。当 Excel 发现发生循环引用时，会自动弹出警告提示，如图 8-6 所示。

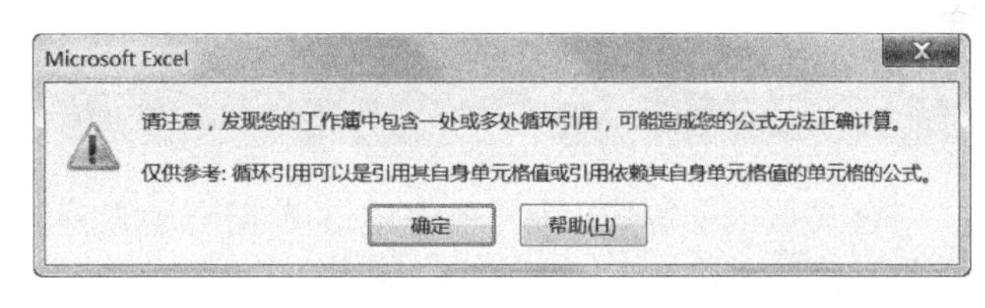

图 8-6 警告提示

直接循环引用是引用了公式本身所在的单元格，而间接循环引用是由一个公式引用了另外一个公式，并且最后一个公式又引用了前面的公式。由于间接循环引用包含两个以上的单元格，所以比较隐蔽，一般情况下很难察觉，如图 8-7 所示。

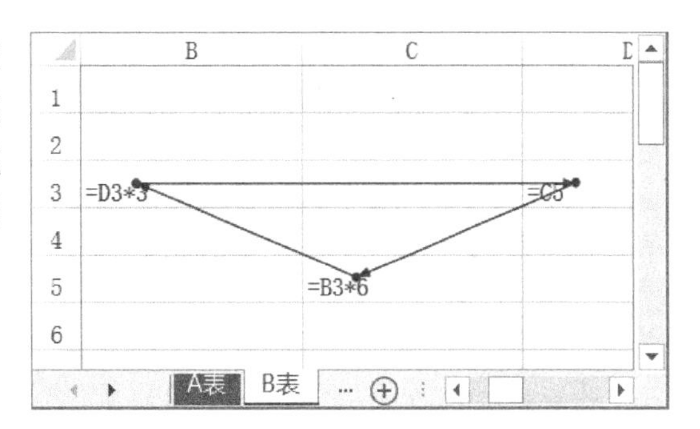

图 8-7 循环引用

7. R1C1 引用样式

R1C1 引用样式用于计算位于宏内的

行和列很方便。在R1C1样式中，Excel指出了行号在R后而列号在C后的单元格位置。在录制宏时，Excel将使用R1C1引用样式录制命令，其引用的含义如表8-4所示。

表8-4 R1C1引用样式

引　用	含　义
R[-2]C	对在所选单元格的同一列、上面两行的单元格的相对引用
R[1]C[1]	对在所选单元格下面一行、右侧一列的单元格的相对引用
R2C2	对在工作表的第二行、第二列的单元格的绝对引用
R[-1]	对活动单元格整个上同一行单元格区域的相对引用
R	对当前行的绝对引用

8. A1引用样式

A1引用样式被称为默认引用样式，该样式引用字母标识列（从A到XFD，共16384列），引用数字标识行（从1到1048576）。引用时先写列字母再写行数字，其引用的含义如表8-5所示。

表8-5 A1引用样式

引　用	含　义
A2	列A和行2交叉处的单元格
A1:A20	在列A和行1到行20之间的单元格区域
B5:E5	在行5和列B到列E之间的单元格区域
15:15	行15中的全部单元格
15:20	行15到行20之间的全部单元格
A:A	列A中的全部单元格
A:J	列A到列J之间的全部单元格
B10:C20	列B到列C和行10到行20之间的单元格区域

8.2 使用公式

公式是一个等式，是一个包含了数据与运算符的数学方程式，它主要包含了各种运算符、常量、函数以及单元格引用等元素。在了解了Excel公式的各种组成部分以及运算符的优先级后，即可使用公式、常量进行计算数据了。下面，将详细介绍公式的创建、编辑、审核，以及数组公式的基础知识和使用方法。

8.2.1 创建公式

在Excel中，用户不仅可以直接在单元格或【编辑】栏中输入公式，而且还可以在单元格中显示公式结果或公式形式。

1. 输入公式

将光标定位在单元格或【编辑栏】中，首先输入“=”号，然后再输入公式的其他元素，单击其他任意单元格或按Enter键确认输入。此时，系统会在单元格中显示计算结果，如图 8-8 所示。

提 示

用户也可以输入公式后，单击【编辑】栏中的【输入】按钮✓，确认公式的输入。

2. 显示公式

在默认状态下，Excel 2016 只会在单元格中显示公式运算的结果。如用户需要查看当前工作表中所有的公式，则可以执行【公式】|【公式审核】|【显示公式】命令，显示公式内容，如图 8-9 所示。

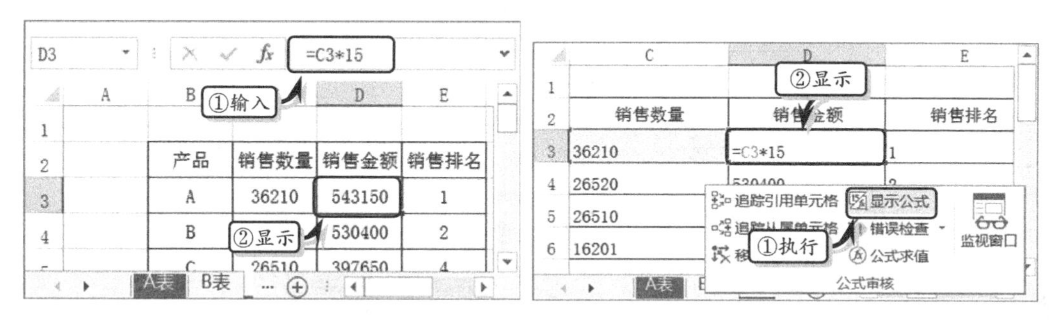

图 8-8 输入公式　　图 8-9 显示公式

再次单击【公式审核】组中的【显示公式】按钮，将其被选中的状态解除，然后 Excel 又会重新显示公式计算的结果。

提 示

用户也可以按 Ctrl+`组合键快速切换显示公式或显示结果的状态。

8.2.2 编辑公式

编辑公式即移动或复制公式，当用户需要在多个单元格中使用相同的公式时，则可以通过编辑公式的方法，来达到快速输入公式的目的。

1. 复制公式

选择包含公式的单元格，按 Ctrl+C 组合键复制公式。然后，选择需要放置公式的单元格，按 Ctrl+V 组合键复制公式即可，如图 8-10 所示。

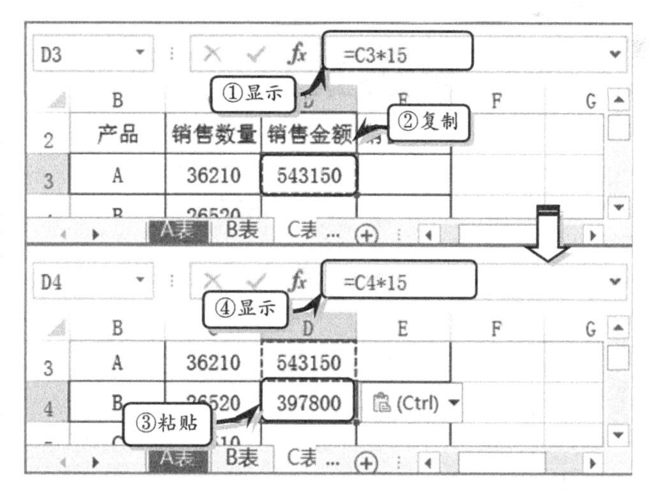

图 8-10 复制公式

2. 移动公式

用户在复制公式时，其单元格引用将根据所用引用类型而变化。但当用户移动公式时，而公式内的单元格引用不会更改。例如，选择单元格 D3，按 Ctrl+X 组合剪切公式。然后，选择需要放置公式的单元格，按 Ctrl+V 组合键复制公式，即可发现公式没有变化，如图 8-11 所示。

3．填充公式

通常情况下，在对包含有多行或多列内容的表格数据进行有规律的计算时，可以使用自动填充功能快速填充公式。

例如，已知单元格 D3 中包含公式，选择单元格区域 D3:D8，执行【开始】|【编辑】|【填充】|【向下】命令，即可向下填充相同类型的公式，如图 8-12 所示。

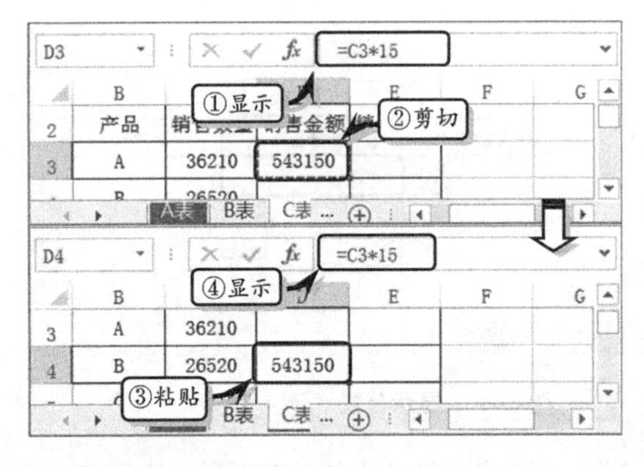

图 8-11　移动公式

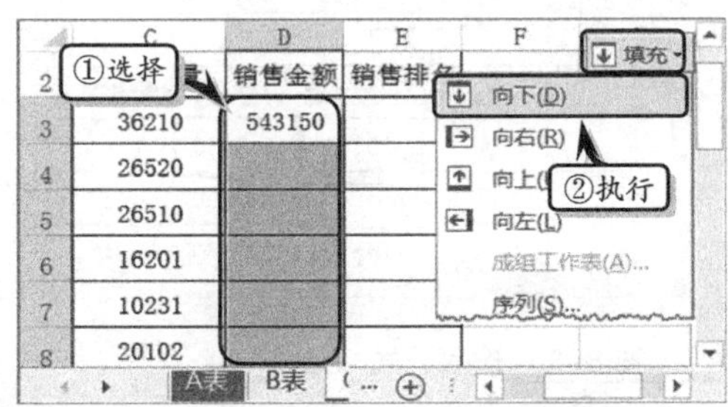

图 8-12　填充公式

提　示

用户也可将鼠标移至单元格 D3 的右下角，当鼠标变成“+”形状时，按下鼠标左键并向下拖动鼠标即可快速填充公式。

8.2.3　数组公式

数组是计算机程序语言中非常重要的一部分，主要用来缩短和简化程序。运用这一特性不仅可以帮助用户创建非常雅致的公式，而且还可以帮助用户运用 Excel 完成非凡的计算操作。

1．理解数组

数组是由文本、数值、日期、逻辑、错误值等元素组成的集合。这些元素是按照行和列的形式进行显示，并可以共同参与或个别参与运算。元素是数组的基础，结构是数组的形式。在数组中，各种数据元素可以共同出现在同一个数组中。例如，下列 4 个数组。

{11 12 13 14 15 16 17 18 19}

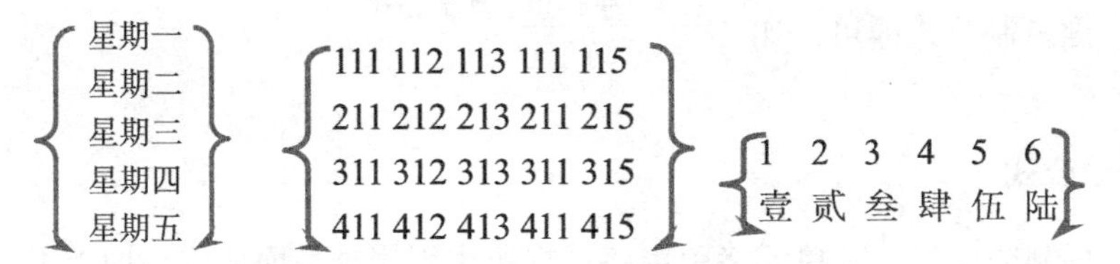

而常数数组是由一组数值、文本值、逻辑值与错误值组合成的数据集合。其中，数值可以为整数、小数与科学计数法格式的数字；但不能包含货币符号、括号与百分号。而文本值，必须使用英文状态下的双引号进行标记，文本值可以在同一个常数数组中并存不同的类型。另外，常数数组中不可以包含公式、函数或另一个数组作为数组元素。例如下列中的常数数组，便是一个错误的常数数组。

{1 2 3 4 5 6% 7% 8% 9% 10%}

2. 输入数组

在 Excel 中输入数组时，需要先输入数组元素，然后用大括号括起来即可。数组中的横向元素需要用英文状态下的“,”号进行分割，数组中的纵向元素需要运用英文状态下的“;”号进行分割。例如，数组{1 2 3 4 5 6 7 8 9}表示为{1,2,3,4,5,6,7,8,9}。其中，下列数组

$$\begin{Bmatrix} 1 & 2 & 3 & 4 & 5 & 6 \\ \text{壹} & \text{贰} & \text{叁} & \text{肆} & \text{伍} & \text{陆} \end{Bmatrix}$$

表示为{1,2,3,4,5,6;"壹","贰","叁","肆","伍","陆"}

横向选择放置数组的单元格区域，在【编辑】栏中输入“=”与数组，按 Ctrl+Shift+Enter 组合键即可，如图 8-13 所示。

纵向选择单元格区域，用来输入纵向数组。然后，在【编辑】栏中输入“=”与纵向数组。按 Ctrl+Shift+Enter 组合键，即可在单元格区域中显示数组，如图 8-14 所示。

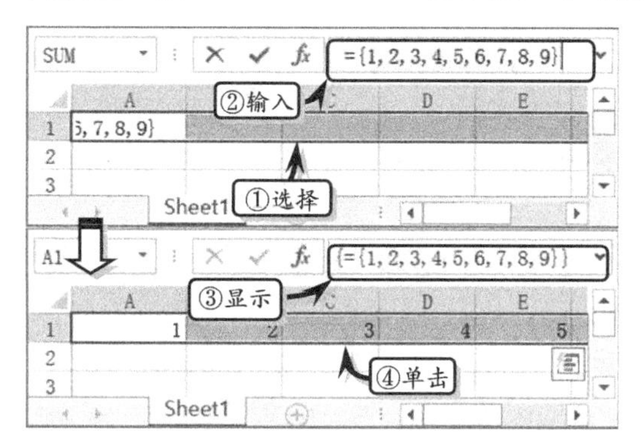

图 8-13 输入横向数组

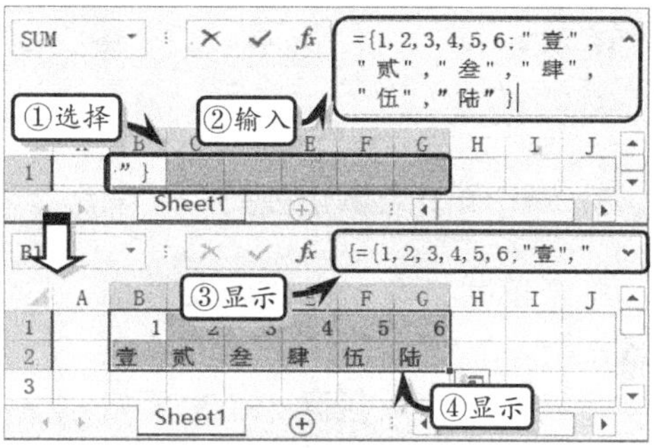

图 8-14 输入纵向数组

3. 理解数组维数

通常情况下，数组以一维与二维的形式存在。

数组中的维数与 Excel 中的行或列是相对应的，一维数组即数组是以一行或一列进行显示。另外，一维数组又分为一维横向数组与一维纵向数组。

其中，一维横向数组是以 Excel 中的行为基准进行显示的数据集合。一维横向数组中的元素需要用英文状态下的逗号分隔，例如，下列数组便是一维横向数组。

- **一维横向数值数组** {1,2,3,4,5,6}。
- **一维横向文本值数组** {"优","良","中","差"}。

另外，一维纵向数组是以 Excel 中的列为基准进行显示的数据集合。一维纵向数组中的元素需要用英文状态下的分号分开。例如，数组{1;2;3;4;5}便是一维纵向数组。

二维数组是以多行或多列共同显示的数据集合，二维数组显示的单元格区域为矩形形状，用户需要用逗号分隔横向元素，用分号分隔纵向元素。例如，数组{1,2,3,4;5,6,7,8}便是一个二维数组。

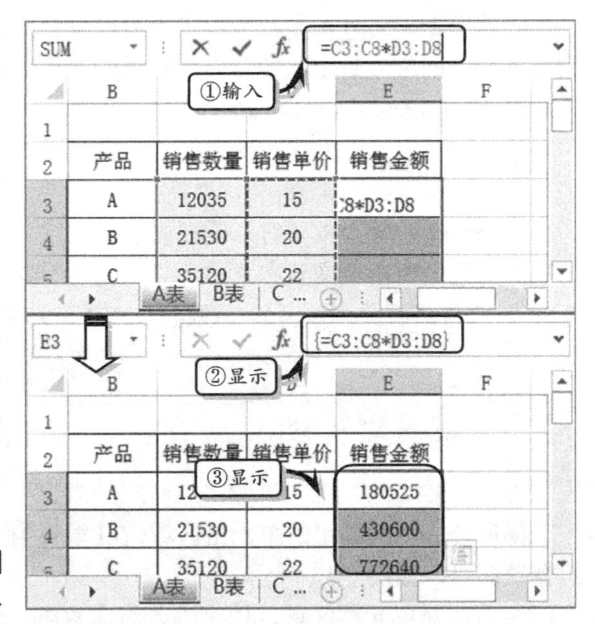

图 8-15 多单元格数组公式

4. 多单元格数组公式

当多个单元格使用相同类型的计算公式时，一般公式的计算方法则需要输入多个相同的计算公式。而可以运用数组公式，一步便可以计算出多个单元格中相同公式类型的结果值。

选择单元格区域 E3:E8，在【编辑】栏中输入数组公式，按 Ctrl+Shift+Enter 组合键即可，如图 8-15 所示。

提 示

使用数组公式，不仅可以保证指定单元格区域内具有相同的公式，而且还可以完全防止新手篡改公式，从而达到包含公式的目的。

5. 单个单元格数组公式

单个单元格数组公式即是数组公式占据一个单元格，用户可以将单个单元格数组输入任意一个单元格中，并在输入数组公式后按 Ctrl+Shift+Enter 组合键，完成数组公式的输入。

例如，选择单元格 E9，在【编辑】栏中输入计算公式，按 Ctrl+Shift+Enter 组合键，即可显示合计额，如图 8-16 所示。

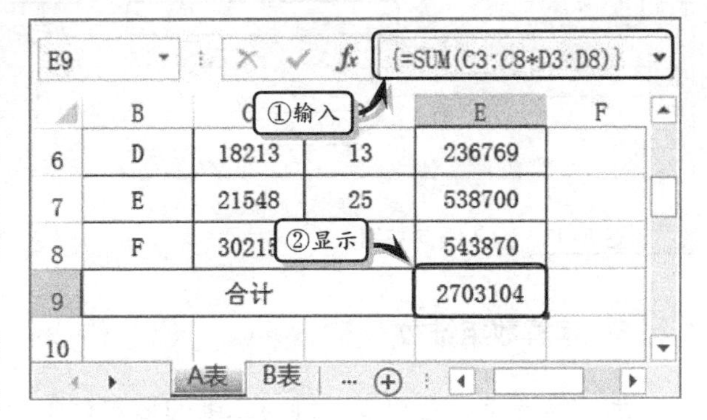

图 8-16 单个单元格数组公式

提 示

使用数组公式时，可以选择包含数组公式的单元格或单元格区域，按下 F2 键进入编辑状态。然后，再按 Ctrl+Shift+Enter 组合键完成编辑。

8.2.4 公式审核

Excel 中提供了公式审核的功能，其作用是跟踪选定单位内公式的引用或从属单元格，同时也可以追踪公式中的错误信息。

1. 审核工具按钮

用户可以运用【公式】选项卡【公式审核】选项组中的各项命令，来检查公式与单元格之间的相互关系性。其中，【公式审核】选项组中各命令的功能，如表 8-6 所示。

表 8-6 公式审核选项

按钮	名　称	功　能
	追踪引用单元格	追踪引用单元格，并在工作表上显示追踪箭头，表明追踪的结果
	追踪从属单元格	追踪从属单元格（包含引用其他单元格的公式），并在工作表上显示追踪箭头，表明追踪的结果
	移去箭头	删除工作表上的所有追踪箭头
	显示公式	显示工作表中的所有公式
	错误检查	检查公式中的常见错误
	追踪错误	显示指向出错源的追踪箭头
	公式求值	启动【公式求值】对话框，对公式每个部分单独求值以调试公式

2. 查找与公式相关的单元格

如果需要查找为公式提供数据的单元格（即引用单元格），则可以执行【公式】|【公式审核】|【追踪引用单元格】命令，如图 8-17 所示。

追踪从属单元格是显示箭头，指向受当前所选单元格影响的单元格。执行【公式】|【公式审核】|【追踪从属单元格】命令，如图 8-18 所示。

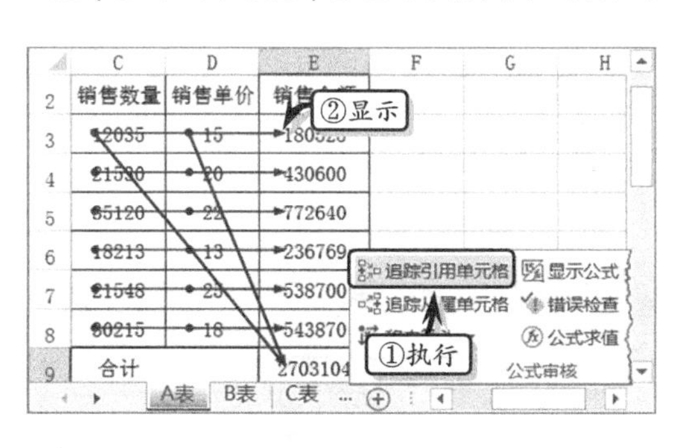

图 8-17 追踪引用单元格

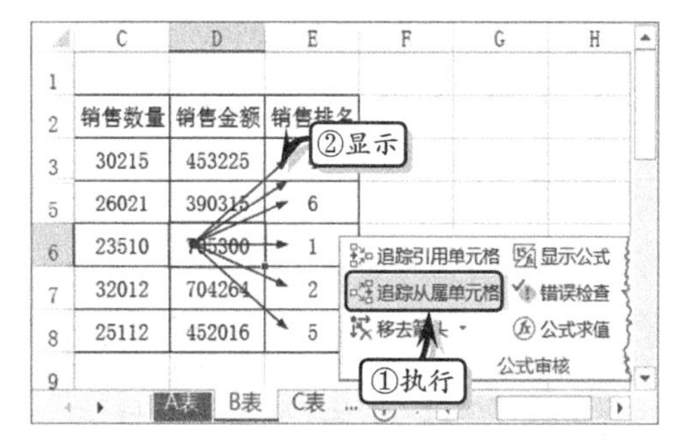

图 8-18 追踪从属单元格

3. 在【监视窗口】中添加单元格

使用【监视窗口】功能，可以方便地在大型工作表中检查、审核或确认公式计算及其结果。

首先，选择需要监视的单元格，执行【公式审核】|【监视窗口】命令。在弹出的【监

视窗口】对话框中单击【添加监视】按钮，如图 8-19 所示。

另外，在【监视窗口】中选择需要删除的单元格，单击【删除监视】即可，如图 8-20 所示。

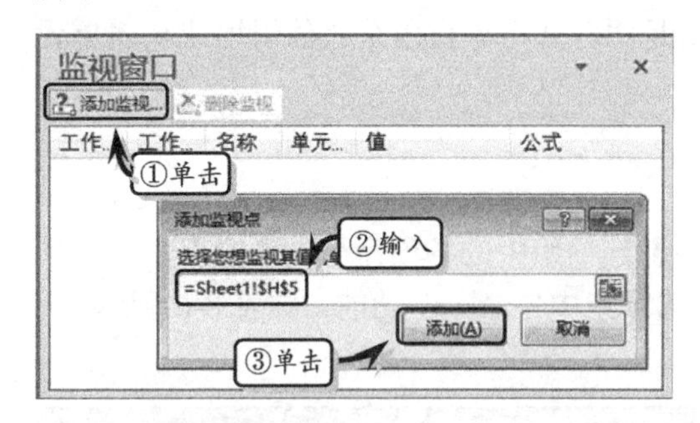

图 8-19 添加监视

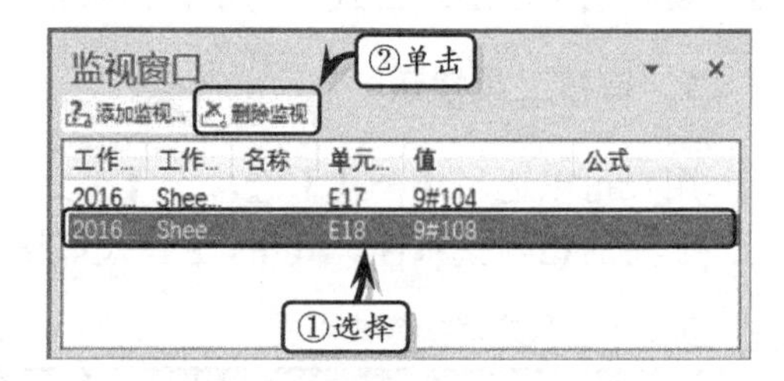

图 8-20 删除监视

4. 错误检查

选择包含错误的单元格，执行【公式审核】|【错误检查】命令，在弹出【错误检查】对话框中将显示公式错误的原因，如图 8-21 所示。

选择包含错误信息的单元格，执行【公式审核】|【错误检查】|【追踪错误】命令，系统会自动指出公式中引用的所有单元格，如图 8-22 所示。

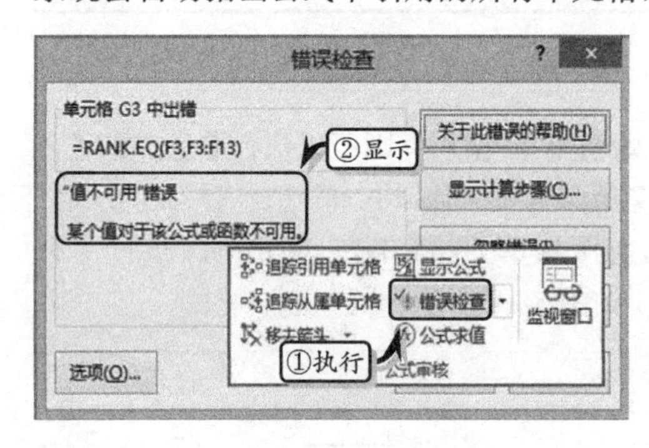

图 8-21 【检测错误】对话框

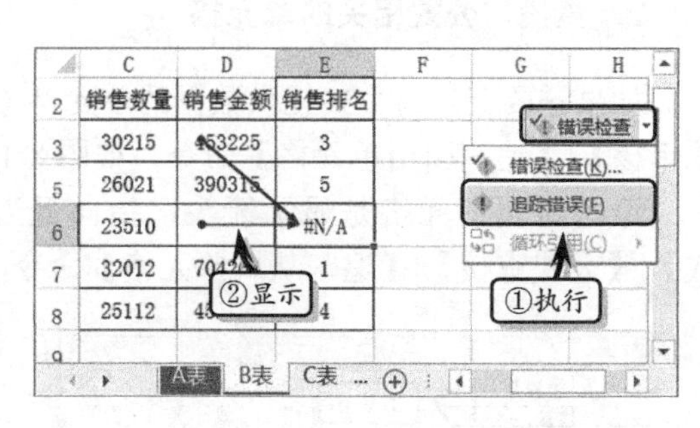

图 8-22 追踪错误

5. 显示计算步骤

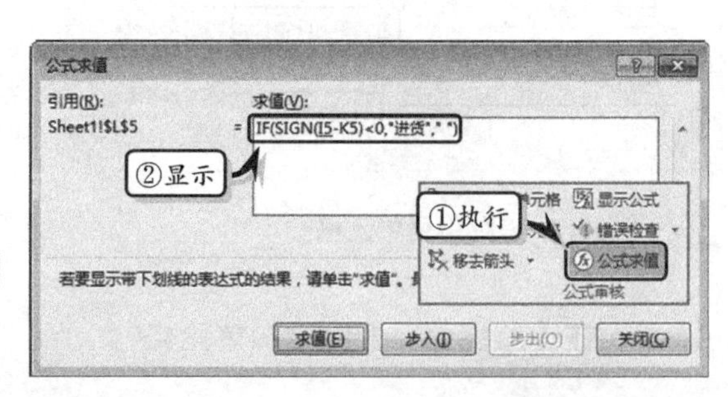

图 8-23 显示公式

在包含多个公式的单元格中，可以运用【公式求值】功能，来检查公式运输步骤的正确性。首先，选择单元格，执行【公式】|【公式审核】|【公式求值】命令。在弹出的【数据求值】对话框中，将自动显示指定单元格中的公式与引用单元格，如图 8-23 所示。

单击【求值】按钮，系统将自动显示第一步的求值结果。继续单击【求值】按钮，系统将自动显示最终求值结果，如图 8-24 所示。

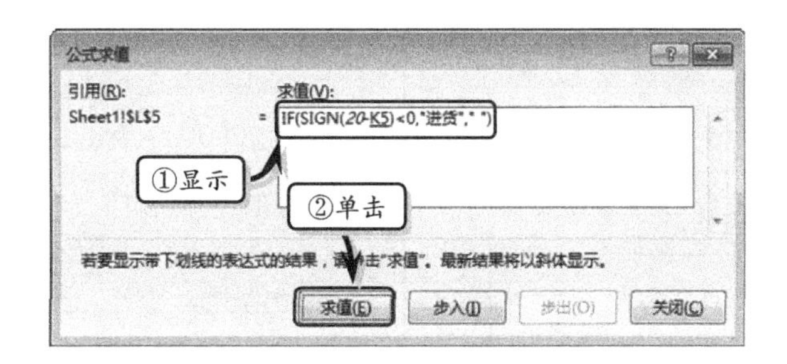

图 8-24 显示求值结果

8.2.5 练习：销售业绩统计表

Excel 不仅具有创建、存储与分析数据的功能，而且还具有强大的数学运算功能。运用该功能不仅可以使用数学运算符来处理其他单元格或本单元格中的文本与数值，而且单元格中的数据还可以自由更新而不会影响到公式与函数的设置。在本练习中，将通过制作一份销售业绩统计表，来详细介绍公式的使用方法，从而充分体现 Excel 的动态特征，如图 8-25 所示。

销售业绩统计表

销售员	销售业绩		业绩排名		占总额的百分比排名		提成额	判断奖励资格	分布段数值	分布段个数
	本月	累计	本月	累计	本月	累计				
刘能	100000	602938	1	3	1.00	0.82	20000	奖	60000	1
赵四	57459	559382	12	5	0.00	0.64	2873	奖	70000	1
张昕	93928	538728	3	8	0.82	0.36	18786		80000	1
陈荣	71283	502938	10	9	0.18	0.27	7128		90000	3
王亮	98382	459284	2	10	0.91	0.18	19676		100000	6
冉静	88728	369834	8	12	0.36	0.00	8873		分析业绩	
陆飞	69283	387546	11	11	0.09	0.09	6928		本月最高业绩	100000
洪兎	89837	539283	7	6	0.45	0.55	8984		本月最低业绩	57459
金鑫	92837	658294	5	1	0.64	1.00	18567	奖	本月平均业绩	86141
刘菲	87694	539238	9	7	0.27	0.45	8769		累计最高业绩	658294
杨阳	90392	598732	6	4	0.55	0.73	18078	奖	累计最低业绩	369834
冯圆	93874	629384	4	2	0.73	0.91	18775	奖	中位数	90115

Sheet1

图 8-25 销售业绩统计表

操作步骤：

1 制作标题。设置工作表的行高，合并单元格区域 B1:L1，输入标题文本并设置文本的字体格式，如图 8-26 所示。

2 制作表格内容。在表格中输入基础数据，并设置数据的对齐和边框格式，如图 8-27 所示。

3 计算数据。选择单元格 E4，在编辑栏中输入计算公式，按 Enter 键返回本月业绩排名，如图 8-28 所示。使用同样方法，计算其他本月业绩排名。

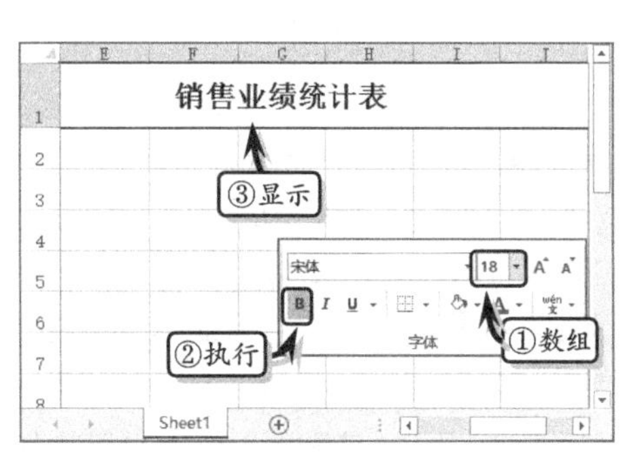

图 8-26 制作表格标题

销售员	销售业绩		业绩排名		占总额的百
	本月	累计	本月	累计	本月
刘能	100000	602938			
赵四	57459	559382			
张昕	93928	538728			
陈荣	71283	502938			
王亮	98382	459284			
冉静	88728	369834			

图 8-27 输入基础数据

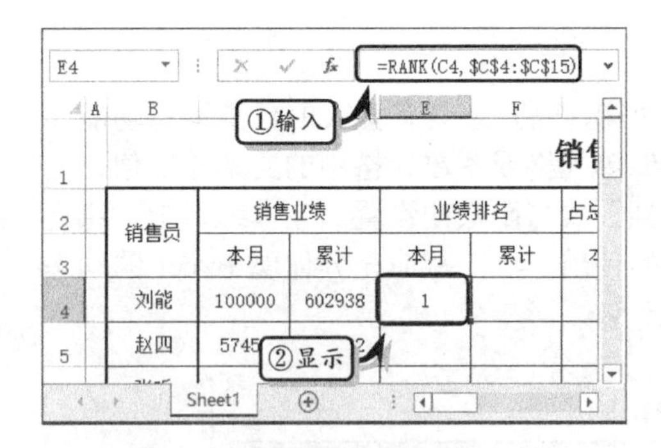

图 8-28 计算本月业绩排名

4 选择单元格 F4，在编辑栏中输入计算公式，按 Enter 键返回本月累计排名，如图 8-29 所示。使用同样方法，计算其他本月累计排名。

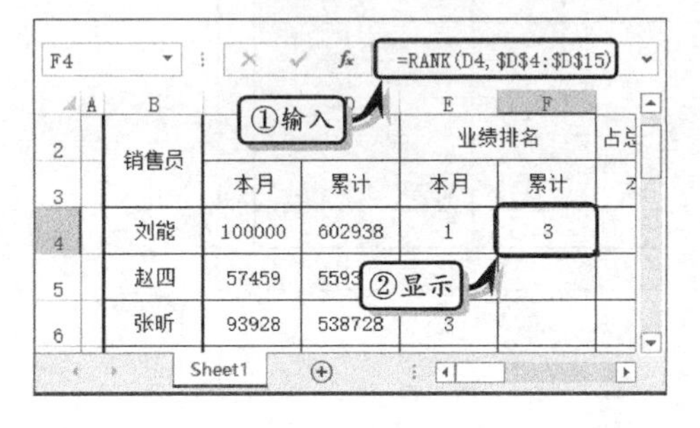

图 8-29 计算本月累计排名

5 选择单元格 G4，在编辑栏中输入计算公式，按 Enter 键返回本月占总额的百分比排名，如图 8-30 所示。使用同样方法，计算其他本月占总额的百分比排名。

6 选择单元格 H4，在编辑栏中输入计算公式，按 Enter 键返回累计占总额的百分比排名，如图 8-31 所示。使用同样方法，计算其他累计占总额的百分比排名。

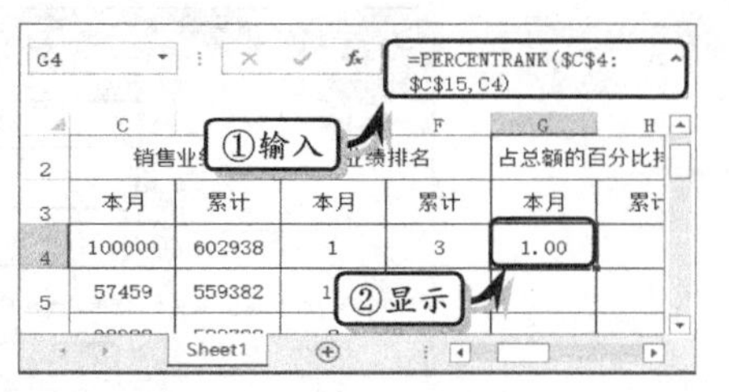

图 8-30 计算本月占总额的百分比排名

图 8-31 计算累计占总额的百分比排名

7 选择单元格 I4，在编辑栏中输入计算公式，按 Enter 键返回提成额，如图 8-32 所示。使用同样方法，计算其他提成额。

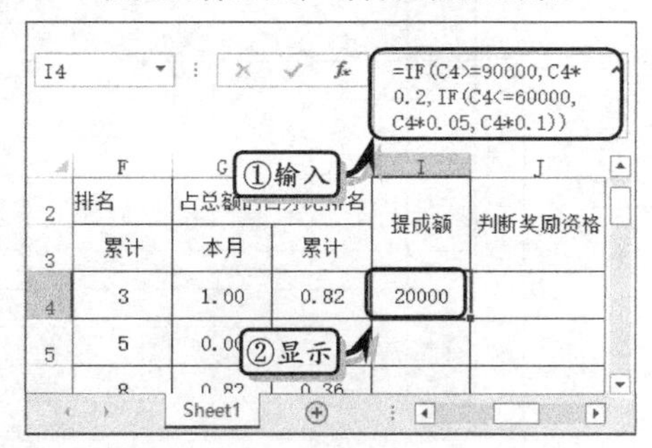

图 8-32 计算提成额

8 选择单元格 J4，在编辑栏中输入计算公式，按 Enter 键返回判断奖励资格，如图 8-33 所示。使用同样方法，计算其他判断奖励资格。

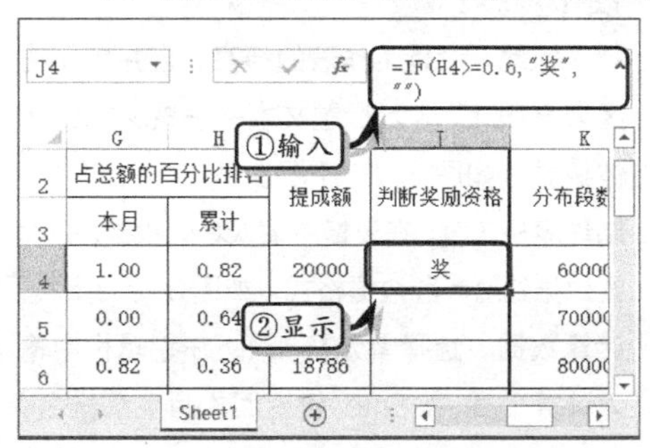

图 8-33 计算判断奖励资格

9 选择单元格区域 L4:L8，在编辑栏中输入计算公式，按 Ctrl+Shift+Enter 组合键返回分布段个数，如图 8-34 所示。

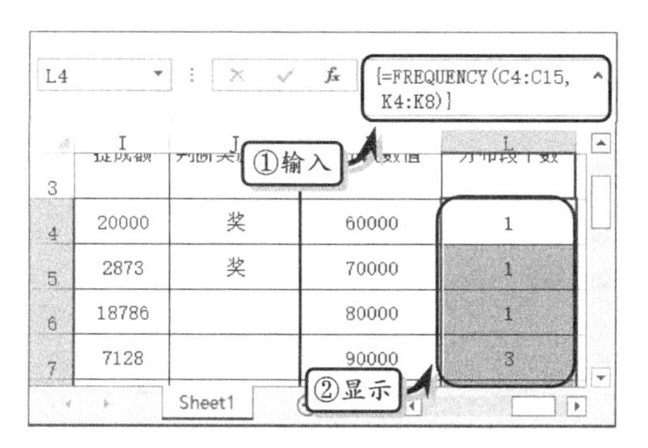

图 8-34 计算分布段个数

10 选择单元格 L10，在编辑栏中输入计算公式，按 Enter 键返回本月最高业绩，如图 8-35 所示。

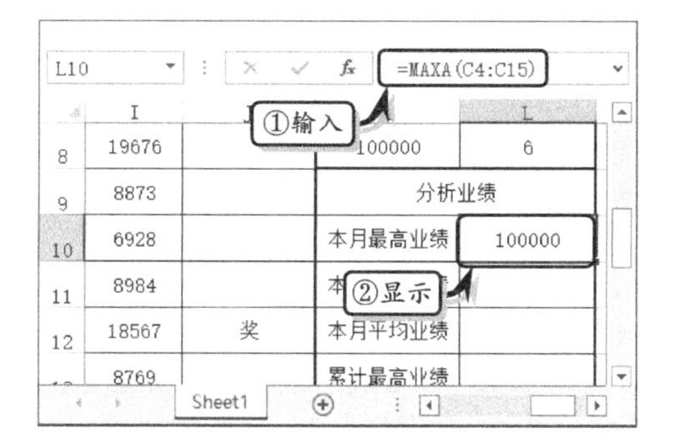

图 8-35 计算本月最高业绩

11 选择单元格 L11，在编辑栏中输入计算公式，按 Enter 键返回本月最低业绩，如图 8-36 所示。

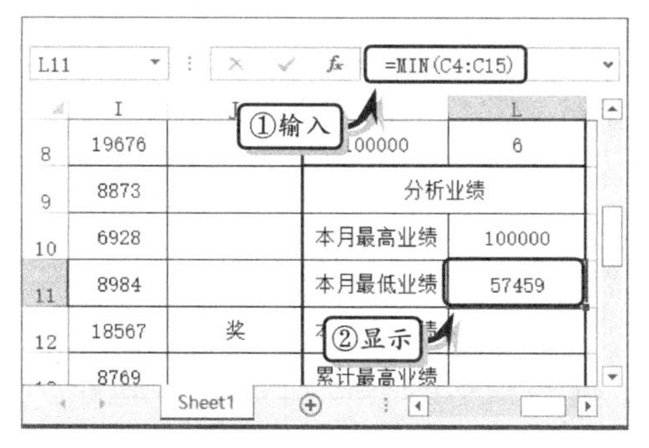

图 8-36 计算本月最低业绩

12 选择单元格 L12，在编辑栏中输入计算公式，按 Enter 键返回本月平均业绩，如图 8-37 所示。

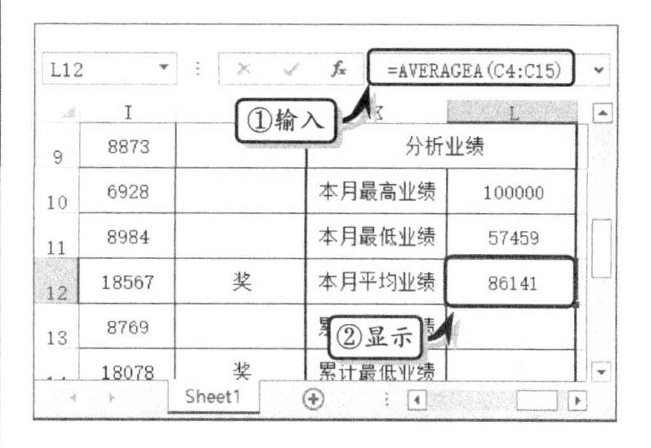

图 8-37 计算本月平均业绩

13 选择单元格 L13，在编辑栏中输入计算公式，按 Enter 键返回累计最高业绩，如图 8-38 所示。

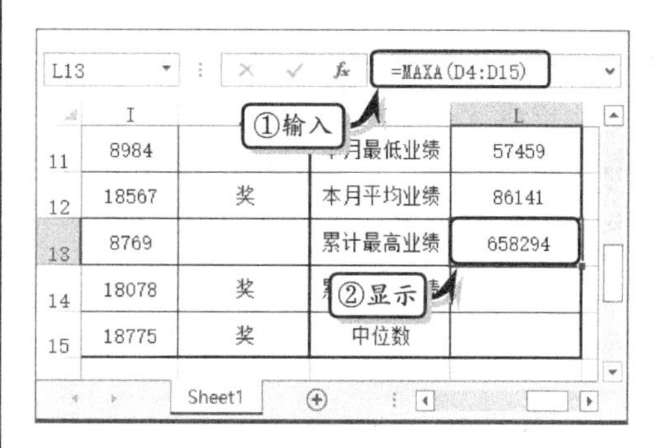

图 8-38 计算累计最高业绩

14 选择单元格 L14，在编辑栏中输入计算公式，按 Enter 键返回累计最低业绩，如图 8-39 所示。

图 8-39 计算累计最低业绩

15 选择单元格 L15，在编辑栏中输入计算公式，按 Enter 键返回中位数，如图 8-40 所示。

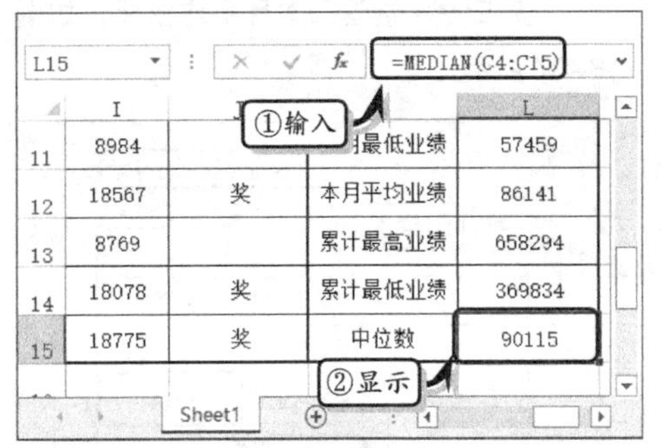

图 8-40 计算中位数

16 设置单元格样式。选择单元格区域 C4:J15，执行【开始】|【样式】|【单元格样式】|【好】命令，设置单元格样式，如图 8-41 所示。

使用同样方法，设置其他单元格区域的单元格样式。

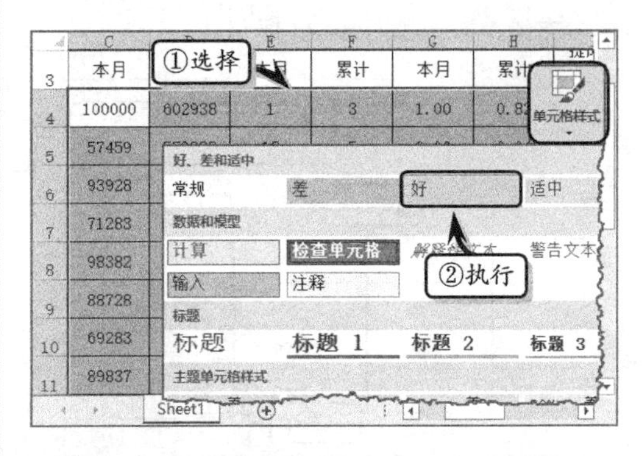

图 8-41 设置单元格样式

8.3 使用函数

函数是系统预定义的特殊公式，它使用参数按照特定的顺序或结构进行计算。Excel 为用户提供了强大的函数库，其应用涵盖了各种科学技术、财务、统计分析领域中。用户除了可以使用内置的函数对数据进行全方位的运算之外，而且还可以通过名称将数据打包成数组应用到算式中。

8.3.1 函数概述

函数是一种由数学和解析几何学引入的概念，其意义在于封装一种公式或运算算法，根据用户引入的参数数值返回运算结果。

1. 函数的概念

函数表示每个输入值（或若干输入值的组合）与唯一输出值（或唯一输出值的组合）之间的对应关系。例如，用 f 代表函数，x 代表输入值或输入值的组合，A 代表输出的返回值。

$$f(x) = A$$

在上面的公式中，x 被称作参数，A 被称作函数的值，由 x 的值组成的集合被称作函数 f(x)的定义域，由 A 的值组成的集合被称作函数 f(x)的值域。如图 8-42 所示的两个集合，就展示了函数定义域和值域之间的对应映射关系。

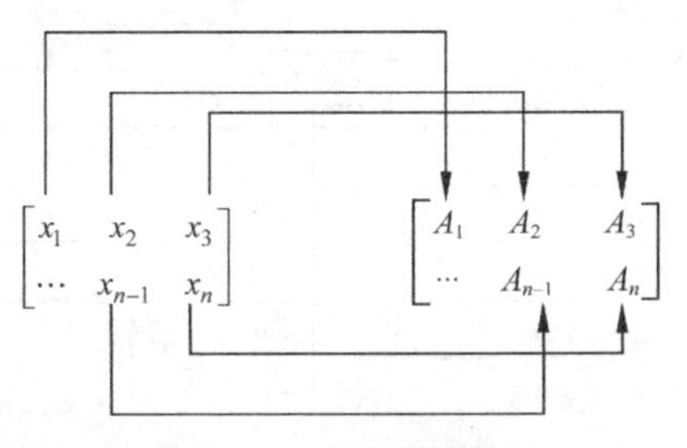

图 8-42 对应映射关系

函数在数学和解析几何学中应用十分广泛。例如，常见的计算三角形角和边的关系所使用的三角函数，就是典型的函数。

2. 函数在 Excel 中的应用

在日常的财务统计、报表分析和科学计算中，函数的应用也非常广泛，尤其在 Excel 这类支持函数的软件中，往往提供大量的预置函数，辅助用户快速计算。

典型的 Excel 函数通常由 3 个部分组成，即函数名、括号和函数的参数/参数集合。以求和的 SUM 函数为例，假设需要求得 A1 到 A10 之间 10 个单元格数值之和，可以通过单元格引用功能，结合求和函数，具体如下。

```
=SUM(A1,A2,A3,A4,A5,A6,A7,A8,A9,A10)
```

提 示

如函数允许使用多个参数，则用户可以在函数的括号中输入多个参数，并以逗号“,”将这些参数隔开。

在上面的代码中，SUM 即函数的名称，括号内的就是所有求和的参数。用户也可以使用复合引用的方式，将连续的单元格缩写为一个参数添加到函数中，具体如下。

```
=SUM(A1:A10)
```

用户可将函数作为公式中的一个数值来使用，对该数值进行各种运算。例如，需要运算 A1 到 A10 之间所有单元格的和，再将结果除以 20，可使用如下的公式。

```
=SUM(A1:A10)/20
```

3. Excel 函数分类

Excel 2016 预置了数百种函数，根据函数的类型，可将其分为如表 8-7 中的几类。

表 8-7 函数分类

函数类型	作　用
财务	对数值进行各种财务运算
逻辑	进行真假值判断或者进行复合检验
文本	用于在公式中处理文字串
日期和时间	在公式中分析处理日期值和时间值
查找与引用	对指定的单元格、单元格区域进行查找、检索和比对运算
数学与三角函数	处理各种数学运算
统计	对数据区域进行统计分析
数据库	对数据库数据进行统计分析
工程	对数值进行各种工程运算和分析
多维数据集	用于数组和集合运算与检索
信息	确定保存在单元格中的数据类型
兼容性	之前版本 Excel 中的函数（不推荐使用）
Web	用于获取 Web 中数据的 Web 服务函数

4. Excel 常用函数

在了解了 Excel 函数的类型之后，还有必要了解一些常用 Excel 函数的作用及使用方法。在日常工作中，表 8-8 中的 Excel 函数的应用比较广泛。

表 8-8　Excel 常用函数

函　　数	格　　式	功　　能
SUM	=SUM（number1,number2...）	返回单元格区域中所有数字的和
AVERAGE	=AVERAGE（number1,number2...）	计算所有参数的平均数
IF	=IF（logical_tset,value_if_true, value_if_false）	执行真假值判断，根据对指定条件进行逻辑评价的真假，而返回不同的结果
COUNT	=COUNT（value1,value2...）	计算参数表中的参数和包含数字参数的单元格个数
MAX	=MAX（number1,number2...）	返回一组参数的最大值，忽略逻辑值及文本字符
MIN	=MIN（number1,number2...）	返回一组参数的最小值，忽略逻辑值及文本字符
SUMIF	=SUMIF（range,criteria,sum_range）	根据指定条件对若干单元格求和
PMT	=PMT（rate,nper,fv,type）	返回在固定利率下，投资或贷款的等额分期偿还额
STDEV	=STDEV（number1,number2...）	估算基于给定样本的标准方差

8.3.2　创建函数

在 Excel 中，用户可通过下列 4 种方法，来使用函数计算各类复杂的数据。

1．直接输入函数

当用户对一些函数非常熟悉时，便可以直接输入函数，从而达到快速计算数据的目的。首先，选择需要输入函数的单元格或单元格区域。然后，直接在单元格中输入函数公式或在【编辑】栏中输入即可，如图 8-43 所示。

2．使用【函数库】选项组输入

选择单元格，执行【公式】|【函数库】|【数学和三角函数】命令，在展开的级联菜单中选择 SUM 函数，如图 8-44 所示。

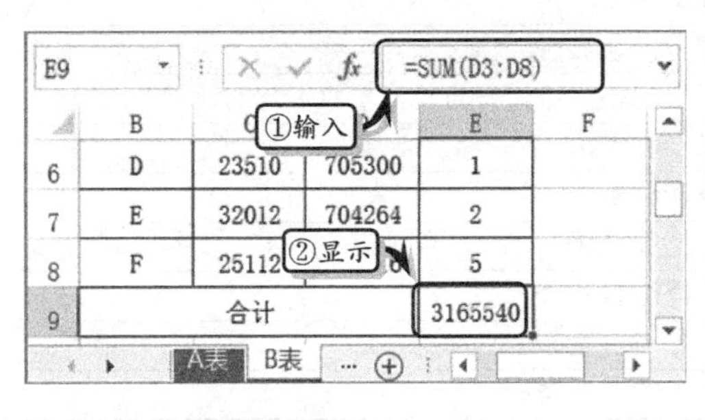

图 8-43　输入函数

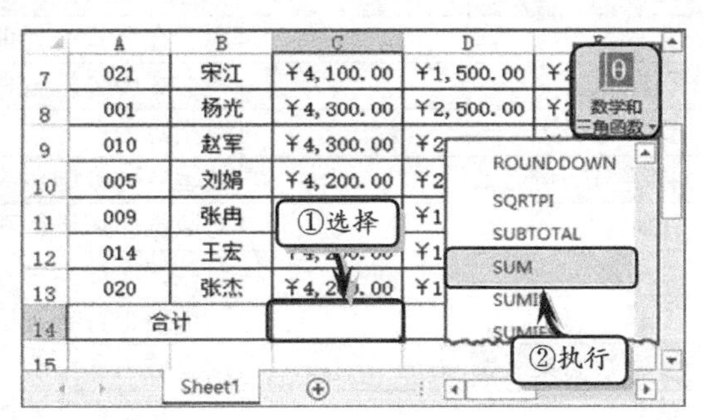

图 8-44　选择函数

然后，在弹出的【函数参数】对话框中设置函数参数，单击【确定】按钮，在单元格中即可显示计算结果值，如图 8-45 所示。

提　示

在设置函数参数时，可以单击参数后面的按钮，来选择工作表中的单元格。

3. 插入函数

选择单元格，执行【公式】|【函数库】|【插入函数】命令，在弹出的【插入函数】对话框中选择函数选项，并单击【确定】按钮，如图 8-46 所示。

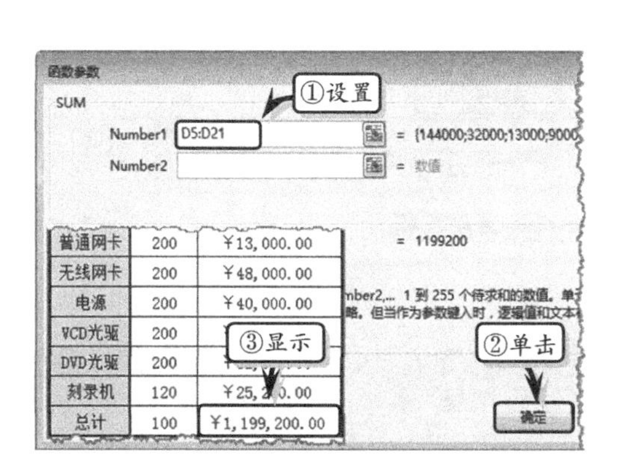

图 8-45 输入函数参数

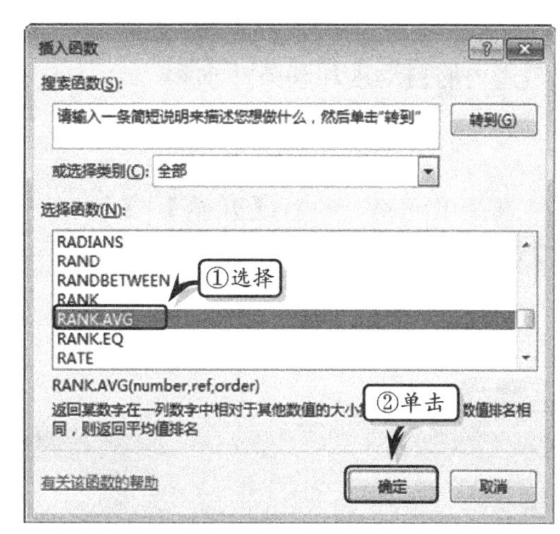

图 8-46 选择函数

提　示

在【插入函数】对话框中，用户可以在【搜索函数】文本框中输入函数名称，单击【转到】按钮，即可搜索指定的函数。

然后，在弹出的【函数参数】对话框中依次输入各个参数，并单击【确定】按钮，如图 8-47 所示。

4. 使用函数列表

选择需要插入函数的单元格或单元格区域，在【编辑】栏中输入“=”号，然后单击【编辑】栏左侧的下拉按钮，在该列表中选择相应的函数，并输入函数参数即可，如图 8-48 所示。

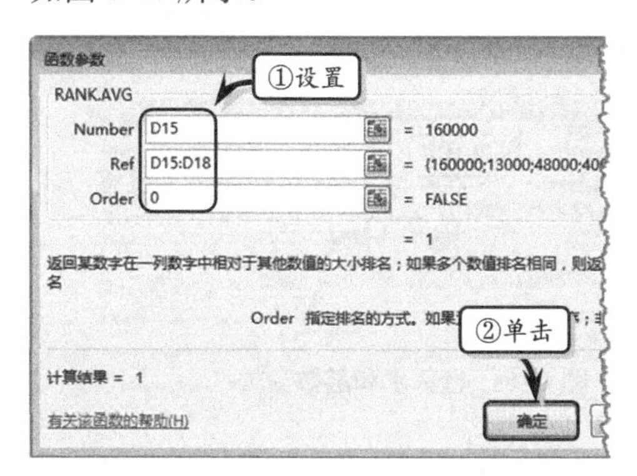

图 8-47 输入参数

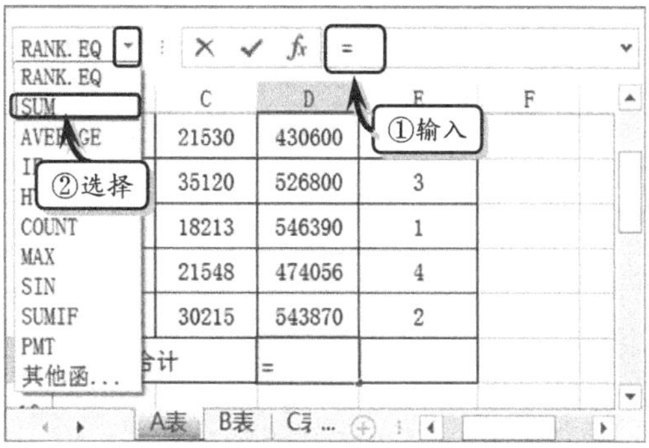

图 8-48 使用函数列表

8.3.3 求和计算

求和计算是Excel函数中最常使用的函数之一，主要用于计算相邻单元格中数值的和。除了常用的求和函数之外，Excel 还为用户提供了计算规定数值范围内的自动求和和条件求和。

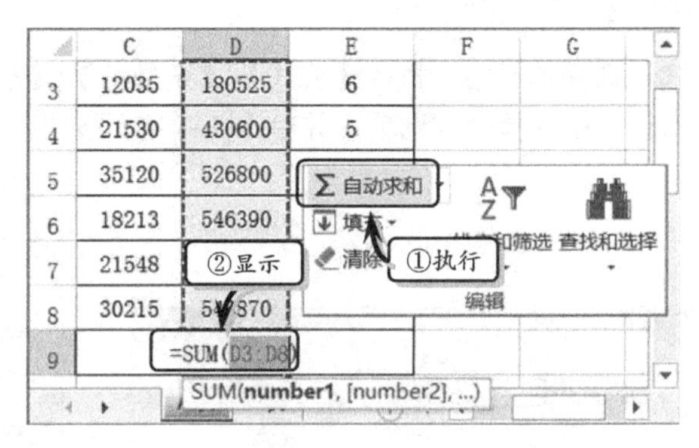

图 8-49 自动求和

1. 自动求和

选择单元格，执行【开始】|【编辑】|【求和】命令，即可对活动单元格上方或左侧的数据进行求和计算，如图 8-49 所示。

提 示

在自动求和时，Excel 将自动显示出求和的数据区域，将鼠标移到数据区域边框处，当鼠标变成双向箭头时，拖动鼠标即可改变数据区域。

另外，还可以执行【公式】|【函数库】|【自动求和】|【求和】命令，对数据进行求和计算，如图 8-50 所示。

2. 条件求和

条件求和是根据一个或多个条件对单元格区域进行求和计算。选择需要进行条件求和的单元格或单元格区域，执行【公式】|【插入函数】命令。在弹出的【插入函数】对话框中选择【数学和三角函数】类别中的 SUMIF 函数，并单击【确定】按钮，如图 8-51 所示。

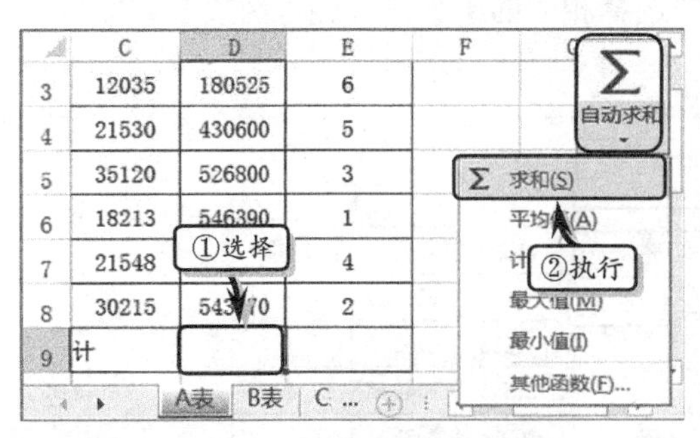

图 8-50 求和计算

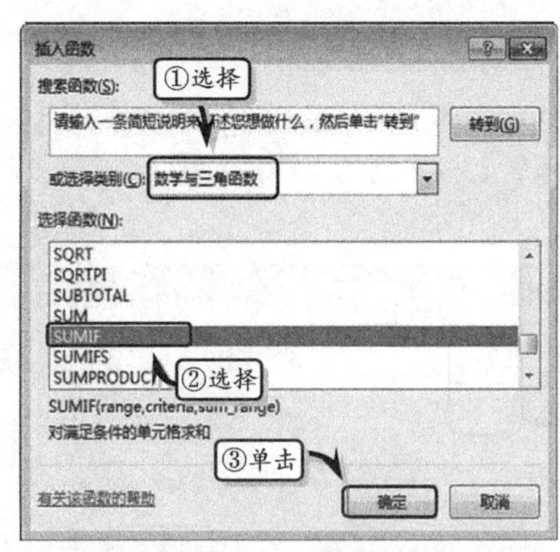

图 8-51 选择求和函数

然后，在弹出的【函数参数】对话框中设置函数参数，单击【确定】按钮即可，如图 8-52 所示。

8.3.4 使用名称

在 Excel 中，除允许使用除单元格列号和行号的标记外，还允许用户为单元格或某个矩形单元区域定义特殊的标记，这种标记就是名称。名称是显示在【名称框】中的标识，可以在公式中通过使用名称来引用单元格。

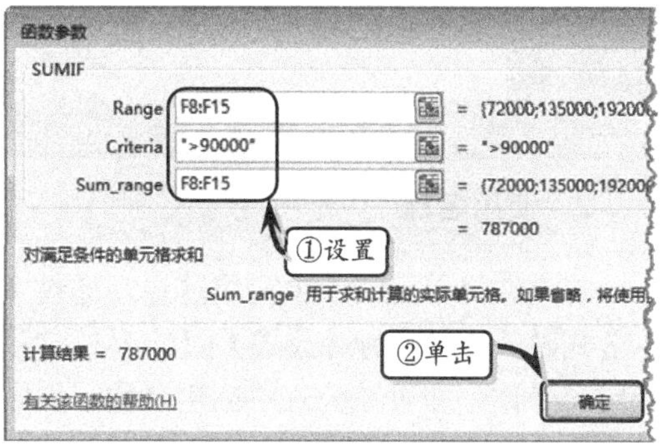

图 8-52 设置函数参数

1. 创建名称

选择需要创建名称的单元格或单元格区域，执行【公式】|【定义的名称】|【定义名称】|【定义名称】命令，在弹出的对话框中设置相应的选项即可，如图 8-53 所示。

另外，也可以执行【公式】|【定义的名称】|【名称管理器】命令。在弹出的【名称管理器】对话框中单击【新建】按钮，设置相应的选项即可，如图 8-54 所示。

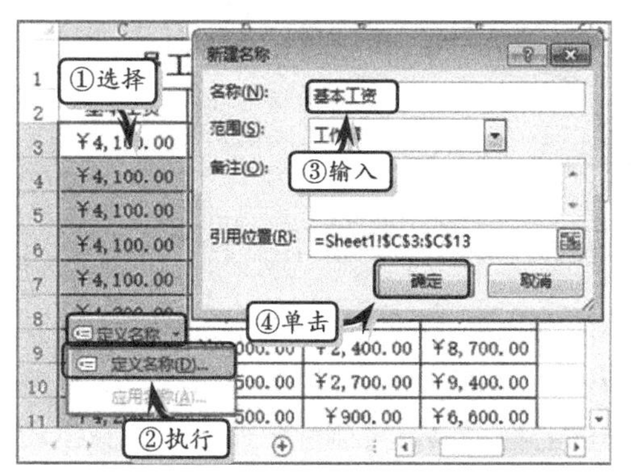

图 8-53 直接创建名称

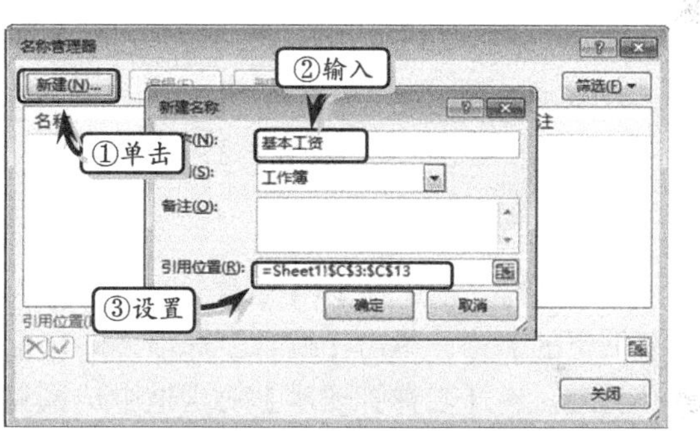

图 8-54 名称管理器创建

除了上述方法之外，用户还可以使用行列标志来创建名称。即选择单元格，执行【公式】|【定义的名称】|【定义名称】命令，输入列标标志作为名称即可，如图 8-55 所示。

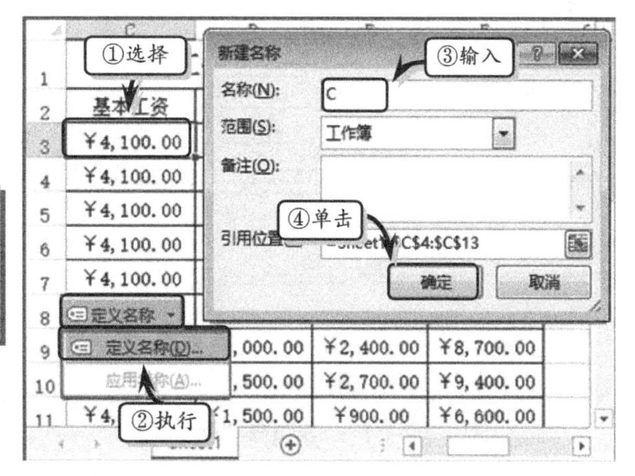

图 8-55 行列标志创建名称

提 示

在创建名称时，用户也可以使用行号作为所创建名称的名称。例如，选择第 2 行中的一个，使用“_2”作为定义名称的名称。

另外，用户还可以使用所选内容来创建名称。即选择需要创建名称的单元格区域，执行【定义的名称】|【根据所选内容创建】命令，设置相

应的选项即可，如图 8-56 所示。

提 示

在创建名称时，名称的第一个字符必须是以字母或下画线（_）开始。

2. 使用名称

首先选择单元格或单元格区域，通过【新建名称】对话框创建定义名称。然后在输入公式时，直接执行【公式】|【定义的名称】|【用于公式】命令，并在该下拉列表中选择定义名称，即可在公式中应用名称，如图 8-57 所示。

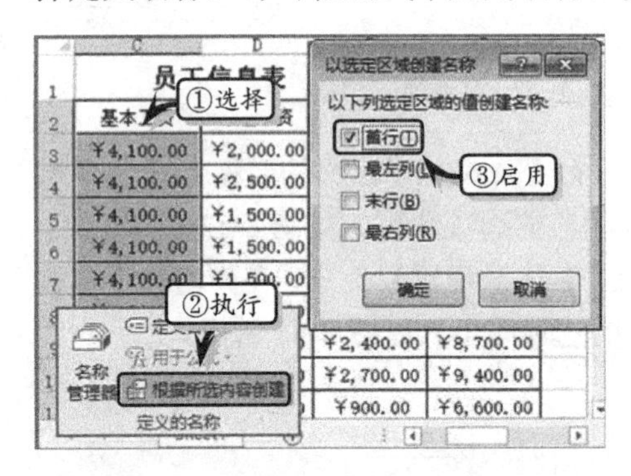

图 8-56 根据所选内容创建

图 8-57 使用名称

3. 管理名称

执行【定义的名称】|【名称管理器】命令，在弹出的【名称管理器】对话框中选择需要编辑的名称。单击【编辑】选项，即可重新设置各项选项，如图 8-58 所示。

另外，在【名称管理器】对话框中选择具体的名称，单击【删除】命令。在弹出的提示框中单击【是】按钮，即可删除该名称，如图 8-59 所示。

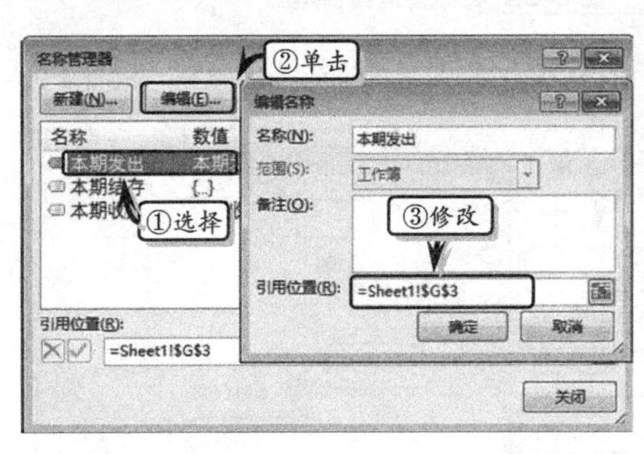

图 8-58 编辑名称

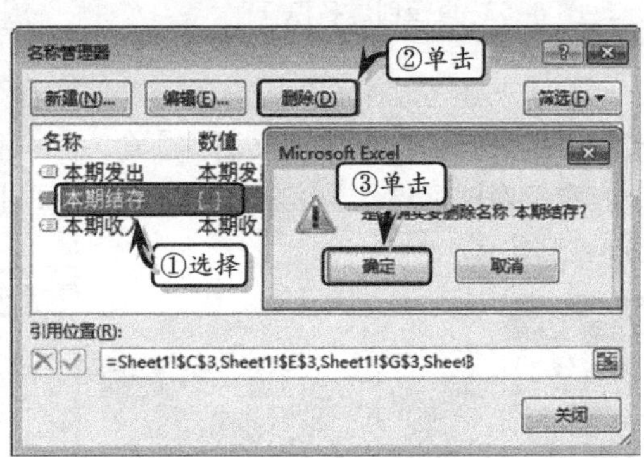

图 8-59 删除名称

8.3.5 练习：加班统计表

函数是 Excel 一大功能特点，运用该功能不仅可以计算简单的数据，而且还可以通过嵌套函数，根据指定层级逐级计算相对复杂的数据。在本练习中，将通过制作加班统计表，来详细介绍普通函数和嵌套函数的使用方法和实用技巧，如图 8-60 所示。

加班统计表

工牌号	姓名	部门	职务	基本工资	正常工作时间以外				公休日				法定节假日				合计时间	加班费
					加班日期	起始时间	终止时间	加班时数	加班日期	起始时间	终止时间	加班时数	加班日期	起始时间	终止时间	加班时数		
101	杨光	财务部	经理	9000	2009/12/7	18:00	19:10	1	2009/12/12	18:00	22:20	4					5	¥ 3,681.82
102	刘晓	办公室	主管	6000									2009/12/1	9:00	16:30	7	7	¥ 5,727.27
103	贺龙	销售部	经理	10000					2009/12/13	18:00	20:30	2					2	¥ 1,818.18
104	冉然	研发部	职员	6000	2009/12/8	18:00	20:10	2									2	¥ 545.45
105	刘娟	人事部	经理	8000									2009/12/2	9:00	16:30	7	7	¥ 7,636.36
106	金鑫	办公室	经理	7000									2009/12/3	9:00	16:30	7	7	¥ 6,681.82
107	李娜	销售部	主管	5000					2009/12/19	18:00	20:30	2					2	¥ 909.09
108	张冉	人事部	职员	4000									2009/12/3	9:00	16:30	7	7	¥ 3,818.18

图 8-60 加班统计表

操作步骤：

1 制作表格标题。合并相应的单元格区域，输入标题文本并设置文本的字体格式，如图 8-61 所示。

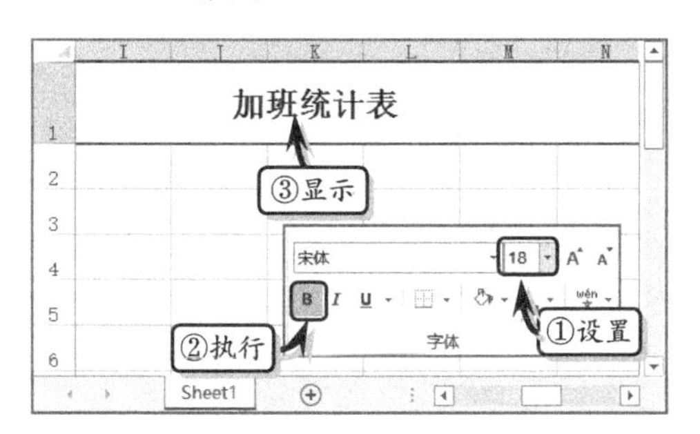

图 8-61 制作表格标题

2 在表格中合并相应的单元格区域，输入列标题和基础数据，并设置数据的对齐和数字格式，如图 8-62 所示。

图 8-62 制作基础表格

3 美化表格。选择单元格区域 B2:T3，执行【开始】|【样式】|【单元格样式】|【好】命令，如图 8-63 所示。使用同样方法，设置其他单元格区域样式。

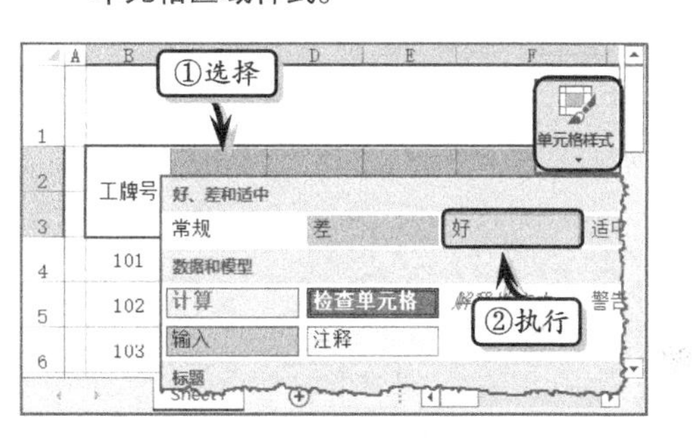

图 8-63 设置单元格样式

4 选择单元格区域 B4:F14，右击，执行【设置单元格格式】命令，如图 8-64 所示。

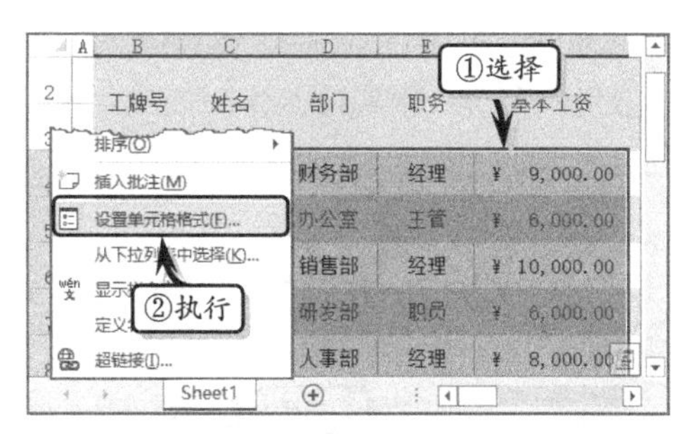

图 8-64 选择单元格区域

5 激活【边框】选项卡，设置线条颜色和内外边框的样式，并单击【确定】按钮，如图

8-65 所示。使用同样方法，设置其他单元格区域的边框样式。

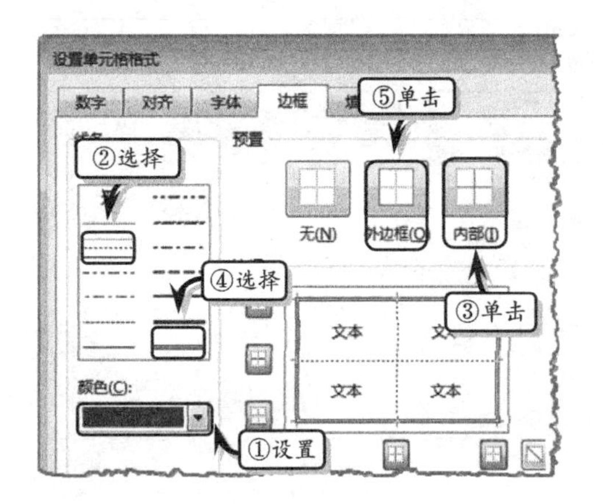

图 8-65 设置边框样式

6 计算数据。选择单元格 J4，在编辑栏中输入计算公式，按 Enter 键返回正常工作时间以外的加班时数，如图 8-66 所示。使用同样方法，计算其他加班时数。

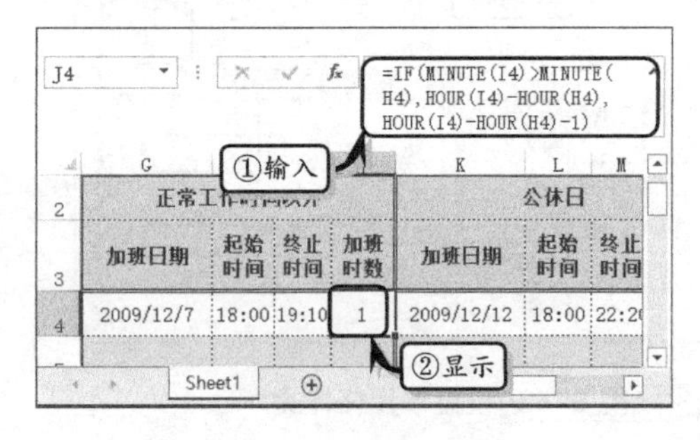

图 8-66 计算加班时数

7 选择单元格 N4，在编辑栏中输入计算公式，按 Enter 键返回公休日加班时数，如图 8-67 所示。使用同样方法，计算其他公休日加班时数。

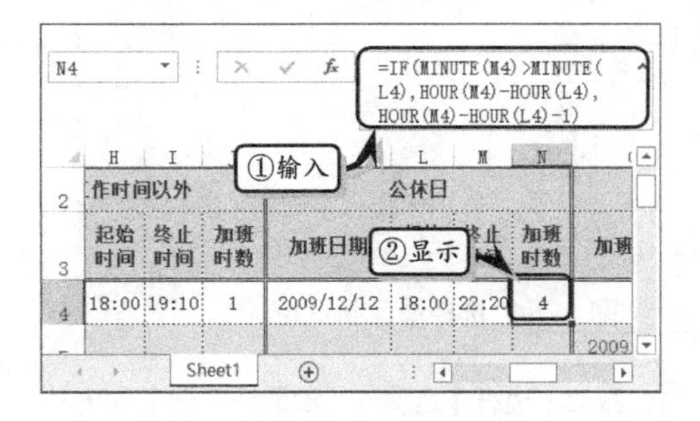

图 8-67 计算公休日加班时数

8 选择单元格 R5，在编辑栏中输入计算公式，按 Enter 键返回法定节假日的加班时数，如图 8-68 所示。使用同样方法，计算其他法定节假日的加班时数。

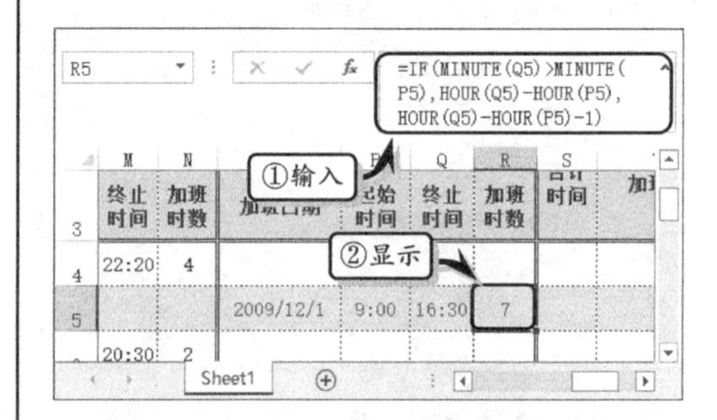

图 8-68 计算法定节假日的加班时数

9 选择单元格 S4，在编辑栏中输入计算公式，按 Enter 键返回合计时间，如图 8-69 所示。使用同样方法，计算其他合计时间。

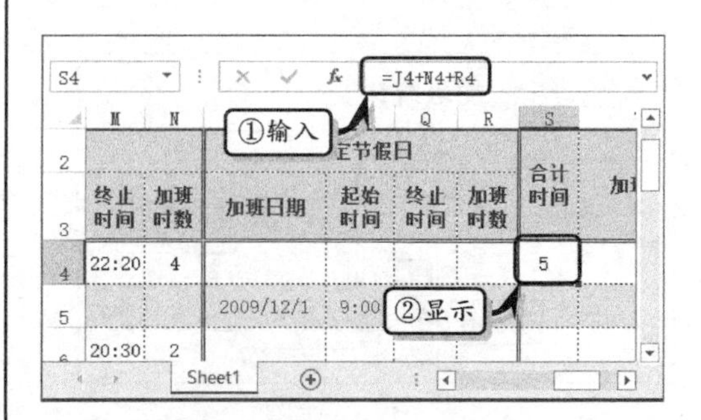

图 8-69 计算合计时间

10 选择单元格 T4，在编辑栏中输入计算公式，按 Enter 键返回加班费，如图 8-70 所示。使用同样方法，计算其他加班费。

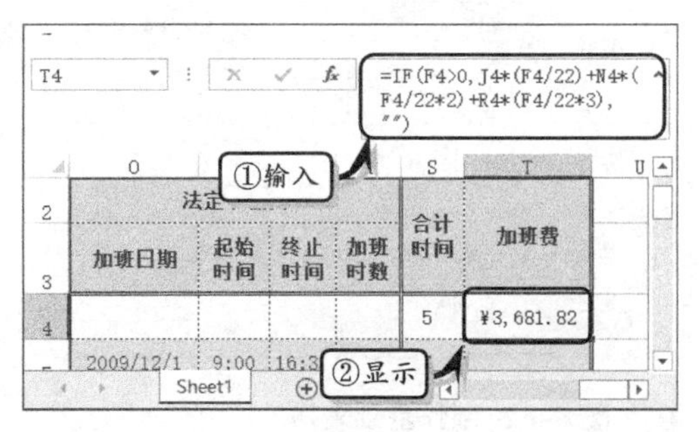

图 8-70 计算加班费

8.4 思考与练习

一、填空题

1．公式是一个等式，是一个包含了数据与运算符的数学方程式，在输入公式时必须以____________开始。

2．公式中的运算符主要包括算术运算符、比较运算符、_____运算符与_______运算符。

3. 用户可以通过____________方法，来改变公式的运算顺序。

4. 用户可以使用____________组合键快速显示或隐藏公式。

5．在 Excel 2016 中使用地址表示的单元格引用样式包括__________与 R1C1 引用样式。

6．绝对引用是指引用一个或几个特定位置的单元格，会在相对引用的列字母与行数字前分别加一个__________符号。

二、选择题

1．数组公式是对一组或多组数值执行多重计算，在输入数组公式后按__________组合键结束公式的输入。

A．Ctrl+Shift+Tab

B．Ctrl+Alt+Enter

C．Alt+Shift+Enter

D．Ctrl+Shift+Enter

2．在【新建名称】对话框中的【名称】文本框中输入名称时，第一个字符必须以__________开头。

A．数字

B．字母或下画线

C．“=”号

D．{}

3．当含有公式的单元格中出现“#DIV/O!”时，表示__________。

A．表示公式被零（0）除

B．表示单元格引用无效

C．表示无法识别

D．表示使用错误的参数

4．文本运算符是使用__________将两个文本连接成一个文本。

A．连接符“&” B．连接符“*”

C．连接符“^” D．连接符“+”

5．优先级是公式的运算顺序，__________运算符是所有运算符中级别最高的。

A．:（冒号） B．,（逗号）

C．%（百分号） D．^（乘幂）

6．在复制公式时，单元格引用将根据引用类型而改变；但是在移动公式时，单元格的应用将__________。

A．保持不变

B．根据引用类型改变

C．根据单元格位置改变

D．根据数据改变

三、问答题

1．单元格的引用包括哪几种类型？

2．如何在公式中使用名称？

3．什么是数组维数？

四、上机练习

1．求解递归方程

在本练习中，将运用 Excel 中的公式与函数功能，求解递归方程，如图 8-71 所示。首先制作表格标题，输入基础内容，并设置基础内容区域的对齐、边框和单元格样式。然后，在单元格区域 C3:C5 中，使用普通计算方法计算递归方程式的结果值。最后，在单元格区域 C8:C10 中，使用 IFERROR 函数计算递归方程式的结果值。

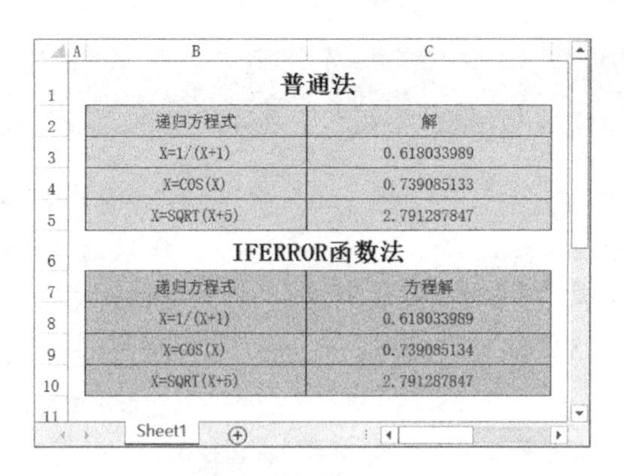

	普通法
递归方程式	解
X=1/(X+1)	0.618033989
X=COS(X)	0.739085133
X=SQRT(X+5)	2.791287847

	IFERROR函数法
递归方程式	方程解
X=1/(X+1)	0.618033989
X=COS(X)	0.739085134
X=SQRT(X+5)	2.791287847

图 8-71 求解递归方程

2．制作预测投资数据表

在本实例中，将运用 Excel 中的函数功能，来制作一份预测投资数据表，如图 8-72 所示。首先制作表格标题，输入基础数据并设置数据区域的对齐、边框和填充格式。然后，在单元格 C10 中输入投资额为 2000 万情况下的净现值的公式，在单元格 C11 中输入计算期值的公式。最后，在单元格 G10 输入投资额为 0 情况下的净现值公式，在单元格 G11 中输入计算期值的公式。

预测投资数据

投资日期	投资额	贴现率	投资日期	投资
前期投资额（万）	-2000	18%	前期投资额（万）	0
第一年利润额（万）	500		第一年利润额（万）	50
第二年利润额（万）	600		第二年利润额（万）	60
第三年利润额（万）	900		第三年利润额（万）	90
第四年利润额（万）	1200		第四年利润额（万）	120
第五年利润额（万）	1500		第五年利润额（万）	150
第六年利润额（万）	1800		第六年利润额（万）	180
净现值	￥1,343.79		净现值	￥
期值	￥3,627.65		期值	￥

图 8-72 预测投资数据表

第 9 章

使用图形

Excel 除了具有强大的数据计算和分析功能之外，还具有使用图像、形状和 SmartArt 图形展示数据的功能。用户不仅可以使用图像增加工作表的美观性，而且还可以使用形状和 SmartArt 图形，以各种几何图形的位置关系来表现工作表中若干元素之间的逻辑结构关系，从而使工作表中的数据更加生动、形象、更富有说明力。在本章中，将详细介绍使用图形美化工作表的基础知识和使用方法。

本章学习内容：

- 插入图片
- 编辑图片
- 美化图片
- 插入形状
- 编辑形状
- 美化形状
- 插入 SmartArt 图形
- 编辑 SmartArt 图形
- 美化 SmartArt 图形

9.1 使用图像

在使用 Excel 设计电子表格时，用户除了可以插入数据和样式外，还可以为其应用图像内容，并对图像进行简单的编辑操作以及各种艺术化的处理。

9.1.1 插入图片

Excel 允许用户直接从本地磁盘或网络中选择图片，将其插入到工作簿中。插入图片，一般包括插入本地图片、插入网络中的图片和插入屏幕截图 3 种内容。

1. 插入本地图片

执行【插入】|【插图】|【图片】命令，在弹出的【插入图片】对话框中选择需要插入的图片文件，并单击【插入】按钮，如图 9-1 所示。

提 示

单击【插入图片】对话框中的【插入】下拉按钮，选择【链接到文件】选项，当图片文件丢失或移动位置时，重新打开工作簿时，图片将无法正常显示。

2. 插入网络图片

在 Excel 2016 中，系统将“联机图片”功能代替了“剪贴画”功能。通过“联机图片”功能既可以插入剪贴画，又可以插入网络中的搜索图片。

执行【插入】|【插图】|【联机图片】命令，在弹出的【插入图片】对话框中的【必应图像搜索】框中输入搜索内容，单击【搜索】按钮，搜索剪贴画，如图 9-2 所示。

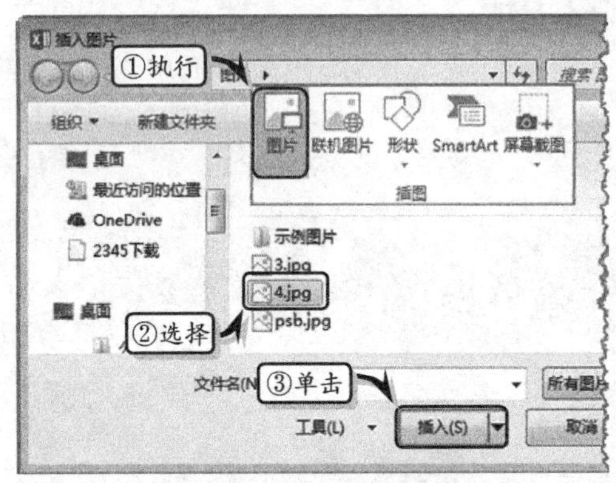

图 9-1 插入本地图片

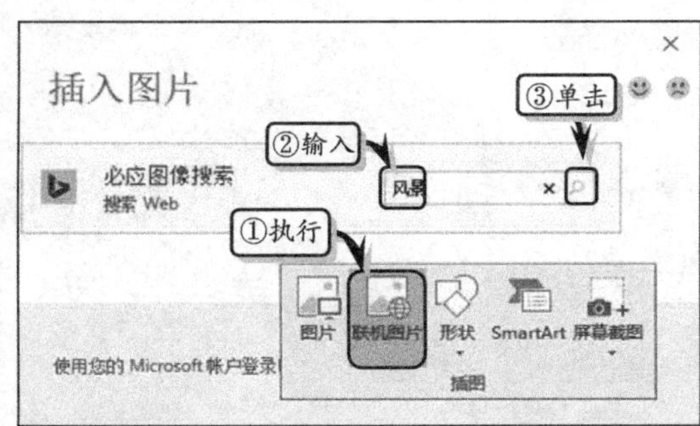

图 9-2 搜索图片

然后，在搜索到的剪贴画列表中，选择需要插入的图片，单击【插入】按钮，将图片插入到工作表中，如图 9-3 所示。

图 9-3 选择图片

提　示

用户也可以在【插入图片】对话框中的【必应图像搜索】文本框中输入需要搜索的图片内容，单击【搜索】按钮，即可插入必应图像中的图片。

3．插入屏幕截图

屏幕截图是 Excel 新增的一种对象，可以截取当前系统打开的窗口，将其转换为图像，插入到演示文稿中。

执行【插入】|【插图】|【屏幕截图】命令，在其级联菜单中选择截图图片，即可将图片插入到工作表中，如图 9-4 所示。

另外，执行【插入】|【插图】|【屏幕截图】|【屏幕剪辑】命令，此时系统会自动显示当前计算机中打开的其他窗口，按下鼠标左键并拖动鼠标裁剪图片范围，即可将裁剪的图片范围添加到工作表中，如图 9-5 所示。

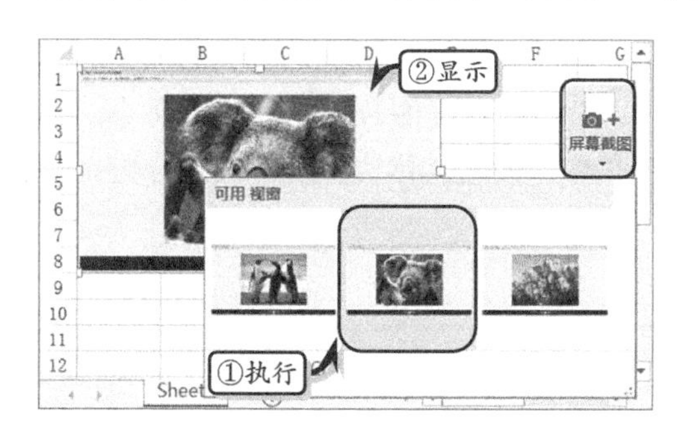

图 9-4　插入截图图片

图 9-5　插入屏幕截图

提　示

屏幕截图中的可用视窗只能截取当前处于最大化窗口方式的窗口，而不能截取最小化的窗口。

9.1.2　编辑图片

为工作表插入图片后，为了使图文更易于融合到工作表内容中，也为了使图片更加美观，还需要对图片进行一系列的编辑操作。

1．调整大小

为工作表插入图片之后，用户会发现其插入的图片大小是根据图片自身大小所显示的。此时，为了使图片大小合适，需要调整图片的大小。

选择图片，此时图片四周将会出现 8 个控制点，将鼠标置于控制点上，当光标变成“双向箭头”↘形状时，按下鼠标左键并拖动鼠标即可，如图 9-6 所示。

提　示

用户还可以在【格式】选项卡【大小】选项组中，直接输入【高度】和【宽度】值来调整图片的大小。除此之外，单击【大小】选项组中的【对话框启动器】按钮，可在弹出的窗格中设置图片的大小值。

2. 调整图片效果

Excel 为用户提供了 30 种图片更正效果，选择图片执行【图片工具】|【格式】|【调整】|【更正】命令，在其级联菜单中选择一种更正效果，如图 9-7 所示。

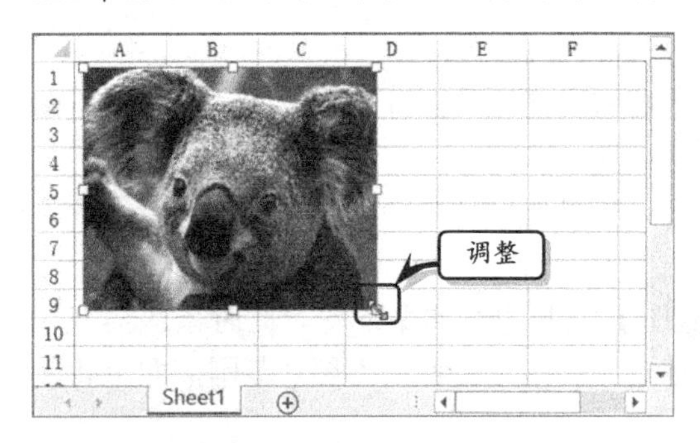

图 9-6 调整大小

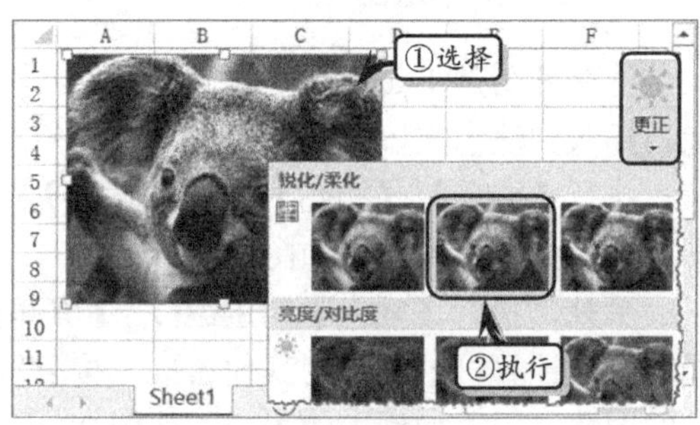

图 9-7 调整图片效果

另外，执行【图片工具】|【格式】|【调整】|【更正】|【图片更正选项】命令。在【设置图片格式】任务窗格中的【图片更正】选项组中，根据具体情况自定义图片更正参数，如图 9-8 所示。

提 示

用户可通过执行【格式】|【调整】|【重设图片】命令，撤销图片的设置效果，恢复至最初状态。

3. 调整图片颜色

选择图片，执行【格式】|【调整】|【颜色】命令，在其级联菜单中的【重新着色】栏中选择相应的选项，设置图片的颜色样式，如图 9-9 所示。

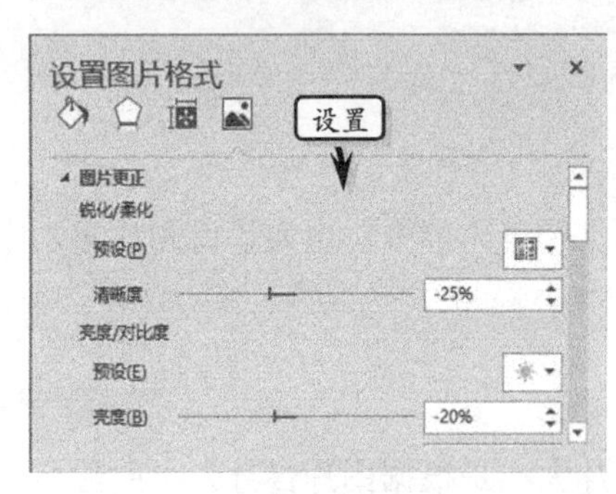

图 9-8 自定义更正参数

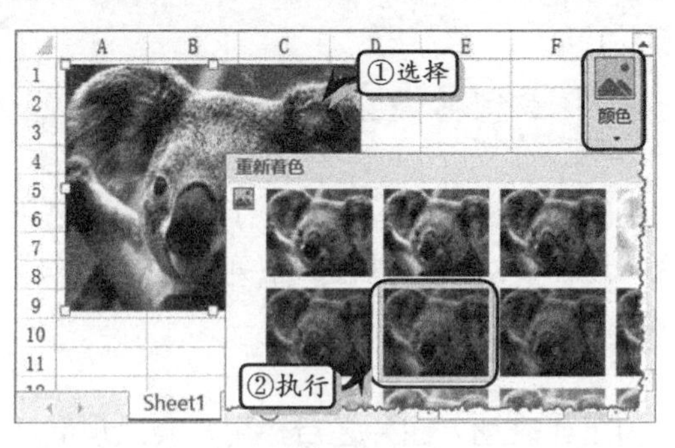

图 9-9 调整图片颜色

另外，执行【颜色】|【图片颜色选项】命令，在弹出的【设置图片格式】任务窗格中的【图片颜色】选项组中，设置图片颜色的饱和度、色调与重新着色等选项，如图 9-10 所示。

提 示

用户可通过执行【颜色】|【设置透明色】命令，来设置图片的透明效果。

4. 裁剪图片

为了达到美化图片的实用性和美观性，还需要对图片进行裁剪，或将图片裁剪成各种形状。

选择图片，执行【图片工具】|【格式】|【大小】|【裁剪】|【裁剪】命令，此时在图片的四周将出现裁剪控制点，在裁剪处按下鼠标左键并拖动鼠标选择裁剪区域，如图9-11所示。选定裁剪区域之后，单击其他地方，即可裁剪图片。

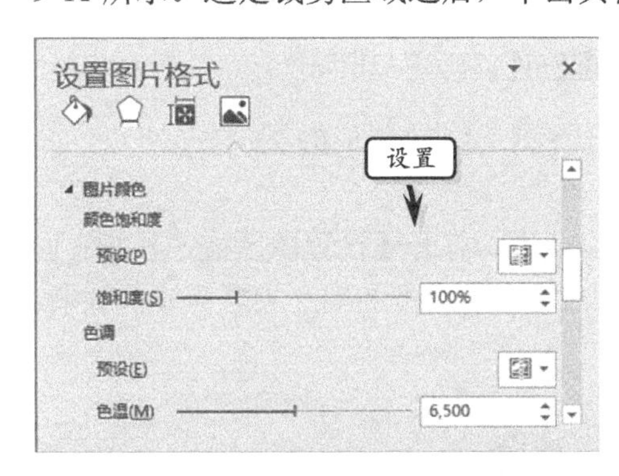

图 9-10 自定义图片颜色

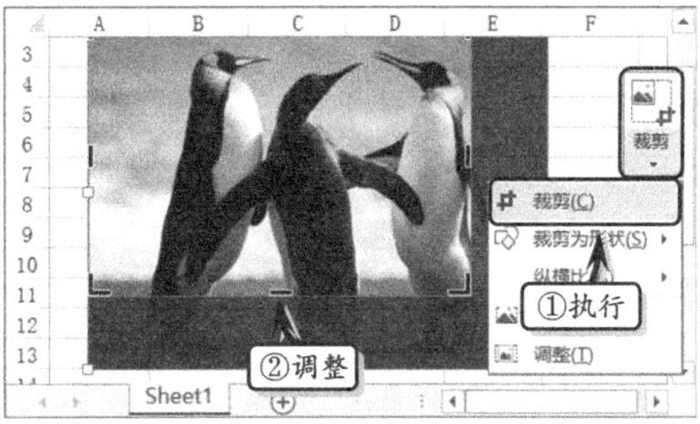

图 9-11 裁剪图片的大小

另外，选择图片，执行【图片工具】|【格式】|【大小】|【裁剪】|【裁剪为形状】命令，在其级联菜单中选择形状类型即可，如图9-12所示。

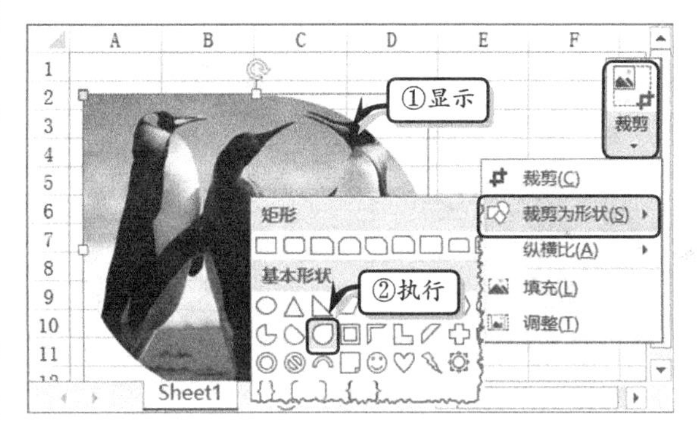

图 9-12 裁剪为形状

9.1.3 美化图片

在工作表中插入图片后，为了增加图片的美观性与实用性，还需要设置图片的格式。设置图片格式主要是对图片样式、图片形状、图片边框及图片效果的设置。

1. 应用快速样式

快速样式是Excel预置的各种图像样式的集合。Excel提供了28种预设的图像样式，可更改图像的边框以及其他内置的效果。选择图片，执行【图片工具】|【格式】|【图片样式】|【快速样式】命令，在其级联菜单中选择一种快速样式即可，如图9-13所示。

2. 自定义图片样式

除了使用系统内置的快速样式来美化图片之外，还可以通过自定义边框样式，达到美化图片的目的。选择图片，执行【图片工具】|【格式】|【图片样式】|【图片边框】命令，在其级联菜单中选择一种色块，如图9-14所示。

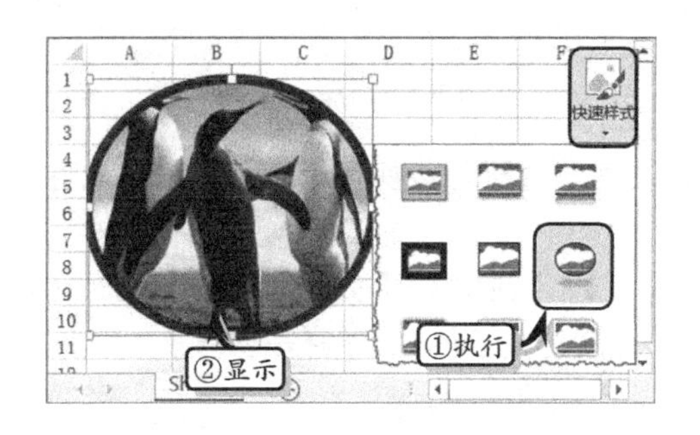

图 9–13 应用快速样式

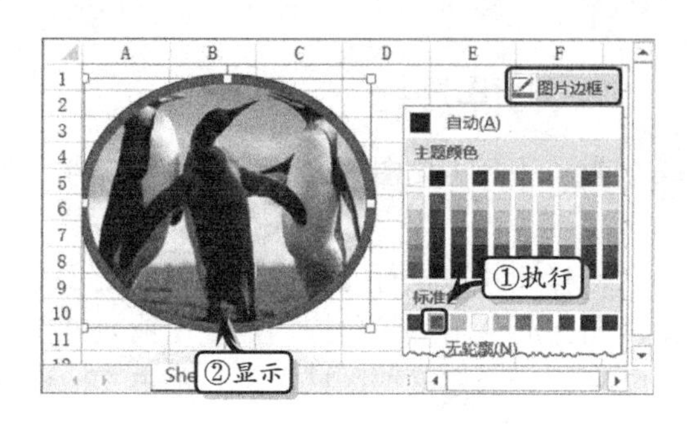

图 9–14 自定义边框颜色

另外，选择图片，执行【图片样式】|【图片边框】|【粗细】|【2.25 磅】命令，即可设置线条的粗细度，如图 9-15 所示。

除此之外，右击图片，执行【设置图片格式】命令，打开【设置图片格式】任务窗格。激活【线条】选项组，设置线条的颜色、透明度、复合类型和端点类型等线条效果，如图 9-16 所示。

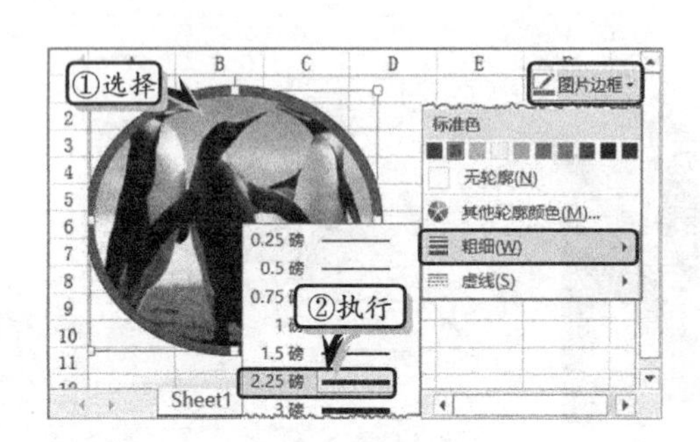

图 9–15 整理边框线型

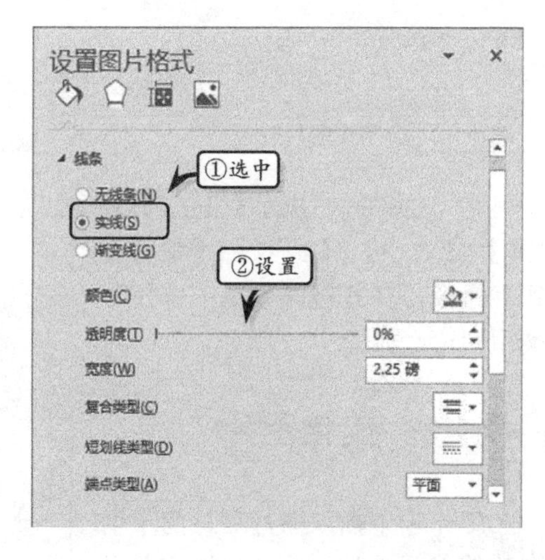

图 9–16 自定义边框样式

3. 设置图片效果

Excel 为用户提供了预设、阴影、映像、发光、柔化边缘、棱台和三维旋转 7 种效果，帮助用户对图片进行特效美化。

选择图片，执行【图片工具】|【格式】|【图片样式】|【图片效果】|【映像】命令，在其级联菜单中选择一种映像效果，如图 9-17 所示。

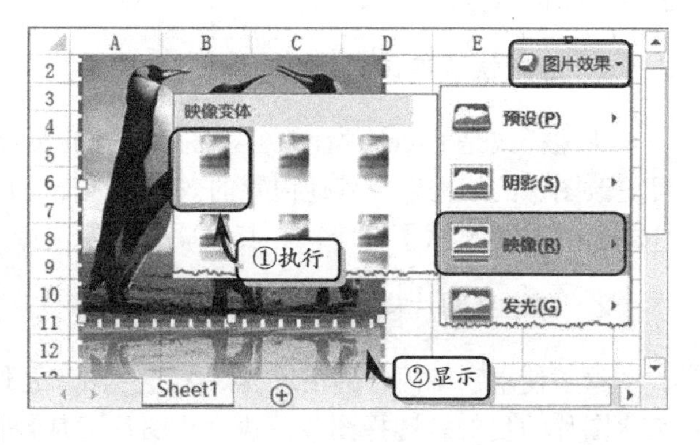

图 9–17 设置图片效果

另外，执行【图片效果】|【映像】|【映像选项】命令，可在弹出的【设置

图片格式】任务窗格中，自定义透明度、大小、模糊和距离等映像参数，如图 9-18 所示。

提 示

在【设置图片格式】任务窗格中，还可以展开【阴影】、【发光】和【柔化边缘】等选项组，自定义图片的阴影、发光和柔化边缘等图片样式。

4．设置图片版式

设置图片版式是将图片转换为 SmartArt 图形，可以轻松地排列、添加标题并排列图片的大小。

选择图片，执行【图片工具】|【格式】|【图片样式】|【图片版式】命令，在其级联菜单中选择一种版式即可，如图 9-19 所示。

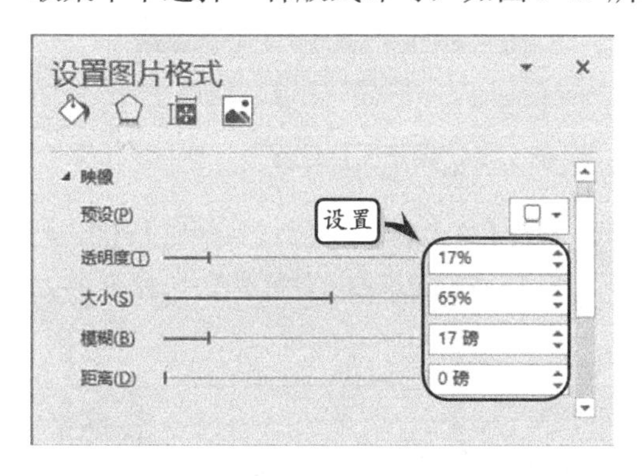

图 9-18 自定义图片效果

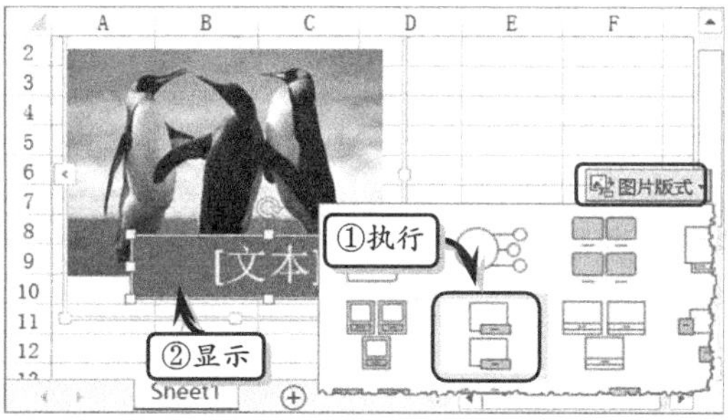

图 9-19 设置图片版式

9.1.4 练习：立体相框

Excel 除了内置插入图片功能之外，还内置了强大的图片裁剪功能。运用该功能，可以将图片按照设计需求，去除图片中的部分内容，或将图片裁剪为各种特殊的形状，以达到美化图片的目的。在本练习中，将运用裁剪图片的功能，来制作一份立体相框，如图 9-20 所示。

图 9-20 立体相框

操作步骤：

1 新建工作表，在【视图】选项卡【显示】选项组中禁用【网格线】复选框，如图 9-21 所示。

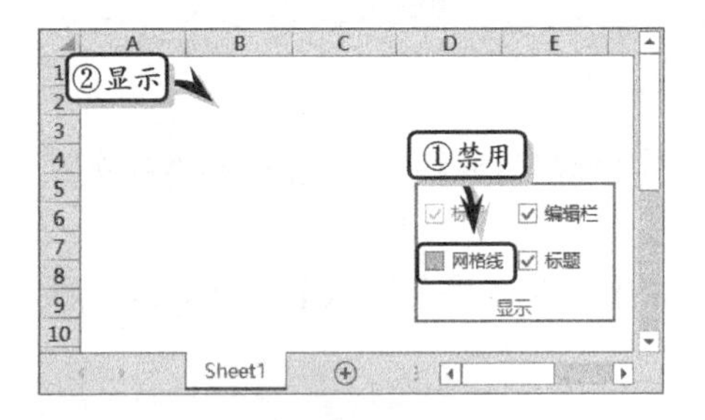

图 9-21 隐藏网格线

2 执行【插入】|【插图】|【图片】命令，在弹出的对话框中选择图片文件，单击【插入】按钮，如图 9-22 所示。

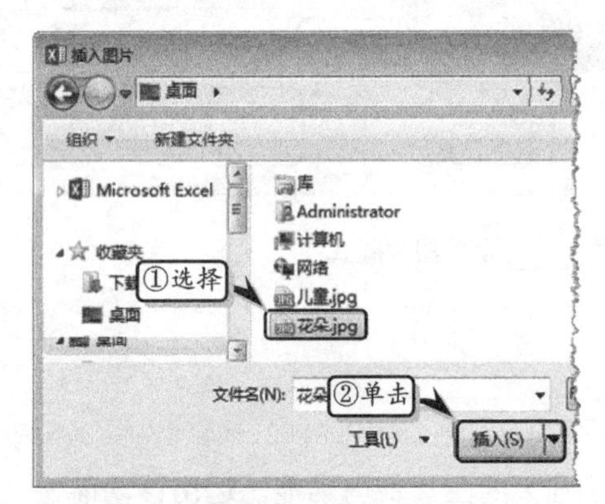

图 9-22 插入图片

3 选择图片，将鼠标置于控制点上，当光标变成“双向箭头”形状时，按下鼠标左键并拖动鼠标调整其大小，如图 9-23 所示。

图 9-23 调整图片大小

4 同时，将鼠标放置与图片中，当光标变成四向箭头时，按下鼠标左键并拖动图片至合适位置，松开鼠标即可，如图 9-24 所示。

图 9-24 调整图片位置

5 执行【格式】|【裁剪】|【纵横比】|【3：4】命令，拖动鼠标按比例裁剪图片，如图 9-25 所示。

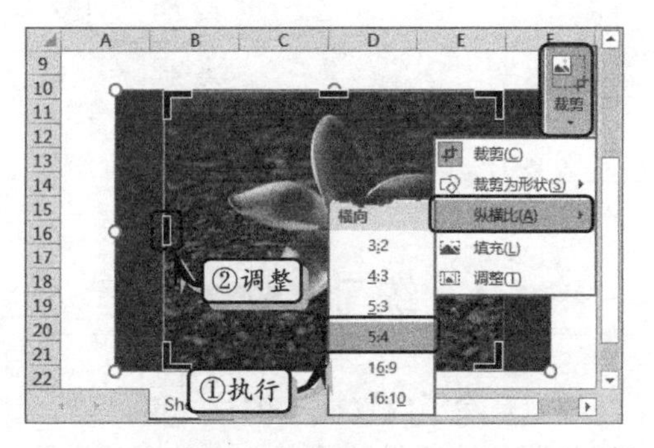

图 9-25 按比例裁剪图片

6 然后，执行【图片工具】|【格式】|【图片样式】|【双框架，黑色】命令，设置图片样式。如图 9-26 所示。

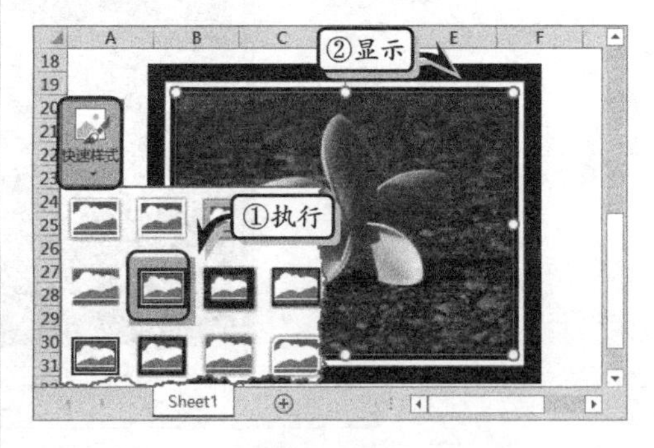

图 9-26 设置图片样式

7 同时，执行【图片效果】|【棱台】|【图样】命令，如图 9-27 所示。

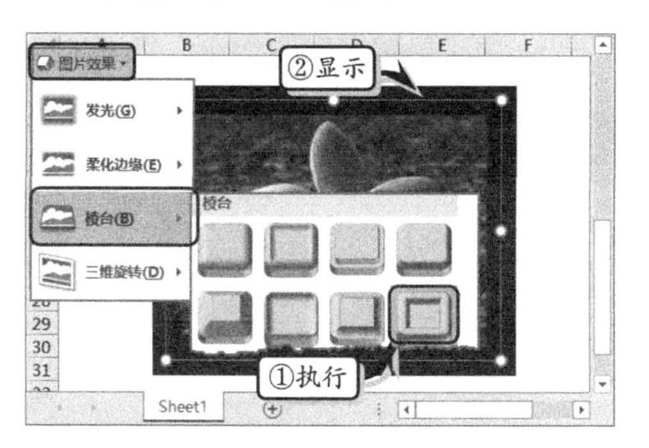

图 9-27 设置图片效果

8 选择图片，右击图片执行【设置图片格式】命令，激活【线条】选项组，设置图片格式，如图 9-28 所示。

9 最后，激活【效果】选项卡，设置图片的三维格式，如图 9-29 所示。

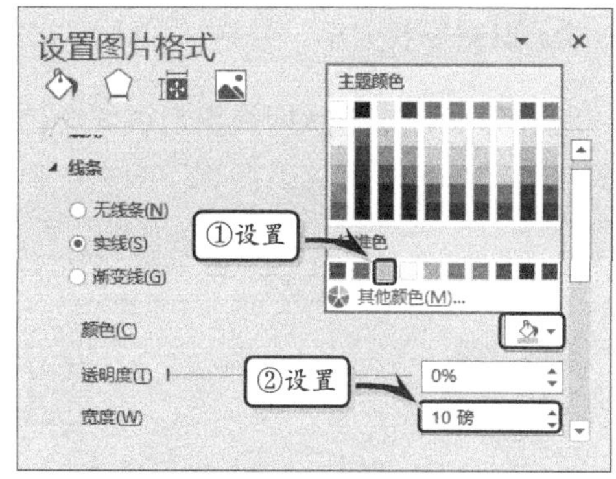

图 9-28 设置图片格式

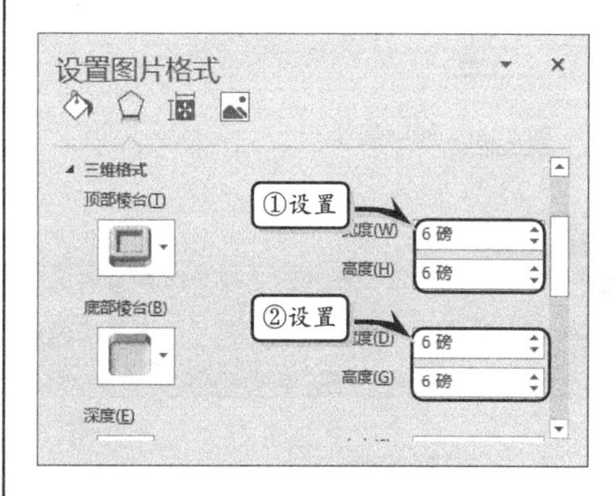

图 9-29 设置图片效果

9.2 使用形状

形状是 Office 系列软件的一种特有功能，可为 Office 文档添加各种线、框、图形等元素，丰富 Office 文档的内容。下面，将详细介绍插入形状、编辑和美化形状的基础知识和操作方法。

9.2.1 插入形状

Excel 为用户提供了线条、基本形状、矩形、箭头总汇、公式形状、流程图等各类形状预设，允许用户绘制更复杂的图形。

1. 绘制形状

执行【插入】|【插图】|【形状】|【心形】命令，在工作表中按下鼠标左键并拖动鼠标即可绘制一个心形形状，如图 9-30 所示。

提 示

在绘制绝大多数基本几何图形的形状时，用户都可以按住 Shift 键之后再进行绘制，绘制圆形、正方形或等比例缩放显示的形状。

2．调整形状大小

选择形状，在形状四周将出现 8 个控制点。此时，将光标移至控制点上，按下鼠标左键并拖动鼠标即可调整形状的大小，如图 9-31 所示。

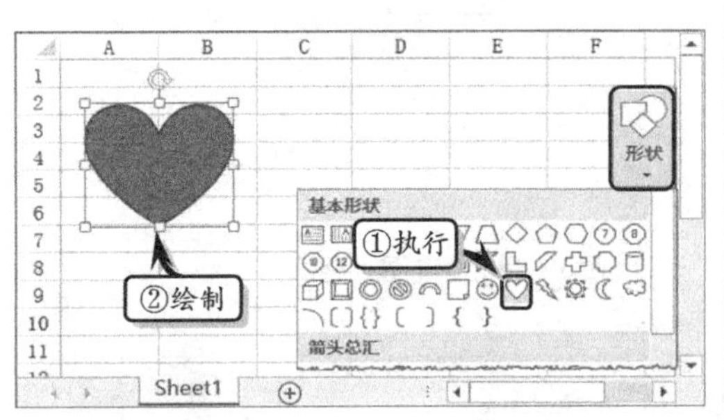

图 9-30 绘制形状

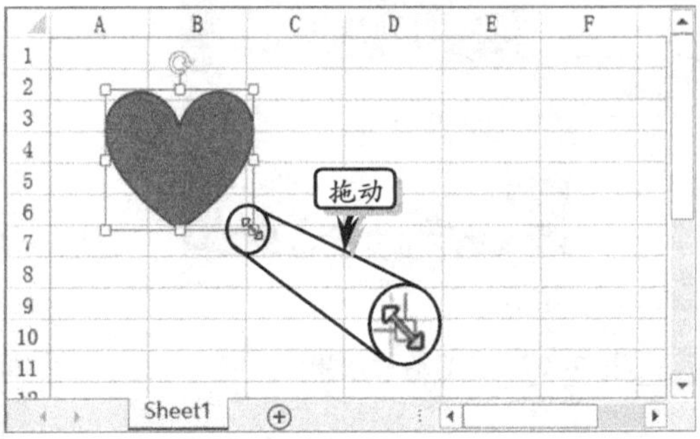

图 9-31 调整大小

提 示

用户还可以在【格式】选项卡【大小】选项组中，直接输入【高度】和【宽度】值来调整形状的大小。除此之外，单击【大小】选项组中的【对话框启动器】按钮，可在弹出的窗格中设置形状的大小值。

3．编辑形状顶点

选择形状，执行【绘图工具】|【插入形状】|【编辑形状】|【编辑顶点】命令。然后，按下鼠标左键并拖动鼠标调整形状顶点的位置即可，如图 9-32 所示。

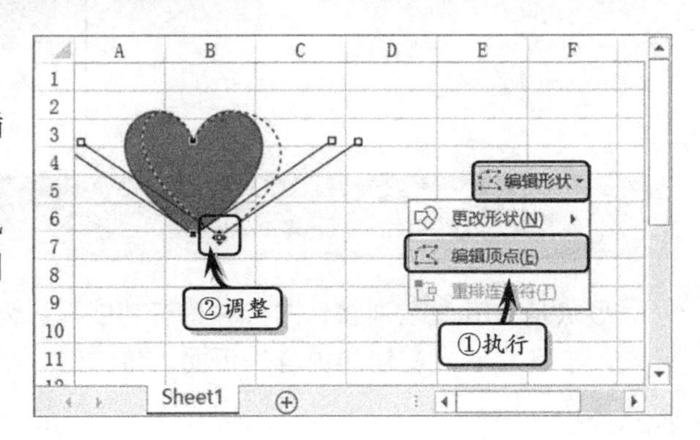

图 9-32 编辑形状顶点

9.2.2 编辑形状

编辑形状是对形状进行组合、对齐、旋转等一系列的操作，从而可以使形状更符合工作表的整体设计需求。

1．组合形状

组合形状是将多个形状合并成一个形状，首先按住 Ctrl 键或 Shift 键的同时选择需要组合的图形。然后，执行【绘图工具】|【格式】|【排列】|【组合】|【组合】命令，组合选中的形状，如图 9-33 所示。

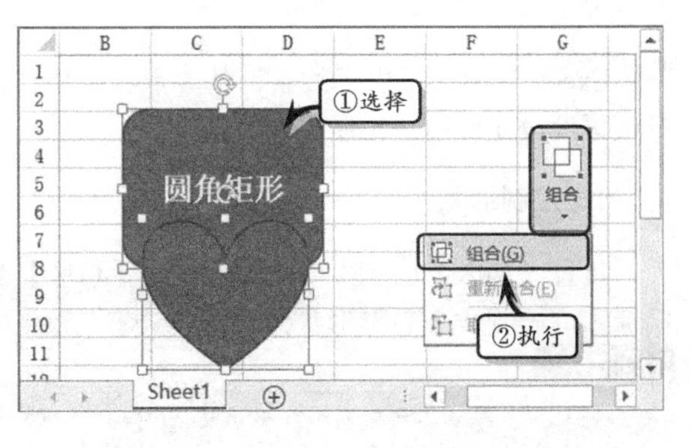

图 9-33 组合形状

对于已组合的形状，用户可通过执行【绘图工具】|【格式】|【排列】|【组合】|【取消组合】命令，取消已组合的形状。

提 示

取消已组合的形状之后，用户还可以通过【绘图工具】|【格式】|【排列】|【组合】|【重新组合】命令，重新按照最初组合方式，再次对形状进行组合。

2. 设置显示层次

选择形状，执行【绘图工具】|【格式】|【排列】|【上移一层】或【下移一层】命令，在其级联菜单中选择一种选项，即可调整形状的显示层次，如图 9-34 所示。

3. 旋转形状

选择形状，将光标移动到形状上方的旋转按钮上，按住鼠标左键，当光标变为形状时，旋转鼠标即可旋转形状，如图 9-35 所示。

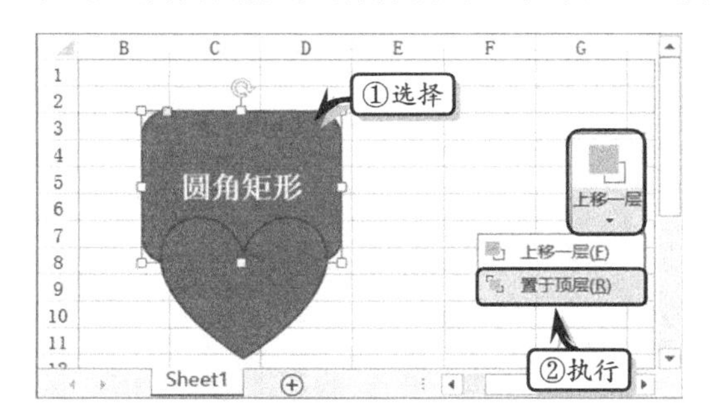

图 9-34 设置显示层次

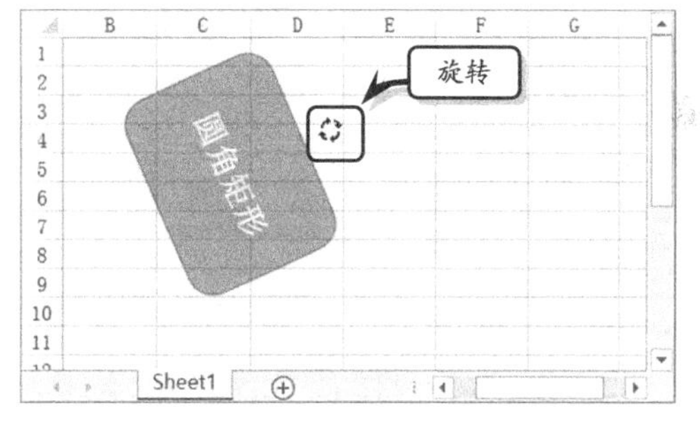

图 9-35 鼠标旋转形状

另外，选择形状，执行【绘图工具】|【格式】|【排列】|【旋转】|【垂直翻转】命令，即可将形状垂直翻转，如图 9-36 所示。

除此之外，选择形状，执行【旋转】|【其他旋转选项】命令，在弹出的【设置形状格式】任务窗格中的【大小】选项卡中输入旋转角度值，即可按指定的角度旋转形状，如图 9-37 所示。

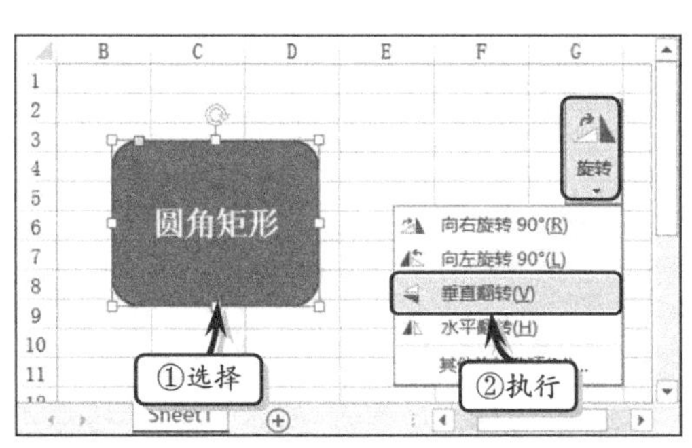

图 9-36 按方向旋转形状

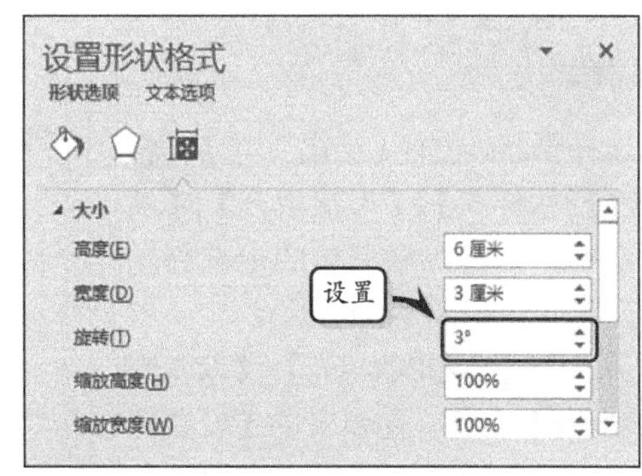

图 9-37 精确地旋转形状

9.2.3 美化形状

在 Excel 中，用户可以通过设置形状样式的方法，来达到美化形状的目的。而形状格式是指形状的填充、轮廓和效果等属性。在 Excel 中，用户不仅可以为数字和图片设置样式，还可以为形状设置填充、轮廓和效果等样式。

1. 应用快速样式

Excel 内置了 42 种形状样式，选择形状，执行【绘图工具】|【格式】|【形状样式】|【其他】下拉按钮，在其下拉列表中选择一种形状样式，如图 9-38 所示。

2. 设置填充效果

用户可运用 Excel 中的【形状填充】命令，来设置形状的纯色、渐变、纹理或图片填充等填充格式，从而让形状具有多彩的外观。

选择形状，执行【绘图工具】|【形状样式】|【形状填充】命令，在其级联菜单中选择一种色块，如图 9-39 所示。

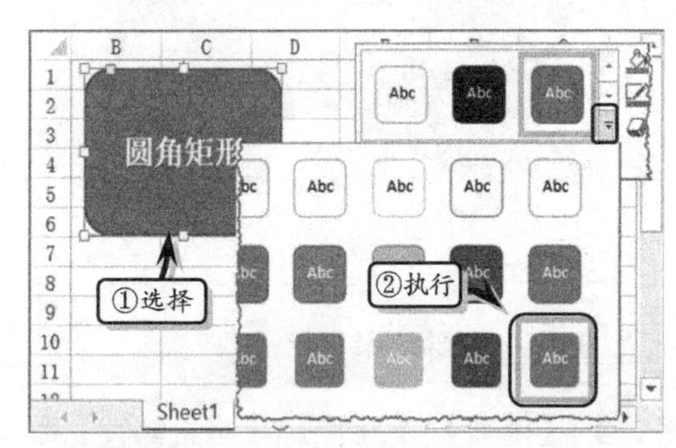

图 9-38 应用快速样式

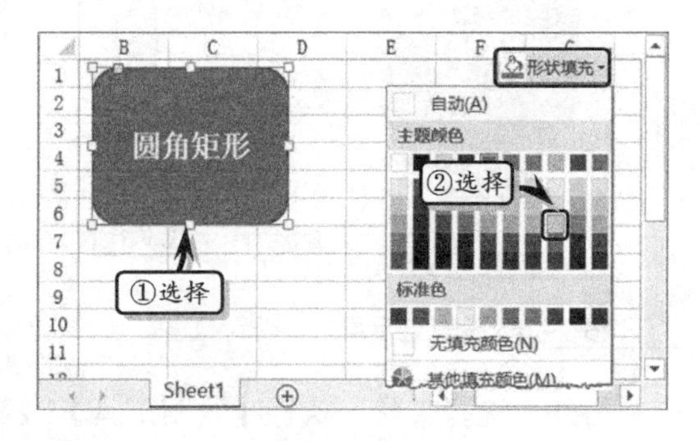

图 9-39 设置纯色填充

提 示

用户也可以执行【形状填充】|【其他填充颜色】命令，在弹出的【颜色】对话框中自定义填充颜色。

选择形状，执行【绘图工具】|【格式】|【形状样式】|【形状填充】|【渐变】命令，在其级联菜单的中选择一种渐变样式，如图 9-40 所示。

另外，执行【形状填充】|【渐变】|【其他渐变】命令，在弹出的【设置形状格式】任务窗格中设置渐变填充的预设颜色、类型、方向等渐变选项，如图 9-41 所示。

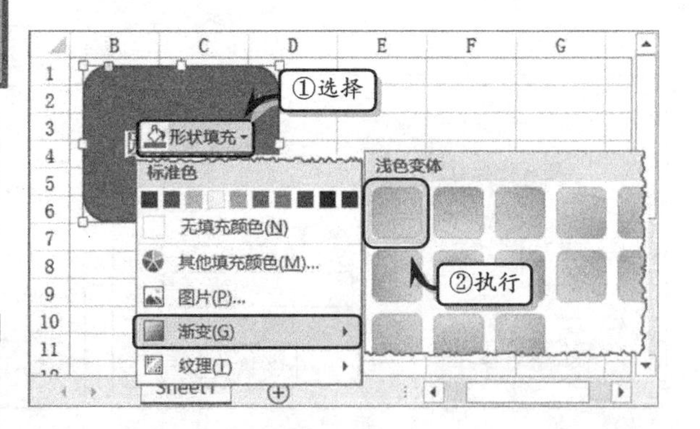

图 9-40 设置渐变填充

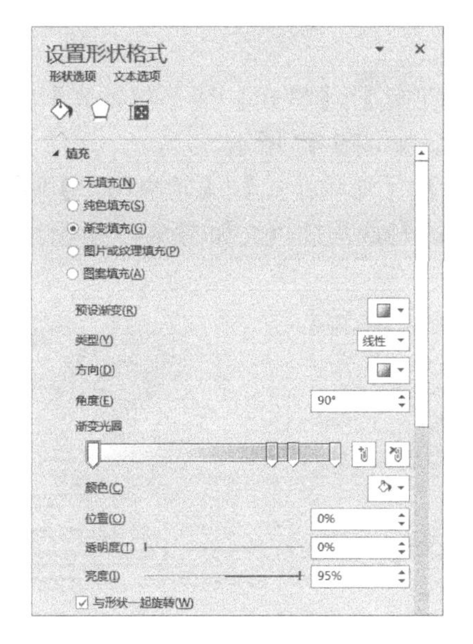

图 9-41 自定义渐变填充

在【渐变填充】列表中，主要包括表 9-1 中的一些选项。

表 9-1 渐变填充选项

选　　项	说　　明
预设渐变	用于设置系统内置的渐变样式，包括红日西斜、麦浪滚滚、金色年华等 24 种内设样式
类型	用于设置颜色的渐变方式，包括线性、射线、矩形与路径方式
方向	用于设置渐变颜色的渐变方向，一般分为对角、由内至外等不同方向。该选项根据【类型】选项的变化而改变，例如当【类型】选项为“矩形”时，【方向】选项包括从右下角、中心辐射等选项；而当【类型】选项为“线性”时，【方向】选项包括线性对角-左上到右下等选项
角度	用于设置渐变方向的具体角度，该选项只有在【类型】选项为“线性”时才可用
渐变光圈	用于增加或减少渐变颜色，可通过单击【添加渐变光圈】或【减少渐变光圈】按钮，来添加或减少渐变颜色
颜色	用于设置渐变光圈的颜色，需要先选择一个渐变光圈，然后单击其下拉按钮，选择一种色块即可
位置	用于设置渐变光圈的具体位置，需要先选择一个渐变光圈，然后单击微调按钮显示百分比值
透明度	用于设置渐变光圈的透明度，选择一个渐变光圈，输入或调整百分比值即可
亮度	用于设置渐变光圈的亮度值，选择一个渐变光圈，输入或亮度百分比值即可
与形状一起旋转	启用该复选框，表示渐变颜色将与形状一起旋转

提　示

在 Excel 中除了可以设置形状的纯色和渐变填充效果之外，还可以设置形状的图片和图案填充效果。

3. 设置轮廓样式

设置形状的填充效果之后，为了使形状轮廓与形状轮廓的颜色、线条等相互搭配，还需要设置形状轮廓的格式。

选择形状，执行【绘图工具】|【格式】|【形状样式】|【轮廓填充】命令，在其级联菜单中选择一种色块即可，如图 9-42 所示。

同时，执行【绘图工具】|【形状样式】|【轮廓填充】|【粗细】、【虚线】或【箭头】命令，在其级联菜单中选择一种选项即可，如图 9-43 所示。

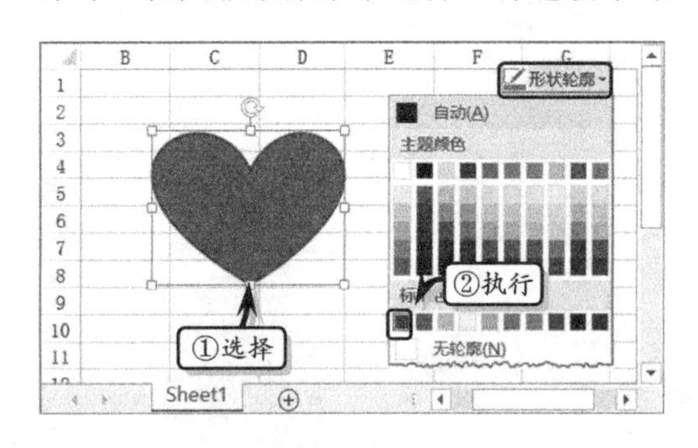

图 9-42 设置轮廓颜色

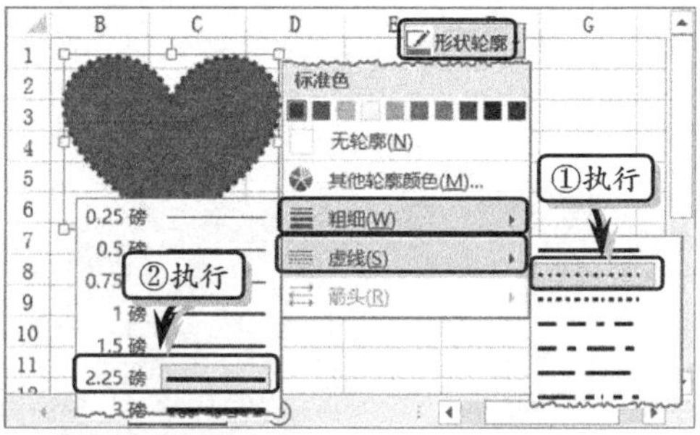

图 9-43 设置线型

另外，用户还可以执行【形状样式】|【形状轮廓】|【粗细】|【其他线条】命令，或执行【虚线】|【其他线条】命令，在弹出的【设置形状格式】任务窗格中设置形状的轮廓格式，如图 9-44 所示。

4．设置形状效果

形状效果是 Excel 内置的一组具有特殊外观效果的命令。选择形状，执行【绘图工具】|【格式】|【形状样式】|【形状效果】命令，在其级联菜单中设置相应的形状效果即可，如图 9-45 所示。

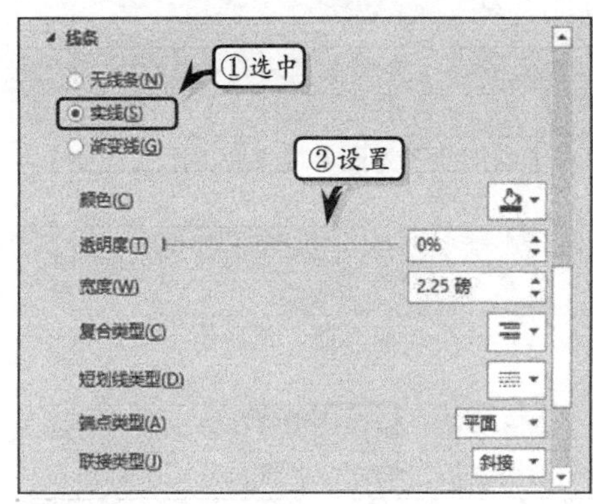

图 9-44 自定义轮廓样式

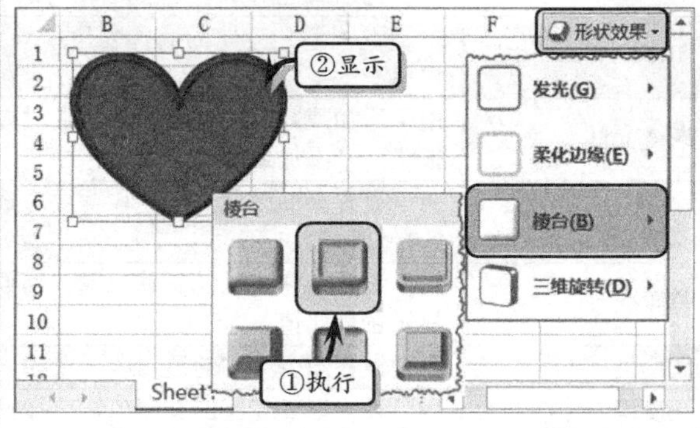

图 9-45 设置形状效果

9.2.4 练习：坐标轴显示图

Excel 内置了强大的绘图功能，不仅可以绘制普通的几何形状，还可以绘制显示两种不同数据之间关联性的坐标轴显示图。在本练习中，将运用 Excel 中的形状功能，制作一份显示员工业务熟练程度和时间之间的坐标轴显示图，如图 9-46 所示。

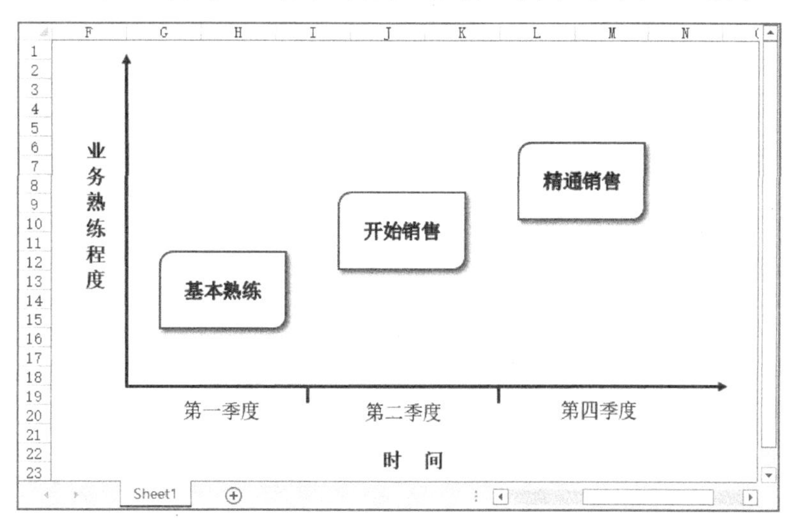

图 9-46 坐标轴显示图

操作步骤：

1 执行【插入】|【插图】|【形状】命令，绘制 2 个箭头与 2 个直线形状，并调整其位置与大小，如图 9-47 所示。

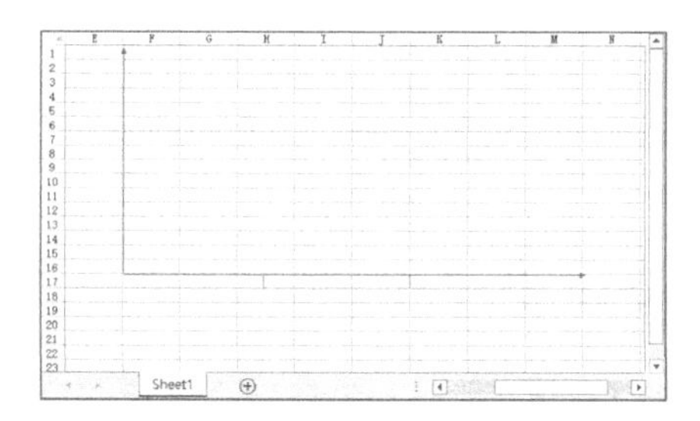

图 9-47 绘制形状

2 选择所有的形状，执行【格式】|【形状样式】|【形状轮廓】|【深蓝】命令，如图 9-48 所示。

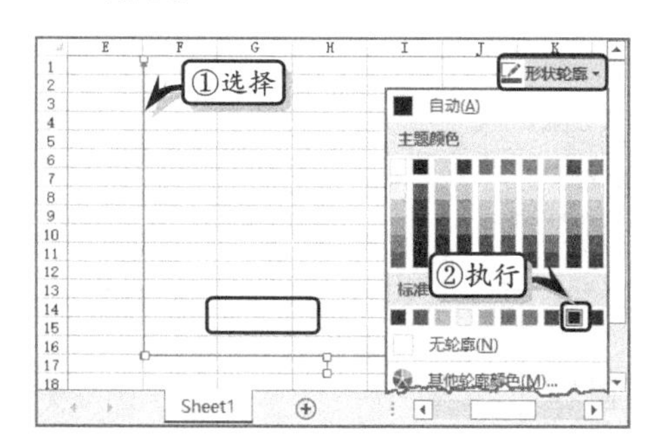

图 9-48 设置轮廓颜色

3 同时，执行【格式】|【形状样式】|【形状轮廓】|【粗细】|【2.25 磅】命令，如图 9-49 所示。

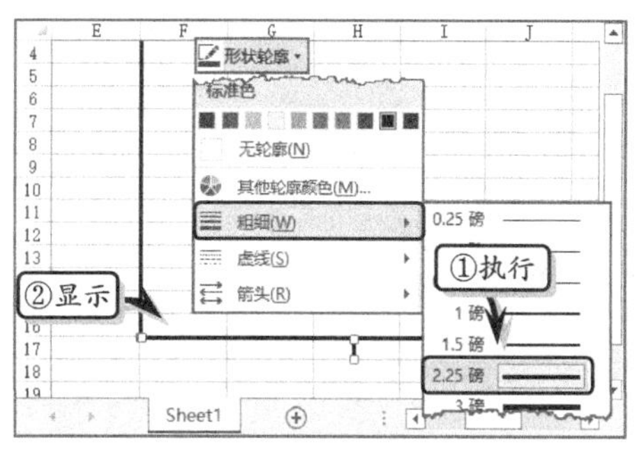

图 9-49 设置轮廓样式

4 执行【插入】|【文本】|【文本框】|【横排文本框】命令，在箭头旁边绘制文本框，并输入文本，如图 9-50 所示。

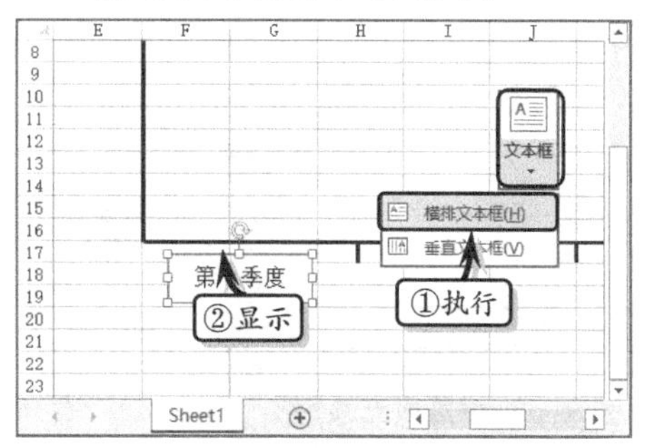

图 9-50 添加文本

5 选择文本框，执行【格式】|【形状样式】|【形状轮廓】|【无轮廓】命令，如图 9-51 所示。使用同样方法，添加其他文本。

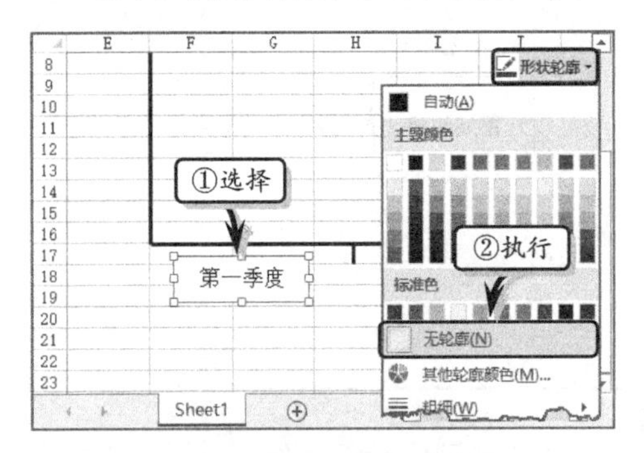

图 9-51 设置轮廓样式

6 执行【插入】|【插图】|【形状】|【对角圆角矩形】命令，绘制 3 个对角圆角矩形，如图 9-52 所示。

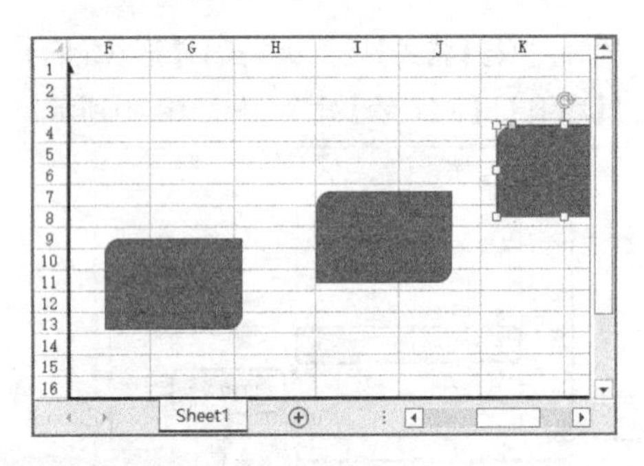

图 9-52 绘制圆角矩形形状

7 选择所有的对角圆角矩形形状，执行【格式】|【形状样式】|【形状填充】|【白色，背景 1】命令，如图 9-53 所示。

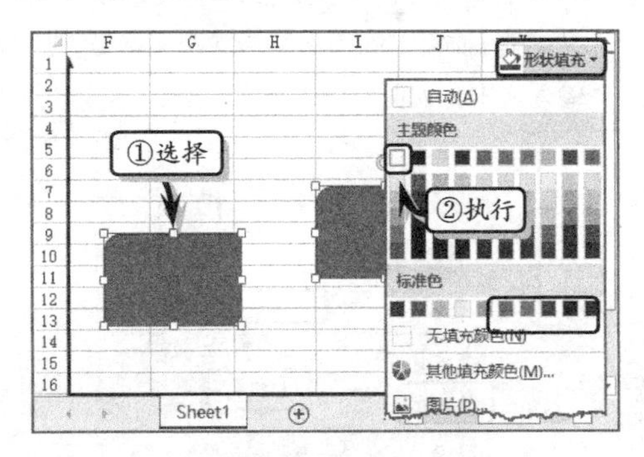

图 9-53 设置填充颜色

8 执行【格式】|【形状样式】|【形状轮廓】|【蓝色】命令，设置形状的轮廓颜色，如图 9-54 所示。

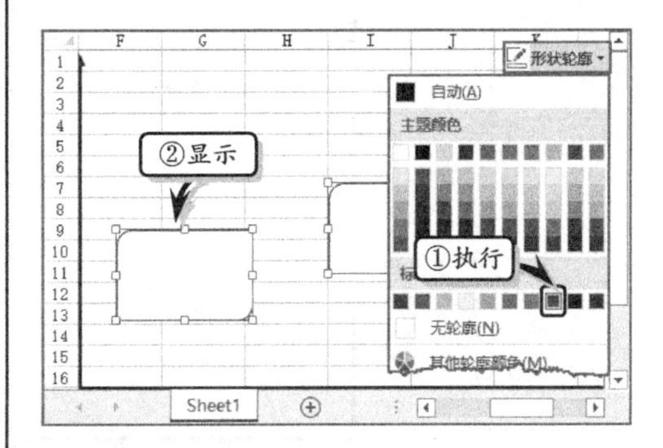

图 9-54 设置轮廓颜色

9 同时，执行【形状样式】|【形状轮廓】|【粗细】|【1.5 磅】命令，设置形状轮廓的粗细度，如图 9-55 所示。

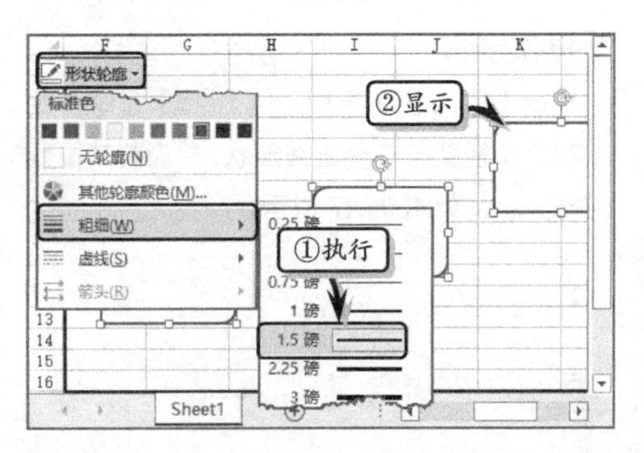

图 9-55 设置轮廓样式

10 执行【形状样式】|【形状效果】|【阴影】|【右下斜偏移】命令，设置形状的阴影效果，如图 9-56 所示。

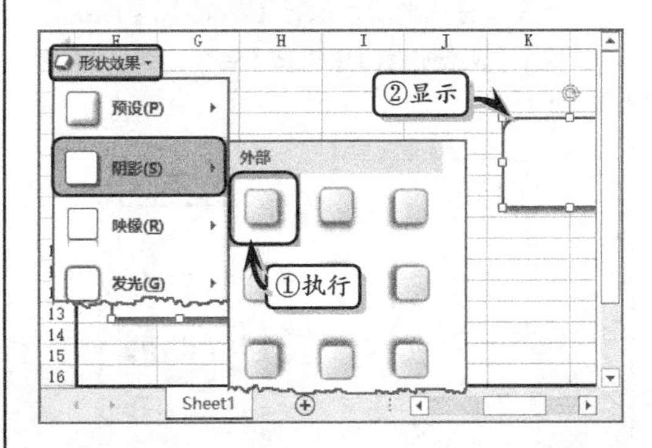

图 9-56 设置形状效果

11 右击形状，执行【编辑文字】命令，在形状中依次输入文本，并设置文本的字体和对齐格式，如图 9-57 所示。

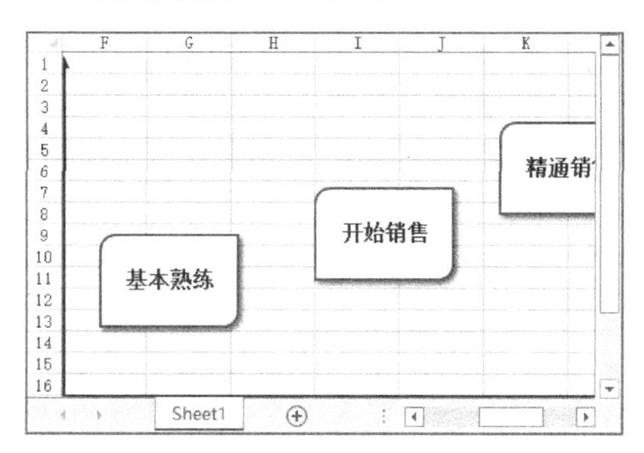

图 9-57 输入文本

12 隐藏网格线，同时选择所有的形状，右击执行【组合】命令，组合形状，如图 9-58 所示。

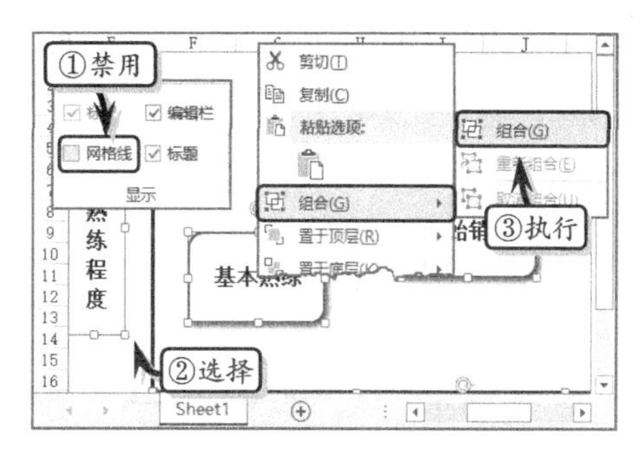

图 9-58 组合形状

9.3 使用 SmartArt 图形

在 Excel 中，用户可以使用 SmartArt 图形功能，以各种几何图形的位置关系来表现工作表中若干元素之间的逻辑结构关系，从而使工作表更加美观和生动。Excel 为用户提供了 9 种类型是 SmartArt 预设，并允许用户自由地调用。下面，将详细介绍 SmartArt 图形的创建、编辑和美化等基础知识和操作方法。

9.3.1 插入 SmartArt 图形

SmartArt 图形本质上是 Office 系列软件内置的一些形状图形的集合，其比文本更有利于用户的理解和记忆，因此通常应用在各种文本文档、电子邮件、数据表格中。

1. 创建 SmartArt 图形

执行【插入】|【插图】|【SmartArt】命令，在弹出的【选择 SmartArt 图形】对话框中选择图形类型，单击【确定】按钮，即可在工作表中插入 SmartArt 图形，如图 9-59 所示。

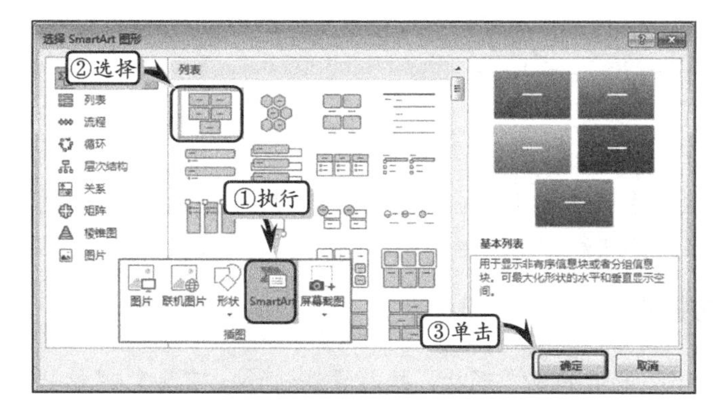

图 9-59 创建 SmartArt 图形

2. 输入文本

创建 SmartArt 图形之后，右击形状执行【编辑文字】命令，在形状中输入相应的文字，如图 9-60 所示。

另外，选择形状后，执行【SMARTART 工具】|【设计】|【创建图形】|【文本窗格】命令，在弹出的【文本】窗格中输入相应的文字，如图 9-61 所示。

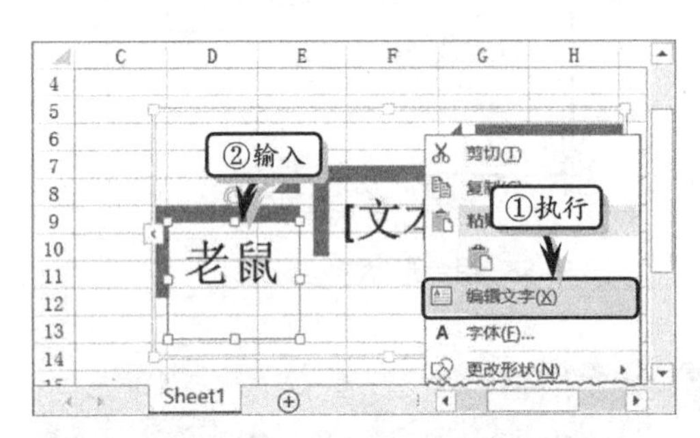

图 9-60 输入文本

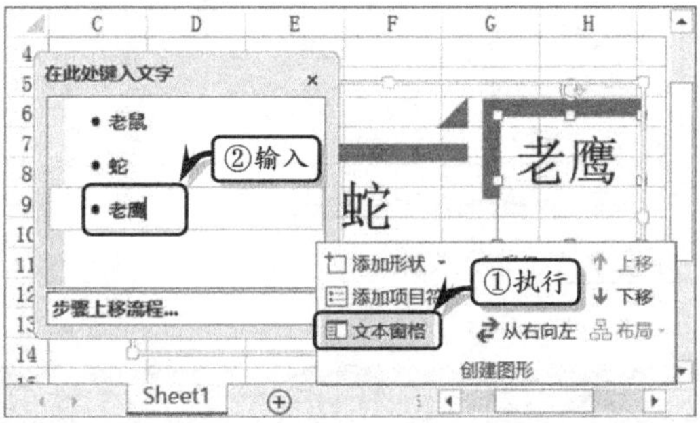

图 9-61 使用【文本】窗格

9.3.2 编辑 SmartArt 图形

为工作表添加 SmartArt 图形之后，还需要对图形进行添加形状、设置级别、更改形状等编辑操作，以完善 SmartArt 图形。

1. 添加形状

执行【SMARTART 工具】|【设计】|【创建图形】|【添加形状】命令，在其级联菜单中选择相应的选项，即可为图形添加相应的形状，如图 9-62 所示。

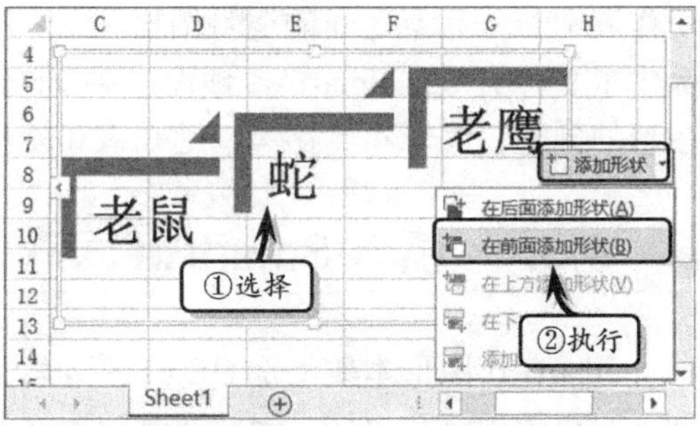

图 9-62 添加形状

提 示

右击形状，执行【添加形状】命令中的相应选项，即可为图形添加相应的形状。

2. 设置级别

选择形状，执行【SMARTART 工具】|【设计】|【创建图形】|【降级】或【升级】命令，即可减小所选形状级别，如图 9-63 所示。

3. 更改图形形状

选择 SmartArt 图形中的某个形状，执行【SmartArt 工具】|【格式】|【形状】|【更改形状】命令，在其级联菜单中选择相应的形状，如图 9-64 所示。

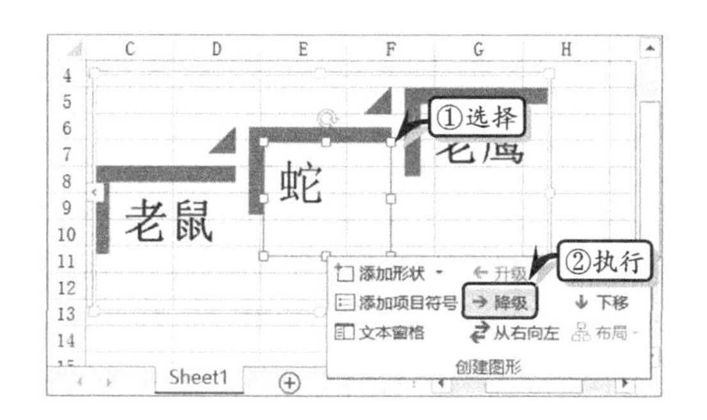

图 9-63 设置级别

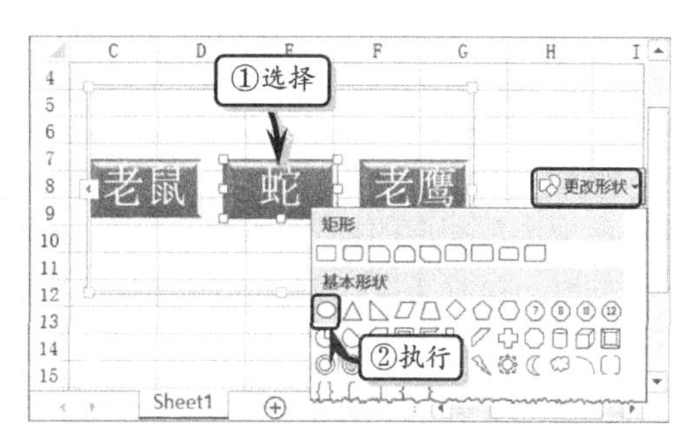

图 9-64 更改图形形状

9.3.3 美化 SmartArt 图形

在 Excel 中，为了美化 SmartArt 图形，还需要设置 SmartArt 图形的整体布局、单个形状的布局和整体样式。

1. 设置图形布局

选择 SmartArt 图形，执行【SMARTART 工具】|【设计】|【版式】|【更改布局】命令，在其级联菜单中选择相应的布局样式即可，如图 9-65 所示。

提 示

执行【更改布局】|【其他布局】命令，在弹出的【选择 SmartArt 图形】对话框中选择相应的选项，即可设置图形的布局。

2. 设置单个形状布局

选择图形中的某个形状，执行【SMARTART 工具】|【设计】|【创建图形】|【布局】命令，在其下拉列表中选择相应的选项，即可设置形状的布局，如图 9-66 所示。

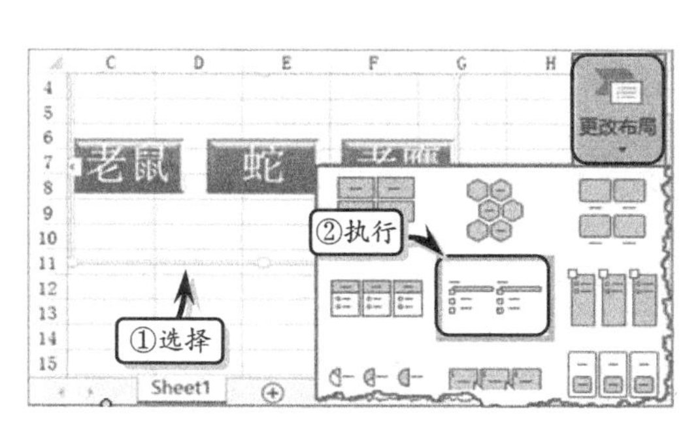

图 9-65 设置图形布局

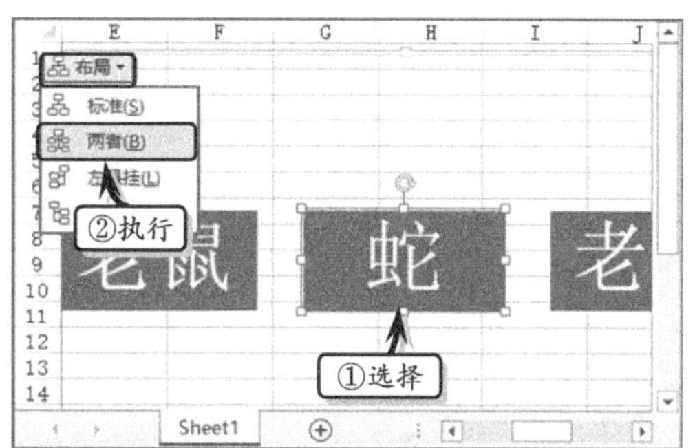

图 9-66 设置单个形状布局

提 示

在 Excel 中，只有在“组织结构图”布局下，才可以设置单个形状的布局。

3. 设置图形样式

执行【SMARTART 工具】|【设计】|【SmartArt 样式】|【快速样式】命令，在其级联菜单中选项相应的样式，即可为图形应用新的样式，如图 9-67 所示。

同时，执行【设计】|【SmartArt 样式】|【更改颜色】命令，在其级联菜单中选项相应的选项，即可为图形应用新的颜色，如图 9-68 所示。

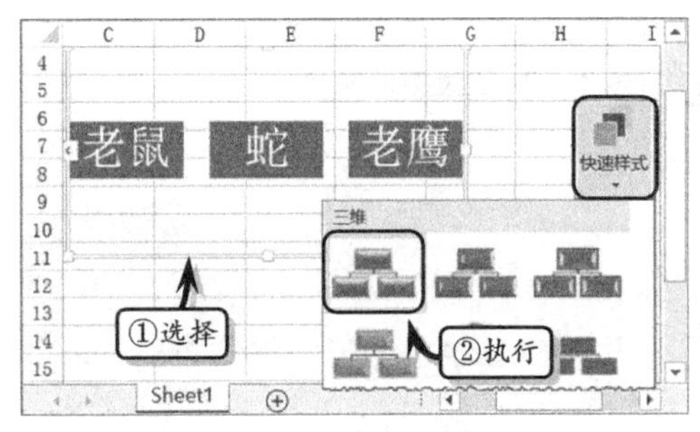

图 9-67 应用快速样式

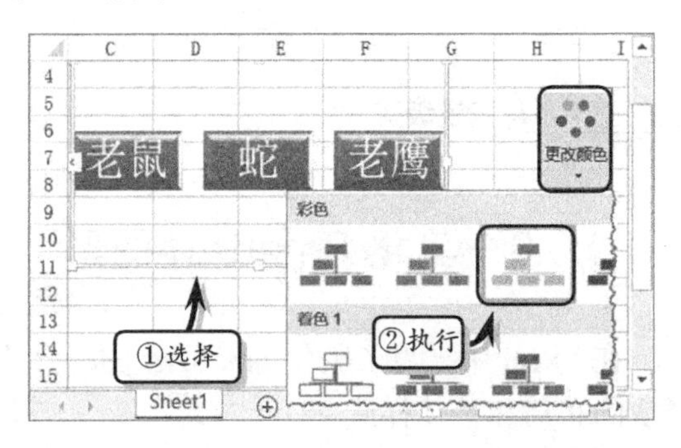

图 9-68 更改颜色

9.3.4 练习：组织结构图

用户在使用 SmartArt 显示内容时，需要根据其中各元素的实际关系，以及需要传达的信息的重要程度，来决定使用何种 SmartArt 布局。例如，对于一些存在明显的递进关系，则需要使用“组织结构图”类型。在本练习中，将通过制作一份组织结构图，来详细介绍 SmartArt 图形的创建和美化方法，如图 9-69 所示。

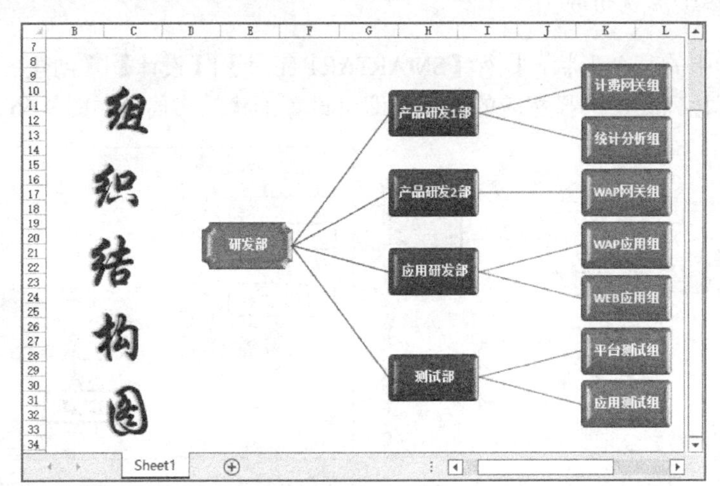

图 9-69 组织结构图

操作步骤：

1 执行【插入】|【插图】|【SmartArt】命令，激活【层次结构】选项卡，选择【水平层次结构】选项，如图 9-70 所示。

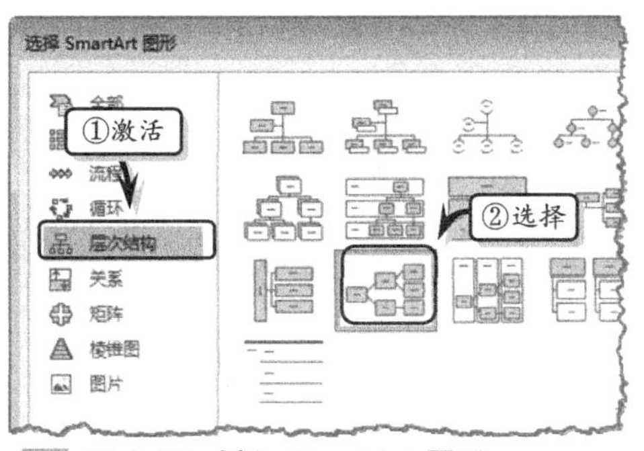

图 9-70 插入 SmartArt 图形

2 选择最左侧的单个形状，执行创建图形】|【添加形状】|【在下方添加形状】命令，如图 9-71 所示。使用同样方法，添加其他形状。

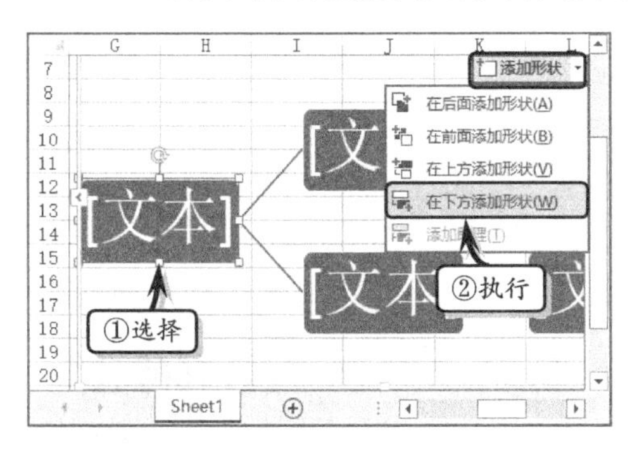

图 9-71 添加形状

3 单击最左侧的单个形状，输入文本，并设置文本的字体格式，如图 9-72 所示。使用同样方法，分别为其他形状输入文本。

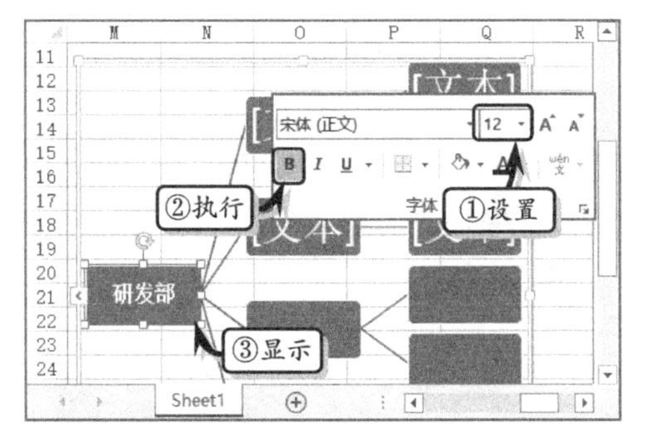

图 9-72 设置文本

4 选择 SmartArt 图形，执行【SmartArt 样式】|【快速样式】|【嵌入】命令，设置图形样式，如图 9-73 所示。

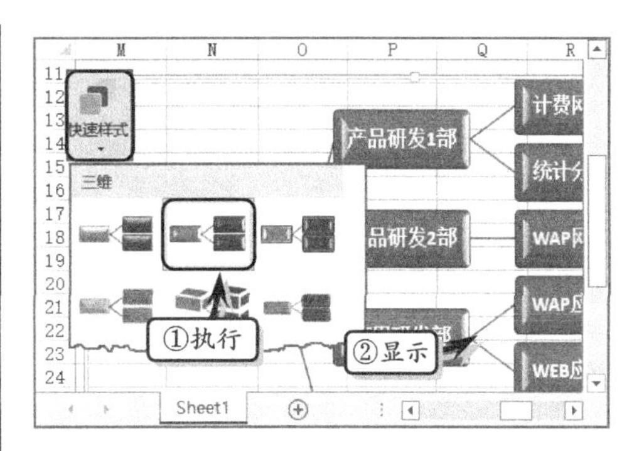

图 9-73 设置图形样式

5 同时，执行【更改颜色】|【彩色范围，着色 4 至 5】命令，设置图形的颜色，如图 9-74 所示。

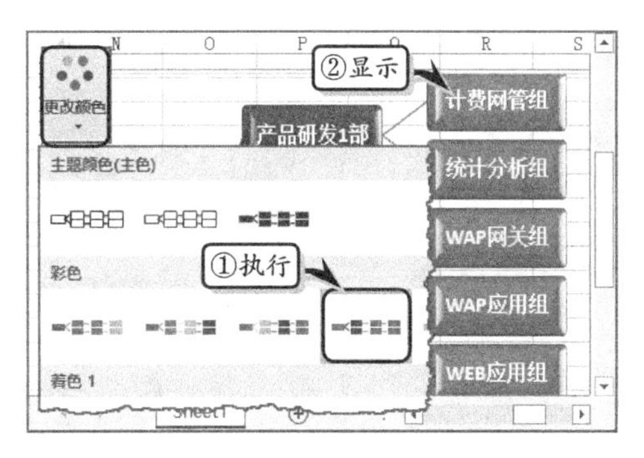

图 9-74 设置图形颜色

6 选择最左侧的单元格形状，执行【格式】|【形状样式】|【形状填充】|【浅蓝】命令，如图 9-75 所示。

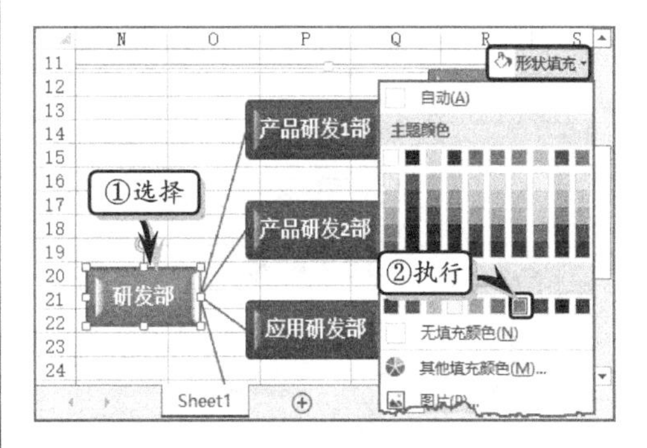

图 9-75 设置形状颜色

7 同时，执行【格式】|【形状】|【更改形状】|【缺角矩形】命令，更改形状的样式，如图 9-76 所示。

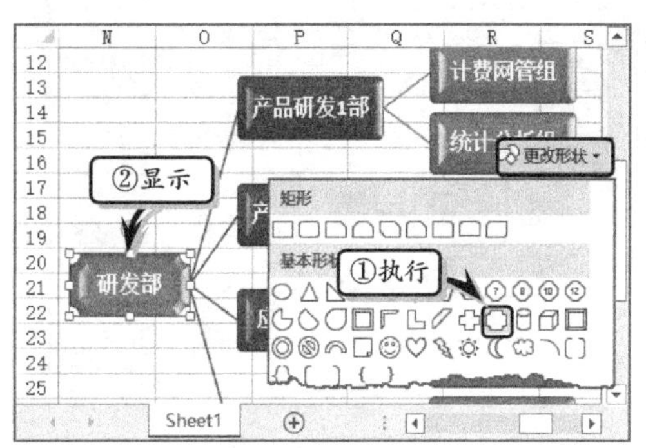

图 9-76 更改形状样式

8 执行【插入】|【文本】|【艺术字】|【填充-蓝色，着色 1，阴影】命令，输入艺术字文本，如图 9-77 所示。

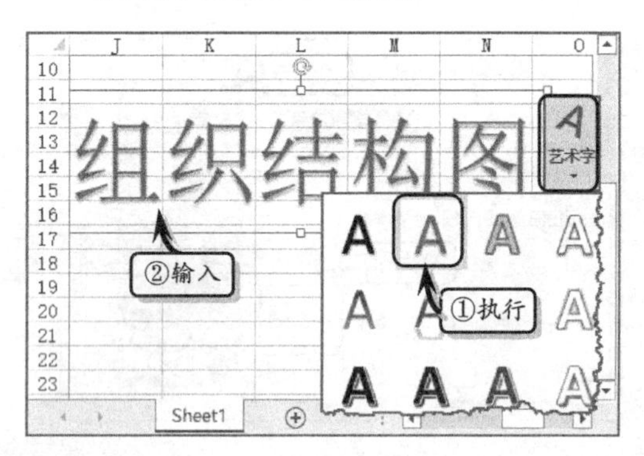

图 9-77 插入艺术字

9 执行【开始】|【对齐方式】|【方向】|【竖排文字】命令，更改文本方向，如图 9-78 所示。

图 9-78 更改文本方向

10 选择艺术字，执行【绘图工具】|【格式】|【艺术字样式】|【文本填充】|【紫色】命令，如图 9-79 所示。

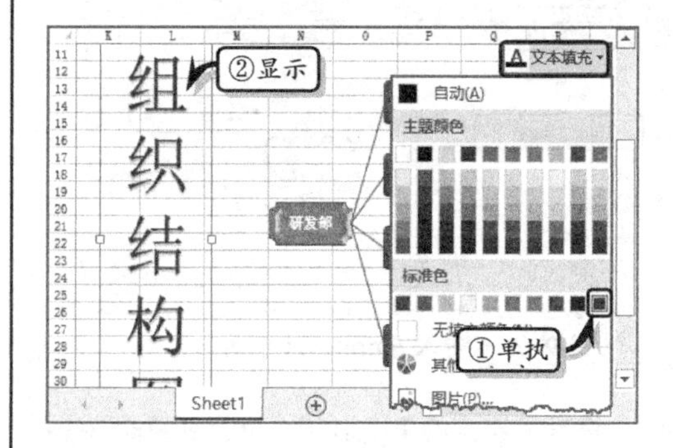

图 9-79 设置填充颜色

11 同时，执行【格式】|【艺术字样式】|【文本轮廓】|【紫色】命令，设置轮廓颜色，如图 9-80 所示。

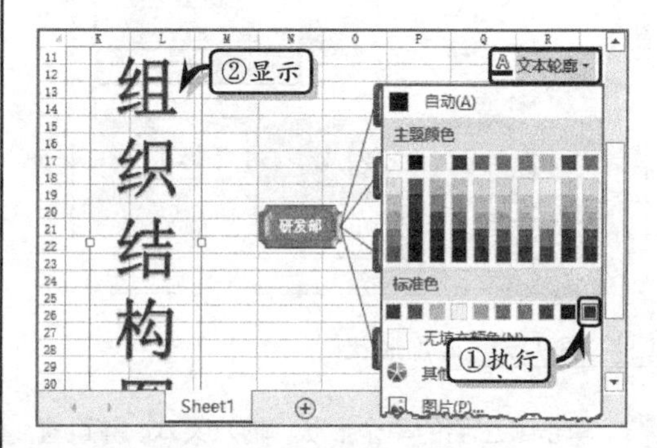

图 9-80 设置轮廓颜色

12 执行【绘图工具】|【格式】|【艺术字样式】|【文本效果】|【转换】|【下弯弧】命令，如图 9-81 所示。

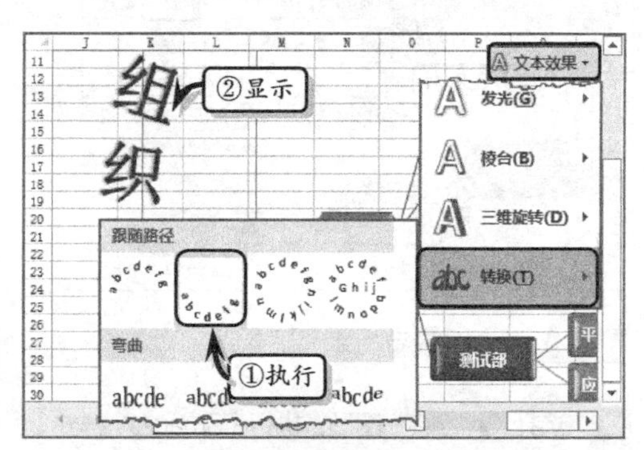

图 9-81 设置艺术字效果

9.4 思考与练习

一、填空题

1. 插入图片，一般包括插入本地图片、插入网络中的图片和__________3 种内容。

2. 在 Excel 2016 中，系统将“__________”功能代替了“剪贴画”功能。通过“__________”功能既可以插入剪贴画，又可以插入网络中的搜索图片。

3. 在绘制绝大多数基本几何图形的形状时，用户都可以按住__________键之后再进行绘制，绘制圆形、正方形或等比例缩放显示的形状。

4. 组合形状是将多个形状合并成一个形状，首先按住__________键或__________键的同时选择需要组合的图形。

5. 在 Excel 中，只有在“__________”布局下，才可以设置单个形状的布局。

6. SmartArt 图形本质上是 Office 系列软件内置的一些形状图形的集合，其比文本更有利于用户的理解和记忆，因此通常应用在各种文本文档、__________、__________中。

二、选择题

1. 快速样式是 Excel 预置的各种图像样式的集合，Excel 提供了____种预设的图像样式。

A. 20　　B. 24
C. 28　　D. 32

2. 在 Excel 中，除了使用系统内置的快速样式来美化图片之外，还可以通过自定义____，达到美化图片的目的。

A. 填充颜色　　B. 边框样式
C. 形状效果　　D. 快速样式

3. 用户可运用 Excel 中的____命令，来设置形状的纯色、渐变、纹理或图片填充等填充格式，从而让形状具有多彩的外观。

A. 【形状样式】　　B. 【形状填充】
C. 【形状轮廓】　　D. 【形状效果】

4. 在设置形状的渐变填充颜色时，下列选项中对渐变选项描述错误的一项为____。

A. 预设渐变用于设置系统内置的渐变样式，包括红日西斜、麦浪滚滚、金色年华等 24 种内设样式

B. 类型用于设置颜色的渐变方式，包括线性、射线、矩形与路径方式

C. 角度用于设置渐变方向的具体角度，该选项只有在【类型】选项为“线性”时才可用

D. 方向用于设置渐变方向的具体角度，该选项只有在【类型】选项为“线性”时才可用

5. Excel 为用户提供了____种类型是 SmartArt 预设，并允许用户自由地调用。

A. 8　　B. 9
C. 10　　D. 12

三、问答题

1. 如何插入联机图片？

2. 如何设置形状的阴影效果？

3. 如何调整 SmartArt 图形中单个形状的级别？

四、上机练习

1. 制作立体图片

在本练习中，将运用 Excel 中的插入图片和裁剪图片等功能，来制作一份立体图片，如图 9-82 所示。首先执行【插入】|【图片】命令，选择相应的图片，单击【插入】按钮；插入图片并调整图片的大小。然后，执行【格式】|【裁剪】|【纵横比】|【2：3】命令，同时，执行【裁剪】|【裁剪为形状】|【立方体】命令。最后，选择图片，执行【格式】|【图片样式】|【图片边框】|【自动】命令，同时，执行【格式】|【图片样式】|【图片效果】|【映像】|【半映像，接触】命令，

设置图片效果。

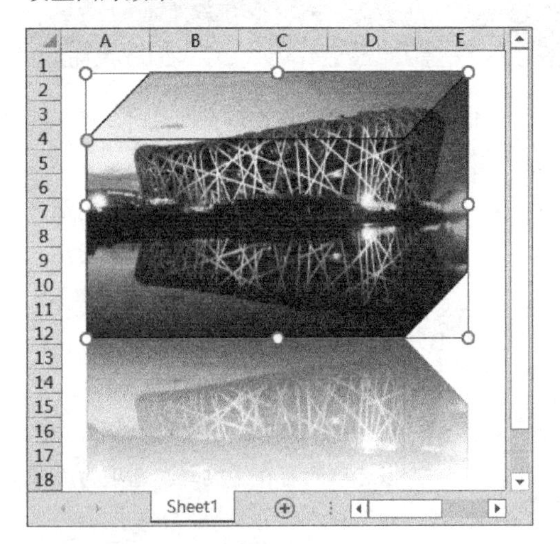

图 9-82 立体图片

2．制作立体五角星形

在本实例中，将运用 Excel 中的形状功能，来制作一个立体五角星形形状，如图 9-83 所示。

首先执行【插入】|【插图】|【形状】|【五角星形】命令，在文档中插入一个五角星形形状。然后，执行【格式】|【形状样式】|【形状轮廓】|【红色】命令，设置形状的样式。同时，执行【形状样式】|【形状效果】|【三维旋转】|【离轴 2 左】命令，设置形状的三维旋转效果。最后，取消填充颜色，右击形状执行【设置形状格式】命令，设置形状的三维效果参数。

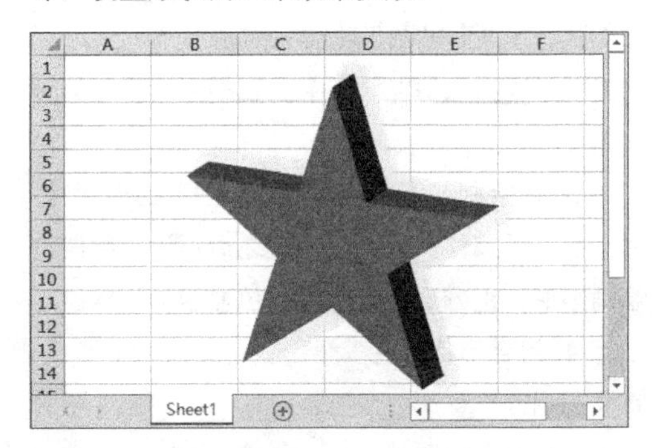

图 9-83 立体五角星形

第 10 章 使用图表

在 Excel 中，用户可以使用图表功能，轻松地创建具有专业外观的图表，不仅可以清晰地体现数据之间的各种对应关系和变化趋势，而且还可以使表格数据层次分明、条理清楚、易于理解。本章向用户介绍了图表的创建、编辑和美化方法，并通过制作一些简单的图表练习，使用户掌握编辑图表数据和设置图表格式的基础知识和操作方法。

本章学习内容：

- 创建图表
- 编辑图表
- 设置图表布局
- 设置图表样式
- 设置图表区格式
- 设置坐标轴格式

10.1 创建图表

图表是一种生动的描述数据的方式，可以将单元格区域中的数据以图表的形式进行显示，从而可以更直观地分析表格数据。在 Excel 中，除了可以创建一般的单一图表之外，还可以创建组合图表和迷你图图表。

10.1.1 创建单一图表

单一图表即常用图表，也就是一个图表中只显示一种图表类型。选择数据区域，执行【插入】|【图表】|【插入柱形图或条形图】|【簇状柱形图】命令，即可在工作表中插入一个簇状柱形图，如图 10-1 所示。

提　示

用户可以通过执行【插入】|【图表】|【插入柱形图】|【更多柱形图】命令，打开【插入图表】对话框，选择更多的图表类型。

另外，Excel 2016 新增加了根据数据类型为用户推荐最佳图表类型的功能。用户只需选择数据区域，执行【插入】|【图表】|【推荐的图表】命令，在弹出的【插入图表】对话框中的【推荐的图表】列表中选择图表类型，单击【确定】按钮即可，如图 10-2 所示。

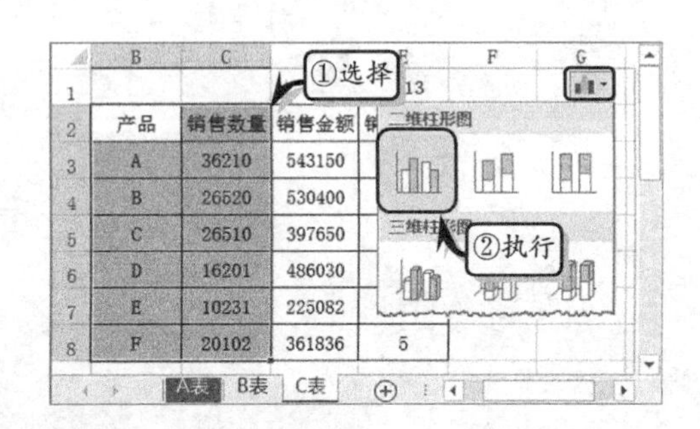

图 10-1　创建图表

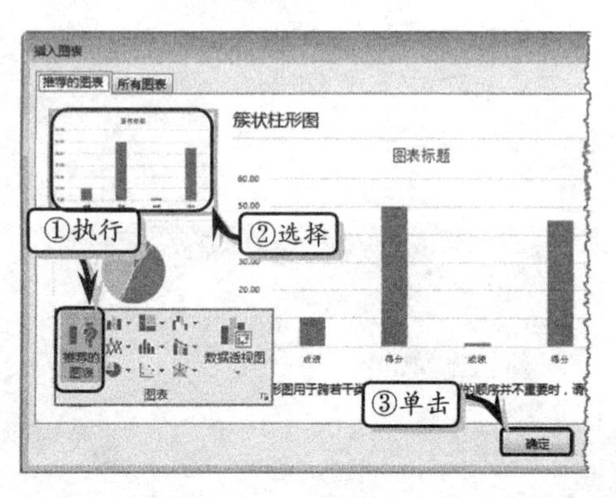

图 10-2　使用推荐的图表

10.1.2　创建组合图表

Excel 2016 为用户提供了创建组合图表的功能，以帮助用户创建簇状柱形图-折线图、堆积面积图-簇状柱形图等组合图表。

选择数据区域，执行【插入】|【图表】|【推荐的图表】命令，激活【所有图表】选项卡，选择【组合】选项，并选择相应的图表类型，如图 10-3 所示。

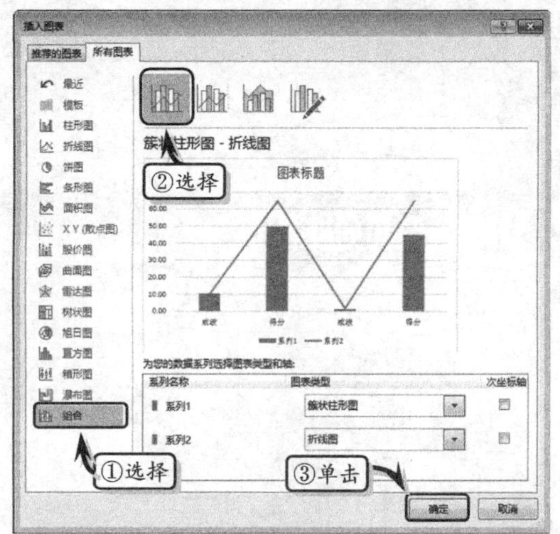

图 10-3　创建组合图表

10.1.3　创建迷你图表

迷你图图表是放入单个单元格中的小型图，每个迷你图代表所选内容中的一行或一列数据。

选择数据区域，执行【插入】|【迷你图】|【折线图】命令，在弹出的【创建迷你图】对话框中，设置数据范围和放置位置即可，如图 10-4 所示。

另外，选择迷你图所在的单元格，执行【迷你图工具】|【类型】|【柱形图】命令，

即可将当前的迷你图类型更改为柱形图，如图 10-5 所示。

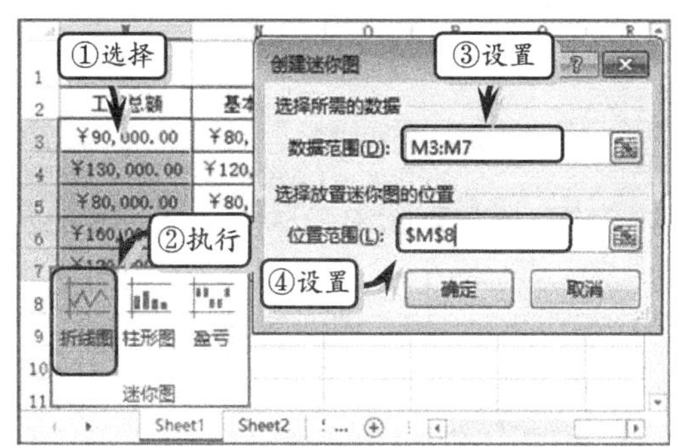

图 10-4 创建迷你图

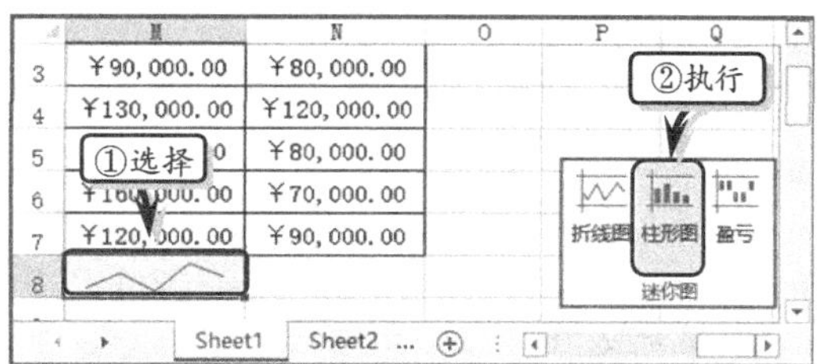

图 10-5 更改迷你图

提　示

创建迷你图之后，用户可以在【迷你图工具】选项卡中设置迷你图的样式、颜色等图表格式。

10.2 编辑图表

在工作表创建图表之后，为了达到详细分析图表数据的目的，还需要对图表进行一系列的编辑操作，包括调整图表、编辑图表数据等内容。

10.2.1 调整图表

调整图表是通过调整图表的位置、大小与类型等编辑图表的操作，来使图表符合工作表的布局与数据要求。

1. 移动图表

选择图表，移动鼠标至图表边框或空白处，当鼠标变为“四向箭头”时，按下鼠标左键并拖动鼠标即可在本工作表中移动图表，如图 10-6 所示。

默认情况下，在 Excel 中创建的图表均以嵌入图表方式置于工作表中。如果用户希望将图表放在单独的工作表中，则需要执行【图表工具】|【设计】|【位置】|【移动图表】命令，弹出【移动图表】对话框，选择图表的位置即可，如图 10-7 所示。

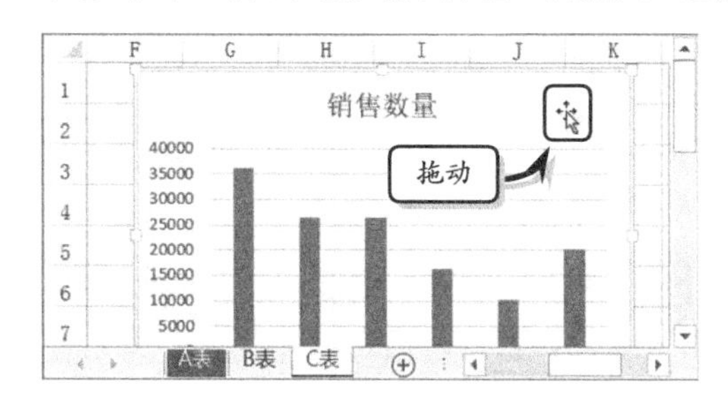

图 10-6 移动图表

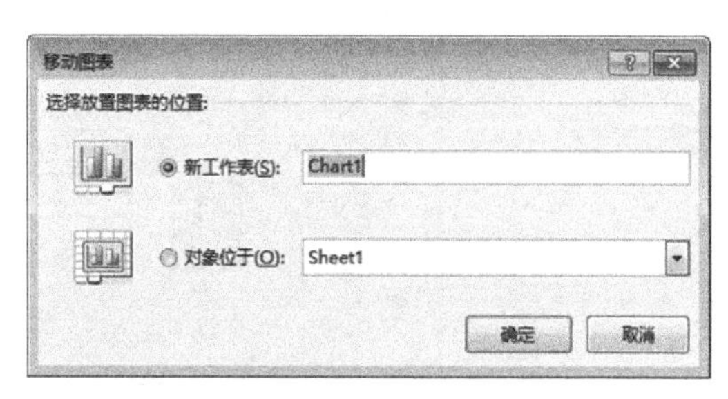

图 10-7 移动图表位置

提 示

右击图表，执行【移动图表】命令，即可打开【移动图表】对话框。

2．调整图表的大小

选择图表，将鼠标移至图表四周边框的控制点上，当鼠标变为“双向箭头”↘时，按下鼠标左键并拖动鼠标调整大小，如图 10-8 所示。

另外，选择图表，在【格式】选项卡【大小】选项组中，输入图表的【高度】与【宽度】值，即可调整图表的大小。或者单击【格式】选项卡【大小】选项组中的【对话框启动器】按钮，在弹出的【设置图表区格式】窗格中的【大小】选项组中，设置图片的【高度】与【宽度】值，如图 10-9 所示。

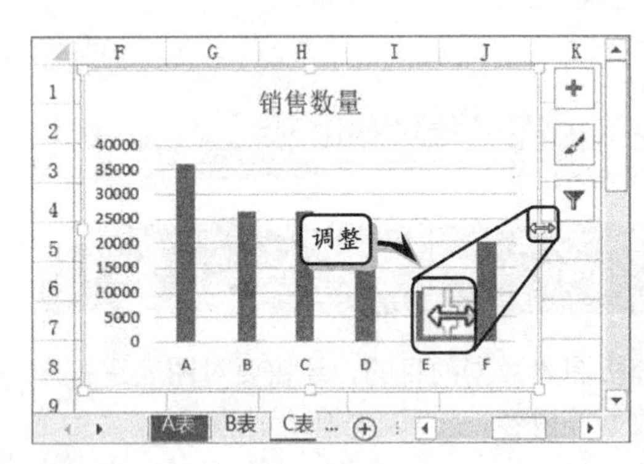

图 10-8 鼠标调整大小

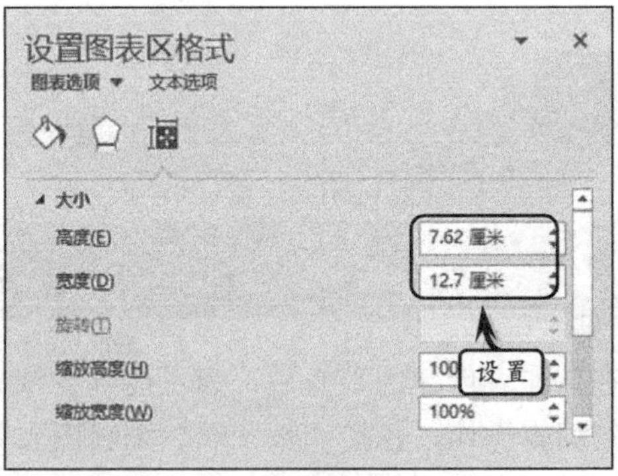

图 10-9 输入大小数值

3．更改图表类型

选择图表，执行【图表工具】|【设计】|【类型】|【更改图表类型】命令，在弹出的【更改图表类型】对话框中选择一种图表类型，如图 10-10 所示。

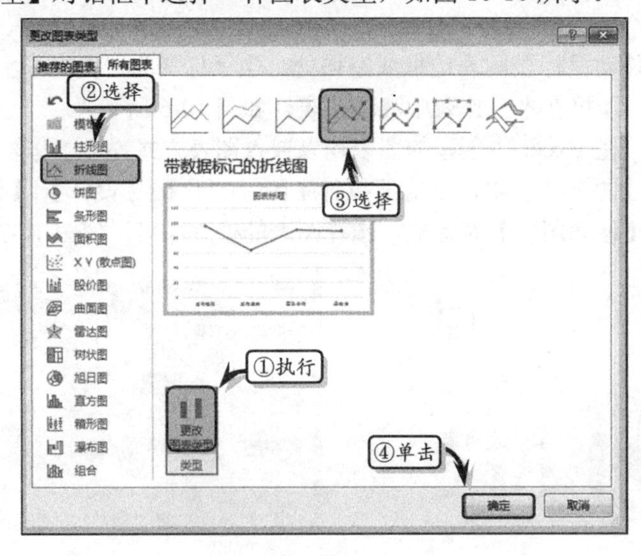

图 10-10 更改图表类型

提　示

选择图表，执行【插入】|【图表】|【推荐的图表】命令，在弹出的【更改图表类型】对话框中选择图表类型即可。

10.2.2　编辑图表数据

数据是图表的灵魂，为了达到详细分析图表数据的目的，用户还需要对图表中的数据进行选择、添加与删除操作，以满足分析各类数据的要求。

1．编辑现有数据

选择图表，此时系统会自动选定图表的数据区域。将鼠标置于数据区域边框的右下角，当光标变成“双向”箭头↖↘时，按下鼠标左键并拖动数据区域即可编辑现有的图表数据，如图 10-11 所示。

另外，选择图表，执行【图表工具】|【设计】|【数据】|【选择数据】命令，在弹出的【选择数据源】对话框中，单击【图表数据区域】右侧的折叠按钮，并在 Excel 工作表中重新选择数据区域，如图 10-12 所示。

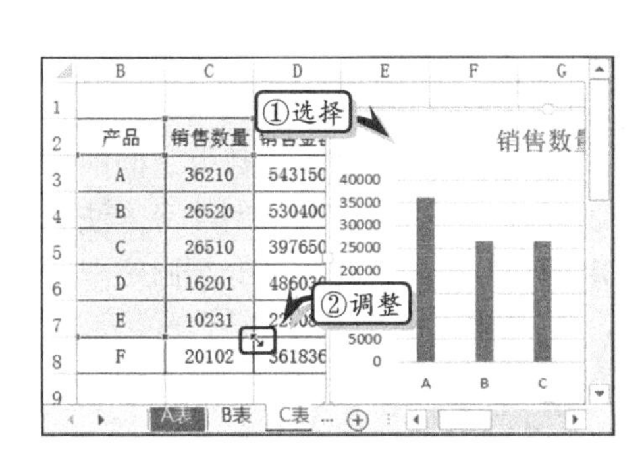

图10-11　鼠标调整数据区域

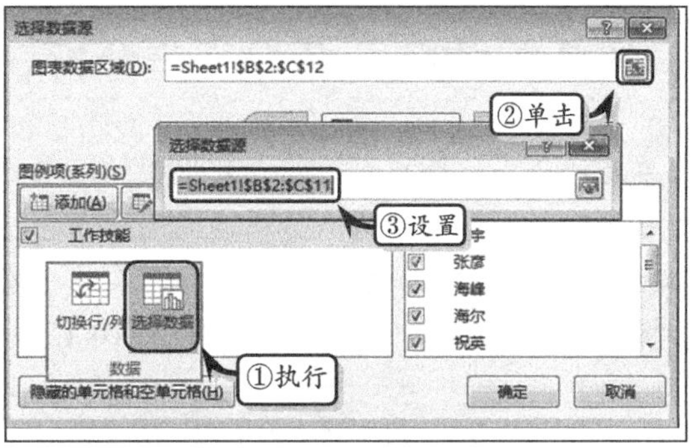

图10-12　对话框调整

2．添加数据区域

选择图表，执行【图表工具】|【数据】|【选择数据】命令，单击【添加】按钮。在【编辑数据系列】对话框中，分别设置【系列名称】和【系列值】选项，如图 10-13 所示。

提　示

在【编辑数据系列】对话框中的【系列名称】和【系列值】文本框中直接输入数据区域，也可以选择相应的数据区域。

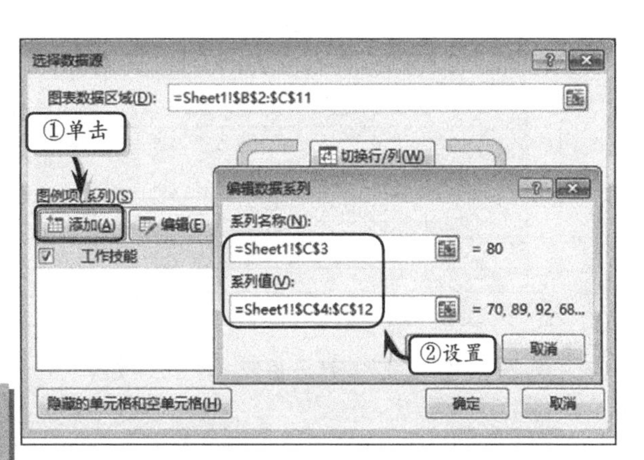

图10-13　添加数据区域

3. 删除数据区域

对于图表中多余的数据，也可以对其进行删除。选择表格中需要删除的数据区域，按 Delete 键，即可删除工作表和图表中的数据。另外，选择图表，执行【图表工具】|【数据】|【选择数据】命令，在弹出的【选择数据源】对话框中的【图例项（系列）】列表框中选择需要删除的系列名称，并单击【删除】按钮，如图 10-14 所示。

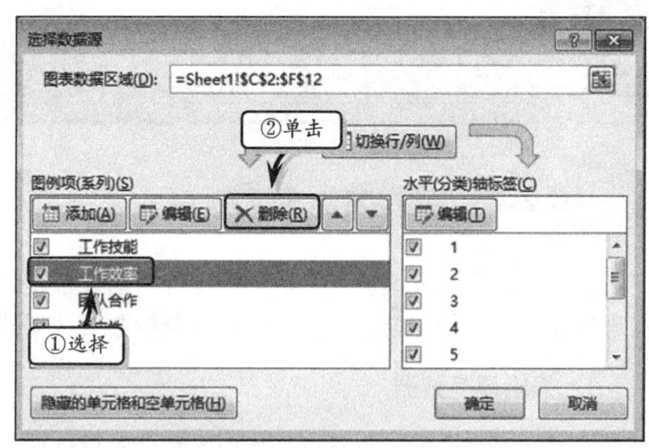

图 10-14 删除数据

提 示

用户也可以选择图表，通过在工作表中拖动图表数据区域的边框，更改图表数据区域的方法，来删除图表数据。

10.2.3 练习：固定资产分析表

在 Excel 中，用户可以借助其强大的函数和图表功能，来展示和分析数据之间的关联性和趋势性。而固定资产分析通常情况下包括直线折旧法、余额递减折旧法等方法，在本练习中，将运用余额递减折旧法来制作一份固定资产分析表，并详细介绍固定资产分析图表的制作方法和操作技巧，如图 10-15 所示。

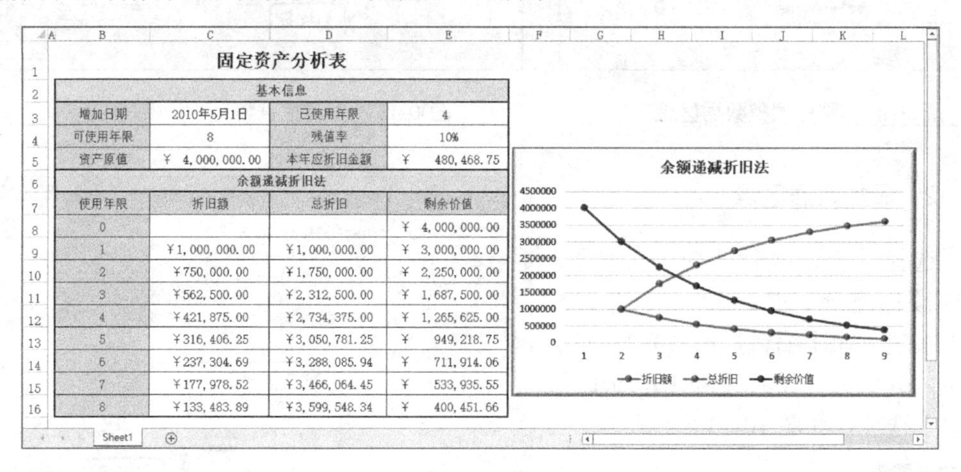

固定资产分析表

基本信息			
增加日期	2010年5月1日	已使用年限	4
可使用年限	8	残值率	10%
资产原值	￥ 4,000,000.00	本年应折旧金额	￥ 480,468.75
余额递减折旧法			
使用年限	折旧额	总折旧	剩余价值
0			￥ 4,000,000.00
1	￥1,000,000.00	￥1,000,000.00	￥ 3,000,000.00
2	￥750,000.00	￥1,750,000.00	￥ 2,250,000.00
3	￥562,500.00	￥2,312,500.00	￥ 1,687,500.00
4	￥421,875.00	￥2,734,375.00	￥ 1,265,625.00
5	￥316,406.25	￥3,050,781.25	￥ 949,218.75
6	￥237,304.69	￥3,288,085.94	￥ 711,914.06
7	￥177,978.52	￥3,466,064.45	￥ 533,935.55
8	￥133,483.89	￥3,599,548.34	￥ 400,451.66

图 10-15 固定资产分析表

操作步骤：

1 制作数据表。在表格中制作“固定资产分析表”基础表格，并设置表格的各种格式，如图 10-16 所示。

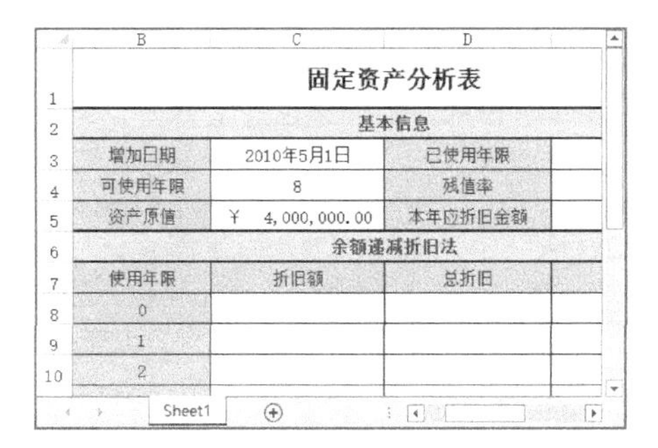

图10-16 制作数据表

2 计算数据。选择单元格 E5，在编辑栏中输入计算公式，按 Enter 键返回本年应折旧金额，如图 10-17 所示。

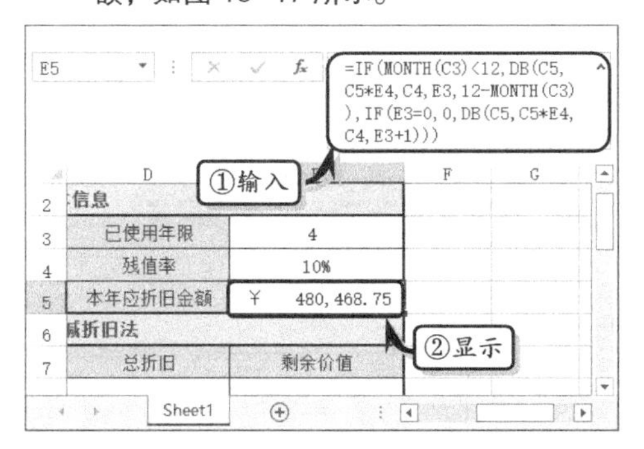

图10-17 计算本年应折旧金额

3 选择单元格 E8，在编辑栏中输入计算公式，按 Enter 键返回总剩余价值，如图 10-18 所示。

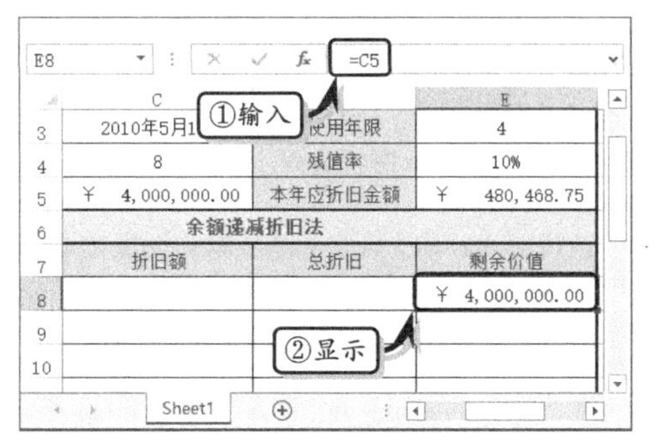

图10-18 计算总剩余价值

4 选择单元格 C9，在编辑栏中输入计算公式，按 Enter 键返回第一年的折旧额，如图 10-19 所示。使用同样方法，计算其他折旧额。

5 选择单元格 D9，在编辑栏中输入计算公式，按 Enter 键返回第一年的总折旧额，如图 10-20 所示。使用同样方法，计算其他总折旧额。

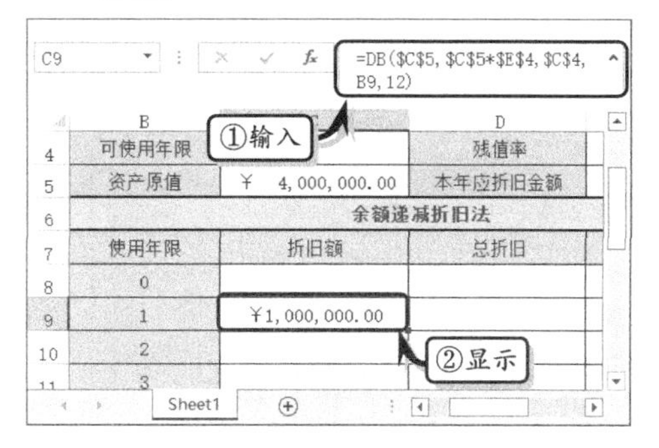

图10-19 计算折旧额

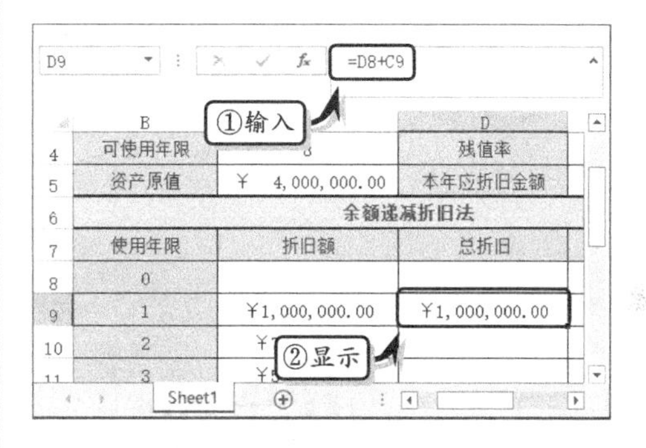

图10-20 计算总折旧额

6 选择单元格 E9，在编辑栏中输入计算公式，按 Enter 键返回第一年的剩余价值，如图 10-21 所示。使用同样方法，计算其他剩余价值。

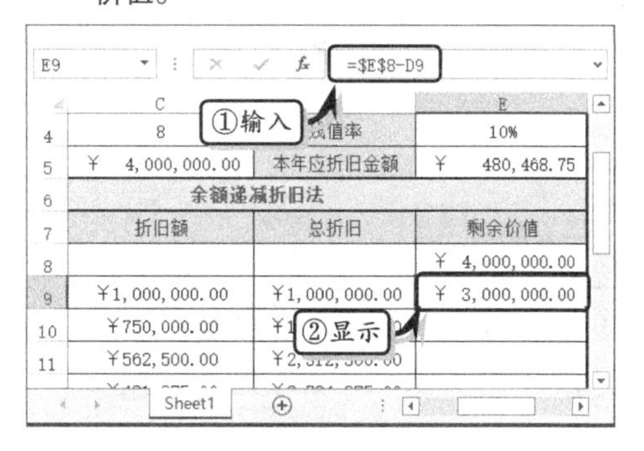

图10-21 计算剩余价值

7 插入图表。选择单元格区域 C7:E16，执行【插入】|【插入折线图】|【带数据标记的折线图】命令，如图 10-22 所示。

8 美化图表。双击“剩余价值”数据系列，在【填充线条】选项卡【线条】选项组中，选中【实线】选项，并设置线条颜色，如图10-23所示。

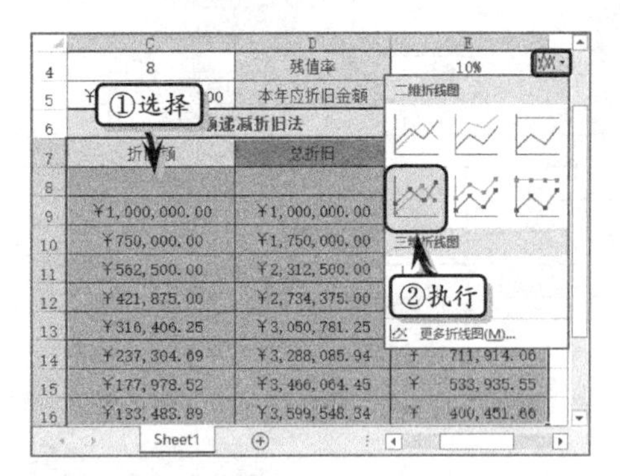

图10-22 插入图表

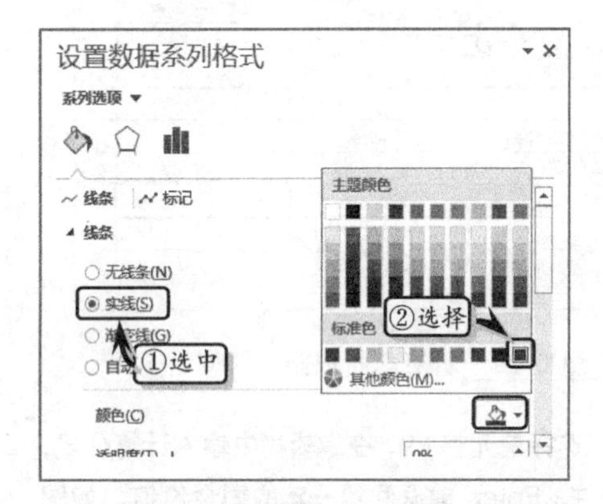

图10-23 设置数据线颜色

9 在【标记】选项组中，分别设置标记的填充和边框颜色，如图10-24所示。

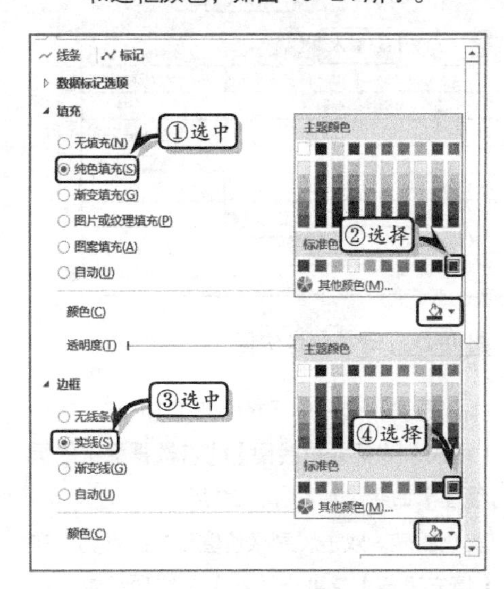

图10-24 设置标记颜色

10 选择图表，执行【格式】|【形状样式】|【彩色轮廓-橙色，强调颜色 2】命令，如图10-25所示。

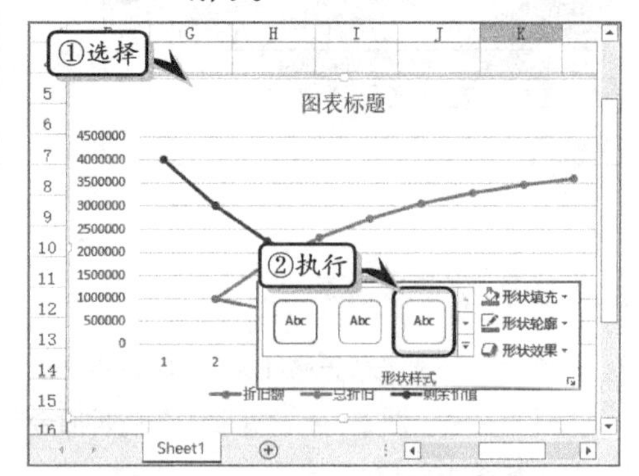

图10-25 应用形状样式

11 同时，执行【格式】|【形状样式】|【形状效果】|【棱台】|【圆】命令，设置棱台效果，如图10-26所示。使用同样方法，设置数据系列的棱台效果。

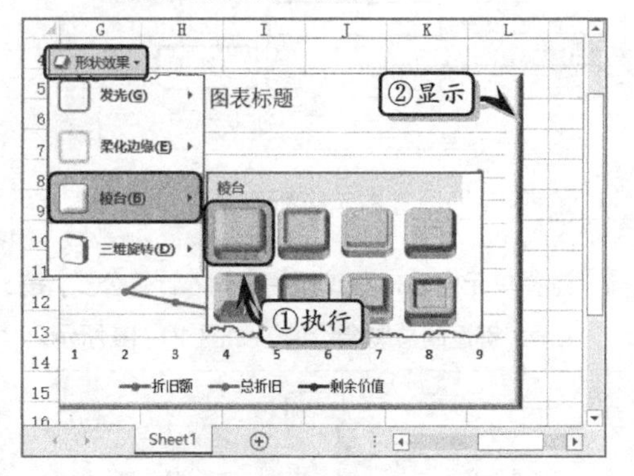

图10-26 设置形状效果

12 选择图表标题，更改标题文本并设置文本的字体格式，如图10-27所示。

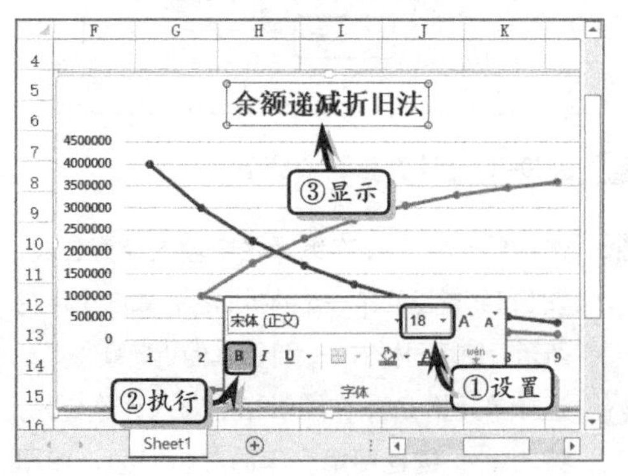

图10-27 设置图表标题

10.3 设置图表布局与样式

在 Excel 中，用户不仅可以使用内置的图表布局与样式，还可以通过更改图表的布局、样式和颜色，来达到美化图表和调整图表分析效果的目的。

10.3.1 设置图表布局

Excel 根据用户分析习惯和图表样式，内置了不同样式的图表布局；除此之外，用户还可以通过自定义图表布局的方法，来弥补内置图表布局的不足，以达到使用图表全面分析各类数据的目的。

1. 使用预定义图表布局

选择图表，执行【图表工具】|【设计】|【图表布局】|【快速布局】命令，在其级联菜单中选择相应的布局，如图 10-28 所示。

提 示

在【快速布局】级联菜单中，其具体布局样式并不是一成不变的，它会根据图表类型的更改而自动更改。

2. 自定义图表布局

自定义图表布局是通过手动设置，来调整图表元素的显示方式和位置，包括图表标题、数据系列、图例、网格线、数据表等。

选择图表，执行【图表工具】|【设计】|【图表布局】|【添加图表元素】|【图表标题】命令，在其级联菜单中选择相应的选项即可，如图 10-29 所示。

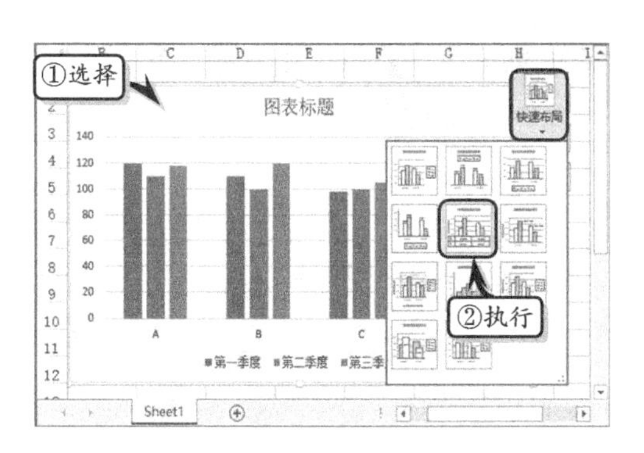

图10-28 使用预定义图表布局

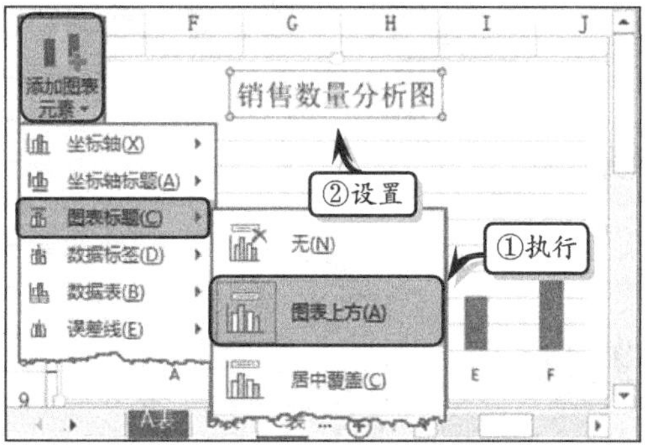

图10-29 自定义图表标题

另外，选择图表，执行【图表工具】|【设计】|【图表布局】|【添加图表元素】|【数据表】命令，在其级联菜单中选择相应的选项即可，如图 10-30 所示。

提 示

使用同样的方法，用户还可以通过执行【添加图表元素】命令，添加图例、网格线、误差线等图表元素。

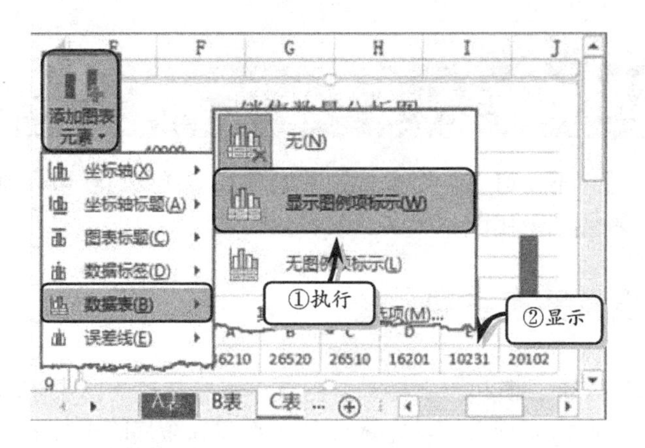

图10-30 自定义数据表

10.3.2 设置图表样式

图表样式主要包括图表中对象区域的颜色属性。Excel 也内置了一些图表样式，允许用户快速对其进行应用。选择图表，执行【图表工具】|【设计】|【图表样式】|【快速样式】命令，在下拉列表中选择相应的样式即可，如图 10-31 所示。

另外，执行【图表工具】|【设计】|【图表样式】|【更改颜色】命令，在其级联菜单中选择一种颜色类型，即可更改图表的主题颜色，如图 10-32 所示。

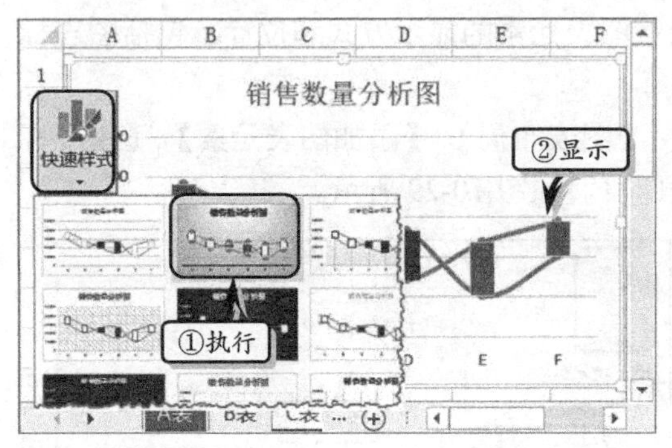

图10-31 应用快速样式

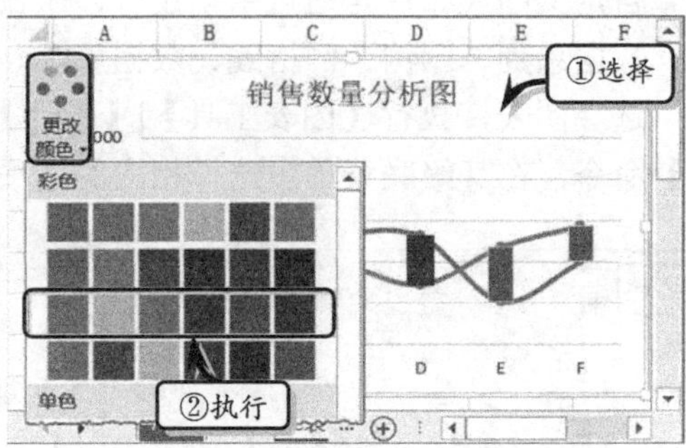

图10-32 更改图表颜色

提 示

用户也可以单击图表右侧的按钮，即可在弹出的列表中快速设置图表的样式，以及更改图表的主题颜色。

10.3.3 练习：参加体育活动动机调查表

在 Excel 中，用户可以使用图表来显示单元格区域中的数据，使工作表中的每一个单元格数据，在图表中都有与其相对应的数据，从而达到使用图形进行对比与分析工作表数据的目的。在本练习中，将通过制作一份学生参加体育活动动机调查表，来详细介绍创建和编辑图表的操作方法，如图 10-33 所示。

	A	B	C	D	E
1	学生参加体育活动动机调查表				
2	主要动机	男生	女生	总人数	排位
3	强身健体	231	113	344	1
4	健身方法	56	45	101	6
5	提高学习效率	176	143	319	2
6	健美体型	32	15	47	9
7	展示自我	43	21	64	8
8	培养意志力	23	56	79	7
9	情绪宣泄	11	9	20	10
10	运动乐趣	145	123	268	4
11	促进交往	178	121	299	3
12	为了考试	67	79	146	5

学生参加体育活动动机调查表

■男生 ■女生 ■总人数

Sheet1

图 10-33 学生参加体育活动动机调查表

操作步骤：

1 制作数据表。新建工作表，合并相应的单元格区域，输入表格标题和基础数据，并设置字体、对齐、数字格式和表格样式，如图 10-34 所示。

	A	B	C	D	E
1	学生参加体育活动动机调查表				
2	主要动机	男生	女生	总人数	排位
3	强身健体	231	113		
4	健身方法	56	45		
5	提高学习效率	176	143		
6	健美体型	32	15		
7	展示自我	43	21		
8	培养意志力	23	56		

图 10-34 制作数据表

2 计算数据。选择单元格 D3，在编辑栏中输入计算公式，按下 Enter 键返回总人数，如图 10-35 所示。使用同样方法，计算其他总人数。

D3 =B3+C3

①输入

②显示

	A	B	C	D	E
1	学生参加体育活动动机调查表				
2	主要动机	男生	女生	总人数	排位
3	强身健体	231	113	344	
4	健身方法	56			
5	提高学习效率	176			
6	健美体型	32	15		

图 10-35 计算总人数

3 选择单元格 E3，在编辑栏中输入计算公式，按 Enter 键返回排位，如图 10-36 所示。使用同样方法，计算其他排位。

E3 =RANK.AVG(D3,$D$3:$D$12)

①输入

②显示

	A	B	C	D	E
1	学生参加体育活动动机调查表				
2	主要动机	男生	女生	总人数	排位
3	强身健体	231	113	344	1
4	健身方法	56			
5	提高学习效率	176			
6	健美体型	32	15	47	
7	展示自我	43	21	64	
8	培养意志力	23	56	79	

图 10-36 计算排位

4 插入图表。同时选择单元格区域 A2:D12，执行【插入】|【图表】|【插入柱形图】|【三维簇状柱形图】命令，如图 10-37 所示。

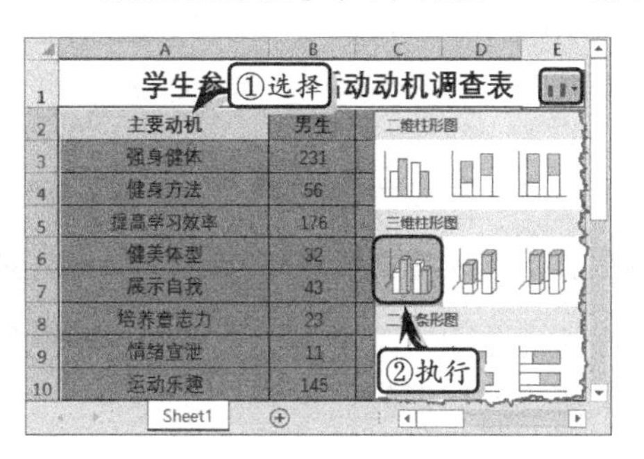

图 10-37 插入图表

5 美化图表。选择图表，执行【格式】|【形状样式】|【细微效果-绿色，强调颜色 6】命令，如图 10-38 所示。

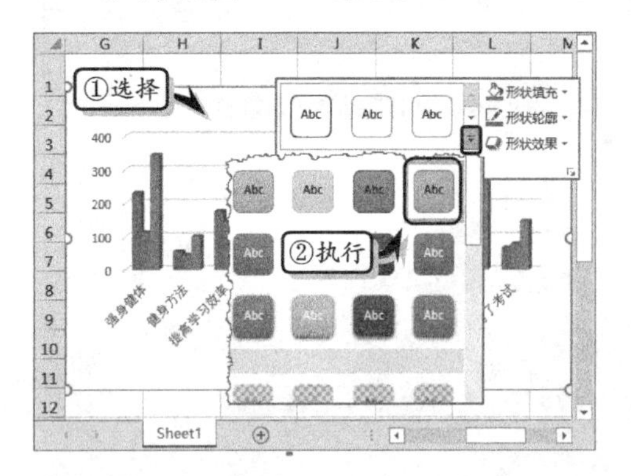

图10-38 设置形状样式

6 选择图表区，执行【格式】|【形状样式】|【形状填充】|【自动】命令，如图 10-39 所示。

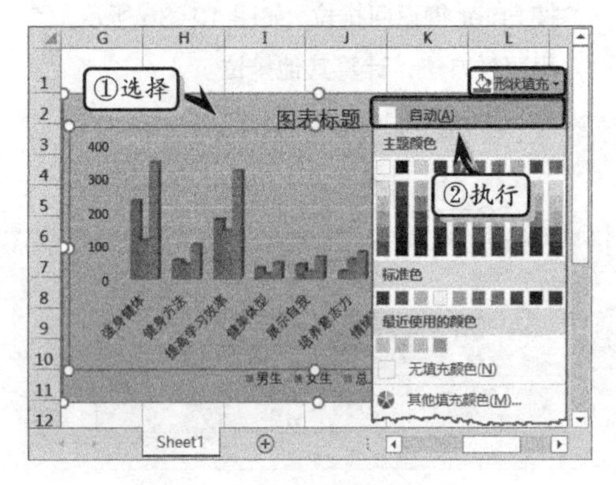

图10-39 设置图表区填充颜色

7 选择图表，执行【格式】|【形状样式】|【形状效果】|【棱台】|【十字形】命令，如图 10-40 所示。

8 选择图表标题，更改标题文本并设置文本的字体格式，如图 10-41 所示。

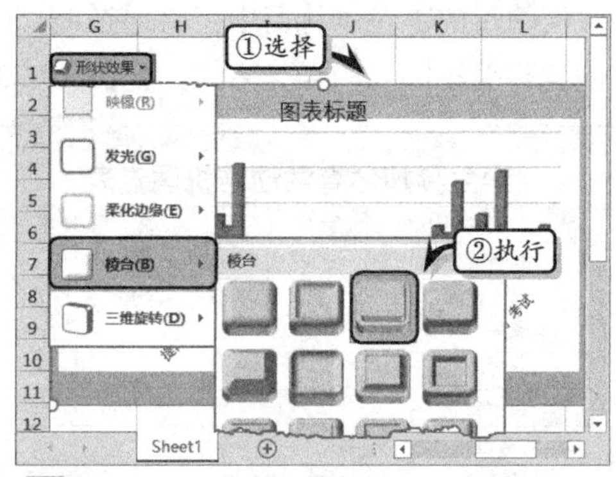

图10-40 设置形状效果

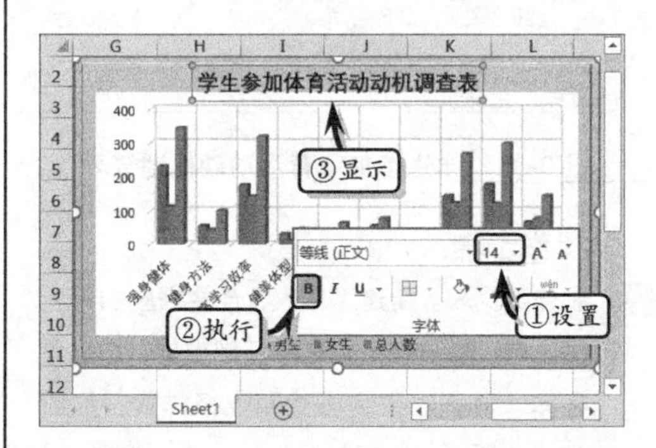

图10-41 更改标题文本

9 添加网格线。选择图表，执行【设计】|【图表布局】|【添加图表元素】|【网格线】|【主轴主要垂直网格线】命令，如图 10-42 所示。

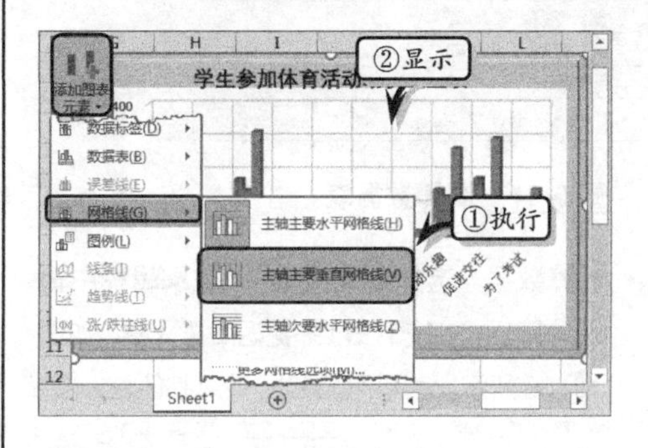

图10-42 添加网格线

10.4 美化与分析图表

在 Excel 中，除了通过设置图表布局等方法来美化和分析图表数据之外，还可以通过设置图表的边框颜色、填充颜色、三维格式与旋转格式等编辑操作，达到美化图表的目的。除此之外，用户还可以通过为图表添加分析线的方法，来标注图表中数据的趋势性和相关性。

10.4.1 设置图表区格式

设置图表区格式包括设置图表区填充颜色、边框颜色、边框样式、三维格式与旋转等内容。

1. 设置填充效果

选择图表，执行【图表工具】|【格式】|【当前所选内容】|【设置所选内容格式】命令，在弹出的【设置图表区格式】窗格中，在【填充】选项组中，选择一种填充效果，并设置相应的选项，如图 10-43 所示。

2. 设置边框颜色

在【设置图表区格式】窗格中的【边框】选项组中，设置边框的样式和颜色即可。在该选项组中，包括【无线条】、【实线】、【渐变线】与【自动】4 种选项。例如，选中【实线】选项，在列表中设置【颜色】与【透明度】选项，然后设置【宽度】、【复合类型】和【短划线类型】选项，如图 10-44 所示。

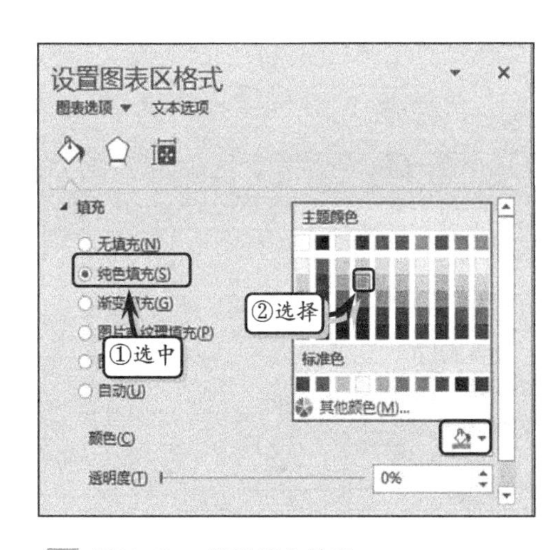

图 10-43 设置填充效果

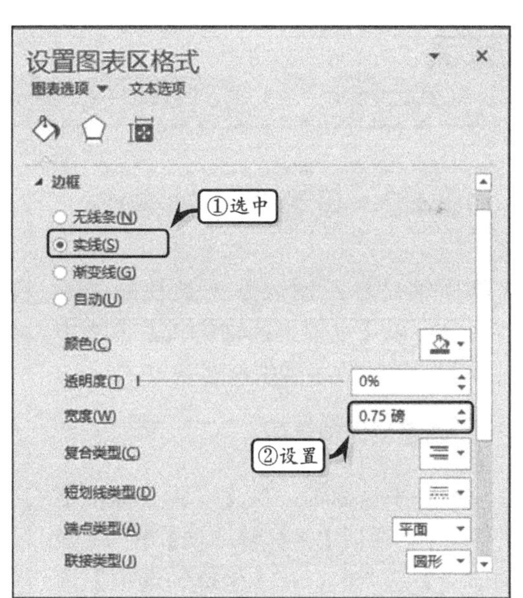

图 10-44 设置边框样式

3. 设置阴影格式

在【设置图表区格式】窗格中，激活【效果】选项卡，在【阴影】选项组中设置图表区的阴影效果，如图 10-45 所示。

4. 设置三维格式

在【设置图表区格式】窗格中的【三维格式】选项组中，设置图表区的顶部棱台、底部棱台和材料选项，如图 10-46 所示。

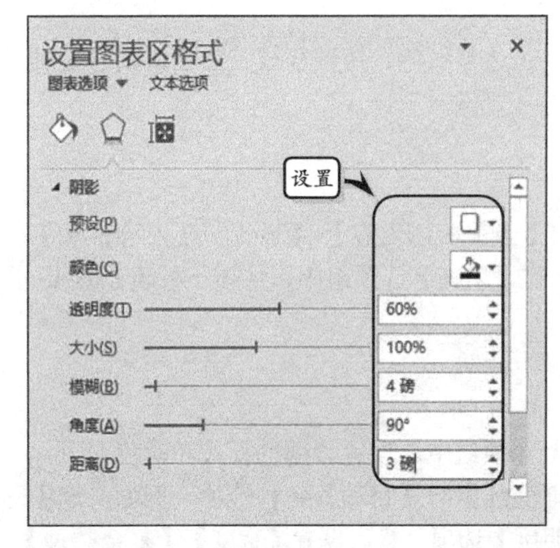

图10-45 设置阴影效果

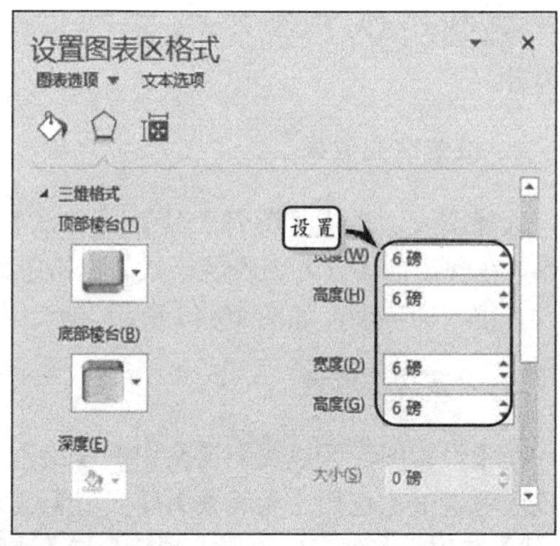

图10-46 设置三维耳挂式

提 示

在【效果】选项卡中，还可以设置图表区的发光和柔化边缘效果。

10.4.2 设置坐标轴格式

坐标轴是标示图表数据类别的坐标线，用户可以【设置坐标轴格式】窗格中来设置坐标轴的数字类别与对齐方式。

1. 调整坐标轴选项

双击水平坐标轴，在【设置坐标轴格式】窗格中，激活【坐标轴选项】下的【坐标轴选项】选项卡。在【坐标轴选项】选项组中设置各项选项，如图 10-47 所示。

另外，双击垂直坐标轴，在【设置坐标轴格式】窗格中激活【坐标轴选项】下的【坐标轴选项】选项卡。在【坐标轴选项】选项组中设置各项选项，如图 10-48 所示。

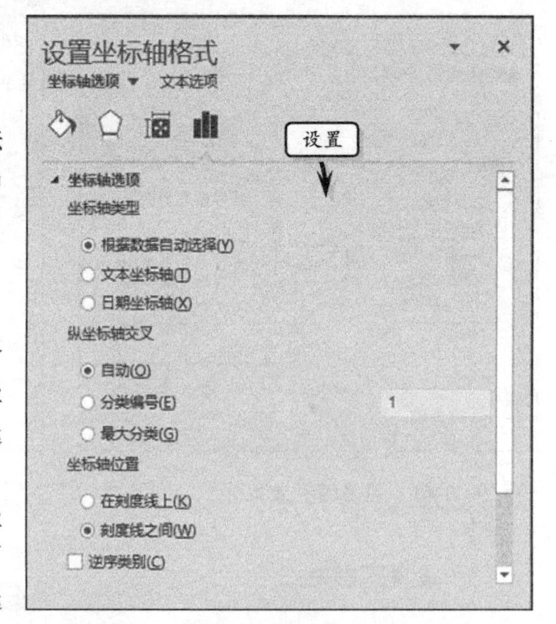

图10-47 设置水平坐标轴

2．调整数字类别

双击坐标轴，在弹出的【设置坐标轴格式】窗格中，激活【坐标轴选项】下的【坐标轴选项】选项卡。然后，在【数字】选项组中的【类别】列表框中选择相应的选项，并设置其小数位数与样式，如图 10-49 所示。

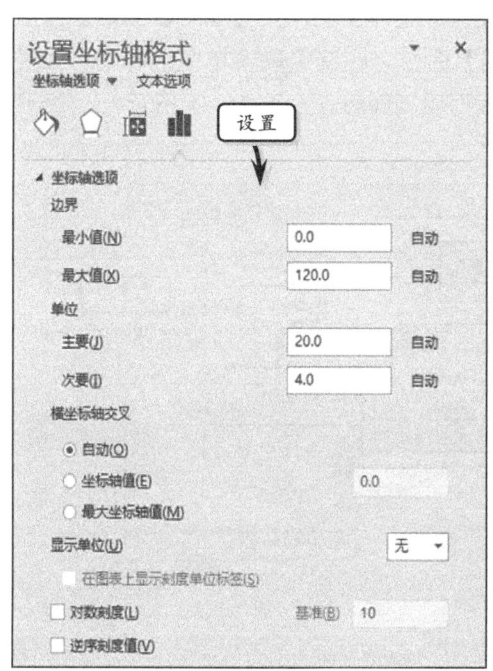

图10-48 设置垂直坐标轴

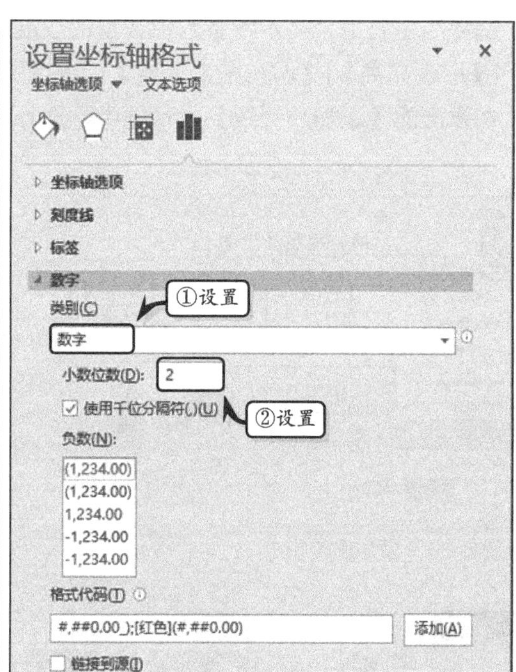

图10-49 设置数字类别

提 示

使用同样方法，用户还可以设置图例、图表标题、数据系列等元素的格式。

10.4.3 分析图表

在 Excel 中，用户可通过为图表添加分析线的方法，来分析图表中的数据。其中，分析线是在图表中显示数据趋势的一种辅助工具，它只适用于部分图表，包括误差线、趋势线、线条和涨/跌柱线。

1．添加误差线

误差线主要用来显示图表中每个数据点或数据标记的潜在误差值，每个数据点可以显示一个误差线。选择图表，执行【图表工具】|【设计】|【图表布局】|【添加图表元素】|【误差线】命令，在其级联菜单中选择误差线类型即可，如图 10-50 所示。

在误差线级联菜单中，包括下列选项。

- ❑ **标准误差**　显示使用标准误差的图表系列误差线。
- ❑ **百分比**　显示包含 5%值的图表系列的误差线。
- ❑ **标准偏差**　显示包含 1 个标准偏差的图表系列的误差线。

2．添加趋势线

趋势线主要用来显示各系列中数据的发展趋势。选择图表，执行【图表工具】|【设计】|【图表布局】|【添加图表元素】|【趋势线】命令，在其级联菜单中选择趋势线类型，在弹出的【添加趋势线】对话框中，选择数据系列即可，如图 10-51 所示。

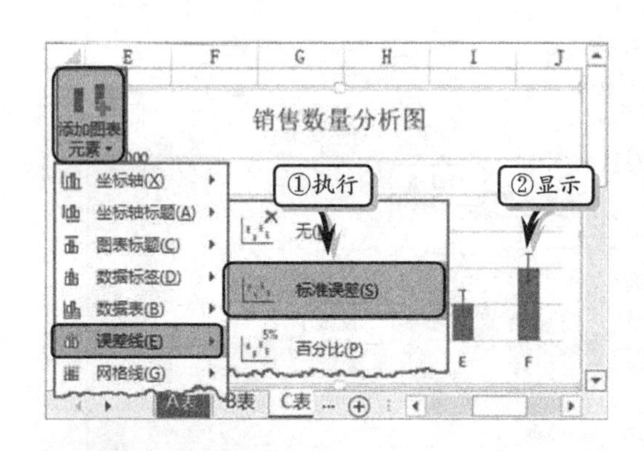

图 10-50　添加误差线

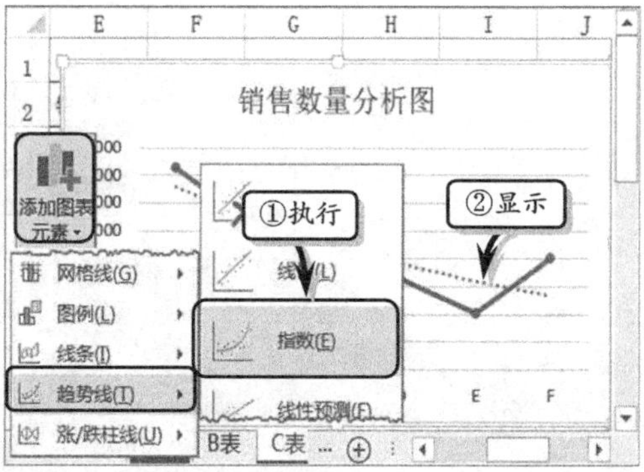

图 10-51　添加趋势线

提　示

在 Excel 中，不能向三维图表、堆积型图表、雷达图、饼图与圆环图中添加趋势线。

在趋势线级联菜单中，包括下列选项。

- ❑ **线性**　可为选择的图表数据系列添加线性趋势线。
- ❑ **指数**　可为选择的图表数据系列添加指数趋势线。
- ❑ **线性预测**　可为选择的图表数据系列添加两个周期预测的线性趋势线。
- ❑ **移动平均**　可为选择的图表数据系列添加双周期移动平均趋势线。

3．添加线条

线条主要包括垂直线和高低点线。选择图表，执行【图表工具】|【设计】|【图表布局】|【添加图表元素】|【线调】命令，在其级联菜单中选择线条类型，如图 10-52 所示。

4．添加涨/跌柱线

涨/跌柱线是具有两个以上数据系列的折线图中的条形柱，可以清晰地指明初始数据系列和终止数据系列中数据点之间的差别。选择图表，执行【图表工具】|【设计】|【图表布局】|【添加图表元素】|【涨/跌柱线】|【涨/跌柱线】命令，即可为图表添加涨/跌柱线，如图 10-53 所示。

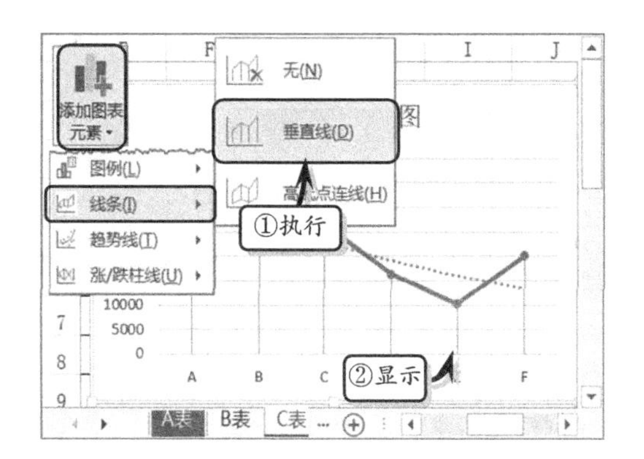

图10-52 添加线条

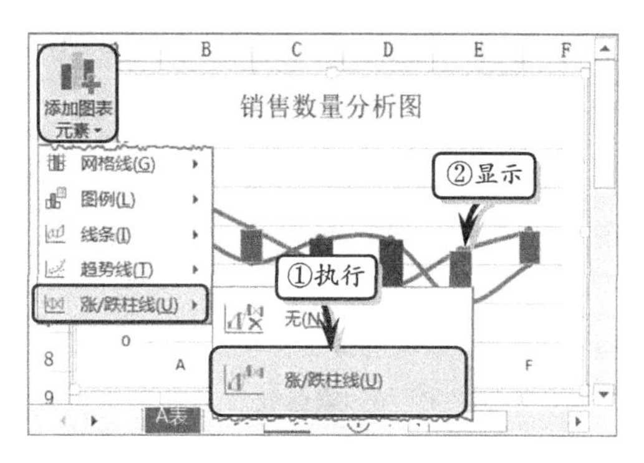

图10-53 添加涨/跌柱线

10.4.4 练习：盈亏平衡销量分析图

Excel 为用户提供了多种图表类型，用户在创建图表时，只需选择系统提供的图表即可方便、快捷地创建图表。在本练习中，将运用 Excel 中的散点图，来创建一个用来显示成本、销售收入和销售数量之间相互性的盈亏平衡销量分析图，以帮助用户分析销量的盈亏变化情况，如图 10-54 所示。

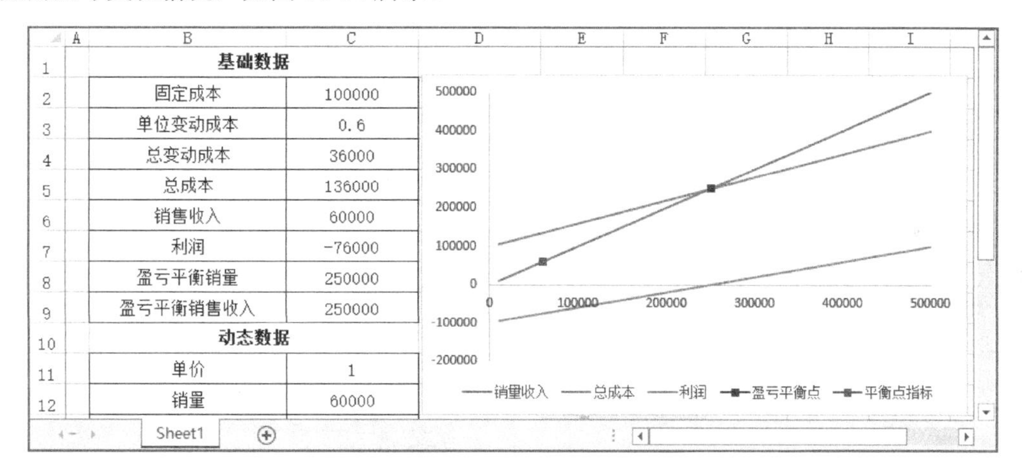

基础数据	
固定成本	100000
单位变动成本	0.6
总变动成本	36000
总成本	136000
销售收入	60000
利润	-76000
盈亏平衡销量	250000
盈亏平衡销售收入	250000
动态数据	
单价	1
销量	60000

图10-54 盈亏平衡销量分析图

操作步骤：

1. 制作基础数据表。设置表格的单元格格式，并在相应单元格中输入计算公式，如图 10-55 所示。
2. 制作动态数据表。设置表格的单元格格式，并在相应单元格中输入计算公式，如图 10-56 所示。
3. 制作销量利润表。设置表格的单元格格式，并在相应单元格中输入计算公式，如图 10-57 所示。

基础数据	
固定成本	100000
单位变动成本	0.6
总变动成本	=C3*C12
总成本	=C4+C2
销售收入	=C12*C11
利润	=C6-C5
盈亏平衡销量	=C2/(C11-C3)
盈亏平衡销售收入	=C8*C11

图10-55 制作基础数据表

	A	B	C	D
5		总成本	=C4+C2	
6		销售收入	=C12*C11	
7		利润	=C6-C5	
8		盈亏平衡销量	=C2/(C11-C3)	
9		盈亏平衡销售收入	=C8*C11	
10		动态数据		
11		单价	=D11	1
12		销量	=D12*1000	60
13		销量收入	=C12*C11	

图10-56 制作动态数据表

	A	B	C	D
12		销量	=D12*1000	60
13		销量收入	=C12*C11	
14		销量利润表		
15			最小销量	最大销量
16		销量	10000	500000
17		销量收入	=C16*C11	=D16*C11
18		总成本	=C2+C3*C16	=C2+C3*D16
19		利润	=C17-C18	=D17-D18
20				

图10-57 制作销量利润表

4 添加控件。执行【开发工具】|【控件】|【插入】|【滚动条（窗体控件）】命令，在单元格 D11 与 D12 后面添加控件，如图 10-58 所示。

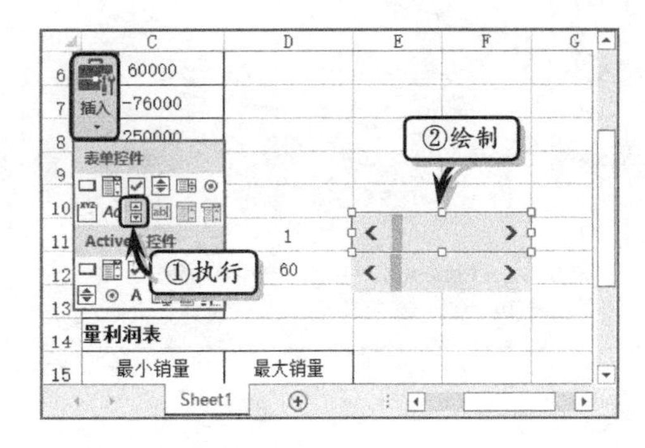

图10-58 绘制控件

5 右击控件，执行【设置控件格式】命令，在弹出的对话框中设置链接单元格，如图 10-59 所示。使用同样方法，设置其他控件格式。

6 创建图表。选择单元格区域 B16:D19，为工作表插入一个带平滑线的散点图，如图 10-60 所示。

7 编辑图表。选择图表，执行【设计】|【数据】|【切换行/列】命令，切换行/列显示方式，如图 10-61 所示。

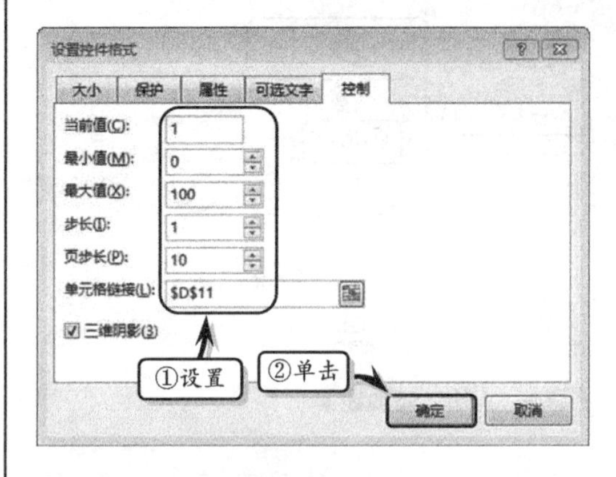

图10-59 设置控件格式

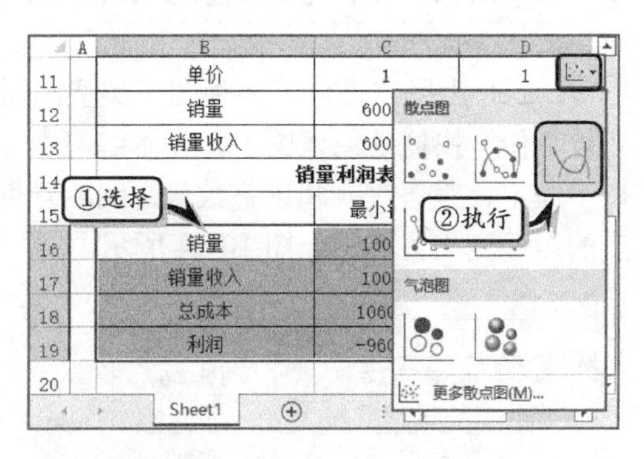

图10-60 插入图表

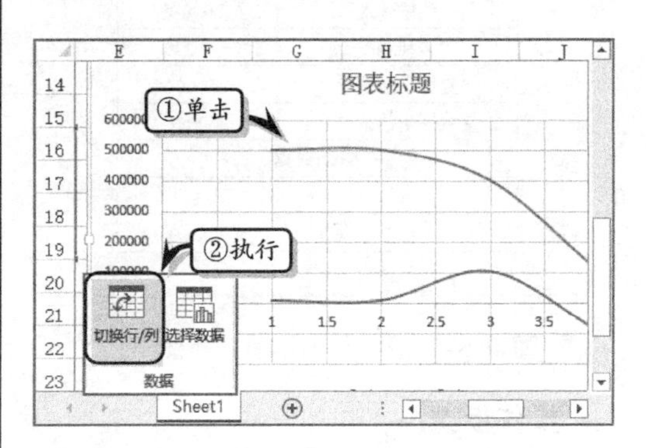

图10-61 切换行/列

8 双击“水平（值）轴”，在【坐标轴选项】选项卡中，将【最大值】设置为“50,0000”，如图 10-62 所示。使用同样方法，设置“垂直（值）轴”的最大值。

9 执行【设计】|【数据】|【选择数据】命令，在弹出的【选择数据源】对话框中，单击【添加】按钮，如图 10-63 所示。

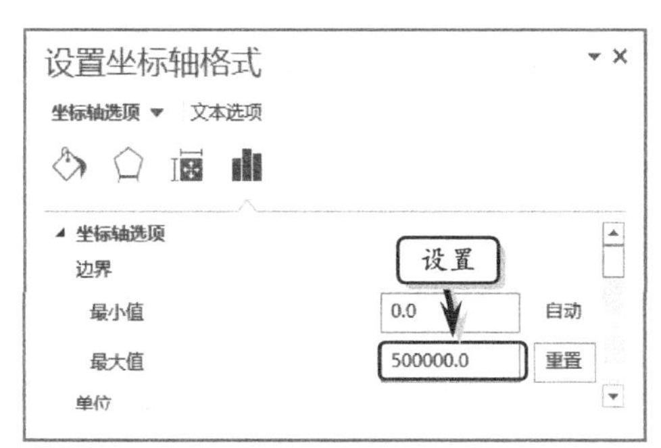

图10-62 设置坐标轴

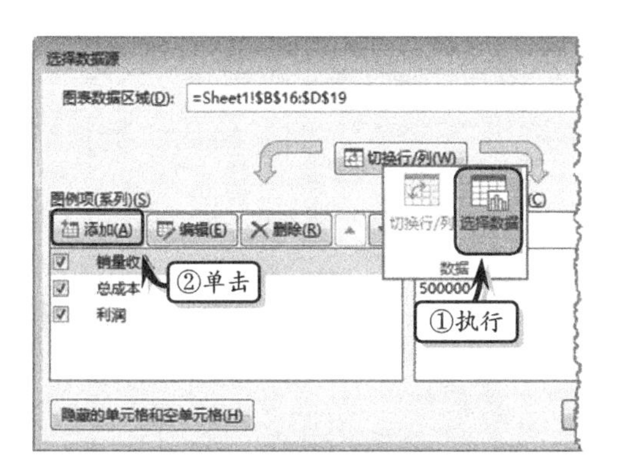

图10-63 【选择数据源】对话框

10 在弹出的【编辑数据系列】对话框中，将【系列名称】设置为“盈亏平衡点”，将【X轴系列值】设置为“C8”，将【Y轴系列值】设置为“C9”，如图10-64所示。

11 在【选项数据源】对话框中，再次单击【添加】按钮，将【系列名称】设置为“平衡点指标”，将【X轴系列值】设置为“C12”，将【Y轴系列值】设置为“C13”，如图10-65所示。

12 选择图表，删除图表中的网格线和图表标题，并设置“盈亏平衡点”和“平衡点指标”数据系列的标记填充颜色和边框颜色，如图10-66所示。

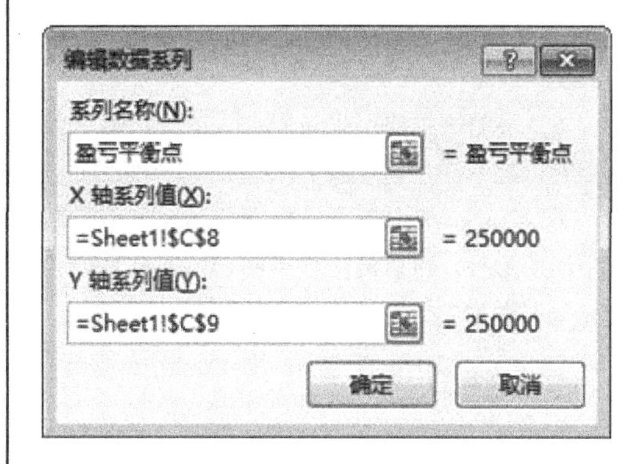

图10-64 添加盈亏平衡点数据

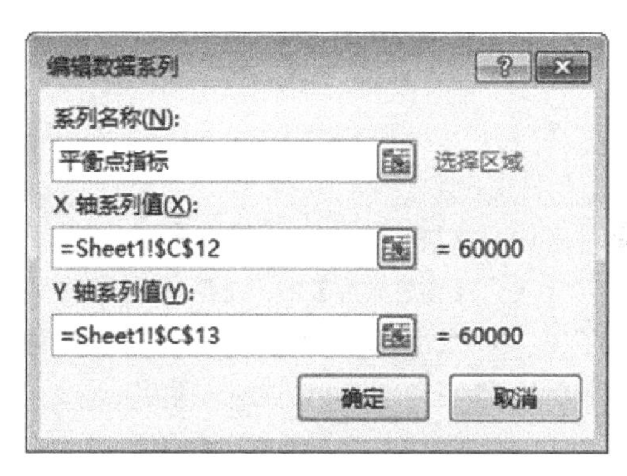

图10-65 添加平衡点指标数据

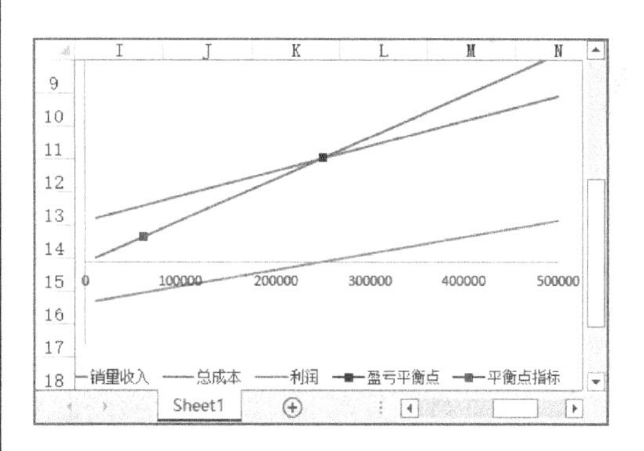

图10-66 调整图表元素

10.5 思考与练习

一、填空题

1. 迷你图图表是放入单个单元格中的小型图，每个迷你图代表所选内容中的______或______数据。

2. 选择表格中需要删除的数据区域，按______键，即可删除工作表和图表中的数据。

3. 设置图表区格式包括设置图表区填充颜

色、边框颜色、______、______与旋转等内容。

4. 在设置图表布局时，布局选项会________而改变。

5. 误差线主要用来显示________，每个数据点可以显示一个误差线。

6. _______是具有两个以上数据系列的折线图中的条形柱，可以清晰地指明初始数据系列和终止数据系列中数据点之间的差别。

二、选择题

1. 在 Excel 中，除了可以创建一般的单一图表之外，还可以创建_______和迷你图图表。

A. 柱形图图表　B. 饼图图表

C. 组合图表　D. 雷达图图表

2. 用户可以通过执行______命令，添加图例、网格线、误差线等图表元素。

A. 【快速样式】B. 【添加图表元素】

C. 【图表布局】D. 【形状样式】

3. 趋势线主要用来显示各系列中数据的发展趋势，下列选项中描述错误的一项为_____。

A. 对齐方式　B. 三维格式

C. 线型　D. 数字

4. 在添加趋势线时，三维图表、堆积型图表、雷达图、饼图与________图表中不能添加趋势线。

A. 线性趋势线可为选择的图表数据系列添加线性趋势线

B. 指数趋势线可为选择的图表数据系列添加线性趋势线

C. 线性预测趋势线可为选择的图表数据系列添加两个周期预测的线性趋势线

D. 移动平均趋势线可为选择的图表数据系列添加双周期移动平均趋势线

三、问答题

1. 建立图表的方法有哪几种？

2. 简述图表位置的种类与调整方法。

3. 简述设置图表标题格式的操作步骤。

四、上机练习

1. 制作直线图表

在本练习中，将运用 Excel 中的图表功能，来制作一份直线图表，如图 10-67 所示。首先在工作表中输入基础数据，并插入一个带数据标记的折线图。选择图表中的“直线”数据系列，将其更改为带平滑线和数据标记的散点图类型。然后，删除图例，双击直线数据系列，设置数据系列格式。同时，无“直线”数据系列添加标准误差线。最后，设置标准误差线的指定值，并取消“直线”数据系列的数据标记线。

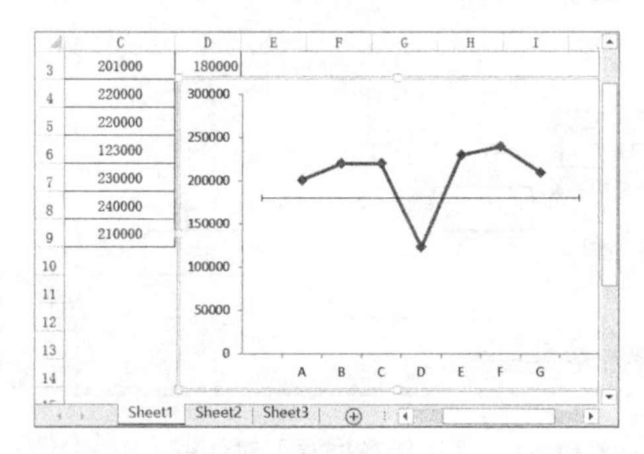

图10-67 直线图表

2. 制作箱式图

在本实例中，将运用 Excel 中的图表功能，来制作一个箱式图，如图 10-68 所示。首先在工作表中输入计算数据，并使用函数计算每个数据的第 25 个百分点、最小值、平均值、第 50 个百分点、最大值和第 75 个百分点的值。然后，在工作表中插入一个带数据标记的折线图，并执行【切换行/列】命令，切换行列值。最后，为图表添加“涨/跌柱线”和“高低点连线”，并设置各个数据系列的格式。

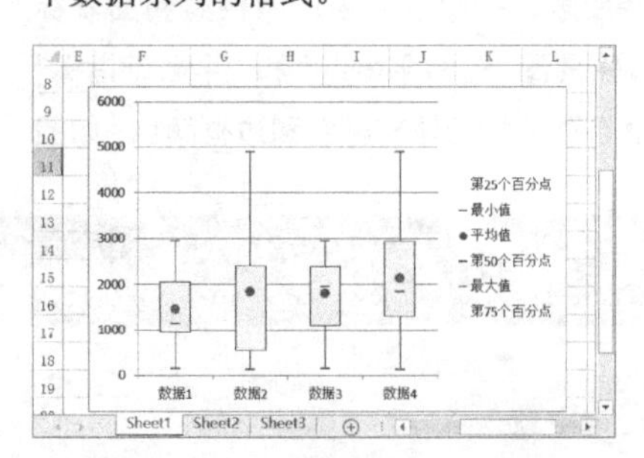

图10-68 箱式图

第11章 分析数据

分析数据是 Excel 最强大的功能，运用该功能不仅可以对数据进行一系列的归纳、限定、分析和汇总管理，而且可以方便地管理和分析各类复杂的销售、财务、统计等数据，并为用户提供决策性的分析结果。例如，可以使用排序、分类汇总、数据透视表等功能，帮助用户快速整理和分析庞大的数据，及时发现与掌握数据的发展规律和变化趋势，从而为用户调整管理与销售决策提供可靠的数据依据。本章将通过循序渐进的方法，详细介绍管理数据、归类与汇总数据，以及使用分析工具分析各类数据的基础知识和操作方法。

本章学习内容：

- 排序数据
- 筛选数据
- 使用数据验证
- 使用条件格式
- 分类汇总数据
- 使用数据透视表
- 使用单变量求解
- 使用模拟运算表
- 使用规划求解

11.1 管理数据

Excel 具有强大的数据管理功能，用户可以使用数据排序、数据筛选和数据验证等功能，方便、快捷地获取与整理相关数据，在显示工作表数据明显的同时使数据更具有规律性与可读性。

11.1.1 排序数据

对数据进行排序有助于快速直观地显示、理解数据、查找所需数据等，有助于做出有效的决策。在 Excel 中，用户既可以对数据进行简单排序，也可以对数据进行自定义排序。

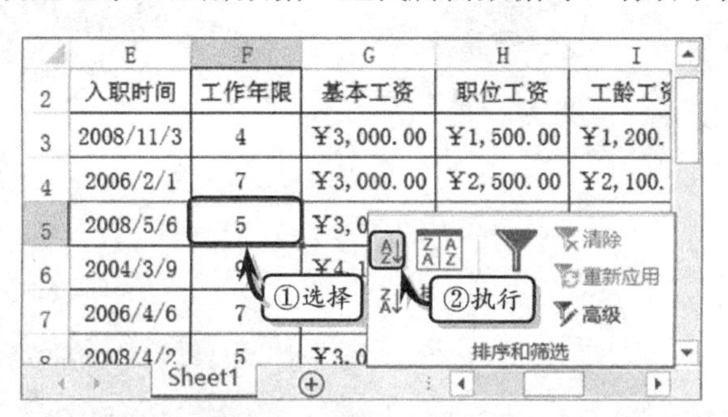

图 11-1 排序数据

1. 简单排序

简单排序是运用 Excel 内置的排序命令，对数据按照一定规律进行排列。在工作表中，选择单元格区域中的一列数值数据，或者列中任意一个包含有数值数据的单元格，执行【数据】|【排序和筛选】|【升序】或【降序】命令即可，如图 11-1 所示。

提 示

在对数字列排序时，检查所有数字是否都存储为【数字】格式。如果排序结果不正确时，可能是因为该列中包含有【文本】格式（而不是数字）的数字。

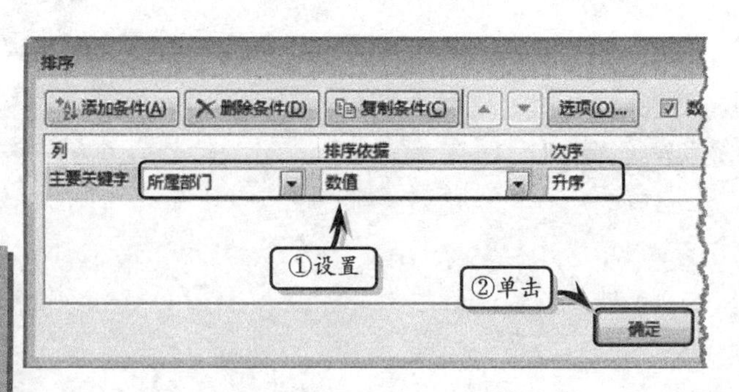

图 11-2 自定义排序

2. 自定义排序

当 Excel 提供的内置的排序命令无法满足用户需求时，可以使用自定义排序功能创建独特单一排序或多条件排序等排序规则。

选择单元格区域中的一列数据，执行【数据】|【排序和筛选】|【排序】命令。在弹出的【排序】对话框中，分别设置【主要关键字】为“所属部门”字段；【排序依据】为“数值”；【次序】为“升序”，如图 11-2 所示。

提 示

用户可以在【排序】对话框中单击【添加条件】按钮，添加【次要关键字】条件，并通过设置相关排序内容的方法，来进行多条件排序。

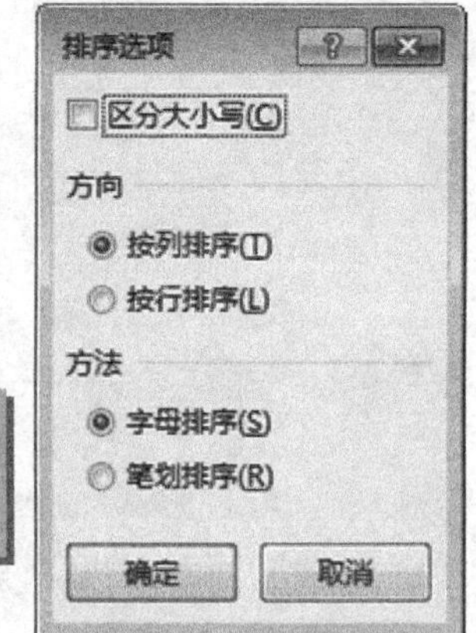

图 11-3 设置排序选项

另外，在【排序】对话框中单击【选项】按钮，在弹出的【排序选项】对话框中设置排序的方向和方法，如图 11-3 所示。

除此之外，在【排序】对话框中单击【次序】下拉按钮，在其下拉列表中选择【自定义】选项。在弹出的【自定义序列】对话框中选择【新序列】选项，在【输入序列】

文本框中输入新序列文本，单击【添加】按钮即可自定义序列的新类别，如图 11-4 所示。

11.1.2 筛选数据

Excel 具有较强的数据筛选功能，可以从庞杂的数据中挑选并删除无用的数据，从而保留符合条件的数据。

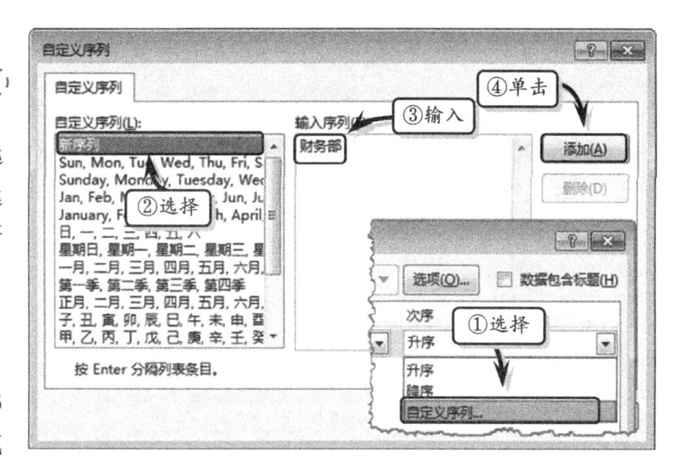

图 11-4 自定义序列

1. 自动筛选

使用自动筛选可以创建 3 种筛选类型：按列表值、按格式和按条件。对于每个单元格区域或者列表来说，这 3 种筛选类型是互斥的。

选择数据表中的单元格，执行【数据】|【排序与筛选】|【筛选】命令，单击【基本工资】下拉按钮，在【数字筛选】级联菜单中选择要所需选项，如选择“大于”选项，如图 11-5 所示。

然后，在弹出的【自定义自动筛选方式】对话框中设置筛选条件，单击【确定】按钮之后，系统将自动显示筛选后的数值，如图 11-6 所示。

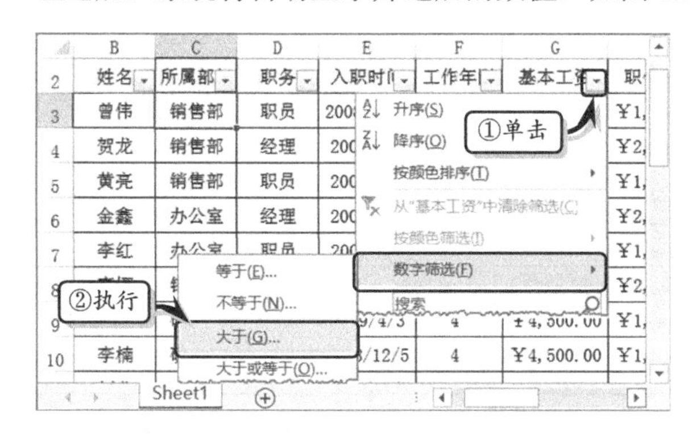

图 11-5 选择筛选条件

图 11-6 设置筛选条件

提 示

在筛选数据时，如果需要同时满足两个条件，需选择【与】单选按钮；若只需满足两个条件之一，可选择【或】单选按钮。

2. 高级筛选

当用户需要按照指定的多个条件筛选数据时，可以使用 Excel 中的高级筛选功能。在进行高级筛选数据之前，还需要按照系统对数据筛选的规律，在表格的上方或下方制作筛选条件和筛选结果区域，如图 11-7 所示。

提 示

在制作筛选条件区域时，其列标题必须与需要筛选的表格数据的列标题一致。

然后，执行【排序和筛选】|【高级】命令，在弹出的【高级筛选】对话框中，选中【将筛选结果复制到其他位置】选项，并设置【列表区域】、【条件区域】和【复制到】选项，如图 11-8 所示。

	D	E	F	G	H	I
22	职员	2007/4/5	6	￥4,200.00	￥1,500.00	￥1,800.00
23	职员	2010/3/1	3	￥4,200.00	￥1,500.00	￥900.00
24	总监	2006/3/9	7	￥3,000.00	￥4,000.00	￥2,100.00
25	主管	2005/4/3	8	￥4,300.00	￥2,000.00	￥2,400.00
26	筛选条件					
27	职务	入职时间	工作年限	基本工资	职位工资	工龄工资
28			>5			
29						
30	筛选结果					

Sheet1

图 11-7 制作筛选条件和结果区域

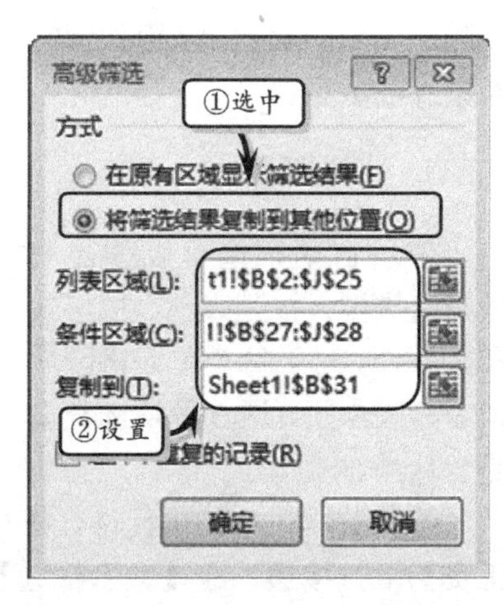

图 11-8 设置筛选条件

在【高级筛选】对话框中，主要包括表 11-1 中的一些选项。

表 11-1 高级筛选选项

选　项	说　明
在原有区域筛选结果	表示筛选结果显示在原数据清单位置，且原有数据区域被覆盖
将筛选结果复制到其他位置	表示筛选后的结果将显示在其他单元格区域，与原表单并存，但需要指定单元格区域
列表区域	表示要进行筛选的单元格区域
条件区域	表示包含指定筛选数据条件的单元格区域
复制到	表示放置筛选结果的单元格区域
选择不重复的记录	启用该选项，表示将取消筛选结果中的重复值

11.1.3 使用数据验证

数据验证是指定向单元格中输入数据的权限范围，该功能可以避免数据输入中的重复、类型错误、小数位数过多等错误情况。

1. 设置数据验证

选择单元格或单元格区域，在【数据验证】对话框的【允许】列表中选择【序列】选项，并在【来源】文本框中设置数据来源，如图 11-9 所示。

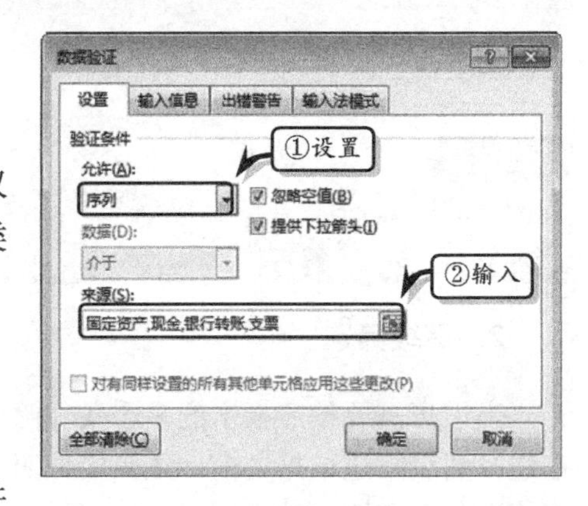

图 11-9 设置数据验证

提　示

用户也可以在【允许】列表中选择【自定义】选项，通过在【来源】文本框中输入公式的方法，来达到高级限制数据的功效。

2．设置出错警告

在【数据验证】对话框中，激活【出错警告】选项卡，设置在输入无效数据时系统所显示的警告样式与错误信息，如图 11-10 所示。

3．设置文本信息

在【数据验证】对话框中，激活【输入信息】选项卡，在【输入信息】文本框中输入需要显示的文本信息即可，如图 11-11 所示。

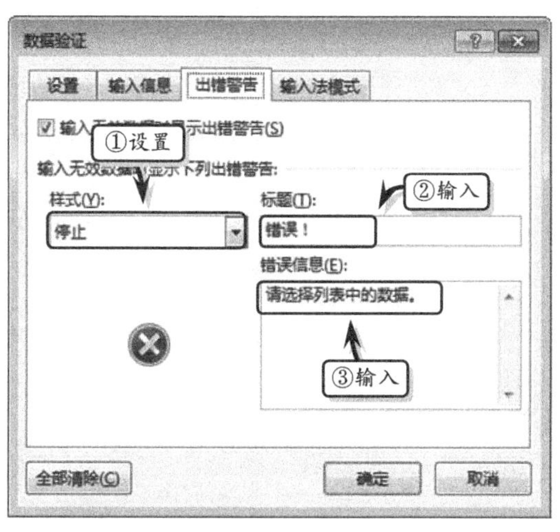

图 11-10　设置出错警告

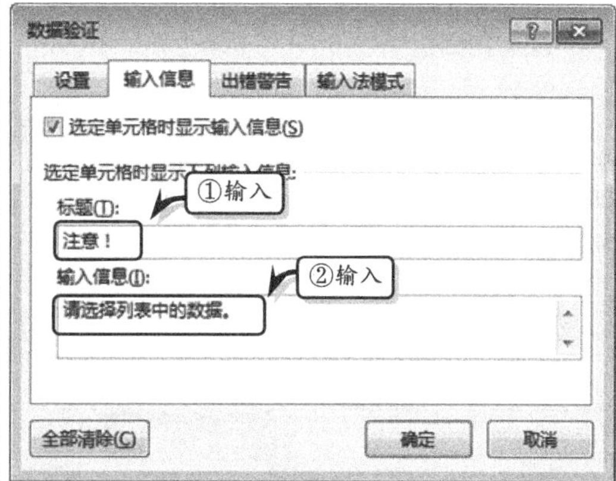

图 11-11　设置文本信息

11.1.4　练习：餐饮市场调查表

Excel 为用户提供了高级筛选功能，通过该功能可以同时根据多个指定的条件对数据进行筛选，以帮助用户快速、准确地查找与显示有用数据。在本练习中，将通过制作分析餐饮市场调查表，来详细介绍高级筛选数据的操作方法和实用技巧，如图 11-12 所示。

	A	B	C	D	E	F	G
12	10	30-40	¥3,300	永和豆浆	报刊广告	口味	适中
13	11	20-30	¥2,800	德克士	朋友介绍	口味	适中
14							
15	筛选条件						
16	序号	年龄层	收入	最熟悉	了解途径	进餐原因	价格
17		20-30	>2500	肯德基	电视广告	口味	适中
18	筛选结果						
19	序号	年龄层	收入	最熟悉	了解途径	进餐原因	价格
20	01	20-30	¥3,000	肯德基	电视广告	口味	适中
21	09	20-30	¥2,800	肯德基	电视广告	口味	适中

Sheet1　Sheet2

图 11-12　餐饮市场调查表

操作步骤：

1 合并单元格区域 A1:G1，并输入表格标题。然后在单元格区域 A2:G13 中输入市场调研数据，如图 11-13 所示。

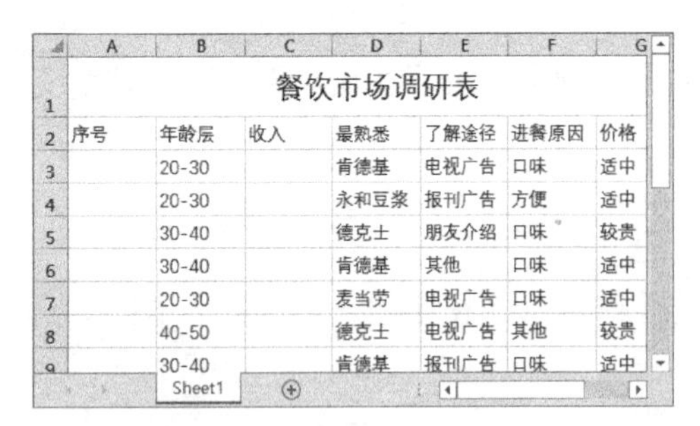

餐饮市场调研表						
序号	年龄层	收入	最熟悉	了解途径	进餐原因	价格
	20-30		肯德基	电视广告	口味	适中
	20-30		永和豆浆	报刊广告	方便	适中
	30-40		德克士	朋友介绍	口味	较贵
	30-40		肯德基	其他	口味	适中
	20-30		麦当劳	电视广告	口味	适中
	40-50		德克士	电视广告	其他	较贵
	30-40		肯德基	报刊广告	口味	适中

图 11-13 制作基础数据

2 选择单元格区域 A3:A13，执行【开始】|【数字】|【文本】命令，设置数据格式，如图 11-14 所示。

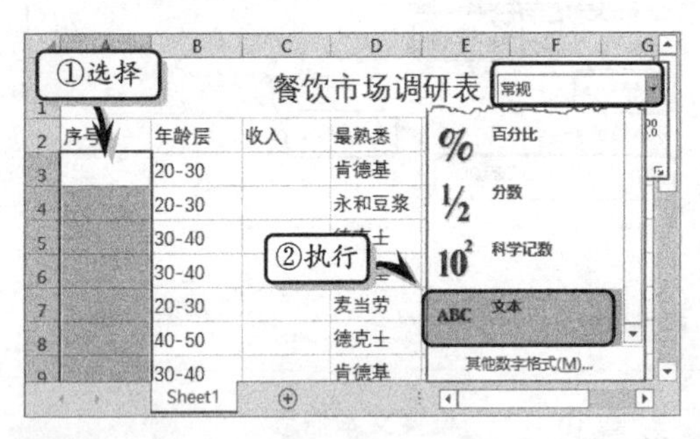

图 11-14 设置数据格式

3 选择单元格区域 C3:C13，执行【开始】|【数字】|【货币】命令，设置数据格式，如图 11-15 所示。

图 11-15 设置数据格式

4 将单元格区域 A2:G13 的【框线】设置为"所有框线"，将【对齐方式】设置为"居中"，将【单元格样式】设置为"计算"，如图 11-16 所示。

餐饮市场调研表						
序号	年龄层	收入	最熟悉	了解途径	进餐原因	价
01	20-30	¥3,000	肯德基	电视广告	口味	适
02	20-30	¥2,500	永和豆浆	报刊广告	方便	适
03	30-40	¥3,000	德克士	朋友介绍	口味	较
04	30-40	¥3,500	肯德基	其他	口味	适
05	20-30	¥2,000	麦当劳	电视广告	口味	适
06	40-50	¥4,000	德克士	电视广告	其他	较
07	30-40	¥3,000	肯德基	报刊广告	口味	适

图 11-16 美化工作表

5 合并单元格区域 A15:G15，输入"筛选条件"文本，并设置文字加粗与字号格式。在单元格区域 A16:G17 中分别输入筛选条件，如图 11-17 所示。

序号	年龄层	收入	最熟悉	了解途径	进餐原因	价
09	20-30	¥2,800	肯德基	电视广告	口味	适
10	30-40	¥3,300	永和豆浆	报刊广告	口味	适
11	20-30	¥2,800	德克士	朋友介绍	口味	适
筛选条件						
序号	年龄层	收入	最熟悉	了解途径	进餐原因	价
	20-30	>2500	肯德基	电视广告	口味	适
筛选结果						

图 11-17 制作筛选条件

6 执行【数据】|【排序和筛选】|【高级】命令，选中【将筛选结果复制到其他位置】单选按钮，设置相应的选项，并单击【确定】按钮，如图 11-18 所示。

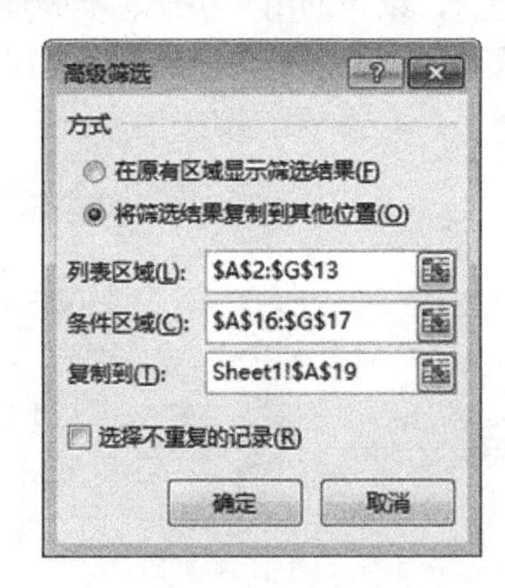

图 11-18 设置筛选参数

11.2 归类与汇总数据

在 Excel 中，用户可以使用分类汇总数据和数据透视表等功能，对数据进行归类和汇总管理；以及使用条件格式功能，来突显单元格中的数据分布，以帮助用户更加直观地分析表格数据。

11.2.1 使用条件格式

条件格式可以突显单元格中的一些规则，除此之外，条件格式中的数据条、色阶和图标集还可以区别显示数据的不同范围。

1. 突出显示单元格规则

突出显示单元格规则是运用 Excel 中的条件格式，来突出显示单元格中指定范围段的等数据规则，来分析数据区域中的最大值、最小值与平均值。选择单元格区域，执行【开始】|【样式】|【条件格式】|【突出显示单元格规则】|【大于】命令，如图 11-19 所示。

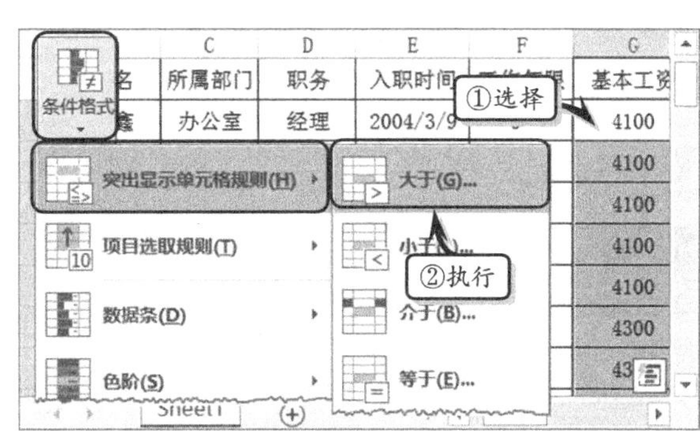

图 11-19 选择规则

在弹出的【大于】对话框中，可以直接修改数值，或者单击文本框后面的【折叠】按钮，来选择单元格。然后，单击【设置为】下拉按钮，在其下拉列表中选择【绿填充色深绿色文本】选项，如图 11-20 所示。

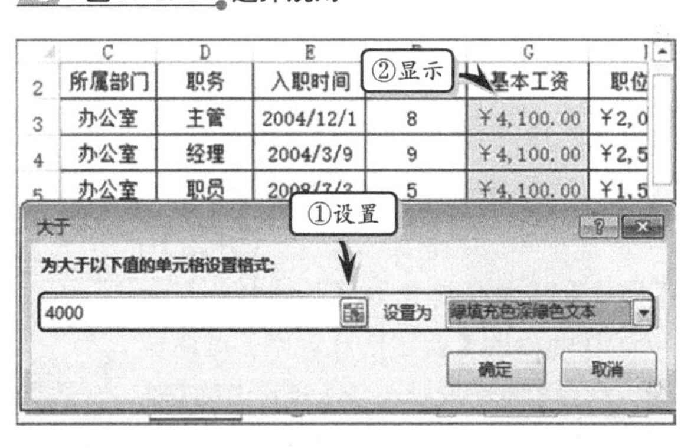

图 11-20 设置规则

提 示

突出显示单元格规则除了包括大于之外，还包括小于、介于、等于、文本包含、发生日期和重复值等。

2. 其他规则

在 Excel 中，除了突出显示单元格规则之外，系统还会用户提供了数据条、图标集和色阶规则，便于用户以图形的方式显示数据集。

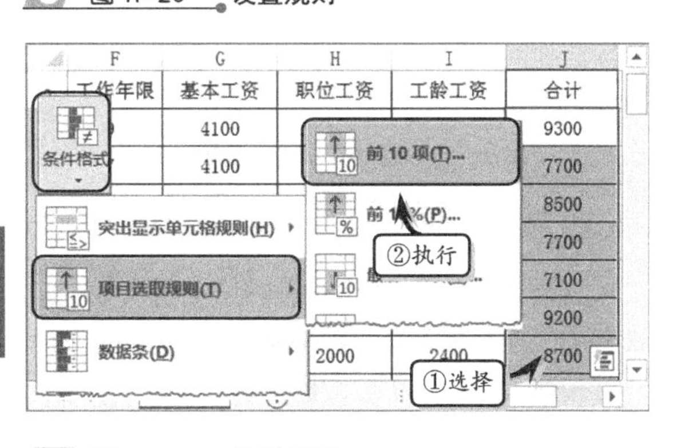

图 11-21 选择规则

选择单元格区域，执行【开始】|【样式】|【条件格式】|【项目选取规则】|【前 10 项】命令，如图 11-21 所示。

在弹出的【前 10 项】对话框中，设置最大项数，以及单元格显示的格式。单击【确定】按钮，即可查看所突出显示的单元格，如图 11-22 所示。

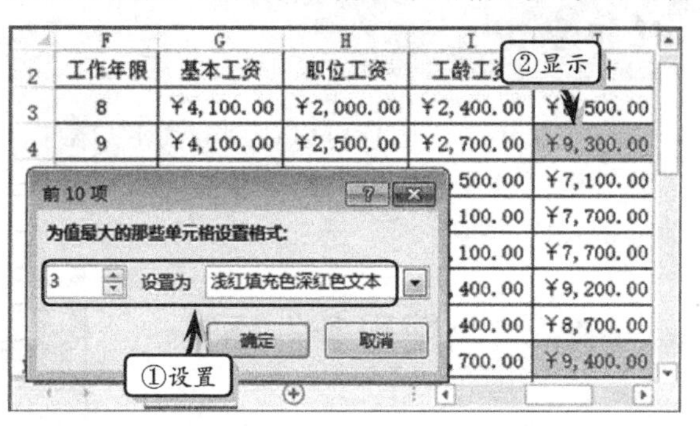

图 11-22 设置规则

另外，条件格式中的数据条，是以不同的渐变颜色或填充颜色的条形形状，形象地显示数值的大小。选择单元格区域，执行【开始】|【样式】|【条件格式】|【数据条】命令，并在级联菜单中选择相应的数据条样式即可，如图 11-23 所示。

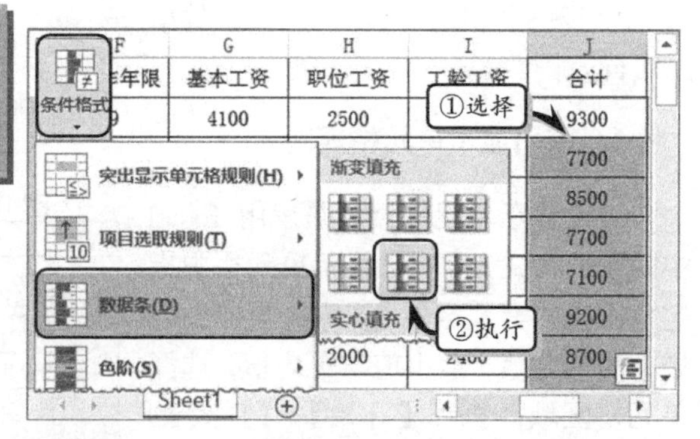

图 11-23 使用数据条

提　示

数据条可以方便用户查看单元格中数据的大小。因为带颜色的数据条的长度表示单元格中值的大小。数据条越长，则所表示的数值越大。

3. 新建规则

规则是用户在条件格式查看数据、分析数据时的准则，主要用于筛选并突出显示所选单元格区域中的数据。

选择单元格区域，执行【开始】|【样式】|【条件格式】|【新建规则】命令。在弹出的【新建格式规则】对话框中，选择【选择规则类型】列表中的【基于各自值设置所有单元格的格式】选项，并在【编辑规则说明】栏中，设置各项选项，如图 11-24 所示。单击【确定】按钮，即可在工作表中使用不同颜色，来突出显示符合规则的单元格。

图 11-24 新建规则

4. 编辑规则

执行【开始】|【样式】|【条件格式】|【管理规则】命令，在弹出的【条件格式规则管理器】对话框中，选择某个规则，单击【编辑规则】，即可对规则进行编辑操作，如图 11-25 所示。

提　示

选择包含条件规则的单元格区域，执行【开始】|【样式】|【条件格式】|【清除规则】|【清除所选单元格的规则】命令，即可清除单元格区域的条件格式。

11.2.2 分类汇总数据

分类汇总是数据处理的另一种重要工具，它可以在数据清单中轻松快速地汇总数据，用户可以通过分类汇总功能对数据进行统计汇总操作。

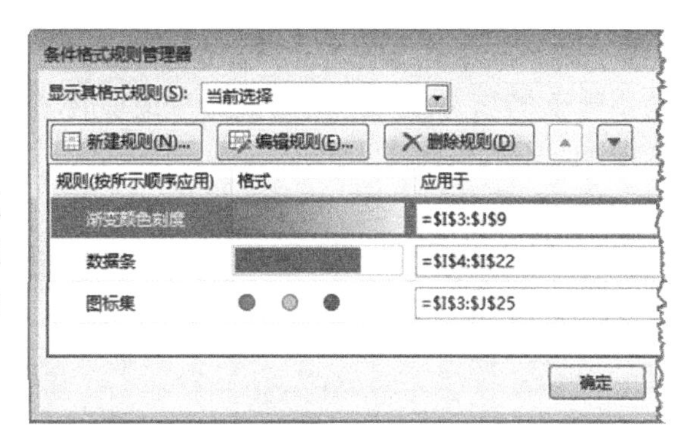

图 11-25 编辑规则

1. 创建分类汇总

选择列中的任意单元格，执行【数据】|【排序和筛选】|【升序】或【降序】命令，排序数据。然后，执行【数据】|【分组显示】|【分类汇总】命令，如图11-26所示。

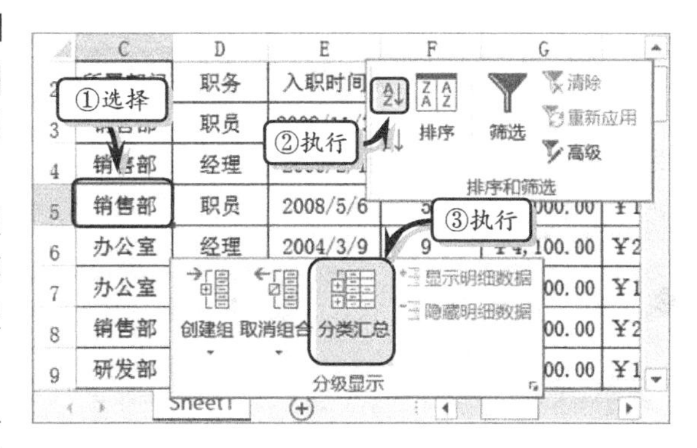

图 11-26 排序数据

在弹出的【分类汇总】对话框中，将【分类字段】设置为“所属部门”。然后，启用【选定汇总项】列表框中的【基本工资】与【合计】选项，如图 11-27 所示。单击【确定】按钮之后，工作表中的数据将以部门为基准进行汇总计算。

提 示

创建分类汇总之后，在分类汇总表的左侧自动显示一些分级显示按钮，用户单击相应的按钮即可展开或折叠分类数据。

2. 创建分级显示

在 Excel 中，用户还可以通过【创建组】功能分别创建行分级显示和列分级显示。选择需要分级显示的行，执行【数据】|【分级显示】|【创建组】|【创建组】命令，如图 11-28 所示。

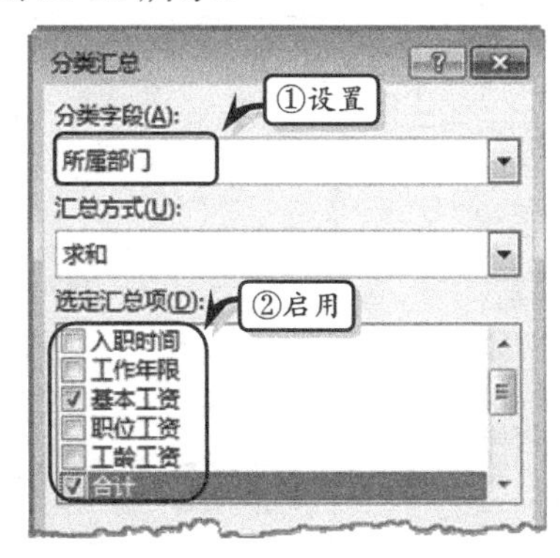

图 11-27 创建分类汇总

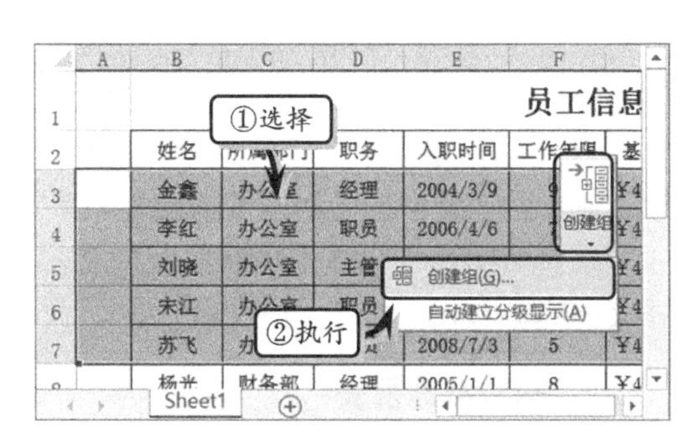

图 11-28 选择区域

此时，系统会自动显示所创建的行分级。使用同样方法，可以为其他行创建分级功能，如图 11-29 所示。

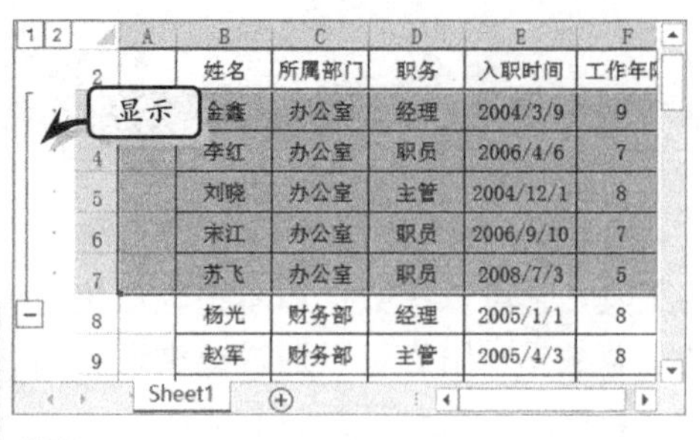

图 11-29　显示行分级

提　示

创建列分级和行分级的方法大体一致，用户选择需要创建的列，执行【分级显示】|【创建组】|【创建组】命令即可。

3. 取消分级显示

当用户不需要在工作表中显示分级显示时，可以执行【数据】|【分级显示】|【取消组合】|【清除分级显示】命令，来取消已设置的分类汇总效果，如图 11-30 所示。

图 11-30　取消分级显示

提　示

如果用户需要取消行或列的分级显示，可先选择需要取消组的行或列中任意单元格。然后，执行【分级显示】|【取消组合】|【取消组合】命令。在弹出的【取消组合】对话框中，选择行或列选项即可。

11.2.3　使用数据透视表

使用数据透视表可以汇总、分析、浏览和提供摘要数据，通过直观方式显示数据汇总结果，为 Excel 用户查询和分类数据提供了方便。

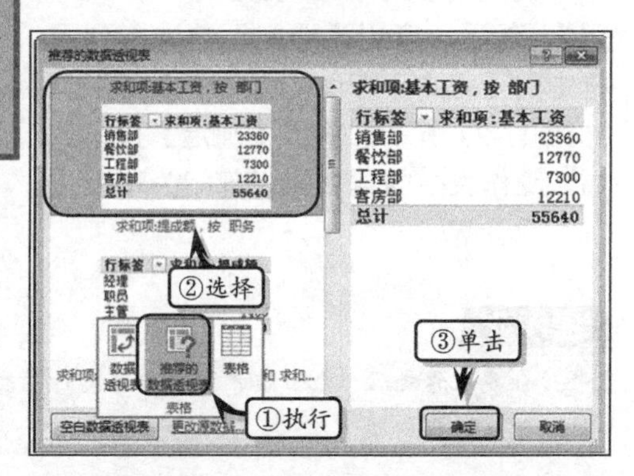

图 11-31　创建推荐的数据透视表

1. 创建数据透视表

选择单元格区域中的一个单元格，并确保单元格区域具有列标题。然后，执行【插入】|【表格】|【推荐的数据透视表】命令。在弹出的【推荐的数据透视表】对话框中选择数据表样式，单击【确定】按钮，如图 11-31 所示。

另外，选择单元格区域或表格中的任意一个单元格，执行【插入】|【表格】|【数据透视表】命令。在弹出的【创建数据透视表】对话框中选择数据表的区域范围和放置位置，并单击【确定】按钮，如图 11-32 所示。

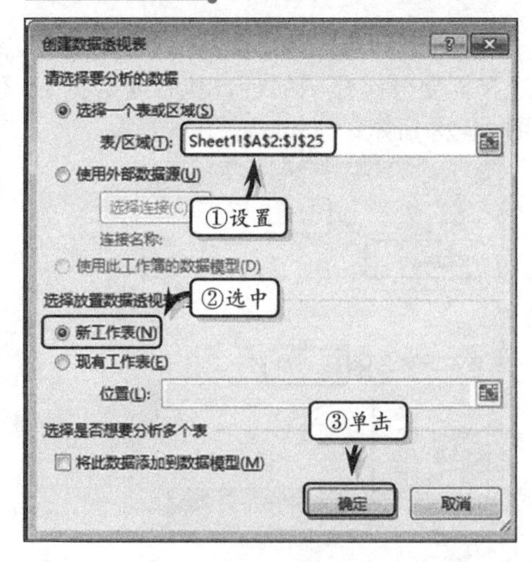

图 11-32　创建数据透视表

2. 编辑数据透视表

在工作表中插入空白数据透视表后，用户

便可以在窗口右侧的【数据透视表字段列表】任务窗格中，启用【选择要添加到报表的字段】列表框中的数据字段，被启用的字段列表将自动显示的数据透视表中，如图 11-33 所示。

另外，选择数据透视表，在【数据透视表字段列表】窗格中，将数据字段拖到【报表筛选列】列表框中，即可在数据透视表上方显示筛选列表。此时，用户只需单击筛选按钮，便可对数据进行筛选分析，如图 11-34 所示。

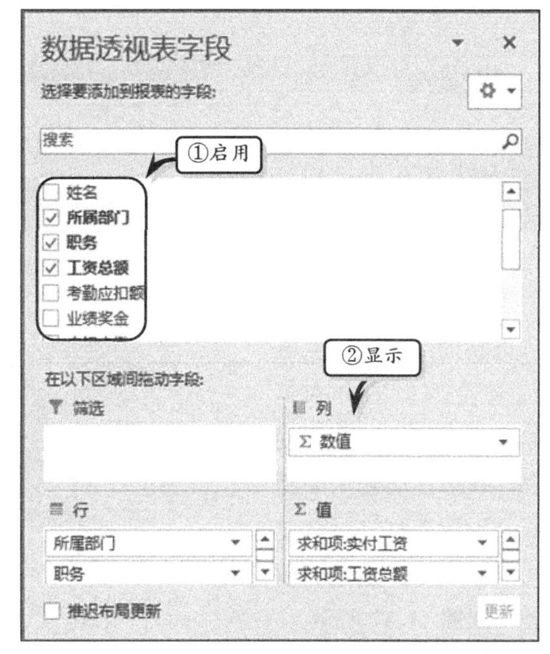

图 11-33 添加数据字段

3. 美化数据透视表

创建数据透视表之后，用户还需要通过设置数据透视表的布局、样式与选项，来美化数据透视表。选择任意一个单元格，执行【数据透视表工具】|【设计】|【布局】|【报表布局】|【以报表形式显示】命令，设置数据透视表的布局样式，如图 11-35 所示。

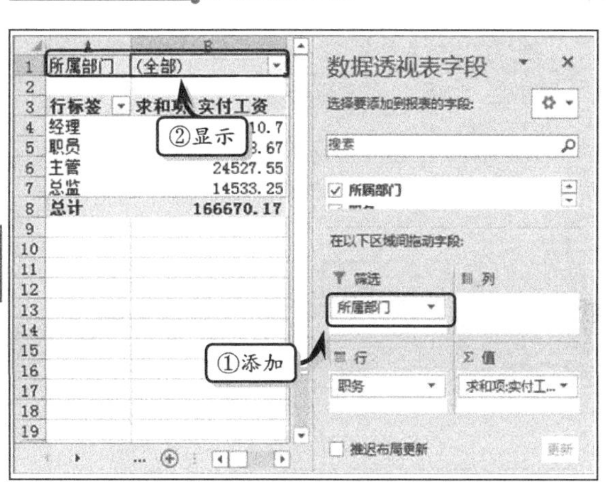

图 11-34 添加筛选字段

提 示

执行【数据透视表工具】|【分析】|【显示】|【字段列表】命令，可显示或隐藏字段列表。

另外，Excel 提供了浅色、中等深浅与深色 3 大类 85 种内置的报表样式，用户只需执行【数据透视表工具】|【设计】|【数据透视表样式】|【其他】|【数据透视表样式浅色 10】命令即可，如图 11-36 所示。

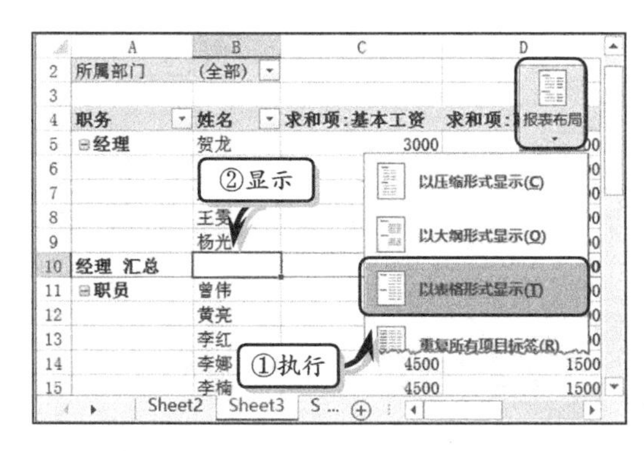

图 11-35 设置布局样式

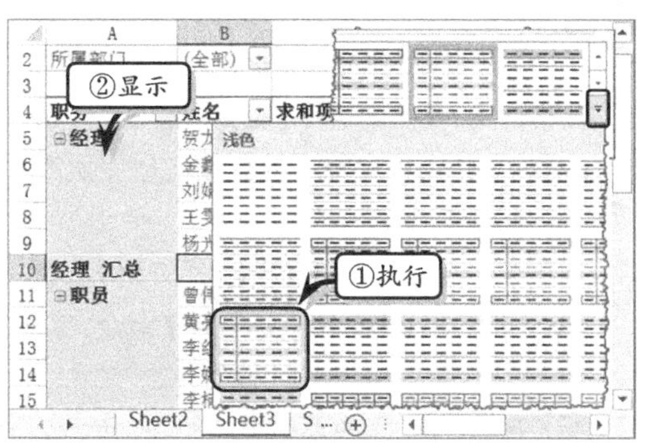

图 11-36 设置表样式

11.2.4 练习：产品销售明细表

Excel 中的条件格式功能，可以以不同的渐变颜色或填充颜色的条形形状，形象地显示数值的大小，以帮助用户快速且准确地查看数据的分布情况。在本练习中，将运用 Excel 中的自动套用表格格式及设置条件格式等功能，制作一份产品销售明细表，如图 11-37 所示。

2016年1-9月份A产品销售情况明细表			
月份	数量	单价	金额
2016年8月	236500	¥ 2.01	¥ 475,365.00
2016年6月	328460	¥ 2.04	¥ 670,058.40
2016年2月	316923	¥ 2.35	¥ 744,769.05
2016年4月	369365	¥ 2.12	¥ 783,053.80
2016年5月	450256	¥ 2.11	¥ 950,040.16
2016年7月	535624	¥ 2.03	¥ 1,087,316.72
2016年3月	500100	¥ 2.25	¥ 1,125,225.00
2016年9月	578120	¥ 2.24	¥ 1,294,988.80
2016年1月	606610	¥ 2.38	¥ 1,443,731.80

图 11-37 产品销售明细表

操作步骤：

1 制作表格标题。合并单元格区域 A1:D1，调整列宽，输入标题文本，并设置文本的字体格式，如图 11-38 所示。

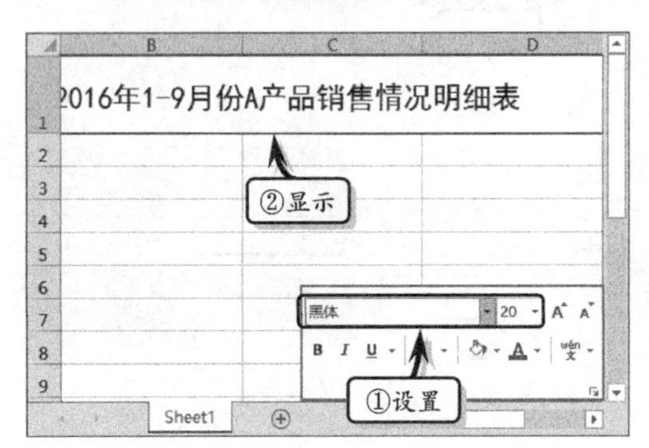

图 11-38 制作表格标题

2 设置数字格式。在表格中输入列标题，选择单元格区域 A3:A11，右击，执行【设置单元格格式】命令。选择【日期】选项，并在【类型】选项中选择一种日期类型。如图 11-39 所示。

3 选择单元格区域 F3:G12，执行【开始】|【数字】|【数字格式】|【会计专用】命令，如图 11-40 所示。

4 输入基础数据。在表格中输入基础数据，设置文本的字体格式，并设置数据区域的边框和对齐格式，如图 11-41 所示。

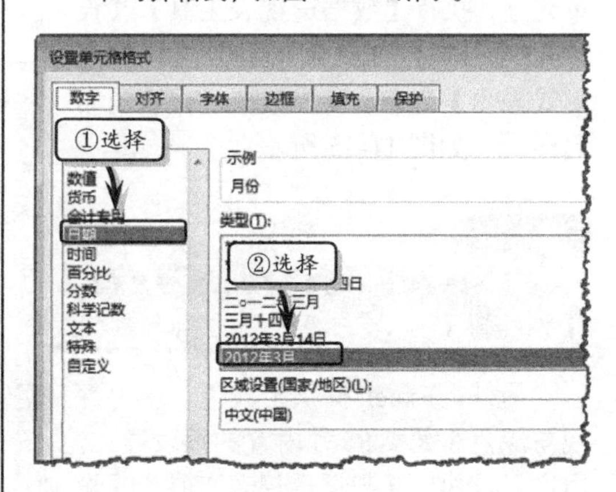

图 11-39 设置日期格式

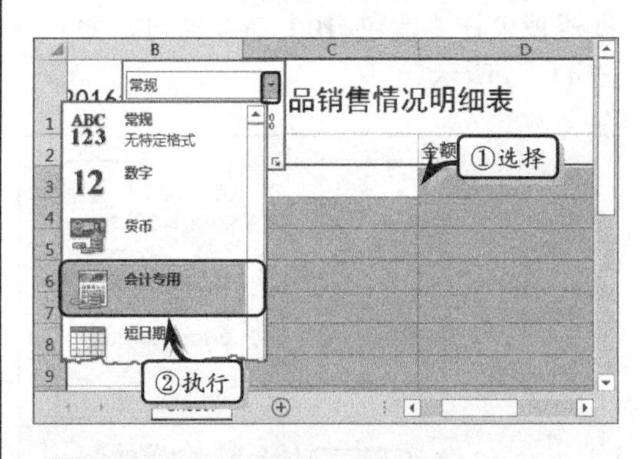

图 11-40 设置金额数据格式

5 套用表格样式。选择单元格区域 A2:D11，

执行【开始】|【样式】|【套用表格格式】|【表样式中等深浅 10】命令，如图 11-42 所示。

	A	B	C
1	2016年1-9月份A产品销售情况		
2	月份	数量	单价
3	2016年8月	236500	¥ 2.01
4	2016年6月	328460	¥ 2.04
5	2016年2月	316923	¥ 2.35
6	2016年4月	369365	¥ 2.12
7	2016年5月	450256	¥ 2.11
8	2016年7月	535624	¥ 2.03
9	2016年3月	500100	¥ 2.25

图 11-41 输入基础数据

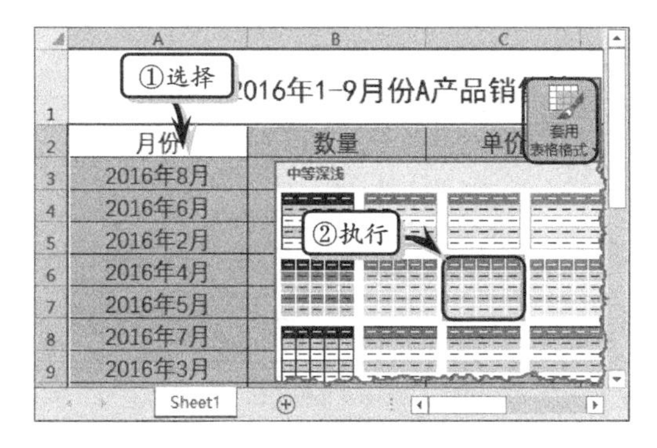

图 11-42 设置表格样式

6 在弹出的【套用表格格式】对话框中，保持默认设置，单击【确定】按钮，如图 11-43 所示。

图 11-43 显示表格样式

7 执行【表格工具】|【设计】|【工具】|【转换为区域】命令，将表格转换为普通区域，如图 11-44 所示。

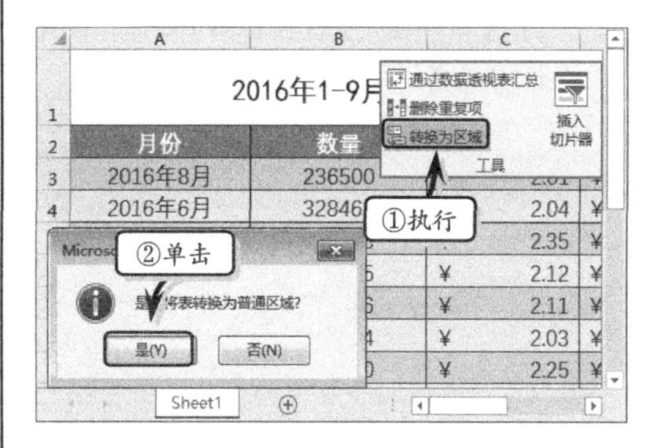

图 11-44 转换为区域

8 选择单元格区域 B3:B11，执行【开始】|【样式】|【条件格式】|【数据条】命令，在其列表中选择一种样式，如图 11-45 所示。

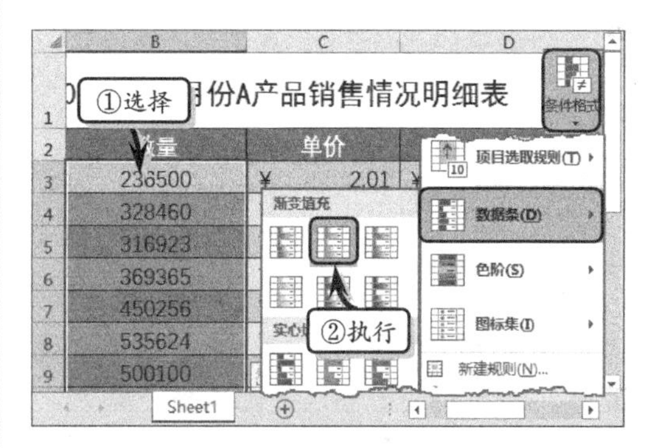

图 11-45 设置数量条件格式

9 选择单元格区域 F3:F12，执行【开始】|【样式】|【条件格式】|【色阶】命令，在其列表中选择一种样式，如图 11-46 所示。

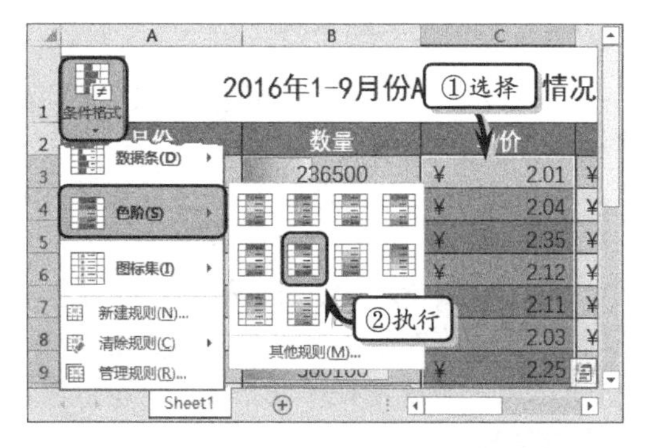

图 11-46 设置单价条件格式

10 选择单元格区域 F3:F12，执行【开始】|【样式】|【条件格式】|【图标集】命令，在其列表中选择一种样式，如图 11-47 所示。

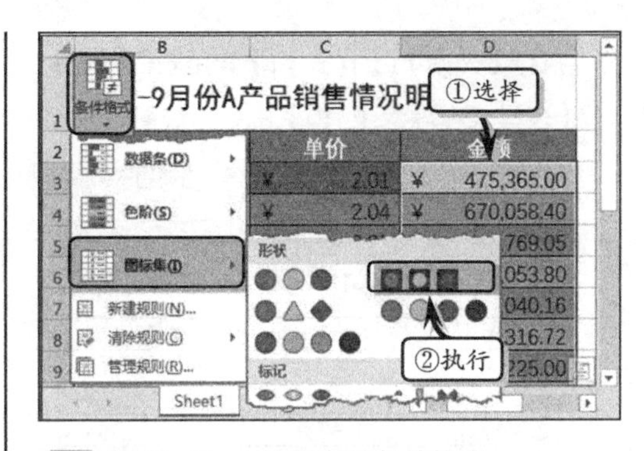

图 11-47 设置金额条件格式

11.3 使用分析工具

Excel 中的分析工具主要包括单变量求解、规划求解、模拟预算表等，运用上述工具不仅可以完成各种常规且简单的分析工作，而且还可以方便地管理和分析各类复杂的销售、财务、统计等数据，并为用户提供决策性的分析结果。

11.3.1 使用单变量求解

单变量求解与普通的求解过程相反，其求解的运算过程为已知某个公式的结果，反过来求公式中的某个变量的值。

1. 制作基础数据表

使用单变量求解之前，需要制作数据表。首先，在工作表中输入基础数据。然后，选择单元格 B4，在【编辑】栏中输入计算公式，按 Enter 计算结果，如图 11-48 所示。

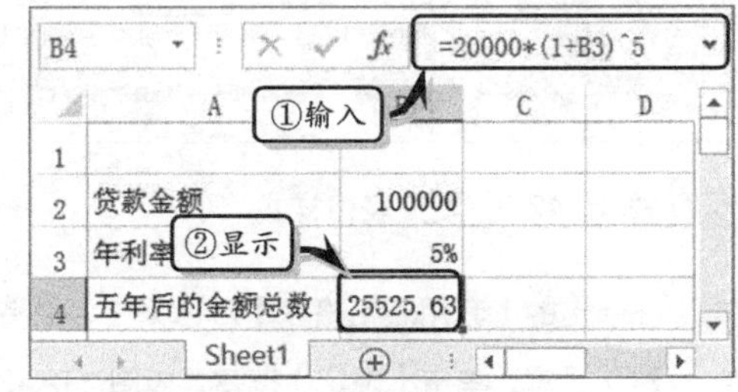

图 11-48 计算金额总数

同样，选择单元格 C7，在【编辑】栏中输入计算公式，按 Enter 计算结果，如图 11-49 所示。

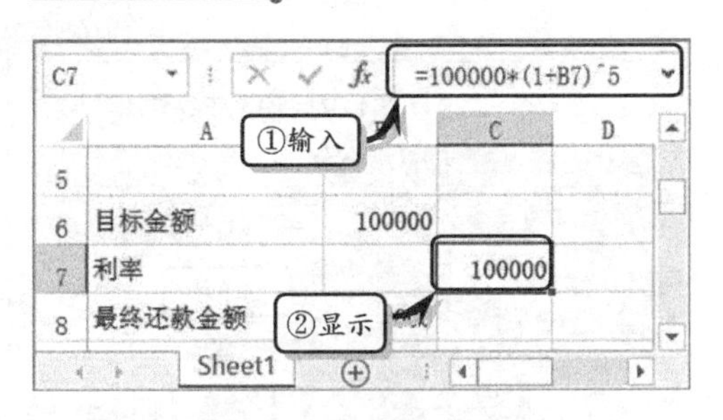

图 11-49 计算利率

2. 使用单变量求解

选择单元格 C7，执行【数据】|【预测】|【模拟分析】|【单变量求解】命令。在弹出的【单变量求解】对话框中设置“目标单元格、目标值”等参数，如图 11-50 所示。

在【单变量求解】对话框中，单击【确定】按钮，系统将在【单变量求解状态】对话框中执行计算，并显示计算结果。单击【确定】按钮之后，系统将在单元格 C7 中显示求解结果，如图 11-51 所示。

提 示

在进行单变量求解时，在目标单元格中必须含有公式，而其它单元格中只能包含数值，不能包含公式。

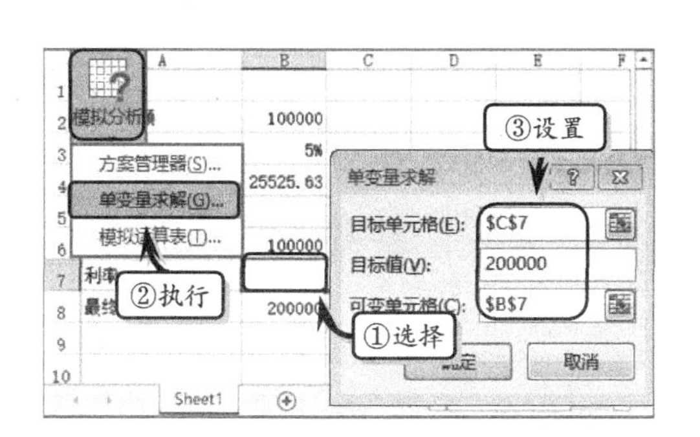

图 11-50 设置求解参数

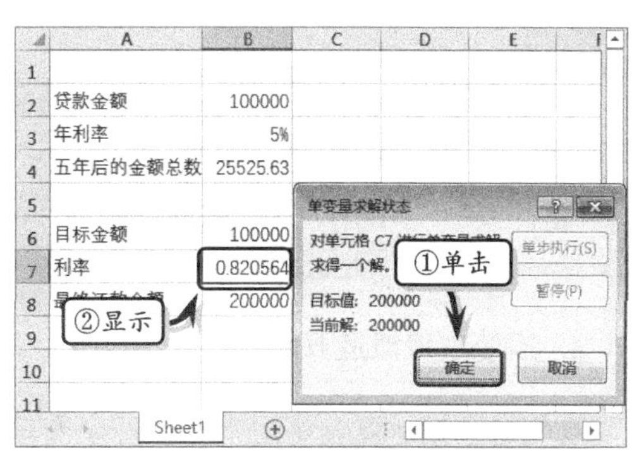

图 11-51 显示求解结果

11.3.2 使用模拟运算表

模拟运算表是由一组替换值代替公式中的变量得出的一组结果所组成的一个表格，运算表为某些计算中的所有更改提供了捷径。运算表有两种：单变量和双变量模拟运算表。

1. 单变量模拟运算表

单变量模拟运算表是基于一个变量预测对公式计算结果的影响，当用户已知公式的预期结果，而未知使公式返回结果的某个变量的数值时，可以使用单变量模拟运算表进行求解。

已知贷款金额、年限和利率，下面运用单变量模拟运算表求解不同年利率下的每期付款额。首先，在工作表中输入基础文本和数值，并在单元格 B5 中，输入计算还款额的公式，如图 11-52 所示。

在表格中输入不同的年利率，以便于运用模拟运算表求解不同年利率下的每期付款额。然后，选择包含每期还款额与不同利率的数据区域，执行【数据】|【数据工具】|【模拟分析】|【模拟运算表】命令，如图 11-53 所示。

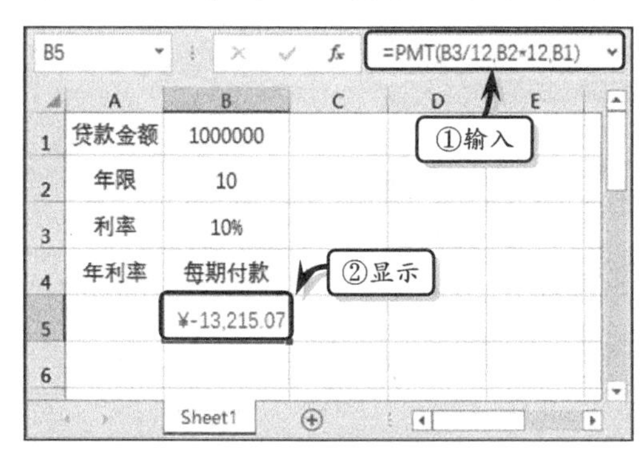

图 11-52 输入计算公式

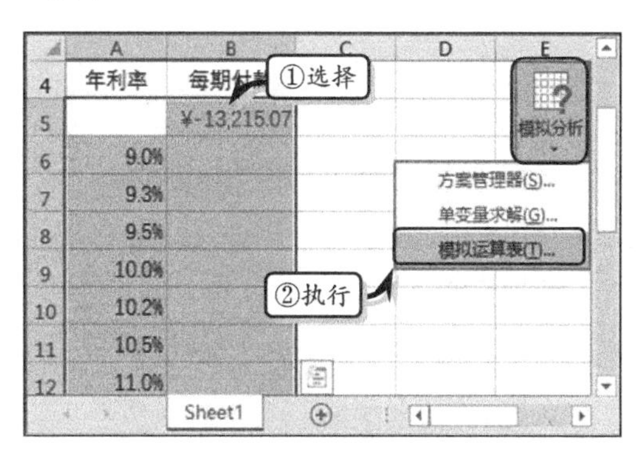

图 11-53 选择运算区域

在弹出的【模拟运算表】对话框中，设置【输入引用列的单元格】选项，单击【确定】按钮，即可显示不同年利率下的每期付款额，如图 11-54 所示。

提　示

其中，【输入引用行的单元格】选项表示当运算表是行方向时对其进行设置，而【输入引用列的单元格】选项则表示当运算表是列方向时对其进行设置。

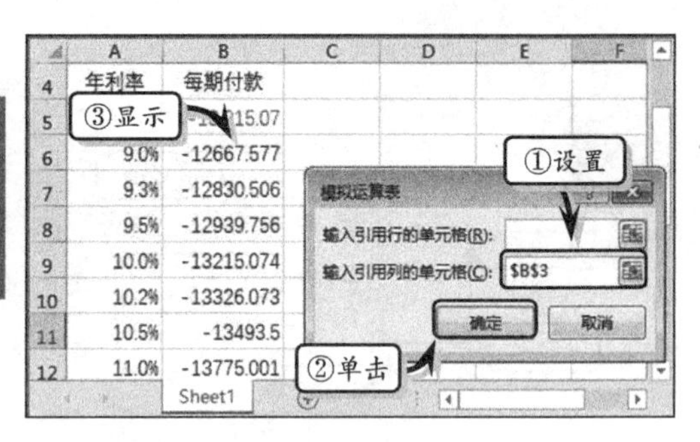

图 11-54　设置求解参数

2．双变量模拟运算表

双变量模拟运算表是用来分析两个变量的几组不同的数值变化对公式结果所造成的影响。已知贷款金额、年限和利率，下面运用双变量模拟运算表求解不同年利率下和不同贷款年限下的每期付款额。

使用双变量模拟运算表的第一步也是制作基础数据，在单变量模拟运算表基础表格的基础上，添加一行年限值，如图 11-55 所示。

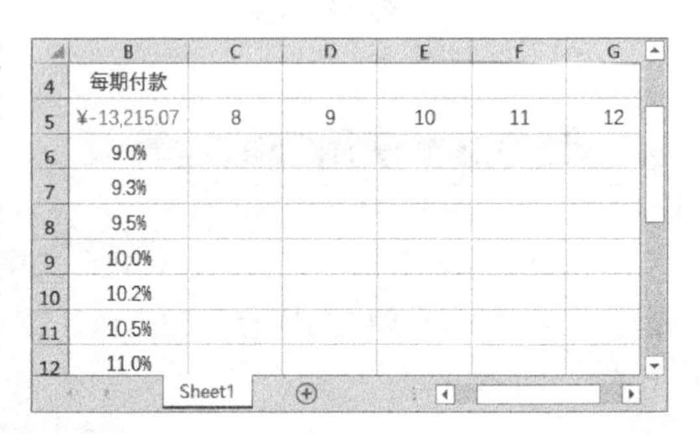
图 11-55　制作基础表格

然后，选择包含年限值和年利率值的单元格区域，执行【数据工具】|【模拟分析】|【模拟运算表】命令。在弹出的【模拟运算表】对话框中，分别设置【输入引用行的单元格】和【输入引用列的单元格】选项，单击【确定】按钮，即可显示每期付款额，如图 11-56 所示。

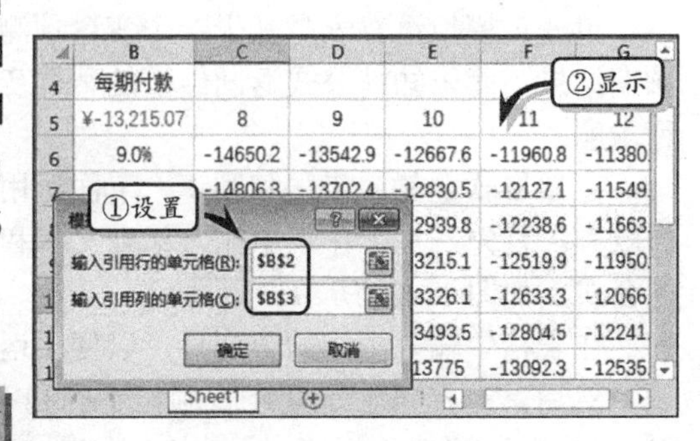

图 11-56　模拟运算

提　示

在使用双变量运算表进行求解时，两个变量应该分别放在 1 行或 1 列中，而两个变量所在的行与列交叉的那个单元格中放置的是这两个变量输入公式后得到的计算结果。

11.3.3　使用规划求解

规划求解又称为假设分析，是一组命令的组成部分，不仅可以解决单变量求解的单一值的局限性，而且还可以预测含有多个变量或某个取值范围内的最优值。

1．加载规划求解

规划求解是一个加载宏程序，在使用前应先检查选项卡中是否已经包含该功能。执行【文件】|【选项】命令，激活【加载项】选项卡，单击【转到】按钮。在【加载宏】对话框中启用【规划求解加载项】复选框，单击【确定】按钮即可，如图 11-57 所示。

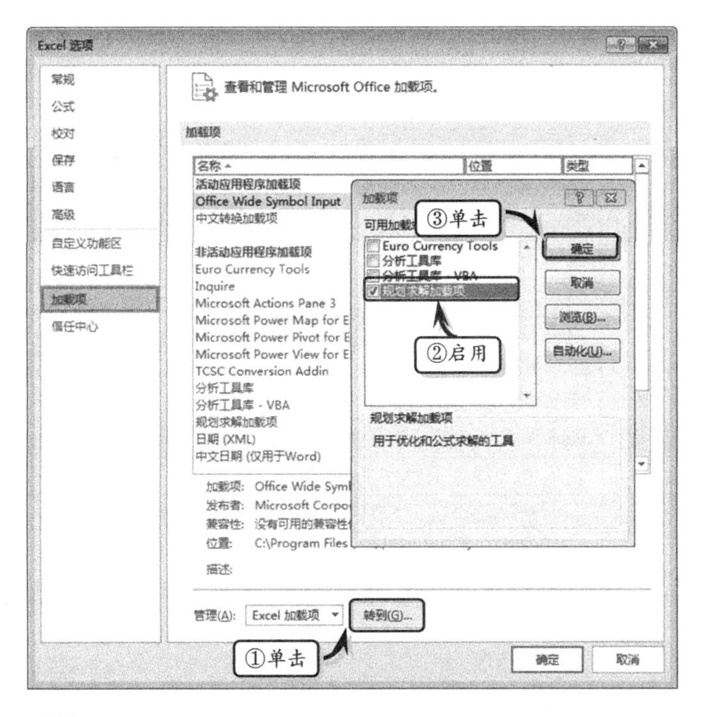

图 11-57 加载规划求解

2. 使用规划求解

在使用规划求解之前，用户需要设置基本数据与求解条件。然后执行【数据】|【分析】|【规划求解】命令，在弹出的【规划求解参数】对话框中设置各项参数即可，如图 11-58 所示。

图 11-58 设置规划求解参数

该对话框中各选项中参数的功能如表 11-2 所示。

表 11-2 规划求解参数

选项		说明
设置目标单元格		用于设置显示求解结果的单元格，在该单元格中必须包含公式
到	最大值	表示求解最大值
	最小值	表示求解最小值
	目标值	表示求解指定值
通过更改可变单元格		用来设置每个决策变量单元格区域的名称或引用，用逗号分隔不相邻的引用。另外，可变单元格必须直接或间接与目标单元格相关。用户最多可指定 200 个变量单元格
遵守约束	添加	表示添加规划求解中的约束条件
	更改	表示更改规划求解中的约束条件
	删除	表示删除已添加的约束条件
全部重置		可以重新设置规划求解的高级属性
装入/保存		可在弹出的【装入/保存模型】对话框中保存或加载问题模型
使无约束变量为非负数		启用该选项，可以使无约束变量为正数
选择求解方法		启用该选项，可用在下列列表中选择规划求解的求解方法。主要包括用于平滑线性问题的“非线性（GRG）”方法，用于线性问题的“单纯线性规划”方法与用于非平滑问题的“演化”方法
选项		启用该选项，可在【选项】对话框中更改求解方法的“约束精确度”“收敛”等参数
求解		执行该选项，可对设置好的参数进行规划求解
关闭		关闭“规划求解参数”对话框，放弃规划求解
帮助		启用该选项，可弹出【Excel 帮助】对话框

当用户单击【求解】按钮时，在弹出的【规划求解结果】对话框中设置规划求解保存位置与报告类型即可，如图 11-59 所示。

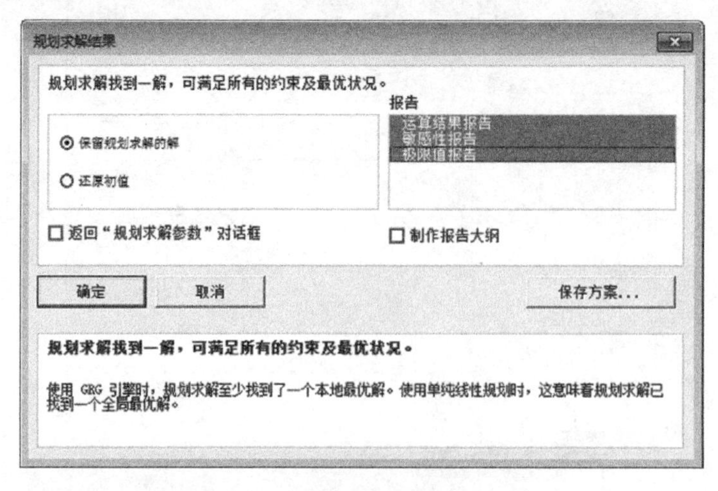

图 11-59 【规划求解结果】对话框

该对话框主要包括下列几种选项。

- **保留规划求解的解** 将规划求解结果值替代可变单元格中的原始值。

- ❑ **还原初值** 将可变单元格中的值恢复成原始值。
- ❑ **报告** 选择用来描述规划求解执行的结果报告，包括运算结果报告、敏感性报告、极限值报告 3 种报告。
- ❑ **返回“规划求解参数”对话框** 启用该复选框，单击【确定】按钮之后，将返回到【规划求解参数】对话框中。
- ❑ **制作报告大纲** 启用该复选框，可以制作规划求解报告大纲。
- ❑ **保存方案** 将规划求解设置作为模型进行保存，便于下次规划求解时使用。
- ❑ **确定** 完成规划求解操作，生成规划求解报告。
- ❑ **取消** 取消本次规划求解操作。

11.3.4 练习：求解最大利润

一个企业在进行投资之前，需要利用专业的分析工具，分析投资比重与预测投资所获得的最大利润。在本练习中，将利用规划求解功能来求解投资项目的最大利润，如图 11-60 所示。

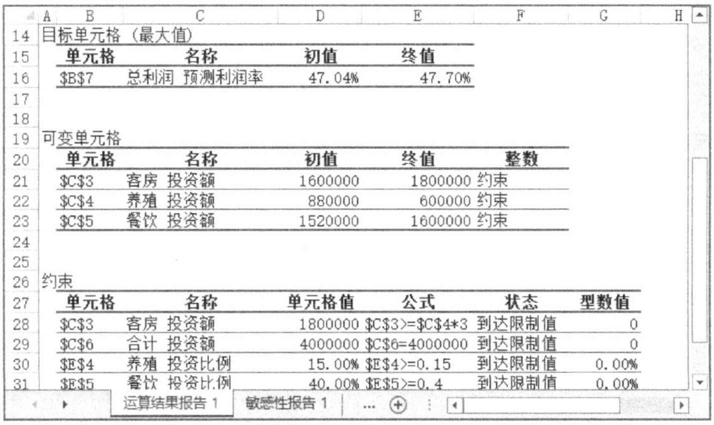

目标单元格（最大值）

单元格	名称	初值	终值
$B$7	总利润 预测利润率	47.04%	47.70%

可变单元格

单元格	名称	初值	终值	整数
$C$3	客房 投资额	1600000	1800000	约束
$C$4	养殖 投资额	880000	600000	约束
$C$5	餐饮 投资额	1520000	1600000	约束

约束

单元格	名称	单元格值	公式	状态	型数值
$C$3	客房 投资额	1800000	$C$3>=$C$4*3	到达限制值	0
$C$6	合计 投资额	4000000	$C$6=4000000	到达限制值	0
$E$4	养殖 投资比例	15.00%	$E$4>=0.15	到达限制值	0.00%
$E$5	餐饮 投资比例	40.00%	$E$5>=0.4	到达限制值	0.00%

运算结果报告 1　敏感性报告 1

图 11-60 求解最大利润

投资条件：已知某公司计划投资客房、养殖与餐饮 3 个项目，每个项目的预测投资金额分别为 160 万、88 万及 152 万，每个项目的预测利润率分别为 50%、40%及 48%。为获得投资额与回报率的最大值，董事会要求财务部分析 3 个项目的最小投资额与最大利润率，并且企业管理者还为财务部附加了以下投资条件。

- ❑ 总投资额必须为 400 万。
- ❑ 客房的投资额必须为养殖投资额的 3 倍。
- ❑ 养殖的投资比例大于或等于 15%。
- ❑ 客房的投资比例大于或等于 40%。

操作步骤：

1 在工作表中制作标题并输入基本数据，在单元格 D3 中输入“=B3*C3”公式，按 Enter 键，如图 11-61 所示。

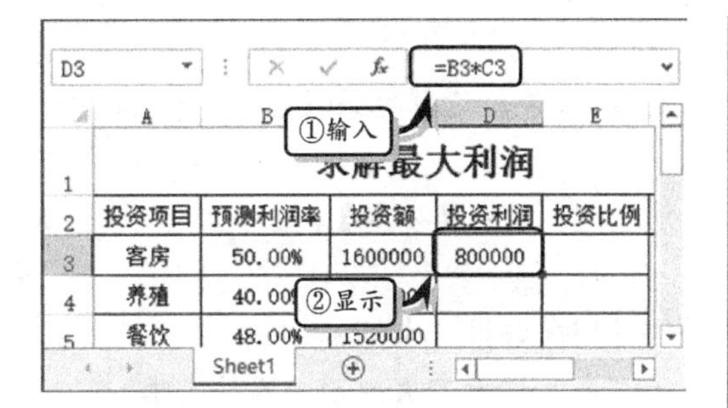

图 11-61 求解投资利润

2 在单元格 E3 中输入“=C3/$F$3”公式，按 Enter 键，如图 11-62 所示。选择单元格区域 D3:E3，拖动填充柄向下复制公式。

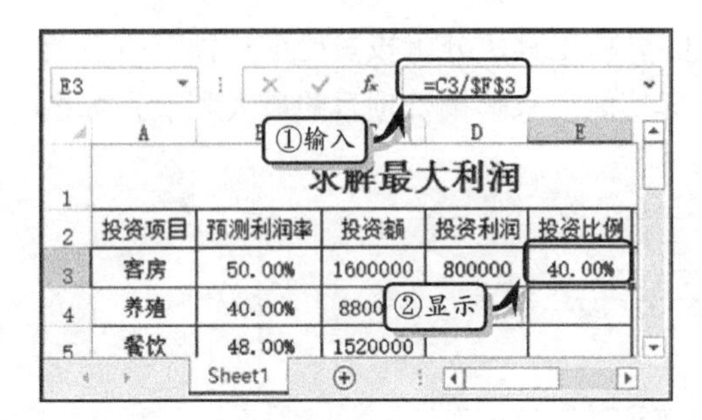

图 11-62 求解投资比例

3 在单元格 C6 中输入求和公式“=SUM(C3:C5)”，按 Enter 键并拖动填充柄向右复制公式。然后在单元格 B7 中输入“=D6/C6”公式，按 Enter 键，如图 11-63 所示。

	A	B	C	D	E
1	求解最大利润				
2	投资项目	预测利润率	投资额	投资利润	投资比例
3	客房	50.00%	1600000	800000	40.00%
4	养殖	40.00%	880000	352000	22.00%
5	餐饮	48.00%	1520000	729600	38.00%
6	合计		4000000	1881600	100.00%
7	总利润	47.04%			

图 11-63 计算合计额和总利润

4 执行【数据】|【分析】|【规划求解】命令，将【设置目标单元格】设置为“$B$7”，将【可变单元格】设置为“$C$3:$C$5”，如图 11-64 所示。

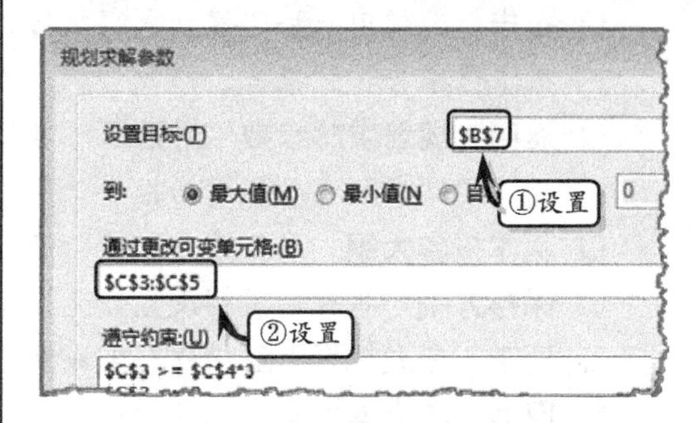

图 11-64 设置目标与可变单元格

5 单击【添加】按钮，将【单元格引用位置】设置为“$C$6”，将符号设置为“=”，将【约束值】设置为“4000000”，单击【添加】按钮即可，如图 11-65 所示。

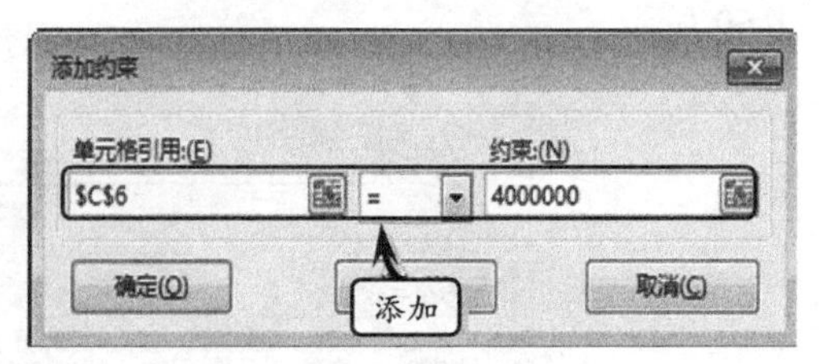

图 11-65 添加其他约束条件

6 重复步骤（6）中的操作，分别添加“$C$3>=$C$4*3”“$E$4>=0.15”“$E$5>=0.4”“$C$3>=0”“$C$4>=0”“$C$5>=0”约束条件，如图 11-66 所示。

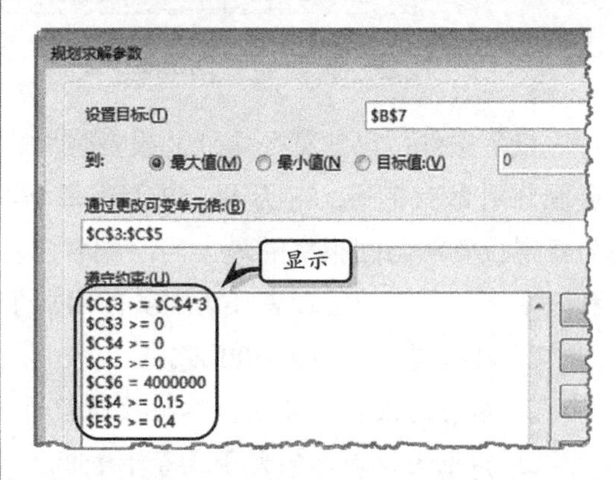

图 11-66 设置第一个约束条件

7 单击【选项】按钮，启用【使用自动缩放】复选框，单击【确定】按钮，如图 11-67 所示。

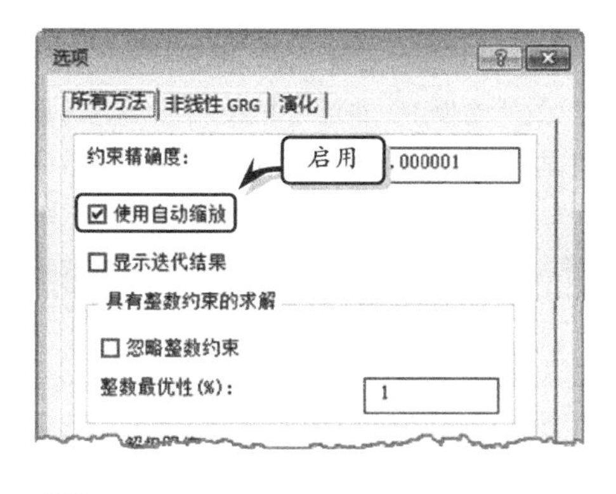

图 11-67 设置规划求解选项

8 单击【求解】按钮，选中【保留规划求解的解】单选按钮。在【报告】列表框中，按住Ctrl 键同时选择所有报告，单击【确定】按钮，如图 11-68 所示。

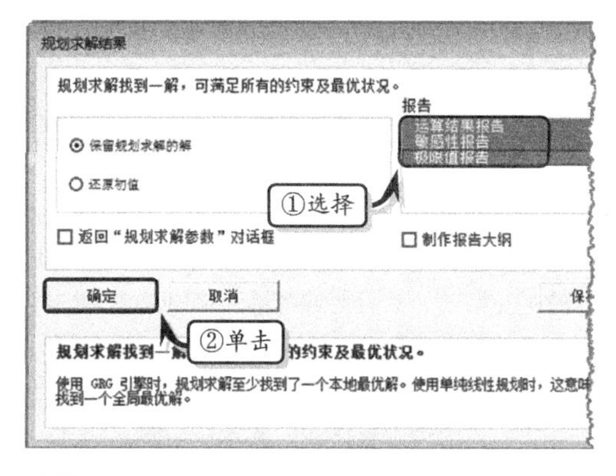

图 11-68 【规划求解结果】对话框

11.4 思考与练习

一、填空题

1. 在对数字进行排序时，如果排序结果不正确时，可能是因为该列中包含有________格式（而不是数字）的数字。

2. 在创建分类汇总之前，需要对数据________，以便将数据中关键字相同的数据集中在一起。

3. 使用自动筛选可以创建 3 种筛选类型：按列表值、_____和_____。对于每个单元格区域或者列表来说，这 3 种筛选类型是互斥的。

4. ________是一种具有创造性与交互性的报表，其强大的功能主要体现在可以使杂乱无章、数据庞大的数据表快速有序地显示出来。

5. Excel 为用户提供了单变量与多变量数据表，单变量数据表是________对公式计算结果的影响，而双变量数据表是________预测对公式计算结果的影响。

6. 条件格式可以突显单元格中的一些规则，其条件格式中的数据条、______和______还可以区别显示数据的不同范围。

二、选择题

1. 数据验证是指定向单元格中输入数据的____，该功能可以避免数据输入中的重复、类型错误、小数位数过多等错误情况。

A. 数据范围　　B. 权限范围
C. 条件格式　　D. 运算规则

2. 规划求解属于加载宏范围，是一组命令的组成部分，也可以成为________。

A. 数据分析　　B. 假设分析
C. 预测数据　　D. 预测工具

3. 下列各选项中，对分类汇总描述错误的是________。

A. 分类汇总之前需要排序数据
B. 汇总方式主要包括求和、最大值、最小值等方式
C. 分类汇总结果必须与原数据位于同一个工作表中
D. 不能隐藏分类汇总数据

4. 在【数据表】对话框中，【输入引用行的单元格】选项表示为________。

A. 表示在数据表为行方向时，输入引用单元格地址
B. 表示在数据表为列方向时，输入引用单元格地址
C. 表示在数据表中，输入数值
D. 表示在数据表中，输入单元格地址

5. 在进行单变量求解时，用户需要注意必须在________中含有公式。

A. 目标单元格　　B. 可变单元格
C. 数据单元格　　D. 数据单元格

三、问答题

1. 简述创建数据透视表的操作步骤。

2．如何使用单变量求解最大利润？

3．如何使用高级筛选功能筛选数据？

四、上机练习

1．制作深浅间隔的条纹

在本练习中，将运用 Excel 中的条件格式功能，来制作一份深浅间隔的条纹表，如图 11-69 所示。首先在工作表中输入基础数据，并设置数据的对齐格式。然后，选择单元格区域 B2:K31，执行【条件格式】|【新建规则】命令。选择【使用公式确定要设置格式的单元格】选项，并在【为符合此公式的值设置格式】文本框中输入公式，随后设置条件规则的格式。最后，使用同样方法，新建另外一种条件规则。

	B	C	D	E	F	G	H	I
1	A	B	C	D	E	F	G	H
2	100	100	100	100	600	120	111	120
3	120	120	111	120	100	300	301	300
4	300	300	301	300	120	500	303	500
5	500	500	303	600	300	567	414	567
6	567	567	414	567	500	600	304	600
7	600	600	304	600	567	100	100	300
8	100	100	100	100	400	500	303	500
9	120	120	111	120	345	567	[illegible]	301
10	300	300	301	300	301	600	304	600
11	500	500	303	500	303	100	100	100
12	567	567	414	567	414	120	111	120
13	600	600	304	100	567	435	414	300
14	500	345	303	120	600	600	304	500
15	567	435	414	200	100	120	100	567
16	600	600	304	500	120	130	111	600
17	100	120	100	567	300	400	304	100

Sheet1

图 11-69 深浅间隔的条纹表

2．分析销售数据

在本实例中，将运用 Excel 中的数据透视表功能来分析销售数据，如图 11-70 所示。首先在工作表中输入销售统计数据，并设置数据区域的对齐和边框格式，同时运用公式计算金额和销售提成额。然后，执行【插入】|【表格】|【数据透视表】命令，插入数据透视表，并在【数据透视表字段】任务窗格中依次添加数据透视表的显示字段。最后，在【设计】选项卡【数据透视表样式】选项组中设置数据透视表的样式。同时，设置数据透视表的布局和筛选字段。

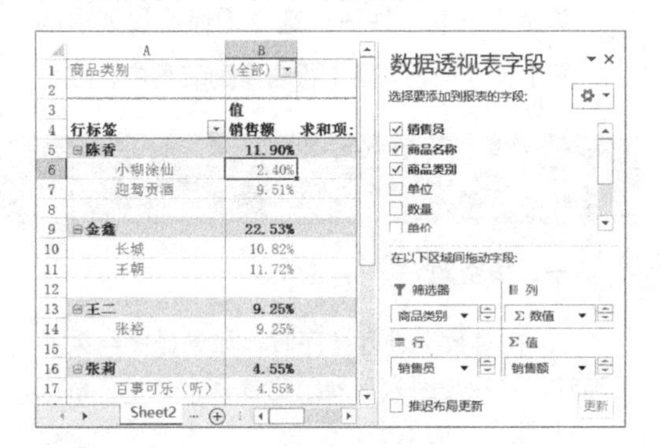

图 11-70 分析销售数据

第 12 章

制作演示文稿

PowerPoint 是微软公司开发的一款著名的多媒体演示设计与播放软件，它允许用户以可视化的操作，将文本、图像、动画、音频和视频集成到一个可重复编辑和播放的文档中，从而将用户所表达的信息以图文并茂的形式展现出来，并达到最佳的演示效果。本章中，将从 PowerPoint 工作界面开始，详细地介绍制作演示文稿的一系列基础知识和操作方法，为用户今后制作专业水准的演示文稿奠定基础。

本章学习内容：

- PowerPoint 界面介绍
- 创建演示文稿
- 页面设置
- 保存/保护演示文稿
- 操作幻灯片
- 设置幻灯片版式
- 设置幻灯片母版
- 设置幻灯片主题

12.1 操作演示文稿

在使用 PowerPoint 制作优美的演示文稿时，用户需要掌握创建、保存和编辑演示文稿的基础知识。除此之外，对于初次使用 PowerPoint 的用户来讲，还需要先熟悉一下 PowerPoint 的工作界面，以帮助用户可以快速准确地使用 PowerPoint 的各项功能。

12.1.1 PowerPoint 界面介绍

PowerPoint 2016 采用了全新的操作界面，相比之前版本，PowerPoint 2016 的界面更加整齐而简洁，也更便于操作，如图 12-1 所示。

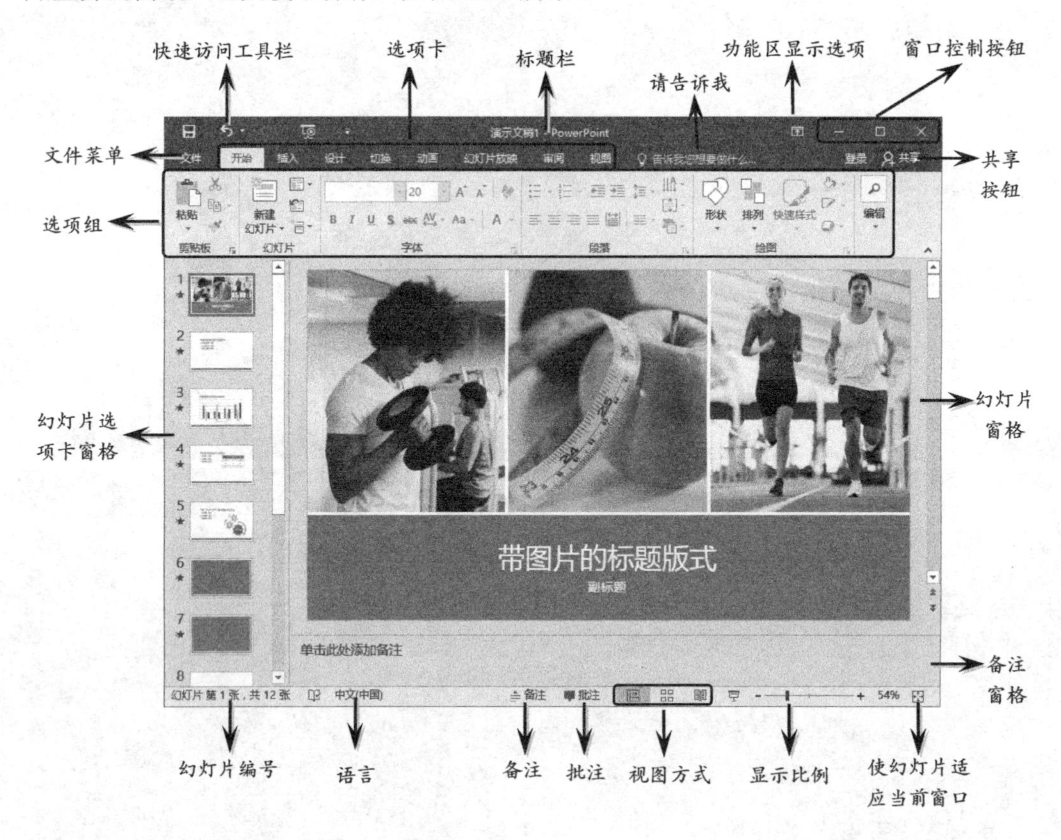

图 12-1　PowerPoint 2016 工作界面

1. 标题栏

标题栏位于窗口的最上方，由快速访问工具栏、当前文档名称、窗口控制按钮、功能显示选项组成。通过标题栏，不仅可以调整窗口大小，查看当前所编辑的文档名称，还可以进行新建、打开、保存等文档操作。

2. 快速访问工具栏

快速访问工具栏在默认情况下，位于标题栏的最左侧，是一个可自定义工具按钮的工具栏，主要放置一些常用的命令按钮。默认情况下，系统会放置【保存】、【撤销】与【重复】3 个命令。

单击旁边的下三角按钮，可添加或删除快速访问工具栏中的命令按钮。另外，用户还可以将快速工具栏放于功能区的下方。

3. 选项卡和选项组

选项卡栏是一组重要的按钮栏，它提供了多种按钮，用户在单击该栏中的按钮后，即可切换功能区，应用 PowerPoint 中的各种工具，如图 12-2 所示。

选项组集成了 PowerPoint 中绝大多数的功能。根据用户在选项卡栏中选择的内容，功能区可显示各种相应的功能。

在功能区中，相似或相关的功能按钮、下拉菜单以及输入文本框等组件以组的方式显示。一些可自定义功能的组还提供了扩展按钮，辅助用户以对话框的方式设置详细的属性。

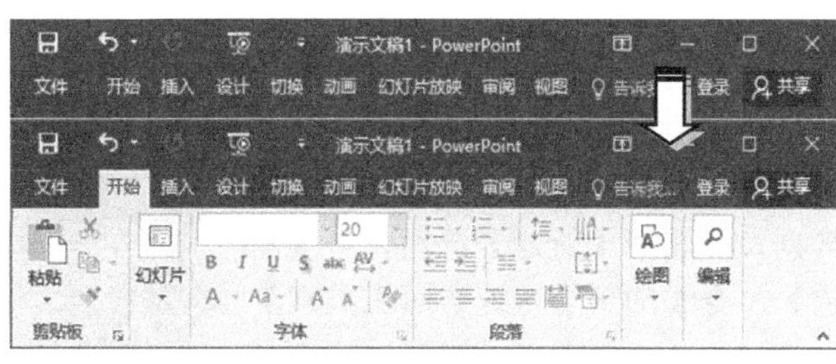

图 12-2 选项卡和选项组

4. 幻灯片选项卡窗格

【幻灯片选项卡】窗格的作用是显示当前幻灯片演示程序中所有幻灯片的预览或标题，供用户选择以进行浏览或播放。另外，在该窗格中还可以实现新建、复制和删除幻灯片，以及新增节、删除节和重命名节等功能。

5. 幻灯片窗格

幻灯片窗格是 PowerPoint 的【普通】视图中最主要的窗格。在该窗格中，用户既可以浏览幻灯片的内容，也可以选择【功能区】中的各种工具，对幻灯片的内容进行修改。

6. 备注窗格

在设计幻灯片时，在某些情况下可能需要在幻灯片中标注一些提示信息。如不希望这些信息在幻灯片中显示，则可将其添加到【备注】窗格。

7. 状态栏

【状态栏】是多数 Windows 程序或窗口共有的工具栏，通常位于窗口的底部，用于显示【幻灯片编号】、【备注】、【批注】以及幻灯片所使用的【语言】状态。

除此之外，用户还可以通过【状态栏】中提供的【视图】工具栏切换 PowerPoint 的视图。

在【状态栏】中，用户可以单击当前幻灯片的【显示比例】数值，在弹出的【显示比例】对话框中选择预设的显示比例，或输入自定义的显示比例值。

在【状态栏】最右侧，提供了【使幻灯片适应当前窗口】按钮。单击该按钮后，PowerPoint 2016 将自动根据窗口的尺寸大小，对【幻灯片】窗格内的内容进行缩放。

12.1.2 创建演示文稿

在 PowerPoint 中，用户不仅可以创建空白演示文稿，而且还可以创建 PowerPoint 自带的模板文档。

1. 创建空白演示文稿

启动 PowerPoint 组件，执行【文件】|【新建】命令，打开【新建】页面，在该页面中选择【空白演示文稿】选项，创建空白演示文稿，如图 12-3 所示。

除此之外，用户也可以通过【快速访问工具栏】中的【新建】命令，来创建空白演示文稿。对于初次使用PowerPoint的用户来讲，需要单击【快速访问工具栏】右侧的下拉按钮，在其列表中选择【新建】选项，将【新建】命令添加到【快速访问工具栏】中。然后，直接单击【快速访问工具栏】中的【新建】按钮，即可创建空白演示文稿，如图12-4所示。

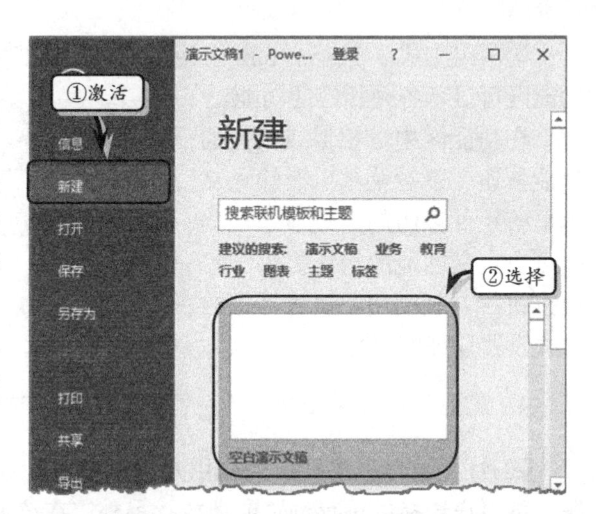

图 12-3 创建空白演示文稿

提 示

按Ctrl+N组合键，也可创建一个空白的演示文稿。

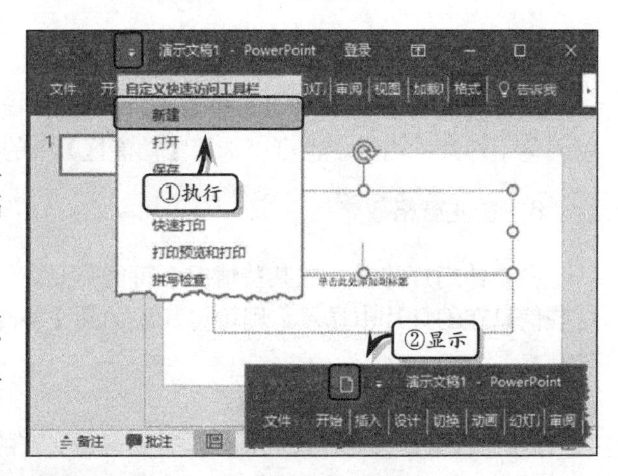

图 12-4 快速创建空白演示文稿

2. 创建模板演示文稿

执行【文件】|【新建】命令之后，系统只会在该页面中显示固定的模板样式，以及最近使用的模板演示文稿样式。在该页面中，选择模板样式，如图12-5所示。

然后，在弹出的创建页面中，预览模板文档内容，单击【创建】按钮即可，如图12-6所示。

提 示

用户还可以在【建议搜索】列表中选择相应的搜索类型，或直接在搜索文本框中输入需要搜索的模板名称，即可快速创建相应的模板演示文稿。

图 12-5 选择模板演示文稿

12.1.3 页面设置

在使用PowerPoint制作不同类型的演示文稿时，由于每种类型的幻灯片的尺寸不尽相同，所以用户还需要通过PowerPoint的页面设置，对制作的演示文稿进行页面设置，从而制作出符合播放设备尺寸的演示文稿。

1. 设置幻灯片的宽屏样式

在演示文稿中，执行【设计】|【自定义】|【幻灯片大小】|【宽屏】命令，将幻灯

片的大小设置为 16:9 的宽屏样式，以适应播放时的电视和视频所采用的宽屏和高清格式，如图 12-7 所示。

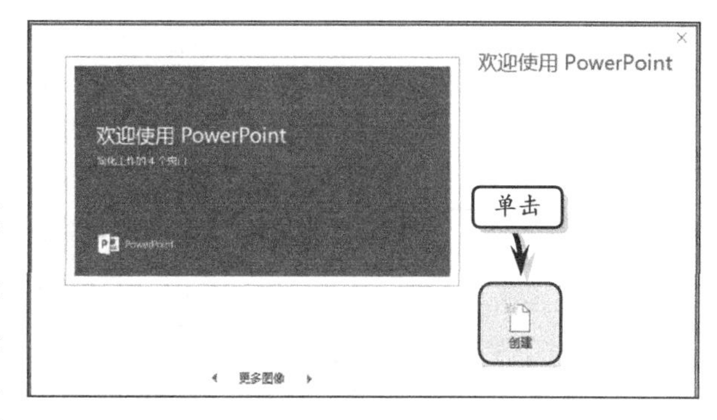

图 12-6 创建模板演示文稿

2. 设置幻灯片的标准大小样式

将幻灯片的大小由“宽屏”样式更改为“标准”样式时，系统无法自动缩放内容的大小，此时会自动弹出提示对话框，提示用户对内容的缩放进行选择。执行【设计】|【自定义】|【幻灯片大小】|【标准】命令，在弹出的 Microsoft PowerPoint 对话框中选择【最大化】选项或单击【最大化】按钮即可，如图 12-8 所示。

图 12-7 设置宽屏样式

3. 自定义幻灯片的大小

执行【设计】|【自定义】|【幻灯片大小】|【自定义幻灯片大小】命令，在弹出的【幻灯片大小】对话框中单击【幻灯片大小】下拉按钮，在其列表中选择一种样式即可，如图 12-9 所示。

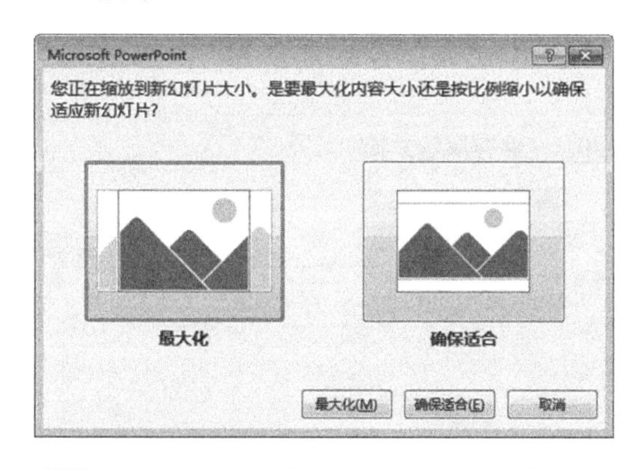

图 12-8 设置标准大小

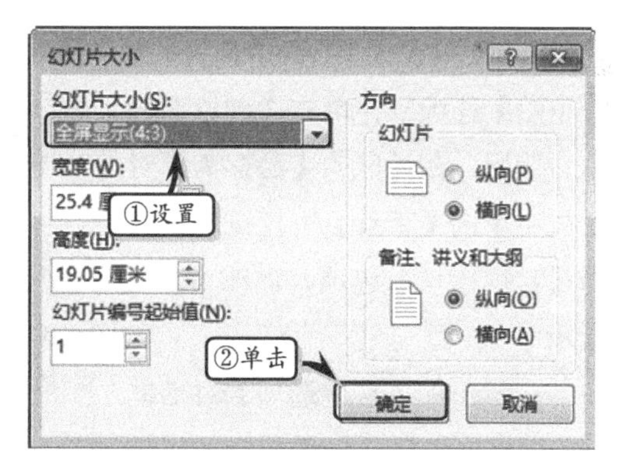

图 12-9 自定义幻灯片大小

提 示

用户还可以在【宽度】和【高度】两个输入文本域下方，设置演示文稿起始的幻灯片编号，在默认状态下，幻灯片编号从 1 开始。

12.1.4 保存/保护演示文稿

创建并设置演示文稿之后，为了保护劳动成果，还需要将演示文稿保存在本地计算机或 OneDirve 中；或者使用 PowerPoint 自带的密码功能，保护演示文稿不被其他人篡改。

1. 保存演示文稿

对于新建演示文稿，则需要执行【文件】|【保存】或【另存为】命令，在展开的【另存为】列表中选择【计算机】选项，并单击【浏览】按钮，如图 12-10 所示。

然后，在弹出的【另存为】对话框中选择保存位置，设置保存名称和类型，单击【保存】按钮即可，如图 12-11 所示。

对于已保存过的演示文稿，用户可以直接单击【快速访问工具栏】中的【保存】按钮，直接保存演示文稿即可。

2. 保护演示文稿

执行【文件】|【另存为】命令，在展开的【另存为】列表中选择【这台电脑】选项，并单击【浏览】按钮。然后，在弹出的【另存为】对话框中单击【工具】下拉按钮，选择【常规选项】选项，如图 12-12 所示。

在弹出的【常规选项】对话框中，以此输入打开权限和修改权限密码，并单击【确定】按钮，如图 12-13 所示。

然后，在弹出的【确认密码】对话框中重复输入打开权限和修改权限密码，即可使用密码保护演示文稿，如图 12-14 所示。

图 12-10 选择保存位置

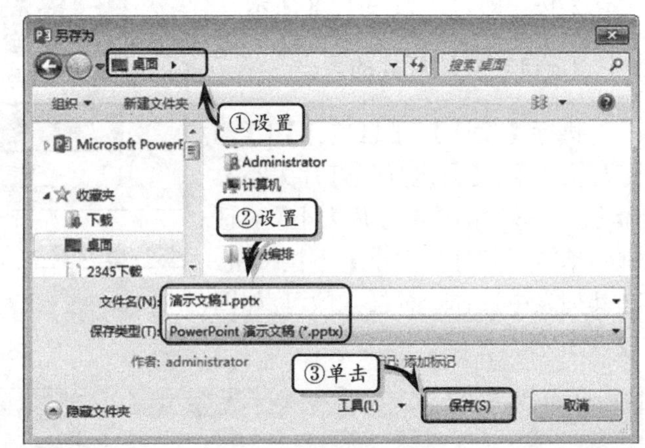

图 12-11 保存演示文稿

图 12-12 【另存为】对话框

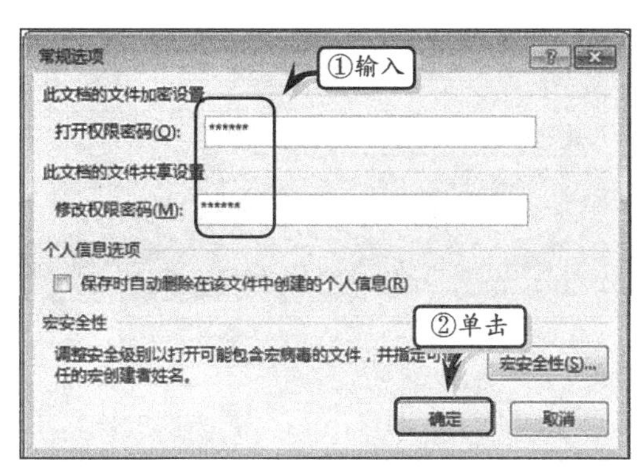

图 12-13 设置保存密码

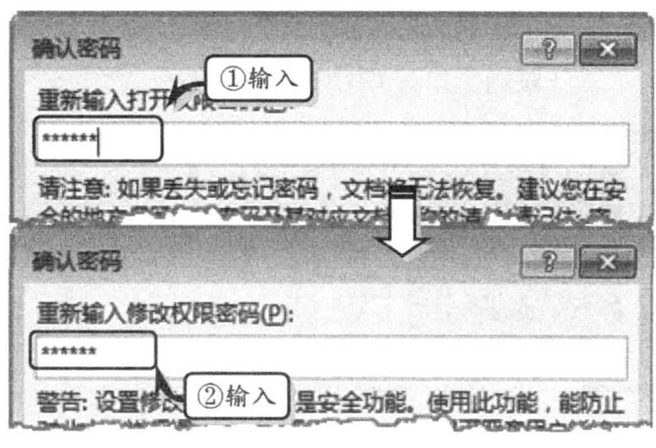

图 12-14 输入确认密码

12.1.5 练习：创建模板演示文稿

PowerPoint 为用户提供了多种模板演示文稿，以帮助用户根据所制作的内容快速生成具有一定格式和动画效果的演示文稿。在本练习中，将通过创建并编辑 PowerPoint 内置的“具有旋转文本的太阳动画”模板演示文稿，来详细介绍创建模板演示文稿的操作方法和技巧，如图 12-15 所示。

图 12-15 创建模板演示文稿

操作步骤：

1 执行【文件】|【新建】命令，在搜索文本框中输入“具有旋转文本的太阳动画”，并单击【搜索】按钮，如图 12-16 所示。

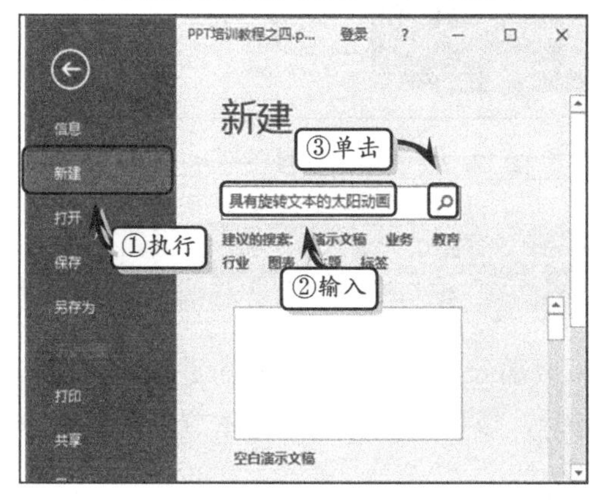

图 12-16 搜索模板

2 此时，在展开的搜索列表中将显示所搜索到的模板类型，选择模板需要创建的模板，如图 12-17 所示。

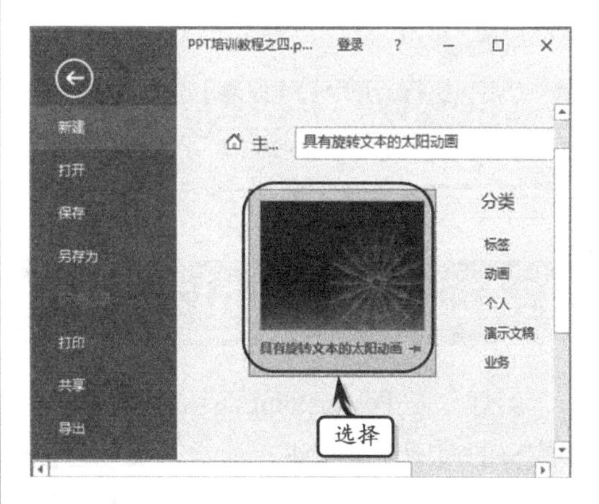

图 12-17 选择模板

3 在弹出的对话框中预览模板内容，单击【创建】按钮，如图 12-18 所示。

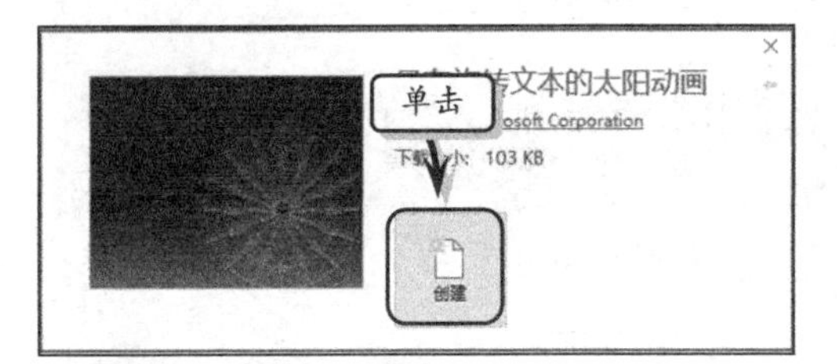

图 12-18 创建模板

4 选择模板中的艺术字，直接更改旋转的艺术字文本，如图 12-19 所示。

图 12-19 更改艺术字

5 执行【插入】|【文本】|【文本框】|【横排文本框】命令，插入文本框并输入文本，如图 12-20 所示。

6 选择文本框，在【开始】选项卡【字体】选项组中设置文本的字体格式，如图 12-21 所示。

7 然后，执行【开始】|【段落】|【项目符号】|【箭头项目符号】命令，为文本添加项目符号，如图 12-22 所示。

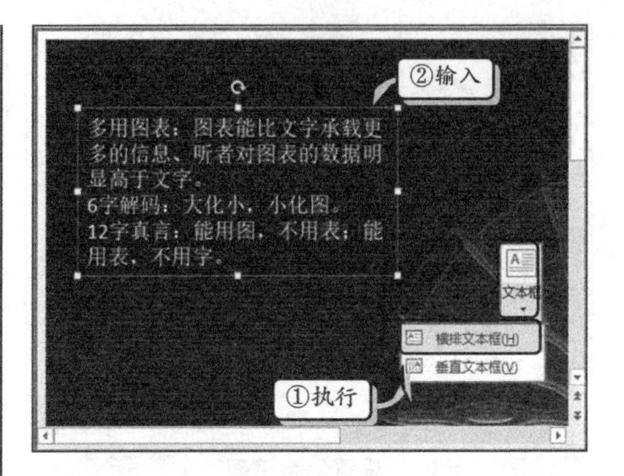

图 12-20 添加文本

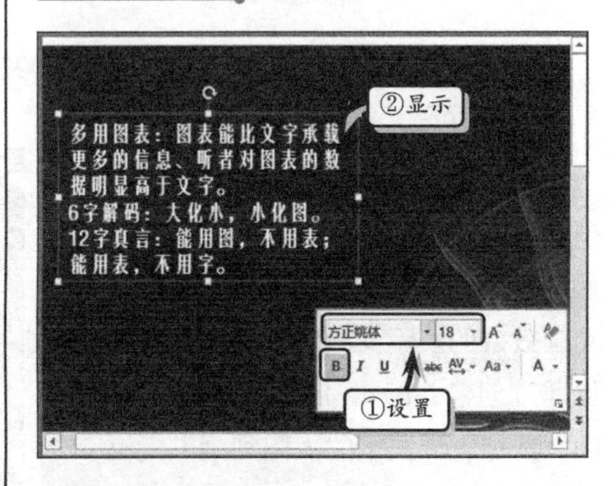

图 12-21 设置字体格式

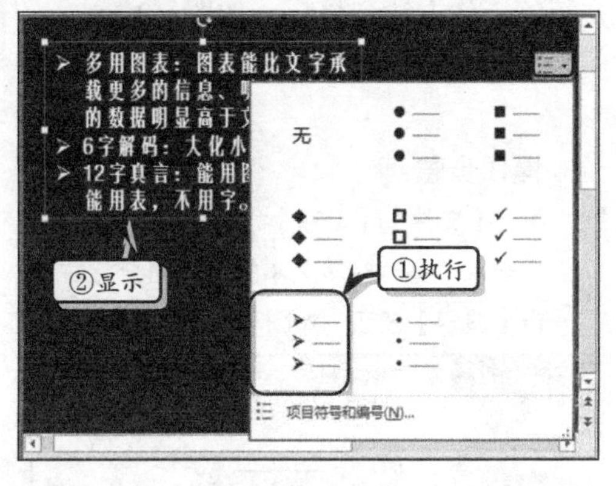

图 12-22 添加项目符号

12.2 操作幻灯片

幻灯片是 PowerPoint 演示文稿中最重要的组成部分，也是展示内容的重要载体。对于完整的演示文稿来讲，通常需要包含多张幻灯片，以供播放与展示。本节中的操作幻灯片主要包括增减幻灯片、移动与复制幻灯片等内容。

12.2.1 增减幻灯片

创建演示文稿之后，由于默认情况下只存在一张幻灯片，所以用户需要根据演示内容在演示文稿中增加幻灯片。另外，用户还需要删除无用的幻灯片，以确保演示文稿的逻辑性与准确性。

1. 增加幻灯片

增加幻灯片是在演示文稿中新建或插入幻灯片，执行【开始】|【幻灯片】|【新建幻灯片】命令，在其菜单中选择一种幻灯片版式，即可增加幻灯片，如图 12-23 所示。

除了上述方法之外，用户也可以通过键盘操作插入新的幻灯片。选择【幻灯片选项卡】窗格中的幻灯片，用户即可按 Enter 键，直接插入与所选幻灯片相同版式的新幻灯片。

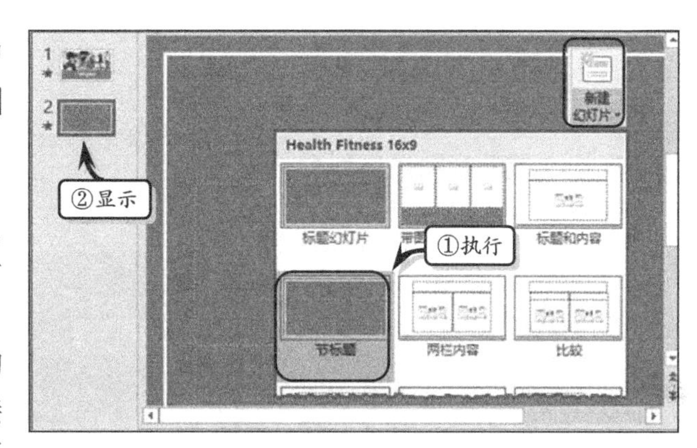

图 12-23 新建幻灯片

提 示

选择【幻灯片选项卡】窗格中的幻灯片，右击，执行【新建幻灯片】命令，创建新的幻灯片。

2. 减少幻灯片

减少幻灯片即删除幻灯片，一般情况下用户可通过下列方法，来删除幻灯片。

- **通过【幻灯片】选项组删除** 选择需要删除的幻灯片，执行【开始】|【幻灯片】|【删除】命令即可。
- **通过右击删除** 选择需要删除的幻灯片，右击执行【删除幻灯片】命令即可。
- **通过键盘删除** 选择需要删除的幻灯片，按 Delete 键即可。

12.2.2 复制与移动幻灯片

在 PowerPoint 中，除了可以增加幻灯片之外，用户还可以在同一个演示文稿或不同演示文稿中移动与复制幻灯片。

1. 复制幻灯片

用户可以通过复制幻灯片的方法，来保持新建幻灯片与已建幻灯片版式与设计风格的一致性。选择需要复制的幻灯片，执行【开始】|【剪贴板】|【复制】命令，或执行【幻灯片】|【新建幻灯片】|【复制选定幻灯片】命令，如图 12-24 所示。然后，选择放置位

置，执行【开始】|【剪贴板】|【粘贴】命令即可。

提 示

用户可以通过 Ctrl+C 组合键复制幻灯片，通过 Ctrl+V 组合键粘贴幻灯片。

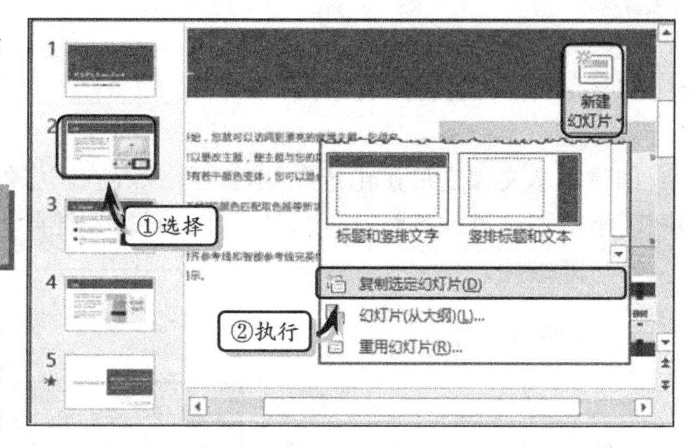

图 12-24 复制幻灯片

另外，同时打开两个演示文稿，执行【视图】|【窗口】|【全部重排】命令。在其中一个演示文稿中选择需要移动的幻灯片，按下鼠标左键并拖动鼠标到另外一个演示文稿中即可，如图 12-25 所示。

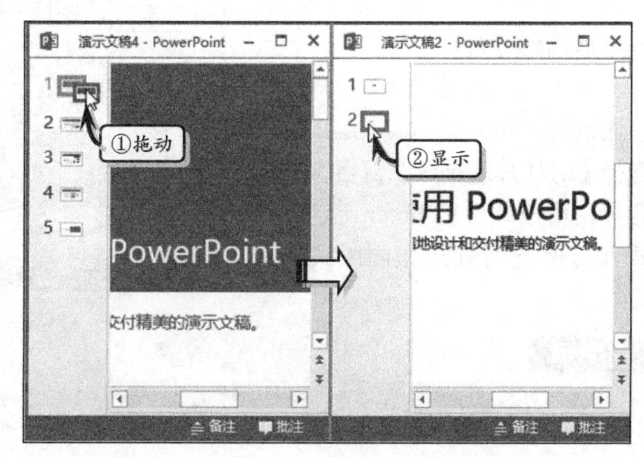

图 12-25 不同演示文稿中复制幻灯片

2. 移动幻灯片

在【幻灯片选项卡】窗格中选择要移动的幻灯片，按下鼠标左键并拖动至合适位置后，松开鼠标即可移动幻灯片，如图 12-26 所示。

另外，还可以选择要移动的幻灯片，执行【开始】|【剪贴板】|【剪切】命令。然后选择要移动幻灯片的新位置，执行【开始】|【剪贴板】|【粘贴】命令，即可移动幻灯片，如图 12-27 所示。

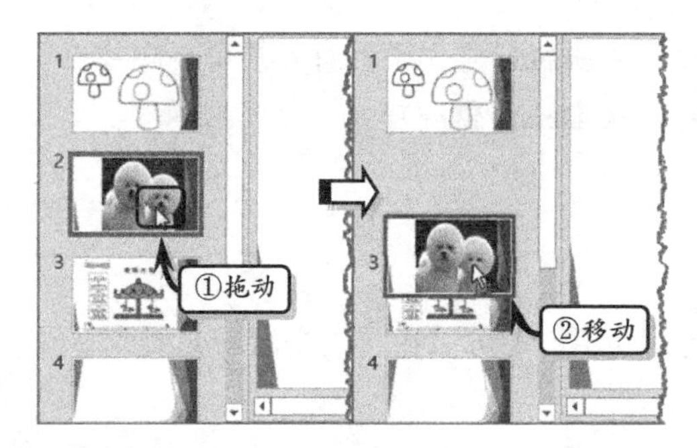

图 12-26 移动幻灯片

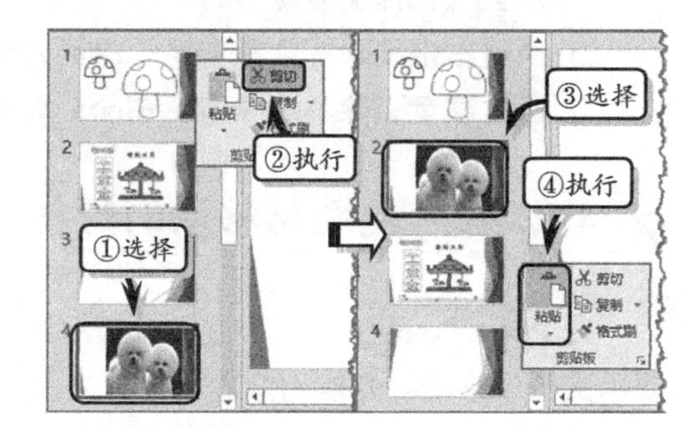

图 12-27 剪切幻灯片

提 示

用户可以通过 Ctrl+X 组合键复制幻灯片，通过 Ctrl+V 组合键粘贴幻灯片。

12.2.3 编辑幻灯片节

PowerPoint 为用户提供了一个节功能，通过该功能可以将不同类别的幻灯片进行分组，从而便于管理演示文稿中的幻灯片。

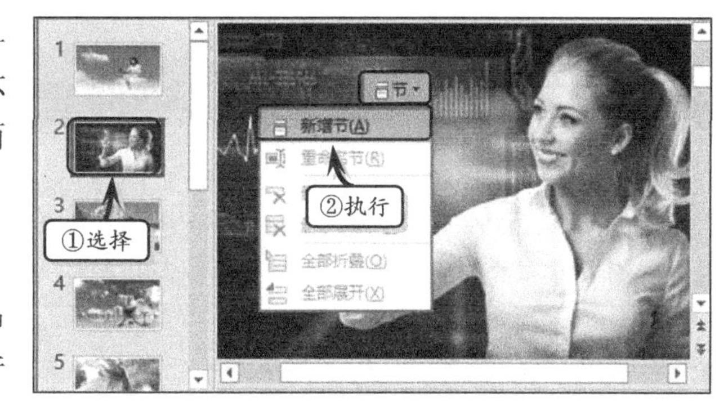

图 12-28 新增节

1. 新增节

在【幻灯片选项卡】窗格中选择需要添加节的幻灯片，执行【开始】|【幻灯片】|【新增节】命令，即可为幻灯片增加一个节，如图 12-28 所示。

提 示

用户还可以选择两个幻灯片之间的空白处，右击，执行【新增节】命令，来添加新节。

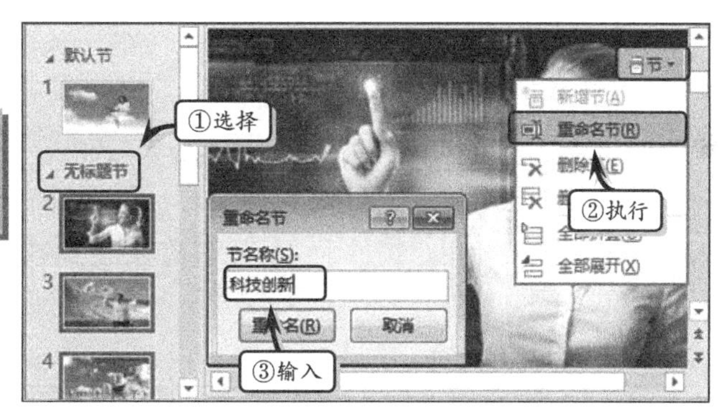

图 12-29 重命名节

2. 重命名节

选择幻灯片中的节名称，执行【开始】|【幻灯片】|【节】|【重命名】命令，在弹出的【重命名节】对话框中输入节名称，单击【确定】按钮即可，如图 12-29 所示。

3. 删除节

选择需要删除的节标题，执行【开始】|【幻灯片】|【节】|【删除】命令，即可删除所选的节，如图 12-30 所示。

另外，直接执行【开始】|【幻灯片】|【节】|【删除所有节】命令，即可删除幻灯片中的所有节，如图 12-31 所示。

图 12-30 删除节

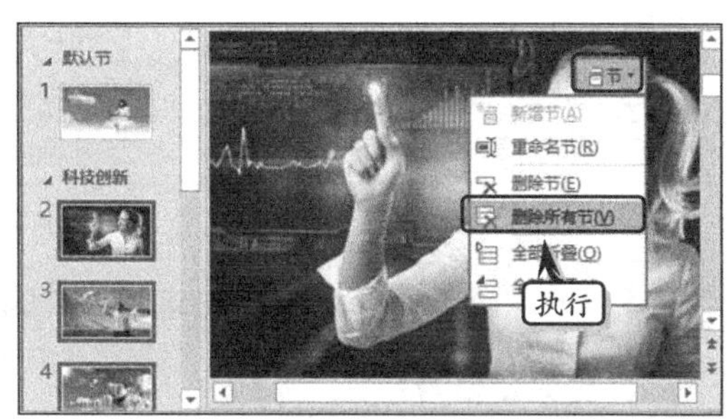

图 12-31 删除所有节

提 示

用户也可以右击节标题，执行【删除】或【删除所有节】命令，删除所选的节或所有的节。

12.3 设置版式与主题

在设计演示文稿时，可通过设计幻灯片的布局、版式和主题等操作，来保持所有的幻灯片风格外观的一致性，以增加演示文稿的可视性、实用性与美观性。下面将详细介绍设置幻灯片布局、版式和主题的基础知识和操作方法。

12.3.1 设置幻灯片版式

幻灯片的布局格式也称为幻灯片版式，通过幻灯片版式的应用，使幻灯片的制作更加整齐、简洁。

1. 新建幻灯片版式

创建演示文稿之后，用户会发现所有新创建的幻灯片的版式，都被默认为“标题幻灯片”版式。为了丰富幻灯片内容，体现幻灯片的实用性，需要设置幻灯片的版式。PowerPoint 主要为用户提供了“标题和内容”“比较”“内容与标题”“图片与标题”等 11 种版式。其具体内容如表 12-1 所示。

表 12-1 幻灯片版式

版式名称	包含内容
标题幻灯片	标题占位符和副标题占位符
标题和内容	标题占位符和正文占位符
节标题	文本占位符和标题占位符
两栏内容	标题占位符和 2 个正文占位符
比较	标题占位符、2 个文本占位符和 2 个正文占位符
仅标题	仅标题占位符
空白	空白幻灯片
内容与标题	标题占位符、文本占位符和正文占位符
图片与标题	图片占位符、标题占位符和文本占位符
标题和竖排文字	标题占位符和竖排文本占位符
垂直排列标题与文本	竖排标题占位符和竖排文本占位符

选择需要在其下方新建幻灯片的幻灯片，然后执行【开始】|【幻灯片】|【新建幻灯片】|【两栏内容】命令，即可创建新版式的幻灯片，如图 12-32 所示。

2. 更改幻灯片版式

选择需要应用版式的幻灯片，执行【开始】|【幻灯片】|【版式】|【两栏内容】命

令，即可将现有幻灯片的版式应用为“两栏内容”的版式，如图 12-33 所示。

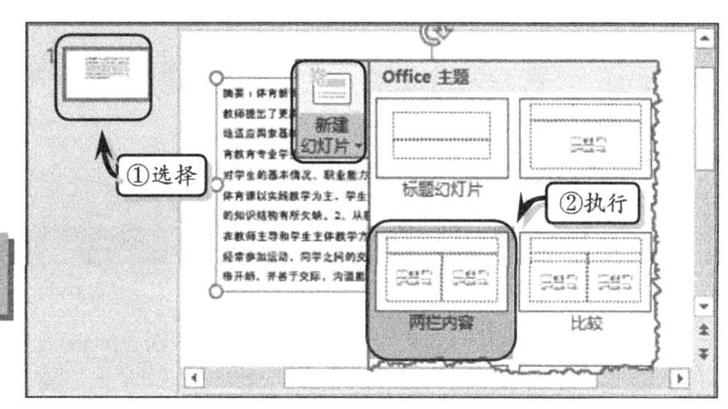

图 12-32 新建版式

提 示

通过【版式】命令应用版式，可以直接在所选的幻灯片中更改其版式。

3. 重用幻灯片版式

执行【开始】|【幻灯片】|【新建幻灯片】|【重用幻灯片】命令，弹出【重用幻灯片】任务窗格，单击【浏览】按钮，在其列表中选择【浏览文件】选项，如图 12-34 所示。

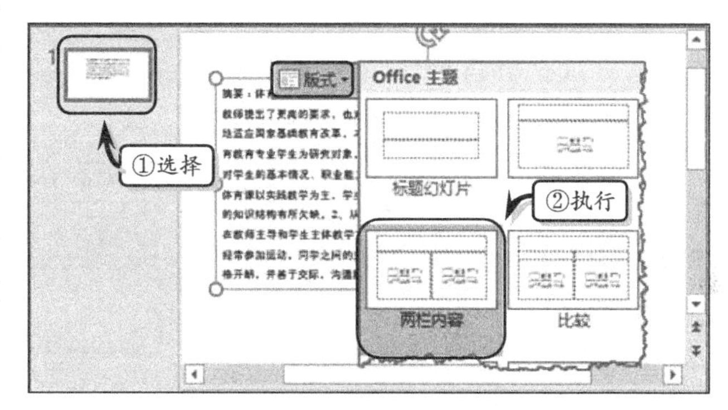

图 12-33 更改版式

然后，在弹出的【浏览】对话框中选择一个幻灯片演示文件，单击【打开】按钮，如图 12-35 所示。

此时，系统会自动在【重用幻灯片】任务窗格中显示所打开演示文稿中的幻灯片，在其列表中选择一种幻灯片，将所选幻灯片插入到当前演示文稿中，如图 12-36 所示。

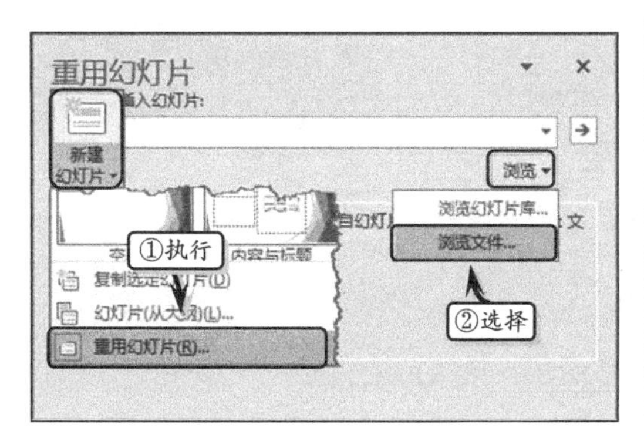

图 12-34 浏览文件

图 12-35 选择文件

12.3.2 设置幻灯片母版

幻灯片母版主要用来控制下属所有幻灯片的格式，当用户更改母版格式时，所有幻灯片的格式也将同时被更改。在幻灯片母版中，可以设置主题类型、字体、颜色、效果及背景样式等格式。同时，还可以插入幻灯片母版、插入版式、设置幻灯片方向等。下面便开始详细讲解设置幻灯片母版的具体内容。

1．插入幻灯片母版

执行【视图】|【母版视图】|【幻灯片母版】命令，将视图切换到“幻灯片母版”视图中。然后，执行【幻灯片母版】|【编辑母版】|【插入幻灯片母版】命令，即可在母版视图中插入新的幻灯片母版，如图 12-37 所示。对于新插入的幻灯片母版，系统会根据母版个数自动以数字进行命名。例如，插入第一个幻灯片母版后，系统自动命名为 2，继续插入第二个幻灯片母版后，系统会自动命名为 3，以此类推。

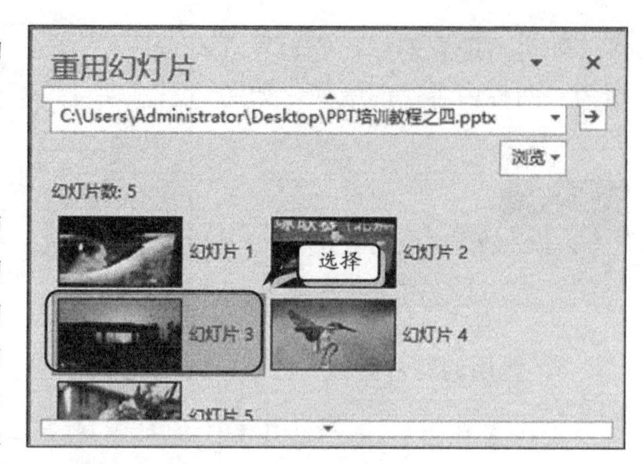

图 12-36 选择重用的幻灯片

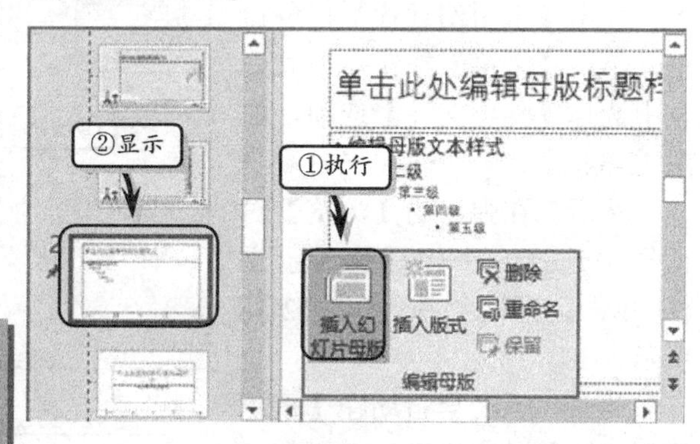

图 12-37 插入幻灯片母版

提 示

在【幻灯片选项卡】窗格中，选择任意一个幻灯片，右击，执行【插入幻灯片母版】命令，即可插入一个新的幻灯片母版。

2．插入幻灯片版式

在幻灯片母版中，系统为用户准备了 14 个幻灯片版式，该版式与普通幻灯片中的版式一样。当母版中的版式无法满足工作需求时，选择幻灯片的位置，执行【幻灯片母版】|【编辑母版】|【插入版式】命令，便可以在选择的幻灯片下面插入一个标题幻灯片，如图 12-38 所示。

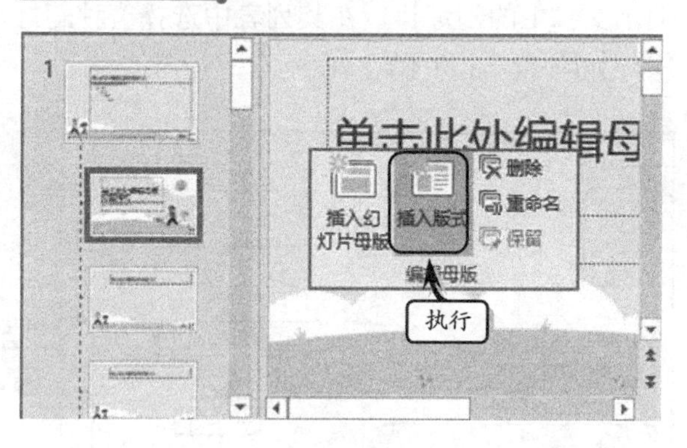

图 12-38 插入幻灯片版式

提 示

如果用户选择第一张幻灯片，执行【插入版式】命令后，系统将自动在整个母版的末尾处插入一个新版式。

3．插入占位符

PowerPoint 为用户提供了内容、文本、图表、图片、表格、媒体、剪贴画、SmartArt 等 10 种占位符，用户可根据具体需求在幻灯片中插入新的占位符。

选择除第一张幻灯片之外的任意一个幻灯片，执行【幻灯片母版】|【母版版式】|【插入占位符】命令，在其级联菜单中选择一种占位符的类型，并拖动鼠标放置占位符，

如图 12-39 所示。

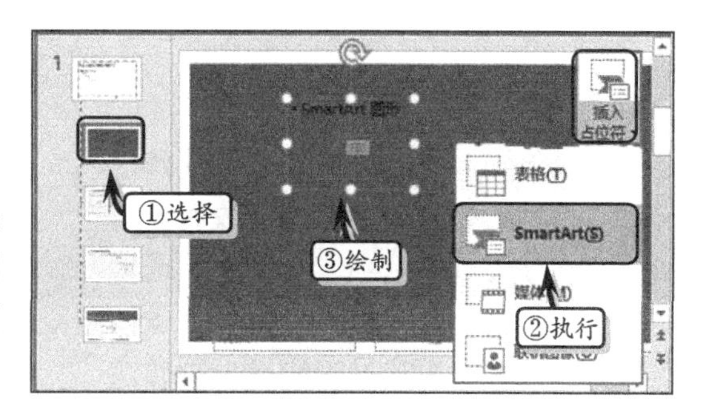

图 12-39 插入占位符

4. 设置页脚和标题

在幻灯片母版中，系统默认的版式显示了标题与页脚，用户可通过启用或禁用【母版版式】选项卡中的【标题】或【页脚】复选框，来隐藏标题与页脚。例如，禁用【页脚】复选框，将会隐藏幻灯片中页脚显示。同样，启用【页脚】复选框便可以显示幻灯片中的页脚，如图 12-40 所示。

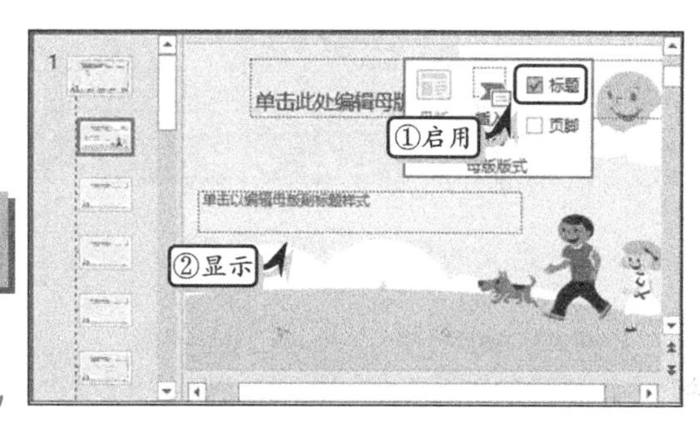

图 12-40 设置标题

提 示

在设置页眉和标题时，幻灯片母版中的第一张幻灯片将不会被更改。

12.3.3 设置幻灯片主题

幻灯片主题是应用于整个演示文稿的各种样式的集合，包括颜色、字体和效果三大类。PowerPoint 预置了多种主题供用户选择，除此之外，还可以通过自定义主题样式，来弥补自带主题样式的不足。

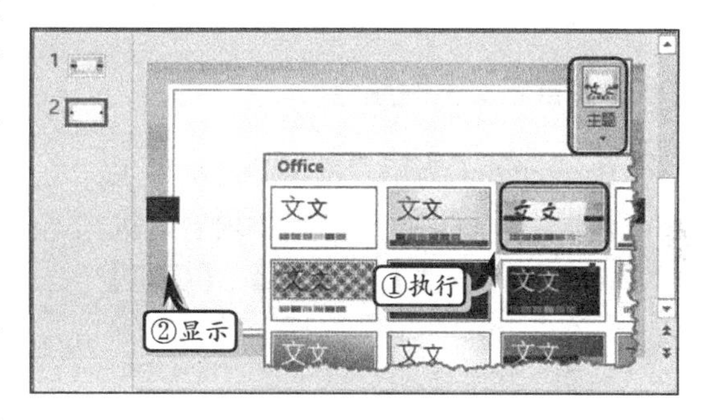

图 12-41 应用主题

1. 应用主题

在演示文稿中更改主题样式时，默认情况下会同时更改所有幻灯片的主题。用户只需执行【设计】|【主题】|【环保】命令，即可将“环保”主题应用到整个演示文稿中，如图 12-41 所示。

提 示

选择主题，右击，执行【添加到快速访问工具栏】命令，即可将该主题以命令的形式添加到【快速访问工具栏】中。

另外，对于具有一定针对性的幻灯片，用户也可以单独应用某种主题。选择幻灯片，在【主题】列表中选择一种主题，右击，执行【应用于选定幻灯片】命令即可，如图 12-42 所示。

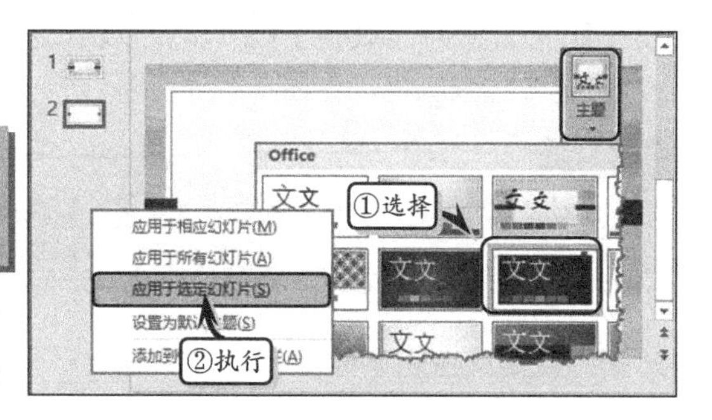

图 12-42 应用选定幻灯片

2. 应用变体效果

PowerPoint 为用户提供了“变体”样式，该样式会随着主题的更改而自动更换。在【设计】选项卡【变体】选项组中，系统会自动提供 4 种不同背景颜色的变体效果，用户只需选择一种样式进行应用，如图 12-43 所示。

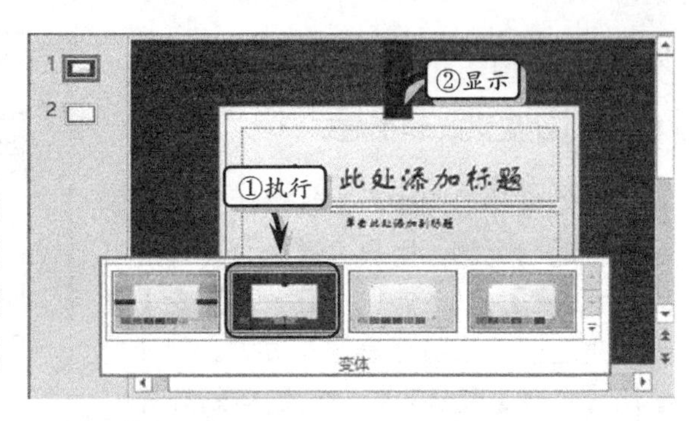

图 12-43 应用变体

提 示

右击变体效果，执行【应用于所选幻灯片】命令，即可将变体效果只应用到当前幻灯片中。

3. 自定义效果

PowerPoint 为用户 16 种主题效果，用户可根据幻灯片的内容，执行【设计】|【变体】|【其他】|【效果】命令，在其级联菜单中选择一种主题效果，如图 12-44 所示。

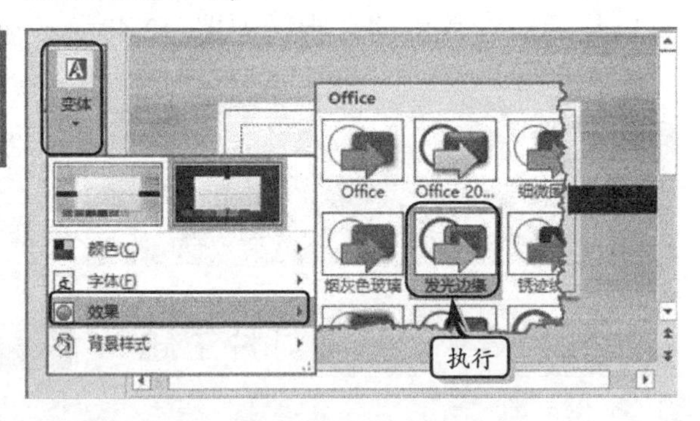

图 12-44 自定义主题效果

4. 自定义主题颜色

PowerPoint 为用户准备了 24 种主题颜色，用户可根据幻灯片的内容，执行【设计】|【变体】|【其他】|【颜色】命令，在其级联菜单中选择一种主题颜色，如图 12-45 所示。

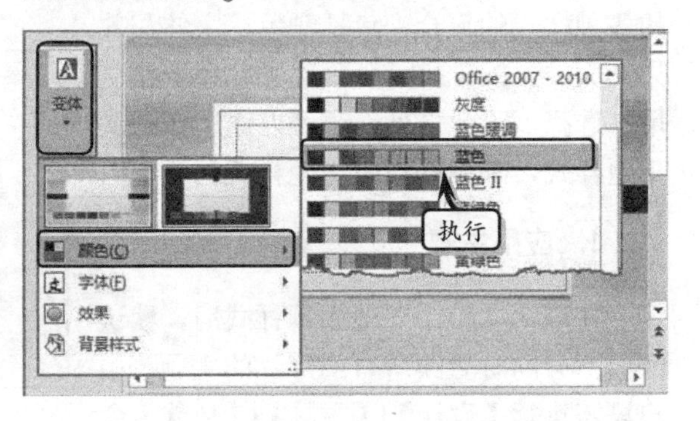

图 12-45 自定义主题颜色

除了上述 24 种主题颜色之外，用户还可以创建自定义主题颜色。执行【设计】|【变体】|【其他】|【颜色】|【自定义颜色】命令，自定义主题颜色，如图 12-46 所示。

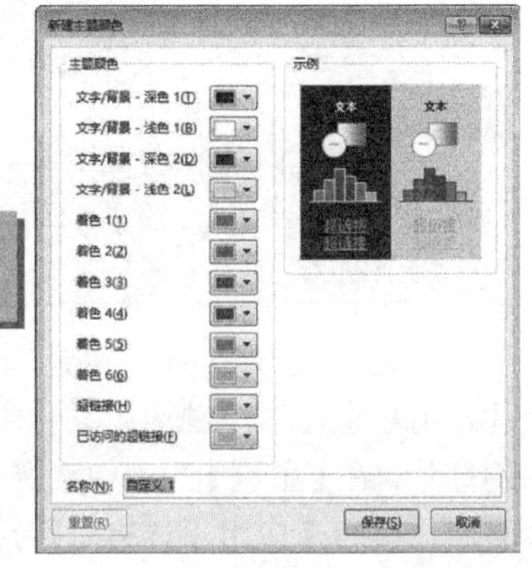

图 12-46 新建主题颜色

提 示

当用户不满意新创建的主题颜色，单击【重置】按钮，可重新设置主题颜色。

5. 自定义主题字体

PowerPoint 为用户准备了 26 种主题字体，用户可根据幻灯片的内容，执行【设计】|【变体】|【其他】|【字体】命令，在其级联菜单中选择一种主题字体，如图 12-47

所示。

除了上述26种主题字体之外，用户还可以创建自定义主题字体。执行【设计】|【变体】|【其他】|【字体】|【自定义字体】命令，自定义主题字体，如图12-48所示。

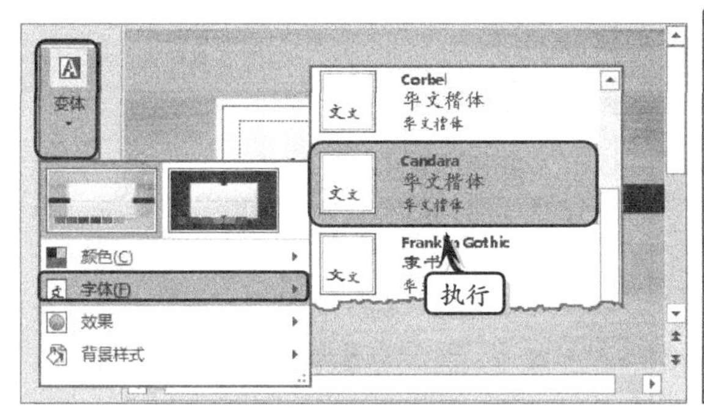

图12-47 自定义主题字体

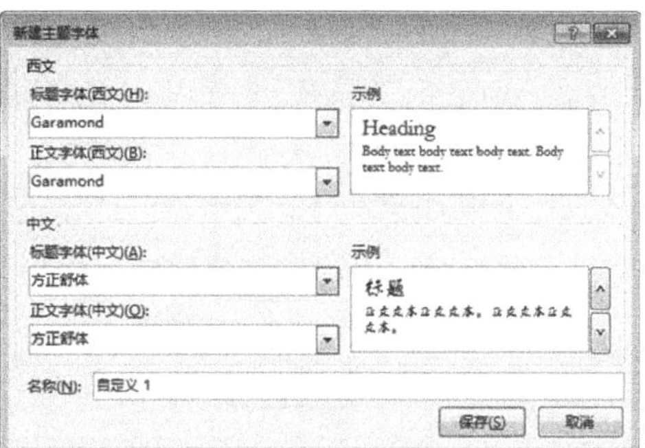

图12-48 新建主题字体

12.3.4 练习：设计母版演示文稿

PowerPoint为用户提供了设置幻灯片母版的功能，运用该功能可以帮助用户制作独特、优美且符合特定内容的演示文稿。在本练习中，将通过设置演示文稿中单一幻灯片的母版样式，来详细介绍自定义演示文稿的操作方法，如图12-49所示。

图12-49 设计母版演示文稿

操作步骤：

1 设置幻灯片母版。新建空白演示文稿，执行【视图】|【母版视图】|【幻灯片母版】命令，切换到“幻灯片母版”视图中。如图12-50所示。

2 绘制形状。选择第2张幻灯片，执行【插入】|【插图】|【形状】|【矩形】命令，在底部绘制一个矩形形状，如图12-51所示。

3 选择矩形形状，执行【格式】|【形状样式】|【形状填充】|【其他填充颜色】|【自定义】命令，设置填充颜色，如图12-52所示。使用同样方法，设置边框颜色。

4 在矩形形状上方绘制一个长度为34.33的

线条，设置线条宽度为 4.5 磅。线条颜色为“白色，背景 1，深色 25%”，如图 12-53 所示。

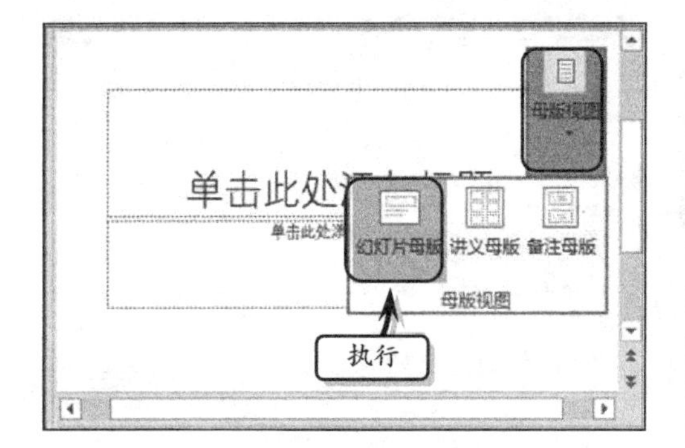

图 12-50 切换到母版视图中

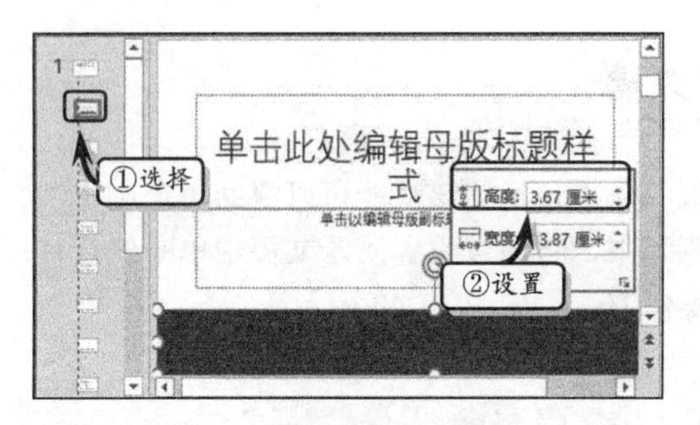

图 12-51 绘制形状

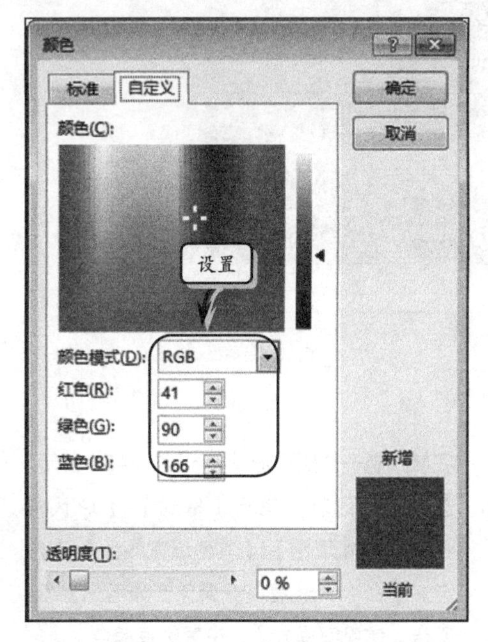

图 12-52 设置填充颜色

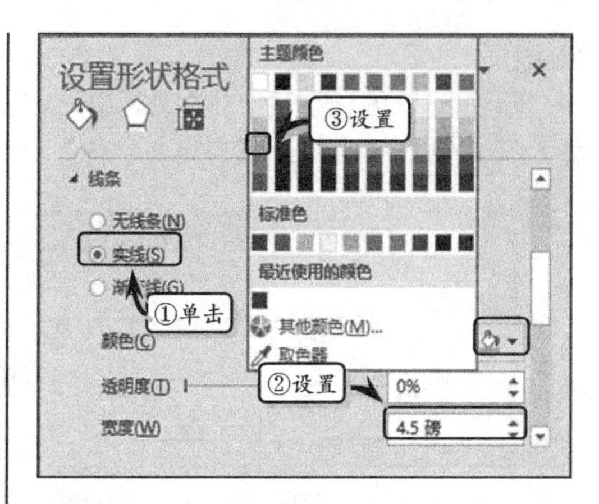

图 12-53 设置线条

5 执行【插入】|【图像】|【图片】命令，选择图片文件，单击【插入】按钮，并调整图片位置，如图 12-54 所示。

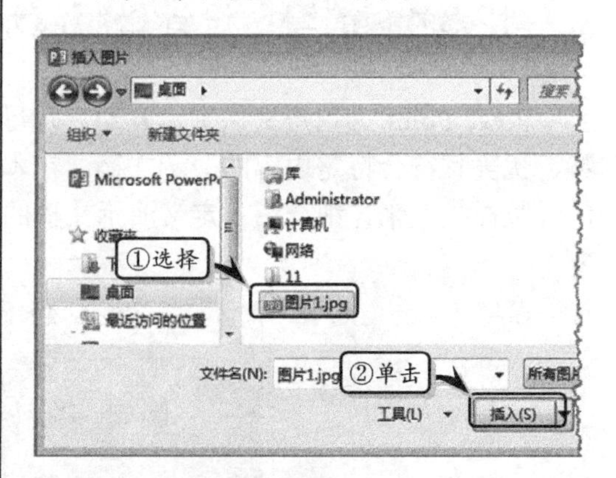

图 12-54 插入图片

6 选择第 3 张幻灯片，执行【幻灯片母版】|【背景】|【背景样式】|【设置图片格式】命令，单击【文件】选项，选择图片文件，设置幻灯片母版的背景样式为图片，如图 12-55 所示。

7 在弹出的【插入图片】对话框中，选择图片文件，单击【插入】按钮，如图 12-56 所示。

8 绘制形状。在顶部绘制高度为 1.35 的矩形形状，并设置其填充颜色和边框样式，如图 12-57 所示。

9 关闭幻灯片母版，执行【文件】|【保存】命令，在弹出的【另存为】对话框中，选择保

存位置，输入文件名，单击【保存】按钮，如图 12-58 所示。

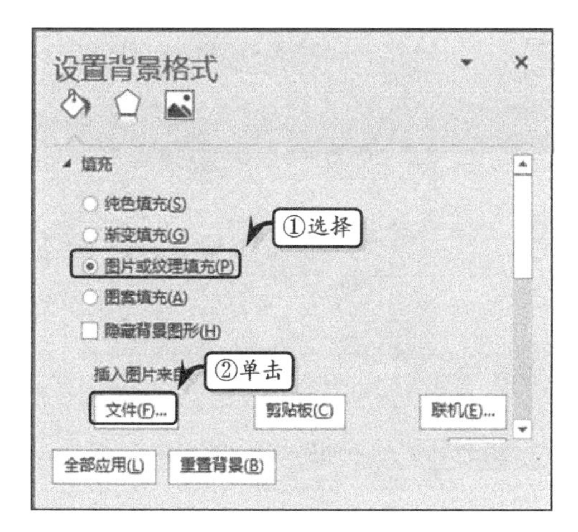

图 12-55 设置背景

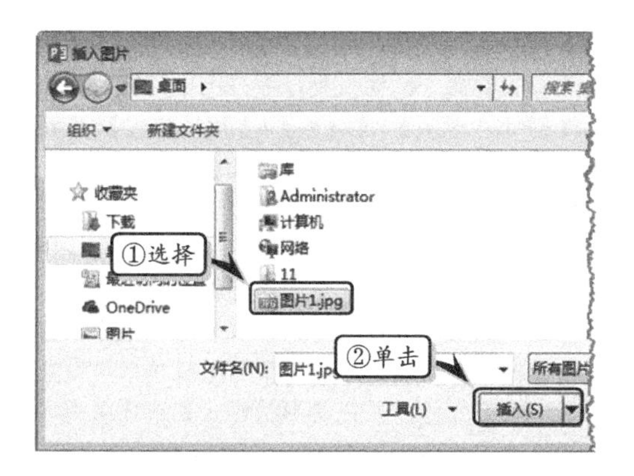

图 12-56 插入图片

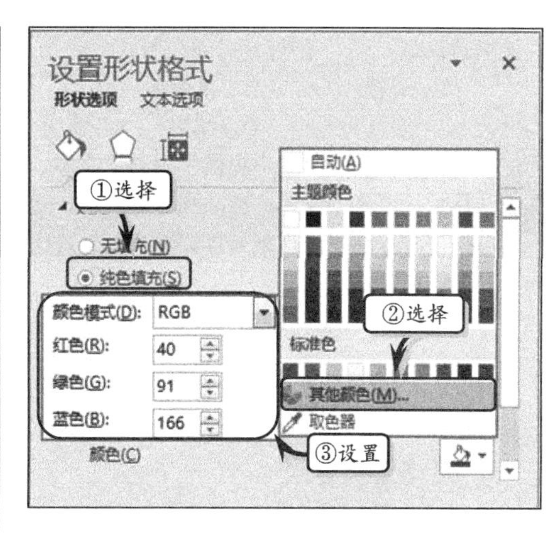

图 12-57 设置形状

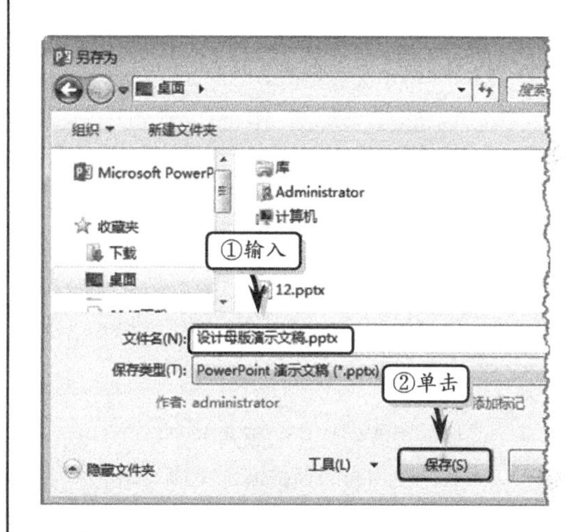

图 12-58 保存演示文稿

12.4 思考与练习

一、填空题

1．幻灯片母版主要用来控制________的格式，当用户更改母版格式时，________的格式也将同时被更改。

2．PowerPoint 主要为用户提供了__________、__________、__________、__________等 11 种版式。

3．幻灯片主题是应用于整个演示文稿的各种样式的集合，包括________、________和________三大类。

4．在 PowerPoint 2016 中，新建演示文稿的快捷键为________。

5．用户还可以在【宽度】和【高度】两个输入文本域下方，设置演示文稿起始的幻灯片编号，在默认状态下，幻灯片编号从_____开始。

6．用户可以通过________组合键复制幻灯片，通过________组合键粘贴幻灯片，通过________键来删除文本。

二、选择题

1．插入新的母版与版式之后，为了区分每个版式与母版的用途与内容，可以设置母版与版式的名称，即_______幻灯片母版与版式。

A．新建　　B．重命名

C．插入　　D．编辑

2．PowerPoint 为用户提供了内容、文本、图表、图片、表格、媒体、剪贴画、SmartArt 等_____种占位符，用户可根据具体需求在幻灯片中插入新的占位符。

A．24　　B．12

C．10　　D．8

3．创建演示文稿之后，用户会发现所有新创建的幻灯片的版式，都被默认为______版式。

A．两栏内容

B．标题幻灯片

C．内容与标题

D．图片与标题

4．在设置页眉和标题时，幻灯片母版中的_____幻灯片将不会被更改。

A．最后一张　　B．第一张

C．第二张　　D．第三张

5．PowerPoint 2016 为用户提供了“_____”样式，该样式会随着主题的更改而自动更换。

A．主题　　B．颜色

C．变体　　D．切换

三、问答题

1．如何更改幻灯片的版式？

2．如何使用密码保护演示文稿？

3．如何自定义主题颜色？

四、上机练习

1．添加幻灯片节

在本练习中，将运用 PowerPoint 中的模板功能，创建模板演示文稿并为演示文稿添加幻灯片节，如图 12-59 所示。首先，创建“四季自然”演示文稿。选择第 2 张幻灯片，执行【开始】|【幻灯片】|【节】|【新增节】命令，在第 2 张幻灯片上方新增加一个节标题。选择该节标题，执行【开始】|【幻灯片】|【节】|【重命名节】命令，在弹出的对话框中输入节名称。使用同样方法，分别在第 6 张和第 10 张幻灯片上方添加新节，并重命名节。最后，单击节标题前面的三角符号，折叠节。

图 12-59　添加幻灯片节

2．自定义幻灯片母版

在本实例中，将运用 PowerPoint 中的幻灯片母版功能，来自定义一个幻灯片母版，如图 12-60 所示。首先执行【视图】|【母版视图】|【幻灯片母版】命令，切换到母版视图中。然后，执行【幻灯片母版】|【背景】|【背景样式】|【设置背景格式】命令。选中【渐变填充】选项，将【类型】设置为“标题的阴影”，保留两个渐变光圈，并设置渐变光圈的透明度、亮度和颜色，单击【全部应用】按钮。然后，在幻灯片中绘制一条直线和曲线，并在【形状样式】选项组中设置其轮廓样式。最后，绘制一个等腰三角形，设置其渐变填充颜色，并在【形状样式】选项组中设置形状的柔化边缘效果。

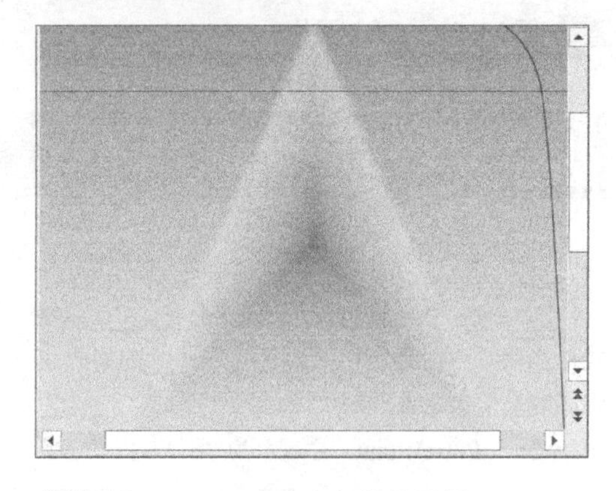

图 12-60　自定义幻灯片母版

第 13 章 使用图形

PowerPoint 除了具有版式和主题等设计元素之外，还具有使用图像、形状和 SmartArt 图形展示数据和增加幻灯片美观性的功能。用户不仅可以使用图像增加幻灯片的美观性，而且还可以使用形状和 SmartArt 图形，以各种几何图形的位置关系来表现幻灯片中若干元素之间的逻辑结构关系，从而使幻灯片中的数据更加生动、形象，更富有说服力。在本章中，将详细介绍使用图形美化幻灯片的基础知识和使用方法。

本章学习内容：

- 插入图片
- 编辑图片
- 美化图片
- 绘制形状
- 美化形状
- 创建 SmartArt 图形
- 编辑 SmartArt 图形
- 美化 SmartArt 图形

13.1 使用图片

在使用 PowerPoint 设计和制作演示文稿时，除了可以通过设置版式、背景和主题等方法来增加幻灯片的美观性之外，还可以通过为其应用图像内容来增强幻灯片的表现力。

13.1.1 插入图片

PowerPoint 允许用户直接从本地磁盘或网络中选择图片，将其插入到演示文稿中。

插入图片，一般包括插入本地图片、插入网络中的图片和插入屏幕截图 3 种内容。

1. 插入本地图片

执行【插入】|【图像】|【图片】命令，弹出【插入图片】对话框。在该对话框中选择需要插入的图片文件，并单击【插入】按钮，如图 13-1 所示。

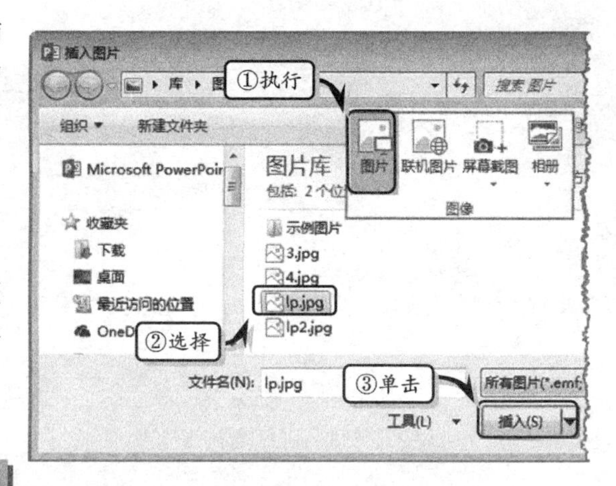

图 13-1 插入本地图片

提 示

单击【插入图片】对话框中的【插入】下拉按钮，选择【链接到文件】选项，当图片文件丢失或移动位置时，重新打开演示文稿，图片无法正常显示。

另外，新建一张具有“标题和内容”版式的幻灯片，在内容占位符中单击占位符中的【图片】图标。然后在弹出的【插入图片】对话框中选择所需图片，单击【插入】按钮即可。

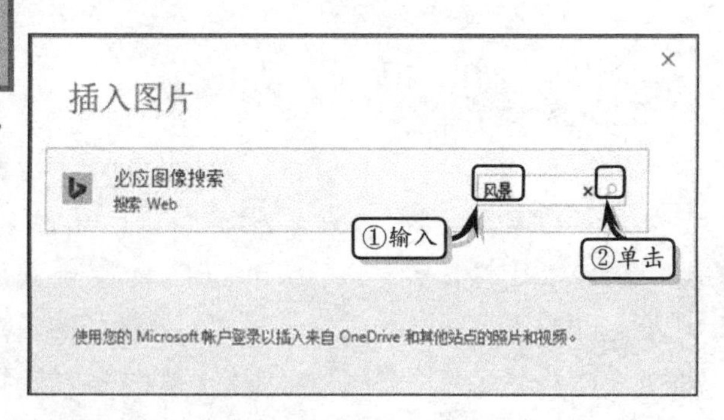

图 13-2 搜索图片

2. 插入联机图片

在 PowerPoint 2016 中，系统用“联机图片”功能代替了“剪贴画”功能。通过“联机图片”功能既可以插入剪贴画，也可以插入网络中的搜索图片。执行【插入】|【图像】|【联机图片】命令，在弹出的【插入图片】对话框中的【Office.com 剪贴画】搜索框中输入搜索内容，单击【搜索】按钮，搜索剪贴画，如图 13-2 所示。

然后，在搜索到的剪贴画列表中，选择需要插入的图片，单击【插入】按钮，将图片插入到幻灯片中，如图 13-3 所示。

3. 插入屏幕截图

屏幕截图可以截取当前系统打开的窗口，将其转换为图像，插入到演示文稿中。执行【插入】|【图像】|【屏幕截图】|【屏幕剪辑】命令，此时系统会自动显示当前计算机中打开的其他窗口，按下鼠标左键并拖动鼠标裁剪图片范围，即可将裁剪的图片范围添加到幻灯片中，如图 13-4 所示。

提 示

执行【插入】|【图像】|【屏幕截图】命令，在其级联菜单中选择截图图片，将图片插入到幻灯片中。屏幕截图中的可用视窗只能截取当前处于最大化窗口方式的窗口，而不能截取最小化的窗口。

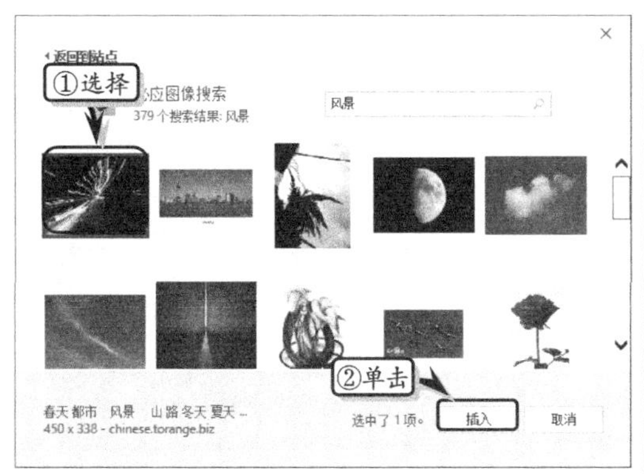

图 13-3 插入图片

图 13-4 插入屏幕截图

13.1.2 编辑图片

为幻灯片插入图片后，为了使图文更易于融合到幻灯片中，也为了使图片更加美观，还需要对图片进行一系列的编辑操作。

1. 编辑图片效果

PowerPoint 为用户提供了 30 种图片更正效果，选择图片，执行【图片工具】|【格式】|【调整】|【更正】命令，在其级联菜单中选择一种更正效果，如图 13-5 所示。

提 示

用户可通过执行【格式】|【调整】|【重设图片】命令，撤销图片的设置效果，恢复至最初状态。

另外，执行【图片工具】|【格式】|【调整】|【更正】|【图片更正选项】命令。在【设置图片格式】任务窗格中的【图片更正】选项组中，根据具体情况自定义图片更正参数，如图 13-6 所示。

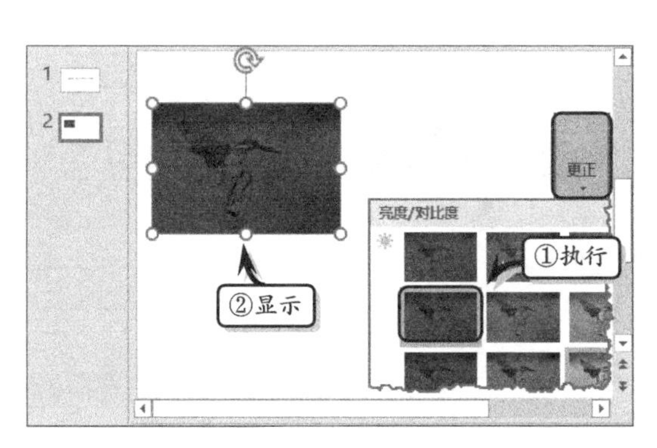

图 13-5 设置图片效果

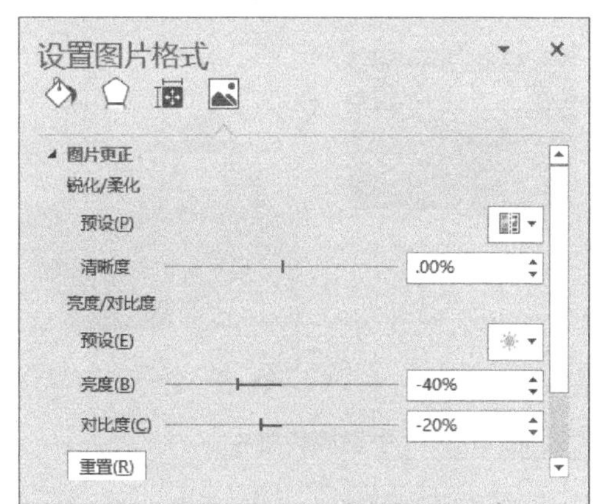

图 13-6 设置更正选项

2. 编辑图片颜色

选择图片，执行【格式】|【调整】|【颜色】命令，在其级联菜单中的【重新着色】

栏中选择相应的选项，设置图片的颜色样式，如图 13-7 所示。

另外，执行【颜色】|【图片颜色选项】命令，在弹出的【设置图片格式】任务窗格中的【图片颜色】选项组中设置图片颜色的饱和度、色调与重新着色等选项，如图 13-8 所示。

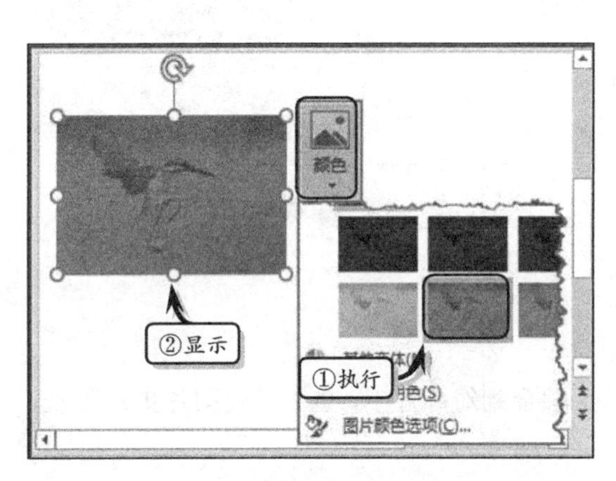

图 13-7 设置图片颜色

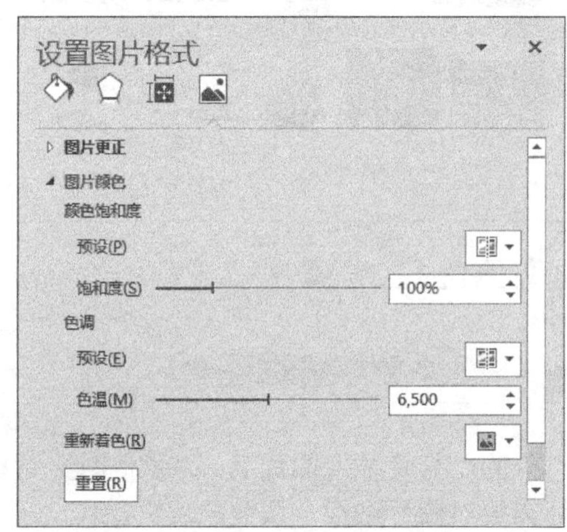

图 13-8 设置颜色选项

3. 旋转图片

选择图片，将鼠标移至图片上方的旋转点处，当鼠标变成↻形状时，按住鼠标左键，当鼠标变成形状时，旋转鼠标即可旋转图片，如图 13-9 所示。

另外，选择图片，执行【图片工具】|【排列】|【旋转】命令，在其级联菜单中选择一种选项，即可将图片向右或向左旋转 90°，以及垂直和水平翻转图片，如图 13-10 所示。

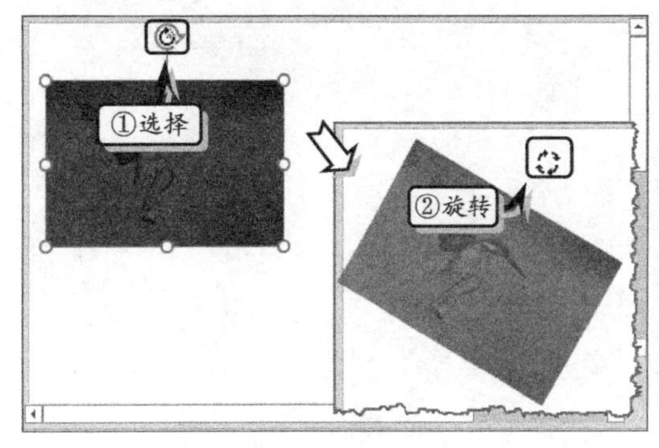

图 13-9 手动旋转图片

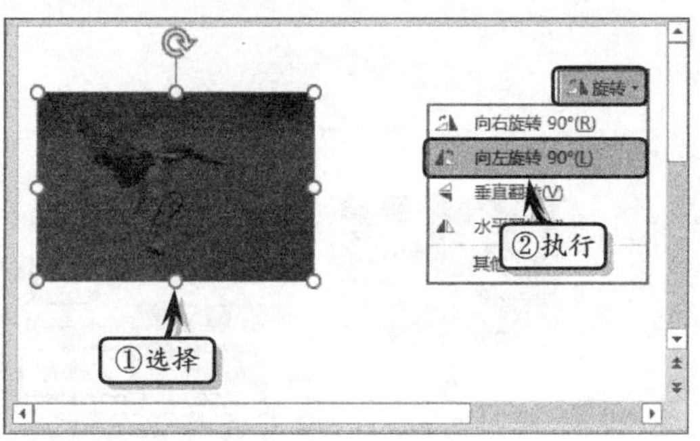

图 13-10 按方向旋转图片

4. 设置显示层次

当幻灯片中存在多个对象时，为了突出显示图片对象的完整性，还需要设置图片的显示层次。选择图片，执行【图片工具】|【格式】|【排列】|【上移一层】|【置于顶层】命令，将图片放置于所有对象的最上层，如图 13-11 所示。

提 示

选择图片，右击，执行【置于顶层】|【置于顶层】命令，也可将图片放置于所有对象的最上面。

5. 裁剪图片

为了达到美化图片的实用性和美观性，还需要对图片进行裁剪，或将图片裁剪成各种形状。选择图片，执行【图片工具】|【格式】|【大小】|【裁剪】|【裁剪为形状】命令，在其级联菜单中选择形状类型即可，如图 13-12 所示。

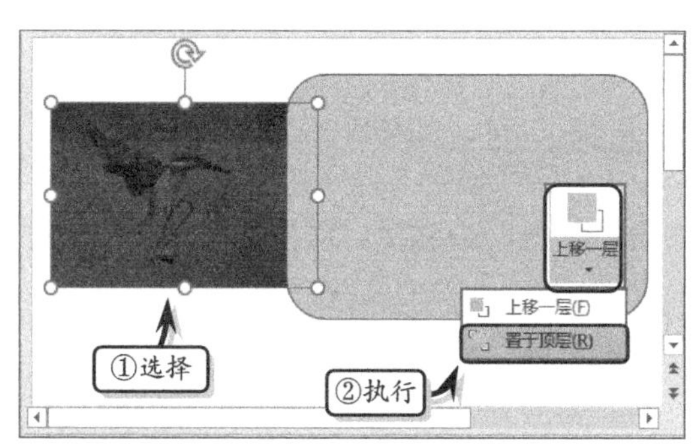

图 13-11 设置显示层次

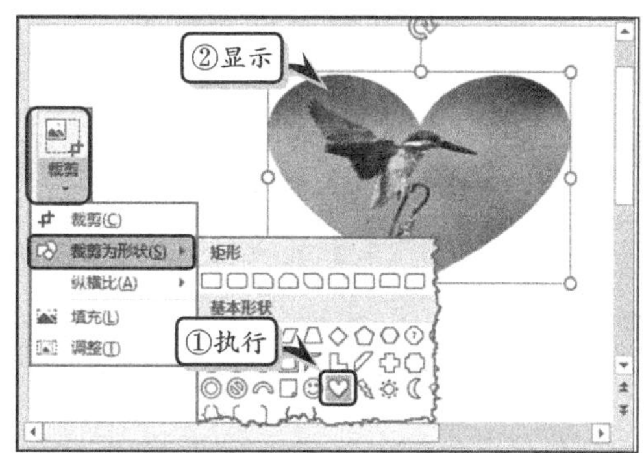

图 13-12 裁剪为形状

除了自定义裁剪图片之外，PowerPoint 还提供了纵横比裁剪模式，使用该模式可以将图片以 2:3、3:4、3:5 和 4:5 进行纵向裁剪，或将图片以 3:2、4:3、5:3 和 5:4 等进行横向裁剪。

13.1.3 美化图片

在幻灯片中插入图片之后，用户可以通过设置图片的样式、图表边框和图片效果等操作，来达到美化图片的目的，从而增加图片的美观性和装饰性。

1. 应用快速样式

快速样式是 PowerPoint 预置的 28 种图像样式的集合，用户可方便地将预设的样式应用到图像上。选择图片，执行【图片工具】|【格式】|【图片样式】|【快速样式】命令，在其级联菜单中选择一种快速样式，进行应用，如图 13-13 所示。

2. 自定义图片样式

除了使用系统内置的快速样式来美化图片之外，还可以通过自定义样式，达到美化图片的目的。右击图片，执行【设置图片格式】命令，打开【设置图片格式】任务窗格。激活【线条填充】选项卡，在【填充】选项组中，设置颜色的纯色、渐变、图片、纹理或图案等填充效果，如图 13-14 所示。

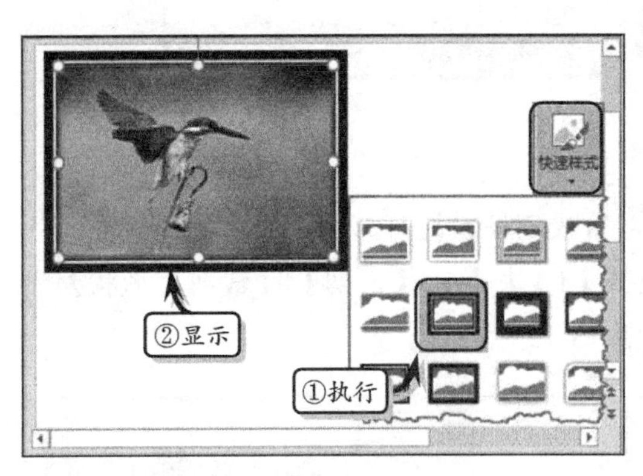

图 13-13 应用快速样式

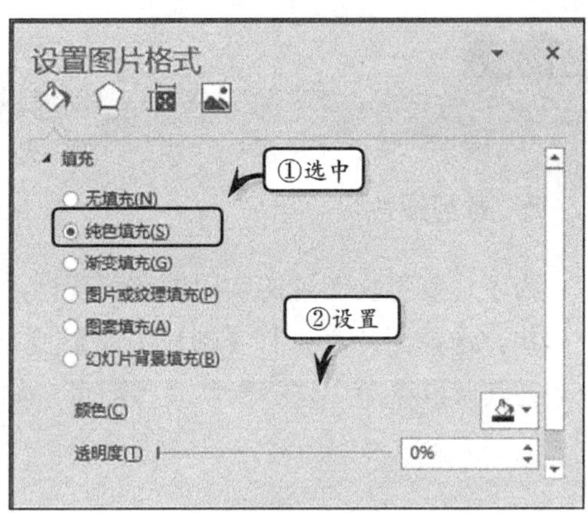

图 13-14 设置填充效果

另外，在【线条】选项组中，可以设置线条的颜色、透明度、复合类型和端点类型等线条效果，如图 13-15 所示。

3. 自定义图片效果

PowerPoint 为用户提供了预设、阴影、映像、发光、柔化边缘、棱台和三维旋转 7 种效果，帮助用户对图片进行特效美化。

选择图片，执行【图片工具】|【格式】|【图片样式】|【图片效果】|【映像】命令，在其级联菜单中选择一种映像效果，如图 13-16 所示。

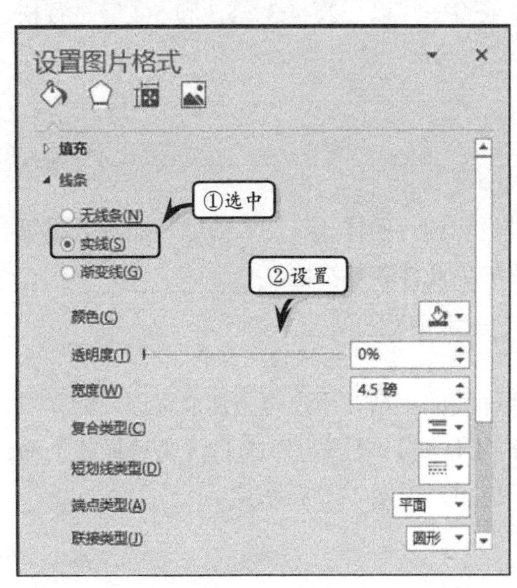

图 13-15 设置边框样式

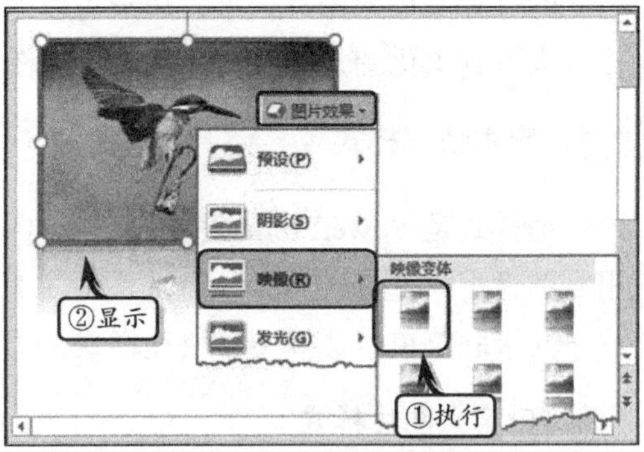

图 13-16 设置图片效果

另外，执行【图片效果】|【映像】|【映像选项】命令，可在弹出的【设置图片格式】任务窗格中，自定义透明度、大小、模糊和距离等映像参数，如图 13-17 所示。

提 示

在【设置图片格式】任务窗格中，还可以展开【阴影】、【发光】和【柔化边缘】等选项组，自定义图片的阴影、发光和柔化边缘等图片样式。

4. 设置图片版式

设置图片版式是将图片转换为 SmartArt 图形，可以轻松地排列、添加标题并排列图片的大小。选择图片，执行【图片工具】|【格式】|【图片样式】|【图片版式】命令，在其级联菜单中选择一种版式即可，如图 13-18 所示。

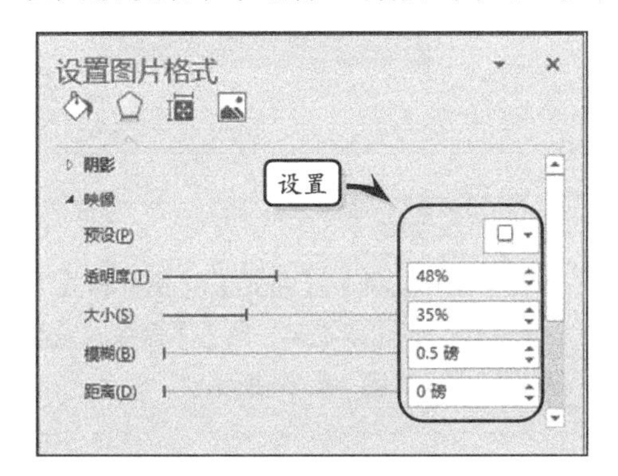

图 13-17 自定义图片效果

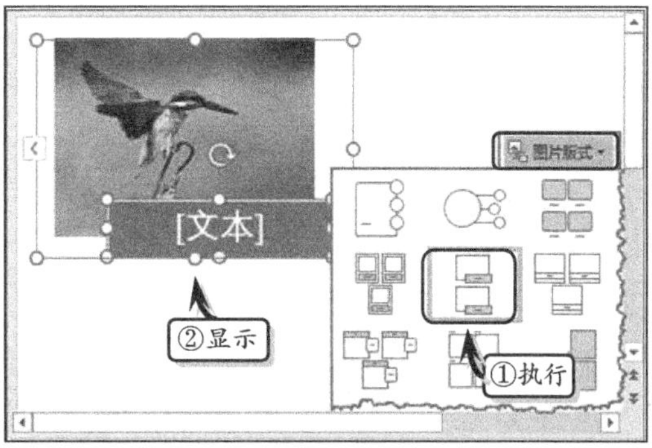

图 13-18 设置图片版式

提 示

设置图片版式之后，系统会自动显示【SMARTART 工具】上选项卡，在该选项卡中可以设置 SmartArt 图形的布局、颜色和样式。

13.1.4 练习：立体相框

在 PowerPoint 中插入图片之后，用户可以使用其强大的图片编辑和美化功能，根据幻灯片的整体布局，将图片设计成各种艺术类型，从而达到装饰幻灯片的目的。在本练习中，将通过制作一份立体相框，来详细介绍编辑和美化图片的操作方法，如图 13-19 所示。

图 13-19 立体相框

操作步骤：

1 新建空白演示文稿，删除幻灯片中的所有占位符，如图 13-20 所示。

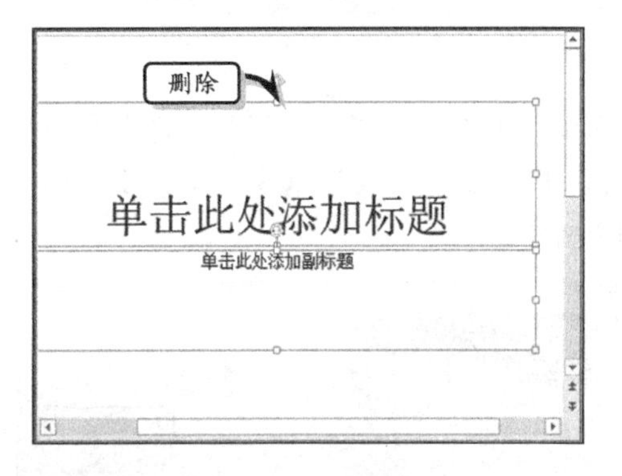

图 13-20 删除占位符

2 执行【插入】|【图像】|【图片】命令，选择图片文件，单击【插入】按钮，如图 13-21 所示。

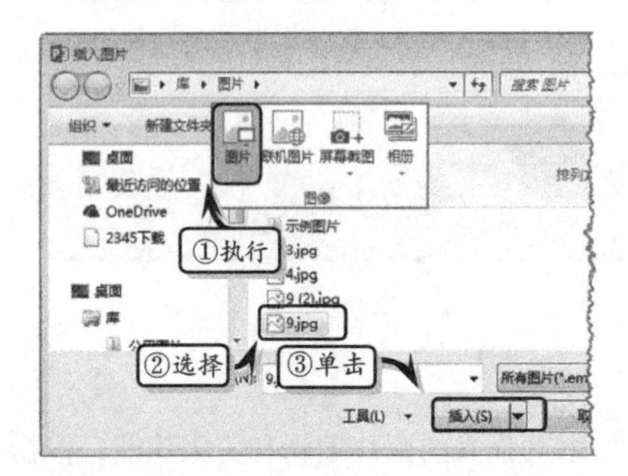

图 13-21 插入图片

3 选择图片，将鼠标放置于图片四周的控制点上，当鼠标变成双向箭头时，按下鼠标左键并拖动鼠标调整图片大小，如图 13-22 所示。

图 13-22 调整图片大小

4 同时，执行【格式】|【大小】|【裁剪】|【裁剪】命令，裁剪图片，如图 13-23 所示。

图 13-23 裁剪图片

5 执行【图片工具】|【格式】|【图片样式】|【快速样式】|【双框架，黑色】命令，设置图片样式，如图 13-24 所示。

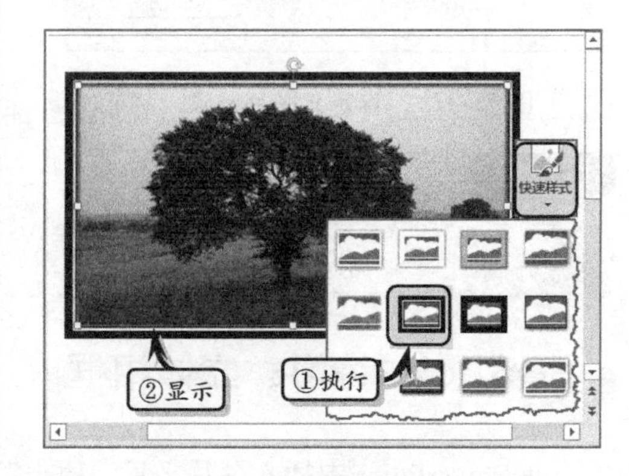

图 13-24 设置图片样式

6 执行【格式】|【图片效果】|【棱台】|【艺术装饰】命令，设置图片的棱台效果，如图 13-25 所示。

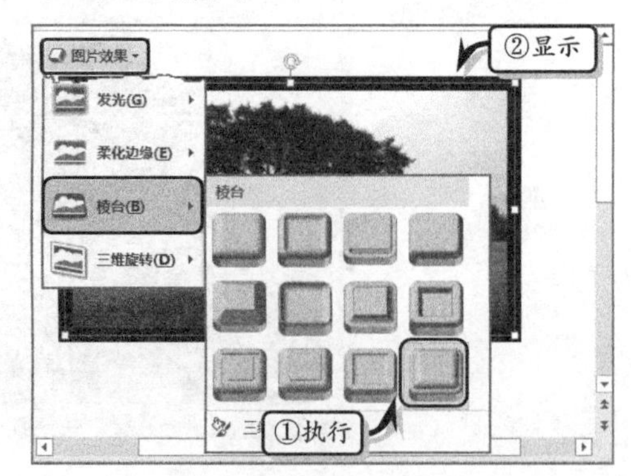

图 13-25 设置棱台效果

7 右击图片，执行【设置图片格式】命令，在【填充线条】选项卡中的【线条】选项组中，设置【颜色】和【宽度】选项，如图 13-26 所示。

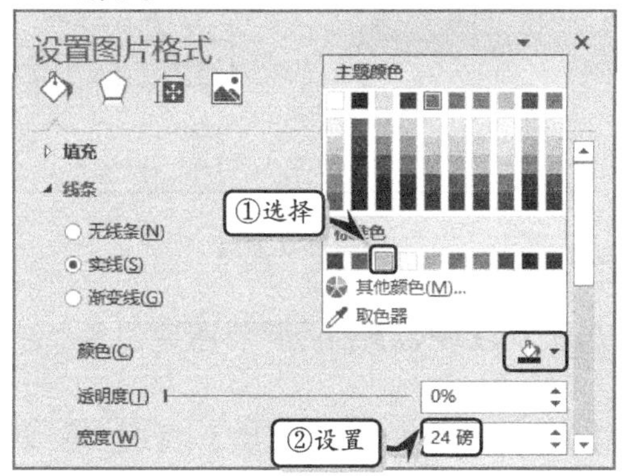

图 13-26 设置线条样式

8 激活【效果】选项卡，激活【三维格式】选项组，设置各项参数即可，如图 13-27 所示。

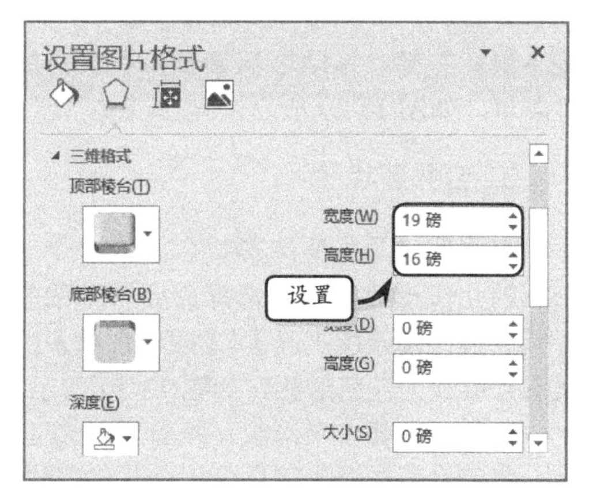

图 13-27 设置三维格式

13.2 使用形状

PowerPoint 内置了形状功能，允许用户为演示文稿添加箭头、方框、圆角矩形等各种矢量形状，并设置这些形状的样式，从而达到美化幻灯片以及增加幻灯片说服力的效果。

13.2.1 绘制形状

形状是 Office 系列软件的一种特有功能，可为 Office 文档添加各种线、框、图形等元素，丰富 Office 文档的内容。在 PowerPoint 中，用户不仅可以绘制各种类型的形状，而且还可以合并和旋转形状。

1. 绘制形状

PowerPoint 内置了大量的基本形状、矩形、箭头总汇、公式形状、流程图等各类形状预设，允许用户绘制更复杂的图形，将其添加到演示文稿中。执行【插入】|【插图】|【形状】|【心形】命令，在幻灯片中拖动鼠标即可绘制一个心形形状，如图 13-28 所示。

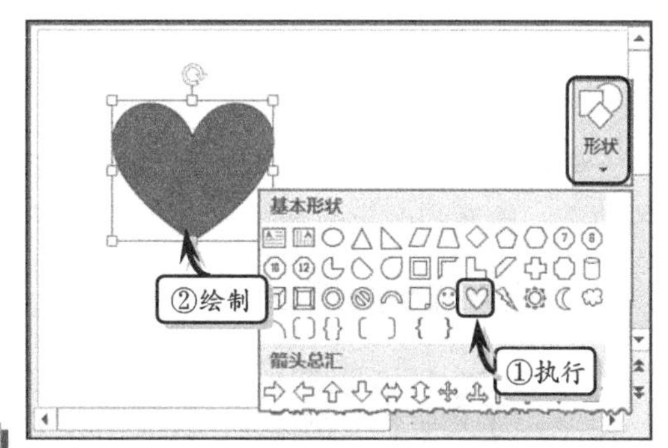

图 13-28 绘制形状

提 示

在绘制绝大多数基本几何图形的形状时，用户都可以按住 Shift 键，绘制圆形、正方形或等比例缩放显示的形状。

2．编辑形状顶点

选择形状，执行【绘图工具】|【插入形状】|【编辑形状】|【编辑顶点】命令。然后，按下鼠标左键并拖动鼠标调整形状顶点的位置即可，如图13-29所示。

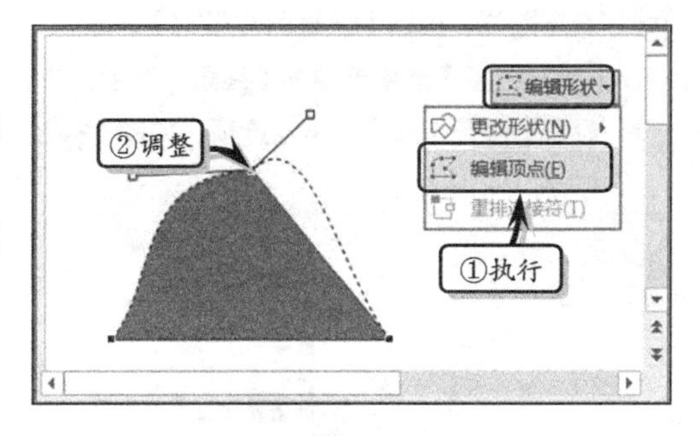

图13-29 编辑形状顶点

3．合并形状

合并形状是将所选形状合并成一个或多个新的几何形状。同时选择需要合并的多个形状，执行【绘图工具】|【插入形状】|【合并形状】|【联合】命令，将所选的多个形状联合成一个几何形状，如图13-30所示。

另外，选择多个形状，执行【绘图工具】|【插入形状】|【合并形状】|【联合】命令，即可将所选形状组合成一个几何形状，而组合后形状中重叠的部分将被自动消除，如图13-31所示。

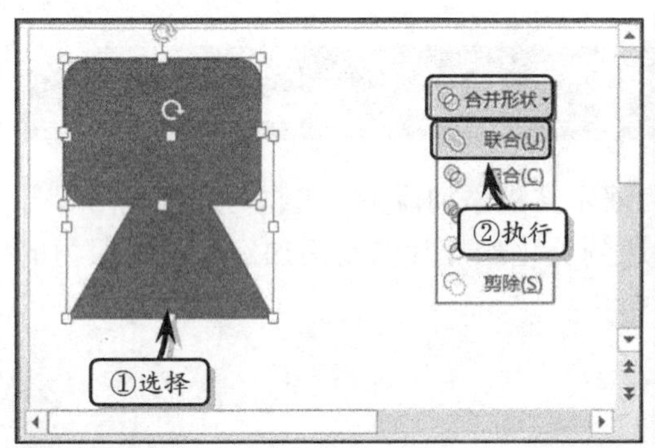

图13-30 联合形状

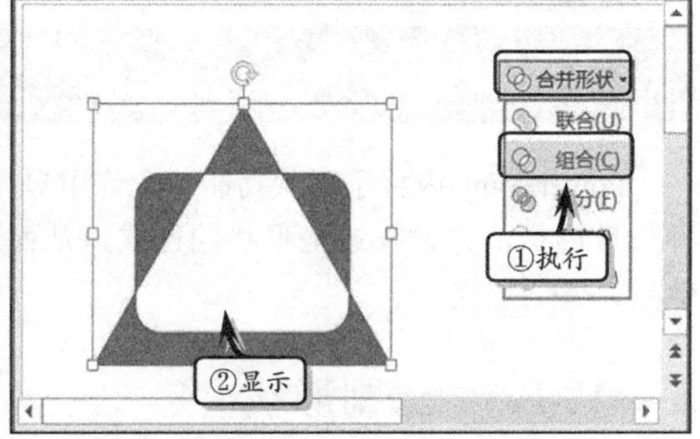

图13-31 组合形状

提 示

在PowerPoint 2016中，用户还可以将多个形状进行拆分、相交或剪除操作，从而使形状达到符合要求的几何形状。

13.2.2 美化形状

绘制形状之后，除了可以通过编辑形状来规范形状样式之外，还可以通过设置形状的填充、轮廓和效果等属性，来美化幻灯片中的形状，使其符合整体设计要求。

1．应用内置形状样式

PowerPoint 2016内置了42种形状样式，选择形状，执行【绘图工具】|【格式】|【形状样式】|【其他】下拉按钮，在其下拉列表中选择一种形状样式，如图13-32所示。

提 示

选择形状，执行【开始】|【绘图】|【快速样式】命令，在其级联菜单中选择一种样式，即可为形状应用内置样式。

2. 设置纯色填充

选择形状，执行【绘图工具】|【形状样式】|【形状填充】命令，在其级联菜单中选择一种色块，如图 13-33 所示。

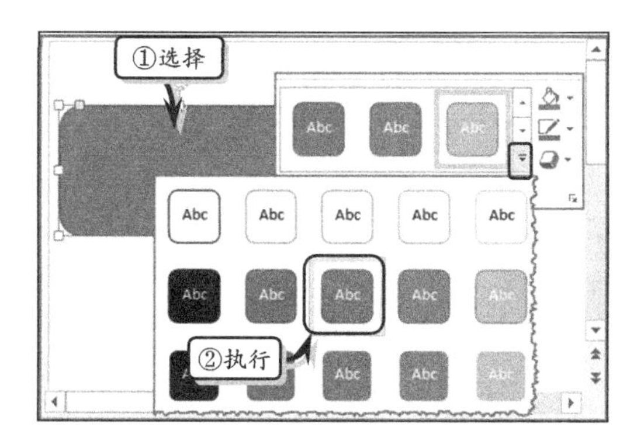

图 13-32 应用内置样式

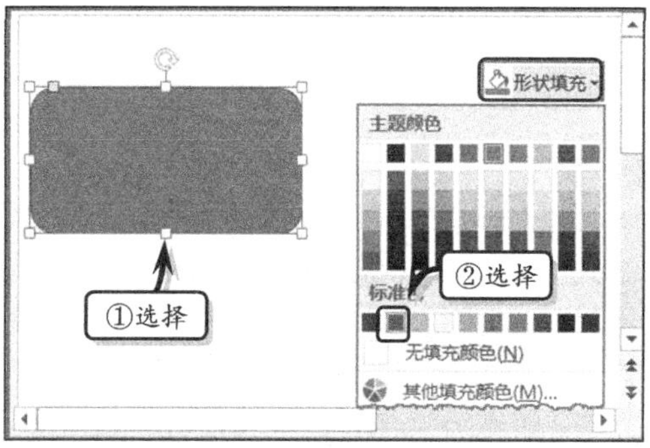

图 13-33 设置纯色填充

3. 设置渐变填充

选择形状，执行【绘图工具】|【格式】|【形状样式】|【形状填充】|【渐变】命令，在其级联菜单中选择一种渐变样式，如图 13-34 所示。

提 示

选择形状，执行【绘图工具】|【格式】|【形状样式】|【形状填充】|【取色器】命令，单击鼠标即可吸取其他形状中的颜色。

另外，执行【形状填充】|【渐变】|【其他渐变】命令，在弹出的【设置形状格式】任务窗格中，设置渐变填充的预设颜色、类型、方向等渐变选项，如图 13-35 所示。

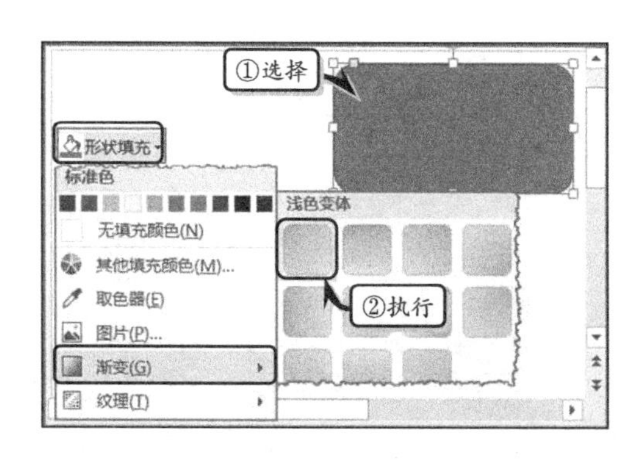

图 13-34 设置渐变填充

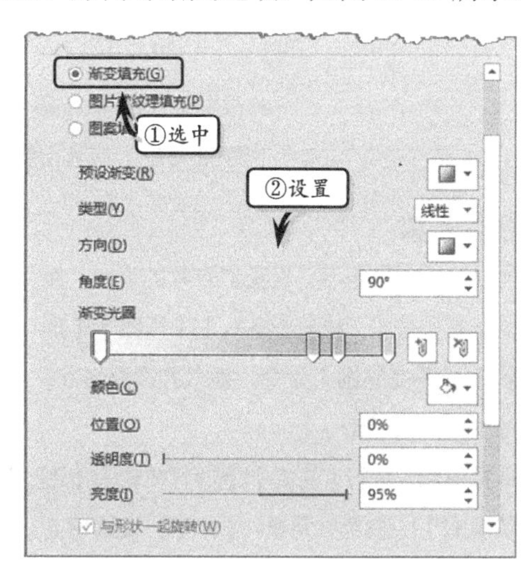

图 13-35 自定义渐变填充

4. 设置形状效果

形状效果是对 PowerPoint 内置的一组具有特殊外观效果的命令。选择形状，执行【绘图工具】|【格式】|【形状样式】|【形状效果】命令，在其级联菜单中设置相应的形状效果即可，如图 13-36 所示。

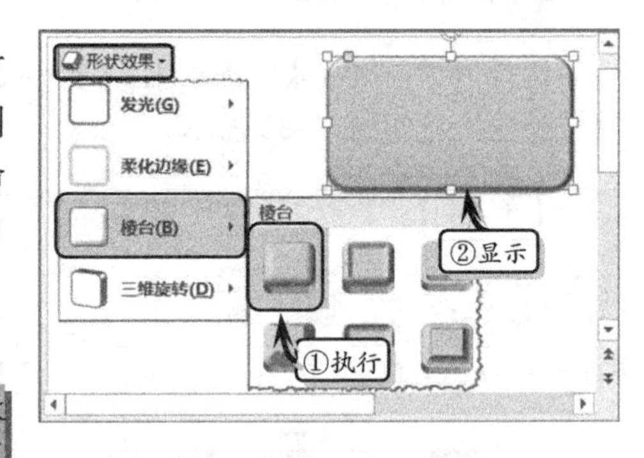

图 13-36 设置形状效果

提 示

执行【绘图工具】|【格式】|【形状样式】|【形状效果】|【棱台】|【三维选项】命令，可在弹出的【设置形状格式】窗格中，自定义形状效果。

13.2.3 练习：动画指针效果

动画指针效果是根据指针转动方向，来指示所需要演讲的内容标题。在本练习中，将通过设置不完整圆和圆形形状的格式，以及添加动画效果等功能，来介绍制作动画指针效果的操作方法与技巧，如图 13-37 所示。

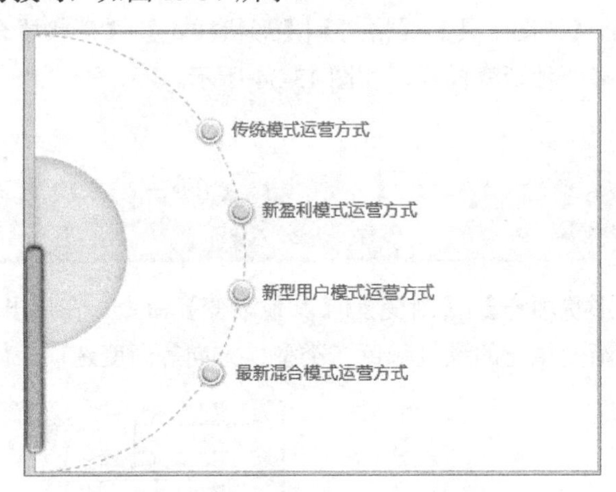

图 13-37 动画指针效果

操作步骤：

1 制作不完整圆形状。设置幻灯片的大小，删除所有占位符，执行【插入】|【插图】|【形状】|【不完整圆】命令，插入并调整形状，如图 13-38 所示。

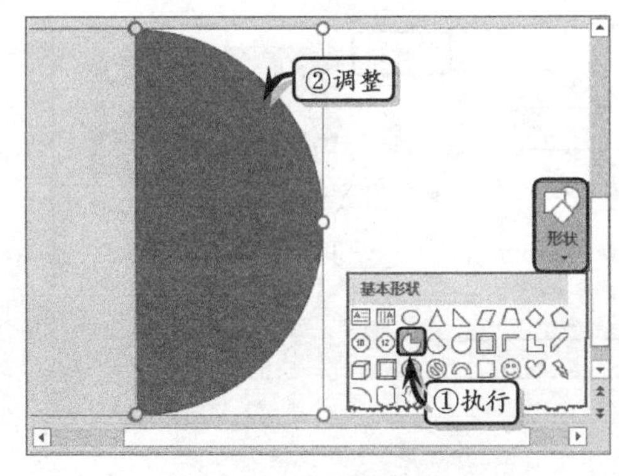

图 13-38 插入不完整圆形状

2 选择形状，执行【格式】|【形状样式】|【形状填充】|【白色，背景 1】命令，设置填充颜色，如图 13-39 所示。

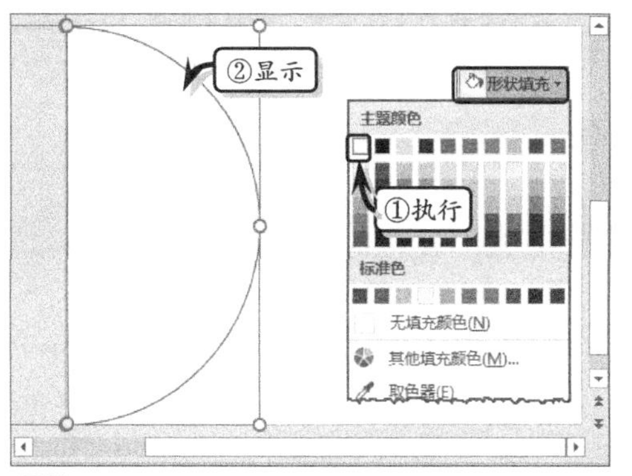

图 13-39 设置填充颜色

3 执行【形状轮廓】|【白色，背景 1，深色 25%】命令，同时执行【粗细】|【0.75 磅】和【虚线】|【短划线】命令，如图 13-40 所示。

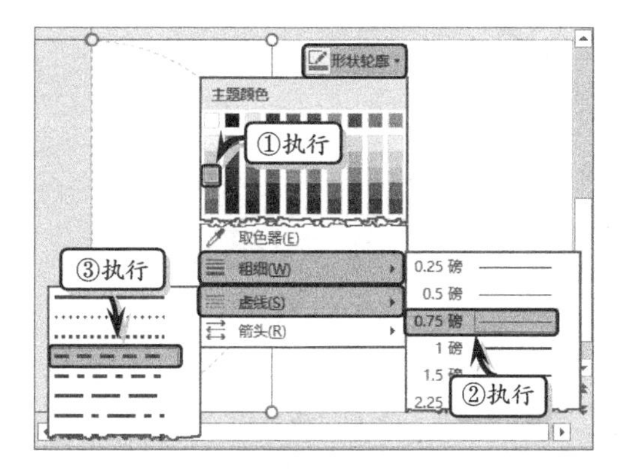

图 13-40 设置轮廓样式

4 再次插入一个不完整圆形状，调整形状右击形状执行【设置形状格式】命令，设置纯色填充效果，如图 13-41 所示。

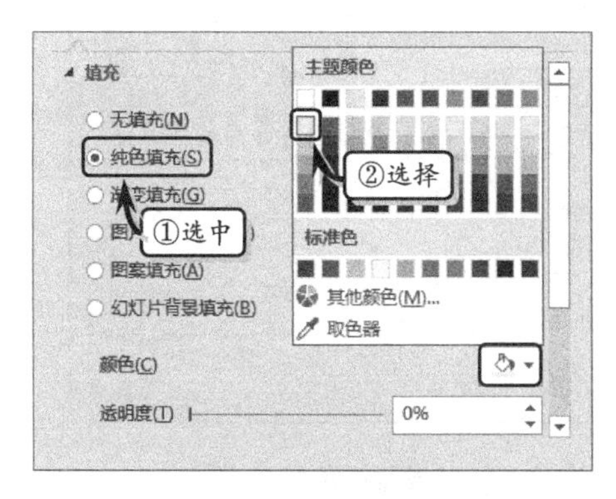

图 13-41 设置纯色填充效果

5 展开【线条】选项组，选中【无线条】选项，设置轮廓样式，如图 13-42 所示。

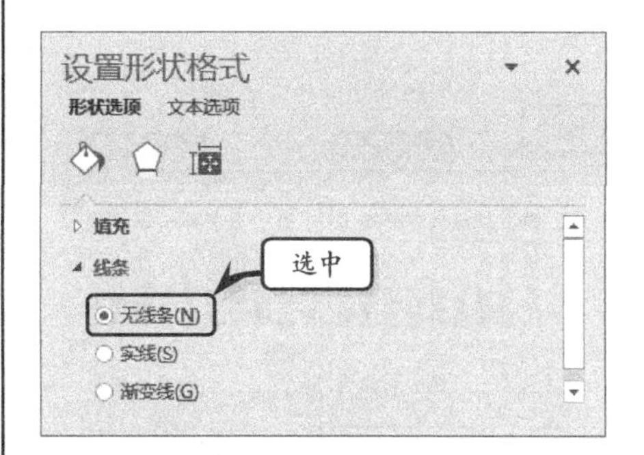

图 13-42 设置轮廓样式

6 激活【效果】选项卡，展开【阴影】选项组，设置阴影效果参数，如图 13-43 所示。

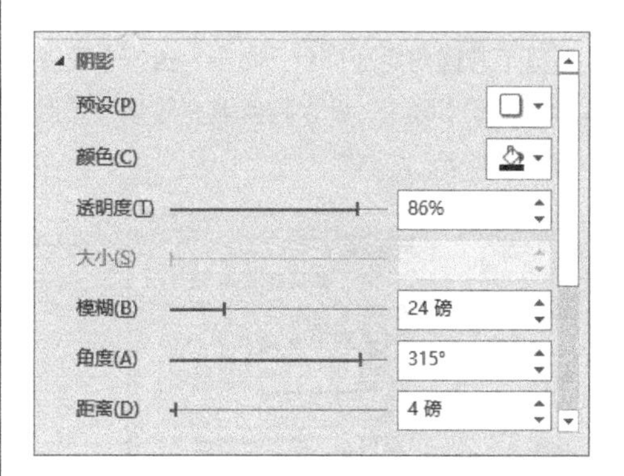

图 13-43 设置阴影效果

7 制作指针。插入两个圆角矩形形状，调整两个椭圆形形状的位置和大小，如图 13-44 所示。

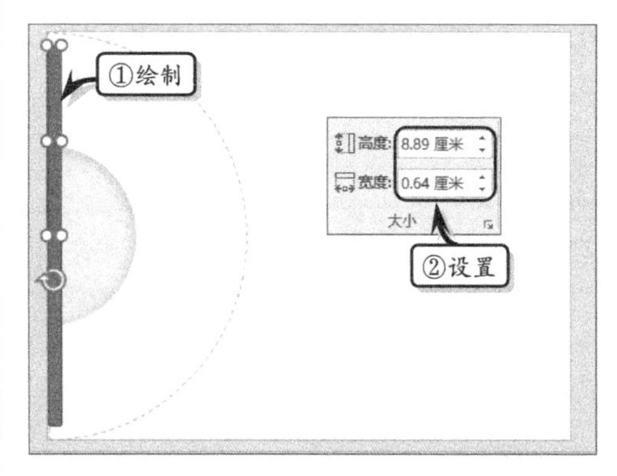

图 13-44 插入圆角矩形形状

8 选择上方的圆角矩形形状，执行【格式】|

【形状样式】|【形状填充】|【无填充】命令，同时执行【形状轮廓】|【无轮廓】命令，如图 13-45 所示。

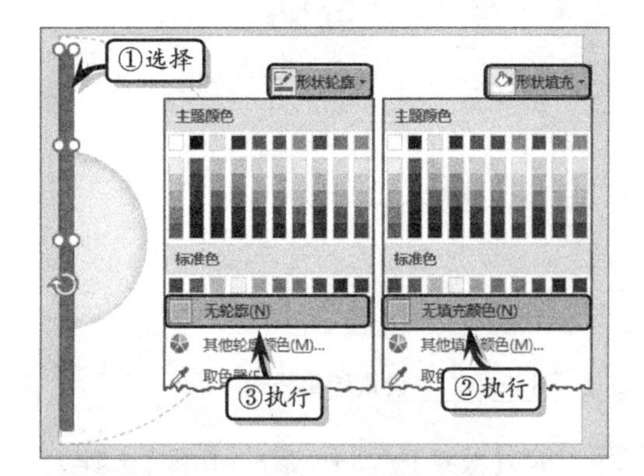

图 13-45 设置上方圆角矩形的格式

9 选择下方圆角矩形形状，右击，执行【设置形状格式】命令，设置纯色填充效果，如图 13-46 所示。

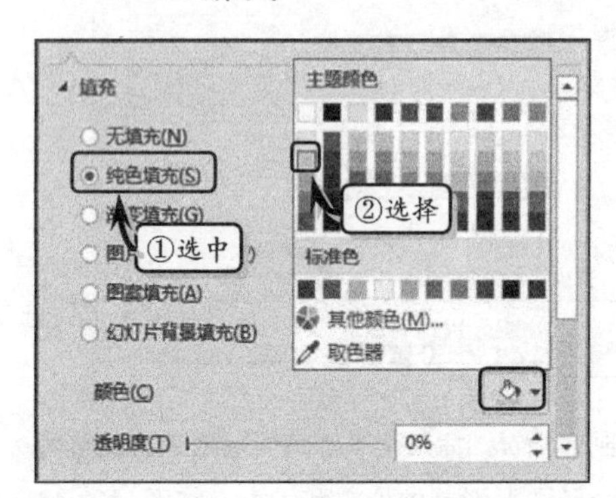

图 13-46 设置纯色填充效果

10 展开【线条】选项组，选中【无线条】选项，设置轮廓样式，如图 13-47 所示。

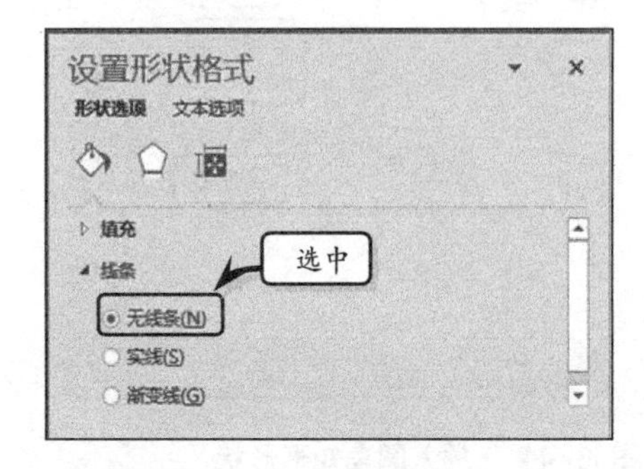

图 13-47 设置轮廓样式

11 激活【效果】选项卡，展开【阴影】选项组，设置阴影效果参数，如图 13-48 所示。

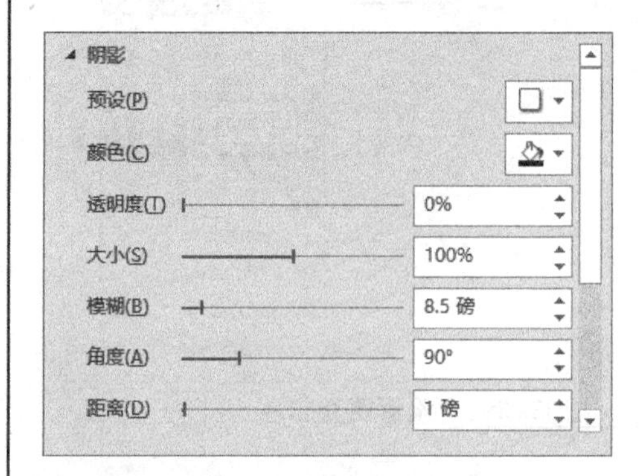

图 13-48 设置阴影效果

12 展开【三维格式】选项组，设置三维格式效果参数，如图 13-49 所示。同时，合并两个圆角矩形形状。

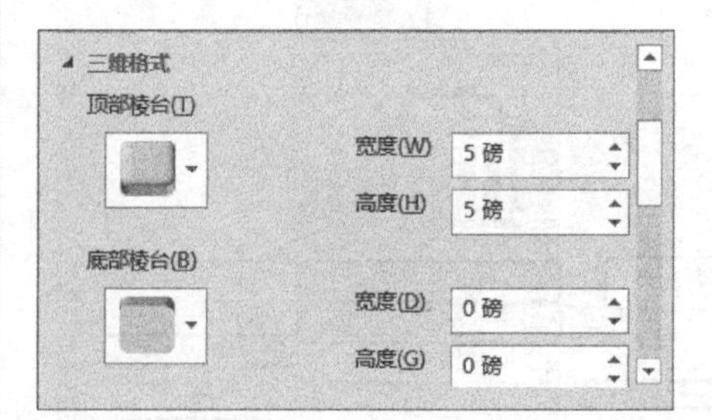

图 13-49 设置三维格式

13 制作钟点。插入一个圆形形状，调整其大小，右击，执行【设置形状格式】命令，设置纯色填充效果，如图 13-50 所示。

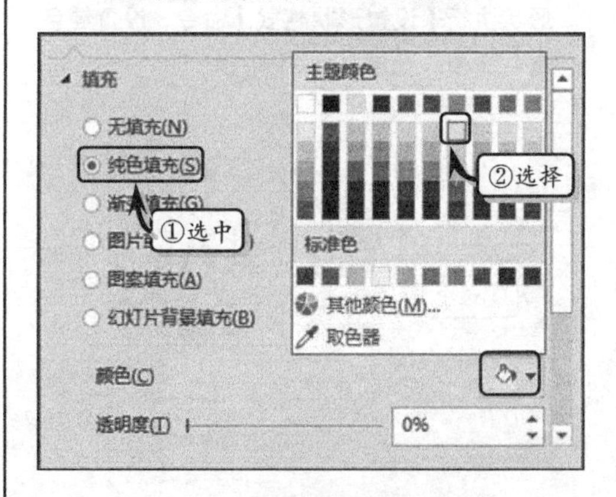

图 13-50 设置纯色填充效果

提　示

在此，需要执行【设计】|【变体】|【颜色】|【Office 2007—2010】命令，更改主题颜色。

14 展开【线条】选项组，选中【无线条】选项，设置轮廓样式，如图 13-51 所示。

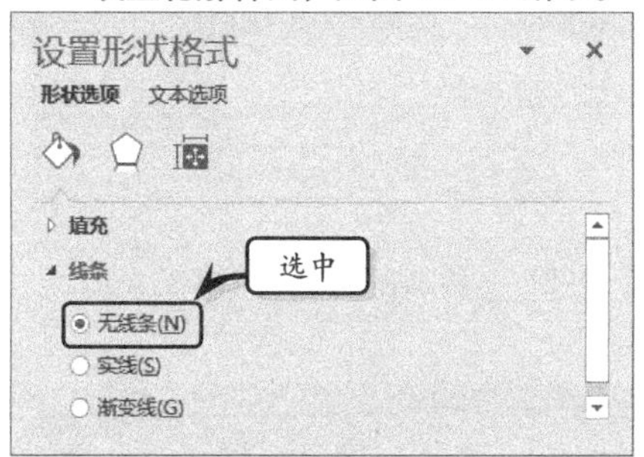

图 13-51 设置轮廓样式

15 激活【效果】选项卡，展开【阴影】选项组，设置阴影效果参数，如图 13-52 所示。

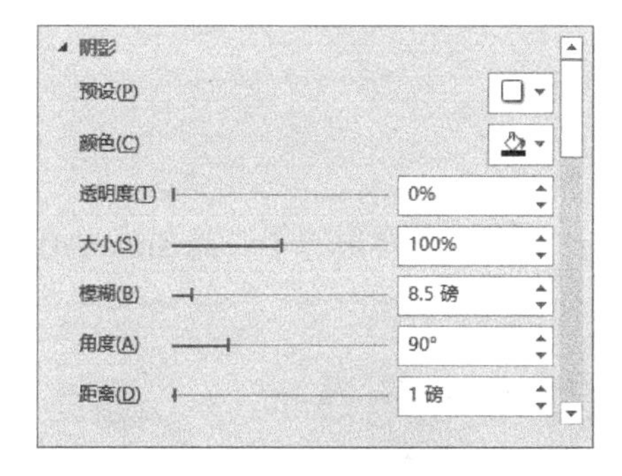

图 13-52 设置阴影效果

16 展开【三维格式】选项组，设置三维格式效果参数，如图 13-53 所示。

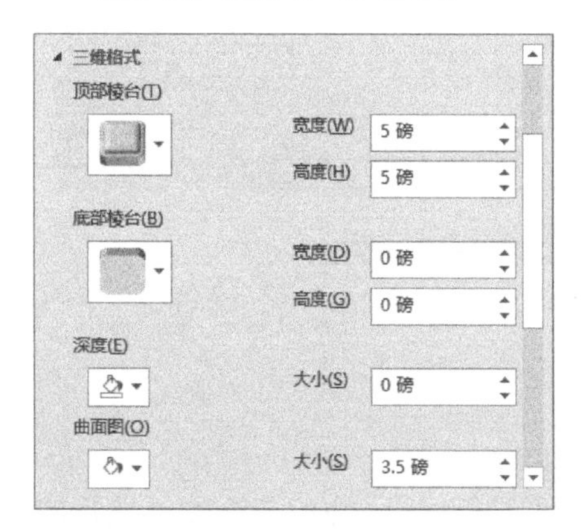

图 13-53 设置三维格式

17 复制并排列圆形形状，插入文本框，输入文本并设置文本的字体格式，然后，复制文本框并更改文本，如图 13-54 所示。

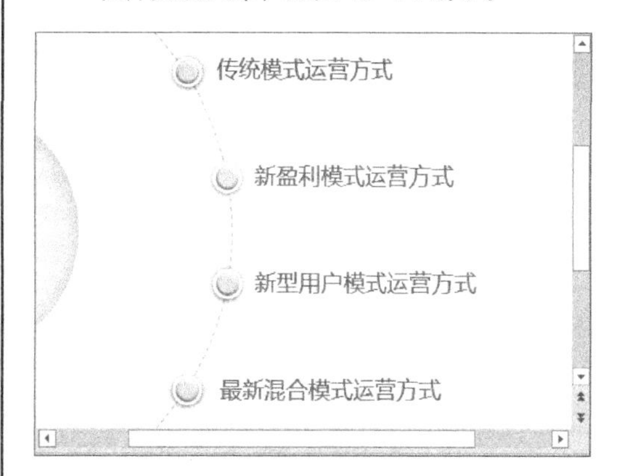

图 13-54 输入文本

18 添加动画效果。选择组合后的圆角矩形形状，执行【动画】|【动画样式】|【强调】|【陀螺旋】命令，并设置其开始和持续时间，如图 13-55 所示。

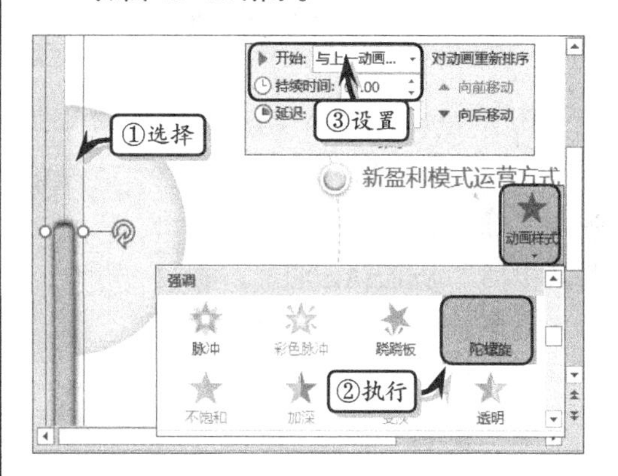

图 13-55 添加陀螺旋动画效果

19 选择最上方的文本框，执行【动画】|【动画样式】|【进入】|【淡出】命令，并设置开始和持续时间，如图 13-56 所示。

20 选择组合后的圆角矩形形状，执行【动画】|【高级动画】|【添加动画】|【强调】|【陀螺旋】命令，并设置开始和持续时间，如图 13-57 所示。使用同样方法，添加其他动画效果。

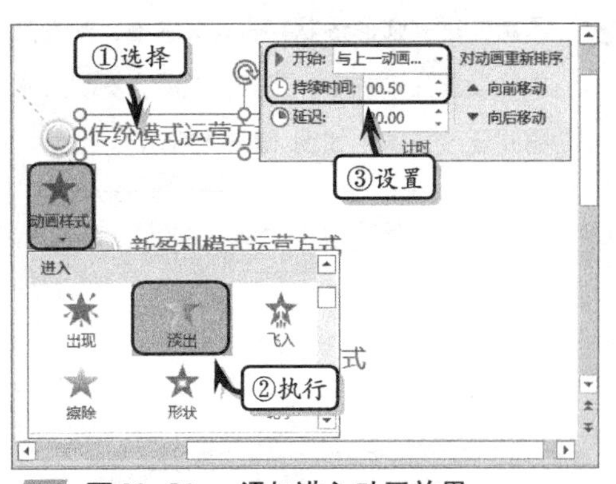

图 13-56 添加进入动画效果

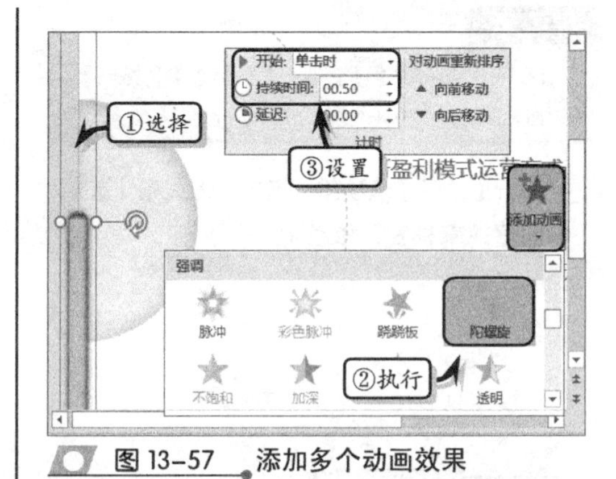

图 13-57 添加多个动画效果

13.3 使用 SmartArt 图形

在 PowerPoint 中，用户可以使用 SmartArt 图形功能，以各种几何图形的位置关系来表现幻灯片中若干元素之间的逻辑结构关系，从而使幻灯片更加美观和生动。PowerPoint 为用户提供了 9 种类型是 SmartArt 预设，并允许用户自由地调用。下面将详细介绍 SmartArt 图形的创建、编辑和美化等基础知识和操作方法。

13.3.1 创建 SmartArt 图形

在 PowerPoint 中，执行【插入】|【插图】|SmartArt 命令，在弹出的【选择 SmartArt 图形】对话框中选择图形类型，单击【确定】按钮，即可在幻灯片中插入 SmartArt 图形，如图 13-58 所示。

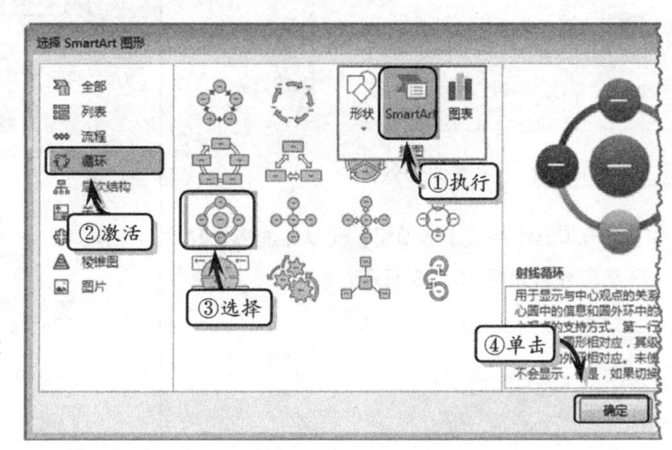

图 13-58 直接创建 SmartArt 图形

另外，在包含“内容”版式的幻灯片中，单击占位符中的【插入 SmartArt 图形】按钮。然后，在弹出的【选择 SmartArt 图形】对话框中激活【列表】选项卡，选择相应的图形类型，单击【确定】按钮即可，如图 13-59 所示。

13.3.2 编辑 SmartArt 图形

为幻灯片添加完 SmartArt 图形之后，还需要对图形进行编辑，完成 SmartArt 图形的制作。

1. 输入文本

创建 SmartArt 图形之后，右击形状，执行【编辑文字】命令，在形状中输入相应的文字即可。另外，选择形状后，执行【SMARTART 工具】|【设计】|【创建图形】|【文本窗格】命令，在弹出的【文本】窗格中输入相应的文字，如图 13-60 所示。

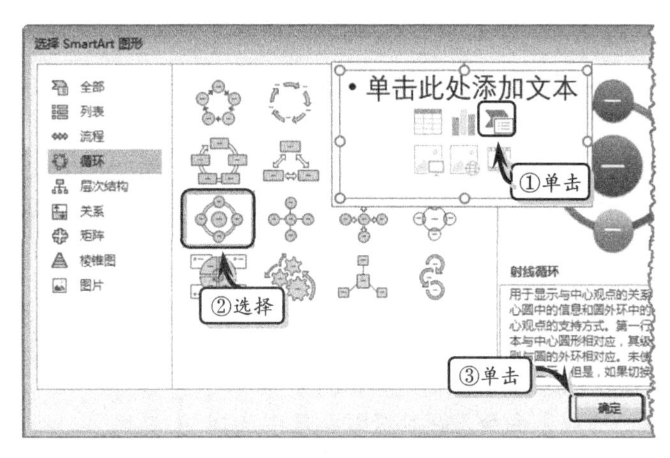

图 13-59 占位符创建 SmartArt 图形

2. 添加形状

执行【SMARTART 工具】|【设计】|【创建图形】|【添加形状】命令，在其级联菜单中选择相应的选项，即可为图像添加相应的形状，如图 13-61 所示。

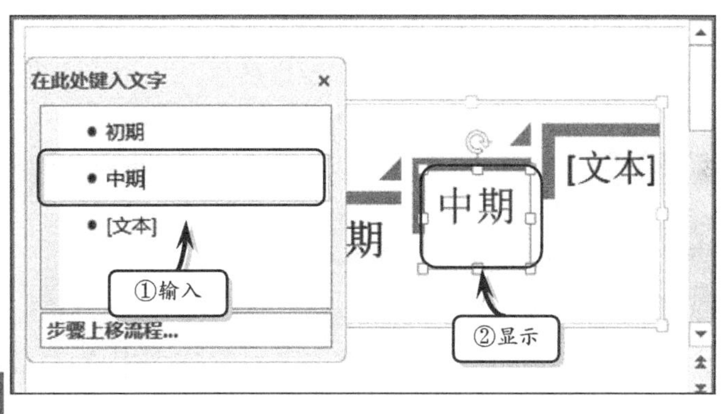

图 13-60 输入文本

提 示

选择形状，右击，可通过执行不同的命令，分别在图形的上、下、前、后添加形状，也可为形状添加　助理。

3. 设置级别

选择形状，执行【SMARTART 工具】|【设计】|【创建图形】|【降级】或【升级】命令，即可减小所选形状级别，如图 13-62 所示。

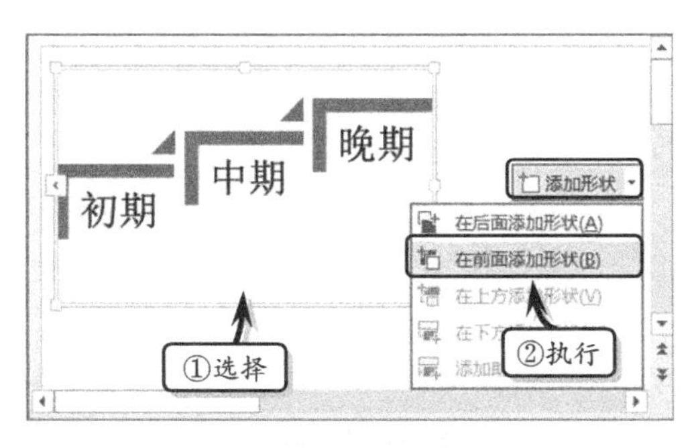

图 13-61 添加形状

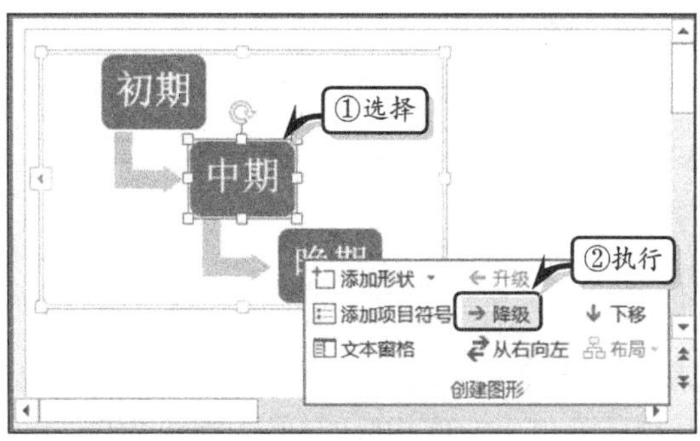

图 13-62 设置级别

13.3.3 设置布局和样式

在 PowerPoint 中，为了美化 SmartArt 图形，还需要设置 SmartArt 图形的整体布局、单个形状的布局和整体样式。

1. 设置整体布局

选择 SmartArt 图形，执行【SMARTART 工具】|【设计】|【布局】|【更改布局】命令，在其级联菜单中选择相应的布局样式即可，如图 13-63 所示。

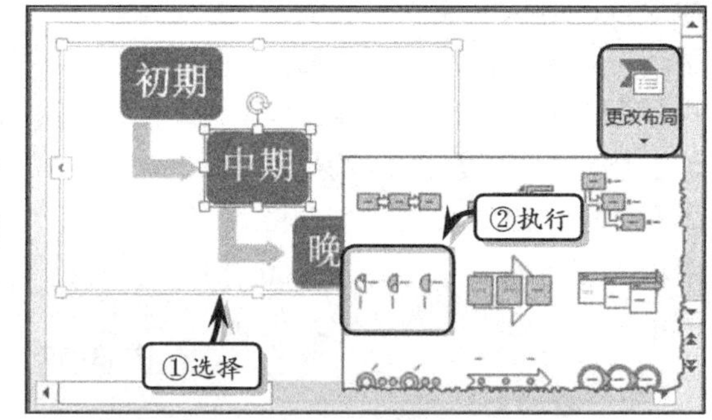

图 13-63 更改布局

另外，执行【更改布局】|【其他布局】命令，在弹出的【选择 SmartArt 图形】对话框中选择相应的选项，即可设置图形的布局，如图 13-64 所示。

提 示

右击 SmartArt 图形，执行【更改布局】命令，在弹出的【选择 SmartArt 图形】对话框选择相应的布局。

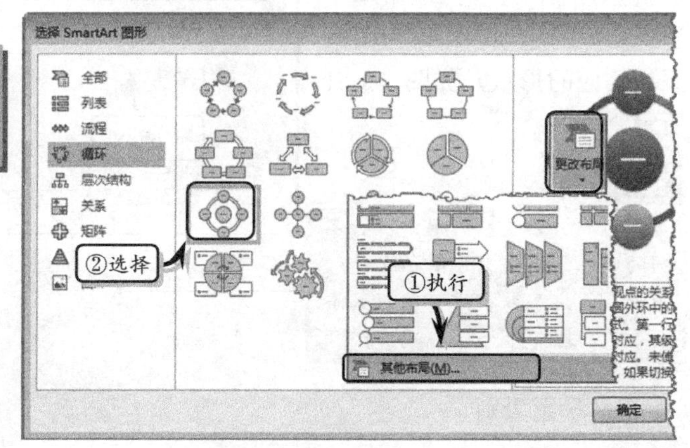

图 13-64 更改其他布局

2. 设置单个形状的布局

选择图形中的某个形状，执行【SMARTART 工具】|【设计】|【创建图形】|【布局】命令，在其下拉列表中选择相应的选项，即可设置形状的布局，如图 13-65 所示。

提 示

在 PowerPoint 中，只有在“组织结构图”布局下，才可以设置单元格形状的布局。

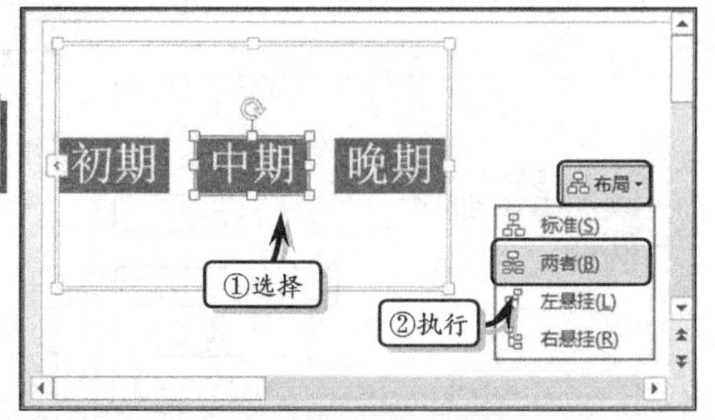

图 13-65 设置单个形状布局

3. 设置图形样式

执行【SMARTART 工具】|【设计】|【SmartArt 样式】|【快速样式】命令，在其级联菜单中选项相应的样式，即可为图形应用新的样式，如图 13-66 所示。

同时，执行【设计】|【SmartArt 样式】|【更改颜色】命令，在其级联菜单中选择相应的选项，即可为图形应用新的颜色，如图 13-67 所示。

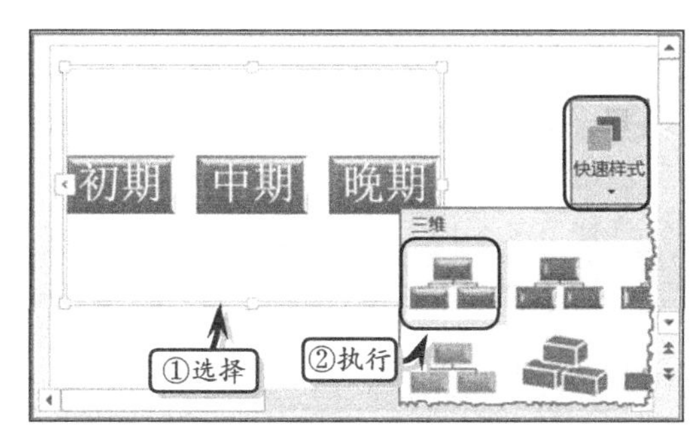

图 13-66 设置图形样式

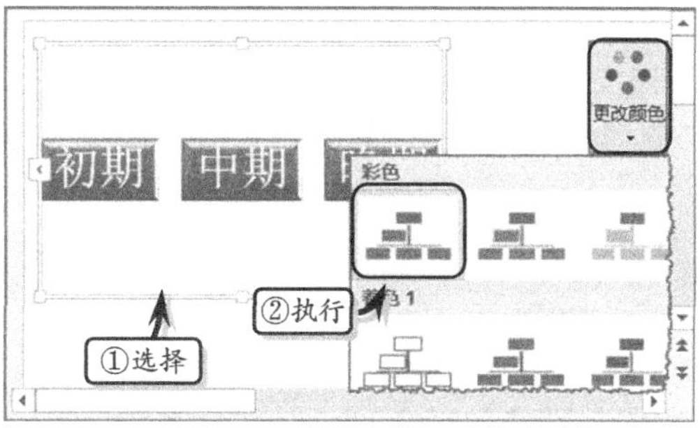

图 13-67 设置图形颜色

13.3.4 练习：组织结构图

PowerPoint 内置了强大的 SmartArt 图形，以帮助用户展示元素之间的逻辑结构关系。而组织结构图则用于显示组织中的分层信息或上下级关系。在本实例中将以公司职务结构图为基础，使用 SmartArt 图形等功能，来制作一个组织结构图，如图 13-68 所示。

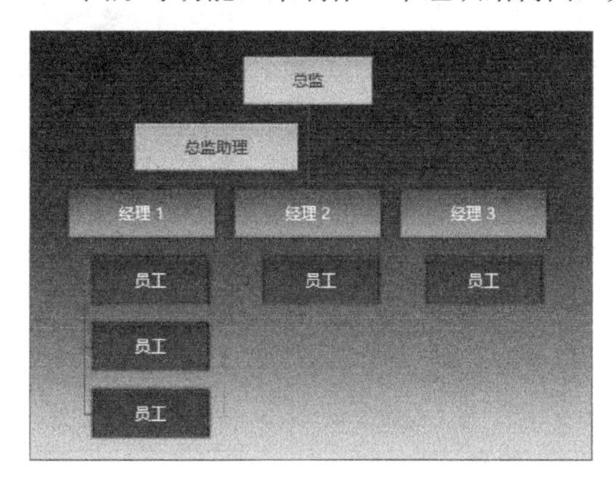

图 13-68 组织结构图

操作步骤：

1. 设置背景颜色。删除全部占位符，设置幻灯片大小，执行【设计】|【自定义】|【设置背景格式】命令，选中【渐变填充】选项，并设置【类型】和【角度】选项，如图 13-69 所示。
2. 选择左侧的渐变光圈，将【颜色】设置为“黑色，文字 1”，如图 13-70 所示。
3. 选择中间的渐变光圈，将【位置】设置为“32%”，将【颜色】设置为“蓝色，个性色 1，深色 50%”，如图 13-71 所示。

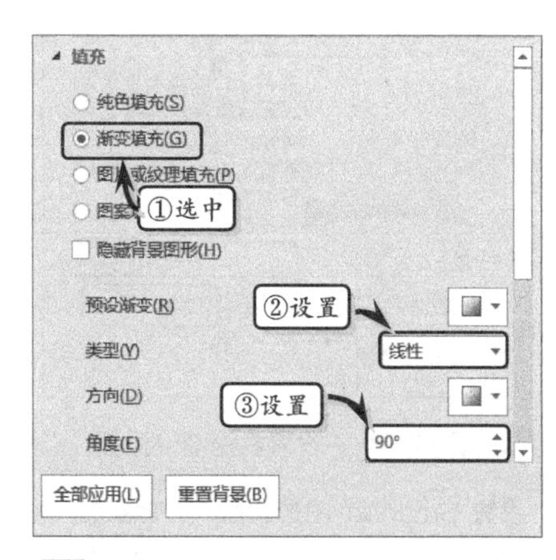

图 13-69 设置背景颜色

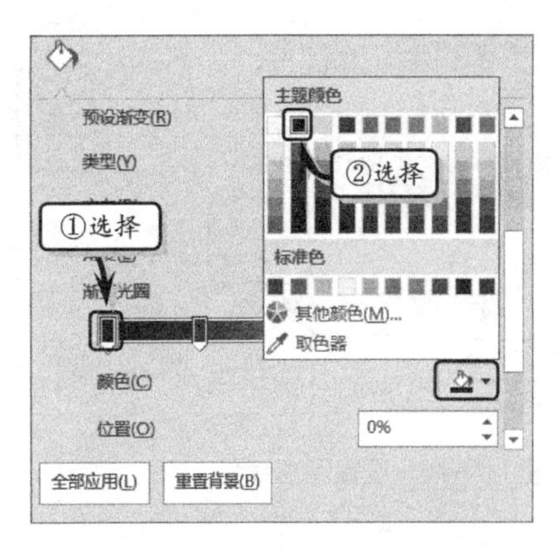

图 13-70　设置左侧渐变光圈

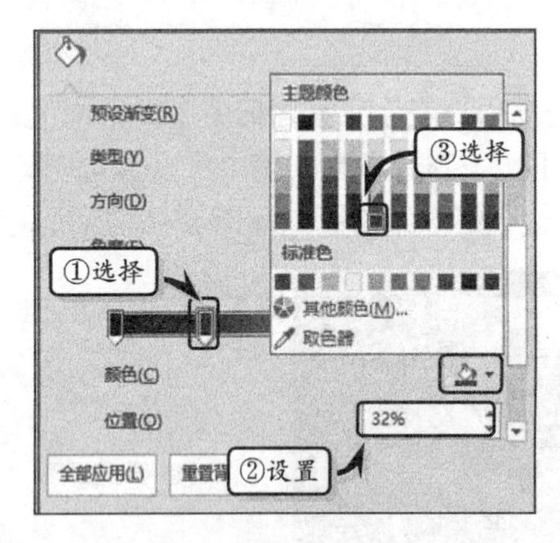

图 13-71　设置中间渐变光圈

4 选择右侧的渐变光圈，将【颜色】设置为【蓝色，个性色 1，淡色 80%】，将【位置】设置为“100%”，如图 13-72 所示。

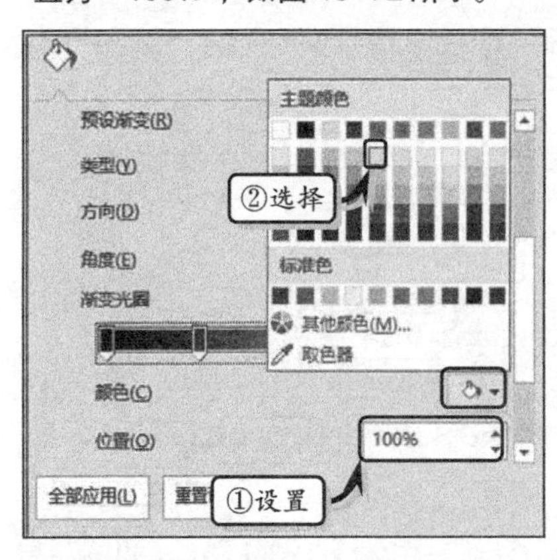

图 13-72　设置右侧渐变光圈

5 设置 SmartArt 图形。插入“组织结构图”图形，选择第 3 行最左侧的形状，执行【设计】|【创建图形】|【添加形状】|【在下方添加形状】命令，如图 13-73 所示。

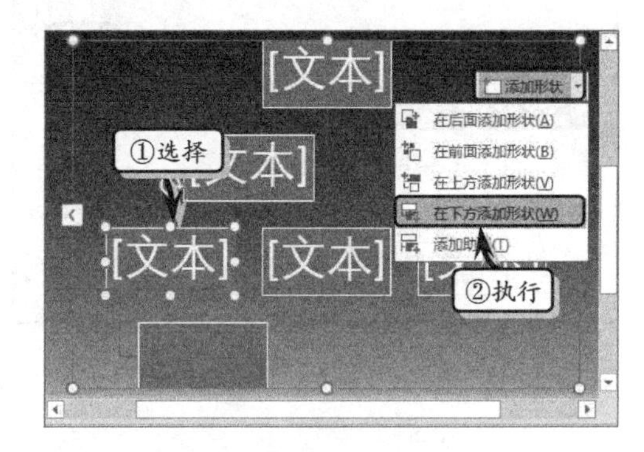

图 13-73　设置布局样式

6 执行【设计】|【创建图形】|【添加形状】|【在下方添加形状】命令，如图 13-74 所示。使用同样方法，添加其他形状。

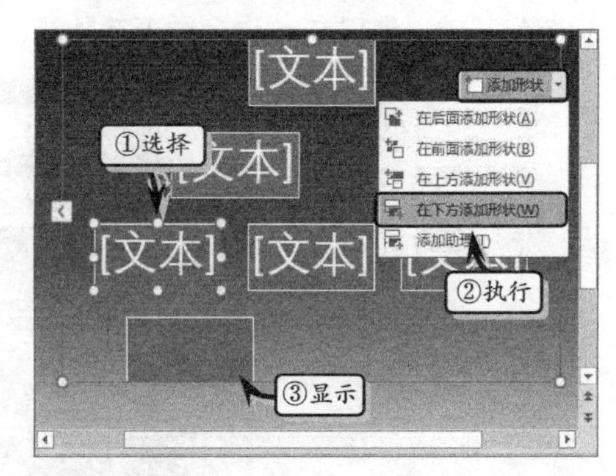

图 13-74　添加形状

7 在图形中输入文本，设置文本的字体格式并调整图形的大小，如图 13-75 所示。

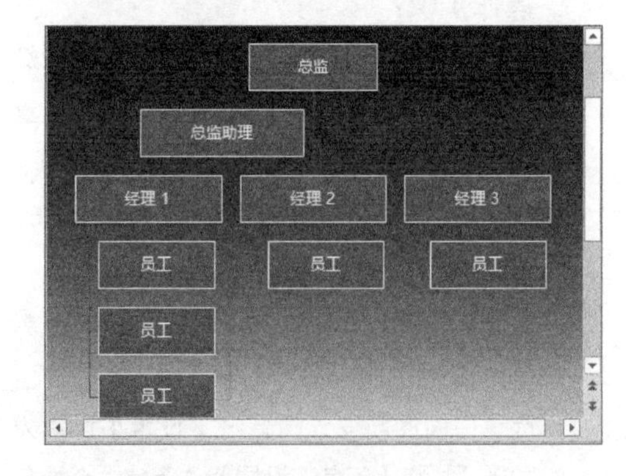

图 13-75　输入文本

8 设置形状填充效果。选择第 1 个形状，右击，执行【设置形状格式】命令，选中【渐变填充】选项，设置填充参数，如图 13-76 所示。使用同样方法，制作第 2 个形状的渐变填充效果。

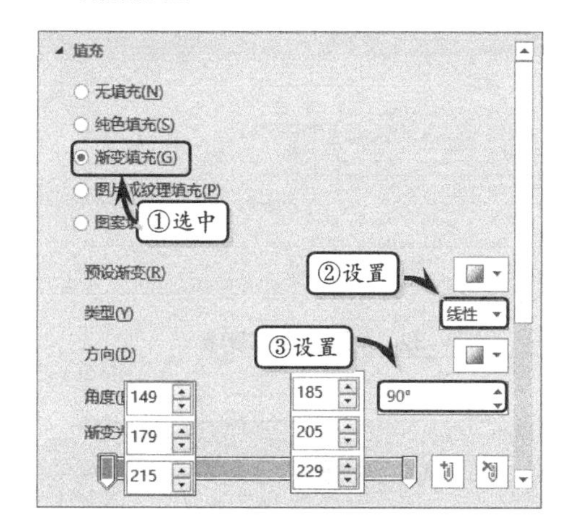

图 13-76　设置渐变填充效果

9 选择第 3 排中的左侧的形状，右击，执行【设置形状格式】命令，选中【渐变填充】选项，设置填充参数，如图 13-77 所示。使用同样方法，制作其他填充效果。

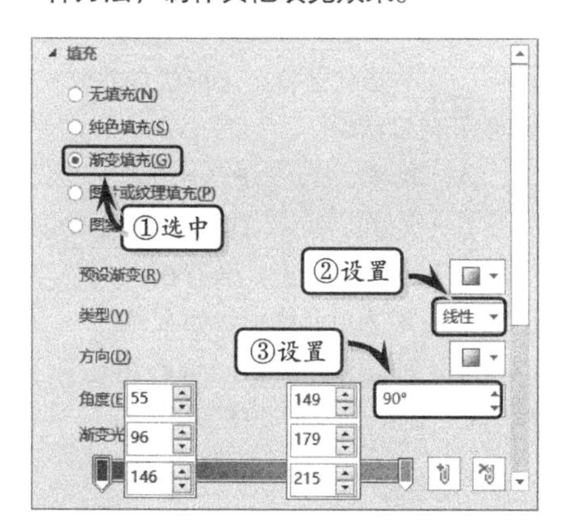

图 13-77　设置渐变填充效果

10 在图形中绘制“连接符：肘形”形状，右击形状，执行【设置形状格式】命令，设置线条样式，如图 13-78 所示。

11 添加动画效果。选择 SmartArt 图形，执行【动画】|【动画样式】|【进入】|【擦除】命令，同时执行【效果选项】|【自顶部】命令，如图 13-79 所示。

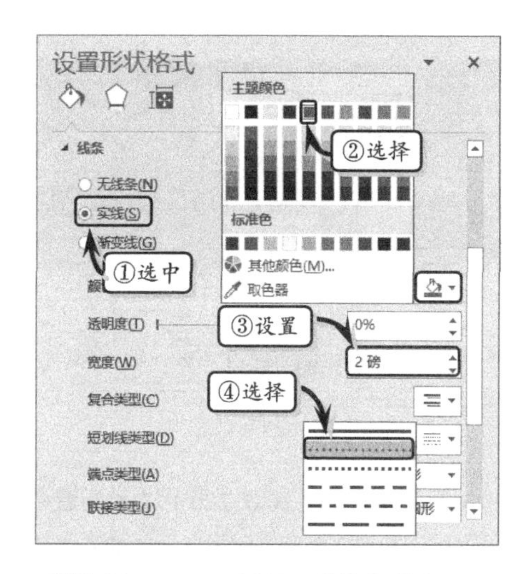

图 13-78　设置形状线条样式

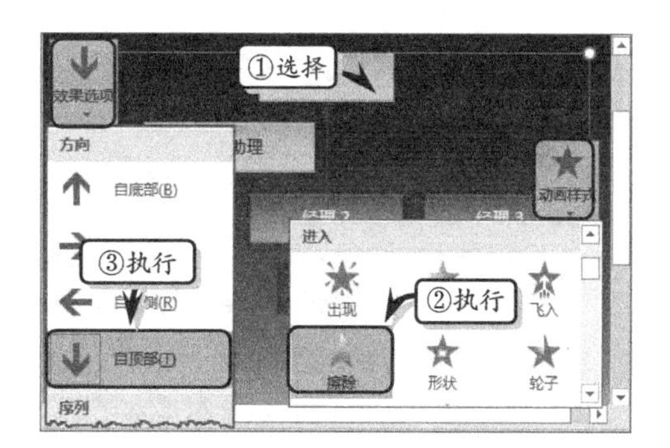

图 13-79　添加动画效果

12 执行【动画】|【效果选项】|【逐个】命令，设置逐个显示动画效果，如图 13-80 所示。

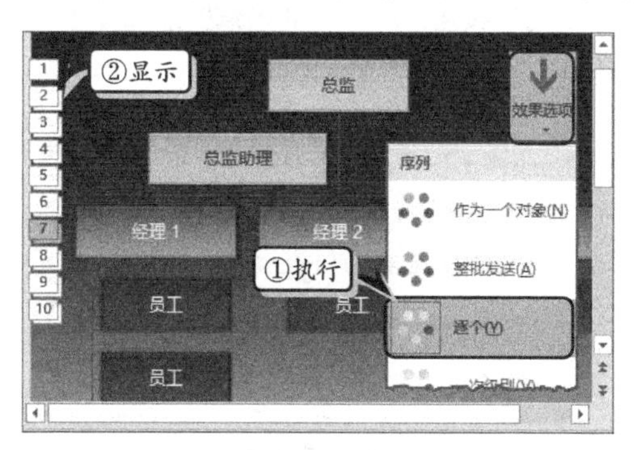

图 13-80　逐个显示动画效果

13 选择“连接符：肘形”形状，执行【动画】|【动画样式】|【进入】|【擦除】命令，同时执行【效果选项】|【自顶部】命令，如图 13-81 所示。

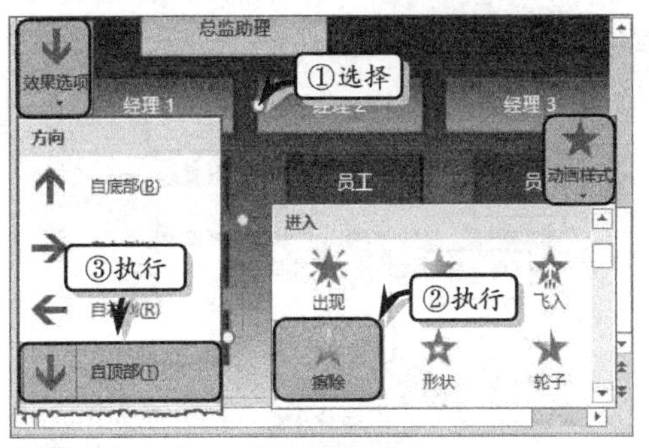

图 13-81 添加动画效果

14 执行【动画】|【高级动画】|【动画窗格】命令，将“连接符：肘形”形状的动画效果上移到第 11 个动画效果下方，如图 13-82 所示。

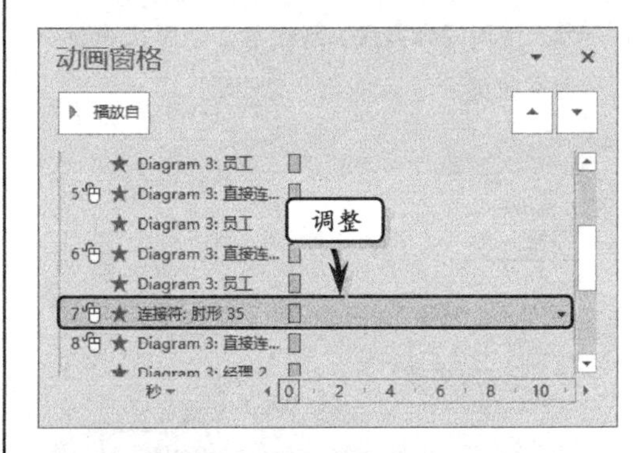

图 13-82 调整动画顺序

13.4 思考与练习

一、填空题

1. 插入图片，一般包括插入本地图片、插入________的图片和插入________3 种内容。

2. 通过“________”功能既可以插入剪贴画，又可以插入网络中的搜索图片。

3. PowerPoint 内置了大量的基本形状、________、________、公式形状、________等各类形状预设，允许用户绘制更复杂的图形，将其添加到演示文稿中。

4. 在绘制绝大多数基本几何图形的形状时，用户都可以按住________键绘制圆形、正方形或等比例缩放显示的形状。

5. PowerPoint 为用户提供了________种类型是 SmartArt 预设，并允许用户自由地调用。

6. 在包含“________”版式的幻灯片中，单击占位符中的【插入 SmartArt 图形】按钮。

二、选择题

1. 除了自定义裁剪图片之外，PowerPoint 还提供了______裁剪模式，使用该模式可以将图片以 2:3、3:4、3:5 和 4:5 进行纵向裁剪。

A. 横向比　　B. 纵向比
C. 纵横比　　D. 对角比

2. 快速样式是 PowerPoint 预置的______种图像样式的集合，用户可方便地将预设的样式应用到图像上。

A. 22　　B. 24
C. 26　　D. 28

3. PowerPoint 为用户提供了预设、阴影、映像、发光、柔化边缘、棱台和三维旋转______种效果，帮助用户对图片进行特效美化。

A. 5　　B. 6
C. 7　　D. 8

4. ______形状是将所选形状合并成一个或多个新的几何形状。

A. 联合　　B. 合并
C. 拆分　　D. 相交

5. 在 PowerPoint 中，只有在“______”布局下，才可以设置单元格形状的布局。

A. 列表图　　B. 流程图
C. 组织结构图　　D. 关系图

三、问答题

1. 如何裁剪图片？

2. 如何编辑形状顶点？

3. 简述设置 SmartArt 图形布局和样式的操作方法。

四、上机练习

1. 制作竹条形组合形状

在本练习中，将运用 PowerPoint 中的形状功能，来制作一个竹条形组合形状，如图 13-83

所示。首先执行【插入】|【插图】|【形状】|【矩形】命令，插入一个矩形形状。同时右击形状，执行【设置形状格式】命令，选中【渐变填充】选项，并设置其渐变填充颜色。然后，再次在幻灯片中绘制一个小矩形形状，并设置小矩形形状的渐变填充效果。最后，复制多个小矩形形状，并横向对齐形状。

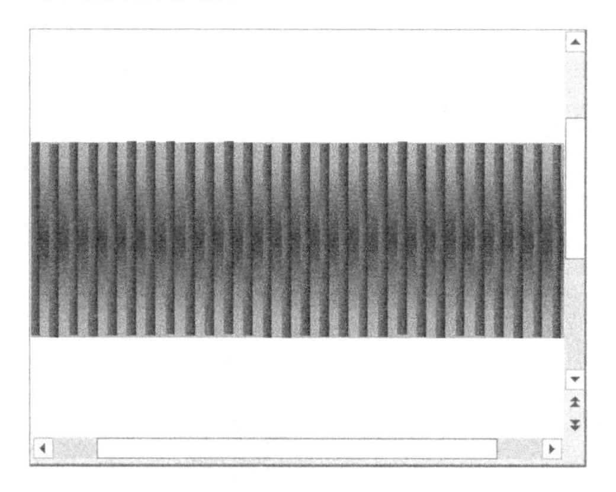

图 13-83 竹条形组合形状

2. 制作目录列表

在本实例中，将运用 PowerPoint 中的 SmartArt 图形功能，来制作一份目录列表，如图 13-84 所示。首先设置幻灯片的渐变填充背景样式，插入艺术字，并设置艺术字的字体格式和项目符号样式。然后，插入“垂直 V 形列表”图形，添加文本内容，并设置文本的字体格式。最后，设置图形的“金属场景”样式和“彩色范围-着色文字颜色 5 至 6”。

图 13-84 目录列表

第 14 章

使用表格与图表

用户在使用 PowerPoint 制作演示文稿时，由于图表能够比文字承载更多的信息，而且一般听讲者对图表的兴趣明显高于文字，因此需要多用图表来展示幻灯片中的数据。除此之外，使用表格和图表还可以比较与分析数据之间的关联性和趋势性，并能够以条理化、易于理解的方式显示数据。在本章中，将详细介绍创建表格、创建图表，以及美化表格和图表的基础知识和操作方法。

本章学习内容：

- 插入表格
- 编辑表格
- 设置表格样式
- 设置表格效果
- 插入图表
- 编辑图表
- 设置图表布局
- 设置图表样式
- 设置图表格式

14.1 创建表格

在 PowerPoint 中，用户可以使用表格来展示幻灯片中的一些数据，从而使枯燥乏味的数据更易于理解。在本小节中，将详细介绍插入表格和编辑表格的基础知识和操作技巧。

14.1.1 插入表格

在 PowerPoint 中，除了可以运用内置的表格功能，按要求插入规定行数与列数的表格，而且还可以根据设计需求绘制不同类型的表格。除此之外，用户还可以在幻灯片中调用 Excel 图表，制作出功能各异的 Excel 图表。

1. 插入内置表格

选择幻灯片，执行【插入】|【表格】|【表格】|【插入表格】命令，在弹出【插入表格】对话框中输入行数与列数即可，如图 14-1 所示。

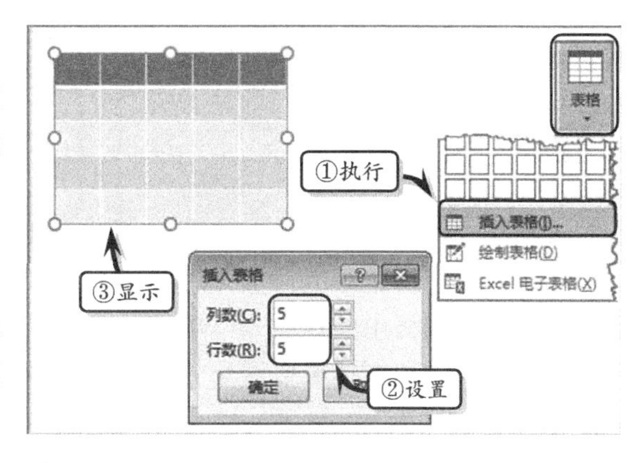

图 14-1 插入内置表格

提 示

用户还可以在含有内容版式的幻灯片中，单击占位符中的【插入表格】按钮，在弹出的【插入表格】对话框中设置行数与列数即可。

另外，执行【插入】|【表格】|【表格】命令，在弹出的下拉列表中直接选择行数和列数，即可在幻灯片中插入相应的表格，如图 14-2 所示。

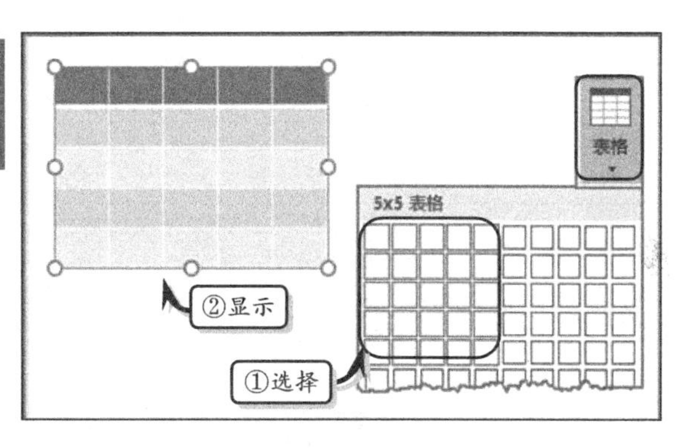

图 14-2 自动插入表格

2. 绘制表格

执行【插入】|【表格】|【表格】|【绘制表格】命令，当光标变为"笔"形状时，按下鼠标左键并拖动鼠标在幻灯片中绘制表格边框，如图 14-3 所示。

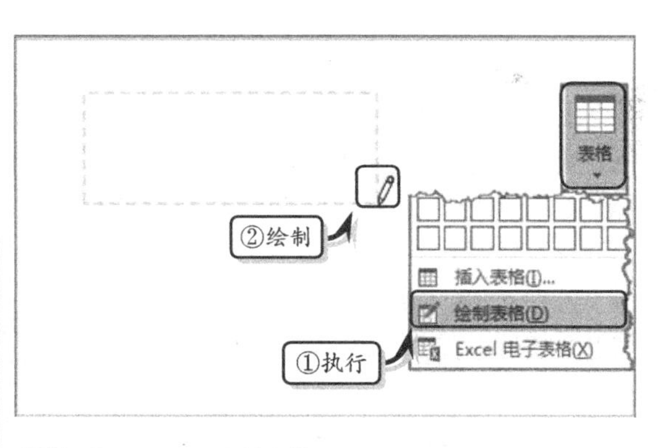

图 14-3 绘制表格

提 示

用户还可以执行【表格工具】|【设计】|【绘图边框】|【绘制表格】命令，将光标放至外边框内部，按下鼠标左键并拖动鼠标绘制表格的行和列。再次执行【绘制表格】命令，即可结束表格的绘制。

3. 插入 Excel 表格

用户还可以调用 Excel 电子表格，便于利用 Excel 电子表格中的数据排序、筛选、计算等功能。执行【插入】|【表格】|【表格】|【Excel 电子表格】命令，输入数据与计算公式并单击幻灯片的其他位置即可，如图 14-4 所示。

14.1.2 编辑表格

在 PowerPoint 插入表格之后，为了充分发挥表格的功能，还需要对表格及其中的单元格进行编辑。但是，在对表格进行编辑之前，用户需要先掌握选择表格或单元格的操作技巧。

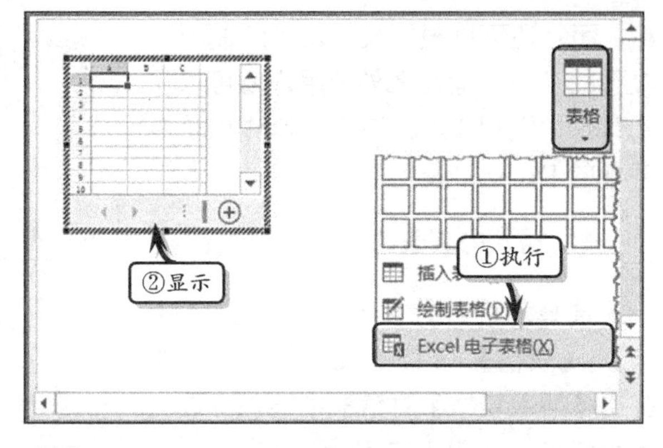

图 14-4 插入 Excel 表格

1. 选择表格

当用户对表格进行编辑操作时，往往需要选择表格中的行、列、单元格等对象。其中，选择表格对象的具体方法如表 14-1 所示。

表 14-1 选择表格对象

选择区域	操作方法
选中当前单元格	移动光标至单元格左边界与第一个字符之间，当光标变为“指向斜上方箭头”形状↗时，单击鼠标
选中后（前）一个单元格	按 Tab 或 Shift+Tab 键，可选中插入符所在的单元格后面或前面的单元格。若单元格内没有内容时，则用来定位光标
选中一整行	将光标移动到该行左边界的外侧，待光标变为“指向右箭头”形状➡时，单击鼠标
选择一整列	将鼠标置于该列顶端，待光标变为“指向下箭头”形状⬇时，单击鼠标
选择多个单元格	单击要选择的第一个单元格，按住 Shift 键的同时，单击要选择的最后一个单元格
选择整个表格	将鼠标放在表格的边框线上单击，或者将光标定位于任意单元格内，执行【表格工具】|【布局】|【表】|【选择】|【选择表格】命令

2. 插入/删除行（列）

在编辑表格时，需要根据数据的具体类别插入表格行或表格列。此时，用户可通过执行【布局】选项卡【行和列】选项组中各项命令，为表格中插入行或列。其中，插入行与插入列的具体方法与位置如表 14-2 所示。

表 14-2 插入行与列

名称	方法	位置
插入行	将光标移至插入位置，执行【表格工具】|【布局】|【行和列】|【在上方插入】命令	在光标所在行的上方插入一行
	将光标移至插入位置，执行【表格工具】|【布局】|【行和列】|【在下方插入】命令	在光标所在行的下方插入一行
插入列	将光标移至插入位置，【表格工具】|【布局】|【行和列】|【在左侧插入】命令	在光标所在列的左侧插入一列
	将光标移至插入位置，【表格工具】|【布局】|【行和列】|【在右侧插入】命令	在光标所在列的右侧插入一列

提 示

选择需要删除的行（列），执行【表格工具】|【布局】|【行或列】|【删除】命令，在其级联菜单中选项【删除行】或【删除列】选项，即可删除选择的行（列）。

3. 合并/拆分单元格

合并单元格是将两个以上的单元格合并成单独的一个单元格。首先，选择需要合并的单元格区域，然后执行【表格工具】|【布局】|【合并】|【合并单元格】命令，如图 14-5 所示。

提 示

选择将合并单元格后，右击，在弹出的快捷菜单中执行【合并单元格】命令，也可以合并单元格。

拆分单元格是将单独的一个单元格拆分成指定数量的单元格。首先，选择需要拆分的单元格。然后，执行【合并】|【拆分单元格】命令，在弹出的对话框中输入需要拆分的行数与列数，如图 14-6 所示。

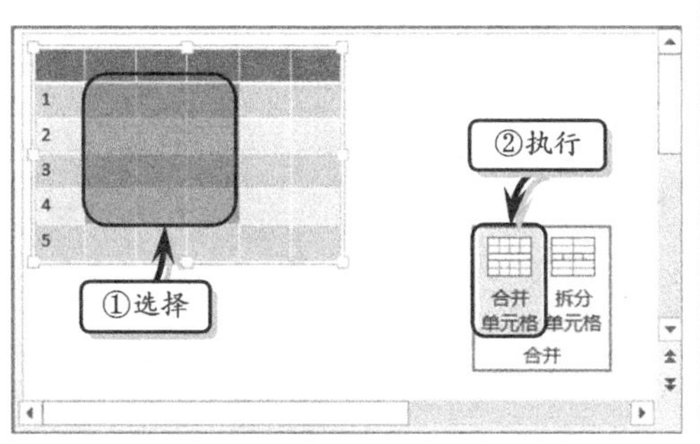

图 14-5 合并单元格

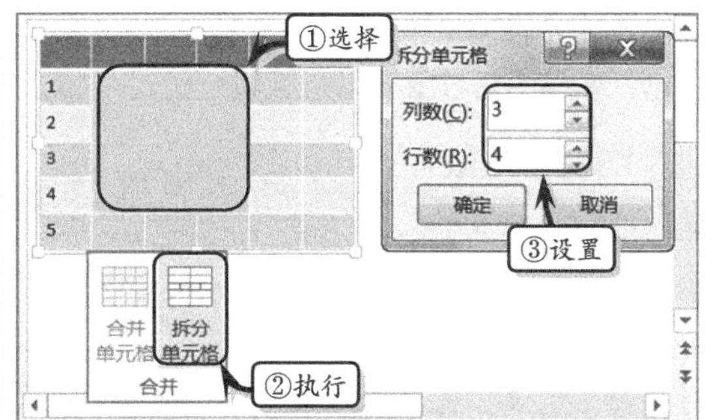

图 14-6 拆分单元格

14.2 美化表格

幻灯片中的表格需要配合整体布局，以及幻灯片的主题来设计，否则将会直接影响到整个演示文稿的格局。美化表格，则是使用 PowerPoint 内置的表格样式、边框格式，以及填充颜色和表格效果等功能，重新设置表格的外观样式，从而达到美化整个幻灯片的目的。

14.2.1 设置表格样式

PowerPoint 为用户内置了 70 多种表格样式，用户只需要根据主题效果直接使用相应的表格样式即可。

1. 套用表格样式

在幻灯片中选择表格，执行【表格工具】|【设计】|【表格样式】|【其他】命令，在其下拉列表中选择相应的选项即可，如图 14-7 所示。

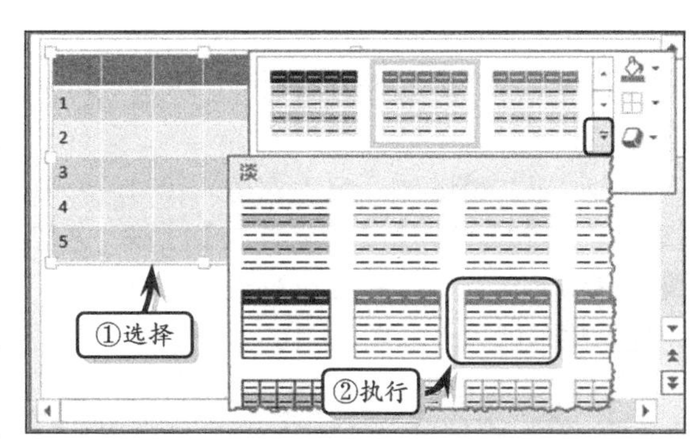

图 14-7 套用表格样式

2. 设置表格样式选项

PowerPoint 定义了表格的 6 种样式选项，根据这 6 种选项样式，可以为表格划分内容的显示方式。用户为表格应用样式之后，可通过启用【设计】选项卡【表格样式选项】选项组中的相应复选框，来突出显示表格中的标题或数据，如图 14-8 所示。

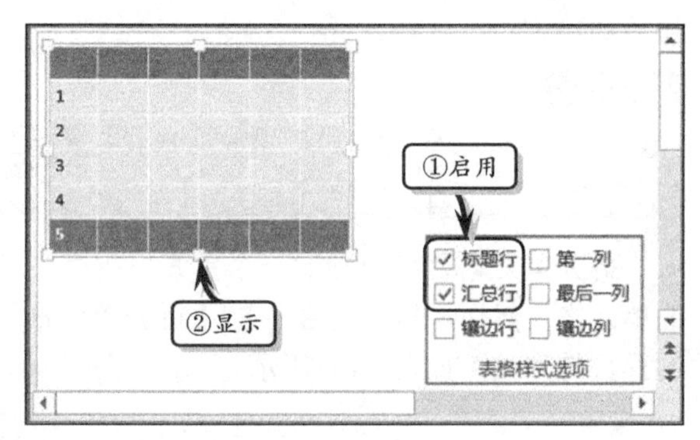

图 14-8 设置表格样式

14.2.2 设置填充格式

PowerPoint 中默认的表格颜色为白色，为增加表格的美观性和可读性，用户可以使用内置的填充功能，为单个单元格、单元格区域或整个表格设置纯色填充、纹理填充与图表填充等填充格式。

1. 纯色填充

纯色填充是为表格设置一种填充颜色。首先，选择单元格区域或整个表格，执行【表格工具】|【设计】|【表格样式】|【底纹】命令，在其级联菜单中选择相应的颜色即可，如图 14-9 所示。

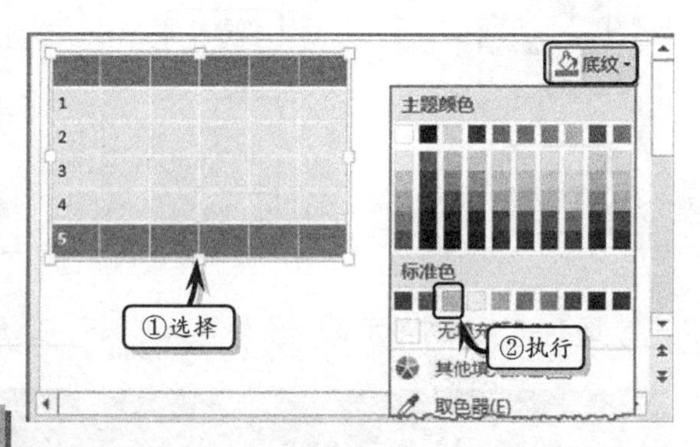

图 14-9 设置纯色填充

提 示

选择表格，可通过执行【底纹】|【其他填充颜色】命令，自定义填充颜色。另外，还可以通过执行【底纹】|【取色器】命令，获取其他对象中的填充色。

2. 纹理填充

纹理填充是利用 PowerPoint 中内置的纹理效果设置表格的底纹样式，默认情况下，PowerPoint 为用户提供了 24 种纹理图案。

选择单元格区域或整个表格，执行【表格工具】|【设计】|【表格样式】|【底纹】|【纹理】命令，在弹出列表中选择相应的纹理即可，如图 14-10 所示。

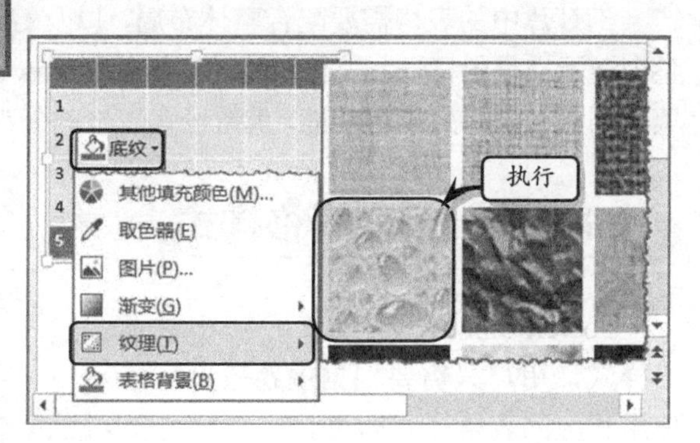

图 14-10 纹理填充

3. 图片填充

图片填充是以【本地电脑】、【Office.com 剪贴画】、【必应图像搜索】或【OneDrive-

个人】中的图片填充表格底纹。选择单元格区域或整个表格，执行【表格工具】|【设计】|【表格样式】|【底纹】|【图片】命令，在弹出的【插入图片】对话框中选择【来自文件】选项。然后，在弹出的对话框中选择相应的图片即可，如图 14-11 所示。

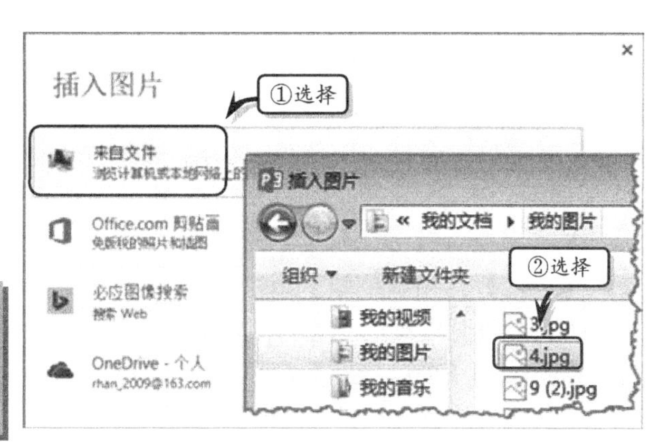

图 14-11 图片填充

提 示

在【插入图片】对话框中的【Office.com 剪贴画】文本框中输入图片名称，单击【搜索】按钮，即可填充网络中的图片。

4. 渐变填充

渐变填充是以两种以上的颜色来设置底纹效果的一种填充方法，其渐变是由两种颜色之中的一种颜色逐渐过渡到另外一种颜色的现象。首先，选择单元格区域或整个表格，执行【表格工具】|【设计】|【表格样式】|【底纹】|【渐变】命令，在其级联菜单中选择相应的渐变样式即可，如图 14-12 所示。

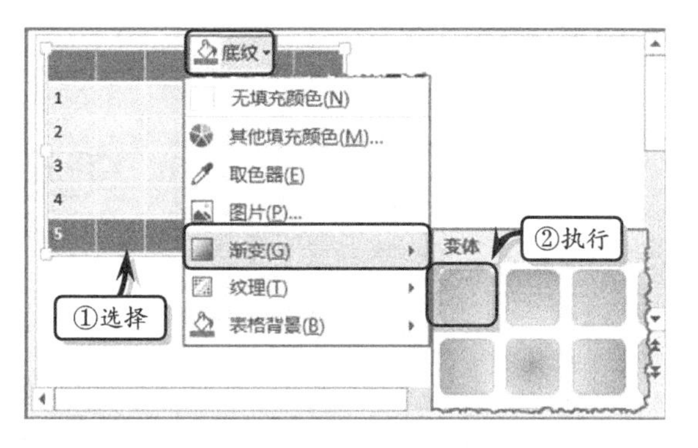

图 14-12 渐变填充

提 示

用户可以通过执行【底纹】|【渐变】|【其他渐变】命令，在弹出的【设置形状格式】任务窗格中，设置渐变效果的详细参数。

14.2.3 设置边框格式

在 PowerPoint 中，除了可以通过套用表格样式来设置表格边框之外，还可以运用【边框】命令，自定义表格的边框样式。

1. 使用内置样式

PowerPoint 为用户内置了无框线、所有框线、外侧框线等 12 种样式。选择表格，执行【表格工具】|【设计】|【表格样式】|【边框】命令，在其级联菜单中选择相应的选项，即可为表格设置边框格式，如图 14-13 所示。

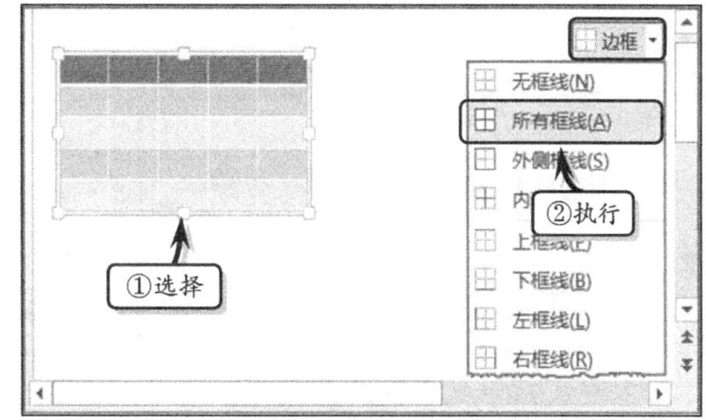

图 14-13 使用内置样式

2．设置边框颜色

选择表格，执行【表格工具】|【设计】|【绘制边框】|【笔颜色】命令，在其级联菜单中选择一种颜色，如图 14-14 所示。

然后，执行【设计】|【表格样式】|【边框】|【所有框线】命令，即可更改表格所有边框的颜色。同样，执行【边框】|【外侧框线】命令，即可只更改表格外侧框线的颜色，如图 14-15 所示。

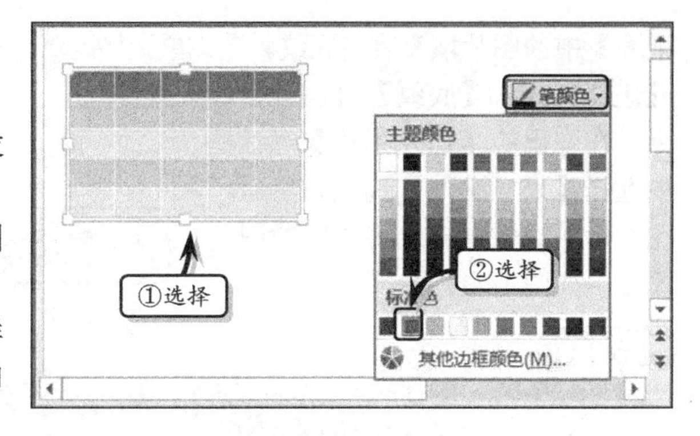

图 14-14 选择边框颜色

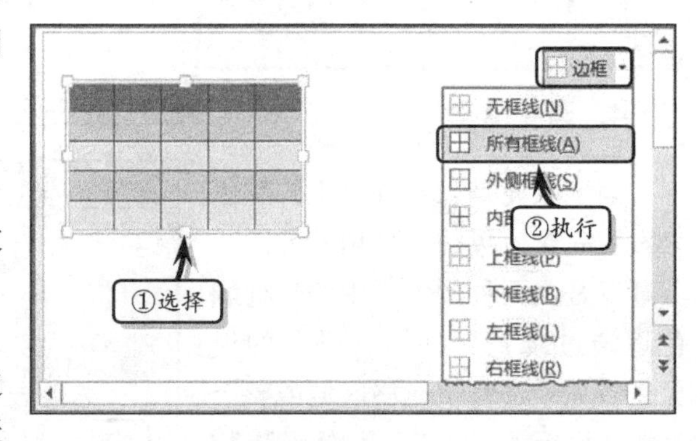

图 14-15 应用边框颜色

3．设置边框样式

选择表格，执行【表格工具】|【设计】|【绘制边框】|【笔样式】命令，在其级联菜单中选择一种线条样式。然后，执行【设计】|【表格样式】|【边框】|【所有框线】命令，即可更改表格所有边框的线条样式，如图 14-16 所示。

另外，选择表格，执行【表格工具】|【设计】|【绘图边框】|【笔划粗细】命令，在其级联列表中选择一种线条样式。然后，执行【设计】|【表格样式】|【边框】|【所有框线】命令，即可更改表格所有边框的线条样式，如图 14-17 所示。

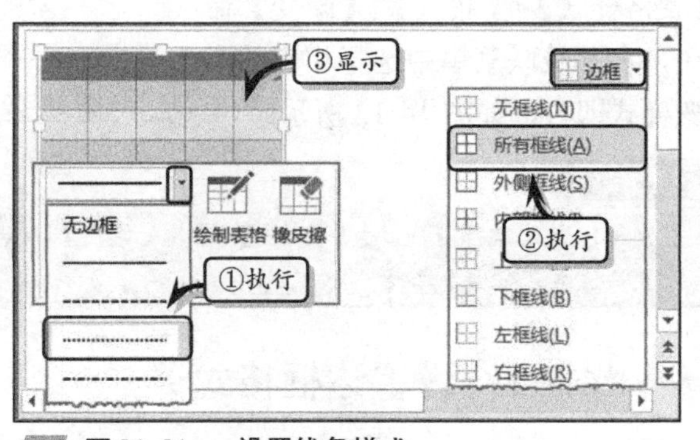

图 14-16 设置线条样式

提　示

执行【设计】|【绘图边框】|【擦除】命令，按下鼠标左键并拖动鼠标沿着表格线条移动，即可擦除该区域的表格边框。

14.2.4 设置表格效果

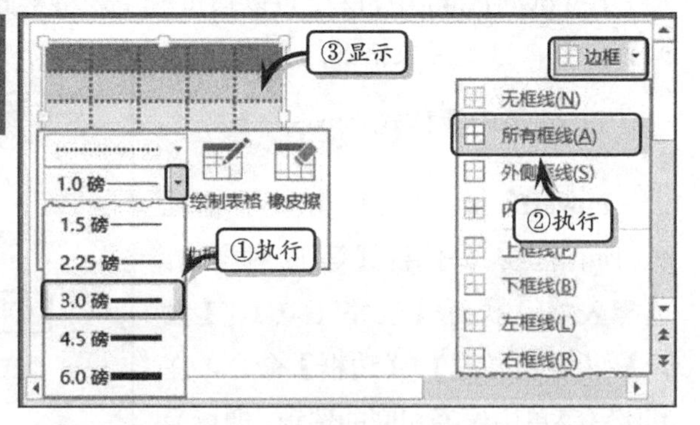

图 14-17 设置线条粗细

表格效果是 PowerPoint 为用户提供的一种为表格添加外观效果的命令，主要包括单元格的凹凸效果、阴影、映像等效果。

1. 设置凹凸效果

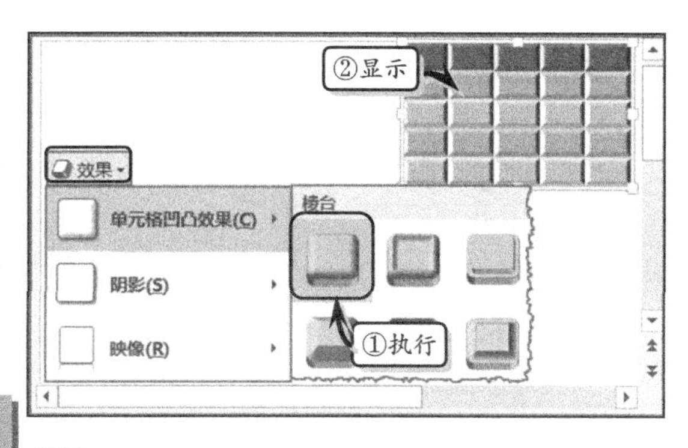

图 14-18 设置凹凸效果

选择表格，执行【表格工具】|【设计】|【表格样式】|【效果】|【单元格凹凸效果】|【圆】命令，设置表格的单元格凹凸效果，如图 14-18 所示。

> **提 示**
>
> 为表格设置单元格凹凸效果之后，可通过执行【效果】|【单元格凹凸效果】|【无】命令，取消效果。

2. 设置映像效果

选择表格，执行【表格工具】|【设计】|【表格样式】|【效果】|【映像】|【紧密映像，接触】命令，设置映像效果，如图 14-19 所示。

另外，执行【设计】|【表格样式】|【效果】|【映像】|【映像选项】命令，在弹出的【设置形状格式】任务窗格中自定义映像效果，如图 14-20 所示。

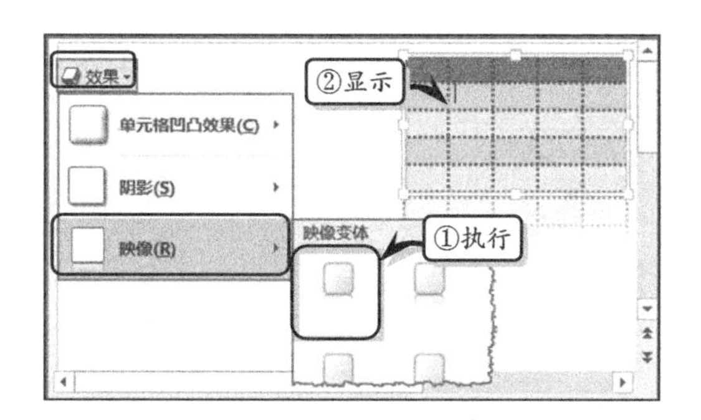

图 14-19 设置映像效果

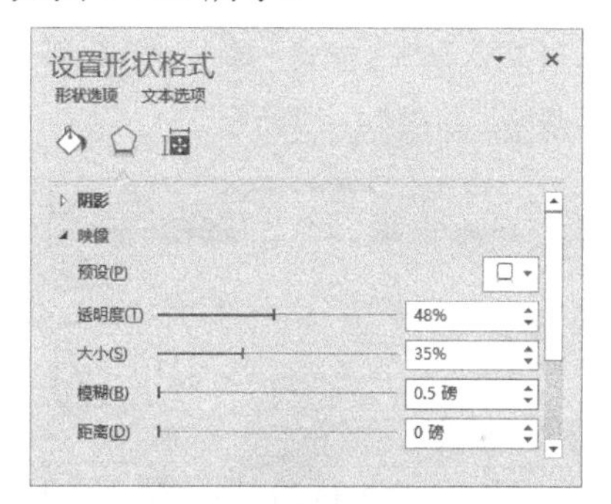

图 14-20 自定义映像效果

14.2.5 练习：人口比例统计表

在使用 PowerPoint 制作各类幻灯片时，往往需要使用表格来显示幻灯片中的数据，以增加幻灯片的可读性和美观性。在本练习中，将通过制作人口比例统计表，来详细介绍插入表格、美化表格和设置表格数据等基础知识的使用方法和技巧，如图 14-21 所示。

人口比例统计表

年份	总人口（万）	65岁以上人口占人口的比例	城镇人口占总人口的比例	家庭人口规模
1953	3767.29	4.49%	14.78%	4.17
1964	4452.21	3.37%	14.83%	4.09
1982	6052.11	5.55%	15.82%	3.91
1990	6705.68	6.79%	21.24%	3.66
2000	7438.07	8.76%	41.49%	3.23
2010	7966.24	9.94%	45.86%	3.18

图 14-21 人口比例统计表

操作步骤：

1 应用主题。删除幻灯片中的所有占位符，执行【设计】|【主题】|【主题】|【切片】命令，如图 14-22 所示。

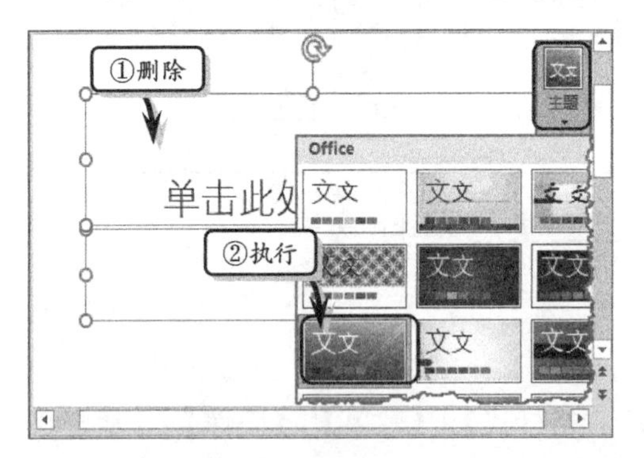

图 14-22 应用主题

2 插入表格。执行【插入】|【表格】|【表格】|【插入表格】命令，插入一个 5 列 7 行的表格，如图 14-23 所示。

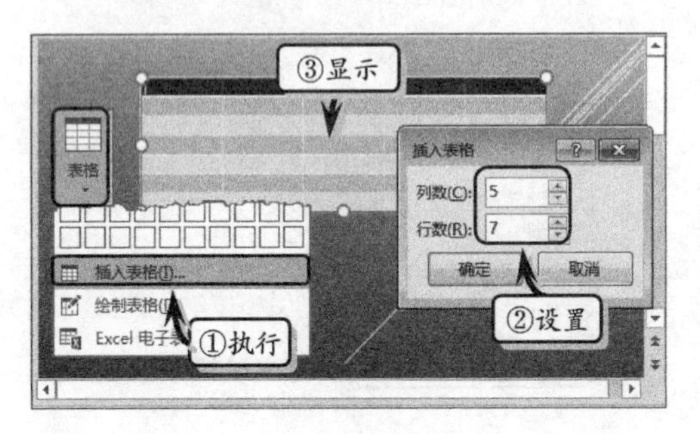

图 14-23 插入表格

3 将鼠标移至表格的右下角处的控制点上，按下鼠标左键并拖动鼠标调整表格的大小，如图 14-24 所示。

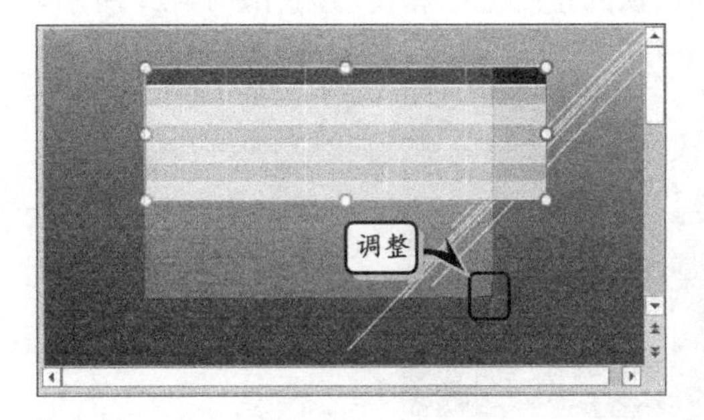

图 14-24 调整表格大小

4 美化表格。执行【设计】|【表格样式】|【其他】|【中等样式 2-强调 4】命令，如图 14-25 所示。

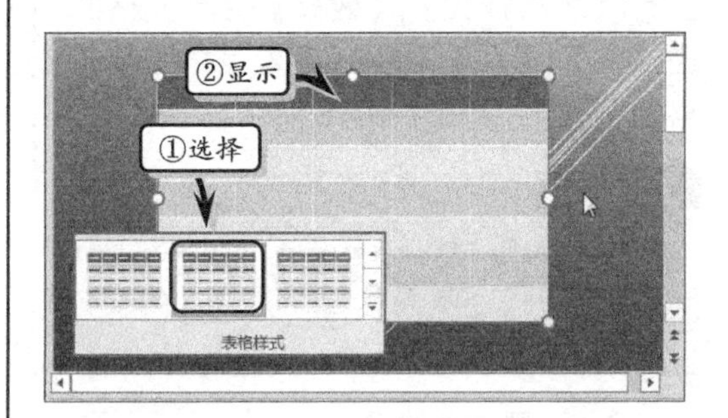

图 14-25 设置表格样式

5 执行【设计】|【表格样式】|【边框】|【所有框线】命令，设置表格的边框样式，如图 14-26 所示。

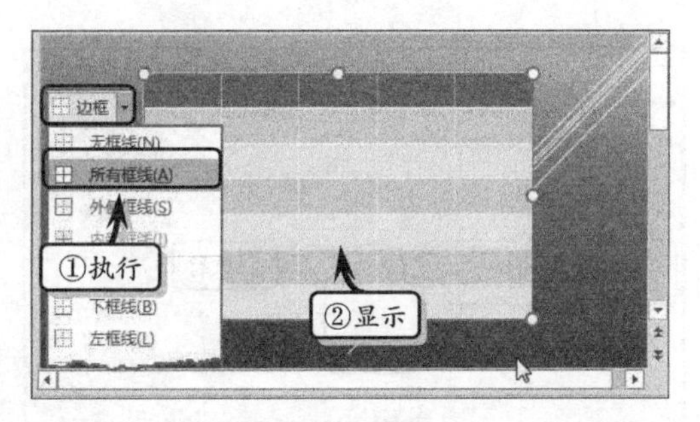

图 14-26 设置边框格式

6 设置表格数据。在表格中输入销售数据，调整列宽，并在【字体】选项组中设置文本的字号和字体颜色，如图 14-27 所示。

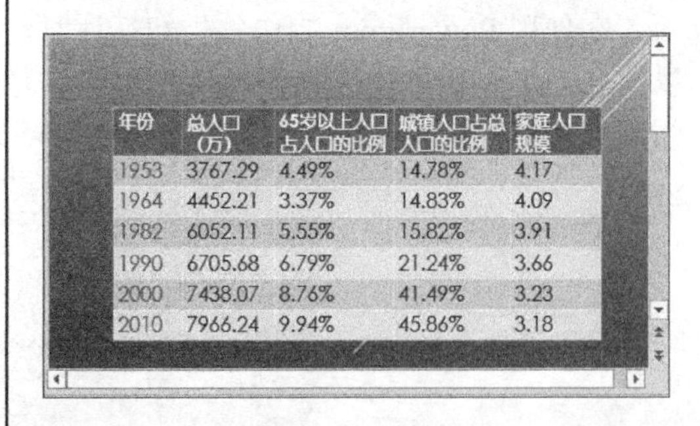

年份	总人口(万)	65岁以上人口占人口的比例	城镇人口占总人口的比例	家庭人口规模
1953	3767.29	4.49%	14.78%	4.17
1964	4452.21	3.37%	14.83%	4.09
1982	6052.11	5.55%	15.82%	3.91
1990	6705.68	6.79%	21.24%	3.66
2000	7438.07	8.76%	41.49%	3.23
2010	7966.24	9.94%	45.86%	3.18

图 14-27 输入表格数据

7 执行【布局】|【对齐方式】|【居中】与【垂直居中】命令，设置数据的对齐方式，如图

14-28 所示。

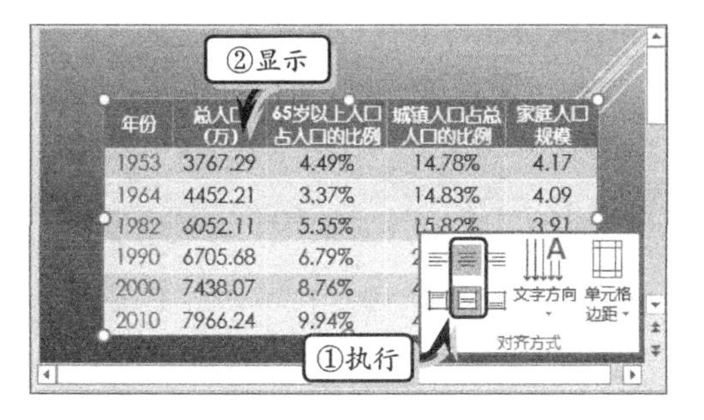

图 14-28 设置对齐方式

8 执行【表格工具】|【设计】|【表格样式】|【效果】|【单元格凹凸效果】|【圆】命令，设置表格效果，如图 14-29 所示。

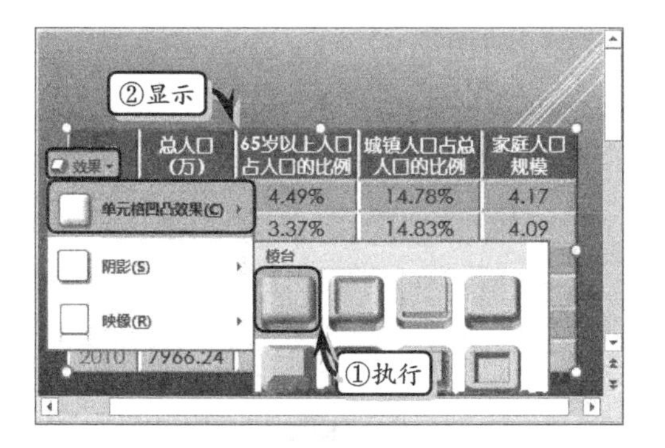

图 14-29 设置表格效果

9 制作表格标题。执行【插入】|【文本】|【艺术字】|【填充-深绿，着色 4，软棱台】命令，输入艺术字标题，并设置文本的字体格式，如图 14-30 所示。

10 执行【格式】|【艺术字样式】|【文本效果】|【转换】|【V 形：倒】命令，设置转换效果，如图 14-31 所示。

11 执行【格式】|【艺术字样式】|【文本效果】|【发光】|【发光：8pt;深绿，主题色】命令，如图 14-32 所示。

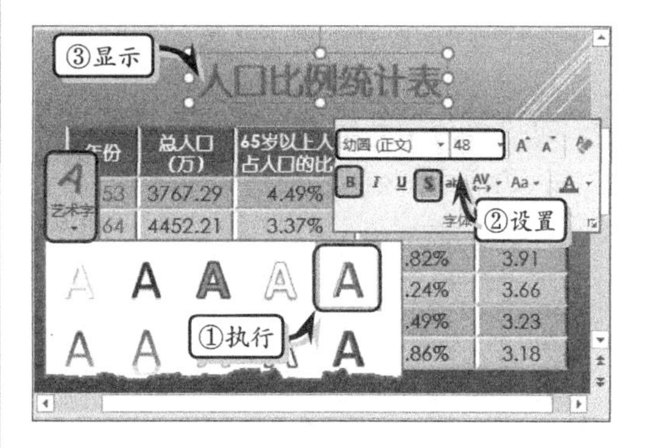

图 14-30 插入艺术字

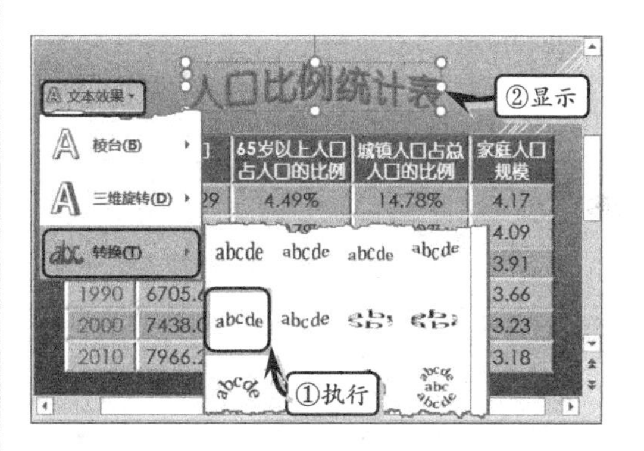

图 14-31 设置转换效果

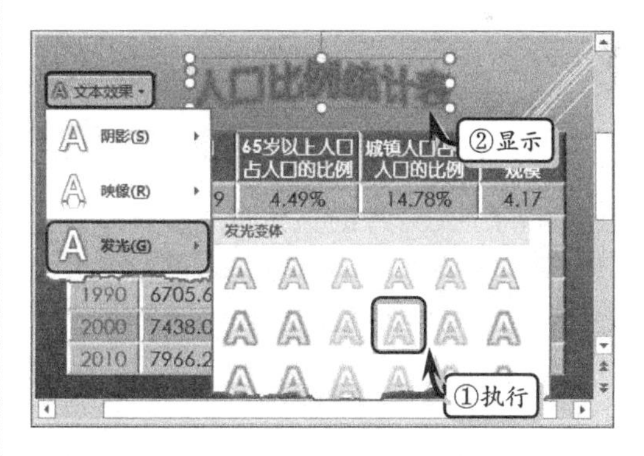

图 14-32 设置发光效果

14.3 创建图表

图表是数据的一种可视表现形式，是按照图形格式显示系列数值数据，可以用来比较数据并分析数据之间的关系。当用户需要在幻灯片中对比或展示某些数据时，则需要根据数据类型使用不同的图表，以柱形图、趋势图等方式，生动地展示数据内容，并描绘数据变化的趋势等信息。

14.3.1 插入图表

图表是一种生动的描述数据的方式，可以将表中的数据转换为各种图形信息，方便用户对数据进行观察。在 PowerPoint 中，用户不仅可以通过相关命令为幻灯片插入相应图表，而且还可以通过占位符来插入图表。

在幻灯片中，执行【插入】|【插图】|【图表】命令，在弹出的【插入图表】对话框中选择相应的图表类型。然后，在弹出的 Excel 工作表中输入示例数据即可，如图 14-33 所示。

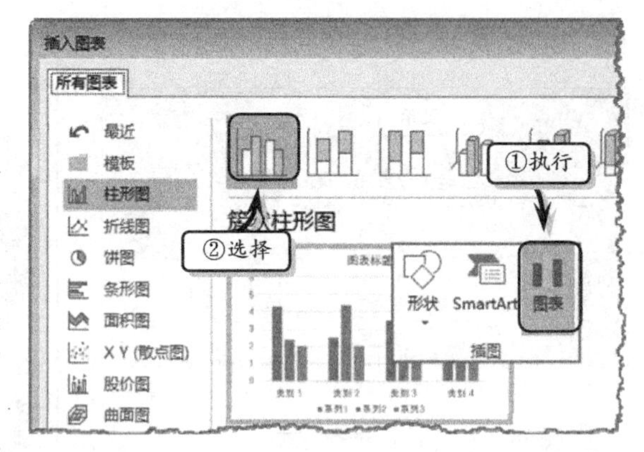

图 14-33 命令法插入图表

另外，单击占位符中的【插入图表】按钮，在弹出的对话框中选择相应的图表类型，并在弹出的 Excel 工作表中输入图表数据即可，如图 14-34 所示。

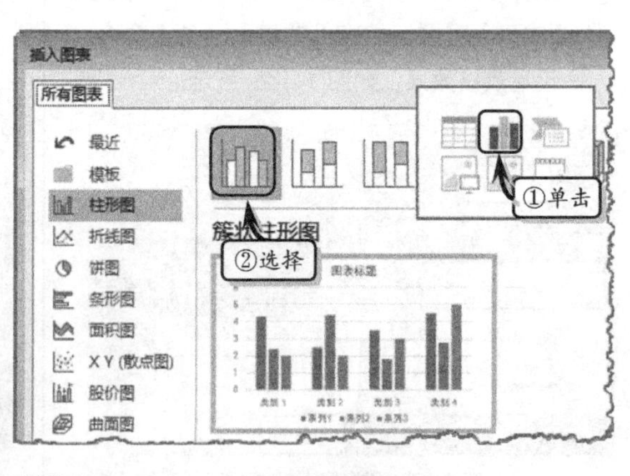

图 14-34 占位符插入图表

提 示

用户也可以单击【文本】组中的【对象】按钮，在弹出的【插入对象】对话框中创建图表。

14.3.2 编辑图表

在幻灯片中创建图表之后，为了使图片更符合幻灯片的整体布局和设计，还需要调整图表大小、位置，以及更改图表类型等编辑图表的操作。

1. 调整图表的位置

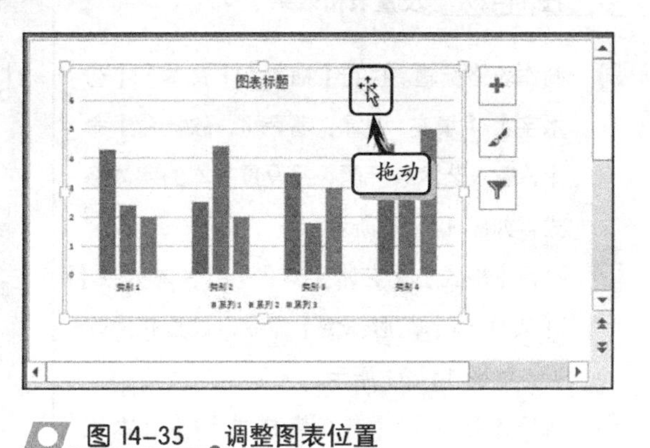

图 14-35 调整图表位置

选择图表，将鼠标移至图表边框或图表空白处，当鼠标变为“四向箭头”时，按下鼠标左键并拖动鼠标即可调整图表位置。如图 14-35 所示。

提 示

若将鼠标放置在坐标轴、图例或绘图区等区域拖动时，只是拖动所选区域，而不是整个图表。

2. 调整图表的大小

选择图表，将鼠标移至图表四周边框的控制点上，当鼠标变为“双向箭头”时，按下鼠标左键并拖动即可调整图表大小，如图 14-36 所示。

另外，选择图表，在【格式】选项卡【大小】选项组中，输入图表的【高度】与【宽度】值，即可调整图表的大小，如图 14-37 所示。

提 示

单击【格式】选项卡【大小】选项组中的【对话框启动器】按钮，在【设置图表区格式】任务窗格中的【大小】选项卡中设置图片的【高度】与【宽度】值。

3. 更改图表类型

执行【图表工具】|【设计】|【类型】|【更改图表类型】命令，在弹出的【更改图表类型】对话框中选择一种图表类型，如图 14-38 所示。

提 示

选择图表，执行【插入】|【插图】|【图表】命令，在弹出的【更改图表类型】对话框中选择图表类型即可。

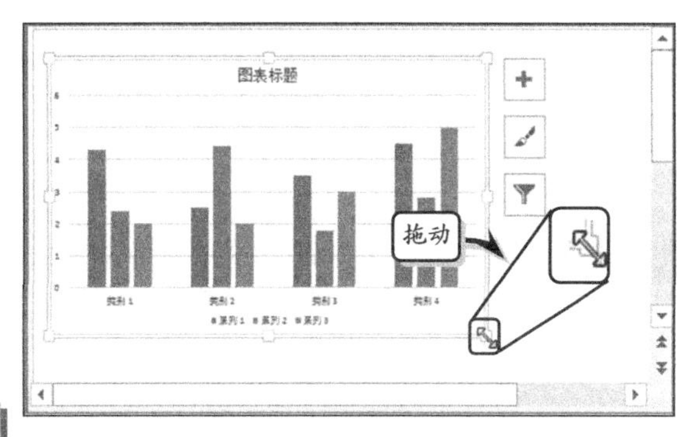

图 14-36 鼠标调整图表大小

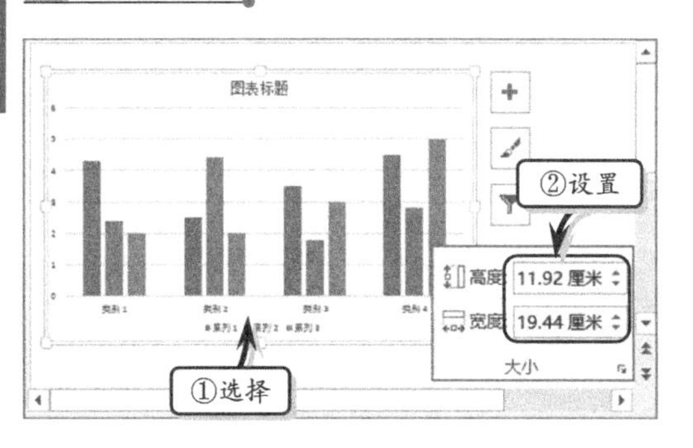

图 14-37 准确调整大小

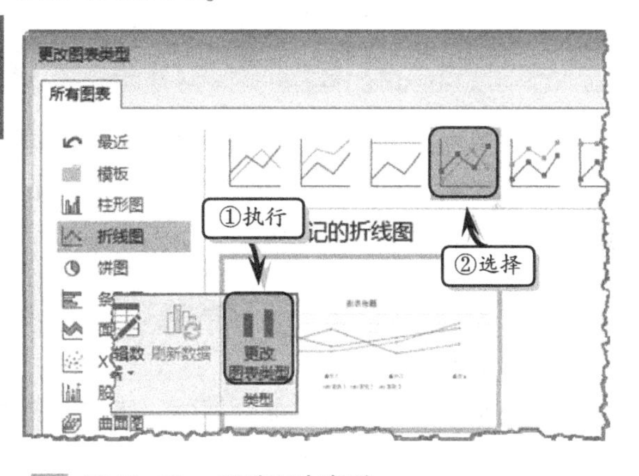

图 14-38 更改图表类型

14.3.3 调整图表数据

数据是图表的灵魂，在幻灯片中创建图表之后，为了详细分析数据之间的关联性、对比性和趋势线，还需要编辑图表中的数据，包括添加数据区域、编辑现有数据和重新定位数据等内容。

1. 编辑现有数据

在幻灯片中选择图表，执行【图表工具】|【设计】|【数据】|【编辑数据】命令，在弹出的 Excel 工作表中编辑图表数据即可，如图 14-39 所示。

2. 重新定位数据

选择幻灯片中的图表，执行【图表工具】|【设计】|【数据】|【选择数据】

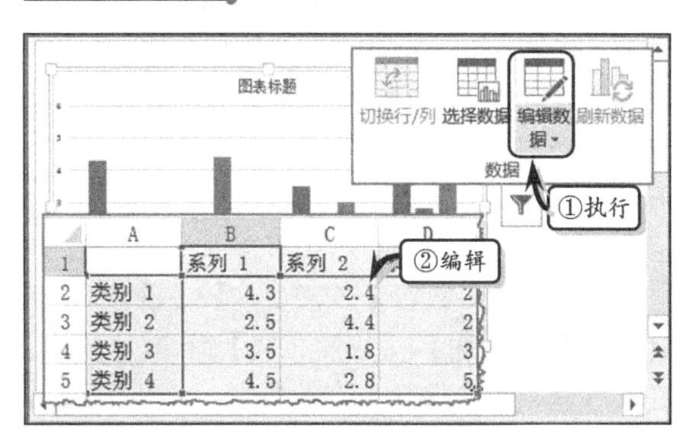

	A	B	C	D
1		系列 1	系列 2	
2	类别 1	4.3	2.4	2
3	类别 2	2.5	4.4	2
4	类别 3	3.5	1.8	3
5	类别 4	4.5	2.8	5

图 14-39 编辑现有数据

命令，在弹出的【选择数据源】对话框中单击【图表数据区域】右侧的折叠按钮，在 Excel 工作表中选择数据区域，如图 14-40 所示。

3. 添加数据

选择图表，执行【数据】|【选择数据】命令，在弹出的【选择数据源】对话框中单击【添加】按钮。然后，在弹出的【编辑数据系列】对话框中分别设置【系列名称】和【系列值】选项，如图 14-41 所示。

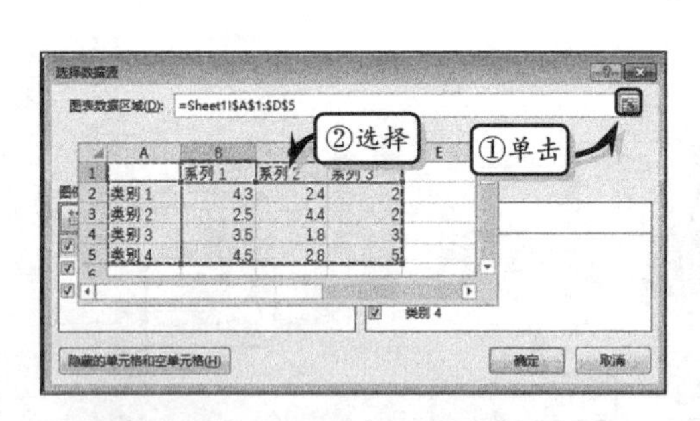

图 14-40 重新定位数据

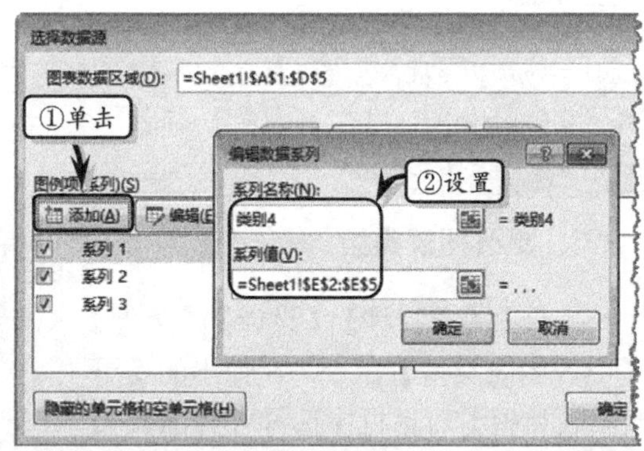

图 14-41 添加数据

14.4 美化图表

默认情况下，幻灯片中所创建的图表是以默认的样式和格式进行显示的。此时，为了达到美化图表的效果，还需要设置图表的布局、图表的样式，以及绘图区、坐标轴、数据系列等图表元素的格式。

14.4.1 设置图表布局

图表布局是 PowerPoint 内置的一组图表元素的布局排列样式，包括图表标题、图例、数据系列、坐标轴、数据表等图表元素的排列状态，它直接影响到图表的整体效果。在 PowerPoint 中，用户不仅可以使用内置的图表布局，而且还可以自定义图表布局。

1. 使用内置图表布局

选择图表，执行【图表工具】|【设计】|【图表布局】|【快速布局】命令，在其级联菜单中选择相应的布局，如图 14-42 所示。

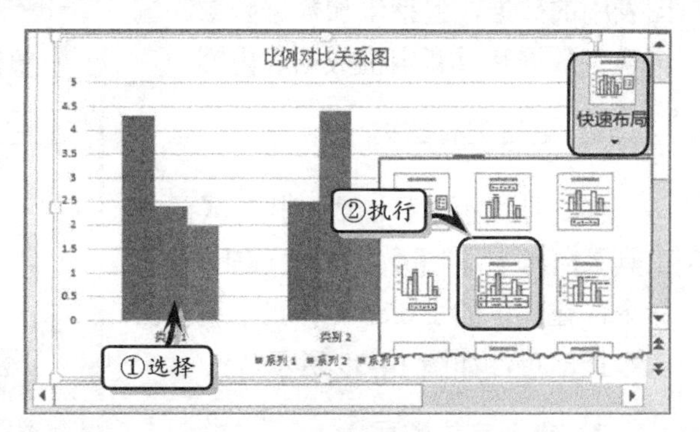

图 14-42 使用内置图表布局

2. 自定义图表布局

选择图表，执行【图表工具】|【设计】|【图表布局】|【添加图表元素】|【数据表】命令，在其级联菜单中选择相应的选项，如图 14-43 所示。

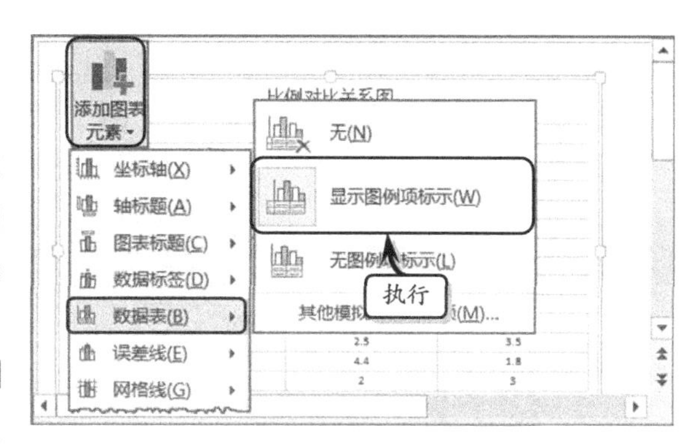

图 14-43 自定义数据表元素

另外，选择图表，执行【图表工具】|【设计】|【图表布局】|【添加图表元素】|【数据标签】命令，在其级联菜单中选择相应的选项，如图 14-44 所示。

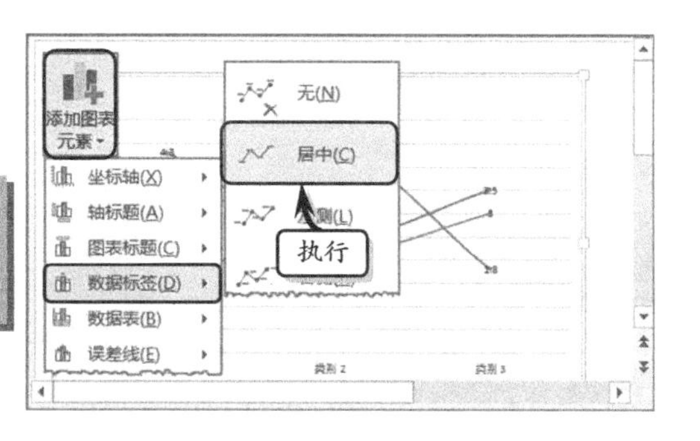

图 14-44 自定义数据标签元素

提 示

使用同样的方法，用户还可以通过执行【添加图表元素】命令，添加图例、网格线、坐标轴等图表元素。

3. 添加分析线

选择图表，执行【图表工具】|【设计】|【图表布局】|【添加图表元素】|【误差线】命令，在其级联菜单总选择误差线类型，如图 14-45 所示。

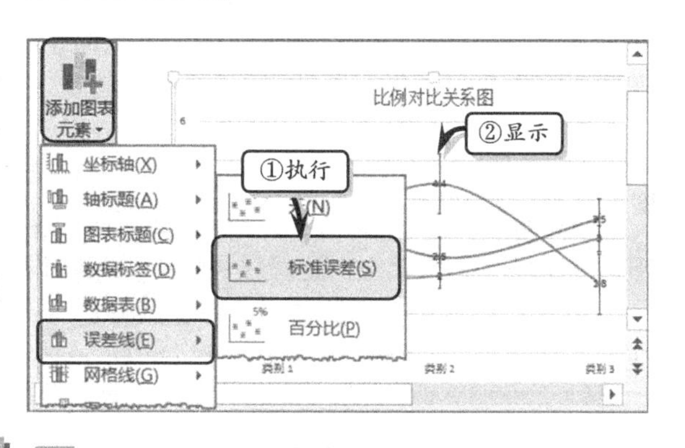

图 14-45 添加误差线

同样，选择图表，执行【图表工具】|【设计】|【图表布局】|【添加图表元素】|【线调】命令，在其级联菜单中选择线条类型，如图 14-46 所示。

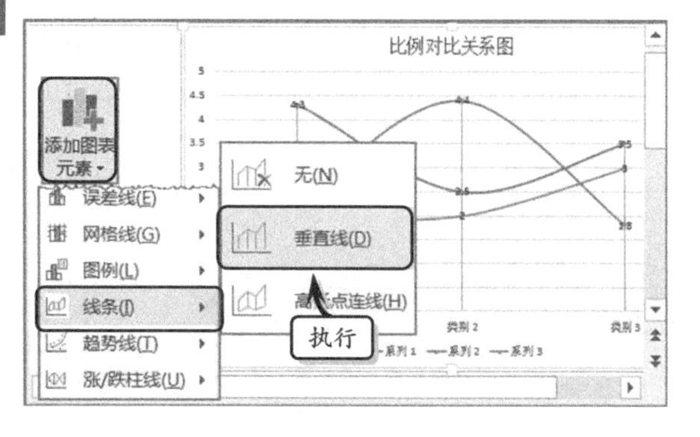

图 14-46 添加线条

提 示

用户可以使用同样的方法，为图表添加趋势线和涨跌/柱线等分析线。

14.4.2 设置图表样式

图表样式主要包括图表中对象区域的颜色属性。PowerPoint 也内置了一些图表样式，允许用户快速对其进行应用。选择图表，执行【图表工具】|【设计】|【图表样式】|【快速样式】命令，在下拉列表中选择相应的样式，如图

14-47 所示。

另外，执行【图表工具】|【设计】|【图表样式】|【更改颜色】命令，在其级联菜单中选择一种颜色类型，即可更改图表的主题颜色，如图 14-48 所示。

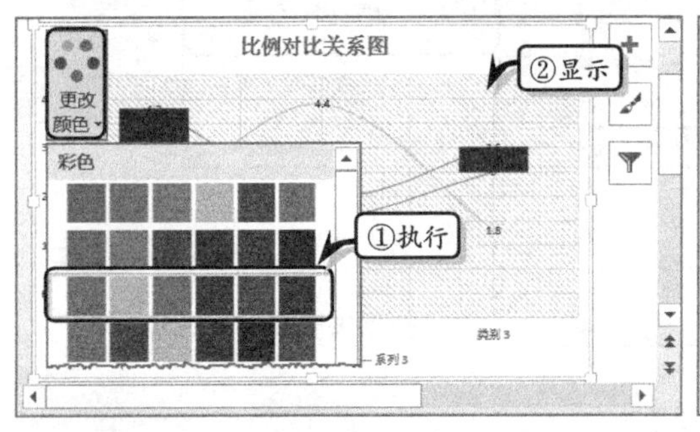

图 14-47 设置图表样式

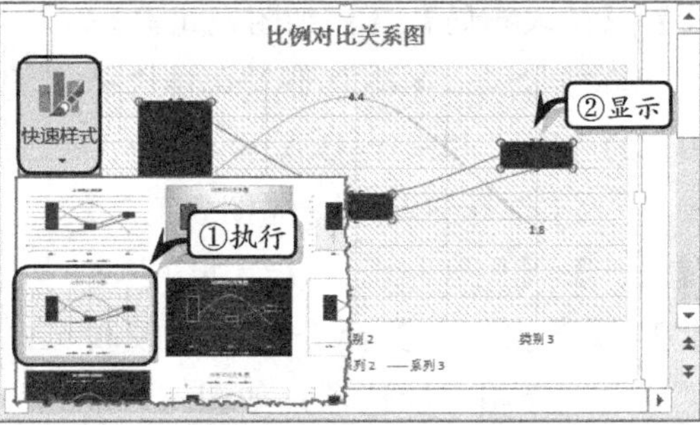

图 14-48 设置主题颜色

提 示

用户也可以单击图表右侧的按钮，即可在弹出的列表中快速设置图表的样式，以及更改图表的主题颜色。

14.4.3 设置图表格式

在 PowerPoint 中，可以通过设置图表区、图例、图表标题等图表元素的边框颜色、边框样式、三维格式与旋转等操作来美化图表。下面以图表区域和坐标轴为例，详细介绍设置图表格式的操作方法。

1. 设置图表区格式

选择图表区，右击，执行【设置图表区域格式】命令，在弹出的【设置图表区格式】窗格的【填充】选项组中选择一种填充效果，设置其填充颜色，如图 14-49 所示。

然后，激活【效果】选项卡，在展开的【阴影】选项组中单击【预设】下拉按钮，在其下拉列表中选择一种阴影样式，如图 14-50 所示。

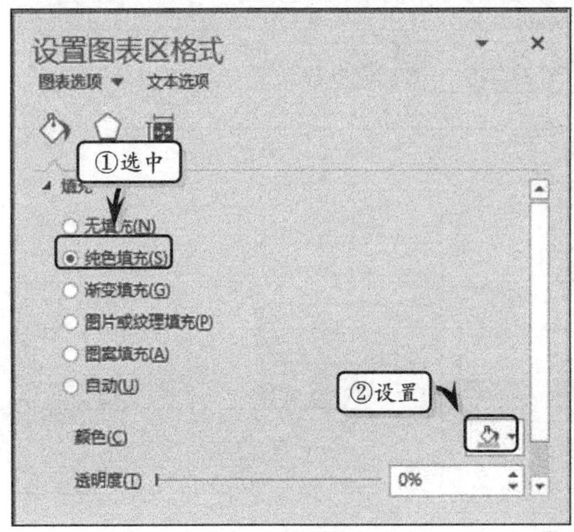

图 14-49 设置填充颜色

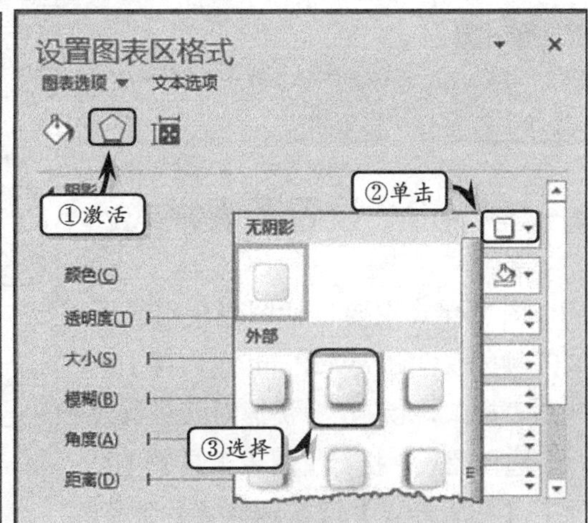

图 14-50 设置阴影效果

另外，用户还可以在该对话框中设置图表区的边框颜色和样式、三维格式、三维旋转等效果。

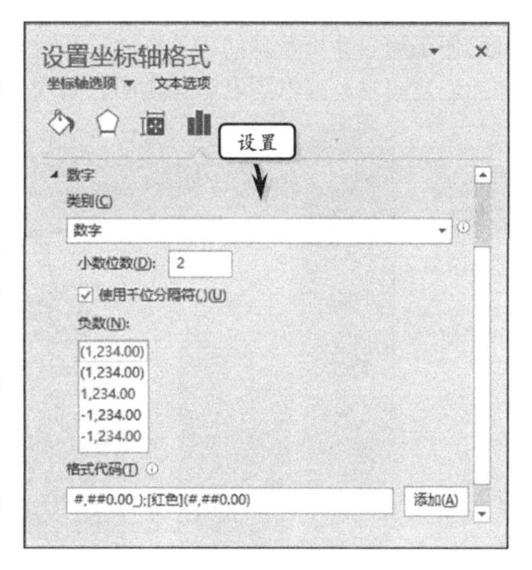

图 14-51 设置数字类型

2. 设置坐标轴格式

双击坐标轴，在弹出的【设置坐标轴格式】任务窗格中激活【坐标轴选项】下的【坐标轴选项】选项卡。然后，在【数字】选项组中的【类别】列表框中选择相应的选项，并设置其小数位数与样式，如图 14-51 所示。

另外，双击水平坐标轴，在【设置坐标轴格式】任务窗格中激活【坐标轴选项】下的【坐标轴选项】选项卡。在【坐标轴选项】选项组中，设置各项选项，如图 14-52 所示。

双击垂直坐标轴，在【设置坐标轴格式】任务窗格中激活【坐标轴选项】下的【坐标轴选项】选项卡，设置各项选项，如图 14-53 所示。

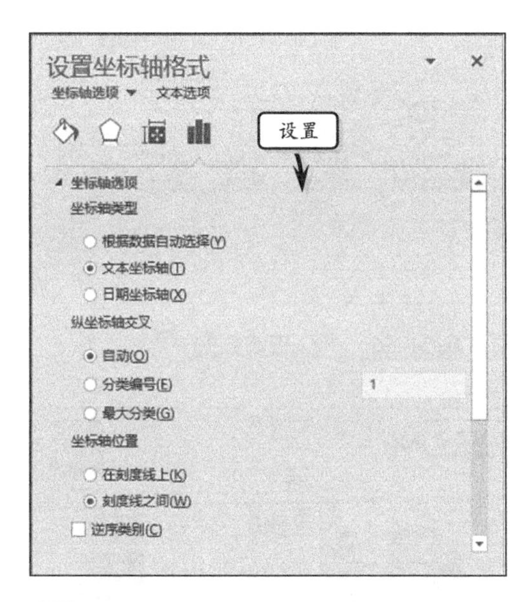

图 14-52 设置水平坐标轴格式

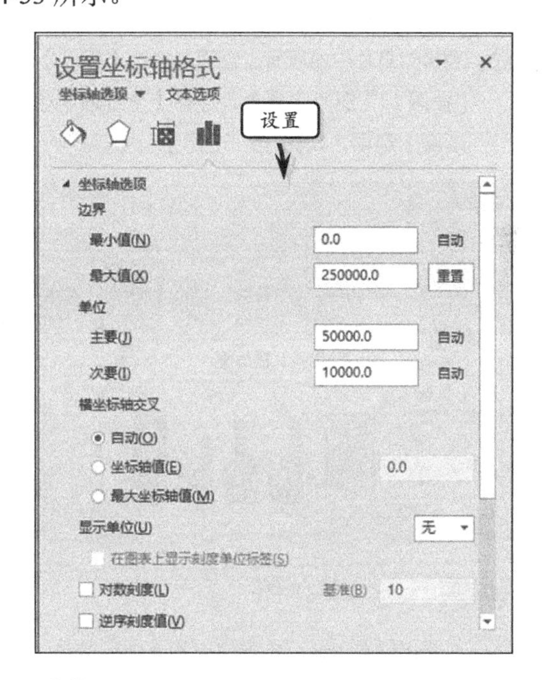

图 14-53 设置垂直坐标轴格式

14.4.4 练习：销售数据分析图

PowerPoint 内置了强大的图表显示功能，通过该功能不仅可以形象地展示数据，而且还便于用户分析数据的相关性和趋势性。在本练习中，将通过制作销售分析图来详细介绍创建图表、编辑图表和美化图表的操作方法和实用技巧，如图 14-54 所示。

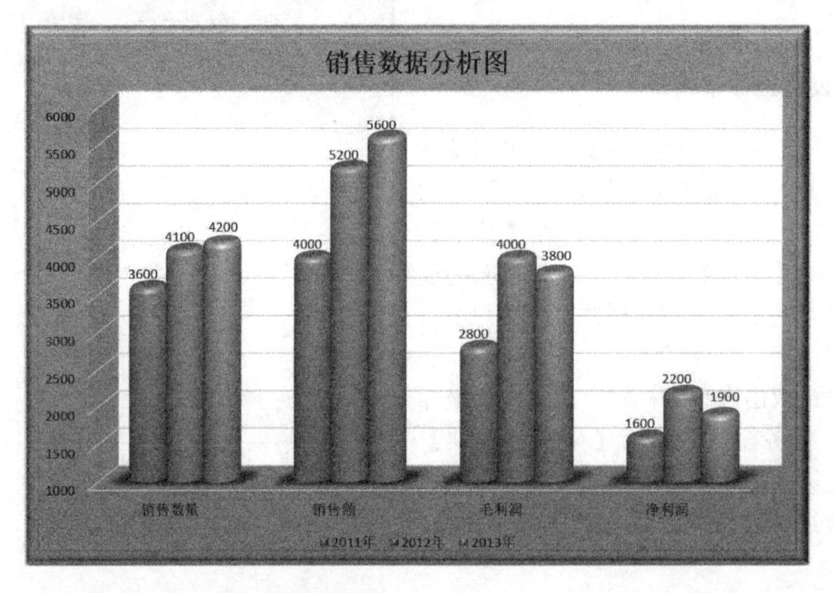

图 14-54 销售数据分析图

操作步骤:

1 删除幻灯片中的所有占位符，执行【插入】|【插图】|【图表】命令，选择【三维簇状柱形图】选项，如图 14-55 所示。

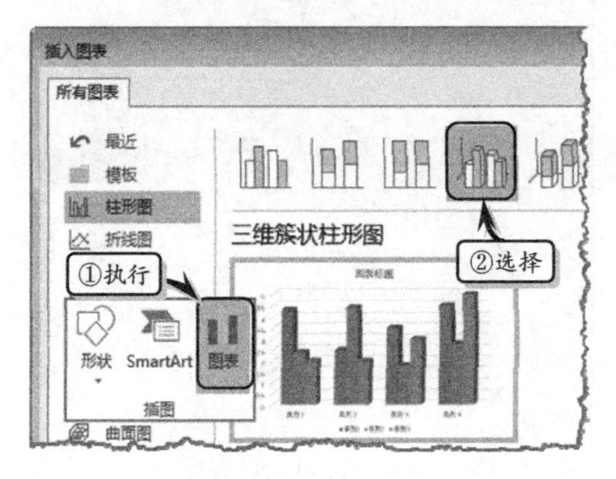

图 14-55 插入图表

2 在弹出的 Excel 工作表中，输入图表数据，并关闭工作表，如图 14-56 所示。

3 执行【设计】|【图表样式】|【快速样式】|【样式 11】命令，设置图表的样式，如图 14-57 所示。

4 右击数据系列，执行【设置数据系列格式】命令，选中【圆柱图】选项，如图 14-58 所示。

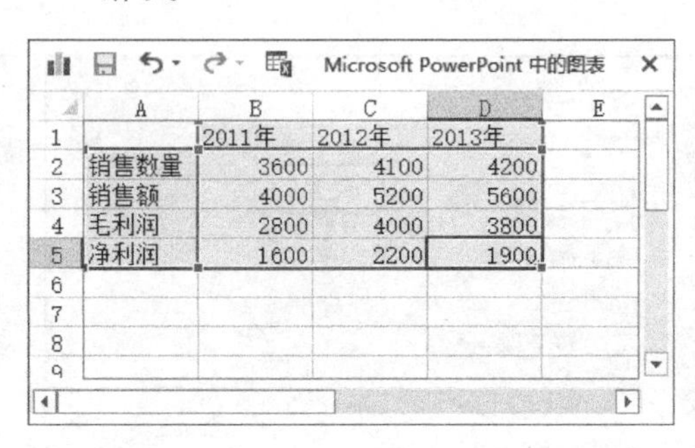

Microsoft PowerPoint 中的图表

	A	B	C	D	E
1		2011年	2012年	2013年	
2	销售数量	3600	4100	4200	
3	销售额	4000	5200	5600	
4	毛利润	2800	4000	3800	
5	净利润	1600	2200	1900	
6					
7					
8					
9					

图 14-56 输入图表数据

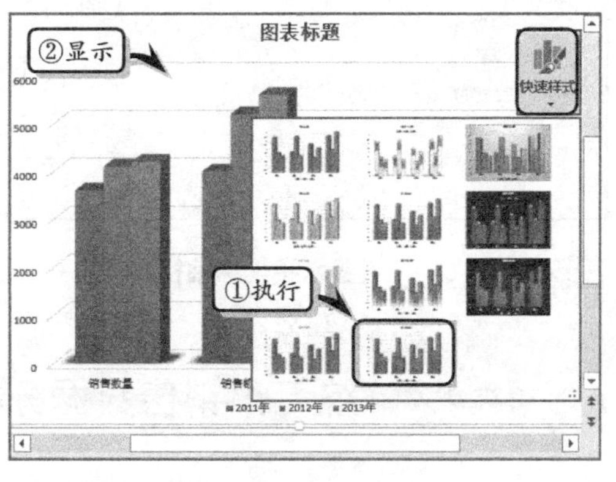

图 14-57 设置图表样式

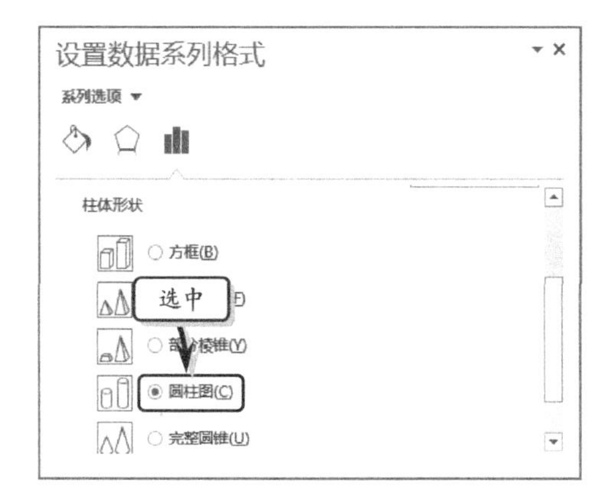

图 14-58　设置柱体形状

5 选择图表，执行【格式】|【形状样式】|【其他】|【强烈效果-绿色，强调颜色 6】命令，如图 14-59 所示。

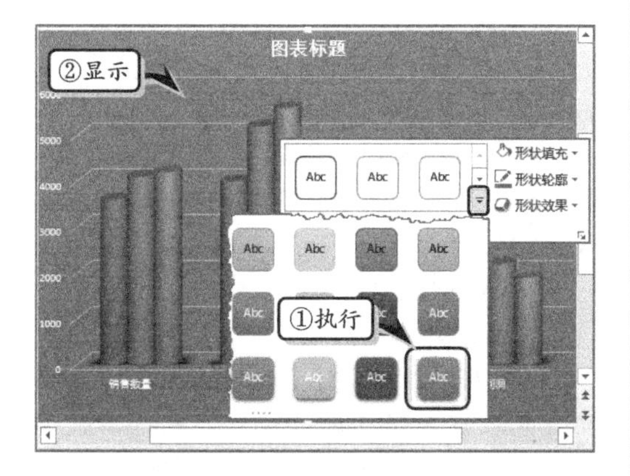

图 14-59　设置图表样式

6 选择图表中的背景墙，执行【格式】|【形状样式】|【形状填充】|【白色，背景 1】命令，如图 14-60 所示。

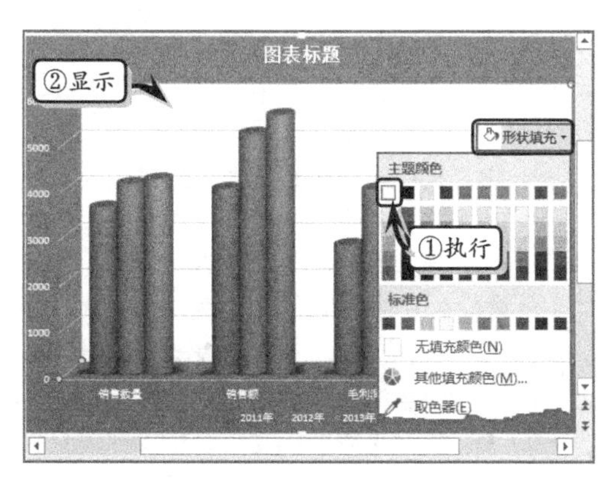

图 14-60　设置背景墙颜色

7 双击“垂直（值）轴”坐标轴，将【最小值】设置为“1000”，如图 14-61 所示。

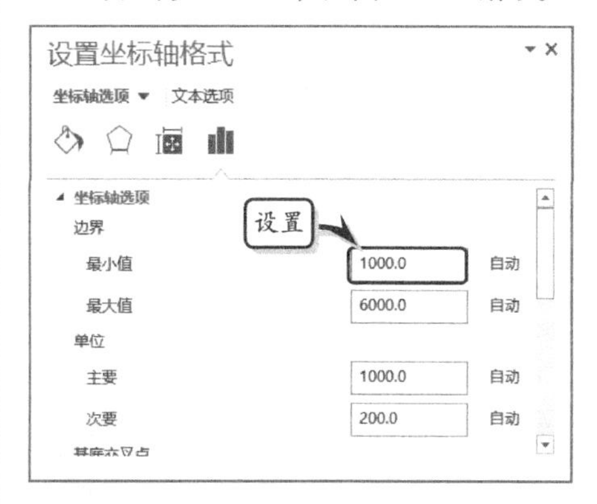

图 14-61　设置坐标轴格式

8 选择图表，执行【格式】|【形状样式】|【形状效果】|【棱台】|【草皮】命令，如图 14-62 所示。

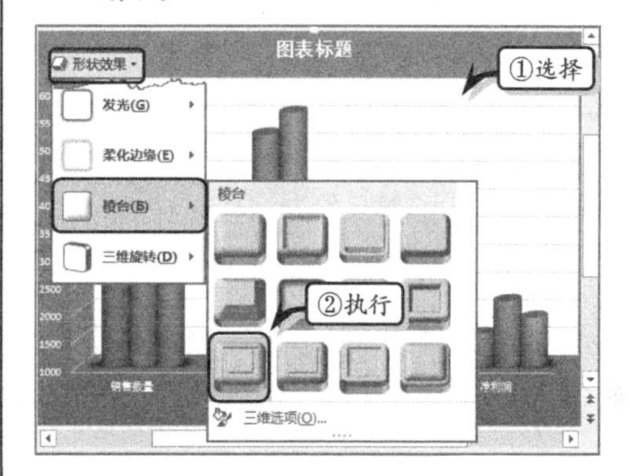

图 14-62　设置图表棱台效果

9 选择数据系列，执行【格式】|【形状样式】|【形状效果】|【棱台】|【圆】命令，如图 14-63 所示。

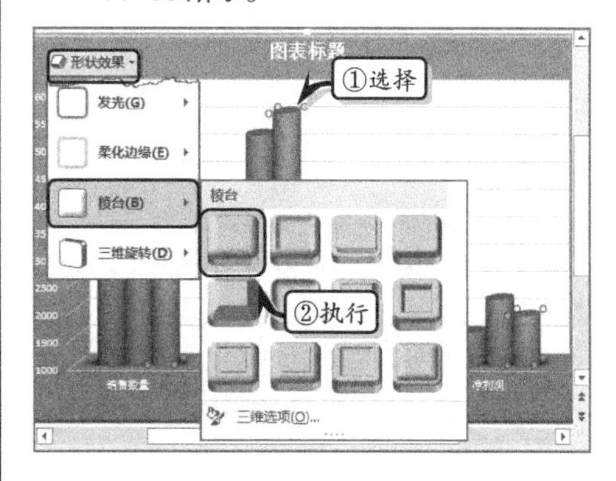

图 14-63　设置数据系列棱台效果

10 选择图表标题，输入标题文本，并设置标题和数据表情的字体格式，如图 14-64 所示。

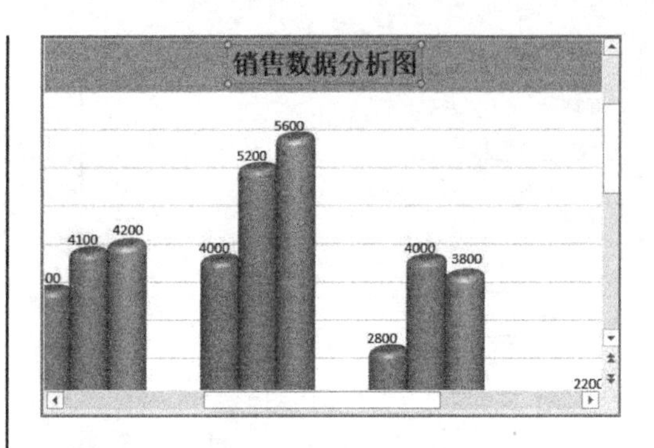

图 14-64 设置图表文本

14.5 思考与练习

一、填空题

1. 用户还可以调用 Excel 电子表格，便于利用 Excel 电子表格中的数据排序、________、________等功能。

2. 合并单元格是将________个以上的单元格合并成________________。

3. PowerPoint 定义了表格的________种样式选项，可以为表格划分内容的显示方式。

4. 图片填充是以【本地电脑】、【______________】、【______________】或【OneDrive-个人】中的图片填充表格底纹。

5. 表格效果是 PowerPoint 为用户提供的一种为表格添加外观效果的命令，主要包括单元格的________、________、________等效果。

6. 图表布局是 PowerPoint 内置的一组图表元素的布局排列样式，包括图表标题、________、________、坐标轴、________等图表元素的排列状态，它直接影响到图表的整体效果。

二、选择题

1. 下列描述中，_____为描述选中当前单元格的操作方法。

A. 移动光标至单元格左边界与第一字符之间，当光标变为“指向斜上方箭头”形状↗时，单击鼠标即可

B. 将光标移动到该行左边界的外侧，当光标变为“指向右箭头”形状➡时，单击鼠标即可

C. 将光标置于该列顶端，当光标变为“指向下箭头”形状⬇时，单击鼠标即可

D. 移动光标至单元格左边界与第一字符之间，当光标变为“指向斜上方箭头”形状➡时，单击鼠标即可

2. PowerPoint 中默认的表格颜色为白色，用户可以设置表格的填充格式，其下列选项中不属于表格填充格式的一项为____。

A. 纯色填充　　B. 渐变填充
C. 图片填充　　D. 图表填充

3. 纹理填充是利用 PowerPoint 中内置的纹理效果设置表格的底纹样式，默认情况下 PowerPoint 为用户提供了____种纹理图案。

A. 12　　B. 24
C. 36　　D. 48

4. 在更改幻灯片图表类型时，下列描述错误的为_____。

A. 执行【设计】|【类型】|【更改图表类型】命令，在弹出的【更改图表类型】对话框中选择一种图表类型即可

B. 执行【插入】|【插图】|【图表】命令，在弹出的【更改图表类型】对话框中选择一种图表类型即可

C. 右击图表执行【更改图表类型】命令，在弹出的【更改图表类型】对话框中选择一种图表类型即可

D. 执行【插入】|【图像】|【图表】命令，在弹出的【更改图表类型】对话框中选择一种图表类型即可

三、问答题

1. 简述绘制表格的操作方法。
2. 如何设置图表坐标轴的格式？
3. 如何设置表格的阴影效果？

四、上机练习

1. 立体表格

在本练习中，将运用 PowerPoint 中的插入 Excel 表格功能，来制作一份立体表格，如图 14-65 所示。首先，首先执行【插入】|【表格】|【表格】|【Excel 电子表格】命令，插入 Excel 电子表格，并调整电子表格的大小。然后，在 Excel 表格中输入基础数据，并设置行高和字体格式。同时，设置单元格区域的边框格式和背景填充颜色。最后，设置第 2 行文本的显示方向，并在数据区域外围添加直线形状。同时，设置直线形状的填充颜色和轮廓样式，并取消表格中的网格线。

2. 人员业绩销售图

在本实例中，将运用 PowerPoint 中的图表功能，制作一份人员业绩销售图，如图 14-66 所示。首先，首先执行【插入】|【插图】|【图表】命令，选择【带数据标记的折线图】选项，插入图表。然后，执行【设计】|【图表样式】|【其他】|【样式 29】命令，设置图表样式，并设置图表的轮廓样式和棱台效果。最后，双击垂直坐标轴，设置坐标轴的最大值和最小值。同时，添加数据标签和垂直线，并取消主要横网格线。

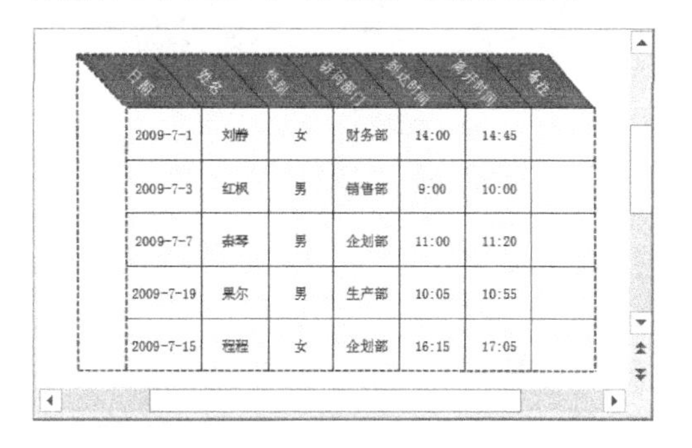

日期	姓名	性别	访问部门	到达时间	离开时间	备注
2009-7-1	刘静	女	财务部	14:00	14:45	
2009-7-3	红枫	男	销售部	9:00	10:00	
2009-7-7	赤琴	男	企划部	11:00	11:20	
2009-7-19	果尔	男	生产部	10:05	10:55	
2009-7-15	程程	女	企划部	16:15	17:05	

图 14-65 立体表格

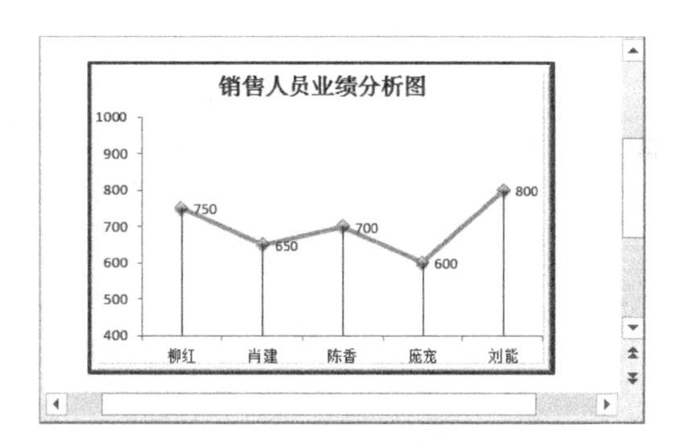

图 14-66 人员业绩销售图

第 15 章

设置动态效果

作为一种重要的多媒体演示工具，PowerPoint 除了允许用户设计文本、图形、图表、图像和表格之外，还允许用户为这些显示对象添加丰富的动画效果，以期可以达到变幻莫测的动态效果。另外，用户还可以通过为幻灯片添加各种切换效果，以用来增加幻灯片演示时的过渡动感效果；或者通过为幻灯片添加声音和视频的方法，来丰富幻灯片的内容。在本章中，将详细介绍设置动画效果、切换效果，以及添加声音和视频效果的基础知识和操作方法。

本章学习内容：

- 应用动画
- 设置动画选项
- 设置动画效果
- 调整动作路径
- 添加切换效果
- 编辑切换效果
- 添加声音
- 添加视频

15.1 设置动画效果

PowerPoint 中的动画效果，是以各种动态位置和属性的方式展示幻灯片中的各种对象，它是幻灯片的一种重要的展现技术，主要用于增强了幻灯片的交互性。

15.1.1 应用动画

在 PowerPoint 中，提供了“进入”式、“退出”式、“强调”式和路径动画 4 种类型的动画样式。具体作用如下所述。

- **进入”式动画** “进入”式动画的作用是通过设置显示对象的运动路径、样式、艺术效果等属性，制作该对象自隐藏到显示的动画过程。
- **“强调”式动画** “强调”式动画主要是以突出显示对象自身为目的，为显示对象添加各种动画元素。
- **“退出”式动画** “退出”式动画的作用是通过设置显示对象的各种属性，制作该对象自显示到消失的动画过程。
- **路径动画** 路径动画是一种典型的动作动画。在这种动画中，用户可为显示对象指定移动的路径轨迹，控制显示对象按照这一轨迹运动。

用户除了可以为幻灯片对象添加内置的动画效果之外，还可以添加自定义动画效果，其具体操作方法，如下所述。

1. 应用内置动画效果

选择幻灯片中的对象，执行【动画】|【动画】|【动画样式】命令，在其级联菜单中选择相应的样式，为对象添加动画效果，如图 15-1 所示。

另外，当级联菜单中的动画样式无法满足用户需求时，可执行【动画】|【动画】|【动画样式】|【更多进入效果】命令。在弹出的【更多进入效果】对话框中选择一种动画效果，如图 15-2 所示。

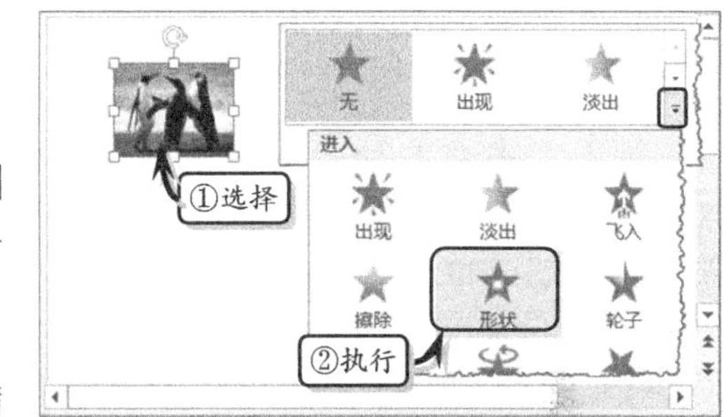

图 15-1 添加内置动画效果

提 示

用户还可以通过执行【动画】|【动画样式】|【更多强调】、【更多退出】和【其他动作路径】命令，添加更多种类的动画效果。

2. 应用自定义动画效果

除了内置动画效果之后，在 PowerPoint 中用户还可以通过自定义路径动画效果，来满足用户设置多样式动画效果的需求。

在幻灯片中选择对象，执行【动画】|【动画】|【动画样式】|【自定义路径】命令。然后，按下鼠标左键并拖动鼠标绘制动作路径，如图 15-3 所示。

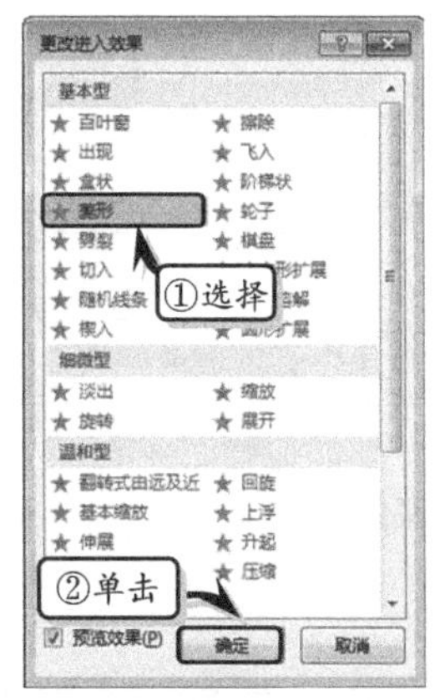

图 15-2 更多进入效果

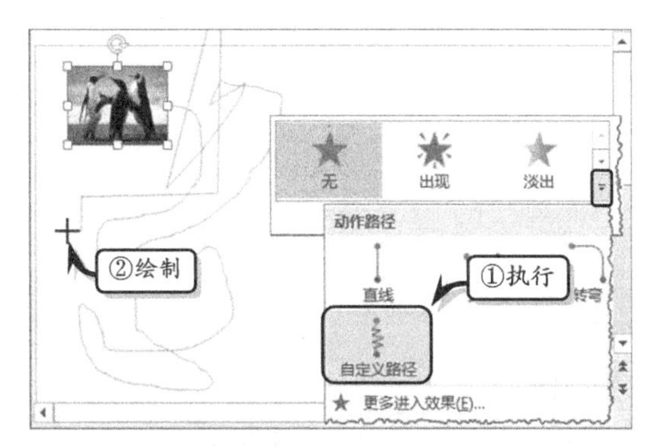

图 15-3 自定义路径动画效果

提 示

绘制完动作路径之后，双击鼠标即可结束路径的绘制操作。

15.1.2 设置动画选项

PowerPoint 除了为对象提供了内置和自定义动画效果之外，还为动画效果提供了一些设置属性，允许用户设置动画的路径方向、计时方式、持续时间和延迟时间等属性，在保证动画样式多样性的同时，保证了动画效果可以在指定的时间内以指定的播放长度进行展示。

1. 设置路径方向

对于大多数的动画效果来讲，PowerPoint 为其提供了动画效果的进入、退出或强调的路径方向。在幻灯片中选择添加动画效果的对象，执行【动画】|【动画】|【效果选项】命令，在其级联菜单中选择一种进入方向，如图 15-4 所示。

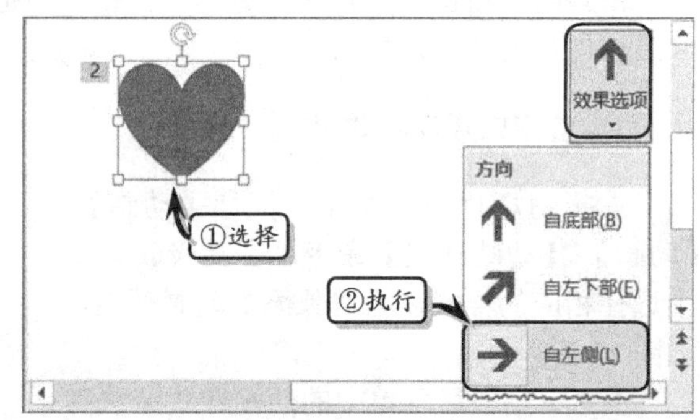

图 15-4 设置路径方向

另外，单击【动画】选项组中的【对话框启动器】按钮，在弹出的对话框中激活【效果】选项卡，在【设置】选项组中设置动画效果的进入方向，以及平滑和单跳效果，如图 15-5 所示。

2. 设置路径系列

当用户为图表或包含多个段落的文本框添加动画效果时，系统会自动显示【序列】选项，以帮助用户调整每个段落或图表数据系列的进入效果。选择图表或文本框对象，执行【动画】|【动画】|【效果选项】命令，在【序列】栏中选择一种序列选项，如图 15-6 所示。

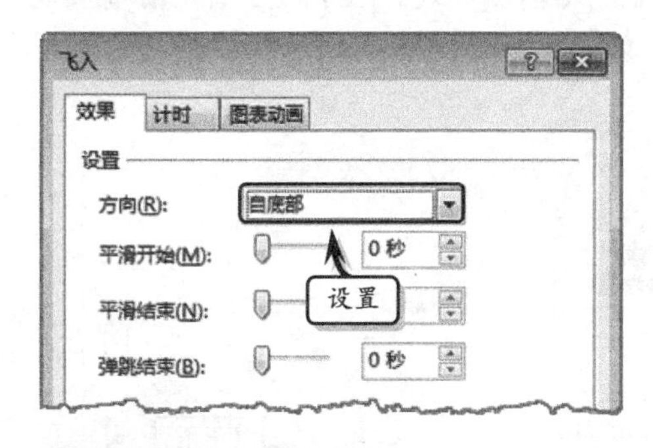

图 15-5 设置选项

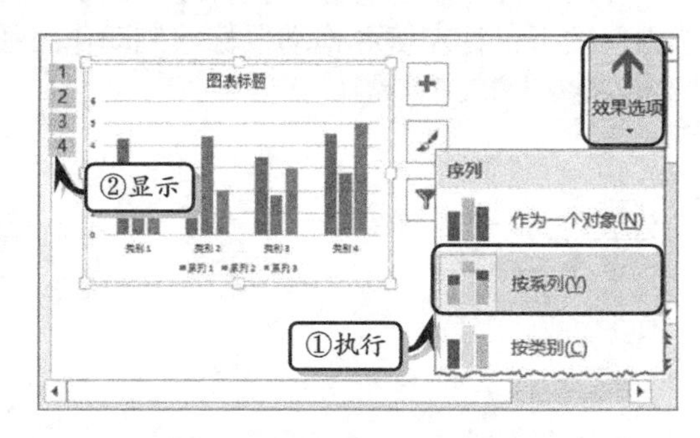

图 15-6 设置动画序列

提 示

为图表或文本框设置效果选项之后，在图表或文本框的左上角将显示动画序号，表示动画播放的先后顺序。

另外，单击【动画】选项组中的【对话框启动器】按钮，在弹出的对话框中激活【图表动画】选项卡，则可以设置“组合图表”的进入序列选项，如图 15-7 所示。

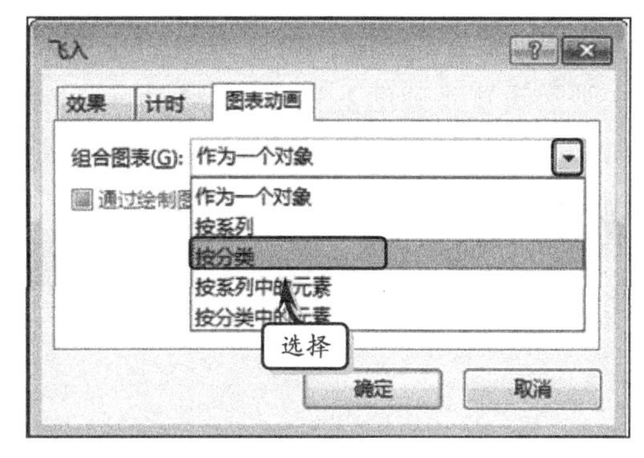

图 15-7 设置序列选项

3. 设置计时方式

PowerPoint 为用户提供了单击时、与上一动画同时和上一动画之后 3 种计时方式。选择包含动画效果的对象，在【动画】选项卡【计时】选项组中单击【开始】选项后面的【动画计时】下拉按钮，在其列表中选择一种计时方式，如图 15-8 所示。

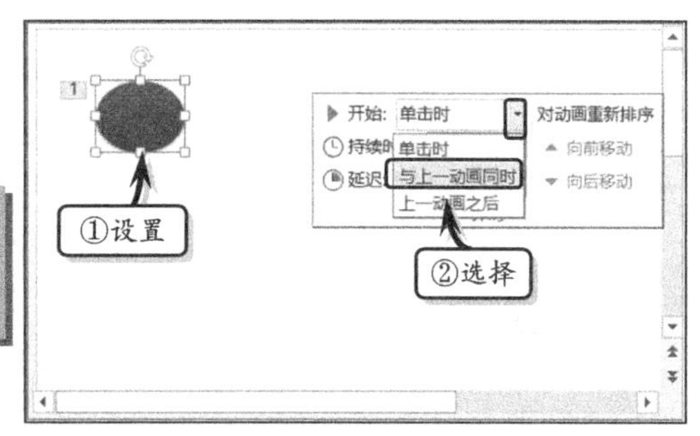

图 15-8 设置动画计时

提 示

当用户将动画效果的【开始】方式设置为“上一动画之后”或“与上一动画同时”方式时，显示早对象左上角的动画序号将变成 0。

另外，在【动画窗格】任务窗格中单击动画效果后面的下拉按钮，在其列表中选择相应的选项，即可设置动画效果的计时方式，如图 15-9 所示。

4. 设置持续和延迟时间

持续时间是用于指定动画效果的播放长度，而延迟时间则是指动画播放延迟的时间，也就是经过多少时间才开始播放动画。

选择包含动画效果的对象，在【动画】选项卡【计时】选项组中分别设置【持续时间】和【延迟】时间值，如图 15-10 所示。

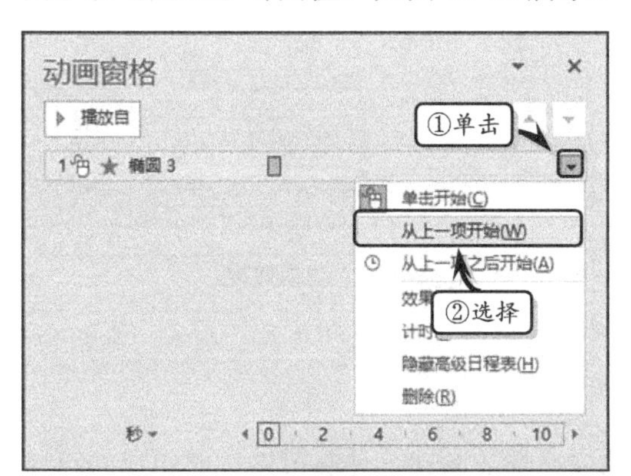

图 15-9 【动画窗格】设置法

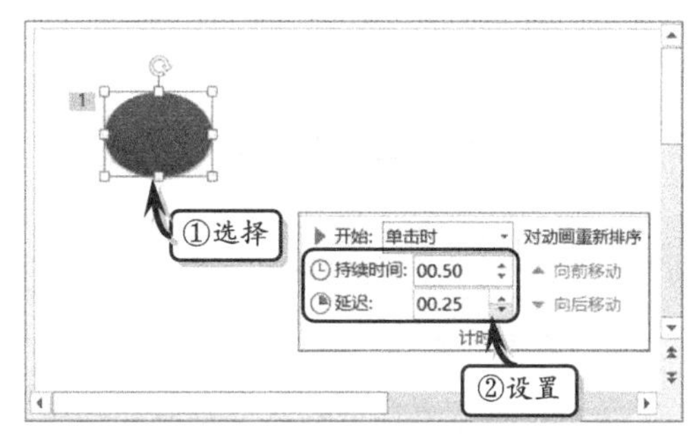

图 15-10 设置持续和延迟时间

另外，在【动画窗格】任务窗格中单击动画效果后面的下拉按钮，在其列表中选择

【计时】选项。此时，可在弹出的【飞入】对话中通过设置【延迟】和【期间】选项，来设置动画效果的持续和延迟时间，如图 15-11 所示。

图 15-11 设置计时选项

提 示

在【动画窗格】任务窗格中选择【计时】选项，所弹出的对话框的名称是根据动画效果的名称而来的。例如，该动画效果为“飞入”效果，则该对话框的名称则为【飞入】对话框。

15.1.3 设置动画效果

在 PowerPoint 中，除了允许用户为动画添加样式外，还允许用户更改已有的动画样式、为动画添加多个动画样式，以及设置动画的重复放映效果、增强效果和设置触发器等内容。

1. 更改动画效果

选择包含动画效果的对象，执行【动画】|【动画】|【动画样式】命令，在其级联菜单中选择一种动画效果，即可使用新的动画样式覆盖旧动画样式，如图 15-12 所示。

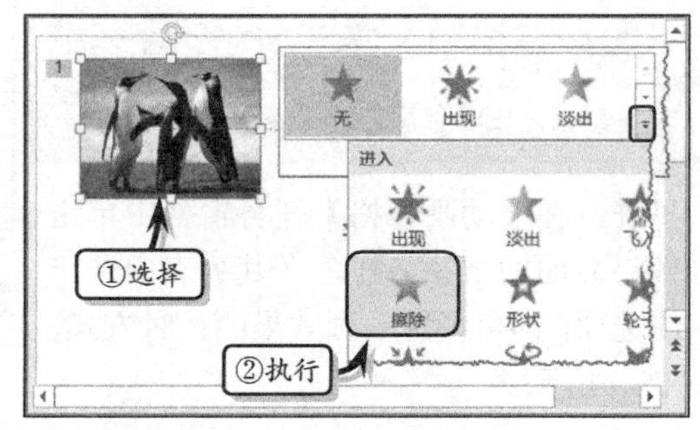

图 15-12 更改动画效果

2. 添加多个动画效果

在 PowerPoint 中，允许用户为某个显示对象应用多个动画样式，并按照添加的顺序进行播放。选择包含动画效果的对象，执行【动画】|【高级动画】|【添加动画】命令，在其级联菜单中选择一种动画效果，如图 15-13 所示。

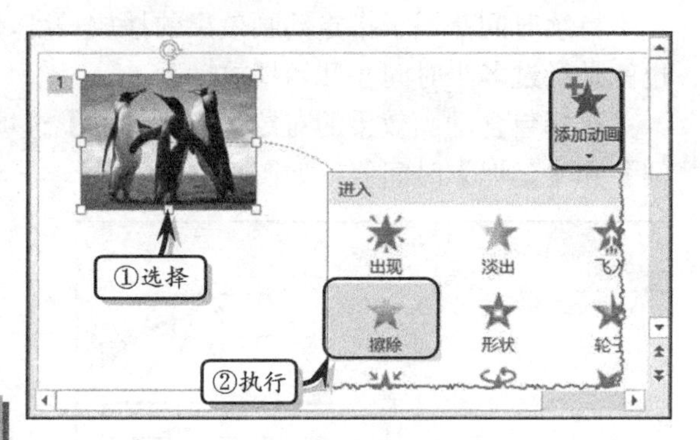

图 15-13 添加多个动画效果

提 示

添加了第 2 种动画样式后，在对象的左上角将显示多个数字序号。单击序号按钮，即可切换动画样式，方便对其进行编辑。

3. 调整播放顺序

调整播放顺序是调整多个对象动画效果的先后播放顺序，使其可以按照用户的设计思路进行展示。

首先，执行【动画】|【高级动画】|【动画窗格】命令，显示【动画窗格】任务窗格。然后，在列表中选择动画效果，单击【上移】按钮和【下移】按钮，即可调整动画

效果的播放顺序，如图 15-14 所示。

提 示

用户也可以单击动画对象左上角的动画序号，执行【动画】|【计时】|【向上移动】或【向下移动】命令，来调整动画效果的播放顺序。

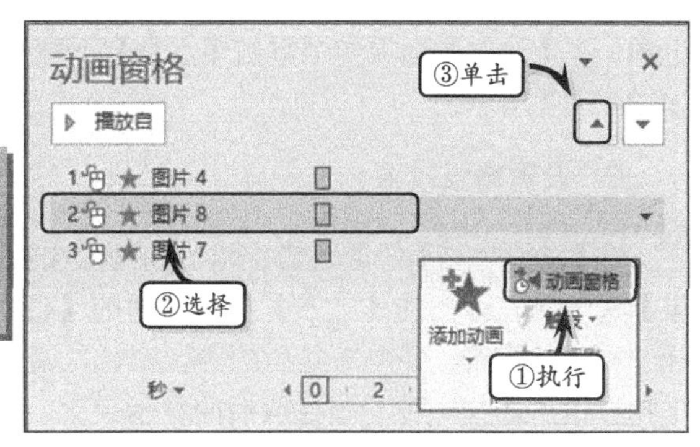

图 15-14 调整播放顺序

4. 设置动画触发器

在 PowerPoint 中，除了通过设置动画的播放顺序、计时和延迟时间来调整动画的播放效果之外，还可以通过“触发器”功能，设置多种触发播放模式，以充分体现 PowerPoitn 的动态特性。

执行【动画】|【高级动画】|【触发器】|【单击】命令，在其级联菜单中选择一种触发选项，此时在对象左上角将显示“触发器”形状，如图 15-15 所示。

提 示

如用户为演示文稿插入了音频和视频等媒体文件，并添加了书签，则可将这些书签也作为动画的触发器，添加到动画样式中。

设置触发器之后，在【动画窗格】任务窗格中，单击动画效果后面的下拉按钮，在其列表中选择【计时】选项。在弹出的【飞入】对话框中的【计时】选项卡中，单击【触发器】按钮，展开触发器设置列表。选中【单击下列对象时启动效果】选项，并设置单击对象，如图 15-16 所示。

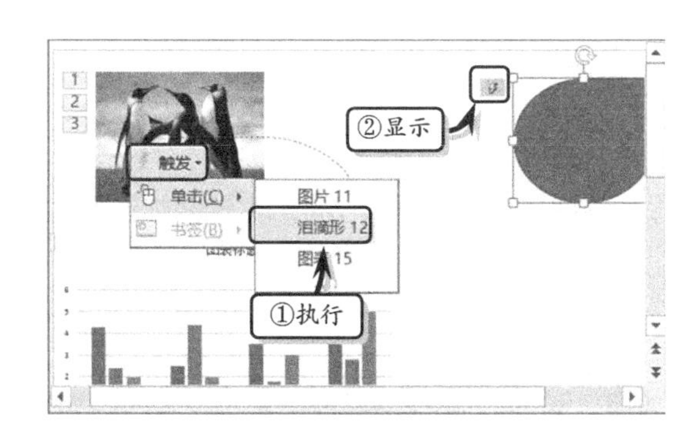

图 15-15 设置触发器

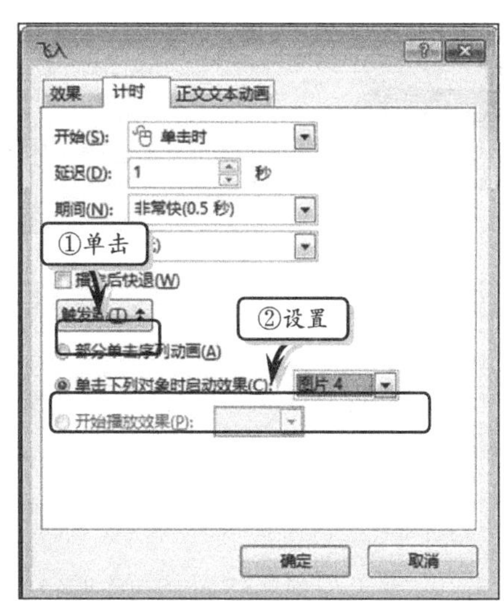

图 15-16 设置触发器的播放方式

5. 设置重复放映效果

在【动画窗格】任务窗格中单击动画效果后面的下拉按钮，在其列表中选择【计时】

选项。在【计时】选项卡中单击【重复】下拉按钮，在其下拉列表中选择一种重复方式，如图 15-17 所示。

6. 设置增强效果

在【动画窗格】任务窗格中单击动画效果后面的下拉按钮，在其下拉列表中选择【效果】选项。在弹出的【飞入】对话框中的【效果】选项卡中单击【声音】下拉按钮，选择一种播放声音，并单击其后的声音图标，调整声音的大小。另外，单击【动画播放后】下拉按钮，选择一种动画播放后的显示效果，如图 15-18 所示。

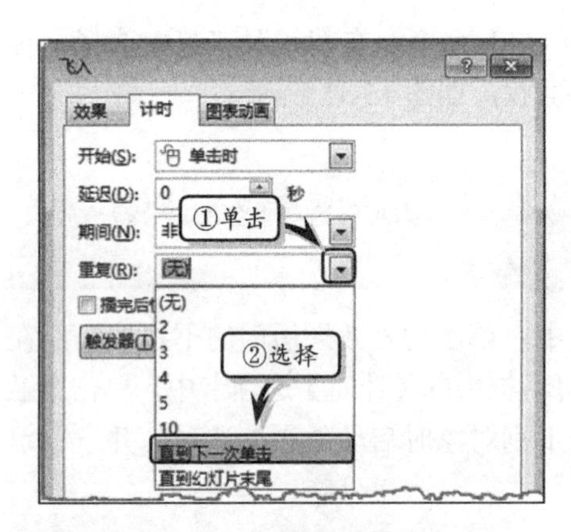

图 15-17 设置重复放映效果

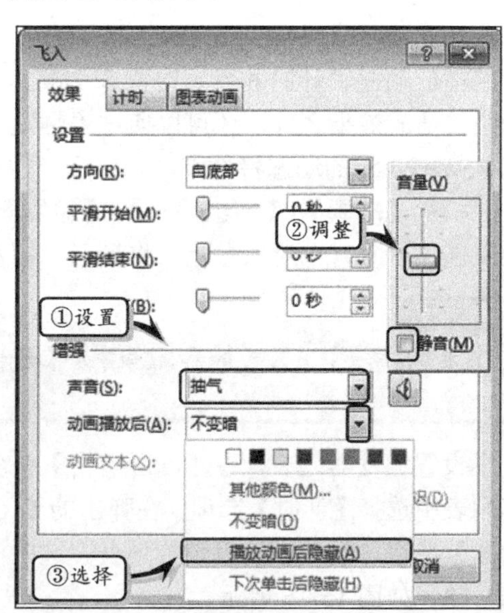

图 15-18 设置增强效果

提 示

单击【动画】选项组中的【对话框启动器】按钮，也可弹出【飞入】对话框，激活【效果】选项卡即可设置增强效果。

15.1.4 调整动作路径

在为显示对象添加动作路径类的动画之后，用户可调节路径，以更改显示对象的运动轨迹。

1. 显示路径轨迹

首先，为对象添加“动作路径”类动画效果。然后，选择该对象即可显示由箭头和虚线组成的运动轨迹。另外，当用户选择运动轨迹线时，系统将自动显示运动前后的对象，如图 15-19 所示。

2. 旋转动作路径

将鼠标光标置于顶端的位置节点上，其将转换为“环形箭头”标志。然后，用户即可拖动鼠标，旋转动作的路径，如图 15-20 所示。

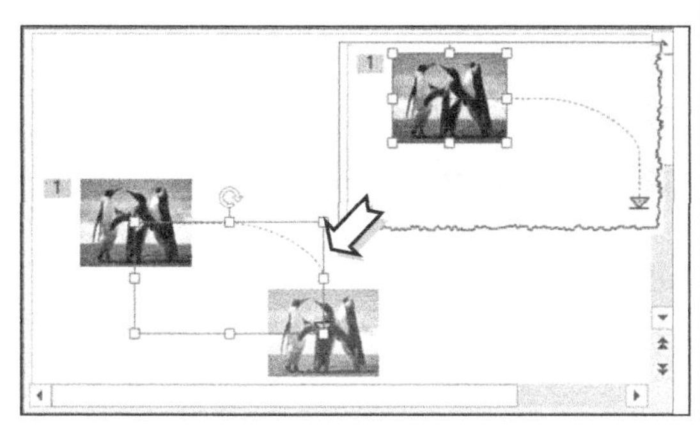

图 15-19 显示路径轨迹

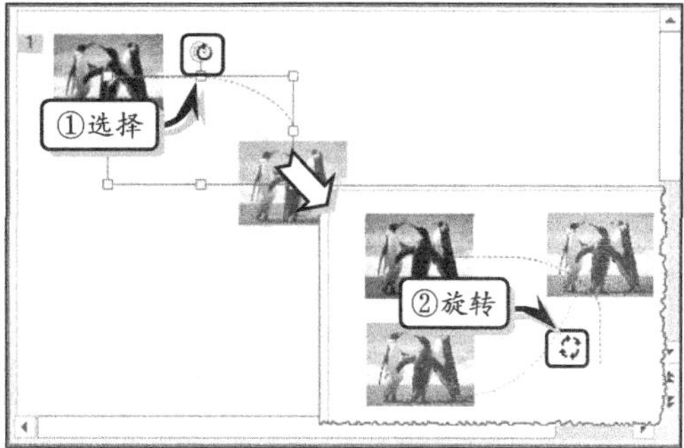

图 15-20 旋转动作路径

3. 编辑路径顶点

选择动作路径，执行【动画】|【动画】|【效果选项】|【编辑顶点】命令。此时，系统将自动在路径上方显示编辑点，按下鼠标左键并拖动编辑点即可调整路径的弧度或方向，如图 15-21 所示。

编辑完路径后，可单击路径之外的任意区域，或右击路径，执行【关闭路径】命令，均可进行关闭路径。

提 示

选择路径轨迹，右击，执行【编辑顶点】命令，也可显示路径的编辑点。

4. 反转路径方向

反转路径方向是调整动作路径的播放方向。选择对象，执行【动画】|【动画】|【效果选项】|【反转路径】命令，即可反转动作路径，如图 15-22 所示。

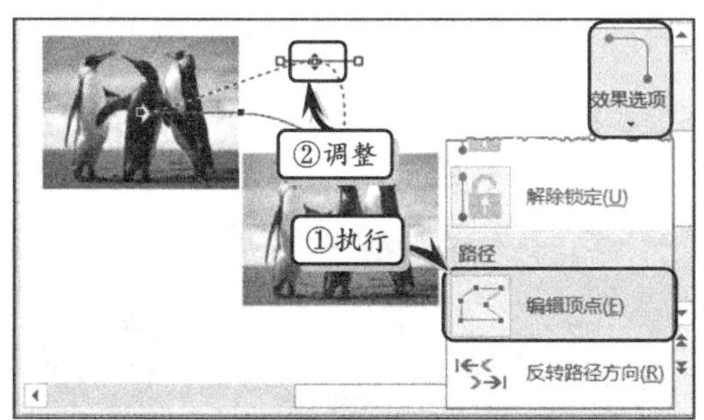

图 15-21 编辑路径顶点

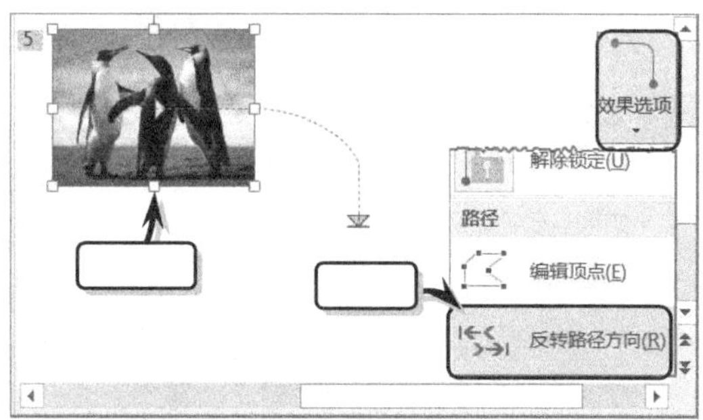

图 15-22 反转路径方向

15.1.5 练习：书页翻动效果

在 PowerPoint 中，用户可以通过为对象添加动画效果的方法，来增加幻灯片的动态性和多样性。在本练习中，将运用绘制形状和设置形状格式，以及为其添加动画效果等功能，来制作一个书页翻动效果幻灯片，如图 15-23 所示。

图 15-23 书页翻动效果

操作步骤：

1 设置背景颜色。设置幻灯片大小，执行【设计】|【自定义】|【设置背景格式】命令，选中【渐变填充】选项，设置【类型】和【角度】选项，如图 15-24 所示。

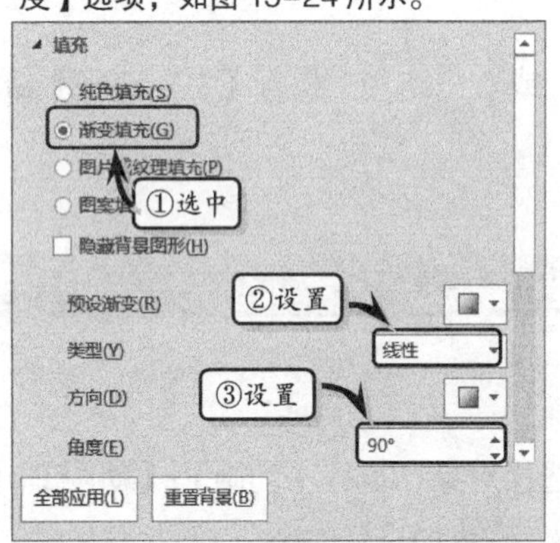

图 15-24 设置幻灯片背景颜色

2 选中左侧的渐变光圈，将【颜色】设置为【黑色，文字 1】，将【位置】设置为“63%”，如图 15-25 所示。

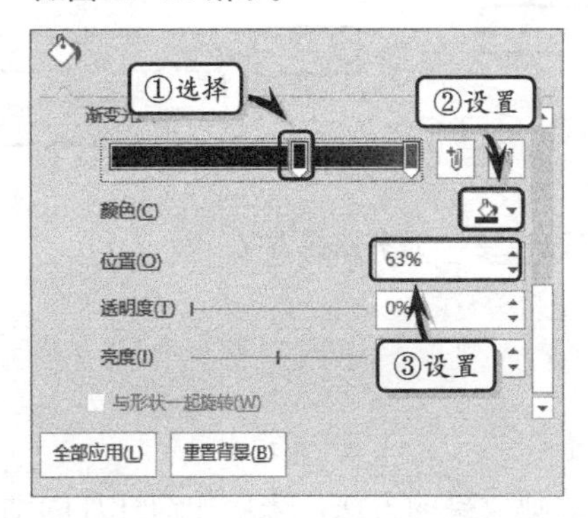

图 15-25 设置左侧渐变光圈

3 选中右侧的渐变光圈，将【颜色】设置为【黑色，文字 1，淡色 50%】，将【位置】设置为“100%”，如图 15-26 所示。

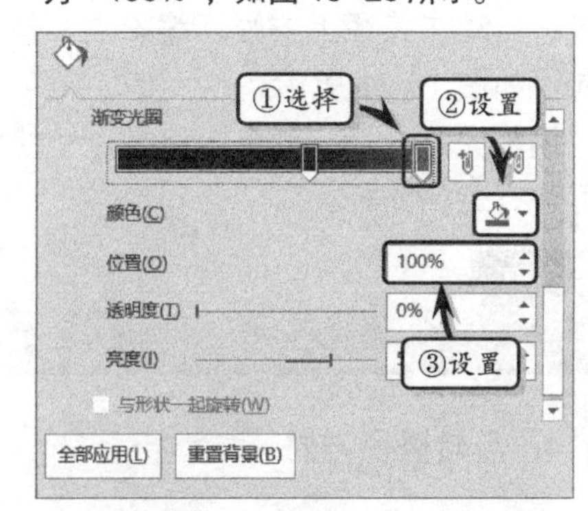

图 15-26 设置右侧渐变光圈

4 制作左侧书页。删除所有占位符，执行【插入】|【插图】|【形状】|【圆角矩形】命令，绘制圆角矩形，并调整其圆角和大小，如图 15-27 所示。

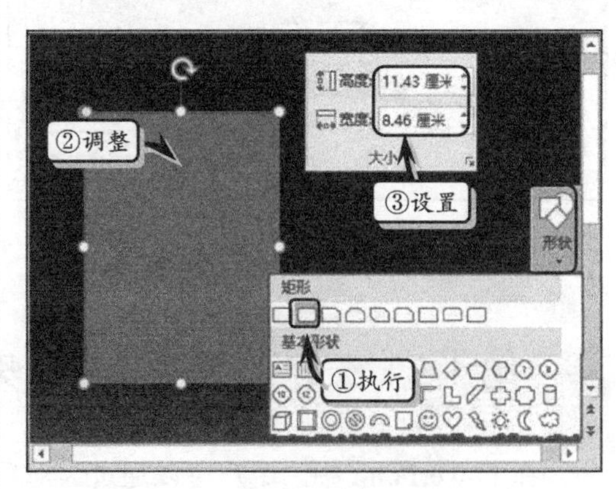

图 15-27 绘制圆角矩形形状

5 右击形状，执行【设置形状格式】命令，选中【渐变填充】选项，设置渐变颜色和渐变选项，如图 15-28 所示。

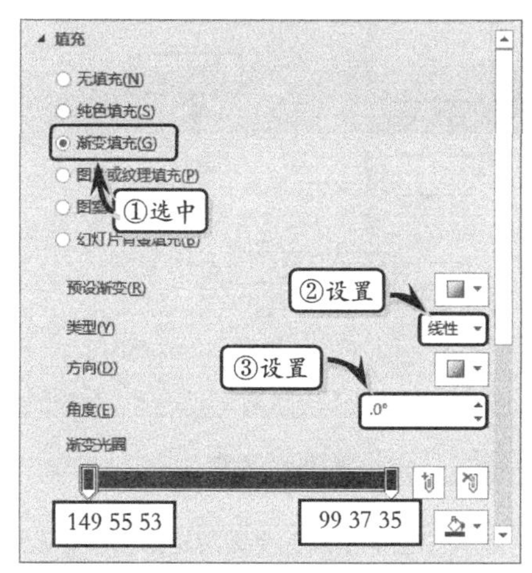

图 15-28 设置渐变填充效果

6 展开【线条】选项组，选中【无线条】选项，设置圆角矩形形状的轮廓样式，如图 15-29 所示。

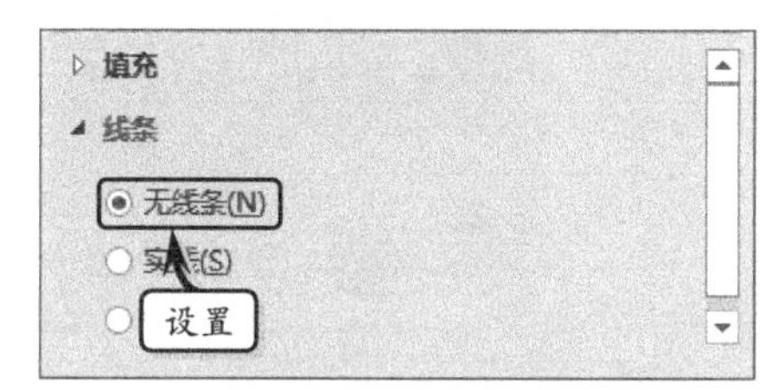

图 15-29 设置轮廓样式

7 绘制一个矩形形状，右击形状，执行【设置形状格式】命令，选中【渐变填充】选项，设置渐变颜色和渐变选项，如图 15-30 所示。

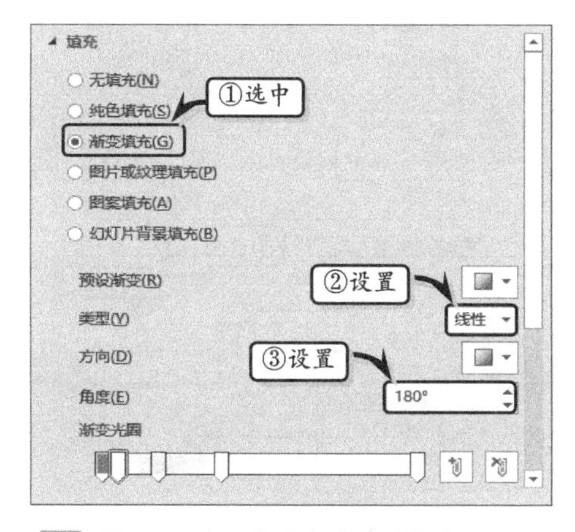

图 15-30 设置渐变填充颜色

提　示

光圈 2 的位置为“5%”，光圈 3 的位置为“18%”，光圈 4 的位置为“38%”。光圈 1 的颜色为“白色，背景 1，深色 35%”，光圈 3 的颜色为“白色，背景 1，深色 5%”，剩余光圈的颜色为“白色，背景 1”。

8 展开【线条】选项组，选中【无线条】选项，设置圆角矩形形状的轮廓样式，如图 15-31 所示。

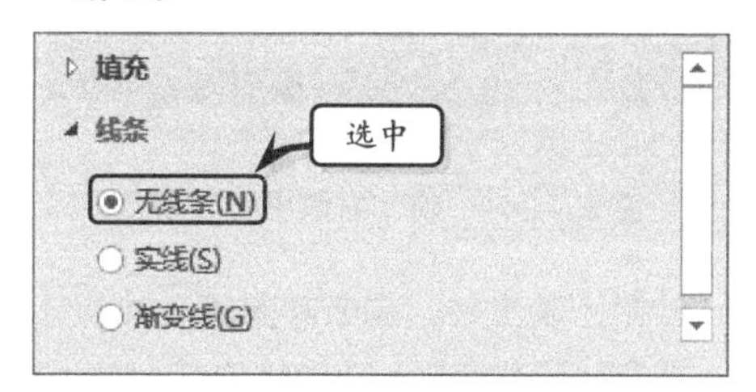

图 15-31 设置轮廓样式

9 激活【效果】选项卡，展开【阴影】选项组，设置阴影样式选项，如图 15-32 所示。最后，合并圆角矩形和矩形形状。

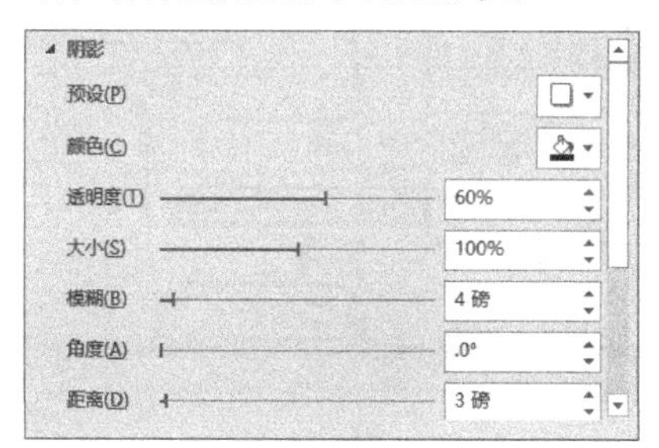

图 15-32 设置阴影效果

10 制作右侧书页。复制左侧书页中的圆角矩形，旋转该形状并调整其位置，如图 15-33 所示。

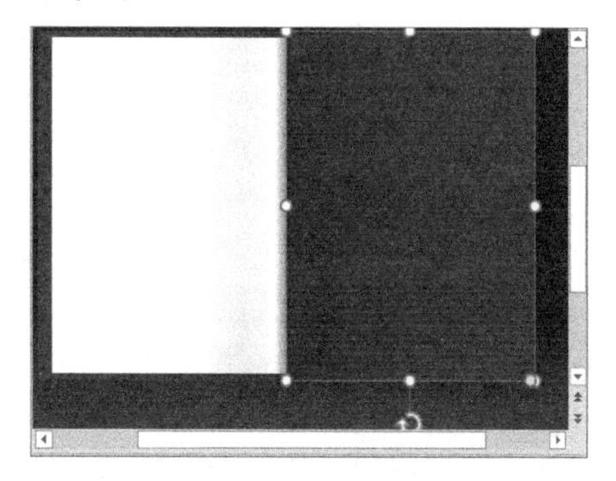

图 15-33 制作右侧书页底页

11 复制左侧书页中的矩形形状，旋转形状并调整其位置，如图 15-34 所示。

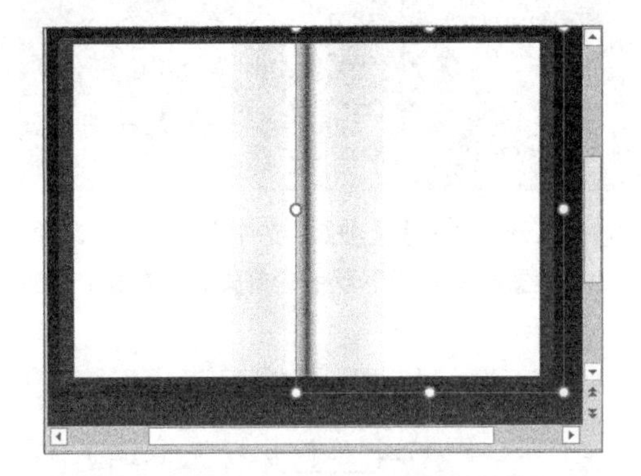

图 15-34　制作右侧书页上页

12 绘制一条直线，调整其长度，执行【格式】|【形状样式】|【形状轮廓】命令，设置其轮廓颜色和线条粗细，如图 15-35 所示。

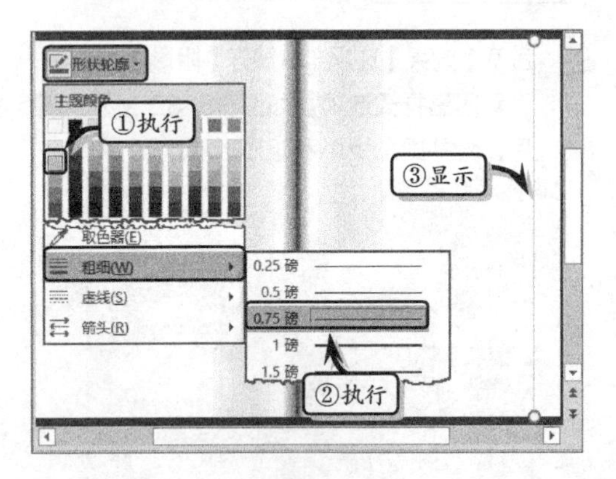

图 15-35　绘制直线形状

13 复制 5 条直线形状，排列直线并组合直线形状，如图 15-36 所示。

图 15-36　组合直线形状

14 执行【插入】|【文本】|【文本框】|【横排文本框】命令，插入文本框，输入文本并设置文本的字体格式，如图 15-37 所示。同时，合并所有右侧书页形状。

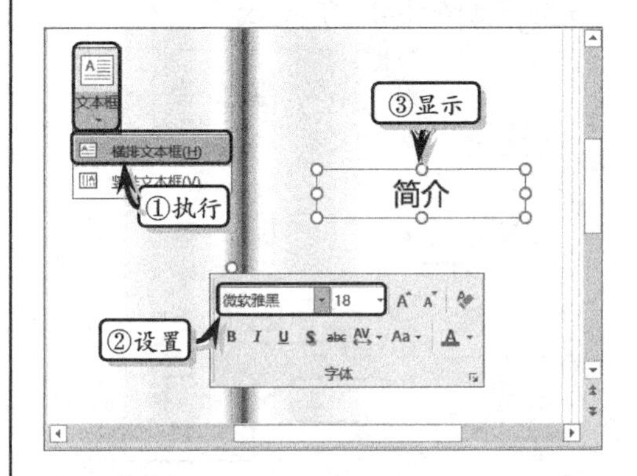

图 15-37　绘制文本框

15 制作书面。绘制一个圆角矩形形状，设置其大小和圆角角度，如图 15-38 所示。

图 15-38　绘制圆角矩形形状

16 右击形状，执行【设置形状格式】命令，选中【渐变填充】选项，设置渐变参数和渐变光圈，如图 15-39 所示。

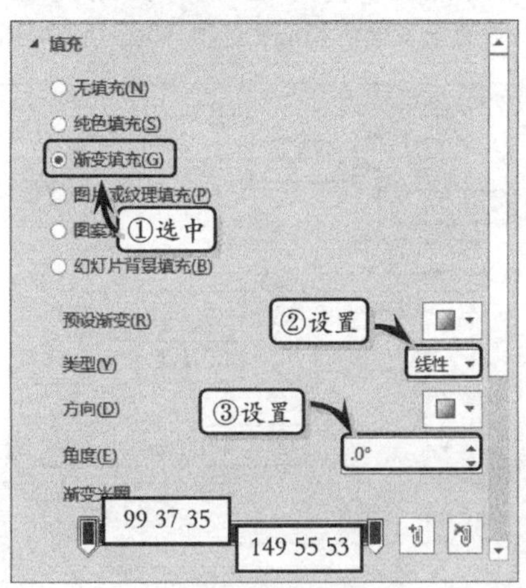

图 15-39　设置渐变填充效果

17 展开【线条】选项组，选中【无线条】选项，设置轮廓样式，如图 15-40 所示。

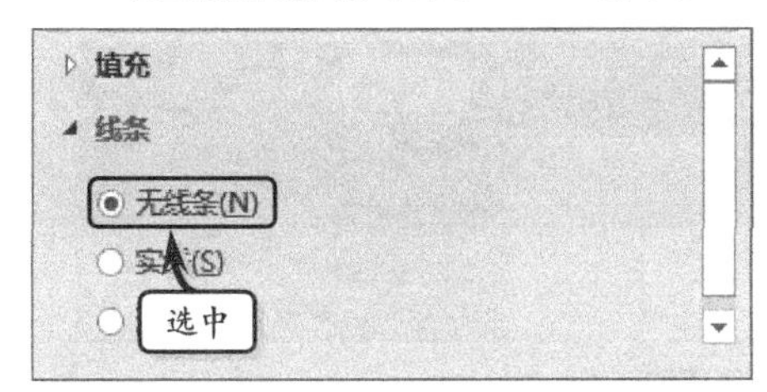

图 15-40 设置形状的轮廓样式

18 激活【效果】选项卡，展开【三维格式】选项组，设置三维格式参数，如图 15-41 所示。

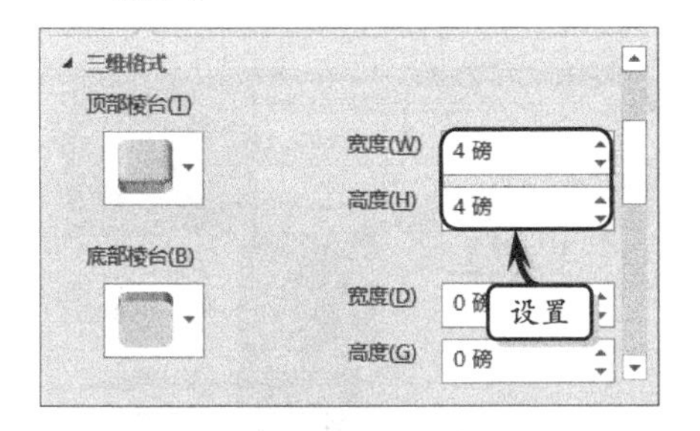

图 15-41 设置三维格式

19 绘制一个小的圆角矩形形状，调整其大小和圆角角度，右击形状，执行【设置形状格式】命令，选中【渐变填充】选项，设置填充参数，如图 15-42 所示。

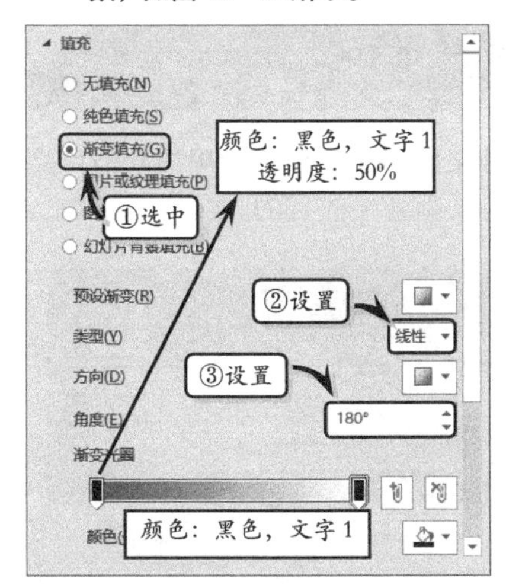

图 15-42 设置渐变填充效果

20 展开【线条】选项组，选中【无线条】选项，设置轮廓样式，如图 15-43 所示。

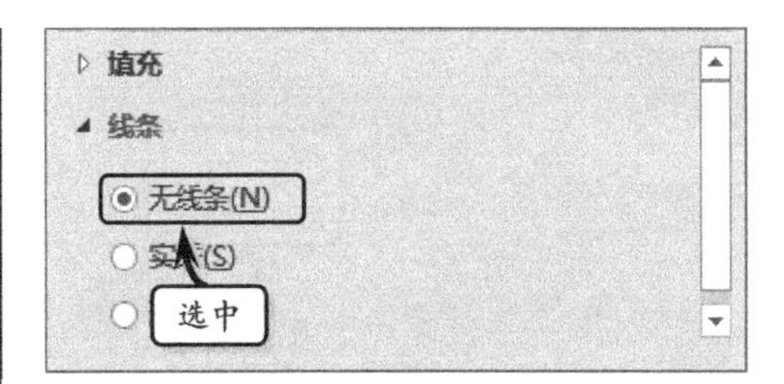

图 15-43 设置轮廓样式

21 绘制一个椭圆形形状，调整其大小和位置，右击，执行【设置形状格式】命令，选中【渐变填充】选项，并设置填充参数，如图 15-44 所示。

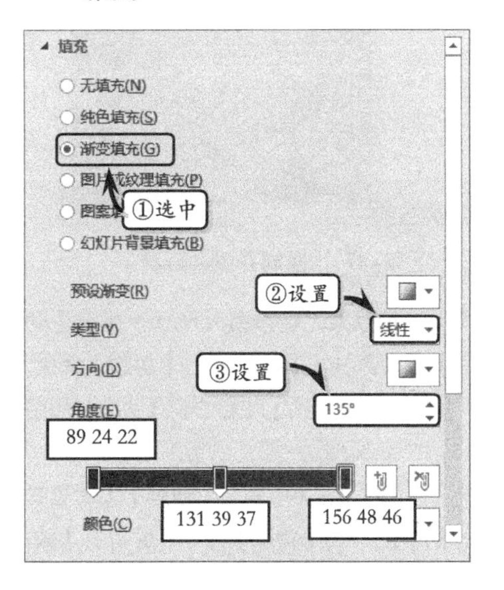

图 15-44 设置渐变填充效果

22 展开【线条】选项组，选中【无线条】选项，设置其轮廓样式，如图 15-45 所示。

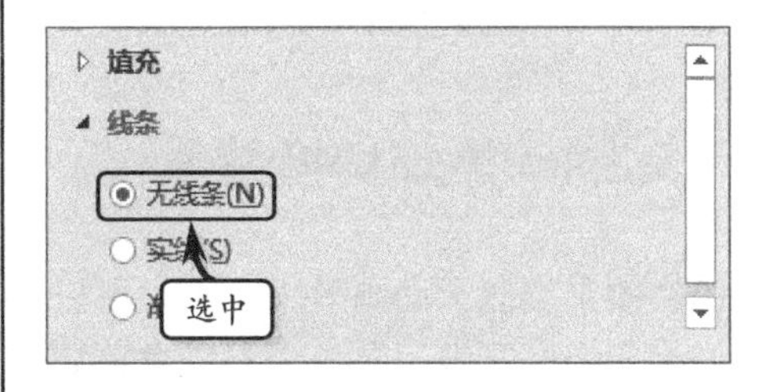

图 15-45 设置轮廓样式

23 激活【效果】选项卡，展开【三维格式】选项组，设置三维格式参数，如图 15-46 所示。

24 复制 3 个椭圆形形状，调整其位置并组合所有的书面形状，如图 15-47 所示。

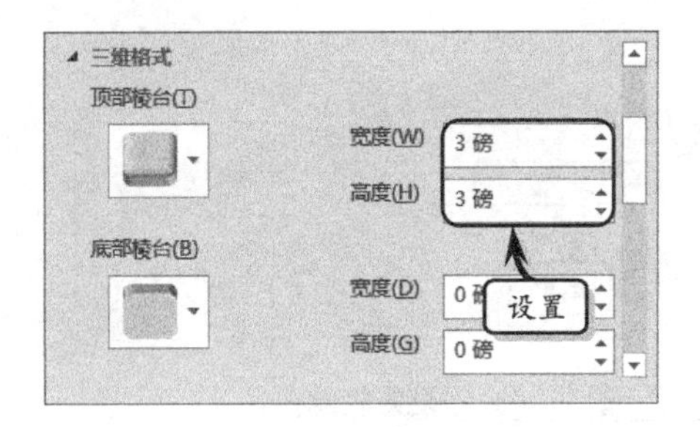

图 15-46 设置三维格式

图 15-47 复制并组合形状

25 添加动画效果。选择书面形状，执行【动画】|【动画样式】|【退出】|【擦除】命令，并执行【效果选项】|【自右侧】命令，如图 15-48 所示。

26 选择左侧书页形状，执行【动画】|【动画样式】|【进入】|【擦除】命令，并执行【效果选项】|【自右侧】命令，并设置其开始和持续时间，如图 15-49 所示。

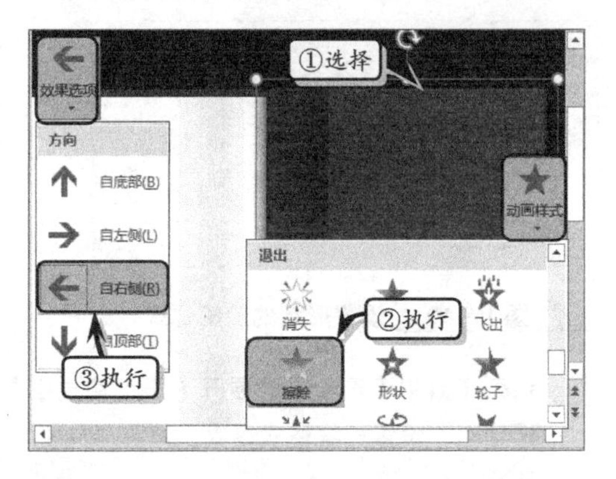

图 15-48 添加书面动画效果

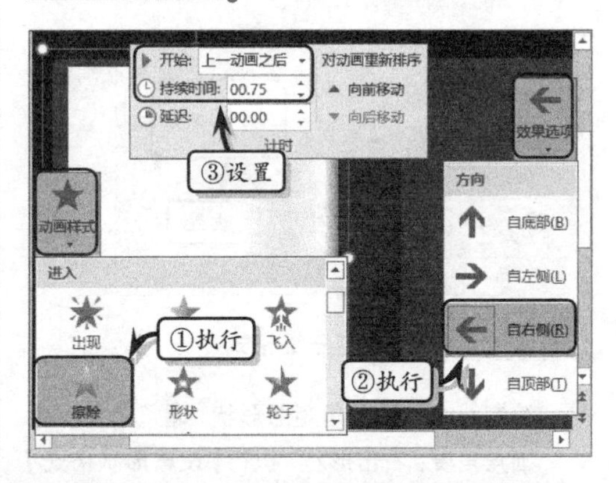

图 15-49 设置左侧书页动画效果

15.2 设置切换效果

PowerPoint 还为用户提供了增加幻灯片之前过渡效果的切换效果，运用该功能可为每张幻灯片设置切换效果，从而达到完善演示文稿整体动画效果的目的。

15.2.1 添加切换效果

切换效果类似于动画效果，不仅可以为幻灯片添加切换效果，而且还可以设置切换效果的方向和方式。

1. 应用切换效果

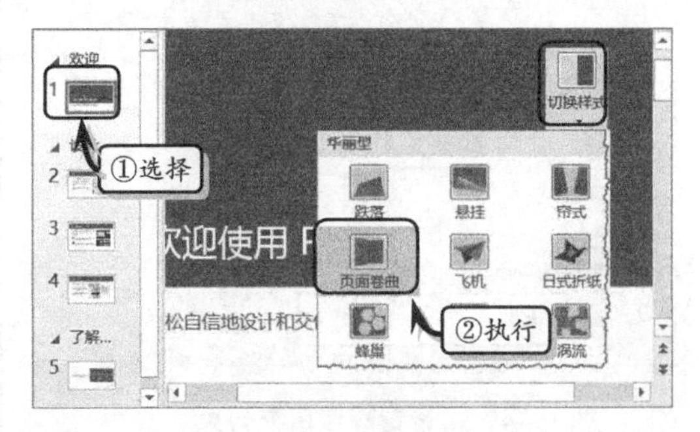

图 15-50 应用切换效果

在【幻灯片选项卡】窗格中选择幻灯片，执行【切换】|【切换到此幻灯片】|【切换效果】命令，在其级联菜单中选择一种切换效果，如图 15-50 所示。

提 示

执行【切换】|【计时】|【全部应用】命令，则演示文稿中，每张幻灯片在切换时，将显示为相同的切换效果。

2. 设置切换效果

切换效果类似于动画效果，主要用于设置切换动画的方向或方式。选择该幻灯片，执行【切换】|【切换到此幻灯片】|【效果选项】命令，在其级联菜单中选择一种效果，如图 15-51 所示。

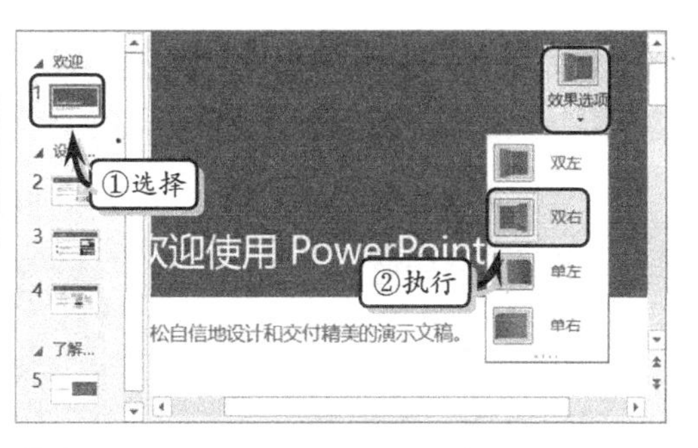

图 15-51 设置切换效果

提 示

【效果选项】级联菜单中的各项选项，随着切换效果的改变而自动改变。

15.2.2 编辑切换效果

为幻灯片添加切换效果之后，可以通过设置切换动画的声音和换片方式，来增加切换效果的动态性和美观性。

1. 设置切换声音

为幻灯片添加切换效果之后，执行【切换】|【计时】|【声音】命令，在其下拉列表中选择声音选项，如图 15-52 所示。

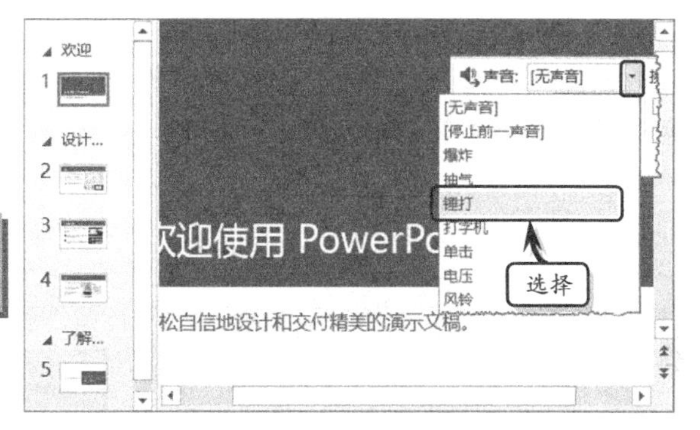

图 15-52 应用内置切换声音

另外，单击【声音】下拉按钮，在其下拉列表中选择【其他声音】选项，可在弹出的【添加音频】对话框中选择本地声音，如图 15-53 所示。

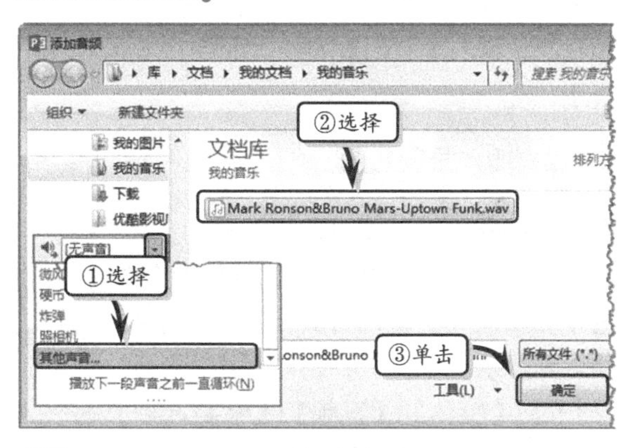

图 15-53 应用本地切换声音

2. 设置换片方式

在【计时】选项组中，启用【换片方式】栏中的【设置自动换片时间】复选框，并在其后的微调框中输入调整时间值即可，如图 15-54 所示。

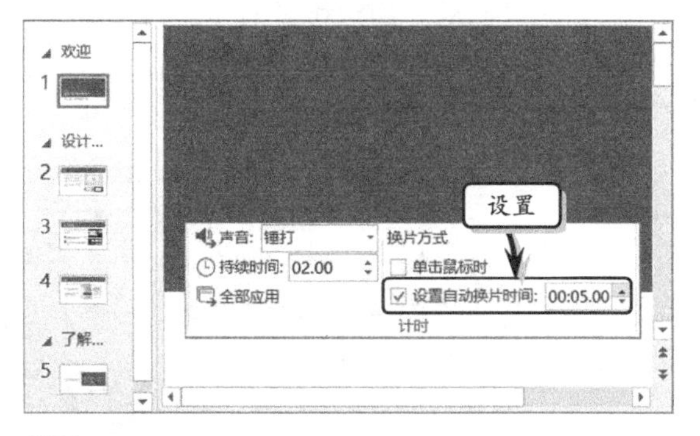

图 15-54 设置换片方式

15.3 设置音视频效果

作为一种重要的多媒体演示工具，PowerPoint 允许用户在演示文稿中插入多种类型的媒体，包括文本、图像、图形、动画、音频和视频等。

15.3.1 添加声音

音频可以记录语声、乐声和环境声等多种自然声音，也可以记录从数字设备采集的数字声音。使用 PowerPoint，用户可以方便地将各种音频插入到演示文稿中。

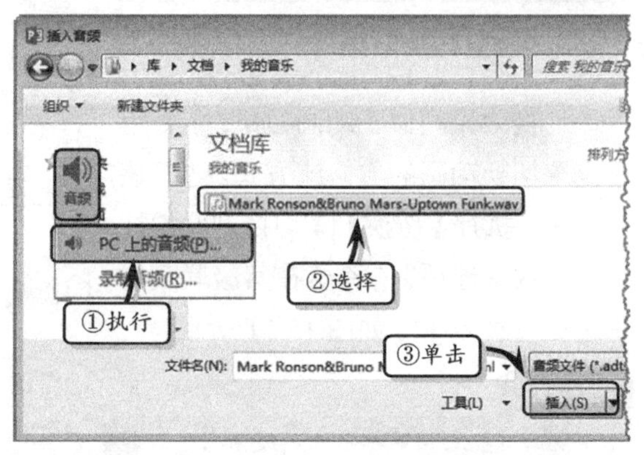

图 15-55 添加文件中的声音

1. 插入文件中的声音

在幻灯片中，执行【插入】|【媒体】|【音频】|【PC 上的音频】命令，在弹出的【插入音频】对话框中选择音频文档，单击【插入】按钮，如图 15-55 所示。

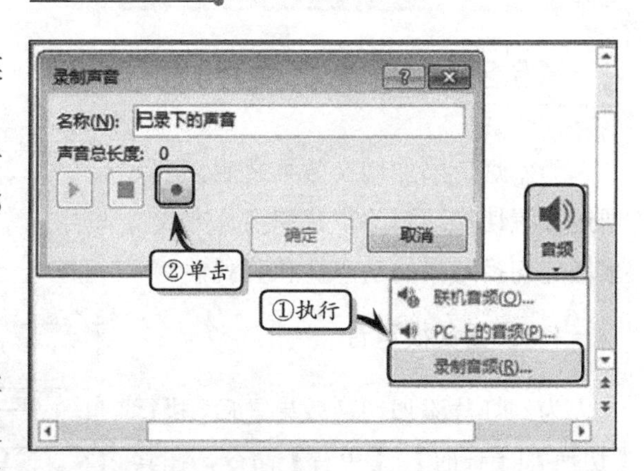

图 15-56 录制音频

2. 插入录制音频

PowerPoint 不仅可以插入储存于本地计算机和互联网中的音频，还可以通过麦克风采集声音，将其录制为音频并插入到演示文稿中。在幻灯片中，执行【插入】|【媒体】|【音频】|【录制音频】命令，在弹出的【录制音频】对话框中单击【录制】按钮●，录制音频文档，如图 15-56 所示。

在完成录制后，用户可及时单击【停止】按钮■，完成录制过程，并单击【播放】按钮▶，试听录制的音频，如图 15-57 所示。最后，在确认音频无误后，即可单击【确定】按钮，将录制的音频插入到演示文稿中。

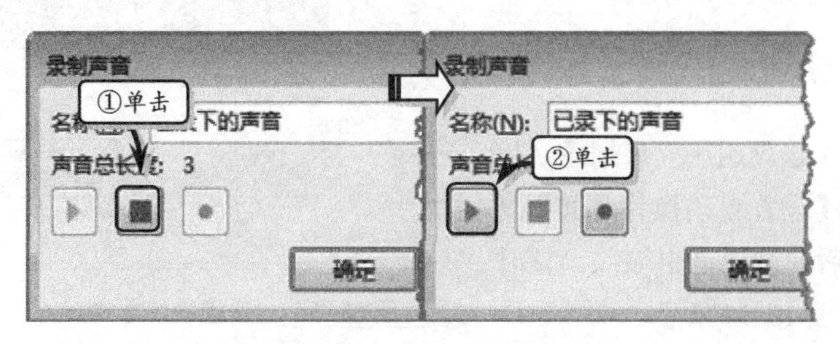

图 15-57 播放音频

3. 裁剪音频

在录制或插入音频后，如需要剪裁并保留音频的一部分，则可使用 PowerPoint 的剪裁音频功能。选中音频，执行【音频工具】|【播放】|【编辑】|【剪裁音频】命令，如图 15-58 所示。

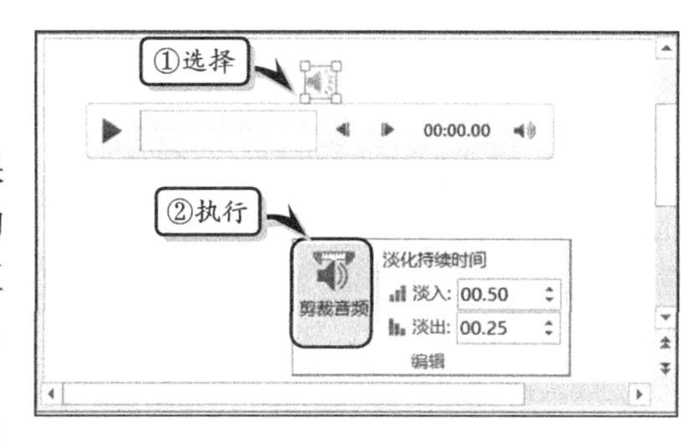

图 15-58 选择音频

在弹出的【剪裁音频】对话框中，可以手动拖动进度条中的绿色滑块，以调节剪裁的开始时间，同时，也可以调节红色滑块，修改剪裁的结束时间。如需要根据试听的结果来决定剪裁的时间段，用户也可直接单击该对话框中的【播放】按钮，来确定剪裁内容，如图 15-59 所示。

图 15-59 裁剪音频

4. 设置音频选项

音频选项的作用是控制音频在播放时的状态，以及播放音频的方式。PowerPoint 允许用户通过音频选项，控制音频播放的效果。

选择音频，在【音频工具】下的【播放】选项卡中的【音频选项】选项组中设置各项选项即可设置音频的相关属性。例如，启用【跨幻灯片播放】复选框，将【开始】设置为“单击时”等，如图 15-60 所示。

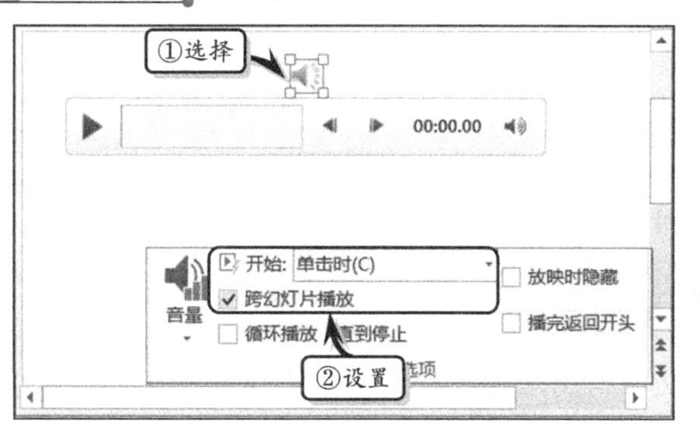

图 15-60 设置音频选项

15.3.2 添加视频

在 PowerPoint 中，除了可以添加声音文件之外，还可以为幻灯片添加用于记录动态图形和图像的视频文件，以帮助用户丰富幻灯片的内容。

1. 插入视频

执行【插入】|【媒体】|【视频】|【PC 上的视频】命令，在弹出的【插入视频文件】对话框中选择视频文件，并单击【插入】按钮，如图 15-61 所示。

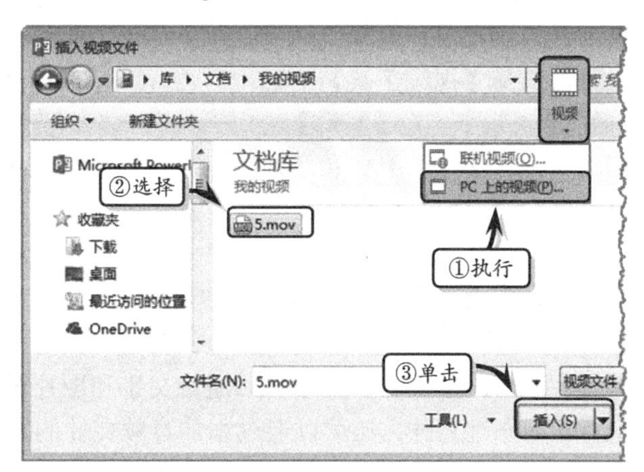

图 15-61 插入视频文件

另外，在包含“内容”版式的幻灯片中单击占位符中的【插入视频文件】图标，在弹出的对话框中选择视频的插入位置，例如选择 From a file 选项，即选择【来自文件】选项，如图 15-62 所示。然后，在弹出的【插入视频文件】对话框中选择视频文件，单击【插入】按钮即可。

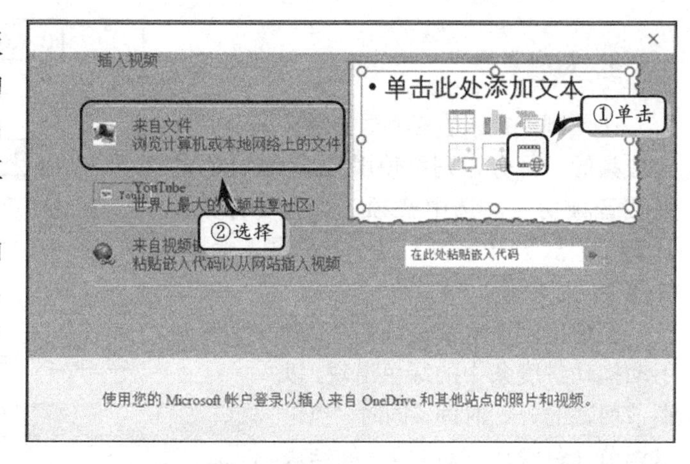

图 15-62　占位符插入法

2. 播放视频

选择插入的视频，在弹出的浮动框上单击试听的各种按钮，以控制视频的播放。另外，选择视频图标，执行【视频工具】|【预览】|【播放】按钮，即可播放视频文件，如图 15-63 所示。

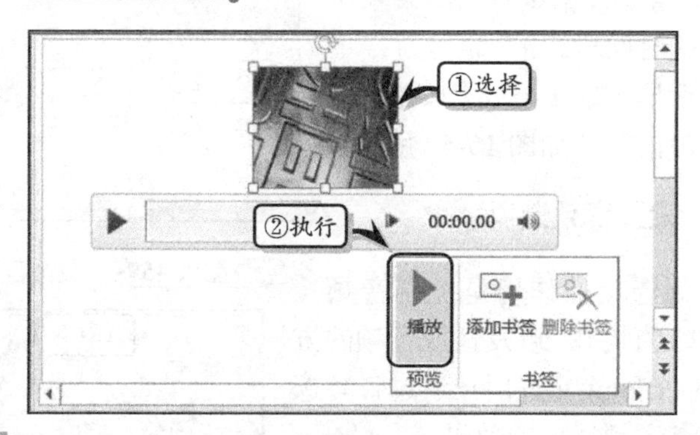

图 15-63　播放视频文件

提　示

用户也可以执行【视频工具】|【格式】|【预览】|【播放】命令，或者右击视频，执行【预览】命令，来播放视频文件。

3. 淡化视频

在 PowerPoint 中，用户可以为视频设置淡化效果。选择视频，选择【视频工具】下的【播放】选项卡，在【编辑】选项组中设置【淡入】值和【淡出】值，如图 15-64 所示。

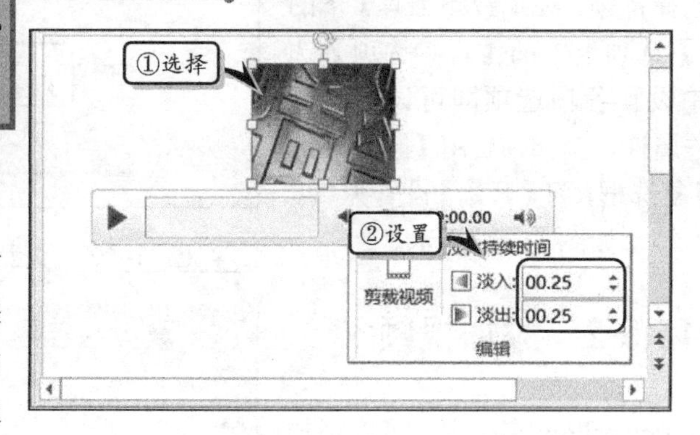

图 15-64　淡化视频

15.3.3　练习：动态故事会

在 PowerPoint 中，除了可以通过文字和图片对象，以及动画效果来增加幻灯片的表现性和动态性之外；还可以通过添加音频文件的方法，来增加幻灯片的文艺表现性。在本练习中，将通过制作一个寓言古诗类型的动态故事会，来详细介绍使用 PowerPoint 动画和音频功能的使用方法，如图 15-65 所示。

图 15-65　动态故事会

操作步骤：

1 新建空白演示文稿，执行【设计】|【自定义】|【幻灯片大小】|【标准】命令，设置幻灯片大小，如图 15-66 所示。

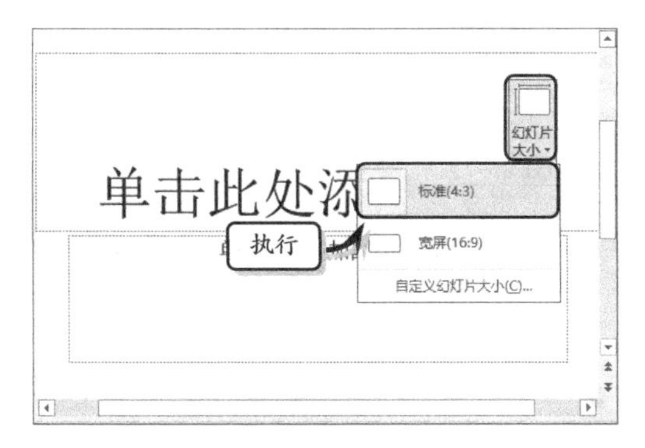

图 15-66　设置幻灯片大小

2 执行【设计】|【自定义】|【设置背景格式】命令，选中【渐变填充】选项，删除多余的光圈，如图 15-67 所示。

3 选中右侧的渐变光圈，单击【颜色】下拉按钮，选择【其他颜色】选项，自定义渐变颜色，如图 15-68 所示。

4 执行【插入】|【插图】|【形状】|【矩形】命令，在幻灯片中绘制一个矩形形状，如图 15-69 所示。

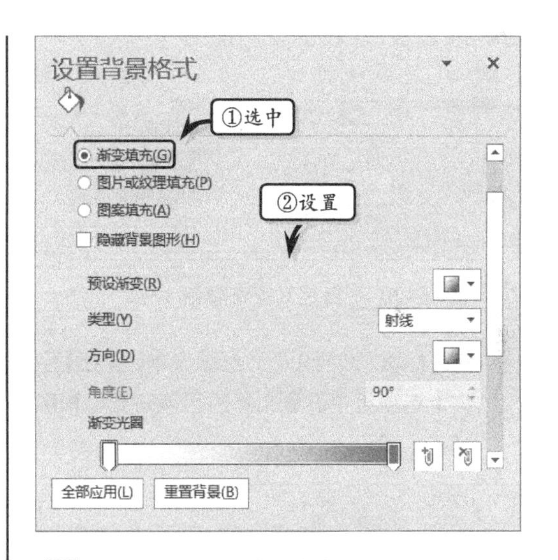

图 15-67　删除渐变光圈

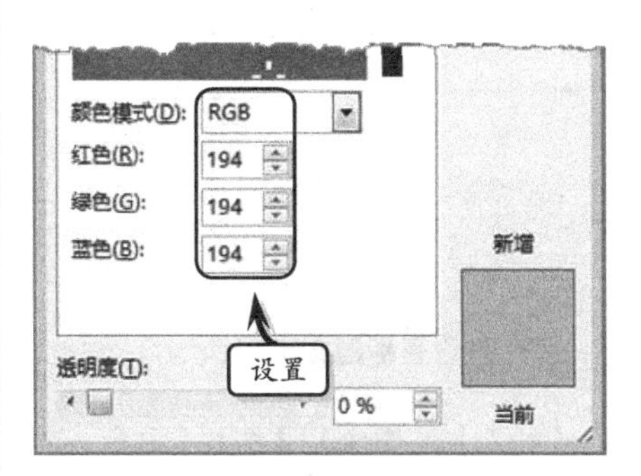

图 15-68　自定义渐变颜色

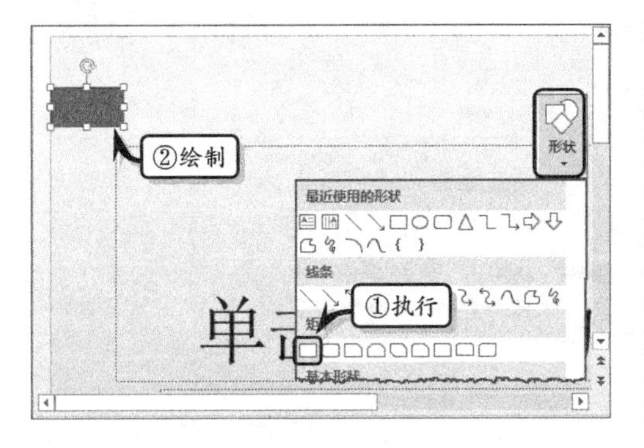

图 15-69 绘制矩形形状

5 选择形状，执行【格式】|【形状样式】|【形状填充】|【其他填充颜色】命令，自定义填充色，如图 15-70 所示。使用同样方法，设置形状轮廓颜色。

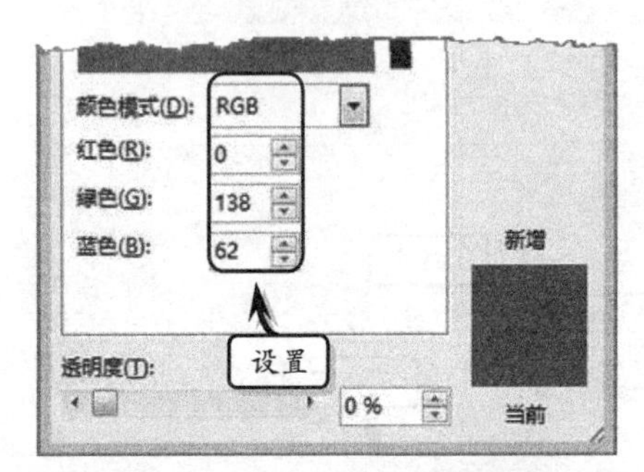

图 15-70 自定义填充颜色

6 在主标题占位符中输入标题文本，并在【字体】选项组中设置文本的字体格式，如图 15-71 所示。

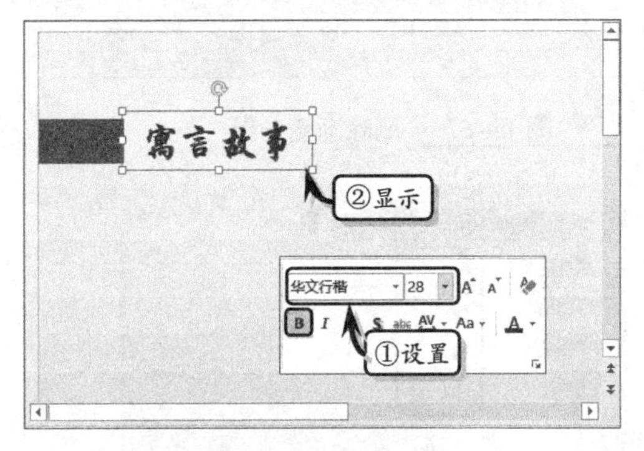

图 15-71 设置标题文本

7 执行【插入】|【图像】|【图片】命令，选择图片文件，单击【插入】按钮，插入图片，如图 15-72 所示。

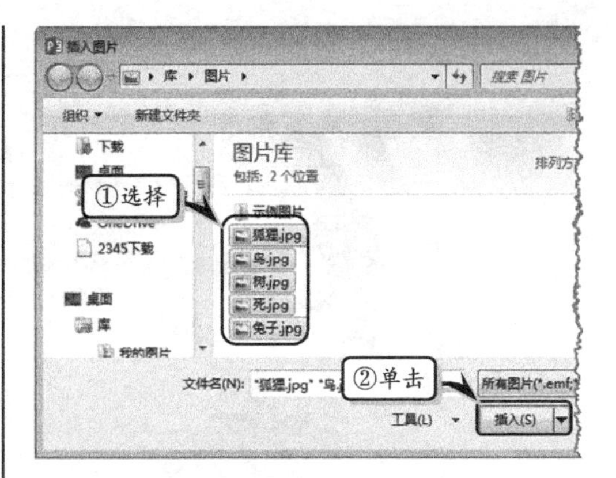

图 15-72 插入图片

8 复制相应的图片并调整图片的显示位置，在副标题占位符中输入文本，并设置文本的字体格式，如图 15-73 所示。

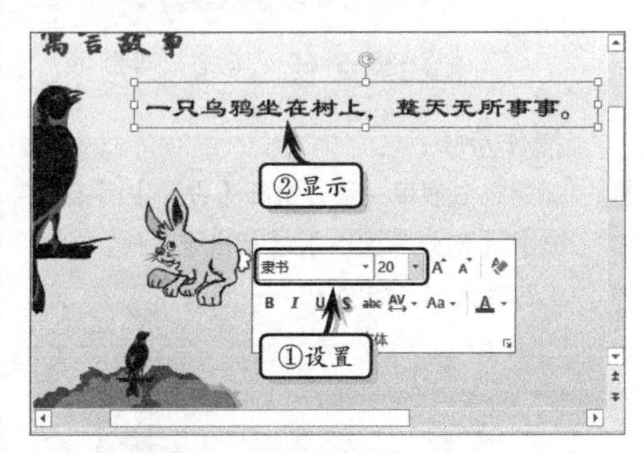

图 15-73 输入文本

9 复制副标题占位符，修改文本内容，并排列占位符的显示位置，如图 15-74 所示。

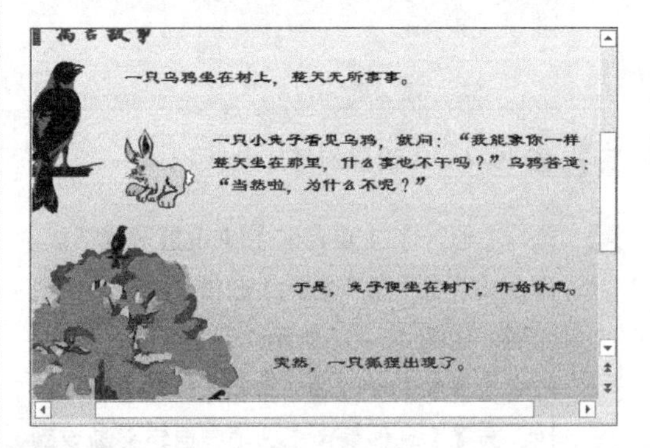

图 15-74 复制占位符

10 同时选择第 1 个图片和第 1 个占位符，执行【格式】|【排列】|【组合】|【组合】命令，如图 15-75 所示。使用同样方法，分别组

合其他图片和占位符。

图 15-75 组合图片和占位符

11 选择主标题占位符，执行【动画】|【动画】|【动画样式】|【飞入】命令，同时执行【效果选项】|【自右侧】命令，如图 15-76 所示。使用同样方法，设置其他对象的动画效果。

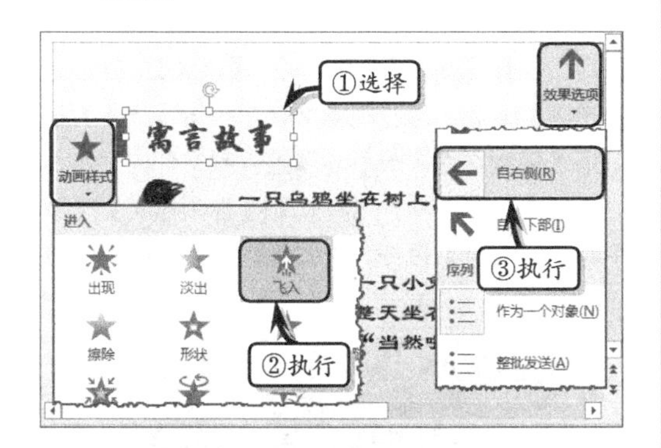

图 15-76 添加动画效果

12 执行【插入】|【媒体】|【音频】|【PC 上的音频】命令，选择音频文件，并单击【插入】按钮，如图 15-77 所示。

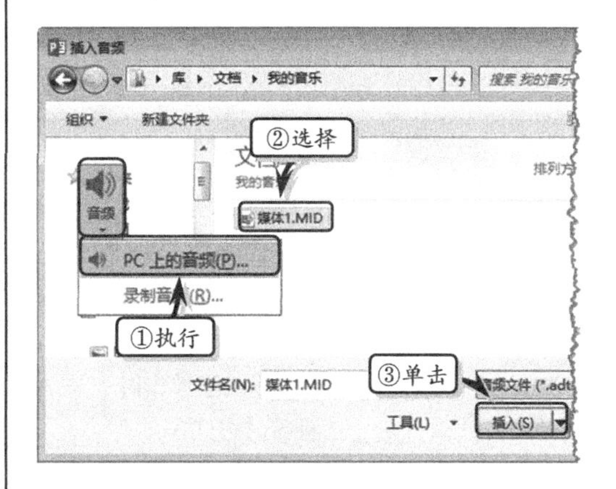

图 15-77 搜索音乐

13 选择音乐，在【播放】选项卡【音频选项】选项组中，设置音乐的播放选项，如图 15-78 所示。

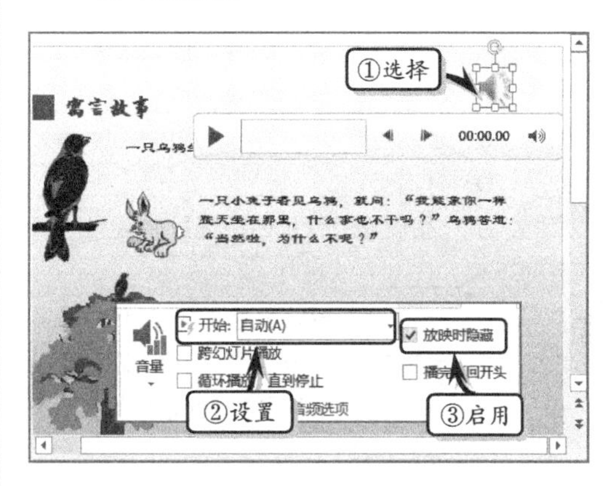

图 15-78 设置播放选项

15.4 思考与练习

一、填空题

1．在 PowerPoint 中，提供了“_____”式、“_____”式、“_____”式和路径动画 4 种类型的动画样式。

2．当用户为图表或包含多个段落的文本框添加动画效果时，系统会自动显示【_____】选项，以帮助用户调整每个段落或图表数据系列的进入效果。

3．当用户将动画效果的【开始】方式设置为“_________”或“_________”方式时，显示的对象左上角的动画序号将变成 0。

4．在 PowerPoint 中，除了通过设置动画的播放顺序、计时和延迟时间来调整动画的播放效果之外，还可以通过“_________”功能，设置多种_____播放模式。

5．反转路径方向是调整动作路径的

__________。

二、选择题

1．在为图表或文本框设置效果选项之后，在图表或文本框的左上角将显示______，表示动画播放的先后顺序。

A．动画时间

B．动画方式

C．动画序号

D．动画状态

2．PowerPoint 为用户提供了单击时、与上一动画同时和______ 3 种计时方式。

A．上一动画之前

B．上一动画之后

C．触发时

D．与下一动画同时

3．在为幻灯片添加声音时，一般情况下不可添加下列______中的声音。

A．联机

B．PC

C．录制声音

D．计时旁白

4．用户在设置幻灯片的持续放映效果是，可通过下列______方法进行。

A．在【动画窗格】任务窗格中，单击动画效果下拉按钮，执行【计时】命令。在【图形扩展】对话框中设置【重复】选项

B．在【动画窗格】任务窗格中，单击动画效果下拉按钮，执行【计时】命令。在【图形扩展】对话框中设置【期间】选项

C．在【动画窗格】任务窗格中，单击动画效果下拉按钮，执行【计时】命令。在【图形扩展】对话框中设置【延迟】选项

D．在【动画窗格】任务窗格中，单击动画效果下拉按钮，执行【计时】命令。在【图形扩展】对话框中设置【开始】选项

5．在 PowerPoint 中，用户可通过下列____与______方法，来设置自定义动画效果的动作路径。

A．编辑路径顶点

B．重新绘制路径

C．反转路径方向

D．设置进入效果

三、问答题

1．简述调整动作路径的方法。

2．如何为所有幻灯片添加切换效果？

3．如何为幻灯片添加视频？

四、上机练习

1．野生动物视频

在本练习中，将运用 PowerPoint 中的添加和编辑视频功能，来制作一个野生动物视频幻灯片，如图 15-79 所示。首先新建空白演示文稿，删除幻灯片中的所有占位符。同时，执行【设计】|【主题】|【平面】命令，设置幻灯片的主题样式。然后，执行【插入】|【媒体】|【视频】|【PC 上的视频】命令，选择视频文件，单击【插入】按钮插入视频文件。最后，调整视频文件的大小，并执行【视频工具】|【格式】|【视频样式】|【圆形对角，白色】命令，设置视频的外观样式。

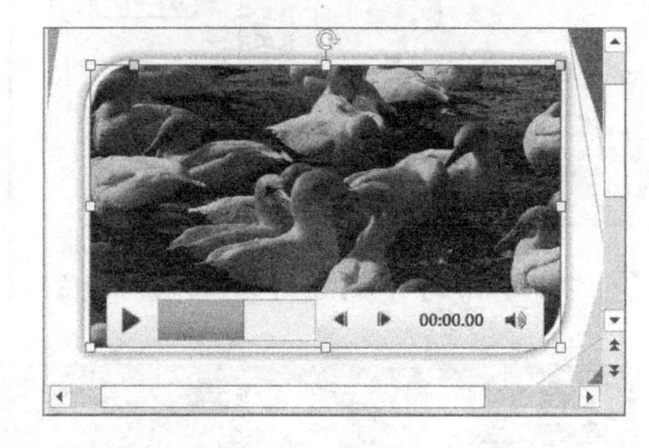

图 15-79　野生动物视频

2．翻转的立体效果

在本实例中，将运用 PowerPoint 中的形状和动画功能，来制作一个翻转的立体效果，如图 15-80 所示。首先执行【插入】|【插图】|【形状】|【立方体】命令，调整形状的大小并设置其填充颜色。同时，复制形状，旋转形状并调整形状的角度。然后，选择第 1 个形状，为其添加“淡出”动画效果，并将【开始】设置为“上一动画之后”。

同时，为该形状添加“消失”多重动画效果，并将【开始】设置为“上一动画之后”。最后，选择第 1 个形状，执行【高级动画】|【动画刷】命令，然后单击第 2 个形状。使用同样的方法，为其他形状添加动画效果。

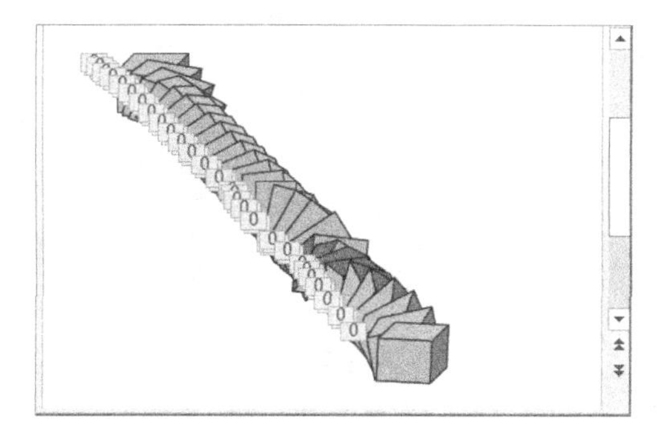

图 15-80 翻转的立体效果

第16章

放映与输出幻灯片

用户使用PowerPoint制作各类幻灯片之后，还需要按照规定放映各个幻灯片，从而在体现幻灯片丰富内容的同时获取观众的认可。但是，在展示幻灯片之前，为了实现放映中的条理性和逻辑性，还需要根据设计方案链接相应幻灯片和其他程序。同时，为了体现演示文稿的灵活性和可延展性，还需要根据实际环境设置不同的放映范围和放映方式，以达到按照规定展示演示文稿的内容。

除了完美展示演示文稿之外，为了便于交流和协商其具体内容，还需通过将演示文稿打包成CD数据包、发送演示文稿和发布演示文稿等方法，来传递和共享演示文稿内容。在本章中，将详细介绍设置幻灯片的放映范围与方式，以及发布、共享演示文稿的基础知识与操作方法。

本章学习内容：

- 添加超链接
- 链接到其他对象
- 设置交互链接
- 设置放映范围
- 设置放映方式
- 排练计时与旁白
- 发送演示文稿
- 发布演示文稿
- 打包成CD或视频

16.1 链接幻灯片

PowerPoint为用户提供了一个包含Office应用程序共享的超链接功能，通过该功能不仅可以实现具有条理性的放映效果，而且还可以实现幻灯片与幻灯片、幻灯片与演示文稿或幻灯片与其他程序之间的链接，从而帮助用户达到制作交互式幻灯片的目的。

16.1.1　添加超链接

超链接是一种最基本的超文本标记，可以为各种对象提供链接的桥梁，可以链接幻灯片与电子邮件、新建文档等其他程序。

1．为文本创建超链接

首先，在幻灯片中选择相应的文本，执行【插入】|【链接】|【超链接】命令。在弹出的【插入超链接】对话框的【链接到】列表中，选择【本文档中的位置】选项卡，并在【请选择文档中的位置】列表框中选择相应的选项，如图 16-1 所示。

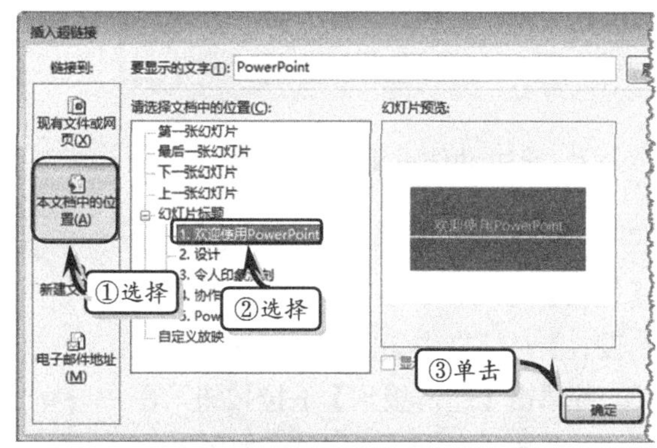

图 16-1　创建文本超链接

提　示

当文本创建超链接后，该文本的颜色将使用系统默认的超链接颜色，并在文本下方添加一条下画线。

2．通过动作按钮创建超链接

首先，执行【插入】|【插图】|【形状】命令，在其级联菜单中选择【动作按钮】栏中相应的形状，在幻灯片中按下鼠标左键并拖动鼠标绘制该形状，如图 16-2 所示。

然后，在弹出的【操作设置】对话框中选中【超链接到】选项，并单击【超链接到】下拉按钮，在其下拉列表中选择【幻灯片】选项，如图 16-3 所示。

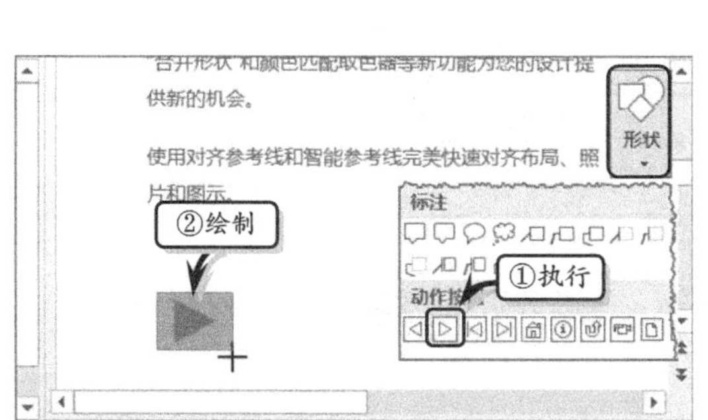

图 16-2　绘制动作按钮

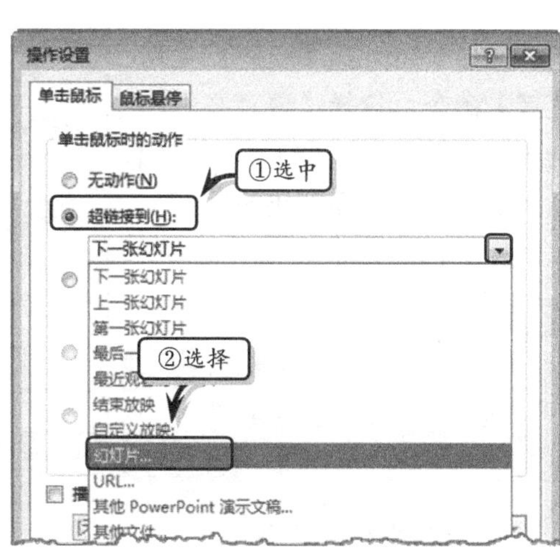

图 16-3　设置超链接位置

最后，在弹出的【超链接到幻灯片】对话框中的【幻灯片标题】列表框中选择需要链接的幻灯片，并单击【确定】按钮，如图 16-4 所示。

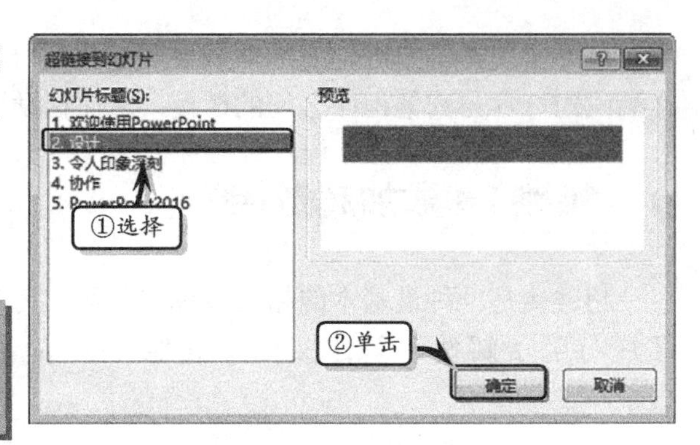

图 16-4 选择链接幻灯片

提　示

在幻灯片中右击对象，执行【超链接】命令，即可设置超链接选项。同时，执行【删除超链接】命令，即可删除对象中的超链接。

3. 通过动作设置创建超链接

选择幻灯片中的对象，执行【插入】|【链接】|【动作】命令。在弹出的【操作设置】对话框中选中【超链接到】选项，并单击【超链接到】下拉按钮，在下拉列表中选择相应的选项，如图 16-5 所示。

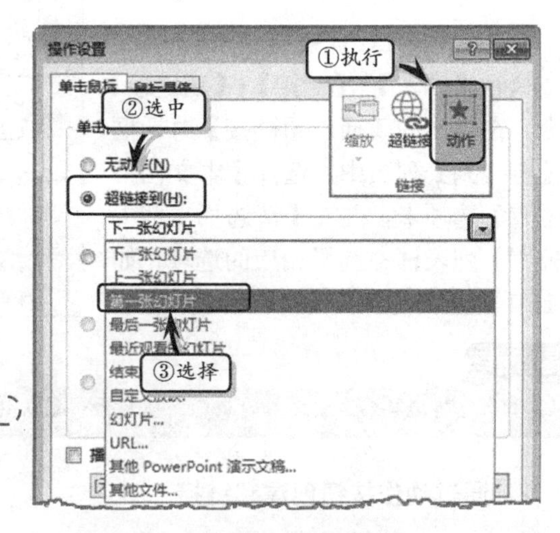

图 16-5 设置动作超链接

16.1.2 链接到其他对象

在 PowerPoint 中，除了可以链接本演示文稿中的幻灯片之外，还可以链接其他演示文稿、电子邮件、新建文档等对象。

1. 链接到其他演示文稿

执行【插入】|【链接】|【超链接】命令，选择【现有文件和网页】选项卡，在【当前文件夹】列表框中选择需要链接的演示文稿，如图 16-6 所示。

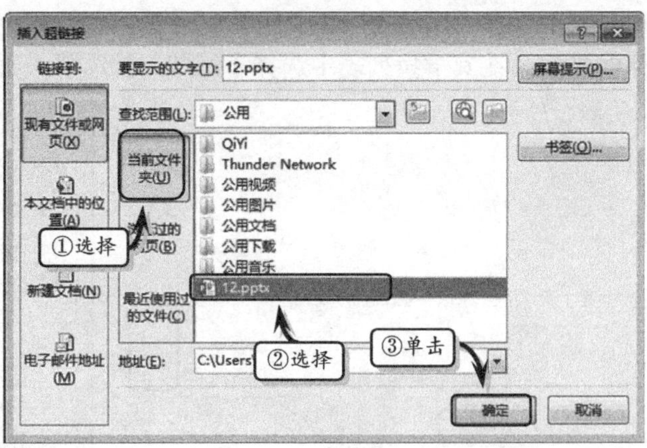

图 16-6 链接到其他演示文稿

提　示

在【插入超链接】对话框中，还可以选择其他文件作为链接目标。例如，Word 文档、图片等。

2. 链接到电子邮件

执行【插入】|【链接】|【超链接】命令，在【插入超链接】对话框中选择【电子邮

件地址】选项卡。在【电子邮件地址】文本框中输入邮件地址，并在【主题】文本框中输入邮件主题名称，如图 16-7 所示。

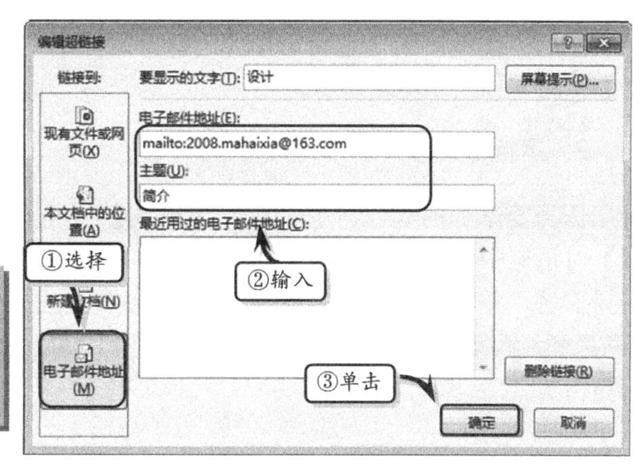

图 16-7　链接到电子邮件

提　示

在【插入超链接】对话框中单击【屏幕提示】按钮，可在弹出的【设置超链接屏幕提示】对话框中设置超链接的屏幕提示内容。

3．链接到新建文档

执行【插入】|【链接】|【超链接】命令，在【插入超链接】对话框中选择【新建文档】选项卡，在【新建文档名称】文本框中输入文档名称。单击【更改】按钮，在弹出的【新建文件】对话框中选择存放路径，并设置编辑时间，如图 16-8 所示。

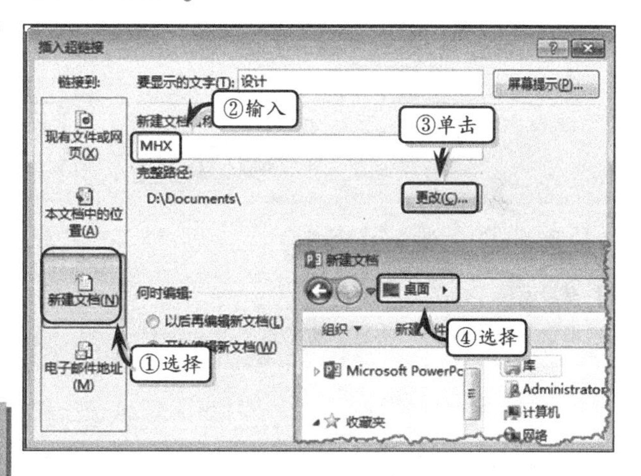

图 16-8　链接到新建文档

提　示

当用户选中【以后再编辑新文档】选项时，表示当前只创建一个空白文档，并不对其进行编辑操作。

16.1.3　设置交互链接

PowerPoint 除了允许用户为演示文稿中的显示对象添加超链接外，还允许用户为其添加其他一些交互动作，以实现其的交互性。

1．运行程序动作

选择幻灯片中的对象，执行【插入】|【链接】|【动作】命令，在弹出的【操作设置】对话框中选中【运行程序】选项，同时单击【浏览】按钮，如图 16-9 所示。

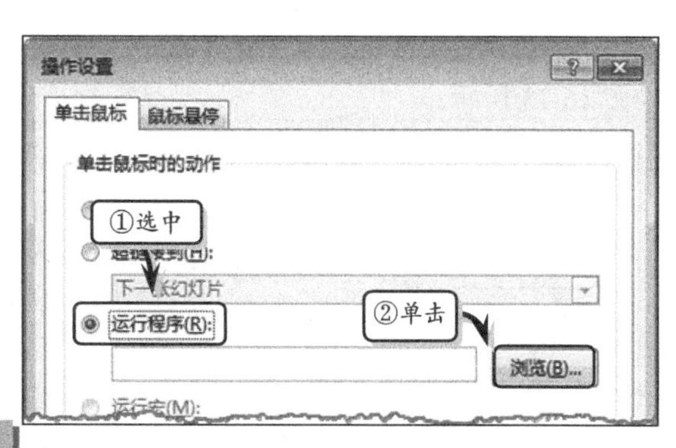

图 16-9　【操作设置】对话框

提　示

在幻灯片中添加的动作，只有在播放幻灯片时，才可以使用。

然后，在弹出的【选择一个要运行的程序】对话框中选择相应的程序，并单击【确定】按钮，如图 16-10 所示。

2. 运行宏动作

选择要添加的动作对象，执行【插入】|【链接】【动作】命令，在弹出的【操作设置】对话框中选中【运行宏】选项。同时，单击【运行宏】下拉按钮，在其下拉列表中选择宏名，并单击【确定】按钮，如图 16-11 所示。

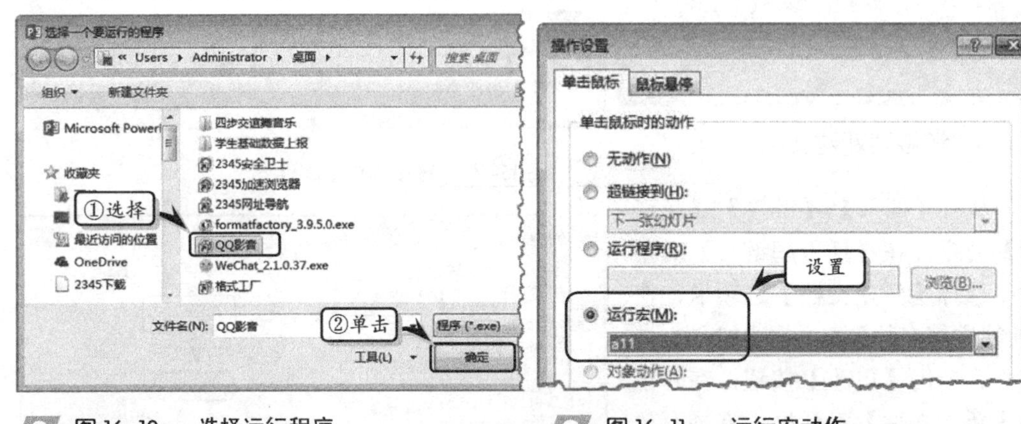

图 16-10 选择运行程序　　图 16-11 运行宏动作

提 示

在使用宏功能之前，用户还需要在幻灯片中创建宏。

3. 添加对象动作

执行【插入】|【链接】|【动作】命令，在【操作设置】对话框中选中【对象动作】选项，并在【对象动作】下拉列表中选择一种动作方式，如图 16-12 所示。

提 示

只有选择在幻灯片中通过【插入对象】对话框所插入的对象，对话框中的【对象动作】选项才可用。

4. 添加对象声音

执行【插入】|【链接】|【动作】命令，在【设置动作】对话框中选择某种动作后，启用【播放声音】复选框并单击【播放声音】下拉按钮，在其下拉列表中选择一种声音，如图 16-13 所示。

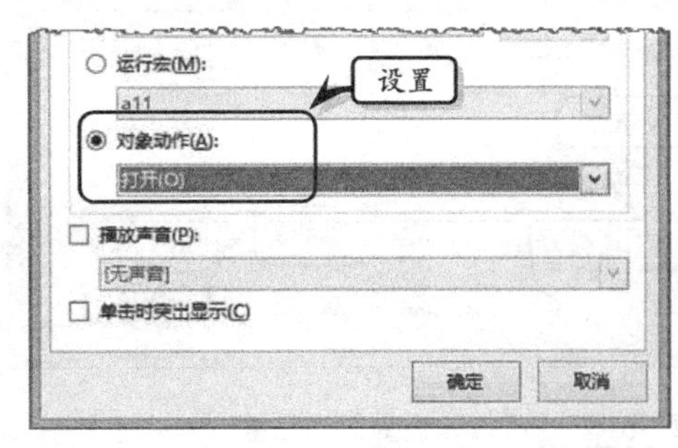

图 16-12 添加对象动作

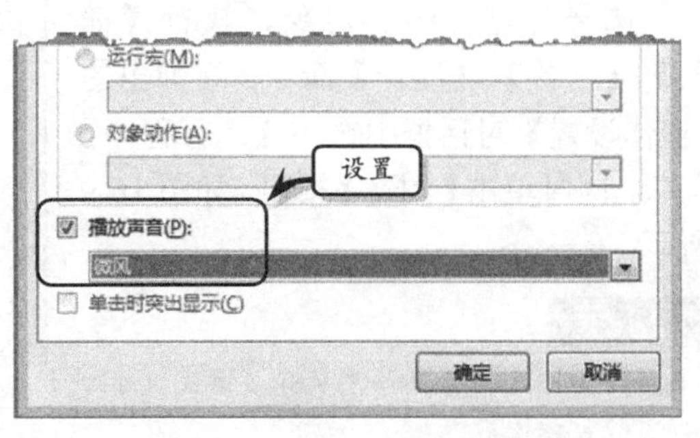

图 16-13 添加对象声音

16.1.4 练习：串联幻灯片

PowerPoint 中的超链接既可以为各种对象提供链接的桥梁，又可以将一个幻灯片指向另一个幻灯片，以达到串联各个幻灯片的目的。在本练习中，将通过串联“动态故事会”演示文稿，来详细介绍串联幻灯片的操作方法，如图 16-14 所示。

图 16-14 串联幻灯片

操作步骤：

1 打开“动态故事会”演示文稿，删除声音文件，复制两张幻灯片，调整幻灯片的顺序，并更改幻灯片的内容，如图 16-15 所示。

图 16-15 制作上下幻灯片

2 选择第 2 张幻灯片，执行【插入】|【图像】|【图片】命令，选择图片文件，单击【插入】按钮，如图 16-16 所示。

3 执行【插入】|【文本】|【文本框】|【横排文本框】命令，插入文本框，输入文本并设置文本的字体格式，如图 16-17 所示。

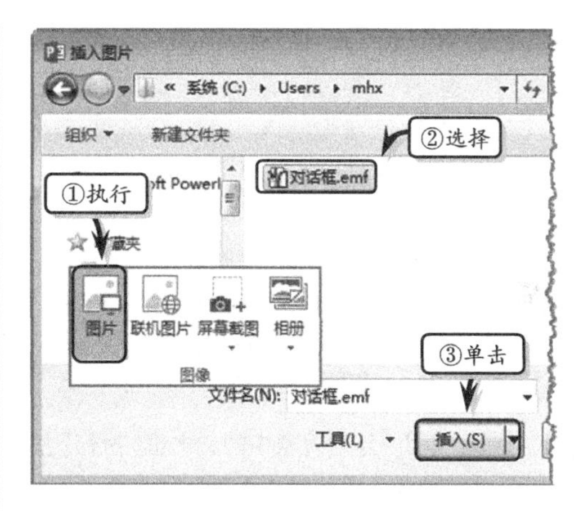

图 16-16 插入图片

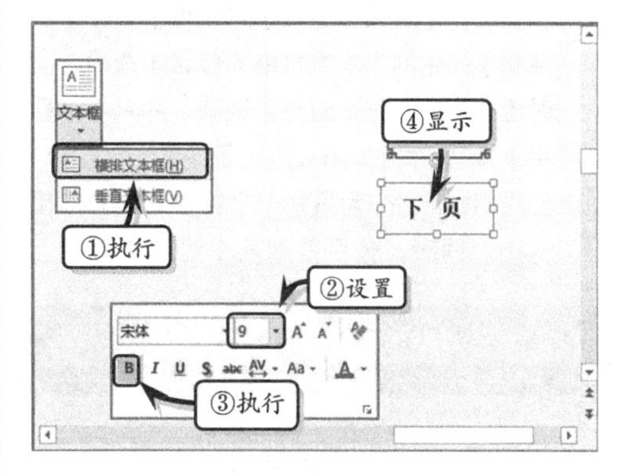

图 16-17 绘制文本框

4 调整图片和文本框的位置，同时选择图片和文本框，右击，执行【组合】|【组合】命令，如图 16-18 所示。

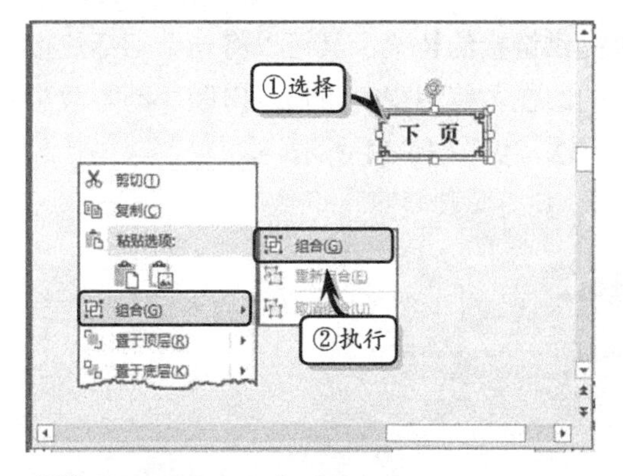

图 16-18 组合对象

5 复制组合对象，修改文本框中的文本，并调整组合对象的位置，如图 16-19 所示。

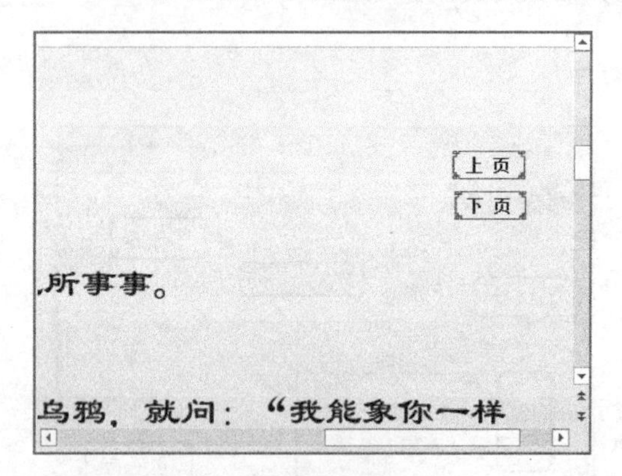

图 16-19 复制组合对象

6 选择"上页"组合对象中的文本框，执行【插入】|【链接】|【超链接】命令，如图 16-20 所示。

7 在弹出的【编辑超链接】对话框中选择【链接到】栏中的【本文档中的位置】选项，同时选择【上一张幻灯片】选项，并单击【确定】按钮，如图 16-21 所示。

8 使用同样方法，为另外一个组合对象添加超链接。同时，分别复制两个组合对象到上下幻灯片中串联各个幻灯片，如图 16-22 所示。

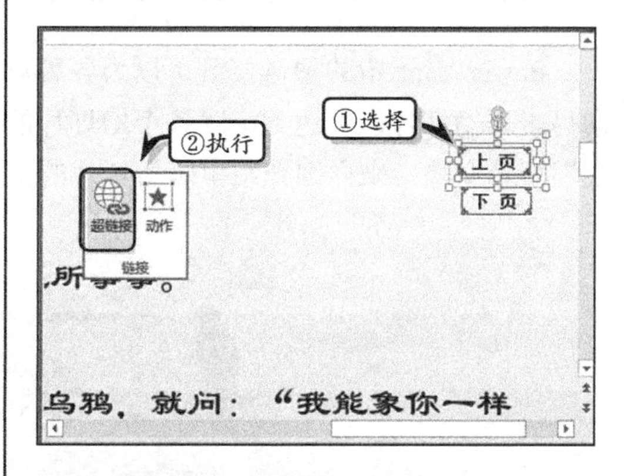

图 16-20 选择组合对象

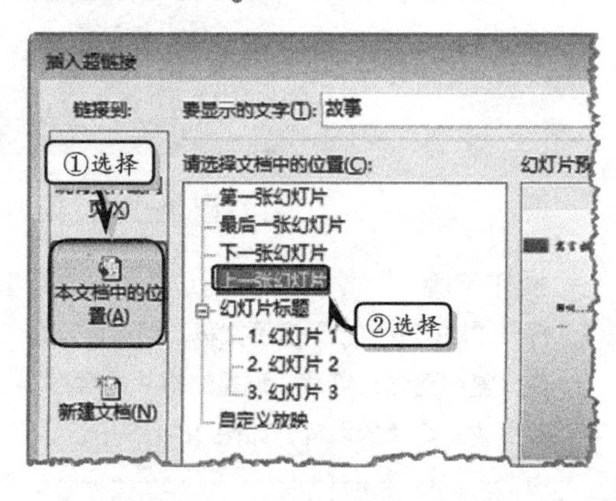

图 16-21 选择链接幻灯片

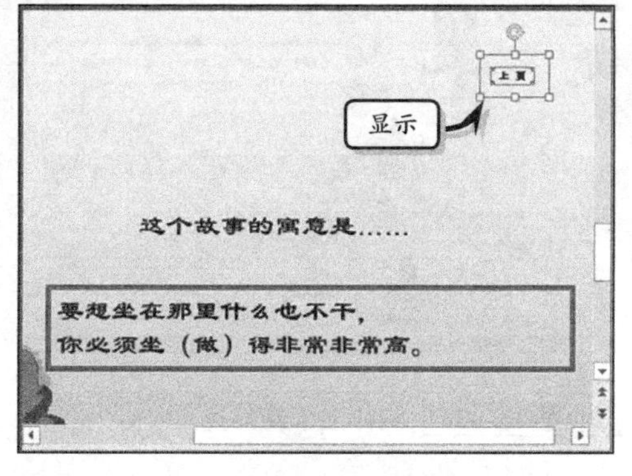

图 16-22 制作其他链接对象

16.2 放映幻灯片

虽然制作演示文稿是一个重要的环节，但是放映演示文稿同样也是一个重要的环节。当演示文稿制作完毕后，就可以根据不同的放映环境，来设置不同的放映方式，最终实现幻灯片的放映。

16.2.1 设置放映范围

PowerPoint 为用户提供了从头放映、当前放映与自定义放映 3 种放映方式。一般情况下，用户可通过下列 3 种方法，来定义幻灯片的播放范围。

1. 从头开始放映

执行【幻灯片放映】|【开始放映幻灯片】|【从头开始】命令，即可从演示文稿的第一幅幻灯片开始播放演示文稿，如图 16-23 所示。

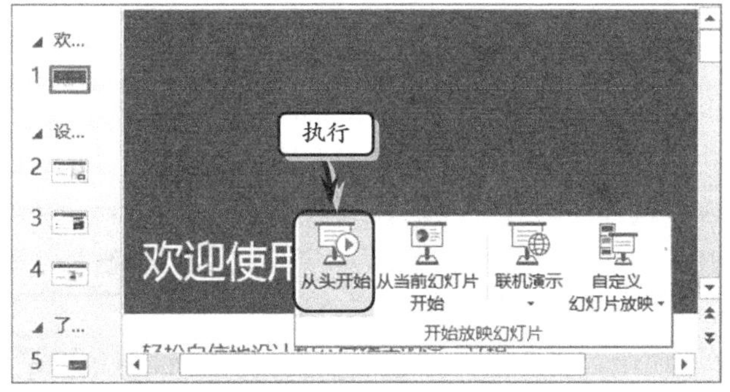

图 16-23 从头开始放映

选择幻灯片，按 F5 键，也可从头开始放映幻灯片。

2. 当前放映

选择幻灯片，执行【幻灯片放映】|【开始放映幻灯片】|【从当前幻灯片开始】命令，则可以从当前所选择的幻灯片中开始播放，如图 16-24 所示。

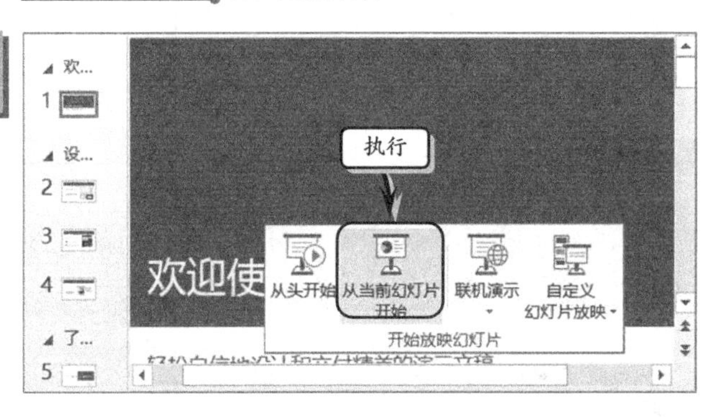

图 16-24 当前放映

提 示

选择要幻灯片，按 Shift+F5 键，也可从当前幻灯片开始放映。

另外，选择幻灯片，在状态栏中单击【幻灯片放映】按钮，即可从当前幻灯片开始播放演示文稿，如图 16-25 所示。

图 16-25 状态栏当前放映

3. 联机演示

执行【幻灯片放映】|【开始放映幻灯片】|【联机演示】命令，打开【联机演示】对话框中，启用【启用远程查看器下载演示文稿】复选框，并单击【连接】按钮，如图 16-26 所示。

此时，系统将自动连接网络，并显示启动连接演示文稿的网络地址。可以单击【复制链接】按钮，复制演示地址，并通过电子邮件发送给相关人员，如图 16-27 所示。

提 示

在【联机演示】对话框中单击【启动演示文稿】按钮，即可从头放映该演示文稿。

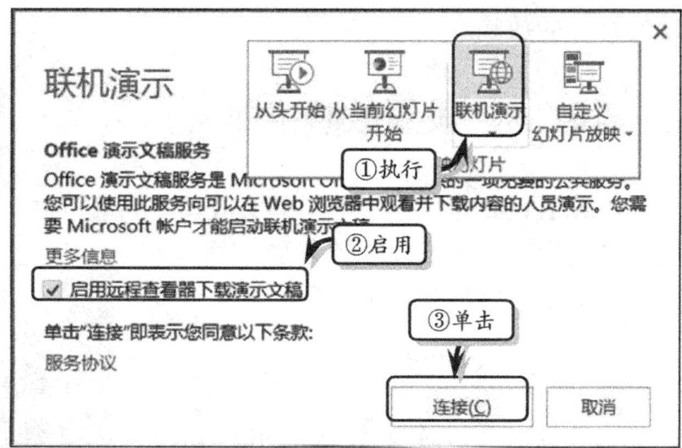

图 16-26 启用联机演示

4. 自定义放映

除了上述放映方式之外，用户也可以通过【自定义幻灯片放映】功能，指定从哪一幅幻灯片开始播放。执行【幻灯片放映】|【开始放映幻灯片】|【自定义幻灯片放映】命令，在弹出的【自定义放映】对话框中单击【新建】按钮，如图 16-28 所示。

图 16-27 选择演示方式

然后，在弹出的【定义自定义放映】对话框中启用需要放映的幻灯片，单击【添加】按钮即可，如图 16-29 所示。

提 示

自定义完毕后，可单击【自定义幻灯片放映】按钮，执行【自定义放映 1】命令，即可放映幻灯片。

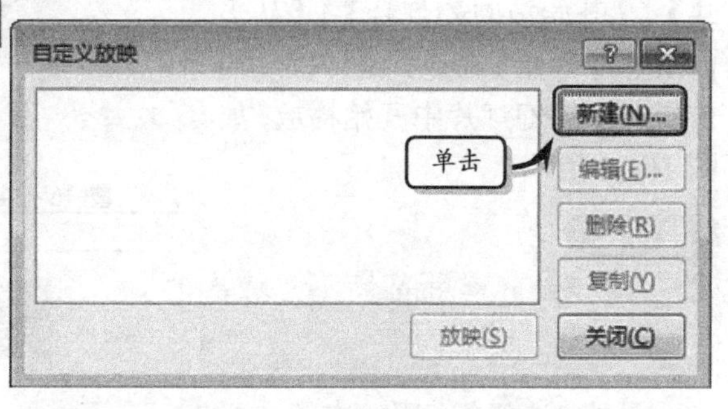

图 16-28 【自定义放映】对话框

16.2.2 设置放映方式

在 PowerPoint 中执行【幻灯片放映】|【设置】|【设置幻灯片放映】命令，可在打开【设置放映方式】对话框中，设置幻灯片的放映方式。

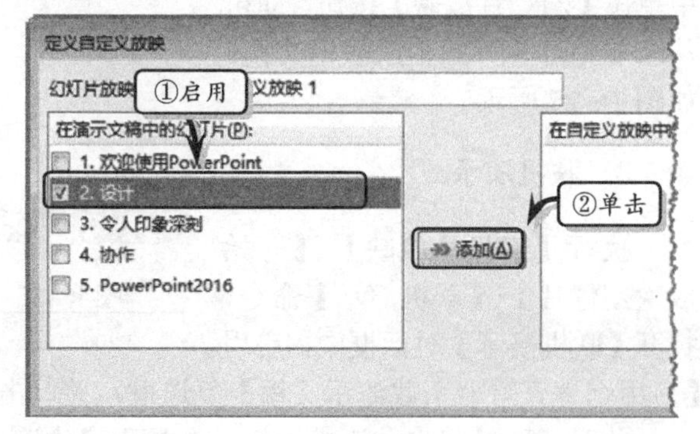

图 16-29 添加放映幻灯片

1. 放映类型

在【设置放映方式】对话框中选中【放映类型】选项组中的【演讲者放映(全屏幕)】选项，并在【换片方式】选项组中选中【手动】选项，如图 16-30 所示。

2. 放映选项

放映选项主要用于设置幻灯片放映时的一些辅助操作，例如放映时添加旁边、不加动画或者禁止硬件图像加速等内容。其中，在【放映选项】选项组中主要包括表 16-1 中的一些选项。

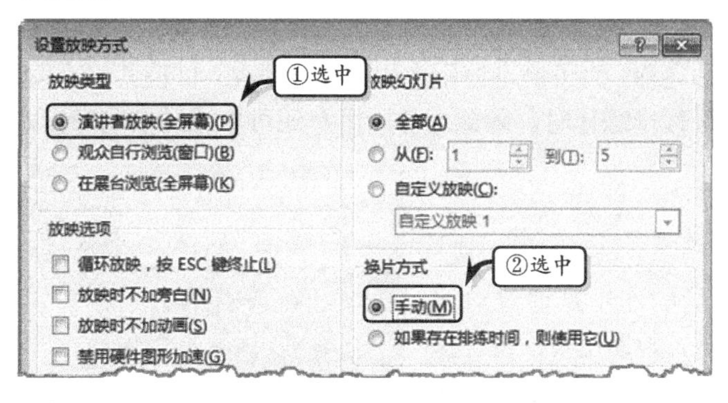

图 16-30 设置放映类型

表 16-1 放映选项

选　　项	作　　用
循环放映，按 Esc 键终止	设置演示文稿循环播放
放映时不加旁白	禁止放映演示文稿时播放旁白
放映时不加动画	禁止放映时显示幻灯片切换效果
禁止硬件图形加速	在放映幻灯片中，将禁止硬件图形自动进行加速运行
绘图笔颜色	设置在放映演示文稿时用鼠标绘制标记的颜色
激光笔颜色	设置录制演示文稿时显示的指示光标

3. 放映幻灯片

在【放映幻灯片】选项组中，主要用于设置幻灯片播放的方式。当用户选中【全部】选项时，表示将播放全部的演示文稿。而选中【从…到…】选项时，则表示可选择播放演示文稿的幻灯片编号范围。如果之前设置了【自定义幻灯片放映】列表，则可在此处选择列表，根据列表内容播放。

4. 换片方式

在【换片方式】选项组中，主要用于定义幻灯片播放时的切换触发方式。当用户选中【手动】选项时，表示用户需要单击鼠标进行播放。而选中【如果存在排练时间，则使用它】选项，则表示将自动根据设置的排练时间进行播放。

5. 多监视器

如本地计算机安装了多个监视器，则可通过【多监视器】选项组，设置演示文稿放映所使用的监视器和分辨率，以及演讲者视图等信息，如图 16-31 所示。

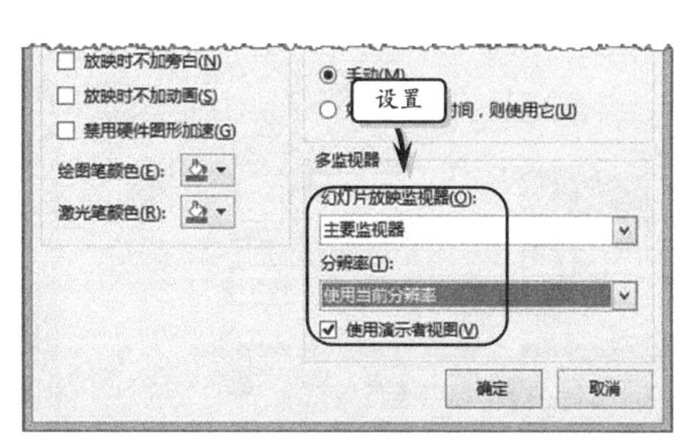

图 16-31 设置多监视器放映

16.2.3 排练计时与旁白

在放映幻灯片之前，为了制定演示文稿的播放进度，以使其符合演讲者的发言时长，还需要对幻灯片进行排练计时。除此之外，用户还可以通过录制旁白，来提高演示文稿内容的演讲效率。

1. 排练计时

排练计时功能的作用是通过对演示文稿的全程播放，辅助用户演练。执行【幻灯片放映】|【设置】|【排练计时】命令，系统即可自动播放演示文稿，并显示【录制】工具栏，如图 16-32 所示。

图 16-32 排练计时

提 示

在一张幻灯片放映结束后，切换至第二张幻灯片，幻灯片的放映时间将重新开始计时。

对幻灯片放映的排练时间进行保存后，执行【视图】|【演示文稿视图】|【幻灯片浏览】命令，切换到幻灯片的浏览视图，在其下方将显示排练时间，如图 16-33 所示。

提 示

在记录排练时间的过程中，若幻灯片未放映完毕，但需保存当前的排练时间时，只需按 Esc 键，即可弹出 Microsoft Office PowerPoint 对话框。

2. 录制幻灯片演示

除了进行排练计时外，用户还可以录制幻灯片演示，包括录制旁白录音，以及使用激光笔等工具对演示文稿中的内容进行标注。

执行【幻灯片放映】|【设置】|【录制幻灯片演示】|【当前幻灯片开始录制】命令，在弹出的【录制幻灯片演示】对话框中启用所有复选框，并单击【开始录制】按钮，如图 16-34 所示。

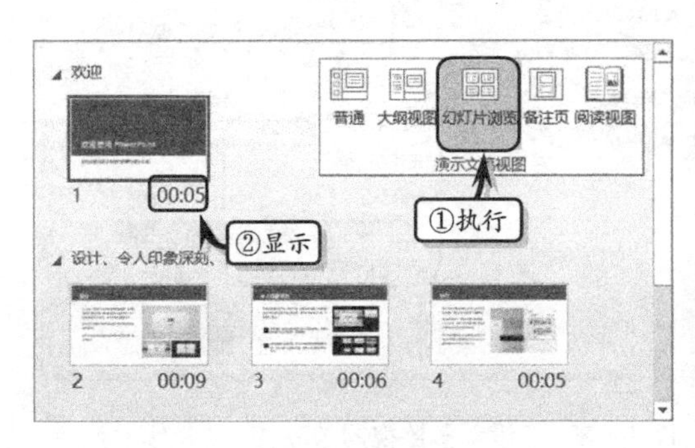

图 16-33 查看排练时间

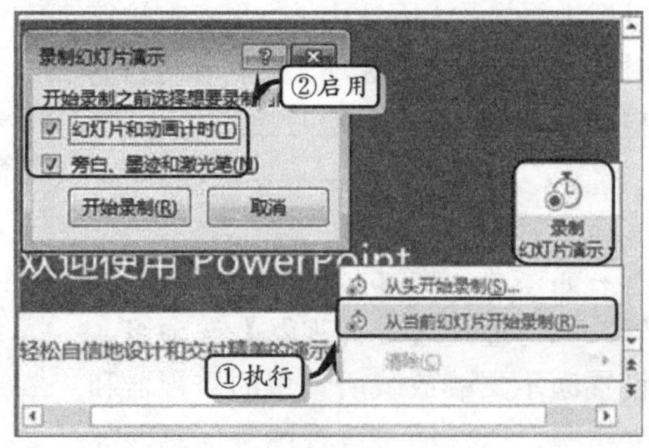

图 16-34 开始录制

在幻灯片放映状态下，用户即可通过麦克风为演示文稿配置语音，同时也可以按住 Ctrl 键激活激光笔工具，指示演示文稿的重点部分，如图 16-35 所示。

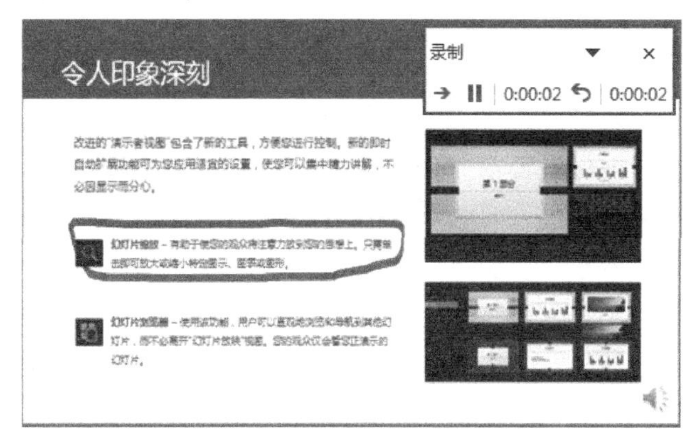

图 16-35 标注重点

16.3 输出幻灯片

在制作完成演示文稿后，除了使用保存的方法来帮助用户在任何设备上放映演示文稿之外，用户还可以通过发送、发布或打包成 CD 和视频的方法，来共享所制作的演示文稿，以满足实际使用的各种需求。

16.3.1 发送演示文稿

发送演示文稿是将 PowerPoint 结合微软 Microsoft Outlook 软件，通过电子邮件发送演示文稿，包括作为附件发送、发送链接和以 PDF 形式发送等方式。

1. 作为附件发送

执行【文件】|【共享】命令，在展开的【共享】列表中选择【电子邮件】选项，同时选择【作为附件发送】选项，如图 16-36 所示。

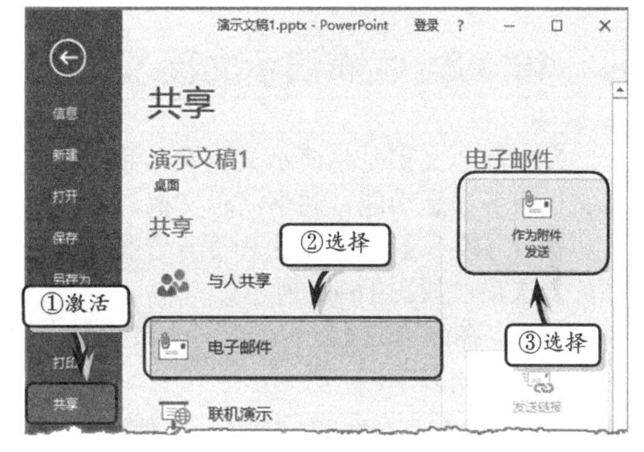

图 16-36 选择发送方式

选中该选项，PowerPoint 会直接打开 Microsoft Outlook 窗口，将完成的演示文稿直接作为电子邮件的附件进行发送，单击【发送】按钮，即可将电子邮件发送到指定的收件人邮箱中，如图 16-37 所示。

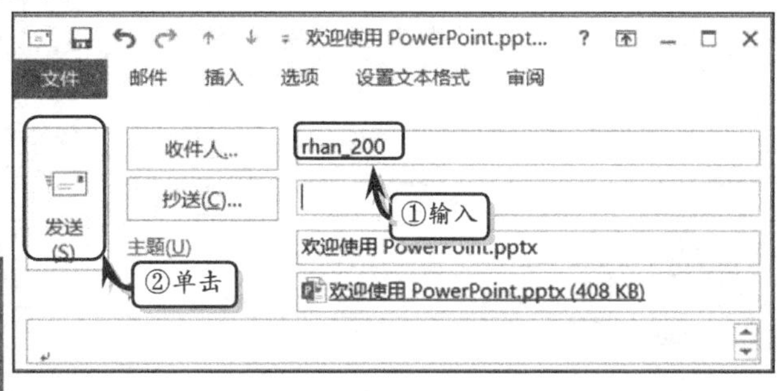

图 16-37 发送演示文稿

提 示

如用户将演示文稿上传至微软的 MSN Live 共享空间，则可通过【发送链接】选项，将演示文稿的网页 URL 地址发送到其他用户的电子邮箱中。

2. 以 PDF 形式发送

执行【文件】|【共享】命令，在展开的【共享】列表中，选择【电子邮件】选项，同时选择【以 PDF 形式发送】选项，如图 16-38 所示。

选中该选项，则 PowerPoint 将把演示文稿转换为 PDF 文档，并通过 Microsoft Outlook 发送到收件人的电子邮箱中，如图 16-39 所示。

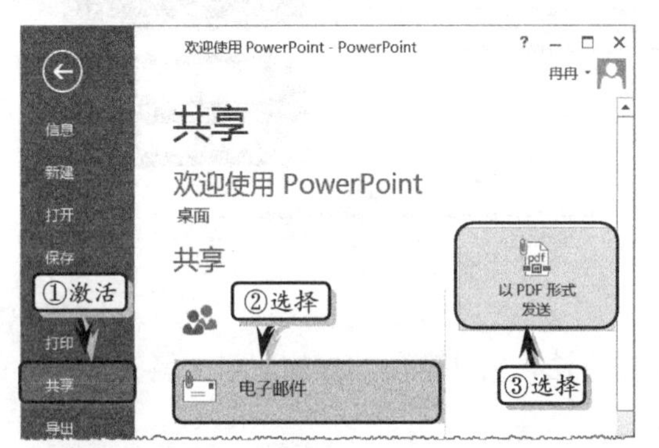

图 16-38 选择发送方式

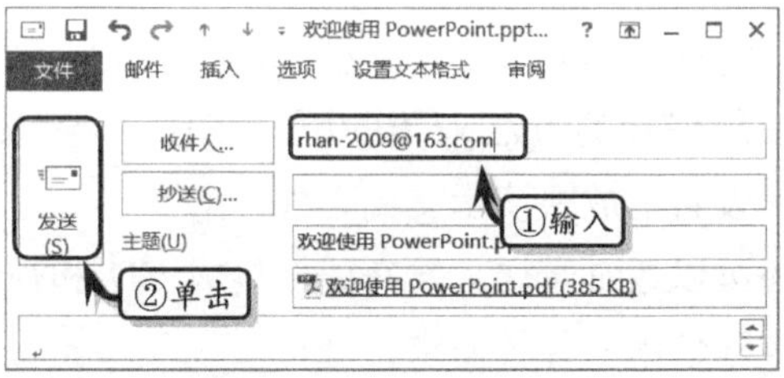

图 16-39 发送演示文稿

提 示

执行【文件】|【共享】命令，在展开的【共享】列表中，选择【电子邮件】选项，同时选择【以 XPS 形式发送】选项，则可以以 XPS 形式发送演示文稿。

16.3.2 发布演示文稿

发布演示文稿是将演示文稿发布到幻灯片库或 SharePoint 网站，以及通过 Office 演示文稿服务演示功能，共享演示文稿。

执行【文件】|【共享】命令，选择【发布幻灯片】选项，同时在右侧选择【发布幻灯片】选项，如图 16-40 所示。

然后，在弹出的【发布幻灯片】对话框中启用需要发布的幻灯片复选框，并单击【浏览】按钮，如图 16-41 所示。

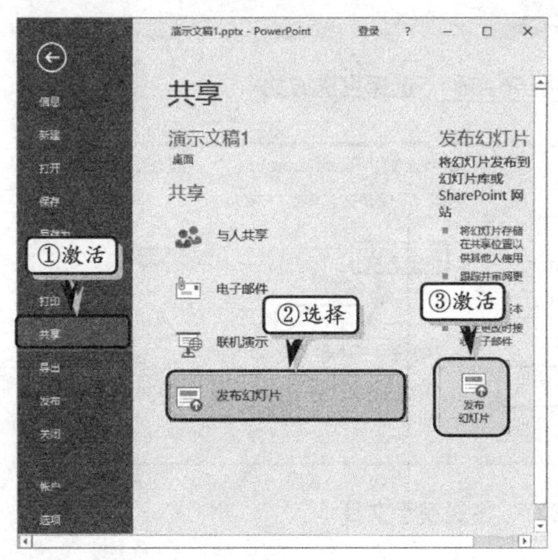

图 16-40 选择发布方式

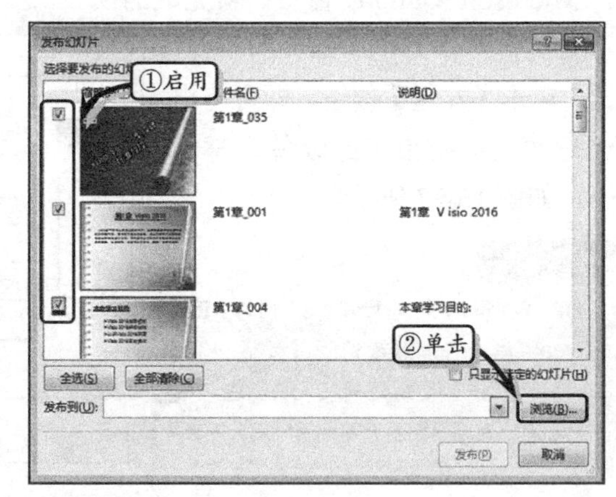

图 16-41 选择幻灯片

在弹出的【选择幻灯片库】对话框中选择幻灯片存放的位置，并单击【选择】按钮，返回到【发布幻灯片】对话框中。然后，单击【发布】按钮，即可发布幻灯片，如图 16-42 所示。

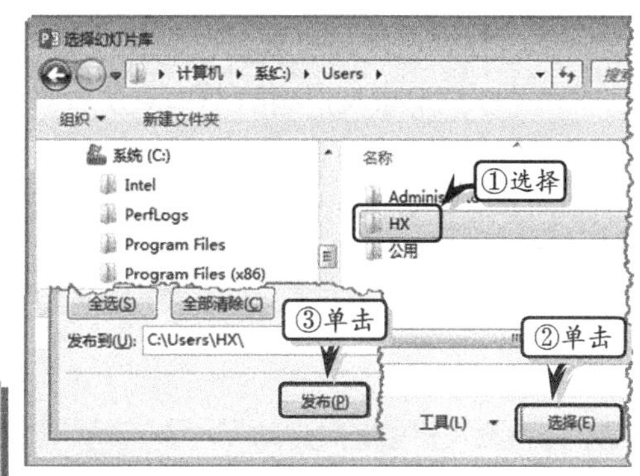

图 16-42 发布幻灯片

提 示

发布幻灯片后，被选择发布的每张幻灯片，将分别自动生成为独立的演示文稿。

16.3.3 打包成 CD 或视频

在 PowerPoint 中，用户可将演示文稿打包制作为 CD 光盘上的引导程序，也可以将其转换为视频。

1. 将演示文稿打包成 CD

打包成光盘是将演示文稿压缩成光盘格式，并将其存放到本地磁盘或光盘中。执行【文件】|【导出】命令，在展开的【导出】列表中选择【将演示文稿打包成 CD】选项，并单击【打包成 CD】按钮，如图 16-43 所示。

在弹出的【打包成 CD】对话框中的【将 CD 命名为】文本框中输入 CD 的标签文本，并单击【选项】按钮，如图 16-44 所示。

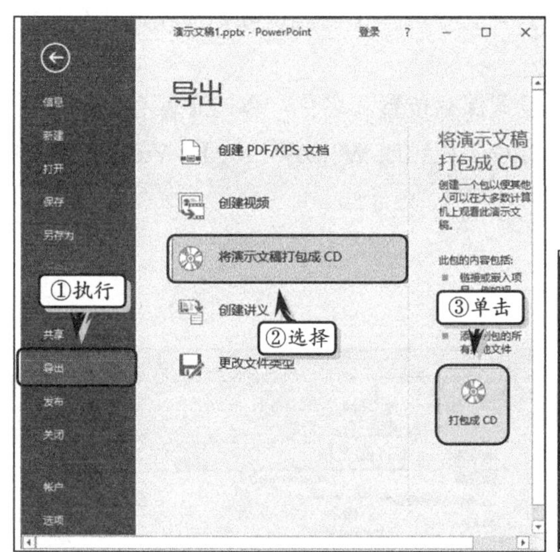

图 16-43 选择打包方式

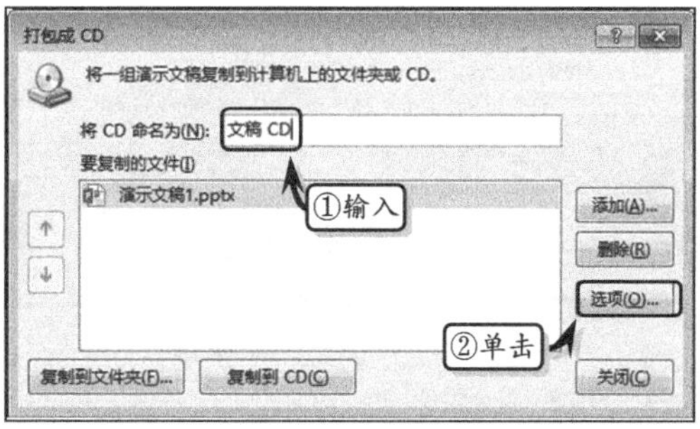

图 16-44 设置 CD 名称

提 示

在【打包成 CD】对话框中单击【添加】按钮，可添加需要打包成 CD 的演示文稿。

在弹出的【选项】对话框中设置打包 CD 的各项选项，并单击【确定】按钮，如图 16-45 所示。

在完成以上选项设置后，单击【复制到 CD】按钮后，PowerPoint 将检查刻录机中的空白 CD。在插入正确的空白 CD 后，即可将打包的文件刻录到 CD 中。

另外，单击【复制到文件夹】按钮，将弹出【复制到文件夹】对话框，单击【位置】后面的【浏览】按钮，在弹出的【选择位置】对话框中选择放置位置即可，如图 16-46 所示。

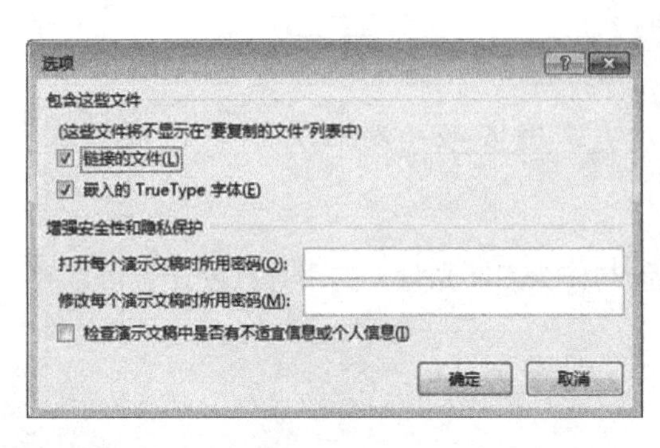

图 16-45 设置打包选项

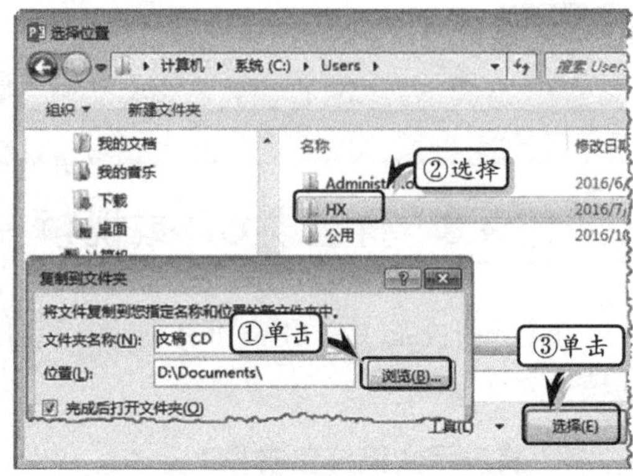

图 16-46 复制到文件夹

2. 创建视频

PowerPoint 还可以将演示文稿转换为视频内容，以供用户通过视频播放器播放。执行【文件】|【导出】命令，在展开的【导出】列表中选择【创建视频】选项，并在右侧的列表中设置相应参数，如图 16-47 所示。

然后，在将弹出的【另存为】对话框中设置保存位置和名称，单击【保存】按钮。此时，PowerPoint 自动将演示文稿转换为 MPEG-4 视频或 Windows Media Video 格式的视频，如图 16-48 所示。

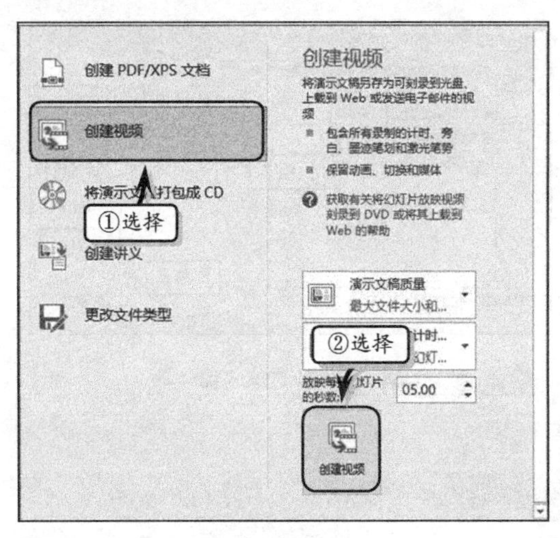

图 16-47 创建视频

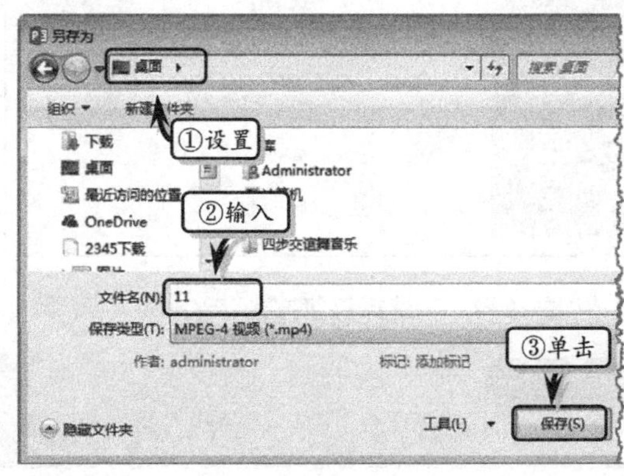

图 16-48 保存视频

16.3.4 练习：天平倾斜动画效果

PowerPoint 是一款专业制作演示文稿的软件，不仅具有强大的图片、文本、艺术字等对象的编辑功能；而且还具有多方式的共享功能，以帮助用户多方位的传递演示文稿。在本练习中，将通过制作一份天平倾斜动画效果，来详细介绍使用 PowerPoint 制作和共享演示文稿的操作方法和实用技巧，如图 16-49 所示。

图 16-49 天平倾斜动画效果

操作步骤：

1 设置背景颜色。设置幻灯片大小，执行【设计】|【自定义】|【设置背景格式】命令，选中【渐变填充】选项，设置其【类型】和【角度】选项，并设置左侧渐变光圈，如图 16-50 所示。

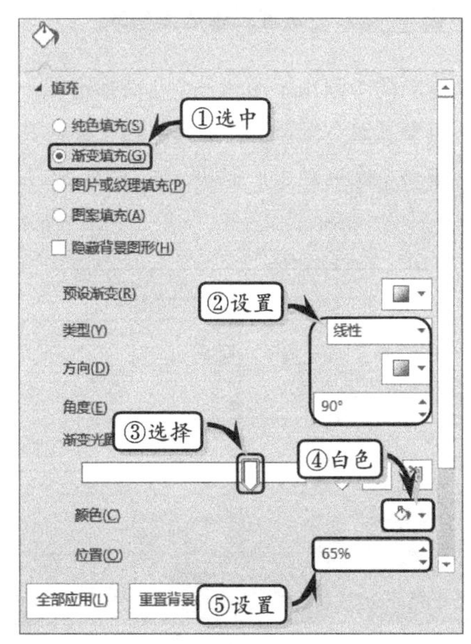

图 16-50 设置幻灯片大小及背景

2 选中右侧渐变光圈，设置其【颜色】为“黑色，文字 1，淡色 50%”，并设置【位置】和【透明度】选项，如图 16-51 所示。

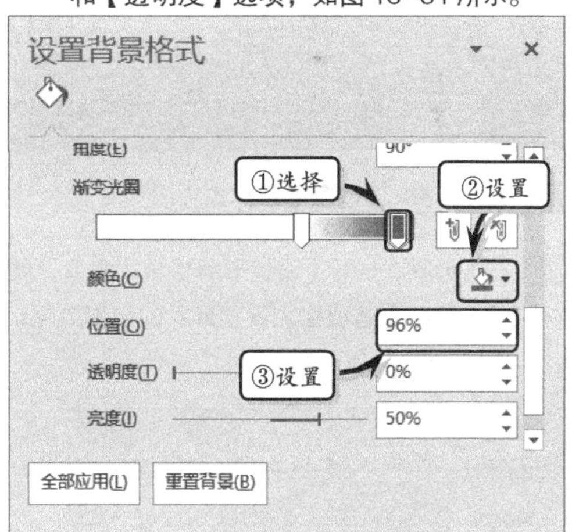

图 16-51 设置右侧渐变光圈

3 制作天平。删除所有占位符，执行【插入】|【插图】|【形状】|【椭圆】命令，绘制一个椭圆形状，并调整形状大小，如图 16-52 所示。

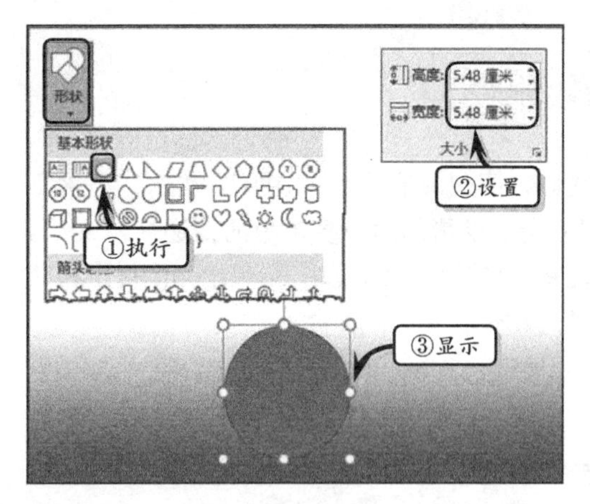

图 16-52　绘制圆形形状

4　选择圆形形状，执行【格式】|【形状样式】|【形状填充】|【白色，背景 1，深色 25%】命令，同时执行【形状轮廓】|【无轮廓】命令，如图 16-53 所示。

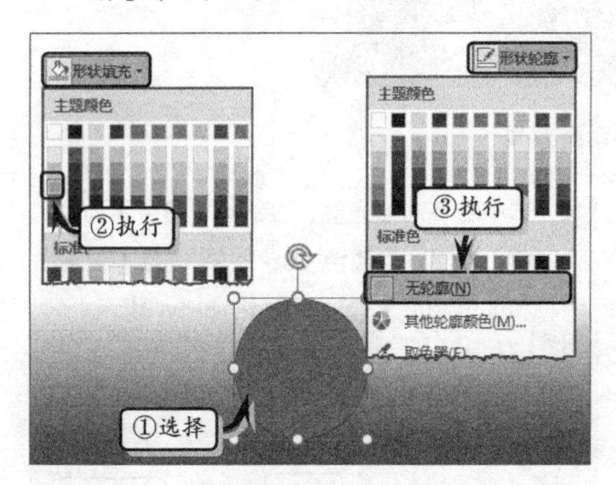

图 16-53　设置形状样式

5　右击形状，执行【设置形状格式】命令，展开【阴影】选项组，设置形状的阴影效果，如图 16-54 所示。

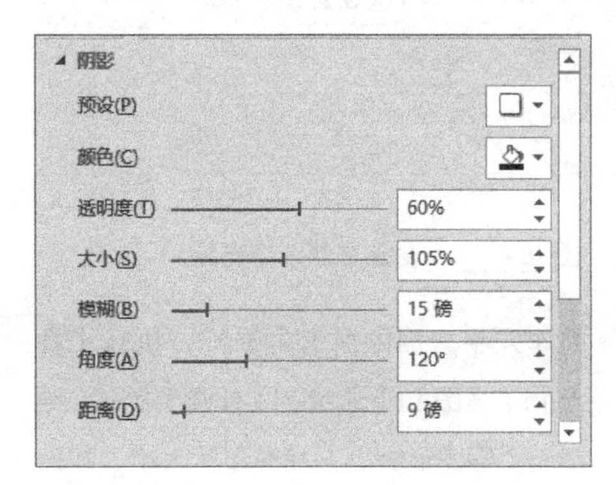

图 16-54　设置阴影效果

6　展开【三维格式】选项组，设置形状的三维格式，如图 16-55 所示。

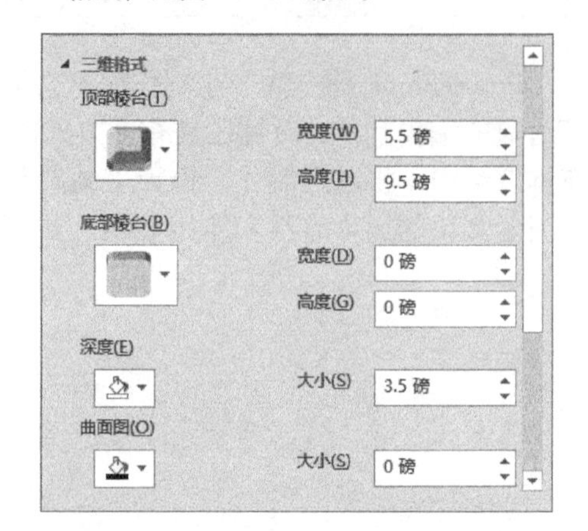

图 16-55　设置三维格式

7　展开【三维旋转】选项组，设置形状的三维旋转格式，如图 16-56 所示。

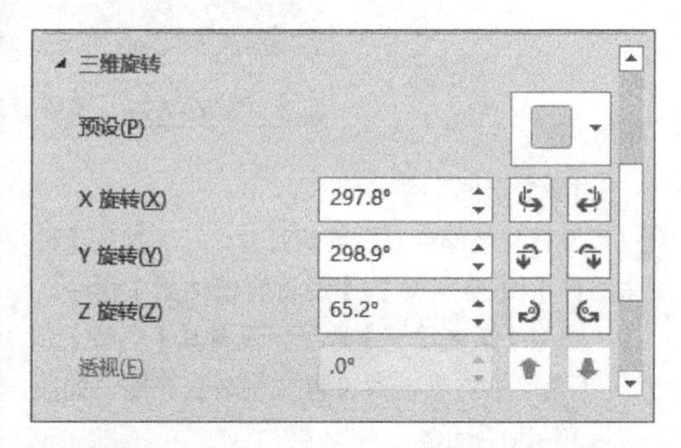

图 16-56　设置三维选择格式

8　绘制两个圆角矩形和一个小圆形形状，分别设置其填充颜色、轮廓颜色和三维格式，并组合小圆形和矩形形状，如图 16-57 所示。

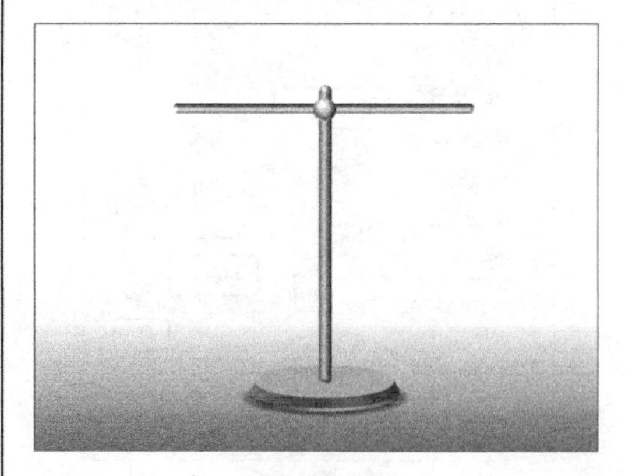

图 16-57　制作天平支架

9 制作天平盘。在左侧绘制一个圆形形状，设置形状的填充颜色和轮廓颜色，如图 16-58 所示。

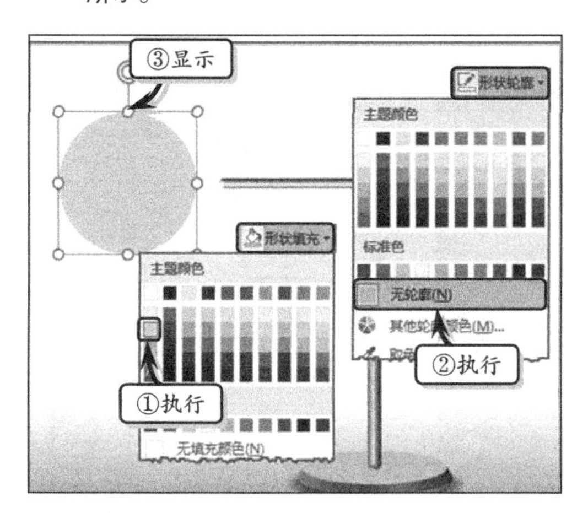

图 16-58 设置圆形样式

10 选择圆形形状，右击，执行【设置形状格式】命令，展开【三维格式】选项组，设置形状的三维格式，如图 16-59 所示。

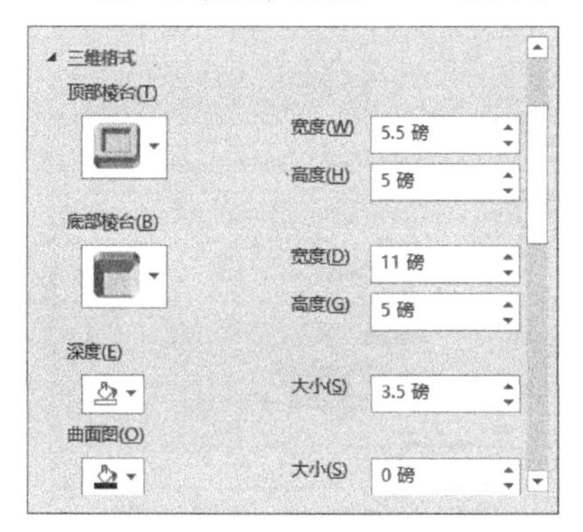

图 16-59 设置三维格式

11 展开【三维旋转】选项组，设置圆形形状的三维选择格式，如图 16-60 所示。

图 16-60 设置三维旋转格式

12 在圆形上方绘制两条直线形状，调整其位置和长度，并设置其形状轮廓，如图 16-61 所示。

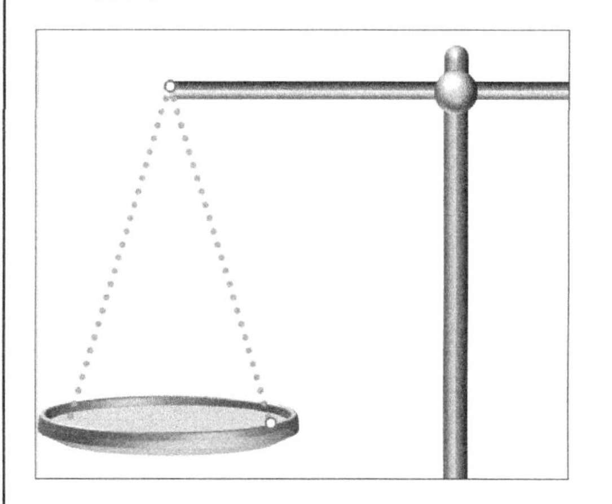

图 16-61 设置直线的形状轮廓

13 组合直线形状和圆形形状，复制形状并调整其位置，如图 16-62 所示。

图 16-62 复制形状

14 添加动画效果。选择组合后的小圆形和矩形形状，执行【动画】|【动画】|【动画样式】|【强调】|【陀螺旋】命令，并设置开始和持续时间，如图 16-63 所示。

15 选择左侧的圆形和直线组合形状，执行【动画样式】|【动作路径】|【直线】命令，调整直线的长度并设置开始和持续时间，如图 16-64 所示。

16 选择右侧的圆形和直线组合形状，执行【动画】|【动画】|【动作路径】|【直线】命令，调整直线的长度并设置开始和持续时间，如图 16-65 所示。重复上述 3 个步骤，再设

置一遍动画效果。

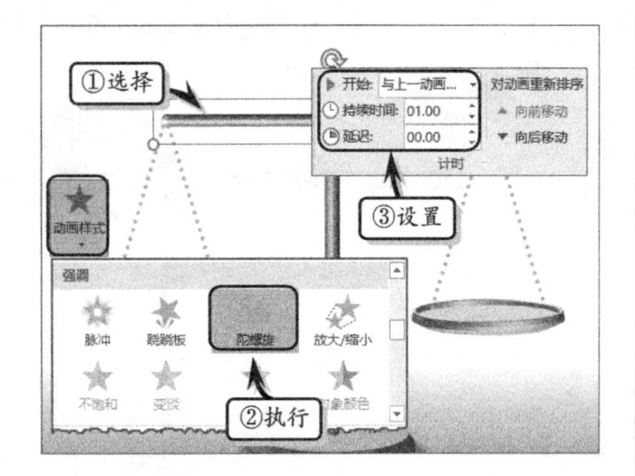

图 16-63 添加陀螺旋动画效果

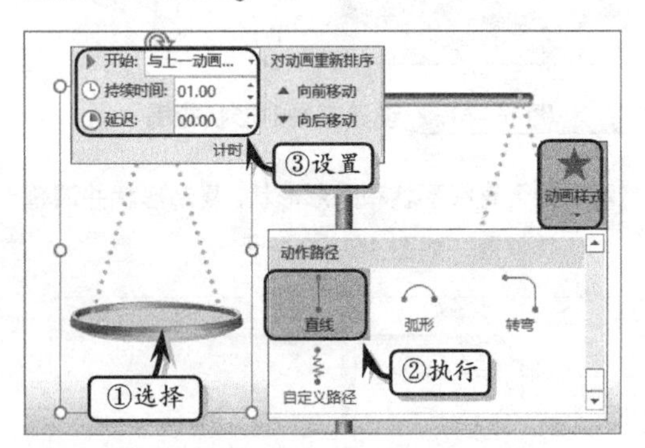

图 16-64 设置直线动画效果

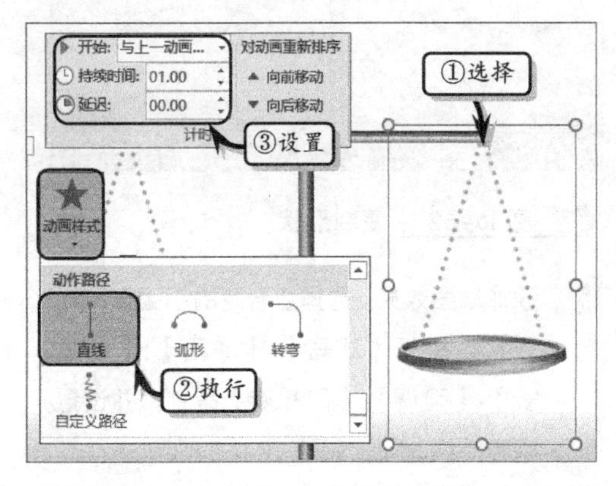

图 16-65 设置直线动画效果

17 打包成视频。执行【文件】|【导出】命令，在展开的【导出】列表中选择【创建视频】选项，如图 16-66 所示。

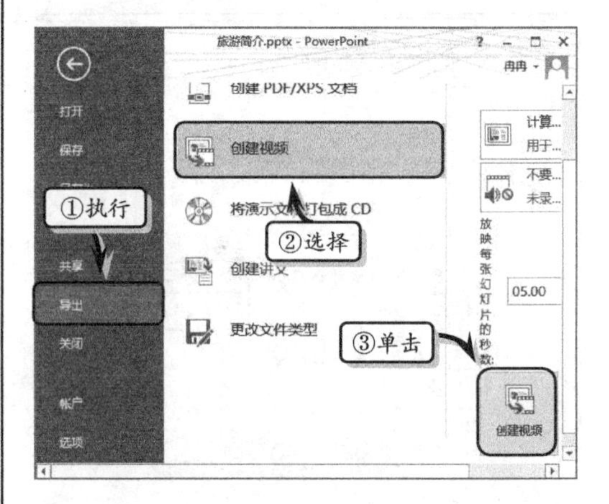

图 16-66 创建视频

18 在弹出的【另存为】对话框中，设置保存位置和名称，单击【保存】按钮即可，如图 16-67 所示。

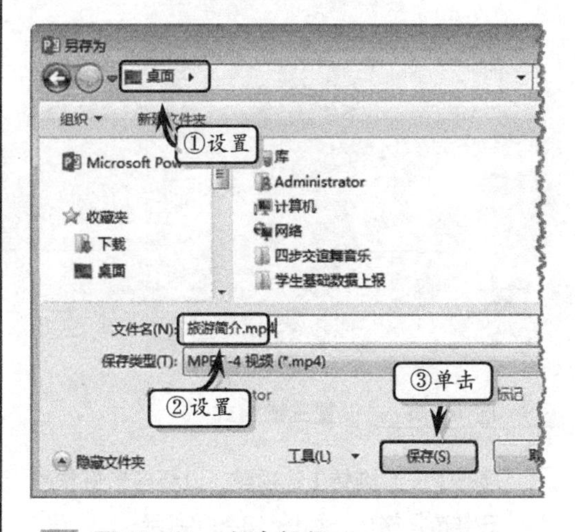

图 16-67 保存视频

16.4 思考与练习

一、填空题

1. ________是一种最基本的超文本标记，可以为各种对象提供链接的桥梁，可以链接幻灯片与电子邮件、新建文档等其他程序。

2. 在 PowerPoint 中，除了可以链接本演示文稿中的幻灯片之外，还可以链接其他演示文稿、________、________等对象。

3. PowerPoint 为用户提供了________、

_________与_________3 种放映方式。

4．在放映幻灯片之前，为了制定演示文稿的播放进度，以使其符合演讲者的发言时长，还需要对幻灯片进行_________。

5．发送演示文稿是将 PowerPoint 结合微软 Microsoft Outlook 软件，通过电子邮件发送演示文稿，包括作为附件发送、_________和以_________发送等方式。

6．发布演示文稿是将演示文稿发布到_________或_________网站，以及通过 Office 演示文稿服务演示功能，共享演示文稿。

二、选择题

1．用户可以使用________组合键，将放映方式设置为从当前幻灯片开始放映。

A．Shift+F1　　B．Shift+F5

C．Ctrl+F5　　D．Shift+Ctrl+F5

2．在为幻灯片设置动作时，下列说法错误的是________。

A．可以添加【对象动作】动作

B．可以添加【声音】动作

C．可以添加【运行宏】动作

D．可以添加【运行程序】动作

3．在排练计时的过程中，可以按_______键退出幻灯片放映视图。

A．F5　　B．Shift+F5

C．Esc　　D．Alt

4．在打包 CD 时，启用【打包 CD】对话框中的_______选项可以设置程序包类型。

A．添加文件　　B．复制到文件

C．复制到 CD　　D．选项

5．在 PowerPoint 中，可在【设置放映方式】对话框中设置幻灯片的放映方式，下列选项中不属于放映方式选项的为_____。

A．放映类型　　B．放映选项

C．换片方式　　D．从头开始

三、问答题

1．如何在幻灯片中运行宏动作链接？

2．如何为幻灯片录制旁白？

3．简述发布演示文稿的操作方法。

四、上机练习

1．目录跳转效果

在本练习中，将运用 PowerPoint 中的超链接功能，制作一个具有跳转功能的目录列表，如图 16-68 所示。首先打开需要设置目录跳转效果的演示文稿，选择第 1 张幻灯片中的 SmartArt 图形中的第 1 行文本，执行【插入】|【链接】|【超链接】命令。然后，在弹出的【插入超链接】对话框中选择【链接到】栏中的【本文档中的位置】选项卡，并在列表中选择【幻灯片 3】选项，单击【确定】按钮，创建超链接。最后，使用同样的方法，分别为其他文本创建超链接。

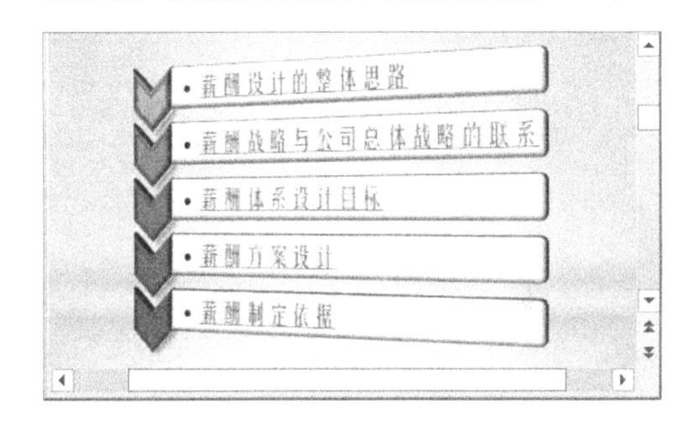

图 16-68 目录跳转效果

2．链接幻灯片

在本实例中，将运用 PowerPoint 中的交互链接功能，制作一个具有链接功能的幻灯片，如图 16-69 所示。首先，制作完整的演示文稿。然后，执行【插入】|【插图】|【形状】|【动作按钮：第一张】命令，绘制动作按钮。在弹出的【操作设置】对话框中选中【超链接到】选项，并单击其下拉按钮，选择【2.日程】选项。最后，将该幻灯片中的动作按钮分别复制到其他幻灯片中即可。

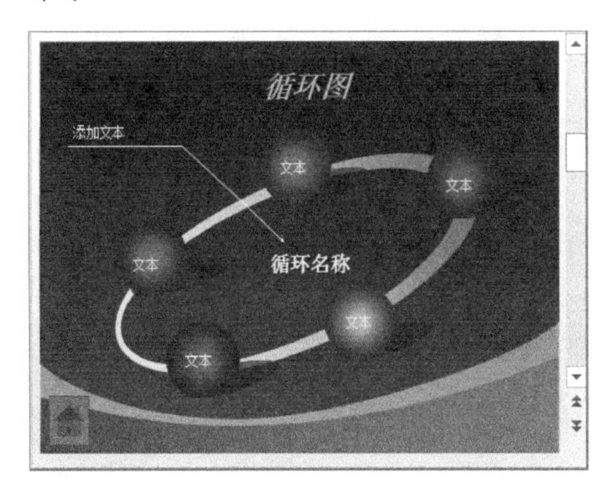

图 16-69 链接幻灯片